DICTIONNAIRE

DES

SCIENCES NATURELLES.

TOME VIII.

CER = CHI.

DICTIONNAIRE

DES

SCIENCES NATURELLES,

DANS LEQUEL

On traite méthodiquement des différens êtres de la nature, considérés soit en eux-mêmes, d'après l'état actuel de nos connoissances, soit relativement a l'utilité qu'en peuvent retirer la médecine, l'agriculture, le commerce et les arts.

SUIVI D'UNE BIOGRAPHIE DES PLUS CÉLÈBRES NATURALISTES.

Ouvrage destiné aux médecins, aux agriculteurs, aux commerçans, aux artistes, aux manufacturiers, et à tous ceux qui ont intérêt à connoître les productions de la nature, leurs caractères génériques et spécifiques, leur lieu natal, leurs propriétés et leurs usages.

PAR

Plusieurs Professeurs du Jardin du Roi, et des principales Écoles de Paris.

TOME HUITIÈME.

STRASBOURG, F. G. Levrault, Éditeur.

PARIS, Le Normant, rue de Seine, N.º 8.

1817.

Liste des Auteurs par ordre de Matières.

Physique générale.

M. LACROIX, membre de l'Académie des Sciences et professeur au Collége de France. (L.)

Chimie.

M. CHEVREUL, professeur au Collége royal de Charlemagne. (CH.)

Minéralogie et Géologie.

M. BRONGNIART, membre de l'Académie des Sciences, professeur à la Faculté des Sciences. (B.)

M. DEFRANCE, membre de plusieurs Sociétés savantes. (D. F.)

Botanique.

M. DE JUSSIEU, membre de l'Académie des Sciences, professeur au Jardin du Roi. (J.)

M. MIRBEL, membre de l'Académie des Sciences, professeur à la faculté des Sciences. (B. M.)

M. HENRI CASSINI, membre de la Société philomatique de Paris. (H. Cass.)

M. LEMAN, membre de la Société philomatique de Paris. (Lem.)

M. LOISELEUR DESLONGCHAMPS, Docteur en médecine, membre de plusieurs Sociétés savantes. (L. D.)

M. MASSEY. (Mass.)

M. POIRET, membre de plusieurs Sociétés savantes et littéraires, continuateur de l'Encyclopédie botanique. (Poir.)

M. DE TUSSAC, membre de plusieurs Sociétés savantes, auteur de la Flore des Antilles. (De T.)

Zoologie générale, Anatomie et Physiologie.

M. G. CUVIER, membre et secrétaire perpétuel de l'Académie des Sciences, prof. au Jardin du Roi, etc. (G. C. ou CV. ou C.)

Mammifères.

M. GEOFFROI, membre de l'Académie des Sciences, professeur au Jardin du Roi. (G.)

Oiseaux.

M. DUMONT, membre de plusieurs Sociétés savantes. (Ch. D.)

Reptiles et Poissons.

M. DE LACÉPÈDE, membre de l'Académie des Sciences, professeur au Jardin du Roi. (L. L.)

M. DUMERIL, membre de l'Académie des Sciences, professeur à l'École de médecine. (C. D.)

M. CLOQUET, Docteur en médecine. (H. C.)

Insectes.

M. DUMERIL, membre de l'Académie des Sciences, professeur à l'École de médecine. (C. D.)

Mollusques, Vers et Zoophytes.

M. DE BLAINVILLE, professeur à la faculté des Sciences. (De B.)

———

M. TURPIN, naturaliste, est chargé de l'exécution des dessins et de la direction de la gravure.

MM. DE HUMBOLDT et RAMOND donneront quelques articles sur les objets nouveaux qu'ils ont observés dans leurs voyages, ou sur les sujets dont ils se sont plus particulièrement occupés.

M. F. CUVIER est chargé de la direction générale de l'ouvrage, et il coopérera aux articles généraux de zoologie et à l'histoire des mammifères. (F. C.)

DICTIONNAIRE

DES

SCIENCES NATURELLES.

CER

Cᴇʀʟᴀᴄ (*Ornith.*), nom piémontais d'une espèce de pipit. (Cʜ. D.)

CERMACEK. (*Ornith.*) En Bohême on appelle ainsi le rossignol de muraille, *motacilla phœnicurus*, Linn. (Cʜ. D.)

CERMATIA. (*Entom.*) Tel est le nom sous lequel Illiger a indiqué l'espèce de scolopendre que M. de Lamarck a décrite sous le nom générique de scutigère, *scolopendra coleoptrata.* (C. D.)

CERNICALO (*Ornith.*), nom espagnol de la cresserelle, *falco tinnunculus*, Linn. (Cʜ. D.)

CERNUA (*Ichthyol.*), nom sous lequel Belon, Gesner, Artédi, désignent la petite perche, poisson très-estimé par les Anglois de leur temps, et qu'on pêchoit en grande quantité dans la rivière qui coule près d'Oxford. Voyez Gʀᴇᴍɪʟʟᴇ. (H. C.)

CÉRO (*Ichthyol.*), nom provençal d'un poisson de mer très-commun à Antibes, et dont parle la Chênaye des Bois, sans entrer dans aucun détail. (H. C.)

CÉROCOME (*Entom.*), *Cerocoma*, genre d'insectes coléoptères hétéromérés, ou à quatre articles aux tarses postérieurs, à élytres flexibles, de la famille des vésicans ou épispastiques.

Ce nom, assez impropre, qui signifie en grec antennes chevelues, a été donné par Geoffroy à des insectes dont les antennes, très-irrégulières dans les mâles, et souvent garnies de faisceaux de poils, lui ont paru offrir l'apparence d'une espèce de panache. Ils avoient été confondus par Linnæus avec beaucoup d'autres insectes très-différens.

Antennes de neuf articles irréguliers, surtout dans les mâles, à peine de la longueur du corselet, terminées en une masse solide, recourbée ou oblique, ou rarement en une lame cornée ; lèvres courtes, entières ou bifides ; mandibules membraneuses, bilobées, crochues ; mâchoires linéaires, velues, beaucoup plus longues que les mandibules ; palpes à trois articles. -

Tous ces insectes ont le corps alongé, pubescent, mou, brillant de l'éclat et des reflets des couleurs métalliques. La tête est petite, fortement inclinée ; le corselet est ovale, déprimé en-dessus, et fléchi lui-même sur la poitrine ; les pattes, surtout les antérieures, sont aplaties d'avant en arrière, et les tarses armés de quatre crochets.

Ces caractères sont communs aux deux sexes ; mais il en est d'autres particuliers à chacun d'eux. Les femelles ont des antennes presque régulières, droites, en partie moniliformes, et terminées en massue. Les mâles les ont généralement très-irrégulières, courbées dans différens sens, composées d'articles inégaux, souvent lamelleux, et comme pectinées ; un ou plusieurs articles portant des faisceaux de poils. La forme de ces antennes est différente dans chaque espèce, et presque impossible à décrire : cependant elle doit être observée avec soin ; car c'est surtout dans ces organes, chez les mâles, qu'on peut trouver les caractères spécifiques les plus constans, les couleurs des différentes parties du corps étant sujettes à changer. Les palpes, dans les femelles, sont, comme les antennes, formés d'articles à peu près égaux, tandis qu'ils sont très-inégaux dans les mâles. Enfin, dans ces derniers, les trois premiers articles des tarses sont ciliés et plus grands que dans les femelles.

Les cérocomes vivent sur les plantes, dans les lieux secs, exposés au soleil. Elles paroissent affectionner particulièrement les graminées, les composées et les ombellifères. Lorsqu'elles cherchent leur nourriture, elles plongent leurs mâchoires velues et leur tête entière dans la fleur, comme les animaux qui sucent ; aussi sont-elles alors très-faciles à saisir. Elles marchent peu, mais volent avec agilité. Lorsqu'elles sont prises, elles suspendent tous leurs mouvemens, et feignent d'être mortes, comme beaucoup d'autres insectes. Leurs larves sont inconnues; mais il est à présumer qu'elles vivent dans la terre, comme celles des mylabres et des cantharides.

Les cérocomes paroissent jusqu'à présent particulières à l'ancien continent; au moins aucun voyageur n'en a encore rapporté d'Amérique : on en connoît deux en France, et deux en Afrique.

CÉROCOME DE SCHŒFFER; *Cerocoma Schœfferi*, Geof., tom. I, pl. VI, fig. 9. Antennes jaunes, terminées dans les mâles et les femelles par une masse ovale; abdomen entièrement vert.

Cet insecte est pubescent, d'un vert doré ou cuivreux en-dessus, semblable à celui de la cantharide des boutiques; la tête est noire, ainsi que le corselet, qui porte antérieurement une dépression triangulaire; l'abdomen est d'un bleu azuré ou bronzé; les pattes sont jaunes.

Cette espèce se trouve dans toute l'Europe, et n'est pas très-rare aux environs de Paris.

CÉROCOME DE SCHREBER; *Cerocoma Schreberi*, Oliv. Ins., n.° 48, tab. 1, fig. 2. Antennes jaunes, terminées par un article triangulaire dans les mâles; brunes et en masse ovale dans les femelles : les premiers anneaux de l'abdomen jaunes; le dernier, près de l'anus, d'un bleu bronzé.

La cérocome de Schreber ressemble en entier à la précédente, à l'exception de la couleur de l'abdomen, et de la forme des antennes du mâle. Le dernier article est comprimé, presque triangulaire, et porte à sa base une espèce de petite apophyse.

Elle habite les mêmes lieux que la précédente; mais elle est beaucoup plus rare, surtout vers le nord.

CÉROCOME DE WAHL; *Cerocoma Wahlii*, Fab. 2, 82, 2. Antennes et pieds noirs; corps verdàtre.

Cette cérocome ne diffère de la première espèce que par la couleur des antennes et des pieds.

On la rencontre en Barbarie. (C. D.)

CERONIA. (*Bot.*) Le caroubier étoit ainsi nommé par Théophraste; c'étoit le *ceratia* de Dioscoride, le *ceratonia* de Dodoens et de Daléchamps. Ce dernier nom, adopté par Linnæus, a prévalu. Le fruit est nommé carube, *carrubia*.

C'est le *siliqua edulis* de C. Bauhin et de Tournefort. Il sert de nourriture aux chevaux dans l'Espagne. D'autres animaux le mangent dans le Levant; et lorsque dans l'Ecriture-Sainte il est dit que l'enfant prodigue, réduit à la misère, partageoit la nourriture des cochons confiés à sa garde, et vivoit de siliques, *vescebatur siliquis*, quelques commentateurs ont cru que ces *siliquæ* étoient le fruit du caroubier. L'opinion des auteurs qui croient que le *ceronia* de Théophraste étoit la casse des boutiques, *cassia fistula*, paroît moins fondée. (J.)

CÉROPALES (*Entom.*), genre de l'ordre des hyménoptères, établi par M. Latreille d'après quelques espèces de pompiles. Voyez Melline. (C. D.)

CÉROPÉGE (*Bot.*), *Ceropegia*, genre de plantes de la famille des apocinées, de la *pentandrie monogynie* de Linnæus, qui offre pour caractère essentiel : un calice très-petit, persistant, à cinq dents; une corolle ventrue à sa base, puis tubulée; le limbe à cinq lobes; cinq étamines, deux stigmates; le style très-court ; deux follicules très-longs, cylindriques ; les semences aigrettées.

Ce genre, plus que doublé depuis sa publication par Linnæus, renferme des plantes herbacées, à tiges grimpantes, à feuilles simples et opposées; les fleurs disposées en petits bouquets ou en ombelles axillaires. Les espèces les plus remarquables sont les suivantes :

Céropége porte-lustre; *Ceropegia candelabrum*, Linn.; Rheed., *Hort. Malab.* 9, pag. 27, tab. 16. Ses tiges sont grêles; ses feuilles pétiolées, ovales-oblongues; les fleurs disposées en ombelles axillaires et pendantes, puis redressées de manière que chaque ombelle représente assez bien un lustre ordinaire. Les corolles sont rouges, ou d'un pourpre brun; leur limbe velu sur ses divisions; les fruits menus, longs et pendans. Cette plante croît dans les bois, sur la côte de Malabar.

Céropége sagittée ; *Ceropegia sagittata*, Linn.; Lam. *Ill. gen.*, tab. 179, fig. 1; *Microloma*, Brown. Asclep. 12 ; *Ait. édit. nov.* 2, pag. 76. M. Rob. Brown a fait de cette espèce un genre particulier, fondé sur le pollen des étamines lisse, distribué en dix paquets pendans; le tube staminifère nu; la corolle urcéolée. Ses tiges sont filiformes, cotonneuses et grimpantes; ses feuilles étroites, sagittées, tomenteuses à leurs deux faces; les fleurs rouges; les ombelles axillaires. Elle croît dans le sable, au cap de Bonne-Espérance.

CÉROPÉGE A FEUILLES MENUES ; *Ceropegia tenuifolia*, Linn.; Lam. *Ill. gen.*, tab. 179, fig. 2. Née au cap de Bonne-Espé-rance, dans les dunes, et à la côte de Malabar, cette plante a des tiges rampantes, des feuilles presque sessiles, étroites, linéaires, lancéolées, très-aiguës; des ombelles axillaires, com-posées de deux à quatre fleurs. Dans le *ceropegia biflora*, Linn., les ombelles n'ont souvent que deux fleurs; mais les feuilles sont ovales, entières; la tige sarmenteuse. Elle croît à l'île de Ceilan.

Roxburg, dans ses Plantes du Coromandel, a décrit et figuré plusieurs autres espèces, telles que le *ceropegia tuberosa*, Corom., 1, pag. 12, tab. 9. Ses racines sont pourvues, de distance en distance, de tubérosités irrégulières; les feuilles ovales, aiguës; les fleurs en ombelles axillaires. Le *ceropegia acuminata*, Corom., tab. 8 , est très-rapproché de l'*isaura*. Ses racines sont pourvues d'une bulbe arrondie; ses feuilles lancéolées, longuement acuminées ; les ombelles droites. Le *ceropegia bulbosa*, Corom., tab. 7, est pourvu d'une bulbe solitaire; ses feuilles sont petites, en ovale renversé, mucro-nées; les fleurs petites, en ombelles redressées. Le *ceropegia juncea*, Corom., tab. 10, a ses tiges presque simples ; ses feuilles distantes, lancéolées ; les pédoncules chargés d'une ou de deux fleurs; la corolle très-grande, longue d'environ deux pouces, d'un blanc verdâtre, traversée par des stries agréable-ment ponctuées et panachées de pourpre.

J'en ai fait connoître, dans l'Encyclop., suppl., trois espèces nouvelles : le *ceropegia longiflora*, rapproché du *ceropegia can-delabrum* par ses feuilles, et du *ceropegia juncea* par sa corolle : le *ceropegia sinuata*, Burm. Afr., tab. 15, est distingué du *ceropegia sagittata* par ses feuilles non sagittées, plus longues ; du *cero-pegia tenuifolia* par ses feuilles sinuées à leur contour, par ses racines composées de bulbes fusiformes, presque fasciculées : enfin le *ceropegia nitida*, à feuilles lancéolées, un peu obtuses, luisantes en-dessus; les fleurs disposées en petits corymbes axillaires.

Loureiro a mentionné, dans sa Flore de la Cochinchine,

deux espèces qui exigent un nouvel examen, le *ceropegia obtusa*, et le *ceropegia cordata*. Une autre espèce de l'Amérique septentrionale a été indiquée par Pursh, sous le nom de *ceropegia palustris*. (Poir.)

CÉROPHORE (*Bot.*), *Cerophora*, Rafinesque Schmaltz, Somiol., p. 49. Genre de champignons qui doit être réuni aux hydnes, dont il ne diffère que par ses petites cornes ou pointes placées à la partie supérieure. Ce genre comprend deux espèces : l'une, le *cerophora clavata*, ressemble à une massue nue à sa base ; l'autre, le *cerophora capitata*, est stipitée, sphérique et entièrement recouverte de pointes solides. Toutes les deux croissent dans la province de New-Jersey, dans les Etats-Unis. M. Rafinesque avoit d'abord nommé ce genre *Hectocerus*. (Lem.)

CEROPHORES (*Mamm.*), nom collectif, donné par M. de Blainville aux ruminans à cornes creuses, tels que les antilopes, les moutons, les bœufs, etc. (F. C.)

CÉROPHYTE (*Entom.*), *Cerophytum*, Latreille. Ce sont des espèces de mélasis ou de coléoptères sternoxes, voisins des taupins. (C. D.)

CÉROPLATE, Cératoplate (*Entom.*), *Ceroplatus*, *Keroplatus* (de κερας πλατυς, antennes larges), nom d'un genre d'insectes de la famille des tipules ou hydromyes, établi par M. Bosc, et publié dans les Actes de la Société d'Histoire naturelle de Paris.

Ce nouveau genre ne comprenoit d'abord qu'un insecte déjà connu par Réaumur ; mais M. Bosc, dans son Voyage en Caroline, a trouvé une nouvelle espèce qui doit appartenir à cette même division, et Fabricius, dans sa seconde édition des antliates, en a décrit une autre, de sorte que ce genre renferme maintenant trois espèces. Comme elles sont encore fort rares, et que nous n'avons eu occasion d'observer qu'un seul de ces insectes, nous emprunterons de MM. Bosc et Fabricius tout ce que nous allons en dire.

Antennes oblongues, très-comprimées, de quatorze ou quinze articles, un peu plus larges vers le milieu ; trompe très-courte, bilabiée ; deux palpes très-courts, de trois articles, peu distincts.

Les céroplates ont absolument le port des tipules, auxquelles ils ressemblent beaucoup. Leur tête est très-petite, arrondie,

et porte deux tubercules courts, placés au-devant des antennes.
Les yeux sont très-grands. Leurs singulières antennes, qui les
distinguent de tous les insectes connus, sont de la longueur
du corselet, composées de quatorze ou quinze articles très-
comprimés, de forme trapézoïdale, et décroissant insensible-
ment du milieu de l'antenne vers son insertion et son sommet.
Leur trompe est très-courte, peu apparente, et porte deux
très-petits palpes, que M. Bosc regarde comme formés d'un
seul article, et M. Fabricius de trois. Le corselet est gibbeux,
élevé, prominulent à l'endroit de l'écusson ; l'abdomen est
alongé, comprimé en forme de fuseau. Les pattes sont longues.

On ne connoît encore que la larve du céroplate de la Caroline ; mais, comme toutes les espèces de ces insectes sont
très-voisines dans l'état parfait, il est probable que les caractères des larves sont les mêmes. Celles du céroplate de la
Caroline sont vermiformes, blanches, glutineuses, formées
d'anneaux, et garnies de pattes en mamelon. Leur tête est noire.
On trouve ces larves dès le mois de juin, et vers la fin d'août ;
elles ont déjà deux pouces et demi de longueur : elles sont si
molles, qu'on les écrase facilement avec les doigts, et qu'elles
périssent dès qu'elles sont dans un lieu sec ; aussi n'habitent-
elles que les bolets qui croissent sur les arbres, dans les lieux
humides et ombragés.

Ces larves vivent en société, et se filent en commun, surtout
vers les derniers temps de leur accroissement, un réseau lâche,
d'un blanc brillant entre les mailles, à l'aide duquel elles se
sauvent et se cachent lorsqu'elles sont inquiétées. A l'époque
de leur transformation, elles se forment les unes près des
autres des espèces de coques d'un réseau beaucoup plus serré ;
mais cependant assez lâche pour qu'on puisse entrevoir les
nymphes qui y sont contenues. L'insecte parfait, sorti de
cette coque au bout de quinze jours, ne quitte pas les bois.

CÉROPLATE TIPULOÏDE ; *Ceroplatus tipuloïdes*, Bosc., Soc. d'Hist.
nat., pag. 42, pl. 10, fig. 3 ; Coq. 3, 100, tab. 7, fig. 1. D'un
jaune sale ; des raies longitudinales noires sur le corselet et sur
le bord des anneaux de l'abdomen.

Le corselet est globuleux et hérissé de petits poils noirs ;
l'abdomen est presque pétiolé, comprimé, et trois fois plus
long que le corselet : les ailes sont plus courtes que l'abdomen

blanches, avec une tache noire et un point de la même couleur ; les pattes sont jaunes.

Cet insecte a été trouvé dans la forêt de Villers-Coterets, au mois de juillet. Sa larve habite le bolet de chêne.

Céroplate charbonné ; *Ceroplatus carbonarius*, Bosc, Dict. d'Hist. nat., première édit., t. IV, p. 543. Noir ; les bords des anneaux de l'abdomen cendrés.

Cette espèce a les mêmes formes que la précédente, et n'en diffère que par les couleurs. Celle de la tête, des antennes et des pattes est brune. Les palpes, les côtés du corselet au-dessous des ailes, le bord des anneaux de l'abdomen et la partie supérieure des cuisses, sont blancs. Tout le reste du corps est noir. Les ailes sont blanches et transparentes, avec une tache noire.

M. Bosc a trouvé cet insecte dans la Caroline.

Céroplate noir ; *Ceroplatus atratus*, Fab., *Syst. antliat.* 16, 3. Noir ; les cuisses et les balanciers jaunâtres.

Ce céroplate ressemble aux précédens pour la forme, mais son corps est entièrement noir. Les balanciers et les cuisses sont jaunâtres, et les ailes transparentes.

Cette espèce habite l'Allemagne. (C. D.)

CÉROSTOME (*Entom.*), *Cerostoma*. Ce nom, qui signifie *bouche cornue*, a été employé par M. Latreille pour désigner un genre de l'ordre des lépidoptères, voisin des pyrales, et qui appartient à notre famille des séticornes ou chétocères. Voici les caractères qui le distinguent :

Quatre palpes ; les supérieurs courts, les inférieurs alongés, recourbés et falciformes ; le second article velu et en forme de pinceau ; le dernier presque nu.

M. Latreille n'a encore rapporté à ce genre qu'un seul insecte ; c'est l'ypsolophe que M. Fabricius a nommé *dorsatus*. On le rencontre pendant l'été, le long des bois, sur les arbres. Sa larve et ses métamorphoses sont inconnues.

Cérostome a dos marqué ; *Cerostoma dorsatum*, Latreille, Buffon de Sonnini. Ailes supérieures grises ou cendrées, maculées de brun ; les inférieures grises ; le dessous du corps d'un blanc argenté.

On remarque ordinairement en-dessus une tache blanche, et une ou deux taches noires, communes aux deux ailes ; mais ces caractères ne m'ont pas paru constans dans tous les individus. Ce petit lépidoptère se trouve par toute l'Europe, et est commun aux environs de Paris. (C. D.)

CEROXYLON DES ANDES (*Bot.*), *Ceroxylon andicola*, Humb. et Bonpl., Pl. équin. 1, p. 2, tab. 1, 2. Grand et bel arbrisseau, de la famille des palmiers, de la *monoécie polyandrie*, qui offre des fleurs monoïques ; un calice double, l'extérieur d'une seule pièce, trifide ; l'intérieur (ou la corolle) trois fois plus long, à trois folioles aiguës ; un grand nombre d'étamines ; le rudiment d'un pistil ; dans les fleurs femelles, un ovaire surmonté de trois stigmates sessiles ; un drupe monosperme ; le noyau globuleux, non perforé à sa base.

Son tronc, divisé par anneaux, s'élève à la hauteur de cent soixante à cent quatre-vingts pieds ; les feuilles sont ailées ; la pétiole triangulaire, produisant de chaque côté de sa base des filamens de trois à quatre pieds ; les folioles nombreuses, fendues à leur sommet, glabres, argentées en-dessus, couvertes en-dessous d'une substance pulvérulente, qui se lève par écailles argentées. Les régimes sont très-rameux, longs d'environ trois pieds, munis d'une spathe alongée, d'une seule pièce. Ce palmier croît sur la montagne de Quindiu, dans la partie des Andes la plus élevée. Les habitans du pays recueillent une matière résineuse très-abondante sur le tronc de cet arbre ; ils la fondent avec un tiers de suif, et en font des cierges et des bougies.

L'élévation de cette plante, dit M. Bonpland, au-dessus du niveau de la mer, présente un phénomène très-frappant pour la géographie des végétaux. Les palmiers ne se trouvent, en général, sous les tropiques, que jusqu'à cinq cents toises de hauteur : le froid des régions plus élevées les empêche de s'approcher davantage de la limite inférieure de la neige perpétuelle. Le ceroxylon fait une exception bien rare à cette loi constante de la nature : on ne l'observe guère dans les plaines ; il ne commence à se montrer qu'à la hauteur de neuf cents toises, égale à celle de la cime du Puy-de-Dôme, ou du passage du Mont-Cenis. Il paroit qu'il fuit les grandes chaleurs des régions moins élevées.

Le genre *Iriartea* de la Flore du Pérou doit être considéré comme une seconde espèce de *ceroxylon*. Son tronc est très-élevé, couronné par des feuilles ailées avec une impaire ; les folioles deltoïdes et frangées ; une spathe à plusieurs divisions ; environ quinze étamines ; un stigmate sessile, fort petit. C'est le *eeroxylon deltoïdeum*, Kunth. *in Humb. et Bonp. Nov. gen.* (Voir.)

CERQUE. (*Entom.*), *Cercos*, nom générique donné par M. Latreille à de petits insectes coléoptères qui appartiennent à notre famille des clavicornes ou hélocères.

Ces insectes avoient été placés, sans fondement, parmi les dermestes, dont ils s'éloignent par plusieurs caractères. M. Latreille les a séparés de ce groupe, auquel ils ne devoient pas appartenir : et depuis lui, Illiger, d'après Herbst, les a placés dans le genre Catérètes. Nous emprunterons de M. Latreille tout ce que nous dirons de ce genre d'insectes, qu'il a le premier bien fait connoître.

Masse des antennes alongée et presque conique ; mâchoires terminées par une seule dent ; corps déprimé ; tête petite, rentrant en partie sous le corselet ; corselet arrondi ; élytres un peu plus courtes que l'abdomen.

Les cerques sont très-voisins des nitidules ; mais ils s'en distinguent par la forme de la masse de l'antenne, par les mâchoires non bifides, et le corselet orbiculaire. On peut encore moins les confondre avec les dermestes, qui ont la masse de l'antenne arrondie, le corps convexe, la tête cachée en entier sous le corselet, les élytres couvrant l'abdomen.

Ces insectes vivent sur les fleurs, et sont assez rares. On ne connoit encore ni leurs larves, ni leurs métamorphoses. Les espèces sont peu nombreuses. Nous nous bornerons à décrire celle qui a d'abord servi à M. Latreille pour fixer les caractères du genre.

Cerque pédiculaire ; *Cercos pedicularius* ; *dermestes pediculariua*, Linn. ; Panz. *fasc.* 7, n. 5. Les deux premiers articles des antennes plus grands, surtout dans les mâles ; le dessus du corps couleur marron-clair ; la poitrine noire.

Cet insecte n'a pas beaucoup plus d'une ligne de longueur. Ses antennes d'un brun fauve, et de la longueur du corselet, ont les deux premiers articles cylindriques dans les femelles, et un peu comprimés dans les mâles. Le dessus du corps est quelquefois d'un brun fauve uniforme ; d'autres fois l'écusson, le milieu du corselet et les bords de la suture sont d'un brun plus foncé. La poitrine en-dessous est noire, et l'abdomen brun. Les pattes sont de la couleur de l'abdomen.

On trouve cet insecte, mais rarement, dans presque toute l'Europe. (C. D.)

CERRENA. (*Bot.*) Les Florentins donnent ce nom à un champignon du genre *Agaricus*, très-bon à manger, et très-recherché. Il croît en touffe au pied des arbres, surtout au pied des peupliers. Il est blanc en-dessous, et brun en-dessus. Il paroît être une variété de l'*agaricus umbilicatus* de Scopoli. Voyez CARDELA et PEUPLIÈRE. (LEM.)

CERRES. (*Bot.*) On lit dans Clusius et dans Belon que ce nom étoit donné en France à la gesse, *lathyrus*. Il paroît dérivé des mots *cicera* et *cicercula*, que la même plante portoit anciennement, ainsi que le nom *cicerchia*, sous lequel elle étoit connue chez les Italiens. Belon ajoute que c'étoit le *mancreta* des Vénitiens, et, selon Clusius, de son temps on la nommoit *sars*, aux environs de Paris, où elle étoit très-cultivée. (J.)

CERRETTA. (*Bot.*) Suivant Matthiole on nomme ainsi, chez les Toscans, la lysimachie ordinaire, qui est le *cosaria* des habitans du Frioul. Césalpin, au contraire, désigne sous le nom de *cerretta* ou *serretta* la sarrette, *serratula tinctoria*, employée dans les teintures. (J.)

CERRO (*Bot.*), nom italien d'un chêne. Suivant Seguier, ce seroit le chêne nommé ailleurs *velani*, *quercus ægylops*. Cependant il est probable que c'est plutôt le *cerrus*, ou *quercus cerris*. Celui-ci a la cupule du gland comme chevelue ; elle est plus grosse, ainsi que le gland, et chargée d'écailles larges dans le *quercus ægylops*, que Dodoens, auteur ancien, nomme également *ægylops* et *cerris*. (J.)

CERRO SUGARO. (*Bot.*) Matthiole, au rapport de Caspar Bauhin, nommoit ainsi une espèce d'yeuse, ou chêne vert. (J.)

CERRUS. (*Bot.*) Voyez CERRO. (J.)

CERTHIUS. (*Ornith.*) Les naturalistes ont reconnu, d'après la conjecture de Belon, que le *certhius* d'Aristote étoit le grimpereau : aussi Linnæus a-t-il fait du mot *certhia* la dénomination générique de ces oiseaux. (CH. D.)

CERUA, KERUA, KHROUA (*Bot.*), noms égyptiens ou arabes du ricin, *ricinus communis*, différemment écrits, selon la manière de transcrire des voyageurs de diverses nations. (J.)

CERUANA. (*Bot.*) [*Corymbifères*, Juss.; *Syngénésie poly-gamie superflue*, Linn.] Ce genre de synanthérées, proposé par Forskaël, et adopté par M. de Jussieu dans le *Genera plantarum*, a été abandonné par tous les botanistes, depuis que Vahl eut imaginé d'en faire une espèce de *buphtalmum*. Nous avons analysé avec soin une calathide de *ceruana* : il résulte de nos observations que ce genre diffère essentiellement du *buphtal-mum*, et que, par conséquent, il doit être rétabli. Voici les caractères que nous avons trouvés :

La calathide est discoïde, composée d'un disque régulari-flore, androgyniflore, et d'une couronne plurisériée, multi-flore, angustiflore, féminiflore. Le péricline, à peu près égal aux fleurs, et accompagné à sa base de deux ou trois bractées inégales, est formé de squames subunisériées, ovales, foliacées. Le clinanthe est garni de squamelles linéaires-lancéolées, uni-nervées, plus courtes que les fleurs. La cypsèle est obovale, très-comprimée antérieurement et postérieurement; portant une aigrette très-courte, irrégulière, formée de squamellules inégales, filiformes, membraneuses, presque capillaires, par-faitement nues: la corolle des fleurs femelles n'est pas plus longue que celle des fleurs hermaphrodites ; son limbe est étréci en tube, et divisé en trois lobes dirigés vers trois points différens.

La céruane est une plante annuelle d'Egypte, qui n'a rien de remarquable. Elle doit être classée dans notre tribu natu-relle des inulées, auprès du *buphtalmum*, dont elle diffère principalement par les fleurs femelles non-ligulées, plurisériées, ainsi que par l'aigrette. C'est par erreur qu'on a cru la cala-thide radiée, puisque les corolles des fleurs femelles sont à peu près comme dans les conyzes. (H. Cass.)

CERUCHIS. (*Bot.*) M. Mirbel, dans une énumération de plantes, à la suite d'une édition de l'Histoire naturelle de Buffon, cite ce nom, qu'il attribue à Gærtner, comme syno-nyme du *spilanthus*. (J.)

CÉRUMEN DES OREILLES. (*Chim.*) Matière animale, sécrétée par de petites glandes qui ont leur siége sous la peau, dans le canal auditif. Au moment où cette matière sort de la glande, elle jouit d'une liquidité un peu visqueuse; elle est jaune: par son exposition à l'air, elle prend plus de consis-tance et sa couleur devient plus foncée : elle tend à passer au rouge. Le cérumen a une saveur amère, une odeur aromatique et un peu âcre : chauffé doucement sur un papier, il le rend transparent, comme le feroit un corps gras ; jeté sur un charbon rouge de feu, il se ramollit, dégage une fumée blanche dont l'odeur est celle d'une graisse brûlée ; ensuite il se fond, se boursoufle, noircit, exhale l'odeur des matières animales, et laisse un charbon léger. Lorsqu'on le triture dans l'eau, il forme une émulsion d'un blanc jaunâtre, qui se décompose avec rapidité, en produisant une odeur fétide, et en laissant précipiter des flocons blanchâtres. Telles sont les propriétés que Fourcroy et M. Vauquelin ont reconnues au cérumen.

M. Vauquelin a retiré du cérumen,

Mucilage albumineux . Soude . . . . Phosphate de chaux . .	 37,5
Huile-graisse . . . . . . Principe colorant jaune.	 62,5

En le traitant par l'alcool chaud, on dissout les deux dernières matières seulement : le résidu, séché à l'air, est transparent, cassant, incomplétement soluble dans la potasse ; il exhale, en brûlant, l'odeur des matières animales, et laisse un charbon dans lequel on découvre, par l'incinération, la soude et le phosphate de chaux. Quant à la solution alcoolique, elle est jaune. On obtient, en la faisant évaporer, une huile jaune, très-amère, d'une consistance et d'une odeur analogues à celles de la térébenthine, qui exhale sur les charbons une odeur de graisse brûlée ; qui se dissout dans les huiles fixes et volatiles, dans l'éther, et mieux encore dans l'alcool, surtout s'il est chaud ; qui forme enfin, avec la potasse, une sorte de savon mou. M. Vauquelin n'a pu séparer le principe colorant de l'huile, à cause de la petite proportion dans laquelle il se trouve relativement à cette dernière ; cependant il le regarde comme se rapprochant de la substance colorante de la bile. (CH.)

CERURA. (*Entom.*) Schrank, dans son énumération des papillons de Vienne, a désigné, sous ce nom de genre, les lépidoptères du genre Bombyce, tels que la queue-fourchue, que Fabricius a dénommés *vinula*, *furcula*, *fagi*, etc. (C. D.)

CÉRUSE (*Chim.*), nom donné dans le commerce au sous-carbonate de plomb. (CH.)

CÉRUSE D'ANTIMOINE. (*Chim.*) On s'est servi quelquefois de cette dénomination pour désigner l'oxide d'antimoine précipité par un acide de l'eau qui a servi à lessiver le résidu de la calcination d'un mélange de parties égales d'antimoine et de nitrate de potasse, ou d'un mélange de 1 partie de sulfure d'antimoine et 3 de nitrate de potasse. (Cн.)

CÉRUSE NATIVE. (*Min.*) On a donné quelquefois ce nom au plomb carbonaté pulvérulent. Cette dénomination est rapportée dans la première édition de la Minéralogie de Kirwan et dans de Horn. Voyez Plomb. (B.)

CERVANTÈSE. (*Bot.*), *Cervantesia*, genre de la famille des thymélées, de la *pentandrie monogynie* de Linnæus, dont les fleurs offrent pour caractère essentiel : un calice campanulé pentagone; point de corolle; cinq écailles entre les dents du calice ; cinq étamines ; un ovaire libre ; un stigmate sessile : une noix monosperme, enveloppée à sa partie inférieure par le tube du calice charnu, agrandi.

La seule espèce renfermée dans ce genre est le *cervantesia tomentosa*, Fl. Per. 2, pag. 19, tab. 221, fig. 6; *cervantesia bicolor*, Cav., *Ic. Rar.* 5, pag. 49, tabl. 475. Arbrisseau de douze à quinze pieds, pourvu de rameaux épars, flexueux, lanugineux dans leur jeunesse; les feuilles éparses, pétiolées, ovales-oblongues, très-entières, couvertes à leurs deux faces d'un duvet tomenteux, un peu caduc. Les fleurs sont petites, disposées en grappes axillaires et terminales, laineuses, flexueuses; le calice à cinq découpures colorées, ovales, aiguës; la corolle remplacée par cinq écailles blanchâtres (selon M. Cavanilles, une corolle monopétale, trois fois plus courte que le calice, à cinq découpures arrondies); les filamens insérés à la base du calice, alternes avec les écailles; les anthères bifides à leurs deux extrémités ; point de style ; un stigmate simple. Le fruit consiste en une noix ovale, à cinq angles, surmontée par les cinq grandes découpures agrandies du calice. contenant un noyau uniloculaire, fongueux à sa moitié inférieure. Cet arbrisseau croît au Pérou, aux lieux escarpés. (Poir.)

CERVARIA. (*Bot.*) Gesner nommoit ainsi le *dryas octopetala*, petite plante alpine, probablement parce que, avant lui, quelques-uns l'avoient nommé *herba cervi*. Plus récemment Rivin a employé le même nom pour le *libanotis nigra* de Théophraste, que Thalius disoit être appelé *cervaria nigra* dans les forêts du Hartz, et qui est l'*athamantha cervaria* de Linnæus. Enfin, Gærtner a voulu séparer cette plante de l'*athamantha*, sous le nom générique de *cervaria*, en lui assignant pour caractère distinctif des graines légèrement velues et marquées de trois stries. Moench a adopté ce genre ; mais d'autres en ont fait une espèce de *selinum*, et Willdenow l'a laissé dans le genre *Athamantha*. (J.)

CERVEAU. (*Anat.*) Le renflement médullaire, situé à l'extrémité antérieure de la moelle épinière, et par conséquent de tout le système nerveux, se nomme en général le cerveau, ou l'encéphale. Dans un sens plus particulier, on distingue le cerveau proprement dit du cervelet, et de la moelle alongée, qui sont deux autres parties de l'encéphale.

Le cerveau est sans contredit le plus intéressant et le plus noble des organes du corps animal ; tous les nerfs y aboutissent, soit immédiatement, soit par l'intermédiaire de la moelle épinière et de la moelle alongée. Si l'on coupe un nerf, ou que l'on gêne d'une manière quelconque sa communication avec le cerveau, les parties auxquelles ce nerf se rend perdent sur-le-champ leur sensibilité et leur mouvement, et si l'on comprime le cerveau lui-même, l'animal tombe à l'instant en léthargie. C'est donc au cerveau que doivent arriver en dernier résultat les impressions des sens extérieurs pour que l'animal en ait la perception, et c'est de lui, comme d'un centre, que la volonté imprime son action aux muscles ; il est aussi l'organe nécessaire de la pensée, c'est-à-dire, de la comparaison des sensations, et de la formation des idées générales qui représentent ce que plusieurs sensations ont de commun. Enfin, il est le siége de la mémoire. L'anéantissement de ces facultés, suite constante des lésions du cerveau, le prouve évidemment ; mais, autant les fonctions de cet organe sont certaines, autant la manière dont il les exerce est couverte de ténèbres. On remarque en général qu'elles sont d'autant plus parfaites, que le cerveau est plus volumineux. On remarque encore qu'il les partage d'autant plus avec le reste du système nerveux, qu'il devient plus petit à proportion de la masse de ce système. Les reptiles, par exemple, qui ont le cerveau à peine plus gros que la moelle épinière, conservent encore de la volonté et du sentiment après avoir perdu entièrement le premier de ces deux organes. Apparemment qu'alors toute la substance médullaire peut exercer ses facultés, et que le cerveau ne jouit à leur égard d'une prépondérance si marquée, dans l'homme et dans les autres animaux d'ordres supérieurs, qu'à cause de sa grandeur. Dans les insectes et les vers, où le cerveau n'est pour ainsi dire pas plus grand que les divers nœuds répandus le long de la moelle de l'épine, chaque tronçon du corps paroît, quelque temps après sa séparation, pouvoir agir et sentir comme l'animal entier. Toutes les parties du cerveau ne sont pas également nécessaires à ses fonctions : on l'a vu perdre des portions considérables par des blessures, sans que l'intelligence fût suspendue. Comme le cerveau est le centre du système nerveux, l'on a jugé qu'il doit y avoir quelque partie servant de centre au cerveau lui-même, et c'est elle que l'on a nommée *sensorium commune*, ou siége de l'âme. Nous avons vu ailleurs l'incertitude où l'on est sur la partie du cerveau qui mérite véritablement ce nom ; mais, en supposant, comme on ne peut guère en douter, qu'il y en ait réellement une dans ce cas, il paroît que l'âme emploie encore plusieurs parties différentes de ce grand organe, même pour l'exercice de ses fonctions les plus intellectuelles. Ainsi, comme nous voyons les deux voûtes nommées hémisphères décroître dans les espèces d'animaux à mesure qu'elles deviennent plus stupides, il est naturel que nous supposions quelque rapport entre la grandeur de ces voûtes et la supériorité de l'intelligence. On aperçoit même quelque chose de semblable dans les divers individus de l'espèce humaine : un front plat s'allie rarement avec de l'esprit, et les races qui ont le front petit et le crâne comprimé, comme les nègres, n'ont jamais pu parvenir à une haute civilisation. Le docteur Gall va beaucoup plus loin : il prétend que chaque sentiment, chaque penchant, chacune des modifications particulières de nos facultés a son siége dans quelque région circonscrite du cerveau ; que la grandeur de ces divers organes particuliers emporte nécessairement une prédominance des dipositions qui leur correspondent, et que leurs saillies, se faisant remarquer, jusqu'à

un certain point, à l'extérieur du crâne, peuvent faire juger
d'une manière assez sûre le moral des individus. Il prétend
avoir recueilli assez de faits, en observant des crânes d'individus qui jouissoient d'une manière très-marquée de certaines
facultés, ou qui étoient livrés a certains vices d'une façon irré-
sistible, pour en déduire des régles générales, et pour en
former une science qu'il a nommé cranioscopie.

On observe encore une relation entre le volume de certaines
parties du cerveau, et certaines dispositions en apparence
purement physiques. Ainsi, les animaux herbivores paroissent
avoir constamment la paire antérieure des tubercules quadri-
jumeaux plus grande à proportion que ne l'ont les carnivores.
Mais il s'en faut bien que ces différens aperçus fournissent
encore des données suffisantes sur les usages des différentes
parties du cerveau. Cependant, cet organe est extrêmement
compliqué, ainsi qu'on le verra dans la description que nous
en donnerous au mot ENCÉPHALE. (C.)

CERVEAU DE MER. (*Polyp.*) C'est le nom marchand de
plusieurs espéces de polypiers du genre MÉANDRINE. Voyez
ce mot. (DE B.)

CERVELET. (*Anat.*) Voyez ENCÉPHALE. (C.)

CERVI BOLETUS (*Bot.*), Bolet de cerf. Cordus, dans ses
Observations sur Dioscoride, et J. Bauhin, dans son Histoire
des Plantes, donnent ce nom à un champignon, qui est le
lycoperdon cervinum, Linn., dont M. Persoon avoit d'abord
fait un genre particulier, nommé *hypogeum*, et que depuis
il a réuni au *scleroderma*, genre voisin des truffes, *tuber*.
(LEM.)

CERVICAPRA. (*Mamm.*) On a donné ce nom, et celui
de *capri-cerva*, à différentes espèces de ruminans à cornes
creuses, mal déterminées. Monardi, *de Lap. Bezoard.*, paroit être
un des premiers qui l'aient employé. Kæmpfer l'a aussi appliqué à l'animal qu'il représenta comme étant celui qui fournit
le bézoard oriental, et il a été donné par Linnæus à la gazelle
d'Afrique de Ray. Ce n'est que Pallas qui en a fait le nom spécifique d'un animal bien caractérisé, de l'espèce de gazelle dont
Buffon a parlé sous le nom d'antilope, et dont Pallas a le premier donné une bonne figure et une bonne description. *Spic.
Zool., fasc.* X. (Voyez ANTILOPE.) M. de Blainville en a nouvelle-

8.   2

ment fait le nom du troisième sous-genre de sa grande famille des Cérophores. Voyez ce mot. (F. C.)

CERVICARIA (*Bot.*), nom ancien donné à quelques espèces de campanule, et au *trachelium*, genre voisin. Suivant Lobel, cité par Daléchamps, Gesner l'appliquoit aussi à la plante alpine désignée maintenant sous celui de *dryas*. (J.)

CERVICOBRANCHES. (*Malacoz.*) M. de Blainville, dans sa nouvelle distribution méthodique des animaux mollusques, donne ce nom d'ordre aux espèces de mollusques acéphalophores, dont les organes de la respiration, symétriques, sont placés au-dessus du cou, et recouverts par une coquille simple, symétrique, et non spirale. Les genres qu'il y fait entrer sont : Parmaphore, Fissurelle, Emarginule, Navicelle ou Septaire, et Patelle. Voyez ces différens mots, et celui de Malacozoaire. (De B.)

CERVIERS (*Bot.*), ou Champignons Couleur de cerf. Espèces de champignons du genre *Amanita* de Haller, *agaricus*, Linn., dont la tige est nue et les feuillets roussàtres. Paulet en forme deux groupes ; savoir : les *cerviers solitaires*, et les *cerviers en famille*. (Lem.)

CERVISPINA. (*Bot.*) Cordus, auteur ancien, nommoit ainsi le nerprun ordinaire. (J.)

CERVO CAMELUS. (*Mamm.*) C'est sous ce nom que Johnston représente le lama. (F. C.)

CERVULUS. (*Mamm.*) M. de Blainville, ayant partagé les cerfs d'après la longueur du pédoncule qui porte leur bois, propose de donner ce nom à ceux qui ont le pédoncule plus long que le bois lui-même. (F. C.)

CERWENKA. (*Ornith.*) Les Bohémiens appellent ainsi le rouge-gorge, *motacilla rubecula*, Linn. (Ch. D.)

CÉRYLE. (*Ornith.*) Aristote, livre 8, chapitre 3, parle de deux espèces d'alcyons, dont l'un chante sur les roseaux, et dont l'autre, de plus forte taille, est muet. Celui-ci est le martin-pêcheur ordinaire, *alcedo ispida* de Linnæus ; l'autre, qui est le *ceralus* de l'ancien traducteur d'Aristote, le *carulus* de Gaza, le *cerulus* de Scaliger, le *céryle* de Camus, a été regardé comme le mâle de l'alcyon par Elien, *de Naturâ animalium*, liv. 7, chap. 17 ; par le Scholiaste d'Aristophane, lequel écrit *corylus* et cite Antigone ; et par Wotton, *de Diffe-*

tentiis animalium, lib. 7, cap. 45. Belon croit que le *cerylus* est le même oiseau que le *ceycus* ou *ceyx*, dont Pline fait mention, liv. 32, chap. 8, en parlant des nids d'alcyons, considérés comme alimens ou médicamens; mais l'on sait maintenant que ces nids sont l'ouvrage de l'hirondelle salangane, et l'ancien naturaliste françois pourroit être plus fondé dans son opinion, que l'alcyon vocal d'Aristote, lequel, suivant ce dernier lui-même, *chante sur les roseaux*, est la rousserolle, *turdus arundinaceus*, Linn., malgré la différence dans la conformation et les habitudes de celle-ci et du martin-pêcheur. (Ch. **D.**)

CÉRYLON (*Entom.*), nom de genre que M. Latreille a donné à une espèce de lycte. Voyez Lycte. (C. **D.**)

CERYOMYCES. (*Bot.*) Battara donne ce nom à une des dix-huit classes qu'il établit dans les champignons. Cette classe, la seizième de sa Méthode, comprend les champignons dont la partie inférieure du chapeau est tubuleuse : ce sont les bolets de Linnæus. Voyez Cepes et Suillus. (Lem.)

CERZIA. (*Ornith.*) Les Italiens désignent par ce mot, avec l'épithète de *cenerina*, le grimpereau commun, *certhia familiaris*, et avec celle de *muraiola*, le grimpereau de muraille ou tichodrome, *certhia muraria*, Linn. (Ch. **D.**)

CESANO (*Ornith.*), nom que porte à Venise le cygne, *anas cygnus*, Linn. (Ch. **D.**)

CESEFOS (*Ornith.*), dénomination du merle, *turdus merula*, Linn., par corruption du grec. (Ch. **D.**)

CÉSIE (*Bot.*), *Cœsia*, genre établi par M. Rob. Brown pour des herbes de la Nouvelle-Hollande, à racines tuberculeuses, fasciculées; les tiges simples ou rameuses, garnies de feuilles graminiformes; les fleurs bleues ou blanchâtres, disposées en grappes simples ou ramifiées. Ce genre appartient à la famille des asphodelées, et doit être placé dans l'*hexandrie monogynie* de Linnæus. Ses fleurs offrent : une corolle caduque, à six découpures égales; six filamens nus; les anthères échancrées, attachées par leur base; un ovaire à trois loges; deux ovales dans chaque loge; un style filiforme; un stigmate. Le fruit est une capsule presque sans valve, toruleuse, lobée, presque en massue à son sommet, renfermant des semences ventrues, ombiliquées.

M. Rob. Brown en a observé cinq espéces : 1.º le *cæsia vittata*, à bulbes fasciculées ; les feuilles presque planes ; les grappes simples, ou un peu ramifiées ; les fleurs inclinées ; les filamens comprimés. 2.º Le *cæsia parviflora* : ses racines sont fibreuses ; ses fleurs droites, en grappes paniculées. 3.º Le *cæsia occidentalis*, dont les feuilles sont filiformes, canaliculées ; les fleurs droites ; les grappes à peine ramifiées. 4.º Le *cæsia corymbosa* : ses feuilles sont presque planes ; ses tiges simples ; ses fleurs peu nombreuses, disposées en corymbe. 5.º Le *cæsia lateriflora* : ses tiges sont très-rameuses, munies de stipules ; ses fleurs latérales, pendantes, presque solitaires ; ses capsules pendantes, en massue, presque monospermes. (Poir.)

CESILA (*Ornith.*), un des noms italiens de l'hirondelle considérée génériquement. (Ch. D.)

CESON (*Ornith.*), nom du cravant, *anas bernicla*, Linn., en Italie, où celui de *cesone* est appliqué spécialement au canard sauvage, *anas boschas*, Linn. (Ch. D.)

CESTRACION. (*Ichthyol.*) M. Cuvier vient d'établir un genre ou sous-genre de ce nom aux dépens de celui des squales des autres ichthyologistes. Les caractéres qu'il lui assigne sont :

Des évents ; une nageoire anale ; des dents en pavé ; une épine en avant de chaque nageoire dorsale ; des màchoires pointues, avançant autant que le museau, et portant, au milieu, des dents petites, pointues, et, vers les angles, d'autres fort larges, rhomboïdales, dont l'assemblage représente certaines coquilles spirales.

On distinguera donc facilement ce genre des aiguillats, des centrines, des leiches, qui n'ont point d'anale ; des carcharias, des lamies, des zygènes, qui n'ont point d'évents ; des milandres, dont les dents sont analogues à celles des requins ; des grisets, qui n'ont qu'une dorsale ; des émissoles et des pèlerins, qui n'ont point d'épines.

On n'en connoit encore qu'une espéce ; c'est

Le Cestracion du port Jackson, *Cestracio Philippi*. (*Squale Philipp*, Lacép. ; *Squalus Philippi*, Schn.) Proéminence très-prononcée auprès des yeux ; dents sur dix ou onze rangs ; les extérieures plus petites ; plusieurs demi-sphériques ; lobe supérieur de la nageoire anale plus long. Brun en-dessus, blauchâtre en-dessous.

Il a été observé au port Jackson de la Nouvelle-Galles du Sud, pendant le voyage du capitaine Philipp à Botany-Bay. L'individu qui fut pris alors n'avoit que deux pieds de longueur, et cinq pouces et demi dans sa plus grande largeur. (H. C.)

CESTRE (*Arachnod.*), *Cestrum*. M. Lesueur a fait connoître sous ce nom, dans le Bulletin de la Société philomathique pour le mois de juin 1815, un genre d'animaux marins extrêmement singuliers, et qu'il est assez difficile de faire entrer dans les cadres systématiques. C'est un corps libre, entièrement gélatineux, comprimé, fort alongé transversalement, décroissant du milieu à ses extrémités, et bordé inférieurement de deux côtes ciliées dans toute leur longueur ; la bouche est centrale, en sorte que l'on peut dire que c'est un animal rayonné, mais qui n'a que deux rayons extrêmement longs : aussi M. Lesueur le compare-t-il à un béroé que l'on supposeroit tiré latéralement par deux points opposés, sans lui faire perdre de sa hauteur. Voici ce qu'il nous dit sur l'organisation du seul individu, malheureusement incomplet, qu'il a observé dans la mer de Nice, où ces animaux sont connus sous le nom de *sabres de mer*. Sa longueur étoit environ d'un mètre et demi, sa hauteur de huit centimètres, et son épaisseur d'un centimètre seulement. Il nageoit dans une position horizontale, la bouche en haut ; son mouvement étoit lent et onduleux. A travers sa substance extérieure qui étoit parfaitement transparente, on voyoit le sac stomacal placé au-dessus de l'ouverture de la bouche, et qui se détachoit par sa couleur plus foncée du reste du corps ; de chaque côté de ce sac étoit une sorte de lanière appliquée sur ses parois, et qui avoit une autre partie mince et alongée, prenant naissance à son bord inférieur. Chaque lanière, renflée dans son milieu, diminuoit beaucoup de grosseur à son extrémité buccale ou inférieure, et se joignoit là à deux filets ayant toute l'apparence de vaisseaux, lesquels partoient à droite et à gauche pour se porter, en remontant, jusqu'au bord inférieur de l'animal, et s'y bifurquoient. Une des branches suivoit cette arête, et supportoit les innombrables cils qui la garnissent, tandis que l'autre se recourboit jusqu'à peu près au milieu de la hauteur du corps, et, prenant ensuite une direction horizontale, se prolongeoit sans doute jusqu'à l'extrémité de chaque appendice ; mais on

ne peut l'affirmer, ces appendices étant incomplets sur l'individu observé.

On ne connoit encore qu'une seule espéce de ce genre, que
M. Lesueur nomme *cestrum Veneris*, le cestre de Vénus : sa
couleur est d'un blanc laiteux d'hydrophane, avec de légers
reflets bleus ; les cils irisés. Elle est figurée dans le journal
cité. (De B.)

CESTREAU (*Bot.*), *Cestrum*, genre de plantes à fleurs mono-
pétalées, appartenant à la famille des solanées, très-voisin
des *lycium*, dont il se distingue principalement par les filamens des étamines non velus à leur base. Il a pour caractère
essentiel : un calice court, tubulé, à cinq dents ; une corolle
en entonnoir, dont le tube est grêle, alongé, évasé vers son
orifice, et dilaté en un limbe à cinq découpures plissées ; cinq
étamines renfermées dans le tube ; les filamens glabres, quelquefois munis d'une petite dent ; les anthères arrondies ; un
style ; le stigmate obtus ; une baie à deux loges ; plusieurs
semences réniformes.

Ce genre comprend des arbrisseaux exotiques, dont plusieurs
se cultivent dans les jardins botaniques de l'Europe. Leurs
feuilles sont simples et alternes ; leurs fleurs disposées en
bouquets ou en corymbes axillaires, assez semblables par
leur forme à celles du jasmin. Les espèces les plus remarquables et les mieux connues sont :

Cestreau de nuit ; *Cestrum nocturnum*, Linn. ; Dillen.,
Hort. Eltham., p. 183, tab. 153, fig. 185 ; vulgairement le
galant de nuit. Son nom lui vient de ce que ses fleurs, à l'approche de la nuit, répandent une odeur assez agréable, mais
trop forte pour être respiré sans incommodité dans des
lieux fermés : elles se montrent dans les mois d'août et de
septembre : elles sont d'une couleur verdâtre, et naissent par
fascicules dans les aisselles des feuilles supérieures ; elles
donnent des petites baies blanches et globuleuses. Les feuilles
sont ovales-lancéolées, d'un beau vert. Cet arbrisseau s'élève
à la hauteur de huit à neuf pieds. Il est originaire de l'Amérique méridionale.

Cestreau de jour ; *Cestrum diurnum*, Linn. ; Dillen., *Hort.
Eltham.*, p. 186, tab. 154, fig. 186 ; vulgairement le *galant de
jour*. C'est pendant le jour que cet arbrisseau répand l'odeur

douce et agréable de ses fleurs. Il s'élève à la hauteur de dix à douze pieds, se divise en quelques rameaux alongés, garnis de feuilles pétiolées, ovales-oblongues, très-lisses; les fleurs sont blanches, petites, en fascicules presque ombellés, nombreuses; les divisions de la corolle courtes, réfléchies, un peu crépues. Cette plante croît à la Havane.

CESTREAU AURICULÉ; *Cestrum auriculatum*, Lhéritier, *Stirp.*, 1, p. 71, tab. 55; Feuillée, Pérou, 2, p. 25, tab. 20, fig. 3, *mediocris*. Les fleurs de cet arbrisseau, au rapport de Feuillée, répandent au loin, pendant la nuit, une forte odeur de musc; mais, dès que le soleil reparoît, cette odeur devient insupportable, presque fétide, et dure toute la journée. Ses feuilles sont oblongues, lancéolées, d'une odeur désagréable, munies à leur base d'oreillettes en forme de stipules; les fleurs disposées en panicules lâches, axillaires; la corolle pubescente, verdâtre, teinte d'un rouge obscur. Cet arbrisseau est originaire du Pérou.

CESTREAU PARQUI; *Cestrum parqui*, Lhéritier, *Stirp.*, 1. pag. 73, tab. 36; vulgairement *parqui*, Feuillée, Pérou, 2, pag. 72, tab. 32, fig. 1. Cet arbuste croît également au Pérou. Il est moins élevé que le précédent; ses feuilles sont plus petites, privées d'oreillettes; ses fleurs fasciculées, presque sessiles; sa corolle d'un blanc verdâtre, teinte de pourpre ou de violet, très-odorante pendant la nuit; les baies noires, ovales, contenant environ quatre semences oblongues.

CESTREAU A FEUILLES DE LAURIER: *Cestrum laurifolium*, Lhérit. *Stirp.*, 1, pag. 69, tab. 34. Ses tiges s'élèvent à la hauteur de huit à neuf pieds; ses rameaux sont glabres, garnis vers leur sommet de feuilles larges, coriaces, ovales, obtuses, pétiolées; les fleurs paniculées, presque sessiles, jaunâtres. Il est originaire de l'Amérique.

Le *cestrum venenatum* de Burmann, qui croît au cap de Bonne-Espérance, quoique très-rapproché de cette espèce, s'en distingue par ses feuilles lancéolées, oblongues; par ses fleurs tout-à-fait sessiles. Ses fruits sont des baies oblongues, bleuâtres, et très-vénéneuses, au rapport de Burmann. Les habitans de l'Afrique écrasent ces semences, les mêlent avec des viandes qu'il exposent à l'avidité des bêtes féroces, pour les empoisonner.

Cestreau campanulé ; *Cestrum campanulatum*, Lam., Encyclopédie ; Dombey, Herb. C'est un arbrisseau dont les rameaux sont un peu pubescens, garnis de feuilles ovales, aiguës, cotonneuses en-dessous ; les fleurs sessiles, fasciculées ; la corolle campanulée ; ses découpures cunéiformes, pubescentes à leurs bords. Il croît au Pérou. Son bois éclate au feu avec une telle force, que ses éclats brisent les vases qui y sont exposés ; d'où vient que les Espagnols du Pérou le nomment *casse-pots* (*quexba ollas*).

On connoit encore quelques autres espéces de cestreau, dont plusieurs sont cultivées dans les jardins botaniques, telles que le cestreau à grandes feuilles, *cestrum macrophyllum*, le cestreau à feuilles d'alaterne, *cestrum alaternoïdes*, tous deux originaires de l'Amérique méridionale, et cultivés au Jardin du Roi, à Paris ; enfin les *cestrum latifolium*, *hirtum*, *tomentosum*, *scandens*, etc. : tous originaires de l'Amérique ou des iles qui en dépendent. Les diverses espéces que nous avons mentionnées, sont des arbrisseaux assez jolis, dont les fleurs, dans quelques-unes, ont une odeur agréable ; elles n'ont point d'éclat, mais elles sont abondantes, réunies en gros bouquets axillaires, de couleur blanche, ou d'un blanc verdâtre. (Poir.)

CESTRINUS. (*Bot.*) [*Cinarocéphales*, Juss. ; *Syngénésie polygamie égale*, Linn.] Linnæus a rapporté au genre *Cinara*, et M. Decandolle au genre *Serratula*, cette plante qui n'appartient certainement ni à l'un ni à l'autre, et qu'on ne peut convenablement ranger dans aucun genre connu. C'est pourquoi nous avons jugé nécessaire d'en former un nouveau genre qui fait partie de la famille des synanthérées, et de notre tribu naturelle des carduacées, et qui a beaucoup d'affinité avec le *carthamus*.

La calathide multiflore, équaliflore, régulariflore, androgyniflore, est très-grande, globuleuse. Le péricline hémisphérique, plus court que les fleurs, est formé de squames imbriquées, coriaces, alongées, étrécies de bas en haut ; terminées par un appendice ovale, scarieux, lacinié. Le clinanthe est fimbrillé. La cypsèle est comprimée bilatéralement, obovoïde, munie de quatre côtes, légérement striée, glabre ; son aréole basilaire est un peu oblique-antéricure ;

son aigrette est formée de squamellules très-nombreuses, multi-
sériées, longues, inégales, filiformes-laminées, barbellulées.
La corolle a le tube très-long, et le limbe cylindracé, confondu extérieurement avec le tube, divisé jusqu'à la moitié
de sa hauteur en cinq lobes longs, étroits, linéaires. Les
étamines ont les filets munis de simples papilles éparses; les
appendices apicilaires arrondis au sommet; les appendices
basilaires courts.

Le Cestrin carthamoïde ; *Cestrinus carthamoïdes*, H. Cass.
(*Cynara acaulis*, Linn.; *Serratula acaulis*, Decand.), est une
plante herbacée, à racine vivace, qui croît dans le Levant
et sur les collines de la Barbarie. La tige est presque nulle :
les feuilles primordiales sont ovales-lancéolées, entières; les
autres sont bipinnatifides, non-épineuses, glabres et vertes
en-dessus, tomenteuses et blanches en-dessous. Il n'y a qu'une
seule calathide, à peu près sessile, sur le collet de la racine ;
elle est composée de fleurs odorantes, de couleur orangée.

Le principal caractère du cestrin réside dans l'appendice
terminal des squames du péricline. Il n'a aucune affinité naturelle avec le *serratula*, non plus qu'avec le *cynara*; mais il
se rapproche immédiatement du *carthamus*. (H. Cass.)

CESTRON. (*Bot.*) La bétoine porte ce nom dans les ouvrages
de Dioscoride, à cause de son épi de fleurs alongé, suivant
l'explication de Daléchamps. Elle est aussi nommée *psycho-
trophon*, parce qu'elle croit, dit-il, dans des terrains froids.
Le *cestrum* des modernes est un genre très-différent. Voyez
Cestreau. (J.)

CESTRORHINUS. (*Ichthyol.*) M. de Blainville applique ce
nom aux squales du genre Zygène, comme le marteau, le pan-
touflier, la zygène de Bloch, etc. Voyez Squale, Zygène. (H. C.)

CÉTACÉ, Cétacée. (*Mamm.*) Ce nom vient du grec κῆτος.
Aristote l'a employé pour désigner des animaux marins auxquels il avoit déjà reconnu la plupart des caractères qui nous
font distinguer aujourd'hui les cétacés des grands poissons.

C'est aussi sous ce nom que, depuis Aristote, les naturalistes
ont parlé de ces animaux extraordinaires, qui ressemblent si
peu par leurs formes extérieures a ceux de la classe des mammifères, à laquelle ils appartiennent cependant.

En effet, si l'élément dans lequel les cétacés sont obligés de vivre, a nécessité, dans la forme générale de leur corps, des modifications telles que souvent les voyageurs n'ont pas su les distinguer des poissons; en examinant plus profondément leur structure, on voit qu'en dernier résultat les changemens qu'ils ont éprouvés se bornent aux organes du mouvement : qu'ils ont, comme les animaux les plus parfaits, une double circulation; qu'ils respirent l'air par les poumons, et qu'ils ne respirent que l'air de l'atmosphère; qu'ils ont des mamelles, s'accouplent à la manière des mammifères, mettent au monde un petit vivant, et l'alaitent. A la vérité, leurs pieds de derrière ont disparu entièrement; leur colonne vertébrale se termine par une nageoire membraneuse et horizontale; et deux petits osselets, placés dans les chairs à l'origine de la queue, semblent n'exister que pour servir d'indice de la place que devoit occuper le bassin. Les pieds de devant n'ont pas éprouvé des changemens aussi considérables que ceux de derrière; ils sont représentés par des nageoires à l'intérieur desquelles on retrouve les mêmes parties que dans les extrémités antérieures des animaux plus parfaits, et elles servent dans plusieurs cas aux mêmes usages, comme on pourra le voir aux articles Baleine, et Cachalot.

On trouvera aux mêmes articles, avec la description des évents, celle du mécanisme par lequel le cétacé fait jaillir l'eau superflue qui s'introduit dans sa bouche, lorsqu'il l'ouvre pour engloutir sa proie.

Ces évents sont les narines de l'animal, et c'est par leur moyen qu'il vient, pour respirer, chercher l'air à la surface de l'eau. Aussi ces organes, qui peuvent être placés différemment sur la tête des diverses espèces, sont toujours dirigés plus ou moins directement en haut; la respiration n'auroit pu se faire qu'en forçant l'animal à prendre une position pénible, s'ils se fussent trouvés à l'extrémité du museau, comme ils le sont communément dans les quadrupèdes.

Les cétacés sont totalement dénués de poils, et recouverts d'une peau nue, sous laquelle se dépose une couche épaisse d'un lard huileux; les uns ont des dents : chez d'autres elles sont remplacées par des Fanons. (Voyez ce mot et Baleine.) Presque tous ont une forme hideuse : leur tête, d'une grandeur démesurée, comparée à celle du corps; son aplatissement;

l'ouverture énorme de leur gueule, la petitesse de leurs yeux, leur cou absolument nul, en apparence ; la privation entière de la conque auditive ; tout, enfin, semble se réunir chez ces animaux, dans les proportions et sous les formes les plus contraires à celles qui nous flattent, et que nous regardons communément comme belles.

Avec une telle organisation, les sens ne pouvoient être délicats : une peau nue, sous laquelle s'étend une couche de graisse, n'est point favorable au toucher ; de petits yeux, des oreilles sans conque externe, des narines au travers desquelles l'eau passe perpétuellement, ne sont pas de nature à donner une vue, une ouïe, un odorat bien fin, et rien n'annonce que le goût doive avoir une finesse plus grande. Aussi les cétacés ne montrent-ils pas une grande intelligence : placés dans un milieu où semble être le foyer de la vie, ils se procurent en abondance et sans peine leur nourriture ; et la plupart trouvent dans leur masse et leur force tout ce dont ils ont besoin pour surmonter les dangers ou pour s'y soustraire. Cependant ils atteignent le but qui leur a été fixé par la nature, et, à cet égard, ces animaux sont aussi parfaits qu'aucun autre : leur existence, la conservation, la perpétuation de leur espèce, tout nous prouve qu'ils remplissent la tâche à laquelle ils ont été destinés, qu'ils concourent avec les autres êtres à l'harmonie de l'univers.

Ce seroit sans doute ici le lieu de rechercher la véritable destination de ces mammifères singuliers, et d'établir quelle est la place réelle qu'ils doivent occuper dans l'économie générale de la nature ; mais leur vie a, jusqu'à présent, été plongée dans une telle obscurité pour nous, autant à cause de l'élément qu'ils habitent, qu'à cause des régions inabordables qui les recèlent, que nous ne pourrions guère, à cet égard, que rapporter quelques faits isolés, tout au plus suffisans pour prêter à quelques conjectures.

Ce sont ces considérations qui ont sans doute déterminé M. Gérardin à rapporter aux articles Baleines et Cachalots le plus grand nombre de ces faits, ceux qui sont communs et particuliers aux genres, comme ceux qui sont communs et particuliers aux espèces. Ainsi, pour ne point nous répéter, nous renvoyons à ces articles.

Mais, s'il **nous eût été** impossible **de résoudre**, d'une manière satisfaisante, la question précédente, notre tâche **ne**
sera pas si difficile en nous bornant à rechercher la place **des**
cétacés dans la classe à laquelle ils appartiennent. Leur organisation est mieux connue que leurs mœurs, et en la comparant à celle des autres mammifères, on trouve que, par
la petitesse de leur cerveau, le peu d'étendue des organes
de leurs sens, l'absence des membres postérieurs, l'oblitération des mains et des doigts, etc., ils viennent se placer naturellement les derniers.

C'est donc par les cétacés que se termine la série des
espèces les plus parfaites du règne animal, des espèces avec
lesquelles nous avons le plus de rapports, de celles qui se
distinguent de toutes les autres en mettant au monde des
petits vivans, et en les nourrissant, comme nous, à l'aide
de leurs mamelles. Voyez Mammifères et Système naturel.

Les espèces contenues dans l'ordre des cétacés ont été divisées
en sections principales, celle des Baleines et celle des Cachalots. Voyez ces deux mots.

Cétacés fossiles. On a trouvé des débris d'os fossiles
qui paroissent provenir de cétacés; mais ces restes ont été
tellement altérés, qu'il est difficile de former quelques conjectures raisonnables sur les espèces auxquelles ils ont appartenu. Ces os fossiles ont été découverts en Italie, dans le
voisinage de Dunkerque, au bord du Rhin, sur les côtes de
Normandie, aux environs de Laon et dans Paris même. Ces
derniers furent trouvés en 1779, dans une cave de la rue
Dauphine, à onze pieds de profondeur, dans un banc de glaise
jaunâtre et sablonneuse. On a cru reconnoître quelques rapports entre ces os et ceux des cachalots. Voyez l'Essai de Géologie de M. de Faujas, tom. 1, pag. 139. (F. C.)

CÉTÉRACH (*Bot.*), genre de fougères, qui se distingue
de l'*asplenium*, Linn., par ses groupes de capsules disposées en lignes transversales ou en paquets oblongs, dépourvus de tégumens (*indusium*) propres, mais recouverts
d'écailles ou papilles.

Le genre Cétérach, fondé par Adanson, et rétabli par Decandolle et Willdenow, a pour type une fougère qui a porté de
tout temps ce nom. Linnæus l'a réuni à son genre *Asplenium*,

Smith au *scolopendrium*, Swartz au *grammitis*, Bernardi au *vittaria*. Willdenow ne rapporte au genre Cétérach que des *asplenium* des auteurs. M. Decandolle y ajoute quelques espèces d'*acrostichum*, et il présume que le *candollea*, Mirb., ou *cyclophorus*, Desv., et le *pyrrosia*, Mirb., doivent probablement lui être réunis, ces naturalistes prenant pour caractère la présence des écailles, et non la disposition des capsules.

L'espèce la plus intéressante est le Cétérach des boutiques, *Ceterach officinarum*, Dec. Willd.; *asplenium ceterach*, Linn. Blackw, tom. 216, Bull. Herb. tom. 383. C'est une fougère dont les frondes naissent, en touffe, d'une racine fibreuse. Chaque fronde a jusqu'à trois pouces et demi de longueur ; elle est semi-pennée, à lobes oblongs et obtus. Le dessous est couvert d'une multitude d'écailles scarieuses, entières, roussâtres et brillantes, qui la rendent pelucheuse. Sous ces écailles sont les capsules en groupes sublinéaires.

Le *cétérach* croit dans les fentes des rochers et des vieilles murailles. On le trouve dans presque toute l'Europe. C'est une fougère du nombre de celles dites *capillaires*, très-vantée autrefois par ses qualités pectorales, adoucissantes, apéritives et astringentes. On lui attribue les propriétés de dissoudre les calculs, de guérir les maladies de la rate et les coliques néphrétiques. C'est la doradille des Espagnols, nom qui est donné en France au genre *Asplenium*, et qui lui vient sans doute de l'aspect doré de la partie inférieure des frondes avec leur fructification.

Le Cétérach de Maranta; *Ceterach Marantæ*, Dec., est l'*acrostichum Marantæ* de Linnæus, ou une espèce du genre *Notholæna* de R. Brown.

Le Cétérach des Alpes; *Ceterach alpinum*, Decand., est le *polypodium arvonicum* de Smith, ou l'*acrostichum ilvense* de Villars et de Lamarck. Il est le type du genre Woodsia de Robert Brown (voyez ce mot), auquel se rapportent aussi plusieurs *acrostichum* réunis au cétérach par M. Decandolle.

Willdenow rapporte deux autres espèces à ce genre: l'une, le *cétérach des Canaries*, est l'*asplenium latifolium* de Bory ; elle ressemble au cétérach des boutiques, excepté qu'elle est six fois plus grande : l'autre naît dans les bois, à Caracas; c'est le *setcrach aspidioïdes*, Willd.

Ceterach, nom arabe de l'espèce la plus commune de ce genre, que quelques botanistes pensent être le *splenion* ou *asplenion* de Dioscoride. (Lem.)

CÉTHOSIE. (*Entom.*) M. Latreille a distingué sous ce nom de genre les espèces de papillons dont les tarses ont les crochets simples ou sans divisions, et qui d'ailleurs ressemblent aux nymphales. Ils sont tous étrangers : telles sont les espèces figurées par Cramer sous les noms de *Junon, Alcionée, Phlégie, Eugénie, Calliope, Euterpe, Diaphore, Lenée, Nise, Mélanide,* etc. (C. D.)

CÉTOCINE (*Conch.*), *Cetocis.* C'est un genre établi par Denys de Montfort pour un corps organisé fossile, rangé par les oryctographes parmi les bélemnites, et qui paroît en différer seulement en ce que toute l'étendue de la coquille est cloisonnée, que le sommet est percé par une ouverture en forme d'étoile, et qu'il n'y a pas de gouttière. (De B.)

CÉTOCINE. (*Foss.*) Montfort, Conch. Syst. tom. 1, pl. 93 ; Knorr, tom. II, sect. II, pag. 241, pl. 1*, fig. 4. Voici les caractères que M. Montfort a assignés à ce genre : Coquille libre, univalve, cloisonnée, droite et conique ; bouche ronde, horizontale ; siphon central ; sommet percé par un sphincter étoilé ; cloisons coniques et unies.

Ces caractères sont les mêmes que ceux que cet auteur a donnés au genre Bélemnite, à l'exception de ce qui regarde le sommet du cétocine, et la gouttière qui se trouve sur quelques espèces de bélemnites.

Je possède une espèce de ces derniers, que j'ai toujours rapportée à la figure qui se trouve dans l'ouvrage de Knorr, tom. II, pl. 1*, fig. 4. Son sommet porte des cannelures verticales qui pourroient former une espèce d'étoile, s'il étoit brisé ; mais j'ai toujours pensé et je crois encore que ce fossile ne peut constituer un genre différent des bélemnites, dont il est une espèce particulière. En ce cas ses caractères rentrent dans ce genre, et ils ne sont pas les mêmes que ceux ci-dessus. Voyez le mot Bélemnite, tom. IV, pag. 282, et son Suppl., pag. 66. (D. F.)

CÉTOINE (*Entom.*), *Cetonia.* C'est le nom d'un genre d'insectes de l'ordre des coléoptères pentamérés, ou à cinq articles à tous les tarses et à antennes en masse feuilletée, de la famille des pétalocères ou lamellicornes.

Les cétoines appartenoient au genre nombreux des scara-
bées de Linnæus, avant que Fabricius les eût distingués sous
ce nom particulier, qui depuis a été généralement adopté,
mais dont l'étymologie nous est inconnue.

Les insectes placés dans ce genre sont presque tous ornés
de couleurs métalliques ou rembrunies, qui contrastent d'une
manière remarquable avec leurs habitudes douces et tranquilles. Quoique, en effet, le bronze, le cuivre et l'or de leur
parure, les espèces d'armes que quelques-uns d'entre eux
portent sur leur chaperon, semblent annoncer des dispositions guerrières, ils ignorent l'art d'attaquer et de vaincre,
et ne savent point disputer une proie; leurs mâchoires, sans
défenses, ne sont destinées qu'à ramasser le pollen ou le
nectar. Paisibles habitans des bois, de nos bosquets et de nos
jardins, on les voit butiner sur les fleurs, tantôt groupés sur
les cimes des sureaux ou sur les corymbes de l'aubier; tantôt
isolés au sein de la rose, dont ils relèvent encore la fraîcheur;
ou au milieu des pétales de la pivoine, dont ils font ressortir
l'éclat.

L'organisation des cétoines est parfaitement d'accord avec
ces habitudes, ou, plutôt, leurs mœurs ne sont nécessairement
que le résultat de cette même organisation. Leurs antennes
sont de dix articles, le premier plus gros que les autres, les
trois derniers en masse feuilletée. On observe chez tous ces
insectes des mandibules membraneuses bilobées, des mâchoires à deux petits crochets et terminées par un long
faisceau de poils; disposition très-favorable pour recueillir
le suc des fleurs. Les palpes sont courts, filiformes, les maxillaires composés de quatre articles, les labiaux de trois; les
lèvres sont très-peu saillantes, entières, échancrées ou bifides.
Au reste, les caractères de la bouche sont à peu près les mêmes
que ceux des trichies, avec lesquelles les cétoines ont les plus
grands rapports; et ce n'est que dans la forme différente de
quelques parties du corps qu'on peut trouver un caractère
essentiel pour les distinguer.

*Corselet convexe trapézoïdal; une pièce triangulaire vers l'arti-
culation de chaque élytre; la dernière écaille pectorale soulevée,
à bord externe saillant de côté, et correspondant à une sinuosité
des élytres; le sternum proéminent.*

Les cétoines ont en général le corps ovale, un peu déprimé en-dessus : la tête est petite, recouverte en partie par un chaperon plus long que large, échancré ou bifide, ou terminé en une espèce de corne. Le corselet est très-grand, convexe d'avant en arrière et de forme trapézoïdale, dans le plus grand nombre des espèces. On trouve à la base externe des élytres, à l'endroit de leur insertion sur la poitrine, une pièce articulaire écailleuse, très-visible en-dessus ; les élytres, presque dans tous ces insectes, recouvrent en entier l'abdomen, et offrent une sinuosité de chaque côté de la poitrine. La poitrine semble carênée en-dessous à cause de la saillie du sternum qui se prolonge quelquefois jusque sous le corselet. Les différentes parties des pattes, surtout les cuisses, sont aplaties et assez larges ; les postérieures s'articulent sur une lame écailleuse concave, écartée des autres et un peu mobile quand l'insecte remue les pattes ; son bord postérieur est mince, tranchant et échancré ; son bord externe, plus épais, fait saillie en-dessus au milieu de la sinuosité correspondante des élytres ; les jambes, surtout les antérieures, sont fortement dentées ; les tarses grêles sont terminés par deux crochets.

Les larves des cétoines, à en juger par celle de la cétoine dorée, qui est la mieux connue, ont beaucoup de ressemblance avec celles des hannetons. La larve de la cétoine dorée a à peu près un pouce de longueur ; son corps, d'un blanc sale, est formé de douze anneaux couverts de très-petits poils roux, et garni de chaque côté de neuf stigmates ; la tête est large, armée de deux antennes articulées, et revêtue d'une peau écailleuse de couleur brune ; la bouche est formée de deux mâchoires et de petits palpes. Cette larve se rencontre dans les terres humides ; elle choisit surtout de préférence le terreau qu'on trouve au-dessous du domicile des fourmis, qui ne paroissent pas s'inquiéter beaucoup de ce voisinage, et qui la laissent vivre en paix. La larve de la cétoine fait beaucoup moins de tort aux racines des plantes que celle du hanneton. La terre humide et quelques débris de végétaux peuvent suffire à sa nourriture. Au bout de trois ou quatre ans, elle s'enfonce en terre assez profondément pour être à l'abri des gelées, et s'enveloppe d'une coque très-solide qu'elle construit en agglutinant des grains de sable, de petites pierres et même ses excrémens. C'est dans cette retraite qu'elle passe une ou plusieurs années, avant de subir sa dernière métamorphose. Si cette habitude de se construire ainsi une coque étoit constante dans toutes les cétoines, ce seroit encore une nouvelle différence entre ce genre et celui des trichies; car nous avons plusieurs fois observé, au moins dans les trichies verdet et hémiptère, que les nymphes ne s'enveloppoient jamais, et qu'elles étoient toujours libres au milieu du bois pourri : mais il est probable qu'il en est aussi de même pour toutes les cétoines dont les larves vivent dans le bois.

Le genre cétoine est très-nombreux; il renferme, dans la seconde édition des Eleuthérates de Fabricius, plus de cent vingt espèces appartenant à l'un et à l'autre continent. Nous allons décrire les plus remarquables, et surtout celles qui sont en Europe.

* *Ecusson en entier découvert, chaperon fourchu ou profondément bifide.* (Genre Goliath de Lamarck.)

Cétoine goliath ; *Cetonia goliatha*, Oliv., pl. 9, fig. 33. Corselet d'un blanc sale, bordé de noir et orné de six bandes brunes ou noires ; élytres brunes ou noires.

Cette cétoine est la plus grande espèce qui soit connue, et même un des plus gros coléoptères qu'on ait jusqu'ici rencontrés ; elle a quelquefois près de quatre pouces de long. Le chaperon est divisé antérieurement en deux cornes ; la couleur du corselet est grise ; l'écusson est brun avec une raie longitudinale blanche. On observe à la base des élytres une petite bande blanche ; les pièces triangulaires placées près de leur articulation sont vertes, ainsi que les cuisses ; les pattes noires. Les couleurs des parties supérieures du corps sont mates et veloutées.

On rencontre des individus de cette espèce qui ont de chaque côté du chaperon, outre la bifurcation ordinaire, une espèce de corne plate ; ils ont aussi les bandes du corselet noires, et les élytres noires avec un disque blanc. Cette variété de couleur, qu'Olivier a fait figurer pl. 5, fig. 35, pourroit bien dépendre d'une différence de sexe, et il seroit à présumer que celle-ci est le mâle.

8.   3

On trouve ces cétoines en Afrique.

CÉTOINE CACIQUE ; *Cetonia cacicus*, Oliv. Entom., pl. 3, fig. 22. Corselet roussâtre avec des bandes noires ; élytres grises ou blanches, bordées de noir.

Cette belle espèce, presque aussi grande que le goliath, est pour le nouveau continent le géant des cétoines, comme la première l'étoit pour l'ancien continent. Son chaperon se partage en deux petites cornes recourbées. Le corselet est roussâtre, velouté, avec six bandes demi-circulaires noires ; la couleur des élytres est grise, ou d'un blanc mat, bordé de noir ; l'écusson est roux. Les pièces triangulaires, à des élytres, le dessous du corps et les pattes, sont noirs et la base garnis de poils roux.

Cet insecte est de l'Amérique méridionale.

CÉTOINE POLYPHÈME ; *Cetonia polyphemus*, Oliv. Entom., pl. 7, fig. 61. Chaperon orné de trois cornes ; le corselet vert avec cinq raies longitudinales jaunâtres.

Elle est moins grande que la précédente ; sa tête, grise, est ornée de trois cornes noires, dont une plus longue bifurquée ; tout le dessus du corps est d'un vert mat, à l'exception de cinq raies jaunâtres, sur le corselet, et de trois rangées longitudinales de taches d'un jaune sale sur chaque élytre. Tout le dessous du corps est d'un vert luisant.

Cette cétoine a été apportée de l'Afrique équinoxiale.

CÉTOINE ÉCLATANTE; *Cetonia micans*, Oliv. Entom., pl. 1, fig. 2. Chaperon carêné, denté sur les bords, et terminé par une petite corne bifide ; tout le corps d'un vert brillant, les tarses noirs.

Cette espèce, encore plus petite que la précédente, se rencontre dans les mêmes lieux.

    * * *Ecusson en partie recouvert par un prolongement du corselet; chaperon simplement échancré ou surmonté d'une corne.*

CÉTOINE CHINOISE, *Cetonia chinensis*, Oliv., pl. 2, fig. 5. Chaperon bidenté ; le corps d'un vert foncé en-dessus, d'un brun-clair en-dessous.

Cette espèce est en-dessus d'un vert quelquefois tirant un peu sur le bleu ; son corselet est prolongé en une pointe obtuse qui cache une partie de l'écusson ; les élytres sont acu-

minées et terminées par une petite épine; le dessous du corps
et les pattes sont de couleur brune; les tarses noirs.

Cette cétoine se rencontre à la Chine.

Cétoine nègre; *Cetonia nigrita*, Oliv., pl. 10, fig. 92.
Chaperon échancré: tout le dessus du corps noir; les antennes,
les pattes et les cuisses, d'un brun clair.

La cétoine nègre, de la même forme et de la même taille
que la précédente, se rencontre dans les mêmes lieux.

Cétoine brillante; *Cetonia nitida*, Fab., Oliv., 1, tab. 3,
fig. 16. Le chaperon terminé par une petite corne recourbée;
le corps d'un vert mat en-dessus; les élytres et le corselet
bordés de jaune obscur.

Cette jolie espèce est un peu plus grande que notre cétoine
dorée; les couleurs en-dessus sont mates et comme veloutées,
excepté sur le chaperon, qui est d'un beau vert luisant. Le
dessous du corps brille aussi d'un vert jaunâtre éclatant.

Cette espèce se rencontre dans toute l'Amérique septentrionale, mais surtout à la Caroline, d'où elle a été rapportée
par M. Bosc.

* * * *Ecusson entièrement découvert, chaperon échancré ou
entier.* (Toutes les cétoines d'Europe appartiennent à cette
division.)

Cétoine fastueuse; *Cetonia fastuosa*, Fab. Syst., 2, 127, 9;
Panz., 41, n.° 16. D'un vert doré, avec des reflets brillans en-
dessus, d'un vert cuivreux en dessous, les élytres sans taches.

Le chaperon, dans cette espèce, est plane, rebordé et
sans échancrure remarquable; il brille, ainsi que le corselet
et le chaperon, d'un vert doré très-éclatant. Les élytres sont
à peu près de la même couleur; on y remarque, de chaque
côté de la suture, une forte dépression, au milieu de laquelle
sont plusieurs rangées de petits points; en arrière est une
petite éminence peu saillante, qui termine la convexité de
l'élytre. Le dessous du corps est cuivreux et comme azuré;
le bord externe de l'écaille pectorale est épais et très-saillant
dans l'échancrure des élytres.

Elle habite l'Europe australe.

Cétoine métallique; *Cetonia metallica*, Fab., t. 2, 128, 12:
Panz., 41, n.° 19. D'un vert terne bronzé en-dessus; d'un beau

violet brillant en-dessous ; les élytres sans taches. Cette espèce est plus petite que la précédente. Son chaperon, rebordé et sans échancrure, est d'une couleur cuivreuse violette, ainsi que les pièces triangulaires à la base des élytres et tout le dessous du corps. Les bords du corselet sont aussi nuancés de la même teinte ; tout le reste est d'un vert de bronze. On observe sur toute la surface du corselet et des élytres de très-petits points enfoncés, mais qui deviennent imperceptibles autour de l'écusson. Enfin, pour dernière différence entre la cétoine précédente et celle-ci, la dépression de chaque côté de la suture et le tubercule qui semble terminer la convexité des élytres, sont beaucoup moins prononcées que dans la cétoine fastueuse.

On rencontre cette espèce en Italie.

Cétoine marbrée ; *Cetonia marmorata*, Fab., 2, 127, 10 ; Panz., 41, n.° 17. Corps oblong, d'un vert obscur, bronzé en-dessus ; les élytres et le corselet marqués de plusieurs dépressions inégales et de traits irréguliers gris.

Cette espèce, assez rare dans nos contrées, mais qu'on rencontre fréquemment en Allemagne, a le corps proportionnellement plus alongé que la cétoine dorée, dont elle est d'ailleurs très-distincte, à cause de ces dépressions inégales et de ces taches grises qu'on observe sur son corselet, et aussi à cause de l'absence de toute espèce de nervures sur les élytres et de pointes visibles autour de l'écusson. La larve de cette espèce habite le chêne pourri.

On prend quelquefois pour la cétoine marbrée une espèce assez commune en France, surtout dans le voisinage des forêts, mais qui se rapproche davantage de la cétoine dorée, dont elle n'est peut-être qu'une variété. La forme est la même, et elle ne diffère de la cétoine dorée qu'en ce que le pourtour de l'écusson est dépourvu de points, et que les élytres n'ont que deux dépressions sans aucune nervure remarquable.

Cétoine dorée (Emeraudine, Geoff.) ; *Cetonia aurata*, Oliv., tab. 1, fig. 1re. Corps ovale, d'un vert doré ou bronzé en-dessus ; les élytres ponctuées, portant deux nervures saillantes et marquées de petites raies transversales grises.

Ce bel insecte, l'ornement de nos parterres, seroit beaucoup plus remarqué s'il étoit moins commun ; il est trop connu pour qu'il soit nécessaire d'en donner une description. Nous observerons seulement que l'un des sexes diffère de l'autre par quatre petites plaques de poils blancs placés de chaque côté de l'abdomen.

On voit cette cétoine, presque par toute l'Europe sur les fleurs, surtout sur celles du sureau, des sorbiers, des ombellifères, etc. Lorsqu'on la saisit, elle laisse échapper par l'anus une liqueur brune et fétide. Quelque analogie de couleur avec la cantharide des boutiques a fait donner, dans certaines contrées, le nom de mouche cantharide à cette cétoine ; et les marchands, profitant de cette fausse dénomination, mélangent quelquefois la cétoine dorée avec les véritables cantharides, quoiqu'elles ne jouissent d'aucune propriété vésicante.

Cétoine verte ; *Cetonia viridis*, Fab., 2, 128, 11: Panz., 41, n.º 18. D'un vert un peu opaque en-dessus, luisant en-dessous ; les élytres marquées de taches irrégulières blanches en arrière et sur les bords.

Cette espèce, un peu plus petite que la cétoine dorée, et de la même forme, n'a ni dépressions, ni nervures, ni points apparens : les élytres portent seulement chacune une petite éminence vers leur convexité, comme dans la plupart des espèces.

La cétoine verte se trouve en Italie et en Autriche.

Cétoine morio ; *Cetonia morio*, Oliv., tab. 2, fig. 5. D'un noir violet, velouté en-dessus, luisant en-dessous ; les élytres tachetées.

Les couleurs tristes de cet insecte l'avoient fait nommer lugubre par quelques auteurs : en effet, il est presque entièrement noir, avec une légère teinte de violet, mat en-dessus et luisant en-dessous. Le chaperon est entièrement arrondi ; on remarque sur le corselet et les élytres de très-petites taches irrégulières d'un gris sale. Chaque élytre porte une côte saillante, terminée postérieurement par un petit tubercule, comme dans la plupart des espèces voisines.

On trouve la cétoine morio en Allemagne, au midi de la France. On la rencontre aussi à Fontainebleau.

Cétoine marquée ; *Cetonia signata*, Fab., 2, 155, 59: Oliv., tab. 5, fig. 55. Corselet noir, bordé latéralement de blanc ; élytres d'un brun-clair, bordées de noir.

On observe sur le corselet une ligne et deux taches rougeâtres, disposées en triangle ; les élytres sont garnies chacune de deux nervures, dont une est peu saillante, et l'autre, plus prononcée et comme interrompue dans son milieu, se termine au tubercule postérieur ; cette dernière est en partie noire, ainsi que les bords des élytres, le dessous du corps et les pattes sont couvertes de poils d'un gris roux.

Cette espèce a été trouvée au cap de Bonne-Espérance.

CÉTOINE INTERROMPUE ; *Cetonia interrupta*, Fab., 2, 139, 49 ; Oliv., tom. 8, fig. 70. Le corps noir luisant ; le corselet à trois bandes d'un rouge sale ; les bords extérieurs des élytres et deux bandes interrompues de la même couleur.

Les deux bandes marginales du corselet viennent se confondre antérieurement avec celle du milieu ; les élytres sont garnies de petites rangées de points enfoncés, et présentent à leur base une tache rougeâtre, sur leur milieu, deux bandes interrompues de la même couleur, et bordées de même ; l'écusson est d'un rouge sale, bordé de noir ; tout le dessous du corps de l'insecte est noir, et n'offre qu'une petite quantité de poils.

La cétoine interrompue habite le Sénégal.

CÉTOINE VELUE ; *Cetonia hirta*, Oliv., tab. 8, fig. 36. Noire ou bronzée, velue ou presque glabre ; le corselet arrondi, convexe, caréné.

Cet insecte a quatre ou six lignes de longueur : tout son corps est noir ou bronzé, couvert de poils gris ou roux, plus ou moins abondans. Le chaperon est échancré et terminé par deux dents aiguës ; le corselet presque arrondi, très-convexe et partagé par une ligne saillante ; les élytres sont quelquefois couvertes de petits traits blancs ; d'autres fois presque sans taches.

Cette espèce se rencontre fréquemment par toute l'Europe, surtout sur les fleurs des chardons.

Il paroît que le *scarabæus squalidus* du *Systema Naturæ*, n'est qu'une variété glabre et immaculée de la cétoine velue.

CÉTOINE STICTIQUE ; *Cetonia stictica*, Oliv., tab. 7, fig. 57 ; Panz., fol. 1, tab. 4. Noire ou bronzée, velue ou glabre ; le corselet trapézoïdal non caréné, et portant six points enfoncés et blancs.

La cétoine stictique (Draps mortuaire, Geoff.) est de la même grandeur et de la même couleur que la cétoine velue ; mais la forme très-différente du corselet, et les dépressions qu'on y remarque de chaque côté de la ligne moyenne, suffisent pour ne jamais confondre ces deux espèces. On observe en outre, dans la cétoine stictique, quatre taches blanches au milieu de l'abdomen ; mais ce caractère n'est pas constant dans tous les individus, et me paroît tenir à une différence de sexe, comme dans plusieurs autres espèces du même genre.

C'est d'après l'absence de ce léger caractère que M. Fabricius paroît avoir distingué sa cétoine funeste, qui est du reste parfaitement semblable à la cétoine stictique.

Cette espèce se rencontre presque toujours dans les mêmes lieux que la précédente. (C. D.)

CÉTOLOGIE. (*Mamm.*) L'abbé Bonnaterre a composé ce mot de deux mots grecs, dont l'un signifie *animal marin d'une grandeur extraordinaire*, et l'autre, *discours*; et il l'a employé pour exprimer *la connoissance des cétacés*, comme on se sert des mots *zoologie*, *ornithologie*, pour exprimer la connoissance des animaux, celle des oiseaux, etc. (F. C.)

CETORHINUS. (*Ichthyol.*) M. de Blainville fait, sous ce nom, un genre des très-grands squales, qui ont les dents petites, coniques et sans dentelures. Voyez Pèlerin. (H. C.)

CETRACH et Cetracca. (*Bot.*) Voyez Cétérach. (Lem.)

CETRARIA (*Bot.*), genre de la famille des lichens, créé par Acharius, et caractérisé ainsi par lui : expansion (*thallus*) foliacée, cartilagineuse, membraneuse, découpée en lobes multipliés, nue en-dessous ; portant des conceptacles (*apothecia*) orbiculaires, planes, ou même un peu concaves, obliquement adhérens au bord de l'expansion, et libres en-dessous d'un côté, à contour saillant, infléchi, produit par le relèvement de l'expansion ; l'intérieur de ces mêmes conceptacles est cellulaire et strié.

Ce genre comprend huit à dix espèces, qui font toutes partie du genre Physcia de M. Decandolle. Nous y reviendrons à cet article. (Lem.)

CEUILLER (*Ornith.*), ancien nom de la spatule et du savacou. (Ch. D.)

CEVADILLE. (*Bot.*) On connoît sous ce nom et sous ceux de

sebadillo, *sabadilli*, un petit fruit, composé de trois capsules accolées ensemble, remplies chacune de deux graines. Le botaniste Retz a cru y retrouver la forme du fruit de la varaire, *veratrum*, et il a ajouté à ce genre une nouvelle espèce sous le nom de *veratrum sabadilla*. Thunberg, dans une dissertation spéciale sur le *melanthium*, la rapporte à ce genre, qui est d'ailleurs voisin du *veratrum*. Sans décider la question entre ces deux auteurs, il paroît certain que la cevadille appartient à une plante qui a une grande affinité avec ces deux genres. Elle a une saveur amère et nauséabonde; et, quand on la mâche, elle excite un flux abondant de salive. Sa principale vertu est de tuer la vermine dont la tête des enfans est souvent garnie. On l'emploie à l'extérieur, en poudre ou en liniment, que l'on mêle dans leur chevelure : mais cet emploi exige quelques précautions; car on cite plusieurs exemples de maux et de vertiges occasionés par l'abus de ce remède. Il est encore administré à l'intérieur, en bol, en boisson, en lavemens, pour tuer ou chasser les vers ascarides, les lombrics, et même le tænia; l'on doit également agir dans ce traitement avec beaucoup de prudence. (J.)

CEVAL-CHICHILTIC (*Bot.*), nom mexicain d'une vigne sauvage, suivant Hernandez. (J.)

CEYLANITE. (*Min.*) Ce nom a été donné par M. Delamétherie à une pierre dure, que M. Haüy a nommée *pléonaste*; mais il a reconnu depuis qu'elle appartenoit à l'espèce du SPINELLE. Voyez ce mot. (B.)

CEYVAS (*Bot.*), nom indien, dérivé de celui de *ceiba*, donné au fromager, *bombax*. (J.)

CEYX (*Entom.*), *Ceyx*, nom nouveau que nous avons donné à une réunion d'insectes diptères, à trompe charnue, de notre famille des sarcostomes ou proboscidés.

Nous avions, depuis plusieurs années, séparé ces insectes des mouches, dont ils diffèrent sous tant de rapports, qu'il est presque étonnant qu'on ait jamais pu les réunir. M. Latreille, en adoptant cette coupe très-naturelle, a cru cependant devoir subdiviser notre genre Ceyx en deux, les calobates et les micropèzes, dont la distinction ne repose que sur la forme de l'abdomen et la disposition des ailes. Cette légère différence ne nous a pas paru suffisante pour admettre deux genres parmi ces insectes qui se rapprochent d'ailleurs par plusieurs caractères plus importans. Nous conservons donc le genre Ceyx tel que nous l'avions d'abord établi, et sous son nom primitif : nous le distinguerons ainsi de tous ceux qui sont voisins. Voyez l'article CALOBATE.

Tête ronde, portée sur une espèce de cou; antennes plus courtes que la tête, et à soie simple, rarement plumeuse; corps cylindrique et alongé, ou ovale-oblong; pattes fort longues.

Les ceyx sont de petits insectes très-grêles. Leur tête, arrondie, est presque en entier formée des deux yeux, entre lesquels sont placées deux antennes très-courtes, dirigées en avant, et composées de trois articles : les deux premiers peu apparens; le troisième, en palette, garni à sa base d'une soie simple ou plumeuse. La bouche diffère très-peu de celle des mouches ; la trompe est courte et membraneuse, et porte deux petits palpes filiformes; la tête et le corselet sont réunis au moyen d'un cou très-distinct; le corselet est oblong ou ovoïde, un peu moins large que la tête; l'abdomen est très-alongé, cylindrique, rétréci à sa base, ou ovale-oblong, plus court ou plus long que les ailes qui sont couchées horizontalement ou écartées dans l'état de repos; les pattes, surtout les postérieures, sont très-longues.

On ne connoit pas encore les métamorphoses de ces insectes, qui, dans l'état parfait, vivent sur les plantes, et surtout sur les plantes aquatiques. On voit même quelques espèces courir à la surface des eaux tranquilles, les ailes étendues.

CEYX A GENOUX NOIRS ; *Ceyx cothurnatus*, Panzer, f. 54, tab. 20. Soie de l'antenne plumeuse; le corselet noir, nuancé de gris argenté ; les pattes testacées ; les quatre derniers genoux noirs.

Ce ceyx a le front et les antennes rougeâtres ; le corselet ovoïde-oblong, noir, garni, surtout en-dessous, d'un duvet argenté, très-court; l'abdomen, d'un noir luisant en-dessus, est roussâtre en-dessous, et à l'extrémité, dans les femelles seulement ; les pattes sont d'un jaune très-pâle; les quatre dernières portent une bande brune sur les cuisses, très-près du genou.

La mouche petronelle, des éditeurs de Schellenberg, figurée tab. VI, fig. 1, qui n'est pas celle de Linnaeus, me paroît être le même insecte que le ceyx à genoux noirs.

On la trouve communément par toute l'Europe, dans les endroits marécageux.

Ceyx à bandes ; *Ceyx corrigiolatus; Musca corrigiolata*, Linn.? Soie de l'antenne simple ; le corselet jaunâtre en-dessous ; les cuisses testacées, une seule bande brune au-dessus des genoux.

Cette espèce, presque aussi grande que la précédente, a le front un peu saillant et rougeâtre, ainsi que les antennes ; tout le dessus du corps est d'un brun foncé, et le dessous d'un jaune sale : les bords des anneaux de l'abdomen sont gris ; les cuisses testacées ne portent qu'une seule bande brune ; les tarses sont d'un gris foncé sale.

Cette espèce habite les lieux humides en Europe.

Ceyx filiforme; *Ceyx filiformis; Musca filiformis*, Fab. Schell., tab. VI, f. 1. Soie de l'antenne simple ; le corselet entièrement noir ; les cuisses d'un brun jaunâtre, les antérieures à plusieurs bandes brunes.

Cette espèce est plus petite et encore plus grêle que les autres ; tout son corps est noir, à l'exception du front, très-proéminant qui est rougeâtre, ainsi que les antennes, et de l'abdomen qui est brun en-dessous ; le bord des anneaux de l'abdomen, en-dessus, est, comme dans l'espèce précédente, légèrement nuancé de gris ; les cuisses sont d'un jaune obscur ; les postérieures n'ont qu'une bande noire, les antérieures en ont deux ou trois ; les jambes et les tarses sont bruns.

Cette petite espèce se rencontre dans les bois, surtout sur les genêts. (C. D.)

CEYX. (*Ornith.*) On a fait, dans ce Dictionnaire, au mot Alcyon, une section particulière de l'espèce de martin-pêcheur qui différoit des autres en ce qu'elle n'avoit que trois doigts, ou que l'un de ceux de devant n'existoit pas au dehors. Pallas a consacré un article assez étendu à cet alcyon, *alcedo tridactyla*, pag. 10 et suiv. du 6.ᵉ fascicule de ses *Spicilegia*, où l'oiseau est représenté pl. 2, fig. 1 ; et M. de Lacépède en a fait son cinquante-huitième genre, sous le nom de Ceyx. Depuis que l'on connoît cette espèce, une autre a été découverte dans l'Australasie, et Shaw, qui l'a nommée *alcedo tribrachys*, en a donné la figure tom. 16, pl. 681 de ses Mélanges d'Histoire naturelle. Elle est de la même taille et de la même couleur que le martin-pêcheur commun, *alcedo ispida*, Linn., c'est-à-dire, que les parties supérieures sont d'un bleu changeant et plus foncé sur les ailes, et que le dessous du corps est roux ; les deux doigts de devant sont d'une longueur presque égale. (Ch. D.)

CEZÉ. (*Bot.*) Dans le Languedoc et la Provence, on nomme ainsi le ciche ou pois chiche, *cicer arietinum*. (J.)

CHAA, Munis, Neschasch (*Bot.*), noms arabes de l'inule odorante, cultivée dans le territoire d'Yémen, à cause de son parfum, et mêlée dans les cheveux aux jours de fêtes. On mange ses feuilles crues ; en fumigation, elle soulage les hémorroïdes. Les Chinois donnent aussi au thé le nom de *chaa*, et celui de *chaa-ouaw* à la camellie, *camellia japonica*, qui a beaucoup d'affinité avec le thé. (J.)

CHABANES. (*Bot.*) Dans quelques départemens, on donne ce nom à un petit champignon qui croît sur les débris de l'écorce de noyer. M. Paulet le rapporte à sa *peuplière brune*, espèce d'agaric, d'abord blanche, puis de couleur brune ou noisette, à feuillets blancs. Sa chair, ferme et blanche, n'est point malfaisante ; au contraire, ajoute Paulet, elle est très-bonne à manger, comme je m'en suis convaincu moi-même.

Ce champignon paroît être le même que celui mentionné par Micheli, et que cet auteur florentin nous dit être le champignon qu'on mange en Italie, sous les noms de *gelone*, *cardela* et *cerrena*. (Lem.)

CHABASIE. (*Min.*) On ne connoît encore aucun principe sur lequel on puisse s'appuyer pour réunir les minéraux en familles, comme on l'a fait à l'égard des animaux ou des végétaux. Cependant certains caractères frappans, communs à plusieurs pierres, ont porté à établir quelques familles qui semblent avoir été adoptées par les minéralogistes. Telles sont celles des gemmes, de quelques-unes des pierres que l'on nommoit *schorl*, etc. ; mais il faut se défier de ces apparences extérieures, qui n'ont souvent aucun rapport réel avec les propriétés essentielles des minéraux, tirées de leur composition ou de l'ensemble de leurs qualités physiques. Telle est enfin celle des zéolithes, dont la pierre qui va nous occuper fait partie.

La chabasie a souvent été désignée sous le nom de *zéolithe*

cubique, parce que sa forme primitive, que l'on trouve quelquefois dans la nature, est un rhomboïde tellement voisin
du cube qu'il est excusable de l'avoir pris au premier aspect
pour ce solide. En effet, l'angle au sommet de ce rhomboïde
est de 93° 36'.

La chabasie doit être placée à la fin des pierres dures. Elle
raye à peine le verre blanc de Bohême, mais ne raye pas le
verre d'Alsace. Elle se fond au chalumeau en un émail blanc,
et se boursoufle un peu avant de se fondre. C'est un des
caractères communs à la famille des zéolithes; mais elle ne
se résout point en gelée dans les acides, comme le font la
plupart de ces pierres. En ajoutant à ces caractères faciles à
observer, que cette pierre se présente ordinairement en
petits cristaux d'une forme à peu près sphéroïdale (1), on
pourra la reconnoître facilement, quels que soient d'ailleurs
sa couleur et ses autres caractères de variété. Sa pesanteur
spécifique est de 2,7176.

La chabasie de l'île de Feroë est composée, d'après M. Vauquelin, des principes suivans :

Silice 48,35
Alumine. 22,66
Chaux. 3,34
Soude et potasse. 9,84
Eau. 21

Elle présente peu de variétés; celles qui sont relatives à sa
forme se réduisent à trois : la primitive, la trirhomboïdale
qui est la plus commune, et la disjointe. Ce sont en général
des cristaux presque cubiques, entiers ou tronqués sur la
plupart de leurs angles ou de leurs arêtes. Si les facettes qui
composent le trirhomboïdale, prises successivement six à six,
étoient continuées de manière à cacher les autres facettes, elles

____

(1) Nous entendons par là des cristaux dont les dimensions en hauteur,
largeur et profondeur, sont à peu près les mêmes. Les formes générales
des cristaux secondaires sont intimement liées avec leur forme primitive, parce qu'elles sont une conséquence de la loi de symétrie. Elles
peuvent donc souvent être employées, avec utilité et même avec précision, comme caractères des minéraux.

donneroient trois différens rhomboïdes. C'est une propriété assez remarquable de cette variété de forme.

Sa couleur ordinaire est le blanchâtre mêlé d'un peu de rose. Souvent ses cristaux sont recouverts d'un enduit d'oxide de fer rouge ; ce qui les fait paroître de cette couleur. Elle est translucide, et quelquefois transparente.

La chabasie se trouve en cristaux épars dans les fissures de quelques roches basaltiques et des roches à base de cornéenne. Elle s'y montre en cristaux implantés dans des géodes siliceuses, qui sont elles-mêmes éparses dans ces roches. Elle y est accompagnée de chaux carbonatée spathique, de chlorite, etc. C'est surtout dans la carrière d'Altenberg, près d'Oberstein, qu'on l'a trouvée de cette seconde manière. Les géodes volumineuses qui la renferment, sont composées de couches d'agates, et tapissées dans leur intérieur de cristaux de quartz.

On la trouve aussi dans les laves et les variolites de l'Islande et de l'île de Feroë ; dans les cavités des roches trappéennes des îles de Mull et de Skye ; dans celles du nord de l'Irlande ; dans les roches basaltiques de l'île de Bourbon, etc.

Le nom de *chabasie* avoit été donné par les anciens à une pierre que l'on ne connoît plus. M. Bosc d'Antic l'a appliqué à la pierre que nous venons de décrire. (B.)

CHABAZIZI. (*Bot.*) Rumph, parlant du *teker* des Malais, qu'il nomme *cyperus dulcis*, vol. 6, p. 7, t. 3, fig. 1, dont les racines sont garnies de tubercules bons à manger, fait mention en même temps d'un autre souchet également tuberculeux, qui croit aux environs de Vérone, et qui y est nommé *trasi*. C'est le *cyperus dulcis* des anciens auteurs, le souchet comestible, *cyperus esculentus*, des modernes. Il regarde celui-ci comme le même que l'*habel-zelim* cité par Sérapion et d'autres auteurs arabes, qui croit dans la Barbarie, l'île de Malte et la Sicile, où il est nommé *chabazizi* ; et il pense encore que l'*habel-assis*, ou *altsis*, de Tripoli, qui, au rapport de Rauwolf, se vend dans cette ville comme comestible, doit être le même. Cela paroit confirmé par une indication du botaniste italien Micheli, qui dit que le souchet comestible est apporté d'Afrique à Livourne, où on le cultive dans les jardins sous le nom de *bacicci*. Mais il paroit que la plante indienne de Rumph est différente, d'après sa figure, qui représente, non un souchet, mais un scirpe à épi simple et terminal, voisin du scirpe articulé. (J.)

CHABIN. (*Mamm.*) Sonnini dit qu'on donne ce nom, dans les Antilles françoises, au mulet provenant de l'accouplement du bouc et de la brebis. (F. C.)

CHABOISEAU, Chaboisseau. (*Ichthyol.*) C'est un des noms vulgaires du scorpion de mer. Voyez Cotte. (H. C.)

CHABOT (*Ichthyol.*), nom vulgaire du *cottus gobio* de Linnæus, par lequel on désigne aussi très-souvent le genre qui le renferme. Voyez Cotte. (H. C.)

CHABOT DE L'INDE. (*Ichthyol.*) C'est le nom que l'abbé Bonnaterre donne à un poisson des Indes, qui est le *cottus monopterygius*, de Linnæus, l'*aspidophoroïde tranquebar* de M. de Lacépède, l'*agonus monopterygius*, de M. Schneider. Voyez Aspidophoroïde. (H. C.)

CHABRÆA. (*Bot.*) [*Corymbifères*, Juss.; *Syngénésie polygamie égale*, Linn.] Ce genre de plantes, de la famille des synanthérées, appartient à notre tribu naturelle des nassauviées. Il a été établi sous le nom de *chabræa* par M. Decandolle, sous le nom de *lasiorrhiza* par M. Lagasca, et sous celui de *rhinactina* par Willdenow. Voici ses caractères, tels que nous les avons nous-même observés, et qui diffèrent un peu de ceux qu'ont donnés les auteurs du genre.

La calathide est radiatiforme, multiflore, labiatiflore, androgyniflore. Le péricline, plus court que les fleurs, est formé de squames plurisériées, à peu près égales, subfoliacées, oblongues. Le clinanthe est nu. L'ovaire, cylindracé, hérissé de papilles, porte une longue aigrette composée de squamellules unisériées, égales, filiformes-laminées, barbées, un peu entre-greffées à la base. Le limbe de la corolle est divisé en deux lèvres : l'extérieure grande, étalée, colorée, ovale, tridentée au sommet ; l'intérieure petite, roulée, décolorée, subulée, le plus souvent indivise, quelquefois partagée jusqu'à sa base en deux lanières cirrhiformes. Les fleurs de la couronne diffèrent de celles du disque, en ce que la lèvre extérieure est notablement plus grande.

La Chabrée pourpre ; *Chabræa purpurea*, Dec. (*Perdicium purpureum*, Vahl), est une petite plante herbacée, à racine vivace, du détroit de Magellan, chargée de longs poils mous et blanchâtres ; la tige, proprement dite, est presque nulle ; les feuilles sont alternes, très-profondément pinnatifides, à pinnules incisées, obtuses ; les calathides, composées de fleurs rouges, sont solitaires à l'extrémité de pédoncules scapiformes, axillaires, plus longs que les feuilles.

M. Lagasca rapporte au même genre le *perdicium brasiliense,* que M. Decandolle, au contraire, range dans le genre *Trixis,* avec le *perdicium radiale.*

Il nous paroit difficile de déterminer lequel, de MM. Decandolle, Lagasca et Willdenow, doit être considéré comme le premier auteur du genre, et par conséquent lequel des trois noms de *rhabœa,* de *lasiorrhiza,* ou de *rhinactina,* doit être préféré. Les trois botanistes ont, à cet égard, des droits à peu près égaux.

Le nom de *chabræa,* autrefois employé par Adanson pour désigner le genre *Peplis* de Linnæus, rappelle Dominique Chabrey, ancien botaniste genevois. Le nom de *lasiorrhiza* exprime que le collet de la racine est hérissé de poils laineux. Il paroit que M. Decandolle, avant d'adopter définitivement le nom de *chabræa,* avoit successivement donné à ce même genre les noms de *frageria* et de *bertolonia.* (H. Cass.)

Chabræa. Ce nom avoit été d'abord adopté par Michaux pour son genre *Pleea,* et placé au bas de quelques-unes des gravures ; il a été depuis remplacé par celui de Pleea. Voyez ce mot. (Poir.)

CHABRONTÈRE (*Ichthyol.*), nom spécifique d'un malarmat de la mer Méditerranée. Voyez Malarmat et Péristédion.(H. C.)

CHABUISSEAU. (*Ichthyol.*) Suivant M. Bosc, les pêcheurs de la Rochelle appellent ainsi un petit poisson qui a une ligne bleue assez large de chaque côté du corps. On ignore à quel genre il appartient.

On donne aussi ce nom à une espèce d'able, *leuciscus jeses* (*cyprius jeses,* Linn.) Voyez Able. (H. C.)

CHACAL (*Mamm.*), nom que donnent les Orientaux à une espèce du genre Chien, et que les naturalistes ont adopté.

Quelques auteurs ont nommé *chacal gris* une autre espèce de chien, le *canis mesomelas,* qui se trouve à l'extrémité méridionale de l'Afrique. Voyez Chien. (F. C.)

CHACAMEL. (*Ornith.*) Ce nom a été formé, par contraction, de celui de *chachalacametl*, qui, en mexicain, signifie oiseau criard, et sous lequel Fernandez (*Hist. av. Nov. Hispaniœ, cap.* 41) en a donné une courte description. Sonnini regardoit cet oiseau comme identique avec le *rancanca*, ou petit aigle d'Amérique (tom. 38, p. 69, et 42, p. 318 de son édition de Buffon) ; mais rien en lui n'annonce un oiseau de proie, et c'est bien plutôt un gallinacé de la famille des alectors, qui comprend les *hoccos*, les *pauxis*, les *guans*, les *parraquas*. Le chacamel a, d'après Fernandez, les parties supérieures brunes, le dessous du corps d'un blanc livide, le bec et les pieds bleuâtres, couleurs qui n'appartiennent positivement à aucune espèce connue des genres qu'on vient d'indiquer ; mais, comme les hoccos, il se tient ordinairement sur les montagnes, y niche, y élève ses petits ; et son cri, retentissant et souvent répété, lui donne de nouveaux rapports avec eux. C'est le *crax vociferans* de Latham, et la *penelope vociferans* de Gmelin. (Cн. D.)

CHACAN GUARICA, ou Pumaqua (*Bot.*), noms mexicains du rocou, *bixa*, suivant Hernandez. Il dit que son écorce sert à faire des cordes plus solides que celles qui sont fournies par le chanvre, et que sa graine fournit aux peintres une couleur ; mais il ne parle pas de l'emploi habituel de cette matière colorante chez les nations sauvages des Antilles et de l'Amérique méridionale, qui en enduisent leur corps pour se préserver de l'humidité et des piqûres d'insectes. (J.)

CHACANI, Checani, Tsjèkani. (*Bot.*) C'est sous ces noms que, suivant Clusius et Rumph, on connoît, aux environs de Cochin, sur la côte Malabare, le palmier arec, *areca cathecu*, qui est le *faufel* des Arabes. (J.)

CHACARILLE, Chacrelle, Chacril. (*Bot.*) Voyez Cascarille. (J.)

CHACAYE. (*Bot.*) Arbre ou arbrisseau du Pérou, ainsi nommé dans l'Herbier de Dombey, et qui paroît appartenir au genre Nerprun, ou au moins à la famille des rhamnées. Il a des feuilles opposées, petites, ovales, crénelées, assez semblables à celles de l'apalachine ; de leurs aisselles sortent ou des épines, ou des pédoncules courts chargés de quelques fleurs à quatre divisions, et munies de quatre étamines. On ne doit pas le confondre avec le chachas du même pays, dont les caractères sont très-différens. (J.)

CHA-CHA (*Ornith.*), nom donné, d'après son cri, à la grive litorne, *turdus pilaris*, Linn., que dans quelques départemens on appelle aussi cla-cla. (Ch. D.)

CHACHACOMA, Chachas (*Bot.*), noms péruviens d'un stereoxyle, *stereoxylum resinosum*, cité dans la Flore du Pérou. (J.)

CHACHALACAMETL. (*Ornith.*) Voyez Chacamel. (Ch. D.)

CHACHALTSCHA. (*Ichthyol.*) Suivant M. Tilésius, c'est le nom que les habitans de quelques côtes du nord de l'Asie donnent à une sorte de gastérostée. Voyez Chakal. (H. C.)

CHACHAS. (*Bot.*) Voyez Chachacoma. (J.)

CHACHAUATOTOTL. (*Ornith.*) Fernandez, qui parle, chap. 188, de cet oiseau de passage au Mexique, le décrit comme étant un peu plus grand que le chardonneret, et ayant le dessous du corps jaune, les autres parties mélangées de bleu, de noir et de cendré; le bec noir, et les pieds bruns. (Ch. D.)

CHACHAUL (*Bot.*), espèce de calcéolaire du Chili, *calceolaria serrata*, de M. Lamarck, qui passe dans le pays pour vulnéraire; on l'applique sur les blessures, après l'avoir séchée et réduite en poudre. (J.)

CHACURU. (*Ornith.*) M. d'Azara a donné, sous le n.° 261 de ses *Apuntiamentos para la Historia natural de los Paxaros*, la description d'un oiseau ainsi nommé par les Guaranis à cause de son cri, et qui paroit être le *tamatia* de Buffon. Voyez-en la description à la section 3.ᵉ des Barbus, Suppl. du tome IV de ce Dictionnaire. (Ch. D.)

CHADA, (*Bot.*) nom arabe d'une plante que Forskaël désigne sous celui de *geranium arabicum*, et dont la décoction, appliquée en fomentation ou en lavage, calme les douleurs de la tête. Elle porte aussi, dans d'autres cantons, les noms de *talab* et de *guasl*. (J.)

CHADAR. (*Bot.*) Suivant Forskaël, ce nom arabe est donné soit au *mesua glabra*, soit à un de ses genres nouveaux, qu'il a nommé, par cette raison, *chadara*, et que Vahl a supprimé en réunissant au *grewia* les deux espèces qui y étoient rapportées, dont l'une est aussi nommée en Arabie *sarak*, et l'autre *nascham*. (J.)

CHADARA (*Ornith.*), nom que porte, en Daourie, un oiseau du genre Corbeau, qui a d'abord été décrit par Pallas sous la dénomination de *corvus cyaneus*, et ensuite par M. Levaillant, sous celle de pie bleue à tête noire; Ois. d'Afr., tom. 2, pl. 58. (Cʜ. **D.**)

CHADASCH. (*Bot.*) C'est un des deux arbres inconnus à Forskaël, et cités par lui à la suite d'un *amyris*, comme ayant avec lui quelque affinité. (J.)

CHADDÆIR (*Ornith.*), nom donné en Egypte à un guêpier qui est le *merops œgyptius* de Forskaël, et une variété du *merops viridis* de Gmelin et de Latham. (Cʜ. **D.**)

CHADDIR ou Cʜᴀᴅᴅᴇʀ. (*Bot.*) Dans un canton de l'Arabie ce nom est donné, suivant Forskaël, au *boerhavia diandra*. (J.)

CHADEC. (*Bot.*) Un des noms du citronnier des Barbades, dont le fruit est très-grand. (J.)

CHADET. (*Conchyl.*) Adanson, Sénég., donne ce nom à une espèce de cérite fort voisine du cérite ivoire, *ceritium eburneum* de Bruguières, et que M. Bosc paroît rapporter au *murex sinensis* de Gmelin, qui est le goumier d'Adanson, *ceritium vulgatum* de Bruguières. (Dᴇ B.)

CHADRI (*Ichthyol.*), nom arabe d'un scare de la mer Rouge, *scarus niger*, Forsk. Voyez Sᴄᴀʀᴇ. (H. C.)

CHÆLANTHUS (*Bot.*), genre de plantes à fleurs glumacées, établi par M. Rob. Brown, pour une plante de la Nouvelle-Hollande, de la famille des restiacées, à fleurs dioïques, fasciculées ; les fleurs mâles n'ont point été observées ; les femelles sont composées d'un calice à six écailles très-courtes, trois intérieures beaucoup plus petites, sétacées ; un ovaire sur-monté d'un seul style et d'un stigmate entier; une noix à une seule semence environnée par le calice un peu agrandi. (Poɪʀ.)

CHÆLLE. (*Bot.*) Forskaël dit que l'ammi ordinaire, *ammi majus*, est ainsi nommé dans l'Arabie ; le *scandix infesta* y est nommé *chellœ*. (J.)

CHÆNANTOPHORÆ. (*Bot.*) V. Cʜᴇ́ɴᴀɴᴛᴏᴘʜᴏʀᴇs. (H. Cᴀss.)

CHÆNOCARPUS. (*Bot.*) Necker, voulant subdiviser le genre *Sparmacoce* dans les rubiacées, en a formé trois sous-genres, dont l'un, *chœnocarpus*, est caractérisé par l'unité de graine dans le fruit. Cette unité, résultant d'un avortement, a été regardée comme un caractère insuffisant. (J.)

CHÆNORAMPHE. (*Ornith.*) L'oiseau pour la description
duquel on a renvoyé à ce mot, page 186 du tome IV de ce
Dictionnaire, est celui que Buffon a désigné sous le nom de
bec-ouvert, et dont le caractère distinctif est d'avoir les deux
mandibules excavées dans leur milieu, où elles laissent un
vide, le bec étant fermé. Sa taille, son port, ses habitudes,
le rapprochant des hérons ; Linnæus et Latham l'ont placé dans
ce genre : mais, outre la singularité que présente son bec,
la mandibule supérieure n'a pas une rainure longitudinale,
et l'ongle du doigt intermédiaire n'est pas dentelé, comme chez
les hérons ; d'ailleurs, au rapport de Sonnerat, ses trois doigts
de devant sont unis, jusqu'à la première articulation, par une
membrane qui n'existe chez les hérons qu'entre les deux
doigts extérieurs, et ces diverses circonstances étoient bien
suffisantes pour autoriser l'établissement d'un genre séparé.
M. de Lacépède, en lui donnant le nom d'*hians*, béant, expri-
moit assez bien l'état habituel et remarquable des mandibules ; mais cet adjectif avoit l'inconvénient de ne pouvoir être
employé pour désigner substantivement l'individu, et il étoit
naturel de préférer le mot *anastomus*, originairement donné
par Bonnaterre, dans l'Encyclopédie méthodique, et qui
depuis a été adopté par Illiger et par d'autres ornithologistes. Ce terme, plus doux à l'oreille que celui de chænoramphe, auroit même été employé ici pour éviter l'inconvénient des innovations qui ne sont pas absolument nécessaires, si, avant la publication du *Prodromus* de M. Illiger,
on n'avoit proposé le mot chænoramphe, tiré de χαινων, *hians*,
et de ραμφος, *rostrum*.

Les caractères génériques du chænoramphe, que l'on vient
seulement de considérer relativement aux modifications qui
distinguent cet oiseau des hérons, consistent, dans leur
ensemble, en ce qu'il a le bec plus long que la tête, épais,
comprimé latéralement, les mandibules voûtées, et laissant
dans leur milieu un espace vide ; la mandibule supérieure
garnie de petites dents, depuis le centre jusqu'à l'extrémité,
et l'inférieure lisse ; les narines linéaires, situées près de la
base du bec ; la face nue ou garnie de plumes ; les jambes
dégarnies de plumes au-dessus du genou ; les doigts antérieurs
réunis par une membrane ; le pouce presque aussi long et

touchant à terre dans toute son étendue ; l'ongle intermédiaire aplati et sans dentelure ; les pieds garnis d'écailles.

M. Cuvier, ayant remarqué une sorte d'usure dans les fibres de la substance cornée du bec , pense que le vide existant entre les deux mandibules est dû en partie à la détrition ; mais quand, chez les vieux individus, l'emploi des mandibules auroit contribué à agrandir cet espace , le vide existe sans doute dès la naissance de l'oiseau , et sa destination paroissant être de lui faciliter les moyens de retenir les poissons et les reptiles qu'il a saisis, sans être obligé d'écarter l'extrémité de ses mandibules, cette conformation ne semble pas devoir être envisagée , avec Buffon, comme une sorte de dégradation.

Les naturalistes adoptent assez généralement deux espèces de chænoramphes , dont la première, envoyée à Buffon par Sonnerat , est représentée dans les planches enluminées , sous le n.° 952 , et la seconde dans le Voyage aux Indes, tom. 2, pl. 122, mal à propos numérotée 219. Celle-là , que Gmelin et Latham nomment *ardea pondiceriana*, parce qu'elle vient de Pondichéry, a les ailes noires, et tout le reste du plumage d'un gris. cendré , avec quelques mouchetures longitudinales noirâtres sur la tête et le cou ; les pieds jaunâtres, et le bec de la même couleur , avec la racine noirâtre : sa taille est de treize à quatorze pouces.

La seconde espèce, qui est l'*ardea coromandeliana* des mêmes auteurs, n'a pas seulement les pennes des ailes noires, mais le dos et la queue , jusqu'à l'extrémité de laquelle les ailes s'étendent : le reste est blanc , mais relevé au sommet et aux côtés de la tête par des plumes effilées , qui se redressent et présentent de petites baguettes noires ; les pieds et le bec sont d'un jaune roussâtre. Jusque-là cette espèce sembleroit n'être que le mâle adulte de la première , qui a tous les caractères du jeune âge. Aussi, Sonnerat ne regarde-t-il les deux individus dont on lui doit la connoissance , que comme de sexe différent ; et la seule circonstance qui puisse en faire douter , c'est que le second a une peau nue , de couleur noire entre le bec et les yeux, et une autre qui, de la mandibule inférieure, s'étend jusqu'à la gorge. Quant à la dentelure de la mandibule supérieure , si Buffon n'en a point parlé en décrivant le bec-ouvert de Pondichéry, c'est probablement par omission, car sa planche enluminée la laisse apercevoir; et si, d'une autre part, cette planche n'indique pas entre les doigts la membrane qu'on observe entre ceux de l'individu dessiné par Sonnerat, c'est vraisemblablement parce que ces peaux se seront retirées en se desséchant, et n'auront plus été sensibles après un long voyage.

Au reste, le chænoramphe ou bec-ouvert blanc, le seul des habitudes duquel Sonnerat ait parlé, se trouve à la côte de Coromandel pendant les trois derniers mois de l'année, et, comme les hérons, il se tient alors sur le bord des étangs et des rivières, où il se nourrit de reptiles et de poissons. (Ch. D.)

CHÆTANTHERA. (*Bot.*) [*Corymbifères*, Juss.; *Syngénésie polygamie superflue*, Linn.] Ce genre de plantes, de la famille des synanthérées, appartient à notre tribu naturelle des mutisiées. Il a été établi dans la Flore du Pérou et du Chili, par MM. Ruiz et Pavon, qui en ont décrit deux espèces sous les noms de *Chætanthera ciliata* et de *Chætanthera serrata*. Depuis, MM. Lagasca et Decandolle ont avancé, le premier avec doute, le second avec assurance, que le *perdicium chilense*, Willd., appartenoit au même genre : et M. Decandolle soupçonne qu'il y a lieu d'y réunir également le *perdicium lactucoides*, Vahl, que M. Lagasca, au contraire, attribue avec doute à son genre *Perezia* ou *Clarionea*. Quoi qu'il en soit, la chétanthère ciliée devra toujours, selon nous, être considérée comme le vrai type du genre : et voici ses caractères tels que nous les avons nous-même observés dans l'Herbier de M. de Jussieu, sur un individu de cette espèce ; ils diffèrent en quelques points de ceux qui ont été admis jusqu'ici par les botanistes.

La calathide est radiée; composée d'un disque multiflore, équaliflore, labiatiflore, androgyniflore, et d'une couronne unisériée, biliguliflore, féminiflore; elle est involucrée. L'involucre, égal au péricline, est formé de bractées foliiformes. Le péricline, égal aux fleurs du disque, est composé de squames imbriquées, largement linéaires : les extérieures surmontées d'un appendice bractéiforme; les intérieures formant au sommet une sorte d'appendice ovale, scarieux et noirâtre. Le clinanthe est plane et parfaitement nu ; l'ovaire est cylindracé, hérissé de fortes papilles charnues; l'aigrette est composée de squamellules filiformes, barbellulées. Les fleurs labiées ont la corolle divisée supérieurement en deux lèvres également longues : l'extérieure tridentée au sommet; l'intérieure, un peu plus étroite, entière ou bidentée : leurs étamines ont les filets larges, laminés, greffés seulement à la partie basilaire de la corolle ; les appendices apicilaires très-longs, linéaires, aigus, entre-greffés ; les appendices basilaires longs, filiformes, plumeux ou barbus, libres. Les fleurs biligulées ont la languette extérieure très-longue, large, tridentée au sommet, couverte sur la face externe de longs poils apprimés ; et la languette intérieure plus courte, extrêmement étroite, membraneuse, cirrhiforme, constamment indivise ; elles portent cinq rudimens d'étamines libres, avortées, et réduites au seul appendice apicilaire.

La chétanthère ciliée est une plante herbacée, haute de six à huit pouces, à racine presque simple, pivotante, tortueuse, comme celle de la plupart des plantes annuelles. La tige, droite, cylindrique, pubescente, se divise, à deux pouces de sa base, en plusieurs rameaux presque simples, inégaux, dressés, naissant du même point. Les feuilles sont alternes, sessiles, semi-amplexicaules, lancéolées, glabres, luisantes, dentées en scie ; chaque dent prolongée en un long cil. Les calathides, solitaires au sommet des rameaux, sont assez grandes, composées de fleurs jaunes, et munies d'un involucre formé d'un grand nombre de bractées foliiformes. Cette plante habite les champs et les collines du Chili.

Nous avons analysé une calathide du *perdicium chilense*, et nous y avons reconnu tous les caractères essentiels du genre *Chætanthera*. Le *perdicium lactucoides*, au contraire, nous a présenté des caractères tels que, loin d'appartenir à ce genre, il n'appartient même pas à la tribu des mutisiées. Nous en dirions autant de la *chætanthera serrata*, si nous étions sûr que la plante nommée ainsi dans l'Herbier de M. Desfontaines est celle de Ruiz et Pavon, ce qui est peu probable.

Le nom du genre dont il s'agit exprime un caractère commun

à toute la tribu celui d'avoir les anthères munies d'appendices basilaires sétiformes. (H. Cass.)

CHÆTARIA (*Bot.*), Beauv., Agrost., pag. 5o, tab. 8, fig. 5 et 6. M. de Beauvois, dans son Agrostographie, ayant établi une différence entre les soies et les paillettes des graminées, s'en est servi pour caractère générique. La soie, d'après lui, est le prolongement d'une nervure dont la base fait partie de la substance des valves ou paillettes. L'arête est une substance dure, coriace, insérée subitement sur les valves, souvent sans une origine apparente ; elle sert fréquemment comme d'étui à la soie qu'elle embrasse, et à laquelle elle adhère fortement. En admettant cette distinction, peut-on l'employer seule, comme un caractère essentiel, suffisant pour établir de nouveaux genres sur des espèces placées déjà dans d'autres genres qui semblent assez naturels, tels que les *stipa* de Linnæus ? M. de Beauvois n'en conserve que le très-petit nombre d'espèces, dont l'arête est simple, non caduque, placée entre deux soies qui terminent la valve ; tandis que, dans le *chætaria*, la valve inférieure est plus souvent prolongée en une pointe terminée par trois soies le plus souvent égales : point d'arête proprement dite. (Poir.)

CHÆTOCARPUS. (*Bot.*) Schreber a substitué ce nom à celui de *pouteria* qu'Aublet avoit donné à un de ses genres de plantes de la Guiane. L'un et l'autre doivent être supprimés, parce que M. Swartz a réuni avec raison ce genre à son *labatia*, qui appartient à la famille des ébenacées. (J.)

CHÆTOCHILUS DU BRÉSIL (*Bot.*), *Chætochilus lateriflorus*, Vahl, Enum. I, pag. 101. Genre établi par Vahl pour un arbrisseau du Brésil, qui se rapproche beaucoup des *schwenkia*, dont il ne diffère essentiellement que par les découpures de la corolle privée des cinq plis ou dents glanduleuses qui caractérisent les *schwenkia*. Il se rapproche beaucoup de la famille des labiées, et doit être placé dans la *diandrie monogynie* de Linnæus. Ses rameaux sont alternes, cylindriques, un peu velus vers leur sommet ; les feuilles alternes, pétiolées, ovales, glabres, longues d'un pouce ; les pédoncules solitaires, axillaires ou opposés aux feuilles, uniflores. Le calice est tubulé, glabre, presque à deux lèvres, à dix nervures ; la lèvre supérieure bifide, l'inférieure à trois découpures égales, subulées

la corolle longue d'un pouce et demi, son tube presque filiforme ; le limbe profondément divisé en cinq découpures très-
étroites, linéaires, les trois inférieures un peu plus longues ;
deux filamens plus courts que le tube, insérés vers son milieu ;
l'ovaire supérieur ; un stigmate obtus ; une capsule turbinée,
acuminée, surmontée de quatre dents, à deux loges polyspermes ; une cloison alongée et comprimée. (Poir.)

CHÆTOCRATER. (*Bot.*) Ce genre de la Flore du Pérou,
dont on ne connoit jusqu'à présent que le caractère générique, paroit n'être qu'une espèce d'*anevinga* de Lamarck, ou
casearia de Jacquin, remarquable de même par un style
simple surmonté de trois stigmates, et par des étamines en
nombre défini, et des soies ou écailles intermédiaires, réunies
les unes aux autres, à leur base, en un anneau. (J.)

CHÆTOPHORA. (*Bot.*) M. Agardh forme sous ce nom un
genre auquel il ramène un certain nombre d'espèces de rivu-
laires et de nostochs (*linckia*, Micheli ; *tremella*, Linn.), qui se
conviennent par leur nature gélatineuse, de forme déterminée,
et contenant des filamens articulés. Ce dernier caractère est
exprimé par le nom grec *chœtophora.*

L'espèce principale est le *chœtophora*, feuille d'endive, dont
M. Desvaux a fait un genre particulier, qu'il appelle *myriodac-
tylon.* C'est une tremelle pour Hudson, une rivulaire pour
Roth, et le batrachosperme fasciculé de Vaucher et de
Decandolle. Elle croit dans les ruisseaux, sur les pierres.
Voyez Rivulaire et Nostoch.

Muller, Fl. Dan., pl. 660, s'est servi le premier du nom de
chœtophora pour désigner deux espèces de ce genre, qui sont
hérissées, à l'extérieur, de filamens simples ou articulés. On
les avoit réunies aux conferves de Linnæus. (Lem.)

CHÆTOSPORE (*Bot.*), *Chœtospora*, genre jusqu'à présent
uniquement composé d'espèces originaires de la Nouvelle-Hollande, de la famille des cyperacées, de la *triandrie monogynie* de Linnæus, qui ne diffère essentiellement des *schœnus*
(choin) que par les soies qui accompagnent l'ovaire à sa base.

Ce genre, établi par M. Rob. Brown, renferme une quin-
zaine d'espèces distribuées en trois sous-divisions.

§ I. *Epillets composés d'écailles sans nervures, disposées sur deux rangs.*

CHÆTOSPORE LANUGINEUX : *Chætospora lanata*, Rob. Brown ; *Schœnus lanatus*, Labill., *Nov. Holl.*, 1, pag. 19, tab. 20. Ses tiges sont cylindriques, hautes d'un pied, garnies seulement à leur base de feuilles capillaires, vaginales, pileuses à l'orifice de leur gaine ; un involucre à une ou deux folioles sétacées, plus longues que les épillets ; ceux-ci, au nombre de deux ou trois, oblongs, un peu comprimés, composés de six à dix écailles lancéolées, lanugineuses à leurs bords ; une semence ovale, un peu triangulaire ; six soies pileuses, plus courtes que les écailles.

CHÆTOSPORE A FEUILLES RECOURBÉES ; *Chætospora curvifolia*, Rob. Brown. Cette espèce se distingue de la précédente par ses feuilles recourbées, par ses épillets à deux ou trois fleurs réunies en une tête globeuse, terminale ; les écailles non lanugineuses à leurs bords.

CHÆTOSPORE TURBINÉ ; *Chætospora turbinata*, Rob. Brown. Ses feuilles sétacées sont glabres à l'orifice de leur gaine ; les épillets presque uniflores, réunis en une tête turbinée ; les écailles velues à leurs bords.

CHÆTOSPORE A COURTES SOIES ; *Chætospora brevisetis*. Ses soies sont un peu plus courtes que les semences ; ses épillets presque sessiles, réunis en un faisceau presque turbiné ; les écailles pubescentes à leur contour ; les feuilles barbues à l'orifice de leurs gaines.

CHÆTOSPORE DIFFORME ; *Chætospora deformis*, Rob. Brown. Ses tiges sont rudes, cylindriques ; ses feuilles barbues à leur orifice ; les épillets presque solitaires ; l'involucre à une seule foliole ; les écailles lanugineuses à leurs bords ; les soies plumeuses.

CHÆTOSPORE PÉDICELLÉ ; *Chætospora pedicellata*, Rob. Brown. Ses tiges sont lisses, les gaines des feuilles barbues à leur orifice ; les épillets fasciculés, pédicellés, un peu courbés en faucille ; les écailles velues ; les soies très-courtes.

CHÆTOSPORE A ÉPIS ÉLÉGANS ; *Chætospora calostachya*, Rob. Brown. Ses tiges sont à demi-cylindriques, garnies de feuilles en carêne, rudes à leurs bords ; les gaines nues, sèches ; les épillets alternes, pédonculés, de trois à cinq fleurs; les écailles nues; les semences ridées.

CHÆTOSPORE DES MARAIS; *Chætospora paludosa*, Rob. Brown. Les feuilles sont glabres, planes, lisses, alternes; ses tiges filiformes, à demi cylindriques; une panicule feuillée; les épillets presque à trois fleurs; les écailles nues.

CHÆTOSPORE IMBERBE; *Chætospora imberbis*, Rob. Brown. Ses tiges sont filiformes; ses feuilles lisses; une panicule feuillée; les épillets fasciculés, presque sessiles.

CHÆTOSPORE AXILLAIRE; *Chætospora axillaris*, Rob. Brown. Cette espèce se distingue par ses épillets axillaires et terminaux, pédonculés, au nombre de deux ou trois, à trois ou quatre fleurs; les écailles denticulées sur leur carène; les tiges filiformes, feuillées.

§ II. *Epillets composés d'écailles sans nervures, disposées sans ordre.*

CHÆTOSPORE LUISANT; *Chætospora lucens*, Rob. Brown. Cette espèce est la seule de cette sous-division. Ses tiges sont cylindriques, feuillées à leur base; les fleurs réunies en têtes latérales; les écailles luisantes; les soies plumeuses; les semences lisses et trigones.

§ III. *Epillets composés d'écailles nerveuses à leur base, imbriquées sur deux rangs.*

CHÆTOSPORE A TÊTE RONDE; *Chætospora sphærocephala*, Rob. Brown. Les feuilles, toutes placées à la base d'une tige cylindrique, sont laineuses à l'orifice de leur gaine; les épillets obtus, à deux fleurs, et réunis en une tête terminale; des bractées entre chaque paquet.

CHÆTOSPORE A DEUX ANGLES, *Chætospora anceps*, Rob. Brown. Cette espèce est distinguée par ses tiges à deux angles opposés; ses fleurs sont réunies en une tête globuleuse, accompagnée de bractées.

M. Rob. Brown ajoute à ce genre, mais avec doute, deux autres espèces, le *chætospora tetragona*, et le *chætæspora stygia*. Dans la première, les tiges sont anguleuses, à une seule feuille;

les fleurs réunies en un faisceau alongé : dans la seconde, les tiges sont nues, cylindriques; les épillets réunis en tête; les écailles recourbées avec une arête. (Poir.)

CHÆTIA (*Entomoz.*), nom sous lequel Hill, dans son histoire des animaux, p. 14, désigne le dragonneau, *gordius aquaticus*. (De B.)

CHAFOIN. (*Mamm.*) On a parlé très-obscurément, sous ce nom, d'un animal d'Amérique qui paroît se rapprocher des moufettes. (F. C.)

CHAFUR. (*Bot.*) L'averon, *avena fatua*, est ainsi nommé dans l'Arabie, suivant Forskaël. (J.)

CHAGARET - EL - GEMEL. (*Bot.*) Ce nom, en Egypte, signifie *herbe du chameau*. Il est donné, suivant M. Delille, à l'*avena pensylvanica* de Forskaël, qui est l'*avena Forskalii* de Vahl. Le *chagaret-el-arneb*, ou herbe du lièvre, dont Forskaël a fait son genre *Arnebia*, est, selon Vahl, un grémil, *lithospermum arnebia*. M. Delille nomme *chagaret-el-nadeb* le *lichen parietinus*, qui est maintenant le *parmelia parietina* d'Acharius. (J.)

CHAGARI. (*Bot.*) Suivant Marsden, la liqueur sucrée que l'on retire à Sumatra du palmier arec, devient, en s'épaississant, le jaggrée ou sucre du pays, que les François prononcent *chagari*; et il croit que le nom de *saccharum*, sucre, en est dérivé. (J.)

CHAGAS (*Bot.*), nom portugais de la petite capucine, *tropœolum minus*. (J.)

CHAGNOT. (*Ichthyol.*) C'est un des noms vulgaires françois du *carcharias glaucus*. Voyez Cagnot bleu (Supplément du 6.ᵉ volume) et Carcharias. (H. C.)

CHAHA (*Ornith.*), nom que porte aux Indes un tiklin, ou râle des Philippines, qui forme la quatrième variété du *Rallus philippensis*, Lath., et que M. Vieillot a placé dans son genre Porzane. (Ch. D.)

CHAHRAMAN (*Ornith.*), nom que les Egyptiens donnent au tadorne, *anas tadorna*, Linn. (Ch. D.)

CHAHUIYOU (*Bot.*), nom caraïbe, suivant Surian, du *pharus latifolius*, genre de plantes graminées. (J.)

CHAHYN (*Ornith.*), nom arabe du faucon. *falco communis* Linn. (Ch. D.)

CHAIA. (*Ornith.*) Cet oiseau, de l'Amérique méridionale, ayant beaucoup de rapports avec les jacanas, *parra*, et avec les kamichis, *palamedea*, les naturalistes en ont fait une espèce du premier genre, qu'ils ont décrite sous le nom de *parra chavaria* : mais si, comme les jacanas, il a les ailes éperonnées, ses doigts de devant ne sont pas tous entièrement libres, ainsi qu'aux jacanas, ni tous garnis de membranes à la base, comme le sont ceux des kamichis ; le doigt extérieur est seul joint à celui du milieu par une membrane qui s'étend jusqu'à la première articulation, et le doigt intérieur est libre. Ses autres caractéres génériques sont d'avoir le bec robuste, plus court que la tête, comme celui des gallinacés, courbé à la pointe, et garni à sa base de plumes très-courtes ; l'espace compris entre le bec et les yeux nu ; le surplus de la tête emplumé ; les narines découvertes ; les tarses et une partie de la jambe garnis d'écailles hexagones ; le pouce touchant la terre à son extrémité ; les ongles des doigts de devant aigus, creusés en gouttière, à bords tranchans, un peu crochus ; celui du pouce, droit ; le bord extérieur de l'aile présentant deux éperons pointus, un peu recourbés en haut, et dont la surface a trois plans distincts.

On ne possède dans aucune collection la dépouille de cet oiseau, dont le genre n'a été formé que sur les descriptions données par Jacquin et d'Azara, de la seule espèce qui soit connue. Cet oiseau a trente et un pouces de longueur totale ; sa queue en a neuf ; son envergure soixante-treize ; la jambe sept et demi ; le tarse cinq et demi : le bec dix-sept lignes. Il est haut d'un pied et demi. Ses ailes sont composées de vingt-huit pennes, dont les troisième, quatrième et cinquième sont les plus longues, et sa queue de quatorze pennes étagées, dont l'extérieure est la plus courte. L'oiseau n'est pas plus gros qu'un coq ordinaire : mais un phénomène singulier le fait paroître d'une ampleur bien plus considérable. Entre sa peau et sa chair il y a une infinité de petites cellules qui contiennent de l'air ; le tarse et les doigts participent même à cette disposition, de sorte que partout la peau s'enfonce à la moindre compression, en faisant entendre un craquement. Les yeux sont au centre d'une membrane rouge, qui s'étend jusqu'au bec. Sur le milieu de l'occiput sont des plumes

étroites, décomposées, d'environ trois pouces de longueur,
qui forment une sorte de diadème immobile et perpendiculaire au point de leur insertion. Les plumes cotonneuses de
la tête et du haut du cou sont d'une teinte plombée, claire ;
au dessous se remarquent deux colliers, dont l'un est d'un
blanc roussâtre, et l'autre noir ; le reste du cou, le dos, le
croupion et le dessous du corps sont plombés ; les plumes
scapulaires, les couvertures et les pennes des ailes et de la
queue, noirâtres ; le haut de la jambe et le tarse de couleur
rose, ainsi que les ongles et le bec. Il n'existe pas de différence remarquable entre les deux sexes.

D'après un des attributs de cet oiseau, Illiger a donné au
genre par lui établi le nom de *chauna*, synonyme d'*inflatus*,
inanis, à cause de l'air interposé entre la peau et la chair,
et M. Vieillot a nommé le sien *opistolophus*, en tirant le
caractère de la huppe occipitale dont l'espèce est ornée. A
l'exemple de Sonnini, ce dernier a employé, d'après Jacquin,
le nom de *chavaria*, comme dénomination françoise de l'individu auquel on peut également donner, avec M. d'Azara,
celle de *chaïa*, que le cri du mâle lui a fait imposer au
Paraguay, où la femelle, par un motif semblable, est appelée
chaïali. Ces oiseaux jettent très-souvent dans le jour, et même
pendant la nuit, lorsque quelque bruit se fait entendre, des
cris qui sont très-forts et très-aigus.

On trouve les chaïas près de Carthagène et sur les deux
côtés de la rivière de la Plata, dans les endroits où l'eau est
basse, et surtout dans les marécages. Quoiqu'ils y pénétrent
comme les hérons, ce n'est point pour y chercher des poissons et des grenouilles, leur nourriture ne paroissant consister
qu'en plantes aquatiques. A terre leur démarche est grave, et
ils tiennent le corps dans une position horizontale, les jambes
écartées, la tête et le cou en ligne verticale. Lorsqu'ils s'élèvent dans les airs, ils font, comme les vautours, de longs
circuits, jusqu'à ce qu'on les perde de vue : ils se perchent
aussi à la cime des plus grands arbres. M. d'Azara n'a pas
obtenu des renseignemens positifs sur le lieu où nichent ces
oiseaux, les uns lui ayant dit que c'étoit sur des buissons
entourés d'eau, et les autres dans les joncs. Ces nids spacieux
sont composés de petites branches : la ponte, qui a lieu au

commencement d'août, ne produit, à ce qu'il paroît, que deux petits, qui, encore revêtus d'un simple duvet, s'empressent de suivre leurs parens.

Quoique les armes du chaïa, ses ornemens, le volume de son corps et sa voix retentissante lui donnent l'apparence d'un oiseau guerrier, il est d'un caractère assez doux; mais cependant il ne souffre pas l'approche des oiseaux de rapine, et il est surtout en guerre ouverte avec les vautours urubus. Aussi les habitans des contrées où il se trouve ont-ils soin d'en élever dans leurs basses-cours, où il devient le protecteur de la volaille, avec laquelle il se nourrit, qu'il suit dans les champs, et qu'il ramène à l'entrée de la nuit : ce qui lui a fait donner par Latham le surnom de fidéle, *faithful jacana*; *General cynopsis of Birds*, tom. III, part. I, pag. 246, n.° 29. (**Ch. D.**)

CHAIAR XAMBAR (*Bot.*), nom égyptien ou arabe de la casse des boutiques, *cassia fistula*, selon Prosper Alpin. Forskaël la nomme *chijar scharabar*. (**J.**)

CHAIAVER. (*Bot.*) Voyez Chayaver. (**J.**)

CHAILLETIA (*Bot.*), genre de la *pentandrie digynie* de Linnæus, dont la famille naturelle n'est point encore déterminée, qui a des rapports avec les *celtis*, et dont le caractère consiste dans un calice d'une seule pièce, persistant, divisé profondément en cinq découpures blanchâtres, cotonneuses en-dehors, colorées en-dedans ; à la place de la corolle cinq appendices nectariformes en écailles bifurquées au sommet, alternes avec les découpures du calice, presque aussi longues ; cinq étamines insérées sur le calice, opposées à ses divisions ; les anthères arrondies, à deux loges ; un ovaire libre, velu ; deux styles presque en tête au sommet. Le fruit est un drupe presque sec, à deux ou à une seule loge par avortement : dans chaque loge une semence ovale-oblongue, adhérente au sommet des loges, sans périsperme ; la radicule droite, dirigée vers le haut ; deux cotylédons épars.

Ce genre a été établi par M. Decandolle, qui l'a consacré au capitaine Chaillet de Neufchâtel, distingué par l'étude approfondie qu'il a faite des plantes de la Suisse. Il se compose d'arbrisseaux de Cayenne, remarquables par la position de leurs fleurs, qui naissent sur le pétiole des feuilles. Les jeunes rameaux sont un peu anguleux, et revêtus d'un duvet très-court, à peine sensible. Les feuilles sont alternes, articulées sur la tige, médiocrement pétiolées, ovales ou elliptiques, prolongées en pointe, glabres, entières. Les fleurs sont très-petites ; elles partent presque toujours du sommet renflé du pétiole. Ce genre renferme deux espèces.

1. Chailletia pédonculé ; *Chailletia pedunculata*, Dec., Ann. Mus., vol. 17, tab. 1. Ses feuilles sont ovales, acuminées, presque en cœur, et inégales à leur base ; les fleurs pédonculées, presque en corymbe ; les pédoncules bifurqués, ensuite trifides ou trichotomes, légèrement pubescens.

2. Chailletia a fleurs sessiles ; *Chailletia sessiliflora*, Dec., *l. c.* Cette espèce est distinguée par ses feuilles elliptiques, acuminées, rétrécies à leur base ; ses fleurs très-petites, sessiles sur les pétioles, agglomérées en huit ou dix paquets. (Poin.)

CHAINUK (*Mamm.*), nom du yak, *bos grunniens*, chez les Kalmouks. (F. C.)

CHAIOTE. (*Bot.*) Voyez Chayote. (J.)

CHAIR FOSSILLE. (*Min.*) Voyez Asbeste entrelacé. (B.)

CHAIR DE BAVIÈRE. (*Bot.*) On désigne par ce nom une espèce d'agaric que Schæffer et Batsch ont fait connoître, et que le premier a nommé *agaricus aggregatus*, pl. 305 et 306 de son Histoire des Champignons de la Bavière. Ce champignon, dont la couleur est celle de la chair, a ses feuillets roses. On en fait beaucoup d'usage, en Allemagne, comme aliment. Les Bavarois lui donnent le nom de *Fleischschwamm*. (Lem.)

CHAIR MUSCULAIRE. (*Chim.*) Voyez Muscle. (Ch.)

CHAISARAN. (*Bot.*) Les Arabes, suivant Forskaël, donnent ce nom au *centaurea Lippii*, qu'il ne faut pas confondre avec le *cheisaran*, espèce de Rotang. (Voyez ce mot.) Cette centaurée est nommée *khysaran* par M. Delille. (J.)

' CHAKAL. (*Ichthyol.*) Les Kamtschadales, suivant M. Tilésius, appellent ainsi un poisson marin long de quatre ou cinq pouces, et vivant en troupes nombreuses sur leurs côtes, où il est surtout très-abondant vers le solstice d'hiver, à l'embouchure des fleuves Kamtschatka, Avatscha et Paradunca. Il remonte en sautant dans leurs eaux, et étend comme des rames les aiguillons qui remplacent ses catopes. M. Tilésius, qui l'a observé dans la baie de Saint-Pierre et de Saint-Paul, dit que sa chair est très-délicate, mais qu'il est si commun qu'on le fait sécher au soleil en été pour en nourrir les chiens en hiver. Il lui donne le nom de *gasterosteus cataphractus*. Mém. de l'Acad. de Saint-Pétersbourg, 1809, pag. 226. Voyez GASTÉROSTÉE. (H. C.)

CHA-KHOW (*Mamm.*), nom hottentot du LAMANTIN. (F. C.)

CHAKEN (*Bot.*), nom péruvien d'une espèce de myrte à feuilles rondes, décrit et figuré par Feuillée, qui vante le suc extrait de la ràclure du bois comme un bon ophtalmique. (J.)

CHALA. (*Ornith.*) Le balbuzard, *falco haliaetos*, Linn., porte ce nom chez les Kalmouks. (Ch. D.)

CHALA. (*Bot.*) Plante basse du Chili qui a, suivant Feuillée, p. 15, t. 5, des feuilles opposées, semblables à celles de l'origan. De leur aisselle sortent des fleurs en cloche, à cinq divisions de couleur violette, entourées d'un calice plus court. Les naturels du pays se lavent la bouche avec sa décoction pour calmer les douleurs de dents. (J.)

CHALADROIS. (*Ornith.*) L'oiseau que la Chênaye des Bois désigne sous ce nom, qui paroît n'être qu'une corruption de *charadrios*, est le pluvier à collier, *charadrius hiaticula*, Linn. (Ch. D.)

CHALAF, BAN (*Bot.*), noms arabes du saule d'Egypte, *salix ægyptiaca*, suivant Forskaël. Prosper Alpin le nomme *calaf*. Dans Daléchamps on trouve les noms *chalif*, *safsaf*, *bulef*, attribués au saule ordinaire. (Voyez BULEF.) Celui de *safsaf* est attribué par Forskaël au saule de Babylone. M. Delille l'attribue de plus au *salix subserrata*. On sait encore que l'olivier de Bohème, *elœagnus*, qui a un feuillage approchant de celui du saule, est nommé *chale* dans le Levant. (J.)

CHALAZE (*Ornith.*), *Chalaza*. On nomme ainsi la membrane qui enveloppe le jaune de l'œuf, et qui est attachée aux deux pôles, c'est-à-dire aux ligamens gélatineux qui existent à sa base et à son sommet. Le traducteur de l'*Enchiridion* de Forster a observé que l'une de ces tuniques n'est que contiguë à l'enveloppe, tandis que l'autre en est une continuation. Cette dernière est traversée, au centre de l'albumen, par un canal roulé sur lui-même comme un cordon ombilical, qui pompe et transporte la substance albumineuse extérieure dans la capsule du jaune, où, par son mélange avec la masse vitelline, cette substance forme un lait destiné à concourir au développement du fœtus. (Ch. D.)

CHALAZE (*Bot.*), *Chalaza*. Les vaisseaux du funicule ou cordon ombilical, qui pénètrent dans la graine par l'ombilic, se prolongent quelquefois dans l'intérieur des tuniques séminales sous la forme d'une nervure simple, ou divisée et anastomosée, dont l'extrémité, ordinairement colorée, est toujours plus ou moins renflée. C'est cette extrémité que Gærtner a nommée *chalaza*, et qu'il considère comme l'ombilic interne de la graine. La partie comprise entre l'ombilic externe et l'ombilic interne porte le nom de raphe. La raphe et la chalaze, considérées collectivement comme une prolongation du funicule de la graine, sont désignées par M. Mirbel, sous le nom de prostype funiculaire. Voyez Prostype.

Dans les labiées, la raphe est courte, et la chalaze est un tubercule incolore; dans l'orange et les autres genres de sa famille, la raphe est longue, et la chalaze se développe dans l'épaisseur de la tunique interne (*tegmen*), sous la forme d'une patte d'oie ou d'une cupule colorée. (Mass.)

CHALAZIAS. (*Min.*) Pline nomme cette pierre dans le 11.ᵉ chapitre du 37.ᵉ livre. Il dit seulement qu'elle étoit de la forme et de la couleur d'un grain de grêle, et qu'elle avoit la dureté du diamant. Si cette courte description peut convenir à quelque chose, ce n'est guère qu'à la sous-variété de silex agathe, que l'on nomme cacholong. Voyez Silex agathe et Cacholong. (B.)

CHALCALA (*Bot.*), un des noms arabes cités par Daléchamps pour la plante ombellifère qu'il nommoit *libanotis*, que l'on croit avoir été un *rosmarinum* de Dioscoride, et qui est maintenant la *cachrys libanotis* des modernes. (J.)

CHALCANTHE. (*Min.*) Le *chalcanthum* de Pline et des autres naturalistes de l'antiquité, s'obtenoit, par évaporation et cristallisation, des eaux de certaines sources que l'on trouvoit en Espagne. On suspendoit des cordes dans les eaux saturées de ce sel, qui s'y attachoit sous la forme de cristaux d'un beau bleu transparent comme du verre. On l'obtenoit encore par d'autres moyens qui revenoient tous au principe de l'évaporation et de la cristallisation. Parmi les propriétés médicinales que Pline attribue au chalcanthe, on remarque surtout celles qui caractérisent sa qualité astringente. Il dit même expressément que ce sel possédoit cette qualité à un tel degré, qu'on en frottoit la bouche des lions et des ours qu'on lâchoit dans l'arène, afin de leur ôter la puissance de mordre.

Tous les modernes s'accordent à regarder le chalcanthe comme du sulfate de cuivre ou couperose bleue ; et, en effet, il ne peut guère y avoir de doute sur l'identité de ces deux substances. Voyez CUIVRE SULFATÉ.

Le meilleur chalcanthe venoit de Chypre. (B.)

CHALCANTHEMON, CHALCANTHON, CHALCAS, CHALCITIS. (*Bot.*) Le *chrysanthemum leucanthemum*, Linn., a été désigné sous ces différens noms, selon Dioscoride. (H. CASS.)

CHALCAS PANICULÉ (*Bot.*), *Chalcas paniculata*, Linn. : *Camunium*, Rumph, Amb. 5, tab. 17. Ce genre, de la famille des hespéridées, de la *décandrie monogynie* de Linnæus, a de tels rapports avec le MURRAYA (voyez ce mot), qu'il paroit devoir y être réuni, et même ne former avec lui qu'une même espèce. C'est le *marsana buxifolia*, Sonn. Itin. (POIR.)

CHALCEIOS. (*Bot.*) Suivant Anguillara, cité par Clusius, le chalceïos de Théophraste est la plante basse, ligneuse, et épineuse, que l'on nomme *bellan* sur le mont Liban, et qui est le *poterium spinosum* des botanistes modernes. Rauvolf, dans sa Flore d'Orient, cite le *bellan*, que Gronovius, son éditeur, rapporte également à ce *poterium* : mais, d'un autre côté, Daléchamps donne la description et la figure de la plante qu'il nomme chalceïos, et qu'il croit être celle de Théophraste et de Pline ; et cette plante présentée par lui est l'*echinops spherocephalus*, que les Arabes nomment CHASCIR, suivant Forskaël. Voyez ce mot. (J.)

CHALCETUM. (*Bot.*) La plante de ce nom, mentionnée par Pline, paroit être, suivant Daléchamps et C. Bauhin, la mâche, *valerianella* de Tournefort, *valerianella locusta* de Linnæus. (J.)

CHALCIDE (*Erpétol.*), *Chalcides*. C'est le nom d'un genre de sauriens de la famille des urobènes, établi par M. de Lacépède, et conservé par MM. Daudin, Duméril, Cuvier, Oppel, Brongniart, etc.

Le mot *chalcides* ou *chalcis* a été employé par Pline, liv. 32, chap. 3, pour désigner une espèce de lézard : *genus lacertorum quasdam ænei coloris lineas in tergo habens; unde et nomen habet.*

Les caractères de ce genre sont les suivans :

Quatre pieds distincts ; corps couvert de tubercules carrés, adhérens, verticillés même sur la queue; tête couverte de plaques polygones ; un tympan visible à l'origine du cou.

La tête est courte, arrondie ; le museau a la forme d'une pyramide obtuse ; une ride sépare l'occiput et le cou ; les ouvertures des narines et les yeux sont petits ; les dents sont sur un simple rang et souvent palatales.

Le corps est étroit, cylindrique, couvert d'écailles égales entre elles, et de la forme d'un carré oblong.

Les pieds sont très-courts et minces ; quelquefois ils forment de simples moignons ; certaines espèces ont des pores sur les cuisses ; les doigts, quelquefois garnis d'ongles, varient beaucoup pour la longueur et pour le nombre.

La queue est alongée, cylindrique.

La langue est un peu épaisse, courte et légèrement bifide à son extrémité.

Ce genre est très-éloigné des autres sauriens: il les lie aux amphisbènes, comme les scinques, les ophisaures, les orvets les rattachent aux éryx.

1.º Le Tétradactyle; *Chalcides tetradactylus*, Lacép., Ann. du Mus. d'Hist. nat., tom. 11, pag. 354. Quatre doigts à tous les pieds. Ecailles dorsales inclinées, carênées.

Les pieds de cet animal sont si courts qu'ils peuvent à peine atteindre à terre ; le premier et le quatrième doigts sont très-courts aussi et peu visibles ; le second est à peu près deux fois plus long que le premier, et le troisième deux fois plus long que le second.

La tête est couverte de onze plaques.

Il règne de chaque côté du corps un sillon qui s'étend de l'angle des mâchoires aux pattes de derrière.

L'individu décrit par M. de Lacépède existe dans la collection du Muséum de Paris. Il a dix pouces et quelques lignes de longueur totale.

On ignore quelle est sa patrie.

2.º Le Tridactyle; *Chalcides tridactylus*, Lacépède. (*Chama-*

saura cophias, Schn.; *Chalcide pentadactyle*, Latreille). Trois doigts très-courts à chaque pied. Tympan très-peu marqué.

Les pieds n'ont qu'une ligne de longueur; l'animal lui-même est de la taille d'environ six pouces.

La teinte du tridactyle est sombre et analogue à celle de l'airain.

On ignore également sa patrie.

5.º Le Monodactyle; *Chalcides monodactylus*, Daudin. Pieds à un seul doigt, sans ongle. (H. C.)

CHALCIDIENS (*Erpét.*), *Chalcidici.* M. Oppel (*Die Ordnungen, Familien*, etc., *der Reptilien*, etc.) nomme ainsi la sixième famille qu'il a établie dans l'ordre des sauriens. Il lui assigne pour caractères, d'avoir la langue échancrée, protractile; des écailles carrées, verticillées, et d'une même grandeur par tout le corps et sur la queue même. Il la compose des genres Bipède, Bimane, Chalcide et Ophisaure. Voyez ces divers mots. (H. C.)

CHALCIDITES. (*Entom.*) M. Latreille a désigné, sous ce nom de famille, les insectes hyménoptères qu'il avoit nommés auparavant *cynipsères*, et que M. Spinola appeloit *diplolépaires*. Elle correspond à notre famille des abditolarves, ou Néottocryptes. Voyez ce mot. (C. D.)

CHALCIS (*Entom.*), *Chalcis*, nom d'un genre d'insectes hyménoptères de la famille des abditolarves ou néottocryptes, près des cynips et des diplolèpes, donné par Fabricius à de petites espèces parasites que Linnæus et Geoffroy avoient pour la plupart rangées parmi les guêpes.

Ce nom, tiré du grec χαλκος, airain, cuivre, avoit déjà été employé par Athénée comme celui d'un poisson; par Ælian et Nicander, comme désignant un serpent; par Pline et Columelle, comme propre à un lézard. Il est encore aujourd'hui en double emploi parmi les zoologistes, qui appellent *chalcides* un genre de lézard, et *chalcis* les insectes qui font le sujet de cet article.

Les chalcis, comme leur nom l'indique, sont en général d'une couleur métallique, d'un vert cuivreux ou doré. Leur abdomen est pédiculé, et non sessile sur le corselet. Leurs antennes, insérées au milieu du front, sont brisées ou coudées, de douze articles, légèrement renflées, ou en fuseau vers l'extrémite libre. Leurs cuisses postérieures sont renflées comme dans les leucopsides. Ils se rapprochent beaucoup des cynips, dont les antennes, droites et en fil, ont plus de douze articles, et des eulophes, qui ont le caractère, singulier dans cette classe, de porter des antennes branchues, ou pectinées comme certaines espèces d'uropristes.

Les larves des chalcides, au moins celles que l'on a pu étudier, vivent, à ce qu'il paroît, des larves d'autres insectes, qui sont renfermés eux-mêmes dans des demeures communes, telles que les nids des guêpes et des bourdons, dans lesquels leurs mères vont les déposer à l'aide d'une tarière droite, composée de trois pièces.

On trouve ces insectes dans l'état parfait sur les fleurs, principalement sur celles des ombellifères, des œnanthes et des phellandries, qui se plaisent sur le bord des eaux stagnantes.

On connoit encore peu les insectes de ce genre, auquel Fabricius a rapporté plus de trente espèces rangées dans deux grandes divisions.

1.° Ceux dont l'abdomen est pétiolé ou supporté par un long pédicule, dont M. Spinola a fait le genre Smière.

Le CHALCIS PISPES; la *Guêpe déguindée*, Geoff., tom. II, pag. 380, n.° 16, qui est noire, avec le pétiole de l'abdomen et les cuisses postérieures jaunes. On croit que sa larve se trouve dans celle des stratyomes ou mouches armées.

Le CHALCIS CLAVIPÈDE, qui ressemble au précédent, mais dont les cuisses postérieures, aussi très-renflées sont de couleur rousse. C'est le plus commun autour de Paris, dans les marais.

2.° Les chalcis dont le ventre a un pédicule court, commun.

Le CHALCIS NAIN; *Vespa minuta*, Linn.; Geoff.. tom. II, 380, 15. La guêpe noire, à cuisses postérieures, fort grosses.

Cette espèce, qui est noire, a les cuisses globuleuses, sillonnées, dentelées, et les jambes arquées; la base des ailes et les genoux sont jaunes.

Le CHALCIS ANNELÉ OU A JARRETIÈRES, qui est noir, avec un point blanc sur les cuisses, et les jambes blanches, annelées de noir, qui a été observé en Amérique, dans les chrysalides de Phalène.

Le CHALCIS PYRAMIDÉ OU CONIQUE, qui a l'abdomen conique,

très-alongé, avec une ligne dorsale blanche ; que nous avons trouvé dans un nid de guêpes cartonnières, *vespa tastua*, Cuv., et que Réaumur a figuré comme la guêpe cartonnière elle-même, *vespa nidulans*, tom. VI, pl. 20-24; *epipona*, Latreille. (C. D.)

CHALCIS (*Erpétol.*), nom grec et latin d'un reptile que Pline dit venimeux. (H. C.)

CHALCIS. (*Ichthyol.*) Belon donne ce nom à la sardine de la mer Méditerranée.

Gesner dit que c'est un poisson des grands lacs d'Italie. Voyez CELERIN et CLUPÉE. (H. C.)

CHALCIS. (*Ornith.*) Ce mot, que la Chénaye des Bois et d'autres naturalistes écrivent *calchis*, est employé par Aristote pour désigner un oiseau, un poisson et un quadrupède ovipare. D'après les commentateurs, le chalcis, oiseau, seroit un synonyme de *cymindis*, de *phinès* et de *ptynx* ou *ptonx*; et Belon, qui traduit ce mot par faucon de nuit, pense que ce pourroit être l'oiseau de Saint-Martin, *falco cyaneus*, Linn. Voyez CYMINDIS. (Ch. D.)

CHALCITE. (*Min.*) Pline dit que ce minéral est celui qui donne le cuivre ; qu'il se trouve dans le fond des mines? qu'il est friable, même mou, et qu'il ressemble à un duvet serré. La meilleure chalcite est couleur de miel ; elle est traversée de veines de cuivre ; elle est friable, mais n'est point pierreuse.

Il est évident que cette pierre étoit un minerai de cuivre, et probablement un minerai de fer et de cuivre pyriteux, mêlé de cuivre malachite soyeux et susceptible de se décomposer ; mais il n'est pas possible de rapporter cette dénomination à aucune variété déterminée de minerai de cuivre.

Pline décrit dans cette substance des altérations, et lui attribue des propriétés médicinales astringentes, qui ne peuvent laisser de doute qu'elle ne contint ou ne donnât des sulfates de fer ou de cuivre, qu'il nomme SORY et MISY. Voyez ces mots.

La chalcite étoit aussi une pierre couleur de cuivre que Pline ne fait que nommer dans l'énumération des pierres qui ont des ressemblances ou des rapports avec divers objets. (B.)

CHALCOICHTYOLITHE (*Foss.*), *Chalcoichtyolithus*. On a désigné sous ce nom des ardoises cuivreuses, telles que celles

qu'on trouve à Mansfeld , sur lesquelles on voit des empreintes
et des squelettes de poissons. (D. F.)

CHALCOIDE (*Ichthyol.*), nom d'un cyprin, du genre des
ables, décrit par Guldenstedt dans les *Nov. Comm. Petrop.*,
1772. Il habite la mer Noire, d'où il remonte dans le Dnieper ;
il se plait également dans la mer Caspienne, d'où il remonte
dans le Terek et dans le Cyrus, lorsque la fin de l'automne
ou le commencement de l'hiver amène pour lui le temps
du frai. Il parvient à la taille d'un pied environ : sa forme
générale est celle du hareng. Les auteurs le désignent sous le
nom systématique de *cyprinus chalcoïdes*, que nous changeons
avec M. Cuvier en celui de *leuciscus chalcoïdes*. Voyez ABLE,
CYPRIN. (H. C.)

CHALCOLITE (*Min.*), nom que M. Werner donna d'abord
à l'urane oxidé, parce qu'il croyoit que ce minerai contenoit
du cuivre. Voyez URANE. (B.)

CHALCOPHONE (*Min.*) C'est, dit Boetius de Boot, une
pierre noire qui rendoit, lorsqu'elle étoit frappée, un son
semblable à celui de l'airain.

Plusieurs pierres ont cette propriété d'une manière remarquable.

1.° Des basaltes durs, compactes, à grains brillans et presque cristallins ; et il est probable que c'est cette pierre que
les anciens avoient en vue.

2.° Des pétrosilex, et notamment cette variété à laquelle
les minéralogistes allemands donnent le nom de *klingstein*, que
M. Daubuisson a rendu par celui de phonolite.

3.° Un silex corné rougeâtre, en masse volumineuse, qui
appartient à la formation d'eau douce supérieure des environs de Paris, et qu'on trouve sur les hauteurs des collines
qui sont entre Triel et Veaux. Il rend, sous le choc du marteau, un son parfaitement semblable à celui que donneroit
une masse de bronze d'un égal volume. (B.)

CHALEF (*Bot.*), *Elæagnus*, Linn., genre de plantes dicotylédones, apétales périgynes, de la famille des éléagnées,
dont les principaux caractères sont d'avoir un périanthe
caliciforme, monophylle, campanulé, coloré intérieurement, à quatre découpures ; quatre étamines attachées au
périanthe, et alternes avec ses découpures ; un ovaire infé-

rieur, surmonté d'un style court, à stigmate simple; une noix qui ne contient qu'une seule graine.

Ce genre renferme dix espèces, dont une seule est indigène des contrées méridionales de l'Europe : des neuf autres, six croissent au Japon, deux dans le Levant, et une dans l'île de Ceilan. Nous ne parlerons que de la plus connue. Les chalefs sont tous des arbres ou des arbrisseaux.

Chalef a feuilles étroites, vulgairement Olivier de Bohème, *Elæagnus angustifolia*, Linn.; Mirb., *in nov. Duham.*, 2, p. 87, tab. 26. Cette espèce est un arbre qui s'élève à quinze ou vingt pieds : ses jeunes rameaux sont revêtus d'un duvet blanchâtre; garnis de feuilles lancéolées, pétiolées, revêtues d'un duvet blanchâtre et argenté : ses fleurs sont petites, presque sessiles, jaunâtres intérieurement, couvertes extérieurement de tubercules écailleux, blancs, argentés, et disposées de une à trois ensemble dans les aisselles des feuilles.

Cet arbre croît naturellement dans le midi de la France et de l'Europe, en Bohème et dans le Levant. On le cultive pour l'ornement des jardins, où le blanc argenté de ses feuilles et de ses rameaux fait un contraste agréable avec le vert des autres arbres. Ses fleurs, qui paroissent en juin, et qui durent un mois, répandent, surtout le soir, une odeur très-pénétrante, mais cependant agréable, de manière qu'un seul pied de ce chalef peut parfumer tout un jardin. C'est sans doute ce qui lui a valu le nom qu'il porte en Portugal, où on l'appelle arbre du paradis. Il n'est pas délicat sur la nature du sol; mais il réussit mieux dans les terrains chauds et sablonneux. Les froids du climat de Paris ne l'endommagent pas, ou si quelquefois les fortes gelées lui font éprouver quelque mal, ce n'est que ses jeunes rameaux qui en souffrent un peu. On le multiplie de graines, et plus communément de rejetons, de marcottes et même de boutures, qui reprennent facilement, étant faites au printemps en pleine terre.

D'après le témoignage d'Olivier, ses fruits se mangent en Turquie et en Perse. (L. D.)

Chalef. Ce nom, adopté en françois pour le genre *Elæagnus*, avoit été employé pour désigner la famille à laquelle il appartient; mais, depuis qu'on a reconnu, et établi en principe que les noms de genres ne peuvent être employés à cet usage qu'en prenant la terminaison d'un mot adjectif, Ventenat avoit substitué au terme *chalef* celui d'*elæagnoïdes*, et M. Decandolle celui d'élæagnées, *elæagneæ*, qui paroît devoir être préféré. Voyez Elæagnées. (J.)

CHALEUR. (*Phys.*) Ce mot, qui désigne une sensation trop répétée et trop simple pour qu'il soit nécessaire et possible de la définir, ayant passé de l'effet à la cause, a été souvent employé dans le même sens que le mot *calorique*. On a dit aussi *matière de la chaleur*, pour indiquer cette cause, lorsqu'on a cru devoir cesser de regarder la chaleur et la lumière comme les diverses modifications d'un même principe, que l'on avoit désigné par le nom de *feu*. On a assigné en conséquence deux états à cette matière : celui de *chaleur latente*, ou combinée dans un corps, et celui de *chaleur libre*, lorsque, s'en dégageant, elle se communique aux autres corps ; déplacement qui est indiqué par le thermomètre. Voyez Thermomètre et Thermoscope.

Les propriétés chimiques de la chaleur, déjà énoncées à l'article Calorique de ce Dictionnaire, ont reçu de nouveaux développemens dans l'article Attraction moléculaire (Suppl. au 3.ᵉ vol., p. 100) : mais l'énumération de ses propriétés physiques, faite dans le premier de ces articles, laisse quelque chose à désirer depuis les recherches de MM. Rumford, Leslie, la Roche, etc. ; car il est maintenant bien constaté que la chaleur se propage par deux modes très-distincts, savoir la *communication immédiate* et le *rayonnement*.

Dans le premier de ces modes, un corps s'échauffe par le contact d'un autre, et la chaleur passe successivement de chaque molécule du corps aux molécules qui lui sont contiguës, mais avec beaucoup plus de lenteur dans certains corps que dans d'autres. L'air paroît être celui dans lequel cette communication est le plus difficile ; et il ne s'échauffe guère que par l'effet des courans qui résultent des changemens opérés dans sa densité par les variations de la température, et qui, faisant arriver au foyer de la chaleur les molécules les moins échauffées, les transportent ensuite dans les régions les plus froides. Cette circulation a lieu aussi dans les autres fluides et c'est principalement par celle qui s'établit entre le fond et la partie supérieure d'un vase placé sur le feu, que le liquide contenu dans ce vase parvient à s'échauffer.

Dans le second mode de sa propagation, la chaleur, de même que la lumière, se répand soit dans l'air, soit dans le vide, par des rayons susceptibles d'être réfléchis, réfractés, et rassemblés en conséquence au moyen des miroirs concaves ou des verres lenticulaires. Scheele avoit observé cet ordre de phénomènes; mais ce sont les belles expériences de M. Marc-Auguste Pictet qui l'ont mis hors de doute, en montrant que la réflexion seule suffisoit pour faire monter ou descendre un thermomètre placé au foyer d'un miroir concave, recevant les rayons émanés d'un autre miroir au foyer duquel se trouvoit un vase rempli tantôt d'eau bouillante et tantôt de neige.

A l'égard du rayonnement de la chaleur, les corps diffèrent entre eux à raison de la matière, de la couleur et du degré de poli : toutes choses égales d'ailleurs, les surfaces blanches et polies réfléchissent le mieux la chaleur, et les surfaces noires et mates la laissent passer plus aisément; en sorte que c'est la première couleur qu'il convient de donner à l'intérieur d'une cheminée, et la seconde à l'extérieur d'un poêle.

Les expériences, très-multipliées et très-variées, qui ont été faites sur la faculté conductrice des corps, et sur le rayonnement de leur surface, ont donné l'explication et la mesure d'un grand nombre de phénomènes utiles à l'économie domestique, soit pour propager ou pour conserver la chaleur. Quant à sa distribution locale et à ses variations sur le globe terrestre, voyez le mot TEMPÉRATURE. Voyez aussi VIE, pour CHALEUR VITALE. (L.)

CHALFI (*Bot.*), nom arabe d'une graminée, *cynosurus durus*, rapportée par M. de Beauvois à son nouveau genre *Sclerochloa*. (J.)

CHALGUA ACHAGUAL. (*Ichthyol.*) Au Chili, on donne ce nom au CALLORHINQUE. Voyez ce mot. (H. C.)

CHALIF. (*Bot.*) Voyez CHALAF, CHALEF, BULEF. (J.)

CHALKAS, CHALKITIS. (*Bot.*) Voyez CACHLAS. (J.)

CHALOK. (*Ichthyol.*) En Barbarie, ce nom est donné à une espèce de cyprin. (H. C.)

CHALOUPE CANNELÉE. (*Conch.*) C'est le nom marchand d'une coquille du genre Argonaute, *argonauta sulcata*, Lam. (DE B.)

CHALUC. (*Ichthyol.*) Du temps de Rondelet, les Languedociens désignoient sous ce nom un poisson de la mer Méditerranée que l'on appelle aussi VERGADELLE. Voyez ce mot. (H. C.)

CHALUMEAU. (*Chim.*) Instrument au moyen duquel on conduit un courant d'air sur la flamme d'une chandelle, d'une bougie ou d'une lampe, pour la diriger sur une substance quelconque que l'on veut soumettre à l'action de la chaleur. Dans l'origine, cet instrument consistoit en un simple tube de cuivre, étroit, conique et courbé en arc à l'extrémité pointue ; il ne servoit alors qu'à souder de petites pièces de métaux précieux. Ce ne fut qu'en 1738 qu'André de Swab l'employa dans l'essai des minéraux ; ensuite Cronsted et Rinman, Engestroem, Quist, Gahn, Scheele, Bergman et Desaussure, perfectionnèrent la forme de cet instrument, et la manière de s'en servir.

On fait des chalumeaux en argent, en cuivre jaune et en verre. Ceux dont on fait usage maintenant sont en général formés : 1.° d'un tube plus ou moins conique, appelé manche, de 0,^{m} 15 de longueur environ ; 2.° d'un réservoir destiné à arrêter la salive qui coule dans l'instrument ; dans les chalumeaux de verre, il est sphérique et soudé au manche ; dans les chalumeaux de métal, il a la forme d'un cylindre ou d'un demi-cylindre surbaissé : il porte à la partie latérale un prolongement en cône renversé, qui reçoit à frottement l'extrémité la plus étroite du manche ; 3.° d'un tube conique de quelques pouces de longueur, qui fait avec le manche un angle de 90 deg. Ce tube est soudé au réservoir dans les chalumeaux de verre, et dans ceux de métal il reçoit à frottement un prolongement qui est implanté sur une des faces du réservoir.

En dirigeant l'air sur la flamme d'une bougie, celle-ci se courbe à angle droit, et le dard de la flamme présente deux cônes, un intérieur qui est bleu, et un extérieur qui est d'un jaune rougeâtre, moins bien terminé et moins brillant que le premier. On place la matière que l'on veut essayer sur un support de charbon ou de disthène, de platine, d'or, etc. Lorsqu'on emploie un support de métal, il faut qu'il ait peu de masse ; autrement il refroidiroit trop la matière. Suivant qu'on expose celle-ci à la pointe du cône intérieur ou du cône extérieur, on a des résultats qui peuvent varier : en effet, la chaleur du cône intérieur est plus élevée que celle du cône extérieur, et d'ailleurs les substances qu'on y place, n'ayant pas le contact de l'air, ne sont pas exposées à s'oxigéner comme celles qui sont placées à la pointe du cône extérieur. Souvent on mêle aux matières que l'on chauffe au chalumeau, des substances alcalines, acides ou salines, soit pour en accélérer la fusion, soit pour observer la couleur que ces substances sont susceptibles de recevoir des matières essayées.

Chalumeau de Newman. Appareil qui a été construit par M. Newman, ingénieur en instrumens de physique, mais dont l'idée première appartient à M. Brooks.

Le réservoir de ce chalumeau est un parallélipipède, en tôle ou en cuivre, ayant 3 pouces de largeur et autant de hauteur, sur 4 de longueur. Il est percé de deux ouvertures : l'une se trouve sur la face horizontale supérieure, l'autre sur une des petites faces verticales près du bord supérieur ; à cette dernière est adapté un cylindre horizontal à robinet, auquel on a fixé un tube de verre très-fin, destiné à donner issue au gaz contenu dans le réservoir. La première ouverture, garnie intérieurement d'une soupape qui s'ouvre du dehors au dedans, reçoit une pompe au moyen de laquelle on peut fouler de l'air dans le réservoir lorsque le robinet horizontal est fermé. Supposons maintenant que l'on ait fait jouer le piston de la pompe : il est évident que l'air condensé ne peut s'échapper par l'ouverture verticale, à cause de la soupape dont elle est munie ; mais, dès que l'on ouvrira le robinet du cylindre horizontal, l'air comprimé s'échappera, en vertu de son ressort, par le tube de verre ; et alors, si on dirige le courant sur une bougie, on produira un dard de flamme semblable à celui du chalumeau ordinaire, avec cette différence cependant qu'il sera plus régulier. M. Newman dit qu'un instrument qui a été chargé modérément, donne un jet d'air uniforme pendant vingt minutes.

M. Davy ayant observé que l'explosion d'un mélange d'oxigène et d'hydrogène ne se communique point dans l'intérieur des tubes d'un petit calibre, cette belle découverte donna à M. Children l'idée d'introduire un mélange de 2 vol. d'hydrogène et de 1 vol. d'oxigène dans le chalumeau de Newman, afin de produire, en allumant ce mélange à la sortie du chalumeau, une température beaucoup plus élevée que celle qui a lieu lorsque l'instrument est chargé d'air atmosphérique. M. Davy, à qui M. Children avoit proposé l'expérience, la fit avec un plein succès, après avoir adapté un tube de verre très-étroit au robinet horizontal (1). M. Clarke a ensuite soumis un très-grand nombre de substances à l'action de cette chaleur, qui est la plus élevée que nous connoissions: il a fondu l'alumine, la magnésie, le disthène, le talc, etc.; volatilisé la potasse, la soude, l'or, etc.: enfin, il dit avoir réduit la baryte, la strontiane et la silice, en oxigène et en substance métallique.

Pour introduire le mélange dans la caisse de métal, on adapte à la partie supérieure de la pompe, mais cependant au-dessous de la surface inférieure du piston, lorsque celui-ci est arrivé, au plus haut point de sa course, un tube horizontal, muni d'un robinet. On visse, à l'extrémité libre de ce tube, une vessie remplie de mélange explosif: on fait jouer le piston. Quand l'appareil est chargé on ouvre le robinet horizontal, on allume le gaz qui s'en dégage, et on expose à cette flamme une substance quelconque que l'on place sur un support de plombagine, de terre de pipe, de platine, etc. (Ch.)

CHALUMEAU. (*Min.*) On fera connoître l'usage de cet instrument dans la minéralogie, en traitant des caractères qu'on doit observer dans les minéraux. Voyez Minéralogie. (B.)

CHALUNGAN, Chanlungjan, Chawalungan (*Bot.*), noms arabes du *galanga, maranta galanga,* desquels dérivent, suivant Rumph, le mot *calungan,* adopté par Sérapion, médecin arabe, et d'autres noms corrompus, *calungia, calungian, charsendar,* cités dans divers ouvrages, ainsi que celui de *galanga,* qui a prévalu. (J.)

---

(1) Le tube doit avoir, sur 3 pouces de long, $\frac{1}{30}$ de pouce de diamètre intérieur.

CHAM. (*Bot.*) Voyez Bois de Cham. (J.)

CHAMA (*Malacoz*), nom latin du genre Came. Voyez ce mot. (Dr. B.)

CHAMA. (*Mamm.*) Pline, liv. VIII, ch. 19, dit qu'on vit pour la première fois à Rome, aux jeux du grand Pompée, le chama, nommé par les Gaulois *rufier*, et ayant la tête du loup, et le corps moucheté comme une panthère. On a conjecturé de là que le chama étoit le lynx, espèce de chat dont le pelage est en effet roussâtre et tacheté, et que l'on voit encore dans quelques-unes de nos provinces. (F. C.)

CHAMÆACTE. (*Bot.*) Le terme grec *chamai*, *chamæ*, qui signifie bas, ou couché à terre, a été souvent employé, par les anciens Grecs et par les Latins, pour désigner des plantes basses, que l'on comparoit à d'autres plus grandes et plus élevées dont on lioit le nom à ce terme. Ainsi, le sureau étant connu sous le nom de *acté*, l'yèble, *ebulus*, qui est un autre sureau bas et herbacé, a été nommé *chamæacte*. Nous présenterons ici la série d'autres plantes nommées de la même manière.

Chamæbalanus est le nom de la gesse tubéreuse, *lathyrus tuberosus*, dont la racine tubéreuse a été nommée gland, *balanus* de terre.

Chamæbatos est le fraisier, dont le fruit ressemble un peu à celui de la ronce, qui est le *batos* des Grecs. On a donné le même nom à une variété du framboisier.

Chamæbuxus est un *polygala* très-bas, à feuilles de buis. *Chamæpyxos* a la même signification.

Chamæcalamus étoit un roseau rampant.

Chamæcerasus, le camerisier, petit arbrisseau dont les fruits ressemblent à de petites cerises. (J.)

Chamæcrysocome. Barrelier nommoit ainsi la *stœhelina dubia*, Linn. (H. Cass.)

Chamæcissus est le petit lierre, ou le lierre terrestre : on le nomme aussi *chamæchema*. La bugle est un autre *chamæcissus*.

Chamæcistus, l'hélianthème, ou le petit ciste.

Chamæcrista pavonis, espèce de casse, *cassia chamæcrista*, à tige très-basse.

Chamæcyparissus est une espèce de santoline à feuilles de cyprès, nommée petit cyprès.

CHAMÆDAPHNE. Dioscoride et Columne nommoient ainsi des espèces de fragon, *ruscus*. Il paroît, selon C. Bauhin, que le chamædaphne de Matthiole étoit une espèce de thymelée, ou daphne des modernes, *daphne laureola*. Celui de Lobel étoit le *daphne mezereum*.

CHAMÆDRYS, petit chêne. On a nommé ainsi : 1.° la germandrée, *teucrium chamædrys*, qui ressemble par son feuillage à un chêne poussant ; 2.° le *dryas octopetala* qui présente la même forme ; 3.° une espèce de véronique, *veronica chamædrys*, ayant une conformation presque pareille. Le terme *chamædrops* a la même signification.

CHAMÆFICUS, voyez CHAMÆSYCE. (J.)

CHAMÆFILIX. Rai, Morison, Plukenet, et plusieurs autres botanistes de leur temps, désignent sous ce nom une fougère qui croit sur les rochers, au bord de la mer, en Europe et en Afrique. C'est l'*asplenium marinum*, Linn. (LEM.)

CHAMÆGEIRON, nom grec du tussilage, selon Mentzel.

CHAMÆGENISTA, ou CHAMESPASTIUM, la genistelle, ou genêt rampant, *genista sagittalis*.

CHAMÆIRIS est un petit iris, *iris pumila*.

CHAMÆJASME est le *stellera chamæjasme*.

CHAMÆLEAGNUS est le piment royal, *myrica gale*.

CHAMÆLEA. Ce nom, qui signifie petit olivier, a été donné au *cneorum tricoccum*, plante basse dont le feuillage ressemble un peu à celui de l'olivier, et au *tragia chamælea*, pour la même raison. (J.)

CHAMÆLEON. Ce nom a été appliqué par Bauhin au *cirsium acaule*, Alli.; par de l'Ecluse au *cirsium acarna*, Decand.; par de l'Ecluse et Camerarius à la *carlina subacaulis*, Dec.; par Columna à l'*atractylis gummifera*, Linn.; par Daléchamps, Dodoens, Bauhin, Morison, au *cardopatium*, Juss.; par Lobel à la *leuzea conifera*, Dec.; par Dioscoride à l'*echinops*. (H. CASS.)

CHAMÆLEON BLANC. C'est le nom que porte dans le Levant la carline sans tige, *carlina acaulis*. Belon, dans son Voyage du Levant, dit que les enfans et les bergers de Crète cueillent la gomme qui suinte abondamment de sa racine, et la mâchent continuellement en guise de mastic, ainsi que les femmes du pays. Cette gomme est plutôt une résine que cette racine dépose soit dans le vin, soit dans l'esprit-de-vin dans lequel on la fait infuser : c'est ce principe résineux qui lui donne la propriété sudorifique, résolutive et cordiale. Elle jouissoit anciennement d'une réputation plus étendue : on la regardoit comme propre contre les maladies pestilentielles. Lorsque l'armée de Charlemagne, dit-on, fut attaquée de la peste, elle fut guérie par cette plante, dont la propriété avoit été connue par révélation, et qui, depuis ce temps, fut nommée *carolina*, Carline. Voyez ce mot.

Chamæleon noir. Belon, cité dans l'article précédent, indique sous ce nom une autre plante cinarocéphale commune dans le Levant, que Tournefort avoit rapportée au carthame, ainsi que Linnæus, qui la nommoit *carthamus corymbosus*. Willdenow en fait, avec raison, un genre nouveau ; mais il a tort de lui donner le nom de *brotera*, déjà assigné antérieurement à un autre genre. Dans les Annales du Muséum d'Histoire Naturelle, vol. VI, pag. 324, nous avons proposé pour ce genre le nom de *cardopatium*, un de ceux qu'avoit portés la carline ou le chamæleon blanc. Il a des tiges ramifiées comme celles du panicaut, toujours bifurquées, et portant une fleur sessile dans chacune des bifurcations supérieures qui, plus rapprochées au sommet, confondent ensemble leurs fleurs, et forment ainsi des petits groupes dispersés en corymbe. Chaque calice commun est composé de plusieurs rangs d'écailles, dont les intérieures sont simplement aiguës, les autres épineuses et plus ou moins ramifiées par le haut, les plus extérieures presqu'entièrement pinnatifides. Ce calice renferme six à huit fleurons portés sur un réceptacle chargé de paillettes. Les graines sont entièrement couvertes de poils soyeux qui se prolongent supérieurement en aigrette. Ce genre diffère de l'échinope par ses calices simplement groupés, multiflores, à écailles ramifiées, à réceptacle couvert de paillettes. On le distinguera du carthame par ses écailles calicinales non foliacées, mais divisées au sommet comme celles de la chausse-trape ; par le petit nombre de ses fleurons, et surtout par ses graines couvertes de duvet. Il doit être placé dans l'ordre naturel entre l'*atractylis* et le carthame.

Chamæleuce est le souci des marais, *caltha palustris*. Le petasite, *tussilago petasites*, porte le même nom.

Chamælinum, le plus petit des lins, *linum radiola*.

CHAMÆLYCUM, nom donné, selon Mentzel, à l'*hierobotane* de Daléchamps, qui est le *veronica chamædrys*.

CHAMÆMESPILUS, nom de deux espèces basses de néflier.

CHAMÆMOLY, espèce d'ail plus basse que le *moly*, qui est congénère.

CHAMÆMORUS, espèce de ronce herbacée qui est aussi nommée *chamærubus*.

CHAMÆMYRSINE. La plante nommée ainsi par Daléchamps est le *polygala montana minima myrtifolia* de Tournefort, qui est cité dans l'Encyclopédie méthodique comme variété du polygala ordinaire. Daléchamps dit ailleurs que, suivant Pline, le fragon, *ruscus*, étoit aussi nommé par quelques-uns *chamæmyrsine* ou *oxymyrsine*.

CHAMÆMYRTE. C'est encore le fragon, *ruscus*, que l'on nomme aussi petit myrte.

CHAMÆNERION. Gesner et Tournefort nommoient ainsi la nariette, ou l'épilobe, *epilobium*, qui a le feuillage du *nerium*, ou laurose.

CHAMÆORCHIS est l'*ophrys alpina*, plante basse.

CHAMÆPEUCE. C'est le *stæhelina chamæpeucæ* de Linnæus, ayant le port d'un pin poussant.

CHAMPÆLATANUS est l'obier, *viburnum opulus*.

CHAMÆPLIUM. Suivant Dodoens, c'est le velar, *erysimum officinale*.

CHAMÆPYDIA. La plante de ce nom, citée par Belon et Clusius, qui croît dans l'île de Crête, et dans la Macédoine, sur le mont Athos, est une espèce de tithymale à racine tubéreuse, que les anciens nommoient *apios*; elle est sous ce nom dans les ouvrages de Matthiole, Dodoens et Daléchamps : Linnæus l'a nommée, pour cette raison, *euphorbia apios*. Les caloyers ou moines qui habitent les monastères du mont Athos, en font beaucoup de cas, et la regardent comme très-laxative. Belon en donne la figure, pour qu'on ne la confonde pas avec d'autres plantes : il en existe en effet quelques-unes munies d'une racine pareille, et que peut-être pour cette raison on nommoit aussi *apios* : telle est la terre-noix, *bunium*, qui étoit l'*apios* de Turners. Fusch nommoit aussi *apios* la plante à racine tubéreuse qui est le *glycine apios* de Linnæus.

CHAMÆPYTIS. Ce nom étoit donné à l'ivette, qui est presque

couchée par terre, et qui a une petite odeur résineuse comme celle du pin. Linnæus l'avoit réunie au *teucrium*, comme ayant une corolle qui manque de lèvre supérieure ; mais, d'après cette considération, Schreber a eu raison de la reporter à la bugle, *ajuga*, puisqu'il est reconnu que le *teucrium* a une lèvre supérieure, mais divisée profondément.

CHAMÆPYXOS. Voyez CHAMÆBUXUS.

CHAMÆRHITOS. Ce nom est donné au *struthium* des anciens, dont on connoit deux espèces propres et employées à dégraisser les laines : l'une est le *struthium* de Dioscoride, que Linnæus nomme *gypsophila struthium* ; l'autre est le *struthium* de Fusch, ou la saponaire commune, *saponaria officinalis*.

CHAMÆRHODODENDROS. Les arbrisseaux réunis par Tournefort sous ce nom, ont été depuis reportés aux genres *Azulea* et *Rhododendrum*. Ils ont le feuillage du rosage, *nevium*, qui est le *rhododendros* des Grecs ; mais ils s'élèvent moins.

CHAMÆRIPHES. C'est le *chamærops humilis*, un des palmiers qui ont la tige la plus basse.

CHAMÆSCHÆNOS. Gesner nommoit ainsi le *scirpus setaceus*, qui étoit un *juncellus*, ou petit jonc de C. Bauhin.

CHAMÆSPARTIUM. Voyez CHAMÆGENISTA.

CHAMÆSYCE. La plante basse que Matthiole, Daléchamps et C. Bauhin nomment ainsi, est un tithymale, *euphorbia chamæsyce*. On trouve encore dans Daléchamps, sous le nom de *chamæsyce*, une variété du figuier ordinaire, à tige plus basse et à feuilles trilobées, qui est le *ficus humilis* de C. Bauhin, le *chamæficus* de J. Bauhin.

CHAMÆZELON. Suivant Dodoens, la plante que Pline nomme *chamæzelon* ou *gnaphalium*, paroit être celle que C. Bauhin et Tournefort ont nommée postérieurement *gnaphalium maritimum*, que Linnæus avoit rapportée à l'*athanasia*, et Willdenow au *santolina*, et que M. Desfontaines a rétablie, comme genre distinct, sous le nom de *diotis*. (J.)

CHAMÆDOREA TIGE GRÊLE (*Bot.*), *Chamædorea gracilis*, Willd., arbrisseau de la famille des palmiers, appartenant à la *dioécie hexandrie* de Linn., que Jacquin, *Hort. Schœnbr.*, 2, tab. 247-248, avoit rangé parmi les *borassus*, et dont Willdenow a fait un genre particulier, dont le caractère essentiel est d'avoir des fleurs dioïques, un calice extérieur plus court, à trois découpures; un intérieur (une corolle) à trois divisions; dans les fleurs femelles, plusieurs petites écailles entre l'ovaire et le calice; trois styles courts; un drupe succulent, monosperme.

Cet arbrisseau a des tiges droites, articulées, hautes d'un à trois pieds et plus; des feuilles ailées, longues de huit pouces, munies à leur base d'une gaine amplexicaule; sept à douze paires de folioles sessiles, lancéolées, la plupart alternes; de la base des feuilles sortent des régimes spathacés, à plusieurs ramifications subulées; celles des fleurs mâles pendantes; celles des femelles redressées : les fleurs nombreuses, sessiles, laissant après elles des cicatrices concaves et blanchâtres. Le calice des fleurs mâles est à six découpures; les trois extérieures larges, très-courtes, arrondies; les trois intérieures conniventes à leur base, rapprochées à leur sommet; les filamens des étamines courts, aigus; les anthères droites, oblongues; point d'ovaire; un style épais, en colonne; un stigmate tronqué : dans les fleurs femelles plusieurs petites écailles entre l'ovaire et le calice, souvent élargies et un peu dentées à leur sommet : un ovaire libre, presque triangulaire; trois styles courts, réfléchis; les stigmates simples. Le fruit est un drupe ovale, obtus, d'une couleur rouge-orangée, un peu pulpeux, de la grosseur d'un pois, à une seule loge monosperme. Cette plante croît en Amérique, aux environs de Caracas. (Poir.)

CHAMÆMELUM. (*Bot.*) Gærtner, Moench, Necker, ont cru devoir diviser en deux genres les *anthemis* de Linnæus, conservant le nom d'*anthemis* aux espèces dont la cypsèle est couronnée d'une membrane, et réunissant les espèces à cypsèle non couronnée dans un autre genre qu'ils nomment *Chamæmelum*, à l'exemple de Tournefort. Nous pensons qu'il y auroit lieu tout au plus d'admettre cette distinction pour former deux sous-genres. Au reste, les botanistes que nous avons cités ne sont point d'accord entre eux sur le classement des espèces : en effet, Moench attribue au *chamæmelum* les *anthemis mixta*, *nobilis* et *cotula* de Linnæus, et à l'*anthemis* les *anthemis cota*, *altissima*, *arvensis*, *valentina*, *tinctoria*, de Linnæus, et *austriaca* de Jacquin, tandis que Gærtner offre l'*anthemis arvensis* comme type de son *chamæmelum*. (H. Cass.)

Ce nom a aussi été donné à plusieurs petites plantes qui,

étant froissées , avoient une odeur de pomme , d'où leur est venu le nom françois de camomille. (J.)

CHAMÆRAPHIS. (*Bot.*) M. Rob. Brown a établi ce genre pour une graminée de la Nouvelle-Hollande , de la *monoécie triandrie* de Linnæus. Il se rapproche beaucoup d'une des sous-divisions des *panicum* du même auteur , dont il ne diffère que par trois stigmates au lieu de deux , tellement qu'avec un léger changement dans le caractère générique, on aura un genre qui me paroît plus naturel. J'ai cru , en conséquence, devoir l'établir ainsi qu'il suit : des fleurs monoïques, un calice biflore à trois valves ; la valve extérieure très - petite; la fleur extérieure mâle , l'intérieure femelle, plus petite ; deux écailles intérieures , trois étamines ; dans les fleurs femelles , deux (ou trois ?) styles ; les stigmates plumeux ; une semence renfermée dans les valves calicinales. D'après cette réforme , ce genre sera composé des principales espèces suivantes :

CHAMÆRAPHIS HORDÉACÉE ; *Chamæraphis hordeacea*, Robert Brown. Ses tiges sont garnies de feuilles roides, linéaires, disposées sur deux rangs , munies, à l'orifice de leur gaine , d'une membrane arrondie ; les fleurs sont disposées en un épi simple terminal , semblable à celui de l'orge. Ces fleurs sont imbriquées sur deux rangs parallèles au rachis flexueux, médiocrement pédicellées , munies vers leur sommet d'une très-longue arête intérieure.

CHAMÆRAPHIS PARADOXALE ; *Chamæraphis paradoxa*. M. Robert Brown a placé cette plante et les suivantes dans la septième sous-division de ses *panicum* , dont la fleur extérieure est mâle, l'intérieure femelle, plus petite ; le sommet du rachis nu , subulé, espèces aquatiques, à chaume rampant. Dans celle-ci les tiges et les feuilles sont glabres, l'épi simple, droit, presque en grappe. Elle croît à la Nouvelle-Hollande.

CHAMÆRAPHIS ÉPINEUSE ; *Chamæraphis spinescens*. Ses feuilles sont planes et glabres ; les fleurs disposées en un panicule étalé , lancéolé, composé d'épis alternes, peu nombreux ; les fleurs lancéolées, acuminées, à demi-colorées.

CHAMÆRAPHIS AVORTÉE ; *Chamæraphis abortiva*. Cette espèce , selon M. Brown , est, d'après l'Herbier de Linnæus, la même plante que l'*andropogon squarrosum*. Ses tiges sont rameuses, comprimées; les feuilles un peu pileuses en-dessus, les gaines rudes , la panicule diffuse , la valve intérieure du calice hispide.

Chamæraphis comprimée : *Chamæraphis compressa ; pennisetum compressum.* Ses feuilles sont glabres , canaliculées ; ses fleurs disposées en un épi simple , cylindrique ; le rachis pubescent. (Poir.)

CHAMÆSTEPHANUM. *(Bot.)* [*Corymbifères,* Juss.; *Syngénésie polygamie superflue,* Linn.] Ce genre de plantes, de la famille des synanthérées, a été proposé par Willdenow, avec huit autres de la même famille, dans les Mém. de la Soc. des nat. de Berlin (1807, avril, mai, juin, p. 140). La description donnée par ce botaniste est un modèle de concision ; la voici tout entière : *Calix pentaphyllus, pappus paleaceus, receptaculum nudum,* c'est-à-dire, péricline de cinq squames, clinanthe nu, aigrette de squamellules paléiformes. Ajoutons que la calathide est composée de fleurs hermaphrodites et de fleurs femelles, puisque Willdenow rapporte son genre à la *syngénésie superflue* de Linnæus. On n'exigera pas de nous que , d'après de tels documens, nous déterminions la place que le genre *Chamæstephanum* doit occuper dans l'ordre naturel des genres de la famille; mais nous saisirons cette occasion de faire remarquer combien est nuisible aux progrès de la science ce mode de description adopté par l'école linnéenne. La brièveté est une qualité louable dans une description, quand elle n'oblige à rien sacrifier de ce qu'il importe de faire connoitre ; mais, si on ne l'obtient qu'en omettant des choses essentielles, c'est, après l'erreur, le vice le plus grave d'une description. (H. Cass.)

CHAMÆLEON. (*Entom.*) C'est le nom spécifique d'une stratyome ou mouche armée. (C. D.)

CHAMÆSAURE (*Erpétol.*), *Chamæsaura.* M. Schneider renferme dans un genre de ce nom les reptiles que nous décrivons aux mots Bimane et Bipède. Chamæsaure est formé de deux termes grecs qui expriment le peu de longueur des membres de ces lézards (χαμαί, *humi,* σαῦρα, *lacertus*). Voyez Bimane, Bipède, Chirote, Urobènes. (H. C.)

CHAMÆTRACHEA. (*Conch.*) Klein désignoit sous ce nom de genre les coquilles que nous connoissons maintenant sous celui de Tridacne. Voyez ce mot. (De B.)

CHAMAGROSTIDE (*Bot.*), *Chamagrostis ,* Schadr. , genre

de plantes de la famille des graminées, dont les principaux caractéres sont les suivans : calice uniflore à deux glumes oblongues, égales, tronquées ; corolle formée d'une balle univalve, membraneuse, velue. On ne connoit qu'une seule espéce de ce genre.

CHAMAGROSTIDE NAINE : *Chamagrostis minima*, Schrad., *Fl. Germ.*, 1, p. 158 ; *Agrostis minima*, Linn. Cette plante forme des petites touffes composées de chaumes très-grêles, naissant souvent un grand nombre ensemble, et s'élevant à un ou trois pouces au plus. Ses fleurs sont verdàtres, panachées de violet ou de rougeâtre, disposées en un épi terminal long de quatre à six lignes. On la trouve dans les terrains sablonneux ; elle est assez commune au bois de Boulogne, près de Paris, où elle fleurit en mars, avril et mai. Sa racine est annuelle. (L. D.)

CHAMALIUM. (*Bot.*) M. de Jussieu, dans son premier Mémoire sur les synanthérées, publié dans les Annales du Muséum d'Histoire naturelle, proposoit de nommer *chamalium* son genre *Cardopatium*, pour rappeler le nom de *chamœleon*, sous lequel cette plante avoit été connue des anciens botanistes. (H. Cass.)

CHAMAR. (*Bot.*) Voyez CHEBET. (J.)

CHAMARA (*Mamm.*), nom du yak, *bos grunniens*, en samscrit, suivant M. Symes, dans la relation de son ambassade à Ava. (F. C.)

CHAMARE. (*Bot.*) Dans le pays des Hottentots, ce nom est donné, au rapport de Burmann, dans ses *Plantæ Africanæ*, p. 197, t. 72, à une plante ombellifère qu'il nomme *apium radice crassà aromaticà*, etc., et qui n'est citée dans aucun des ouvrages généraux plus récens ; le défaut de fructification empêche qu'on ne puisse déterminer son vrai genre. (J.)

CHAMARIPHE (*Zooph.*) Clusius, Exot., liv. 4, c. 12, p. 85, nomme ainsi une espèce de gorgone, *gorgona palma*, de Pallas ; *gorgona flammea*, Soland. et Ell. (DE B.)

CHAMARIS. (*Ornith.*) Les Espagnols donnent à la mésange bleue, *parus cœruleus*, Linn., ce nom qui, terminé par un *s*, s'applique, en Portugal, au pinson, *fringilla cœlebs*, Linn. (Ch. D.)

CHAMAROCH. (*Bot.*) Voyez CAMAROCH, CARAMBOLIER. (J.)

CHAMARRAS (*Bot.*), un des noms vulgaires du scordium, nommé aussi germandrée d'eau, *teucrium scordium*. (J.)

CHAMBASAL (*Bot.*), nom portugais d'un jaquier de l'Inde, *artocarpus jacca*, qui paroit dérivé de son nom malais, *champadaha* ou *tsjumpadaha*, sous lequel il est désigné dans l'*Herb. Amboin.* de Rumph, auquel se rapporte également le *choopada* de l'île de Sumatra. (J.)

CHAMBRÉE (*Conchyl.*), terme de conchyliologie, qu'on emploie quelquefois pour indiquer les coquilles qui ont une ou plusieurs cavités séparées de la principale par une ou plusieurs cloisons. Voyez CONCHYLIOLOGIE. (DE B.)

CHAMBRES DE PLOMB. (*Chim.*) Elles servent dans la fabrication de l'acide sulfurique. Elles sont formées de lames de plomb soudées les unes aux autres, et soutenues extérieurement par une charpente en bois. (CH.)

CHAMBREULE (*Bot.*), nom vulgaire d'une espèce de galéopside, *galeopsis ladanum*, Linn. (L. D.)

CHAMBRIE (*Bot.*), vieux nom françois du chanvre. (L.D.)

CHAMBRULE et CHAMBUCHE. (*Bot.*) On désigne par ces noms, dans quelques endroits, le charbon qui attaque les moissons. (LEM.)

CHAMEAU (*Conchyl.*), nom que quelques personnes donnent au *strombus lucifer* de Gmelin, qui paroit n'être qu'une variété du *strombus gigas*. (DE B.)

CHAMEAU. (*Mamm.*) Ce nom qui a été rendu commun au chameau proprement dit et au dromadaire, paroit tirer sa première origine des langues orientales. En arabe, ces animaux se nomment *djemel*, en hébreu *gamal*; de là les noms de *camelus*, de καμηλος, etc., etc. (Bochard, *Hieroz.*, lib. 11, cap. 1.)

Les deux espèces de mammifères que nous comprenons dans ce genre, appartiennent à la grande famille des ruminans par les points principaux de leur organisation; ils s'en éloignent cependant à bien des égards, et, ainsi que les lamas, ils diffèrent beaucoup plus des autres animaux de cette famille, que ceux-ci ne diffèrent entre eux. Quoiqu'ils aient des pieds à deux doigts, ils ne les ont point fourchus dans la véritable acception de ce terme. Ces doigts sont réunis en-dessous par une semelle cornée qui garnit la plante postérieurement; ils sont séparés au bout, et chacun a un ongle assez court et crochu : de sorte qu'en dessous ils ne sont distincts qu'à leur moitié antérieure, et qu'ils ne sont point recouverts en-dessus d'un sabot comme ceux des autres ruminans. Leurs molaires ont, en général, tous les caractères de la famille ; mais elles ne forment pas une série continue aux deux mâchoires : la première est séparée des autres, et située à peu près au milieu de l'intervalle qui se trouve entre celle-ci et les os incicifs, et cette dent est en forme de crochet. Deux fortes canines se développent à l'extrémité des maxillaires, et, par une anomalie plus remarquable encore, la mâchoire supérieure porte deux incisives dont les formes se rapprochent aussi de celles des canines : ce qui fait que ces animaux paroissent avoir trois de ces dernières dents à la mâchoire supérieure, et deux à l'inférieure, si l'on prend la dent qui correspond à la canine supérieure, pour une canine elle-même ; mais alors, au lieu de huit incisives à cette dernière mâchoire, il n'y en aura plus que six. Le canal intestinal ressemble aussi en général à celui des ruminans ; seulement la panse a plusieurs renflemens, et un surtout, qui pourroit passer pour un cinquième estomac ; et c'est dans cette partie que ces animaux, dit-on, conservent de l'eau en provision.

Ces caractères sont les principaux qui distinguent les chameaux : cependant leurs narines, qui ne consistent qu'en deux simples ouvertures dans la peau, que l'animal ouvre et ferme à sa volonté ; leur lèvre supérieure divisée en deux parties qui peuvent s'alonger et se mouvoir séparément ; leurs yeux saillans et ternes, leur tête fortement arquée, leurs mouvemens lents et embarrassés, sont encore autant de traits qui les séparent des autres ruminans, et qui contribuent à leur donner ces formes et cette physionomie particulières dont on a fait le type des formes disgracieuses et des physionomies stupides.

Il est, en effet, difficile d'imaginer une conformation plus désagréable à la vue que celle du chameau : un corps épais, surmonté d'une ou deux bosses qui en augmentent encore la masse ; des membres, et surtout les postérieurs, qui paroissent trop foibles pour le poids qu'ils ont à soutenir ; un cou très-long, supportant une tête petite, mais lourde dans ses proportions; une allure pesante et gênée, blessent les yeux au premier regard : c'est que ces traits ne rappellent ni la force, ni la légèreté, ni la souplessse, ni aucune des qualités enfin sans lesquelles l'existence nous semble presque impossible, au milieu des dangers qui l'environnent sans cesse.

Les chameaux regagnent cependant, par leur intelligence, ce qu'ils perdent par leurs formes. Leurs sens principaux, la vue, l'ouïe, l'odorat, sont doués d'une assez grande délicatesse; leur naturel robuste peut se ployer à tout, et ils ont beaucoup de mémoire : par-là ils se placent dans un rang assez élevé, et bien supérieur à celui des autres ruminans. D'ailleurs, ils se prêtent à des éducations très-variées : bêtes de somme, ils apprennent à se coucher pour être chargés et déchargés plus commodément; on les habitue au trait, et ils deviennent d'excellens coursiers. Leur corps semble se revêtir de poils à proportion du froid, et leurs besoins diminuent suivant la pauvreté du sol qui les nourrit. Ce n'est qu'à l'habitude qu'on leur fait contracter dès la jeunesse, de ne boire que rarement, qu'ils doivent la qualité précieuse de se passer d'eau fort long-temps. Leurs membres ne sont point aussi foibles qu'ils semblent l'être, et leur lenteur n'est qu'apparente : dans une grande partie de l'Orient, dans la Turquie et dans la Perse, on n'emploie guère que ces animaux pour le transport des marchandises et pour les voyages: les plus forts portent jusqu'à 12 et 1500 livres : et les Arabes, montés sur leurs dromadaires, font trente, et même quarante lieues par jour. Leur grande sobriété les rend surtout utiles dans les déserts : les herbes les plus communes leur suffisent, et ils peuvent passer dix à douze jours sans boire. Leurs bosses mêmes, qui ne sont formées que de graisse, et qui sont ordinairement fermes et remplies, contribuent à cette sobriété précieuse. Lorsque l'animal ne trouve pas suffisamment de nourriture, la graisse des bosses rentre dans la circulation générale, et supplée aux alimens qu'il n'a pu se procurer ailleurs. Aussi, après les longs voyages, ces bosses sont pendantes, ou elles ont presque entièrement disparu. Sans ces animaux, les pays qui sont séparés par les déserts de la Tartarie, de l'Arabie et de l'Afrique, ne pourroient avoir de communications immédiates : et ce sont eux qui rendent habitables ces contrées sablonneuses et arides. Le Tartare et l'Arabe nomades trouvent dans leurs chameaux presque tout ce dont ils ont besoin : ils se nourrissent de leur lait et de leur chair; c'est de leurs poils qu'ils fabriquent les différentes étoffes dont ils se servent, et c'est à eux qu'ils doivent les moyens de se transporter, à chaque instant, partout où il est de leur intérêt de se rendre. A la vérité, c'est dans les pays plats et secs, que les chameaux offrent au plus haut dégré ces précieux avantages : ils marchent avec moins de facilité dans ceux qui sont humides ou pierreux ; et dans les pays où la végétation est abondante, leur grande sobriété n'est plus que d'un intérêt secondaire. Au reste, chaque espèce a donné naissance à des variétés assez nombreuses qui, comme celles des autres animaux domestiques, se seront sans doute formées suivant les circonstances au milieu desquelles elles auront été produites. Leur entier développement n'a lieu que la septième année, et leur vie est de quarante ou cinquante ans.

Il paroît que les espèces qui composent ce genre ont entiérement passé sous l'empire de l'homme ; et si l'on rencontre quelquefois des chameaux absolument libres dans la Grande-Tartarie et dans le Thibet, comme le dit Pallas, on pourroit penser, à leur petit nombre, qu'ils viennent moins de races sauvages que de quelques individus échappés à la domesticité.

Nous ne connoissons pas, à beaucoup près, toutes les variétés qui se sont produites dans les espèces du chameau et du dromadaire, les voyageurs n'ayant fait que les indiquer vaguement; de sorte qu'il nous est impossible, sous ce rapport, d'exposer leurs traits généraux : l'analogie nous porte cependant à penser que ces animaux n'ont éprouvé aucune modification extraordinaire dans les organes des sens, des mouvemens et de la génération, et que ce que nous observons sur les races qui nous sont connues, est commun à toutes les autres.

Les chameaux ont les yeux conformés comme la plupart des autres ruminans, c'est-à-dire, qu'ils ont deux paupières, et la pupille alongée horizontalement; mais ils n'ont point de larmiers : leurs narines, ouvertes dans la peau, et assez élevées au-dessus de la lèvre supérieure, ne sont point environnées de cet appareil glanduleux que l'on nomme mufle, et qui est si étendu chez les bœufs ; leurs oreilles ont la conque externe assez peu développée ; leur langue est longue, molle et extrêmement douce ; leur pelage est plus ou moins fourni, suivant les contrées propres aux races, et sa couleur paroit varier du blanc au brun foncé.

Dans l'état de repos, la verge du mâle se dirige en arrière, et ses testicules sont en dehors dans un scrotum étroit. La vulve de la femelle est très-petite, et ses mamelles sont au nombre de quatre. Les mâles ont derrière la tête un appareil glanduleux qui répand une matière brune, épaisse et puante, surtout à l'époque du rut.

La vue, chez ces animaux, paroît être très-bonne, et leur odorat est exquis ; car lorsqu'ils ont été privés d'eau pendant quelque temps, ils la sentent à des distances considérables, et y courent avec empressement. Leur goût n'est point aussi obtus qu'on pourroit le conclure des herbes desséchées et grossières dont ils se contentent dans les déserts : quand ils peuvent choisir, ils ne mangent point de tout indifféremment, et préfèrent toujours le meilleur fourrage ; ils aiment le sel, et lèchent avec plaisir tout ce qui en a la saveur. Rien ne prouve que leur ouïe ait quelque chose de remarquable ; mais elle est assez délicate pour que le chameau s'éveille et écoute au moindre bruit. La partie la plus sensible de leur toucher paroît résider dans leur lèvre supérieure ; ils semblent l'employer à palper, et les mouvemens variés de cet organe doivent multiplier les impressions dont il est le siége. Ils ont deux sortes de poils ; mais les soyeux sont en petit nombre : les laineux sont très-longs et très-épais sur la tête, les bosses et les cuisses ; sur les autres parties du corps ils sont courts et frisés.

L'accouplement se fait chez eux comme chez les autres quadrupèdes : dans l'érection la verge se redresse ; mais le mâle oblige la femelle, en la mordant au cou, à se coucher pour le recevoir. La portée est de douze mois. Les petits naissent les yeux ouverts, et non point fermés, comme le dit Schaw. Les callosités qu'on remarque chez les adultes, aux poignets, aux genoux et sur le sternum, ne se développent qu'avec l'âge ; on n'en voit pas la moindre trace au chameau nouveau-né :

c'est du moins ce que j'ai observé sur une race de dromadaires ; mais, comme ces animaux se couchent naturellement sur les parties où ces callosités croissent, elles ne tardent pas à paroître. Il faut donc rejeter l'idée que c'est par l'effet de l'art qu'on habitue les chameaux à se coucher ainsi, et cela pour qu'il fût possible de les charger commodément. Il est plus vraisemblable que les hommes ont profité de cette disposition naturelle, puisqu'elle leur convenoit à tous égards, et qu'ils se sont bornés à apprendre aux chameaux à se coucher au commandement. La force ne me paroit point avoir soumis ces animaux à l'espèce humaine : malgré l'habitude qu'ils ont de l'obéissance, la violence les révolte; ils ne tardent jamais long-temps à se venger des mauvais traitemens, et leurs canines longues et tranchantes sont pour cela les puissantes armes dont ils se servent. Une grande disposition à la confiance, de leur part, une grande douceur de la nôtre, ont pu seules amener petit à petit ces animaux à s'attacher à nous, et à n'avoir plus que cette volonté passive, que cette docilité presque absolue, sans lesquelles en effet ils ne nous appartiendroient pas, ou nous échapperoient bientôt.

Les anciens connoissoient nos deux espèces de chameaux, et ils les désignoient par le nom des pays qui leur sont propres. Ils appeloient l'un chameau de la Bactriane, et l'autre chameau d'Arabie. Aristote et Pline en parlent très-clairement, et nous montrent, le premier surtout, que, de leur temps, l'histoire de ces animaux étoit déjà très-bien connue.

Buffon et d'autres auteurs ont pensé que le chameau et le dromadaire ne devoient être considérés que comme des variétés d'une même espèce, et ils ont fondé cette opinion sur ce fait, rapporté par Oléarius, que ces animaux s'accouplent et produisent une race féconde. Cette opinion n'a point été adoptée. Le fait sur lequel elle repose n'est pas suffisant pour prouver une identité d'espèce. Les dromadaires et les chameaux ont sans doute une grande ressemblance, et sans la différence dans le nombre des bosses, on n'auroit point, il faut l'avouer, de caractères suffisans pour les distinguer. Cependant, quoique le caractère des bosses ne soit pas d'une haute importance, chez les ruminans surtout, il seroit nécessaire, pour faire adopter l'idée de Buffon, qu'on montrât dans ces races intermé-

diaires, les traits par lesquels les chameaux à une seule bosse se
lient aux chameaux qui en ont deux, Le loup et le chien, qui
ne sont pas de la même espèce, donnent naissance à des mulets
féconds : et cependant le loup est entièrement sauvage ; combien n'est-il pas plus vraisemblable que des espèces, domestiques
toutes deux, présenteront les mêmes résultats ? Les mulets de
l'âne et du cheval sont quelquefois féconds, et l'on n'a jamais
pu faire admettre que leur souche fût commune.

Le Chameau ; *Camelus bactrianus*, Linn. (Ménagerie du
Mus. , in-fol.) Le chameau ne paroît avoir d'autres caractères spécifiques que ses deux bosses, situées l'une sur les épaules, l'autre sur la croupe, et il parvient peut-être à une taille
plus élevée que celle du dromadaire, et à une corpulence plus
forte. Notre ménagerie a possédé deux chameaux mâles très-
vieux : leur hauteur au garrot étoit à peu près de sept pieds ;
ils étoient d'un brun marron foncé ; de longs poils crépus garnissoient les bosses et le dessus du cou, formoient d'épaisses
manchettes aux jambes de devant, et tomboient en larges
fanons dans toute la longueur du dessous du cou ; les poils
du reste du corps étoient épais, mais courts, et la queue descendoit jusqu'à moitié de la jambe.

Ils avoient autrefois été employés en Hollande à traîner
un chariot ; mais un long repos leur en ayant fait perdre
l'habitude, lorsqu'on voulut les atteler de nouveau, on ne
put plus les maîtriser, et on ne se donna pas la peine de
refaire leur éducation. A la fin de chaque automne, ils deve-
noient en rut : cet état s'annonçoit par des sueurs et une
odeur très-forte et très-désagréable, par la perte de l'appétit,
par l'écoulement plus abondant de l'organe glanduleux du
derrière de la tête, et par le singulier besoin, lorsqu'ils
urinoient, de ramener leur queue entre leurs jambes pour
uriner dessus, et de la relever subitement pour jeter l'urine
sur leur dos.

Le rut duroit à peu près quatre mois, pendant lesquels ils
cessoient presque absolument de manger : aussi maigrissoient-
ils beaucoup : alors leurs bosses fondoient, et se réduisoient
à un monceau de peau épais qui retomboit sur lui-même.

Après le rut venoit la mue, qui les dépouilloit entièrement
de leurs poils, et les rendoit tout-à-fait nus ; ce n'étoit qu'a-

près deux mois qu'on voyoit de nouveaux poils repousser, et leur pelage n'avoit entièrement reparu que vers le mois de juin.

Ces animaux se laissoient conduire ; mais il falloit s'en défier : ils cherchoient à mordre, et donnoient de violens coups de pied. Ils mangeoient environ trente livres de foin par jour, et buvoient à peu près quatre seaux d'eau.

Il paroît que les chameaux sont employés surtout comme bêtes de somme, et qu'ils sont originaires de l'ancienne Bactriane, aujourd'hui le Turquestan. Ce sont eux seuls qu'on emploie dans toute la Tartarie, la Perse, le Thibet et une partie de la Chine ; mais on ne les connoît pas dans l'Indostan : aussi supportent-ils sans peine les hivers des contrées septentrionales ; on assure que les Mongols en conduisent jusque sur les bords du lac Baïkal. Au reste, cette espèce doit avoir plusieurs races. Le père du Halde assure qu'à la Chine il y en a une de très-petite taille ; et tout doit faire penser qu'un animal aussi profondément domestique, et répandu dans des climats si différens et chez des peuples dont les mœurs offrent tant de variétés, a dû éprouver de nombreuses modifications.

On a essayé d'introduire cette espèce dans nos colonies et à la Jamaïque ; mais, soit insalubrité du climat, soit défaut de soins, les tentatives qu'on a faites n'ont point réussi. La Toscane a été plus heureuse : lorsque l'empereur Léopold en étoit grand-duc, il introduisit, dans ce pays, quelques chameaux qui s'y sont fort multipliés en peu d'années, et qui y sont devenus très-utiles. On les emploie comme bêtes de somme.

Le Dromadaire ; *Camelus dromadarius*. (Ménagerie du Muséum, in-fol.) Le dromadaire n'a qu'une bosse, qui est située au milieu du dos, et il a des formes un peu moins épaisses que le chameau. Au reste, cette espèce ne nous est connue, comme la précédente, que dans ses variétés qui sont assez nombreuses. Les voyageurs en parlent, et les désignent même par des noms particuliers ; mais ils ne les décrivent point : ce qui nous met dans l'impossibilité de faire connoître les caractères qui leur sont communs, et qui devroient constituer ceux de l'espèce. A en juger par le peu qui en a été rapporté, ces variétés ne se distinguent que par la taille, la couleur des poils, et les usages auxquels elles sont employées. Les unes sont plus propres à porter, les autres à courir : celles-ci ne peuvent prospérer que dans les pays chauds : celles-là sont naturelles aux pays tempérés ; il y en a de grandes et fortes, de petites, de légères, etc. Notre ménagerie en a possédé trois variétés bien distinctes, et nous avons déjà obtenu de l'une d'elles plusieurs petits.

Nous avons connu la première par un mâle et une femelle qui furent donnés au gouvernement par le dey d'Alger, en 1798. A l'âge de trois ans ils avoient environ cinq pieds de hauteur au garrot, et ils ont crû jusqu'à près de six pieds : le mâle a toujours été le plus grand. Leur poil étoit d'abord presque blanc, excepté sur la bosse, où il tiroit sur le roux ; il est devenu ensuite d'un gris roussâtre. La tête, la bosse, les jambes de devant, et le cou, en-dessus et en-dessous, étoient couverts de poils longs et crépus. Le rut commençoit en février ; il duroit environ deux mois, et ces animaux en souffroient peu. Il étoit suivi de la mue, qui ne se faisoit que petit à petit ; jamais il n'en résultoit une nudité entière. On a essayé de les accoupler ; le mâle forçoit à coups de dents sa femelle à se coucher, ce qu'elle faisoit des jambes de devant seulement ; mais l'accouplement n'a jamais été complet, et il n'y a point eu de fécondation. Le mâle est mort par accident, et la femelle à la suite d'une suppuration qui s'étoit établie sous la callosité du sternum.

La seconde nous a été offerte par un dromadaire mâle ramené d'Egypte. Il a six pieds de hauteur, et ses proportions semblent plus légères que celles de la variété précédente. Sa couleur générale est grise ; mais il est remarquable par les poils courts dont il est couvert, comparativement aux autres dromadaires. Sa mue le dépouille entièrement, et son rut a lieu au mois de mai ; alors, comme le chameau, il répand son urine sur sa queue, et s'en arrose ; et il fait, en soufflant, sortir de sa bouche une membrane épaisse et rougeâtre.

La troisième variété a été amenée en France de la Turquie. Sans être plus grande que les variétés précédentes, elle est plus forte, plus trapue, et elle se distingue par sa couleur qui est brune et tout-à-fait semblable à celle du chameau. Son pelage est aussi très-épais, très-fourni ; une grande barbe lui pend sous la gorge, et un large fanon sous le cou ; le dessus du cou est aussi garni de poils très-longs, ainsi que la bosse.

les jambes de devant, le sommet de la tête et la queue. Le rut a lieu au mois de mai, et la mue vient immédiatement après. Lorsque le mâle veut couvrir sa femelle, il la force à se coucher, ce qu'elle fait des quatre jambes, et après l'accouplement il tombe comme épuisé. La portée est de douze mois; le petit naît les yeux ouverts, et il est couvert de poils comme ses parens, mais il n'a encore aucune trace de callosités, et ce n'est qu'après quelques mois qu'elles commencent à se montrer. Ce petit tette pendant une année; mais à cette époque il a déjà appris à manger : le lait de la mère diminue; elle entre en chaleur, et peut concevoir de nouveau. Ce n'est qu'après la deuxième année que le jeune dromadaire commence à ressentir les besoins du rut, et il ne doit s'accoupler qu'à la troisième; dans ces premiers temps, la mue chez lui est très-peu sensible. La queue, dans ces trois variétés, avoit la même grandeur : elle descendoit à mi-jambes, et étoit par conséquent semblable à celle du chameau; mais le mâle de la dernière ne fait point sortir de sa bouche, à l'époque du rut, cette membrane particulière que montrent les mâles de la seconde.

Ces animaux ont tous été employés chez nous à tirer de l'eau d'une pompe, et le service de chacun d'eux peut être évalué à celui de deux chevaux. La variété brune surtout est remarquable par sa docilité et par sa force; comme elle paroît originaire d'un pays analogue au nôtre, et qu'elle se reproduit facilement, elle rendroit peut-être d'importans services à l'économie rurale, dans tous les travaux qui auroient besoin de force plutôt que de vitesse pour être exécutés.

L'espèce du dromadaire ne paroît pas encore avoir été naturalisée aussi avant vers le nord que celle du chameau : en Asie, elle ne se trouve pas au-delà de la Perse, et du côté du Midi, elle est inconnue dans l'Inde; en Afrique, elle n'est point en usage au-delà du Sénégal. Dans les longues routes, quand les dromadaires trouvent peu de nourriture, on leur donne, mais en petite quantité, de l'orge, des fèves, des dattes, ou quelques boules faites d'une pâte de farine de blé.

Lorsque ces animaux sentent que leur charge est trop pesante, ils refusent de se relever, et il y en a qui poussent l'intelligence jusqu'à aider le chamelier à les charger et à les décharger. Ils aiment la musique, et le moyen le plus sûr de les faire marcher rapidement, c'est de leur chanter un air dont le mouvement soit vif. Il faut avoir grand soin que les bâts ne fassent point de blessure à la bosse, les plaies étant toujours très-dangereuses dans les pays chauds. Lorsque cet accident arrive, on saupoudre la blessure de plâtre pulvérisé. Ces animaux sont dangereux au temps du rut; c'est pourquoi on ne conserve de mâles entiers que le nombre absolument nécessaire à la fécondation des femelles; tous les autres sont coupés. Les Arabes conservent la chair du jeune dromadaire dans des vases qu'ils remplissent de graisse, et ils font avec le lait de ces animaux du beurre et du fromage. La fiente du dromadaire elle-même est une matière très-utile : on ne connoit pas dans le désert d'autres moyens d'avoir du feu, et on tire du sel ammoniac de la suie que sa fumée produit. L'Europe ne s'est soustraite à l'impôt qu'elle payoit à l'Egypte pour ce sel que depuis le perfectionnement des arts chimiques.

L'animal désigné par quelques auteurs sous le nom de CHAMEAU D'ARABIE est notre DROMADAIRE; celui qu'ils nomment CHAMEAU DE LA BACTRIANE est notre CHAMEAU proprement dit; le CHAMEAU LÉOPARD, ou plutôt le CAMÉLÉOPARD, est la GIRAFFE; et le CHAMEAU DU PÉROU, est le LAMA ou la VIGOGNE. Voyez ces divers mots. (F. C.)

CHAMEAU DE RIVIÈRE. (*Ornith.*) Les Egyptiens ont donné ce nom au pélican, *pelecanus onocrotalus*, d'après la ressemblance de sa poche, lorsqu'elle est remplie de poissons, avec les outres que portent les chameaux. On l'appelle aussi, dans la Basse-Egypte, *degha* et *sakka*, qui signifient *porteur d'eau*. (CH. D.)

CHAMEAU JAUNE (*Ichthyol.*), *Camelus flavus*. Ruysch (*Collect. pisc. Amboin.*, pag. 55, tab. 18, n.° 4) appelle ainsi un poisson du détroit de Seram aux Indes orientales. La teinte générale de son corps est jaune; il est tout couvert de petites bosses. Sa chair est extrêmement grasse. Il est armé d'aiguillons avec lesquels les habitans du pays arment leurs flèches. (H. C.)

CHAMEAU MARIN. (*Ichthyol.*) On donne ce nom à une espèce de coffre, *ostracion turritus*, Linn., qui vient de la mer Rouge et de celle des Indes. Voyez COFFRE et OSTRACION. (H. C.)

CHAMEK (*Mamm.*), nom sous lequel une espèce de singe

d'Amérique, n'ayant qu'un rudiment de pouce aux pattes de devant, fut présenté à Buffon, qui le confondit avec son coaïta. M. Geoffroy, depuis, l'a réuni à son genre Atèles, sous le nom d'*ateles pentadactylus*. Voyez Sapajous. (F. C.)

CHAMEL. (*Ichthyol.*) Au rapport d'Hasselquitz, on nomme ainsi, à Alexandrie d'Egypte, le succt, *echeneis naucrates*. Voyez Echénéis. (H. C.)

CHAMELAU. (*Conch.*) C'est un genre de coquilles fort mal circonscrit par Klein, et qui paroît contenir plusieurs espèces de *vénus*. (De B.)

CHAMIRA (*Bot.*), genre établi par Thunberg, qui a tous les caractères des *heliophyla*, et qui doit y être réuni. Voyez Héliophylle. (Poir.)

CHAMITE. (*Foss.*) Avant qu'on eût classé les coquilles bivalves d'après les caractères tirés de leurs charnières, on comprenoit sous cette dénomination, et sous celle de camite, un grand nombre de coquilles bivalves fossiles, qui constituent aujourd'hui différens genres, tels que les pétoncles, les arches, et autres; mais aujourd'hui on n'entend parler sous ce nom que du genre Came fossile. (D. F.)

CHAMITIS (*Bot.*), genre de Gærtner, le même que l'*Azorella*. Lam., Encycl. Voyez Azorelle. (Poir.)

CHAMKA, Chamque. (*Bot.*) Voyez Calafur. (J.)

CHAMLAGU. (*Bot.*) Ce nom, probablement chinois, est donné à un arbrisseau légumineux, originaire de la Chine, qui fait partie du genre *Caragana*, auparavant confondu avec le *Robinia*. (J.)

CHAMOCHILADI (*Ornith.*), nom que porte, en grec moderne, l'alouette commune, *alauda arvensis*, Linn. (Ch. D.)

CHAMOIS (*Mamm.*), nom d'une espèce d'antilope, *antilope rupicapra*, Linn., vraisemblablement tiré du mot italien *camusa*, qui désigne le même animal.

Chamois du Cap. C'est le nom que l'on donne au pasan, autre espèce d'antilope du midi de l'Afrique.

Chamois de la Jamaïque. Brown dit que le chamois d'Europe se trouve à la Jamaïque, où il a été transporté, mais où il a éprouvé une grande dégénération. Ce fait, qui n'a point été confirmé, seroit assez important pour qu'on le vérifiât. F. C.)

CHAMOMILLA. (*Bot.*) M. de Jussieu, dans son deuxième Mémoire sur les Synanthérées, publié dans les Annales du Muséum d'Histoire naturelle, a proposé de nommer *chamomilla* le genre *Matricaria*, rectifié par Gærtner, Smith et Willdenow, pour rappeler le nom de *chamæmelum* que Caspar Bauhin donnoit à l'espèce principale du genre. (H. Cass.)

CHAMPA (*Bot.*), nom donné au Chili, suivant MM. Ruiz et Pavon, à leur genre nouveau *Aldea*, qui paroît être plutôt une espèce d'*hydrophyllum* dans la famille des borraginées. (J.)

CHAMPAC (*Bot.*), *Michelia*, genre de la famille des magnoliacées, appartenant à la *polyandrie polygynie* de Linnæus, rapproché des magnoliers auxquels il ressemble par son calice. Sa corolle est composée de neuf pétales, les extérieurs plus grands; les étamines nombreuses; les anthères attachées à la face interne des filamens; les ovaires en grand nombre, placés sur un réceptacle central, conique, pyramidal; point de styles. Le fruit consiste en un grand nombre de capsules presque en baie, réunies sur l'axe central, à une seule loge, presque à deux valves, contenant de trois à sept semences convexes d'un côté, anguleuses de l'autre. On ne connoît jusqu'à présent que deux espèces de champac.

Champac odorant : *Michelia champaca*, Linn.; Lam., *Ill. Gen.*, tab. 493; *Sampacca*, Rumph, *Amb.*, 2, tab. 67. Arbre des Indes, très-recherché à cause de la grandeur, de la beauté, et de l'odeur suave de ses fleurs, approchant de celle du narcisse. Ses feuilles sont grandes, alternes, pétiolées, entières, lancéolées, glabres, et d'un vert foncé en-dessus; couvertes de poils courts en-dessous, principalement sur leurs nervures : les fleurs solitaires, axillaires, d'un beau jaune, portées sur des pédoncules courts vers l'extrémité des rameaux.

Champac sauvage : *Michelia tjampaca*, Linn. ; *Sampacca sylvestris*, Rumph., *Amb.*, tab. 68. Cet arbre diffère du précédent par son tronc plus élevé, par ses feuilles plus grandes, ovales-lancéolées, pubescentes dans leur jeunesse; ses fleurs sont blanchâtres, ou d'un jaune foible, bien moins odorantes. Il croit dans les Moluques. (Poir.)

CHAMPADAHA, Champada. (*Bot.*) Voyez Chambasal, Chocpada. (J.)

CHAMPANZÉE. (*Mamm.*) Il paroit, suivant de la Brosse,

que les Anglois donnent ce nom ou celui de *quimpezée*, à un singe de la côte d'Angole. Les naturalistes l'ont appliqué à une espèce d'orang, au *simia troglodites* de Linnæus. Ce nom a été écrit *champanelle* par erreur dans la première Encyclopédie. (F. C.)

CHAMPE. (*Bot.*) Garcies, cité par C. Bauhin, désigne sous ce nom des fleurs de l'Inde très-recherchées à cause de leur bonne odeur, et dont les femmes indiennes se plaisent à orner leurs cheveux. Il paroît évident que l'arbre qui les fournit est le *michelia champaca*, connu dans l'Inde sous le nom de *champacam* ou *champac*, ou *sampace*, et à Java sous ceux de *cambaag* et *champe*, dont les fleurs, également odorantes et d'une belle couleur jaune dorée, suivant Rumph, sont employées par les femmes malaises, et par celles de Java et de Macassar, pour orner leurs têtes et embaumer leurs vêtemens. (J.)

CHAMPELEUSES, CHAMPELURES, CAPELEUSES, CAPELURES. (*Entom.*) Ces noms divers sont donnés aux chenilles dans nos départemens, principalement à celles qui sont très-grosses ou velues. (C. D.)

CHAMPIA (*Bot.*), genre de plante cryptogame, de la famille des algues, section des ulvacées. Il est caractérisé ainsi : tiges presque entièrement cloisonnées, marquées de distance en distance d'étranglemens d'où naissent des touffes de papilles subulées qui, d'après Roth (Catal. bot., 3), contiennent les corpuscules reproductifs, corpuscules que M. Lamouroux nomme capsules.

Ce genre a été établi par Thunberg sous le nom de *mertensia*; mais, comme il existe déjà un genre de ce nom, M. Desvaux a proposé d'appeler celui-ci *champia*, du nom de M. Deschamps, botaniste distingué, qui a voyagé dans les Indes Orientales, et qui s'est occupé de l'étude des algues.

La seule espèce de ce genre est

Le CHAMPIA LUMBRICALIS (*Champia lumbricalis*, Lamouroux; *Mertensia*, Thunb.. *in Nov. Journ.* Schrad. 2 vol., 2 st., p. 2, t. I f. 16; Roth : *Ulva*, Linn.) est une petite plante subgélatineuse, rameuse, tubuleuse, d'un vert rougeâtre, et que l'on trouve dans les mers d'Afrique, vers le cap de Bonne-Espérance. M. Desvaux fait remarquer que ce genre se rapproche par sa forme extérieure des conferves, et, par sa fructification, des ulves. (Lem.)

CHAMPIGNONS (*Bot.*), *Fungi.* Deuxième famille du règne végétal, classe des acotylédones dans la méthode naturelle, et dernier ordre de la dernière classe, la cryptogamie, dans le système sexuel de Linnæus.

I. *Définition des Champignons.*

Les champignons sont des plantes terrestres ou parasites, qui s'éloignent des autres végétaux par leur nature, par leur consistance qui n'est jamais herbacée, par leurs formes, et surtout par l'absence de feuilles, de fleurs, de cupule, d'urne, ou d'organe qu'on puisse véritablement leur comparer.

II. *Description des Champignons.*

Il y a des champignons de toute grandeur : beaucoup sont fort petits; la taille des plus grands n'excède pas un pied de hauteur ; mais il y en a qui ont plusieurs pieds d'étendue.

Ces végétaux sont de formes très-variées : les uns sont filamenteux, membraneux ou semblables à de l'écume, à des tubérosités; d'autres imitent des parasols, des sabots de cheval, des barbes, etc. Ils sont pour l'ordinaire d'un blanc grisâtre ou jaunâtre, ou rouge-brun ; du reste, ils offrent presque toutes les couleurs, excepté le véritable vert d'herbe.

Leur consistance est non moins variable ; elle est gélatineuse, spongieuse, pulpeuse, cotonneuse, charnue, coriace, subéreuse, ligneuse ou compacte.

On peut distinguer dans les champignons deux parties distinctes.

La première est celle qui constitue la presque totalité du champignon, et ne produit pas les séminules; on peut la nommer la partie fongueuse.

La deuxième est celle qui contient ou sur laquelle sont immédiatement fixés les corpuscules microscopiques que l'on croit être, avec beaucoup de vraisemblance, les organes reproducteurs, et qui ont reçu divers noms, suivant les fonctions qu'on leur attribue, tels que ceux de spores, sporules, sporidies, capsules, sphérules, graines, séminules, théca, gongyles, vésicules et bourgeons. On peut nommer cette partie le placentaire, et les corpuscules, séminules, sans rien préjuger sur leurs fonctions réelles.

Un champignon composé de ces deux parties est souvent comparable tout entier à un fruit avec ses graines; aussi l'application des termes en usage pour décrire les champignons, devient-elle souvent très-difficile. C'est ce dont on pourra juger par ce qui va suivre.

La partie fongueuse des champignons détermine leur forme: elle est quelquefois membraneuse ou pulvérulente; alors elle sert de base à des filamens ou à des pédicelles fructifères, ou même à des séminules sessiles: d'autres fois c'est un corps charnu, ou semblable à de la peau, évasé en forme de godet ou de bourse; on le nomme indifféremment *peridium*, *sporangium*, conceptacle, réceptacle, et même capsule, parce que dans l'intérieur se trouvent logées les séminules avec leur placentaire. On peut citer pour exemple les vesse-loups et les pezizes.

Il est des champignons beaucoup plus compliqués, tels que les agarics, les bolets, les morilles, etc.; chez ceux-ci on distingue :

1.° La Tige, communément nommée Stipe, Pédicule, Pied; c'est la partie du champignon qui le fixe à la terre ou sur le corps qui le soutient. La tige offre d'excellens caractères pour distinguer les espèces : elle n'existe pas toujours; les espèces sont alors sessiles.

2.° Le Chapeau, *Pileus*, ou Chapiteau, n'est pour ainsi dire que le développement de la tige à sa partie supérieure. Quelle que soit l'espèce, le chapeau est très-bombé dans la jeunesse; il se développe en rond comme un parasol: quelquefois il est porté par le stipe sur son centre; d'autres fois il est latéral. Dans plusieurs espèces il prend la forme d'un entonnoir en vieillissant; il y en a de ronds, de semi-ronds, d'entiers et de divisés.

Le dessus du chapeau est lisse ou hérissé de papilles, de pustules, etc. C'est constamment au-dessous que sont les organes fructifères; et si quelques espèces les présentent en-dessus, c'est qu'elles doivent cette apparence, car c'en est réellement une, à leur position renversée par l'effet de leur manière particulière de se développer. Ces organes fructifères ressemblent à des lames ou feuillets, à des tubes, à des pores, à des pointes, etc.

3.º Le Voile, *Velum, Cortina*. membrane très-mince, qui unissoit, dans la jeunesse du champignon, les bords du chapeau avec le stipe ; il se déchire dans la croissance, et il en reste quelquefois des lambeaux ou franges qui pendent, soit aux bords du chapeau, soit sur le stipe, où il forme la collerette ou l'anneau, *annulus*.

4.º La Volva ou Bourse, membrane en forme de bourse, qui n'existe pas toujours, mais qui, lorsqu'elle existe, est la partie la plus extérieure du champignon, celle qui le contient en entier dans son très-jeune âge. Elle est déchirée par le gonflement produit par la croissance du champignon, qui, du moment qu'il a vaincu cet obstacle, croît avec une rapidité surprenante. La volva reste au bas, et lorsqu'elle persiste on la nomme par fois involucre. Elle est simple ou double, comme dans quelques *geastrum* et quelques-uns des genres voisins.

Dans certains autres champignons, la partie fongueuse est tout-à-fait intérieure. La membrane qui la couvre, nommée alors membrane fructifère ou *hymenium*, est celle qui contient les séminules. On appelle aussi quelquefois *hymenium* la partie séminifère des champignons gymnocarpes.

Enfin, dans d'autres espèces, les deux parties forment ensemble un tout similaire, ou un mélange difficile à définir, et qui quelquefois est désigné par *stroma, sporidium*, etc.

Les séminules sont des corps sphériques impalpables, de vraies petites boites, disposées, irrégulièrement ou régulièrement, soit à la surface des champignons, soit dans leur intérieur ; soit fixées sur des placentaires, soit libres, et flottants, dans une matière mucilagineuse. Elles sont pleines d'une matière aqueuse. ou quelquefois remplies elles-mêmes d'autres corpuscules similaires : alors elles font les fonctions de capsules ou d'élytres.

Lorsque les séminules ne sont point enveloppées d'une matière mucilagineuse, et qu'elles ne sont point intérieures, elles se détachent avec beaucoup d'élasticité : dans le cas contraire, elles ne sont dégagées que par la destruction des champignons.

Les séminules crèvent avec explosion : leur abondance est

incalculable, s'il est permis de croire que la poussière des vesse-loups, par exemple, ne soit composée que de séminules. Elles sont solitaires ou groupées; elles adhèrent à des placentas diversement configurés, ainsi qu'il a été dit plus haut. Dans beaucoup de genres, elles tiennent à des filamens qui forment ce que l'on a nommé *réseau*, *capilitie*, *paraphyse;* ou elles sont agglomérées contre les parois du champignon, ou bien autour d'un axe ou columelle.

Les observations nombreuses et très - intéressantes, que M. Link a faites sur les champignons, ont découvert que les espèces filamenteuses étoient assez souvent cloisonnées dans leur intérieur, et qu'elles contiennent une substance sans doute séminifère; elles uniroient parfaitement la famille des champignons à celle des algues.

Les champignons tiennent au sol et aux corps sur lesquels ils végètent, par des fibrilles ou des prolongemens de même nature, qui ne sont pas de véritables racines, qui ne sont pas tubulaires comme les racines des mousses ou d'autres familles de plantes cryptogames, et qui ne sont pas organisées comme les champignons filamenteux, avec lesquels on veut les confondre. Voyez LINK, *Berl. Magaz.*

Les champignons exhalent une odeur particulière et humide, qui leur est commune à tous sans exception, avec des nuances dans les espèces : on la nomme *odeur de champignon*. Elle est tantôt musquée, approchant de celle du savon ou de l'amande amère; tantôt c'est l'odeur de la térébenthine, ou celle du soufre, etc.

La saveur des champignons est non moins variable : elle est ordinairement fade ou sapide, quelquefois âcre, caustique, brûlante, stiptique, acide, nauséabonde, et dépendant du suc aqueux ou laiteux dont ces végétaux sont gorgés. Lorsqu'on brise certains *agarics*, leur chair, d'abord blanche, bleuit, rougit, verdit, ou jaunit ensuite.

III. *Classification.*

Le nombre infini des espèces de champignons a donné lieu à une grande quantité de classifications et d'arrangemens méthodiques plus ou moins commodes. La méthode qui sert de base au *synopsis fungorum* de M. Persoon, méthode qui est presque la seule que l'on suive à présent, est celle que nous avons suivie; elle se fait remarquer par la clarté et la grande précision avec lesquelles les genres et les espèces sont fixés. Nous y avons fait deux légers changemens. Le premier est celui qu'a occasioné le retranchement de quelques genres appartenant à la nouvelle famille des hypoxylées. Le second est dans l'ordre inverse que nous mettons dans l'exposition des genres, afin de mieux établir les points de contact de la famille des champignons avec celle des algues, d'une part, et avec les autres familles de cryptogames, de l'autre.

Ier ORDRE. Les Gymnocarpes: séminules situées à la surface extérieure du champignon.

SECTION *I*. Les Næmatothèques ou Bysses, champignons filamenteux : *Byssus, ceratium, isaria, monilia, botrytis, ægerita, trichoderma, conoplea, pyrenium, erineum, stilbum, periconia, ascophora.*

SECTION *II*. Les Hyménothèques, champignons à surface fructifère unie, et ne se décomposant pas en matière pulpeuse.

§. 1. Les Helvelloïdes, champignons en forme de chapeau, de godet, ou diversement plissés, quelquefois stipités : *Helotium, spermodermia, ascobolus, peziza, tremella, helvella, leotia, spathularia.*

§. 2. Les Claviformes ou Massettes, champignons charnus, alongés; chapeau et stipe ou pédicelle confondus : *Clavaria* (voyez CLAVAIRE), *geoglossum.*

§. 3. Les Gymnodermates, champignons dont la surface fructifère est lisse ou couverte de papilles : *Telephora* (auriculaire), *coniophora, merisma.*

§. 4. Les Hydnoïdes, champignons dont la surface fructifère est développée en pointes ou dents saillantes : *Hydnum, sistotrema.*

§. 5. Les Bolétoïdes, champignons dont la surface séminifère est poreuse ou tubulaire ou alvéolaire : BOLETUS (voyez ce mot, Supplément du 5.e volume), *dædalea.*

§. 6. Les Agaricoïdes, champignons dont la partie fructifère forme des lamelles ou rides proéminentes : *Merulius, agaricus* (voyez FUNGUS), *amanita, morchella* (morille), *dyctyophora, aseroe.*

SECTION *III*. Les Lythothèques, champignons dont la membrane séminifère dégénère en pulpe : *Phallus* (satyre), *cla-thrus*.

II.ᵉ ORDRE. Les Angiocarpes : séminules contenues dans l'intérieur du champignon, celui-ci fermé de toute part dans la jeunesse, mais se déchirant par le sommet ou circulairement, avec l'âge. Champignons communément très-petits, à péridium rarement nul.

SECTION *I*. Les Dermatocarpes, champignons parasites, et sans péridium, protégés, dans la jeunesse, par l'épiderme de la plante sur laquelle ils vivent : *Gymnosporangium*, *puccinia*, *uredo*.

SECTION *II*. Les Epiphytes : péridium membraneux ou coriace, rempli d'une poussière sans aucun filament : *Æcidium*, *mucor* (moisissures), *licea*, *tubulina*, *onygena*.

SECTION *III*. Les Trichospermes ou vesse-loups : péridium membraneux, rempli de poussière entremêlée de filamens : *Trichia* (capilline), *arcyria*, *stemonitis*, *cribraria*, *physarum*, *diderma*, *reticularia*, *spumaria*, *lycogala*, *scleroderma*. *uperhiza*, *lycoperdon*, *bovista*, *polysaccum*, *geastrum*, *callostoma*, *plecostoma*, *tulostoma*, *battarea*, *podaxis*.

SECTION *IV*. Les Sarcocarpes : péridium membraneux ou charnu, non pulvérulent ni filamenteux à l'intérieur : *Cyathus*, *sticlis*, *pilobolus*, *thelebolus*, *sphærobolus*, *erysiphe*, *tubercularia*, *rhizoctonum*, *sclerotium*, *tuber* (truffe).

Ces soixante-dix sept genres n'en forment que douze dans Linnæus, savoir : *agaricus*, *boletus*, *hydnum*, *phallus*, *helvella*, *peziza*, *clavaria*, *clathrus*, *lycoperdon*, *tremella*, *mucor* et *byssus*. Mais, comme l'observe fort bien M. Persoon, les espèces que Linnæus rapportoit à la plupart de ses genres, sont elles-mêmes des genres aussi bien caractérisés que ceux qui les contiennent, et que la multiplicité des espèces nouvelles et inconnues à Linnæus force d'établir journellement, afin d'éclaircir, de faciliter et de développer l'étude des champignons. L'abus de créer des genres nouveaux dans cette famille est poussé très-loin actuellement ; il suffit, pour le prouver, de faire remarquer que le seul genre *Lycoperdon* de Linnæus comprenoit presque tous les genres de champignons angiocarpes. Nous n'avons cité que les genres le plus généralement adoptés ; il en existe une multitude d'autres

qui rentrent dans ceux indiqués. Ces genres omis, et beaucoup d'autres, seront traités chacun à leur article respectif.
De ce nombre sont les nombreux genres établis par M. Link,
qu'on pourra connoître, ainsi que la dernière méthode qu'il
adopte, en consultant les trois articles Mucédines, Gastromy-
ciens et Fongiens, qui répondent aux trois ordres *Byssi, Gas-
teromyci et Fungi*, que Willdenow comprend dans la cryptogamie, et qui renferment tous les champignons.

Il nous reste à exposer en quelques lignes la méthode de
Bulliard, adoptée dans plusieurs ouvrages de botanique, mais
qui n'est pas admissible, parce qu'elle concentre les genres,
que ceux qu'il adopte n'appartiennent pas tous à la famille
des champignons, et que la totalité de ceux-ci ne s'y trouve
pas comprise. Ce naturaliste établit quatre ordres dans cette
famille, savoir :

1.° Celui qui renferme les champignons dont les séminules
sont logées dans l'intérieur. Il comprend les dix genres
Truffe, Réticulaire, Mucor, Capilline, Sphærocarpe, Vesse-
Loup, Nidulaire, Hypoxylon, Variolaire et Clathre.

2.° Celui qui contient les champignons à séminules placées
à la surface. Les genres sont au nombre de deux, Clavaire,
Tremelle.

3.° Celui formé sur les champignons dont les séminules sont
situées à la partie supérieure, tels que les deux genres Pezize
et Morille.

4.° Celui établi pour les champignons qui ont les séminules
à la partie inférieure, c'est-à-dire en-dessous, comme dans
les cinq genres Auriculaire, Helvelle, Hydne, Bolet et
Agaric.

IV. *Lieux et habitations des Champignons.*

Les champignons aiment les lieux humides et gras. Ils croissent sur les fumiers, sur toutes les substances végétales et
animales en décomposition, sur les arbres morts ou vivans,
sur les feuilles de toutes les plantes, sur les vieux bois coupés
et exposés à l'humidité, etc. Ceux qui croissent à terre sont
toujours dans une sorte de terreau rempli de débris de végétaux en décomposition. L'humidité, et surtout une humidité
chaude, favorise singulièrement le développement et la mul-

tiplication des champignons, encore augmentés lorsque des
circonstances locales entretiennent cette humidité bienfai-
sante. Voilà pourquoi l'on trouve les champignons dans les
bois : l'ombrage des arbres, les grandes herbes, garantissent
les champignons de la trop grande ardeur du soleil, et entretiennent autour d'eux une atmosphère constamment hu-
mectée. C'est pour cette raison encore que les champignons
viennent de préférence dans les endroits sombres, comme dans
le creux des arbres, sous les pierres, dans les caves et autres
lieux presque inaccessibles à la lumière, qui néanmoins agit
singulièrement sur les champignons. Ceux qui croissent ainsi
dans l'ombre sont moins colorés, plus alongés et débiles. Nous
ne parlons ici que de quelques agarics et bolets, et non pas
des champignons filamenteux, des bysses et des moisissures,
par exemple, qui ne prospèrent que dans ces lieux.

Ces causes expliquent pourquoi l'automne, saison pluvieuse,
échauffée par un soleil qui s'éloigne, et le printemps humide
des pluies de l'hiver et échauffé par un soleil de retour, l'automne et le printemps, disons-nous, sont les deux saisons qui
offrent les champignons en abondance.

Les champignons qui croissent sur les végétaux vivans, et
même sur les champignons, sont également sujets à l'influence
des saisons ; et ce ne sont encore que les moisissures, les bysses,
et des champignons parasites de plantes annuelles, qui se développent presque toute l'année, ou seulement à l'époque
où paroît la plante sur laquelle ils croissent. Il y a des champignons qui naissent sous l'épiderme des plantes, sous l'écorce
et sur le liber des arbres, et qui s'y développent. C'est généralement sur les vieux arbres, ou sur les plus gros, qu'on
trouve les champignons les plus volumineux. Ils y tiennent
par des fibres qui pénètrent souvent bien avant dans le bois,
et contribuent à y établir une décomposition du tissu, qui
entraîneroit la mort de l'arbre s'il avoit un grand nombre de
semblables hôtes.

Les mêmes espèces de champignons ne paroissent pas indifféremment dans diverses saisons ; il en est de printanières, d'au-
tomnales, d'autres d'hiver ou d'été. Elles se perpétuent pendant quelque temps, puis elles disparoissent pour le reste de
l'année, et ceci est extrêmement frappant dans les *acidium*,

les *uredo*, et en général sur toutes les plantes microscopiques qui croissent sur les feuilles, et qui même ne s'y développent souvent que lorsque les feuilles ont pris toutes leurs dimensions.

Nous verrons bientôt ce qu'il faut entendre par champignons vivaces.

Chaque espèce de champignon ne vient pas toujours sur toutes sortes de substances. L'on ne voit pas l'espèce qui croit au pied des arbres dans la poussière formée par l'écorce décomposée, mêlée avec la terre et les mousses, croitre au sommet et sur les hautes branches de ces arbres. Il y a des champignons solitaires; d'autres sont réunis plusieurs ensemble en touffes ou en petites familles. Les champignons terrestres forment quelquefois des cantonnemens remarquables et propres à chaque espèce; tantôt ils occupent des espaces circulaires, tantôt ils sont disposés en longues traînées fort irrégulières dans leur direction. Nous verrons tout à l'heure comment on peut expliquer ces manières d'être. Certains champignons ne se plaisent que sous terre, et c'est le cas de rappeler les truffes. Ainsi les champignons ont des habitudes qui doivent aider à faire reconnoître leurs espèces.

Il y a des champignons qui naissent sur les liquides qui contiennent des principes fermentescibles, que leur présence souvent développe : c'est ce qui fait que l'idée de moisissure entraîne toujours celle de pourriture. Il n'y a point de champignons, proprement dits, qui vivent habituellement plongés dans l'eau ; mais il y en a qui vivent et flottent à sa surface. En général, rien n'est plus délicat qu'un champignon. Les petites espèces, comme les bysses, sont blessées par le plus léger souffle ; et parmi les gros champignons, les agarics, par exemple, les transplanter c'est les détruire, les toucher c'est les meurtrir. Un champignon desséché sur pied, humecté de nouveau, ne végète plus, comme cela a lieu dans les lichens, ce qui établit une différence entre ces deux familles.

D'après ce qui vient d'être dit, il est naturel de conclure, 1.° que les champignons doivent se plaire dans les zones tempérées et boréales : c'est ce qui est effectivement ; 2.° que les contrées boisées et humides sont celles qui sont les plus riches en champignons : c'est ce qui est encore.

Une remarque curieuse de M. le docteur Paulet mérite d'être citée ici ; c'est qu'une même espèce de champignons croît souvent à diverses latitudes, et que ses vertus n'en souffrent aucune altération sensible.

Les champignons d'Europe sont presque les seuls qui soient décrits dans nos ouvrages. Les relations des voyageurs prouvent que l'Asie boréale, la Chine, l'Amérique septentrionale, abondent en champignons ; mais ils nous sont à peine connus. On peut porter à deux mille quatre cents les espèces décrites. Ce nombre est loin de la réalité, si à la remarque précédente on ajoute l'observation qu'il n'est presque pas de plante, souvent même cryptogame, qui ne présente une espèce particulière de champignons parasites.

V. *Croissance et développemens des Champignons.*

Les champignons semblent avoir besoin d'une nourriture substantielle, carbonisée ou azotisée ; c'est ce qu'on peut croire, puisqu'ils ne prospèrent que sur les matières végétales et animales en décomposition.

Il n'est pas de végétaux dont la croissance et le développement soient aussi rapides et aussi instantanés. Une seule nuit voit éclore des milliers de champignons ; quelques heures, quelques minutes suffisent, à plusieurs espèces, pour parvenir au dernier degré de leur développement, et même au terme de leur existence. La durée de la vie, dans certains champignons, est communément plus longue ; elle s'étend à quelques jours, et même à une saison. Il y a des champignons qui, comme les bolets-amadousiers, persistent plusieurs années ; mais ces champignons sont un composé de générations successives, absolument comme on le remarque dans les coraux.

Chacun connoît l'extrême rapidité avec laquelle les moisissures couvrent certaines matières fermentescibles, et leur prodigieuse multiplication, même sur des substances bien closes, et qu'on ne soupçonneroit pas qu'elles pussent attaquer. L'absence de la lumière et une atmosphère calme et tranquille hâtent singulièrement la multiplication de ces petits végétaux.

Les anciens, très-ignorans sur tout ce qui concerne les cryptogames, frappés de l'apparition subite des champignons, de leur rapide développement, ne doutoient pas qu'ils ne fussent une transformation ou une régénération de matières décomposées, ou des produits de la foudre; et pour cela ils les nommoient catabates. Les Grecs les appeloient encore *sphongos*, à cause de leur substance spongieuse: d'où est venu le *fungus* des Latins.

Les champignons paroissent d'abord comme de petits filets, de petites fibres, que le gonflement détermine, soit en flocons ou mamelons, soit en une matière fongueuse, qui se tuméfie, puis grossit et se développe en champignon parfait. Ce premier état est ce que l'on nomme carcite ou blanc de champignon, dans les agarics, les bolets, etc. Ce blanc de champignons, ordinairement fibrillifères, ressemble aux bysses, mais Link a fait voir qu'il ne contenoit pas d'organes qu'on pût appeler séminules, et qu'il n'a pas du tout la structure des vrais bysses, lesquels, par conséquent, ne peuvent être pris pour des agarics naissans. Ceux-ci, dans le premier âge, sont durs, à chair ferme et cassante; ils ressemblent à des œufs, à des pommes de terre; à mesure qu'ils croissent ils s'amollissent; dans l'âge adulte ils se fondent en une eau fétide, ou bien ils se dessèchent sur pied. Les champignons qui ont une volva, la déchirent avec plus ou moins de force, et aussitôt ils croissent à vue d'œil: on cite des *phallus* qui, après avoir vaincu cet obstacle, ont pris toute leur hauteur en neuf minutes.

VI. *Organes reproducteurs des Champignons.*

Les champignons, parvenus à leur maturité, émettent de petits corpuscules ronds que nous avons nommés séminules, parce qu'ils paroissent être les graines, ou bien des accessoires aux véritables organes reproducteurs. Les séminules sont le dernier produit des champignons, comme les graines dans les végétaux. Il est d'observation, dit Paulet, que les changemens les plus remarquables qui arrivent aux champignons, soit dans leur forme générale, soit dans leur couleur, dépendent principalement de l'action de la nature par laquelle elle tend à perfectionner la maturité de ces semences, et à les lancer au dehors. On diroit même que tous ses efforts ne tendent qu'à ce but, et se réunissent pour la perfection de

cette double opération. Les séminules sont diversemént
placées, soit à la surface entière des champignons, soit à la
surface inférieure dans les lames ou feuillets (elles sont alors
logées dans les mailles d'un tissu réticulaire), soit à l'entrée
ou à l'ouverture des tubes ou pores, soit sur des appendices
particuliers, soit dans des sillons, soit enfin dans des étuis,
ou capsules, ou élytres. Dans les champignons angiocarpes,
elles sont contenues dans l'intérieur (truffe, vesse-loup), et ne
sont mises au jour que par le déchirement ou par la mort de
la plante.

Les séminules, sous la forme d'une poussière extrêmement
ténue, s'échappent comme une fusée, ou s'écoulent avec
le liquide qui les enveloppe. Elles se détachent de leur placentaire avec une sorte d'explosion, ainsi que nous l'avons
dit au commencement de cet article. Cette émission est prodigieuse dans quelques espèces. Si ce sont les graines des champignons, ces cantonnemens circulaires, ces longues bandes,
ces familles que forment différens champignons, s'explique-
roient par la projection des séminules dans une direction
constante pour chaque espèce ; explication plus satisfaisante
que celle de supposer un vrai champignon réticulaire, ou
rameux et souterrain, donnant naissance, de distance en
distance, et dans des espaces immenses, à ce que nous nommons champignons.

Les séminules sont tellement fines, que c'est avec peine
qu'on peut les voir à l'œil, et souvent même au microscope.
Le moment, pour bien les observer, est celui de leur maturité ; alors, si l'on place un agaric sur une glace propre, on
la voit bientôt se ternir et se couvrir d'une poussière uniquement formée de séminules. Dans les tremelles, le phénomène
est visible presque à l'œil nu. Si l'on examine, à la loupe,
des botrytis ou des mucor, champignons que l'on confond sous
le nom vulgaire de moisissure, on voit des capsules ou élytres
rondes crever ou s'ouvrir par le milieu, comme des boites à
savonnettes, et lancer les petits corps qu'on peut regarder
comme les séminules. Si l'on étudie les bysses, on voit leur
intérieur cloisonné le plus souvent, et rempli d'une matière
flottante, qui rappelle la matière intérieure de quelques genres
de la famille des algues, voisins des conferves.

Dans plusieurs genres de champignons les séminules ne se ressemblent pas, et elles ont des positions respectives constantes. Les observations n'étant pas encore très-multipliées à cet égard, il n'est pas permis d'user de celle-ci pour appuyer les systèmes qui admettent des organes mâles et des organes femelles dans les champignons.

Les séminules sont plus pesantes que l'eau. Si l'on place des moisissures, ou même un champignon de couche prêt à lancer ses séminules. sur de l'eau, on verra celles-ci se précipiter au fond; l'eau ainsi chargée sert à féconder les couches à champignons.

Une humeur gluante entoure les séminules; cette humeur les fixe aux corps sur lesquels les pluies, les vents et leur propre élasticité ont pu les jeter. Dans les bolets vivaces elles se développent sur le champignon même : c'est ainsi que les champignons ligneux et subéreux augmentent pendant plusieurs années, par l'addition de couches extérieures. « Ces couches, « fait observer Bulliard, se remarquent très-bien dans le bolet « amadouvier, où il s'en forme quatre toutes les années, « savoir, la couche du printemps, celle d'été, celle d'automne , « et celle d'hiver; après celle-ci, qui est la plus épaisse, se « forme celle du printemps suivant, mais d'une manière si « distincte, que l'on peut savoir l'âge du bolet en comptant « le nombre de couches, et divisant par quatre le nombre « résultant. » Bulliard en a conclu ainsi : quatre années d'existence pour un individu de cette espèce de bolet.

La reproduction des champignons parasites est inexplicable pour ceux, en général, qui ne se développent que sous l'épiderme, et par conséquent dans l'intérieur des végétaux, comme les vers intestins dans le corps des animaux : comparaison qui n'entraîne aucune autre ressemblance entre ces êtres.

Si l'on considère les champignons épiphytes. par exemple, les *uredo*, les *œcidium* (ce qu'on nomme rouilles en agriculture); si l'on considère ces petits champignons. on remarque qu'ils couvrent entièrement certaines plantes herbacées, ou bien qu'ils font élection d'une partie du végétal, et ne se développent constamment que sur cette seule partie. Il y a des espèces qui ne se plaisent qu'à la surface inférieure des

8.   8

feuilles (*fungi hypophylli*), d'autres qu'en-dessus (*fungi epiphylli*); celles-ci ne croissent que sur les calices; celles-là préfèrent l'écorce ou les racines. Il existe à cet égard presque autant de variations qu'on en peut supposer.

Ces champignons se prêtent difficilement à notre observation; leur étude, très-négligée pendant long-temps, n'a inspiré quelque intérêt que dans ces derniers temps: et cependant, nous osons le dire, s'il est une partie de la cryptogamie qui mérite l'attention spéciale des botanistes et des agriculteurs, c'est celle des champignons épiphytes, puisqu'ils couvrent les plantes de nos potagers et de nos vergers (rouille, blanc ou meunier); qu'ils attaquent celles, plus précieuses encore, qui forment nos moissons (carie, charbon, ergot); enfin, qu'ils détruisent ou rendent souvent nulle l'espérance de l'agriculteur industrieux. La petitesse de ces parasites ne doit pas effrayer l'observateur; l'intérêt public doit le soutenir dans cette utile étude, sur laquelle des botanistes instruits ont voulu jeter du ridicule.

L'examen constate que les champignons épiphytes sont aussi bien organisés que les autres champignons, et que cette organisation est analogue dans tous, comme le prouve une série de filiations qui unissent le champignon le mieux reconnu pour tel, à celui qui est révoqué en doute. Ainsi donc ils ne sont pas une production immédiate du végétal sur lequel ils croissent, et leurs graines ont été amenées dans son sein par des causes particulières. Ces champignons microscopiques, ou semblables à des points, forment sous l'épiderme une tache jaunâtre, puis blanchâtre, et qui crève enfin pour les mettre au jour. Ils y prennent leur dernier développement, lancent, à la manière des autres champignons, une poussière séminifère; ensuite ils meurent. S'ils eussent été les productions d'un végétal maladif, la nature n'auroit pas pris autant de soin pour les perpétuer, et n'auroit pas mis une si grande conformité entre eux et les champignons proprement dits, qui souvent en sont eux-mêmes attaqués.

La difficulté consiste à savoir comment les séminules des champignons épiphytes sont amenées sur ou dans les végétaux. Une remarque importante à faire avant tout, c'est que ces champignons attaquent toutes les plantes annuelles;

que chaque espèce, le plus fréquemment, ne vit que sur le même végétal, et, par conséquent, qu'entre une première et une seconde génération il s'écoule deux saisons au moins. Nous ne pouvons nier que les séminules des champignons ne se conservent intactes pendant long-temps : c'est un fait certain, prouvé par ce qui se passe journellement sous nos yeux. Deux manières de reproduction se présentent pour les champignons dont il s'agit : ou la plante qui en doit être attaquée puise les séminules dans la terre, d'où la force végétative les amène dans les parties les plus favorables a leur germination, ce que leur ténuité rend très-possible ; ou bien les séminules sont jetées sur le végétal, et germent en s'introduisant par ses pores. Cette dernière manière n'expliqueroit pas du tout la présence de certains champignons parasites sur des fruits, des corolles, etc., encore dans leurs enveloppes et hors de l'atteinte des agens extérieurs. Elle est sans doute probable : mais rien ne la prouve.

L'on a dit que les séminules des champignons épiphytes attaquoient le germe de la graine, et qu'elles se développoient ensuite en même temps que la plante. On a été jusqu'à dire qu'elles forment sur le germe un point ou une tache, et l'on a donné aussitôt cette observation comme une preuve incontestable et comme une vérité. L'on s'est empressé d'annoncer que tous les champignons épiphytes ne se perpétuoient qu'autant que leurs séminules attaquoient les germes. Ainsi l'embryon d'une graine de peuplier, de tremble, etc., la graine elle-même toute entière seroit munie à l'avance des séminules de ces myriades d'individus d'*uredo*, d'*æcidium*, de *xyloma*, d'*erineum*, qui couvrent tous les ans toutes les feuilles du peuplier, du tremble ; feuilles qui, se renouvellant chaque année, sont dans le cas des herbes annuelles. Ceci est tellement hors de la nature des choses, que cette prétendue vérité n'en est point une, et qu'elle est digne des temps où l'on aimoit mieux expliquer les opérations de la nature par des hypothèses, quelles qu'elles fussent, plutôt que d'avouer son ignorance : dernière conclusion que nous sommes forcés de prendre en cette circonstance.

VII. *Organisation des Champignons.*

L'organisation des champignons, dit Bulliard, quoique très-simple, a quelque analogie avec celle des plantes à fleurs distinctes. En prenant pour exemple l'agaric comestible, *agaricus edulis*, on observe :

1.° Un épiderme mince, difficile à séparer.

2.° Une substance fibreuse, analogue au bois, mais souvent molle dans les champignons fugaces ; formée de filamens ou de fibres, enlacés les uns dans les autres, et faisant fonctions de tubes capillaires.

3.° Souvent, à l'intérieur, une substance médullaire, composée d'utricules ou de petites vessies placées à la suite les unes des autres.

Si l'on plonge, ajoute Bulliard, un champignon ainsi organisé, dans une eau colorée par du carmin, on verra la liqueur monter dans la partie fibreuse seulement, mais point dans la partie médullaire.

D'après ces faits, on ne peut pas nier que les champignons ne jouissent d'une organisation végétale. Ils ne sont donc pas un simple tissu cellulaire homogène, et encore moins des produits accidentels de la nature, comme le dirent les anciens. Ce sont de vrais végétaux, puisqu'ils vivent à la manière des autres végétaux ; qu'ils ont une naissance à des époques déterminées , comme ceux-ci ; que leur développement a pour terme la maturité des graines, et qu'après la production de celles-ci les champignons périssent. L'on peut contester l'existence d'organes qui puissent être réellement nommés *organes mâles* et *organes femelles* : c'est ce que nous allons exposer.

VIII. *Opinions sur l'existence et la non-existence des sexes dans les Champignons.*

Vouloir plier la nature à nos idées, c'est nous ôter les jouissances que peut nous procurer l'étude impartiale de ce que nous nommons *ses écarts.* Voilà pourquoi, en histoire naturelle, tout raisonnement qui n'est pas appuyé sur des faits devient une hypothèse nuisible aux progrès de la science. C'est ce dont on se convaincroit aisément en lisant ce qui a

été écrit pour ou contre l'existence des sexes, ou d'organes
sexuels, dans les cryptogames, et particulièrement dans les
champignons.

Les anciens, dont les connoissances en physiologie végétale
étoient fort bornées, avoient néanmoins très-bien compris
que, dans les végétaux, les graines sont destinées par la
nature à perpétuer l'espèce, et qu'elle avoit tout disposé
pour les faire parvenir à la perfection. Ils regardoient donc
les graines comme essentiellement nécessaires. Elles sont visibles dans tous les végétaux à fleurs : ils auroient donc dû les
supposer dans tous les autres. Cette conclusion bien naturelle
n'a pas été tirée par eux; et, comme nous l'avons dit, les
champignons passoient dans l'antiquité pour des régénéres-
cences ou des produits de la putréfaction : c'est ce que
croyoient Théophraste, Dioscoride, Pline, Galien, etc. Mais,
dès le quinzième siècle, cette opinion se détruisit pour faire
place à celle qui fait notre conclusion; et, si Lancisi et Mar-
sigli ont voulu soutenir l'ancienne idée, l'Ecluse, Boccone,
Mentzel, Tournefort, Micheli, puis Battara, Gleditsch,
Adanson, Hill, Batsch, Linnæus, Haller, Hedwig, Persoon,
Bulliard, Paulet, Link, etc., etc., se sont déclarés pour
l'existence des graines. Quelles sont ces graines? comment
sont fécondés les corpuscules qu'on prend pour elles? Ce
sont les questions à résoudre, et auxquelles on n'a pas encore
répondu d'une manière satisfaisante.

La découverte des sexes dans les végétaux, faite par Linnæus ; l'importance de la fleur ; les fonctions des étamines et
celles des pistils reconnues, et, plus encore, l'établissement du
brillant et merveilleux système de Linnæus, créé comme
par enchantement, renversèrent en un instant toutes les
idées qu'on avoit eues jusque-là sur les champignons. Micheli, enthousiasmé, voulut voir des fleurs mâles et des fleurs
femelles dans les champignons, et avança avoir vu germer les
séminules des champignons. Il veut que le rebord frangé des
lames des agarics, des tubes des bolets, soit l'organe mâle.
Hedwig prétend, au contraire, que c'est un stigmate, et que les
filets succulens qui forment le réseau, dans les mailles duquel
sont logées les séminules, font les fonctions d'étamines : ce qui
n'est prouvé par aucune expérience directe. Bulliard pense,

avec plus de simplicité, que le fluide fécondant est ou libre
et en contact immédiat avec les embryons, ou qu'il est d'abord
contenu dans des vésicules membraneuses qui crèvent ensuite.

M. de Beauvois croit même pouvoir fixer la position des
deux organes mâle et femelle. Il a observé au sommet des clavaires un mamelon, d'où sort une poussière qui sans doute féconde les globules situés à la partie inférieure, puisque ceux-ci
ne prennent d'accroissement qu'après cette sortie, et qu'ils se
flétrissent si l'on supprime le mamelon supérieur avant son développement. Avant M. de Beauvois, Bulliard avoit reconnu des
clavaires monoïques. Plusieurs de ces clavaires rentrent dans
le genre *Sphaeria*, qui n'appartient plus à cette famille.

Il est tellement dans les idées reçues qu'il n'y a pas de plantes
sans graines, et qu'il n'y a pas de graines fertiles sans fécondation, qu'on ne peut pas s'empêcher d'être séduit par tout
système qui est favorable au maintien de ces idées, surtout
lorsqu'il s'annonce appuyé sur des expériences. C'est précisément la position dans laquelle les travaux de M. de Beauvois
nous mettent. Mais, pour donner le dernier degré de certitude
à ce qu'il avance, il nous resteroit à savoir si ce qu'il regarde
comme les graines en sont réellement. Dans les vesse-loups,
cette poussière qui les remplit et qui en sort comme de la
fumée, ne peut être un assemblage de séminules, comme on le
croit; si cela étoit, la terre entière seroit bientôt couverte de
ces végétaux. Regarder cette poussière comme une poussière
fécondante comme une sorte de pollen, cela n'a rien qui
répugne. Kolreuter fait la remarque que le pollen d'une seule
anthère de ketmie est composé de cinq mille globules environ.
Chaque fleur de cette plante monadelphe contient plus de
cent étamines; c'est donc plus de cinq cent mille globules de
pollen pour la fécondation d'une seule fleur. La poussière
des vesse-loups est un assemblage prodigieux de petits globules (et l'on a calculé qu'un individu de *lycoperdon* en contenoit quatorze millions) : si c'est un pollen, il n'y a rien qui
étonne ; si c'est une réunion de séminules, quelle prodigalité !
quelle surabondance ! Les vraies séminules des vesse-loups
doivent donc être différentes des globules qui composent la
poussière ; peut-être sont-elles adhérentes au réseau filamenteux
dans les vides duquel est contenue la poussière : c'est ce que

d'heureuses expériences doivent prouver, en venant confirmer les observations de M. de Beauvois.

M. Bosc nie l'existence des organes mâles et des organes femelles dans les champignons ; il soutient avec Gærtner que les champignons se reproduisent par bourgeons. « Aujourd'hui (1817), dit-il, que j'ai vu un plus grand nombre d'individus de ces deux classes (champignons et polypes); que je me trouve appuyé de l'opinion d'un homme aussi célèbre que Gærtner, je dois tenir, et en effet je tiens plus que jamais à cette idée. Je dis donc que les graines des champignons sont de véritables bourgeons, ou, mieux, ne sont en réalité que des plantes excessivement petites, qui se développent par l'action végétante, sans changer de nature. On en voit la preuve dans les nidulaires, *cyathus*, où les prétendues semences prennent souvent une ligne de diamètre. » Les générations des champignons ne seroient donc en ce sens que les produits d'une succession perpétuelle de développement, ou bien un désemboitement continuel. Les champignons auroient alors quelques traits de ressemblance avec les polypiers. Lichenstein, Akermann, Treviranus, Kœler, etc., ont même cru reconnoître plus d'analogie entre les champignons et les polypiers qu'entre les premiers et les végétaux parfaits; ils ont proposé de faire des champignons un quatrième règne, celui des *phytozoës*, intermédiaire entre les végétaux et les animaux. Avant eux, Linnæus (*Mundus invisibilis*) crut un moment qu'on pouvoit considérer les champignons comme des polypiers. Les expériences de Munchausen, mal expliquées, l'avoient sans doute séduit. Si l'on met des séminules de vesse-loup sur de l'eau, on aperçoit un mouvement sensible occasioné par la légèreté du réseau, qui tend à le faire flotter, et par la pesanteur des séminules, qui tend à l'entraîner au fond. Ce mouvement, que Link a reconnu dans beaucoup de champignons, avoit été pris pour un effet de vitalité animale. Linnæus, cependant, abandonna sa première opinion, et dans son Mémoire sur les coraux de la Baltique (*Amœnitates academicæ*), en décrivant un polypier fossile d'une structure absolument semblable à celle du bolet amadouvier, il se borne à les comparer sans tirer de conclusion. Néanmoins, des considérations intéressantes peuvent se déduire des parallèles des champignons avec les polypiers : par exemple , les bolets et les agarics, qui sont ter-restres, d'une consistance non pierreuse , et dont la partie fructifère est en-dessous, peuvent être opposés aux coraux qui vivent plongés dans l'eau, qui sont pierreux , à cellules polypifères situées en-dessus ; les bysses, légers, délicats, fu-gaces, aux éponges dures, cornées, persistantes, etc.

IX. *Usages et propriétés des Champignons.*

Les champignons présentent un grand nombre d'espèces utiles à connoître, à cause de leurs usages et de leurs propriétés. On ne nomme vulgairement champignons que ceux qui , comme les bolets, les agarics, les vesse-loups, etc., ont un certain volume, de la ressemblance entre eux, et surtout une substance charnue et comme spongieuse. Les autres sont les moisissures. C'est parmi les premiers que se trouvent les ceps, les agarics , les chanterelles, les truffes, les barbes de boucs, l'oronge, etc. , et tant d'autres champignons dont l'homme se nourrit dans quelques contrées, et qui , dans d'autres, sont le luxe de sa table ou sa passion dominante.

Il est probable que de tout temps, dit Paulet, les hommes ont fait entrer les champignons dans leur nourriture. L'exemple de plusieurs animaux qui s'en repaissent, la nécessité, l'odeur, la dégustation fortuite, et mille accidens de ce genre, ont dû nécessairement les inviter à en faire usage. On voit cet usage établi de temps immémorial à la Chine, dans l'Inde, en Afrique, etc. ; mais il semble que les peuples d'Europe, bornés d'abord et long-temps à l'usage d'un petit nombre d'espèces, soient aujourd'hui ceux de la terre qui en font entrer un plus grand nombre dans leurs alimens. C'est surtout depuis l'institu-tion du carême, observé d'abord avec rigueur dans la chrétienté, que cet usage s'est beaucoup étendu chez certaines nations, principalement parmi les Russes, les Hongrois, les habitans de la Toscane, réduits souvent presque à cette seule nourri-ture pendant ce temps. Après les Toscans , les habitans de l'Eu-rope qui en usent le plus, sont les Hongrois, les Bavarois, les Polonois, et en général tous les Allemands. Mais les Russes, beaucoup moins éclairés que ces peuples, se contentent, sui-vant le rapport de Muller, de les recueillir tous indistinc-tement, et ils les conservent, dans un mélange de sel et de vinaigre. Ces exemples suffisent pour prouver qu'indépendamment de ce qui peut flatter le goût dans les champignons, ces plantes contiennent en général un suc capable de nourrir.

L'on s'est d'abord contenté des champignons que l'on recueilloit dans la campagne et dans les champs ; ensuite le luxe a donné naissance à des moyens artificiels, pour augmenter la quantité des champignons comestibles, pour entretenir la conservation des espèces recherchées, ou pour en avoir aux différentes époques de l'année. C'est dans cette vue que les anciens avoient de nombreuses recettes de liqueurs préparées, dont ils arrosoient le pied de certains arbres qui, comme le peuplier, présentent des espèces bonnes à manger. (Voyez CHAMPIGNONS ARTIFICIELS.) C'est ainsi que les modernes ont les COUCHES A CHAMPIGNONS (voyez ce mot et FUNGUS), maintenant en usage dans toute l'Europe, et qui fournissent continuellement à l'assaisonnement de nos mets des champignons dont les qualités reconnues n'inspirent aucune crainte. C'est ainsi que les Italiens ont leur fameuse pierre à champignons, meuble précieux pour les gourmets à Naples, à Rome, à Florence. (Voyez SUILLUS.) C'est aussi pour cela qu'on a cherché tous les moyens pour dessécher, confire, et toutes sortes de préservatifs, comme le camphre, etc., pour conserver les champignons, dans les saisons de l'année où la nature nous les refuse.

Ce qui plaît dans les champignons comestibles, c'est un parfum particulier ou une chair tendre et fragile sous la dent. Les habitans de la campagne sont peut-être trop peu attentifs sur le choix des espèces qu'ils destinent à leur nourriture, ce qui occasione souvent des accidens funestes. En Italie, où la consommation des champignons est prodigieuse, on y mange un nombre infini d'espèces réprouvées ailleurs. On ne sauroit trop se mettre en garde dans l'emploi alimentaire des champignons, car, indépendamment des espèces vénéneuses, tous les champignons deviennent pernicieux, si l'on ne prend pas certaines précautions. Par exemple, on doit rejeter les champignons passé fleur, c'est-à-dire, ceux qui commencent à perdre leur éclat et leur fraîcheur, et qui se flétrissent ou se décomposent. Ils deviennent alors fades ou nauséabonds, purgatifs et dan-

gereux. On doit enlever aux autres toute la partie fructifère, comme à quelques bolets et à quelques agarics, auxquels
on enlève les feuillets ou les tubes, opération qu'on appelle
ôter le foin. On doit rejeter les champignons qui sont remplis
d'un suc laiteux, ordinairement âcre; ceux qui ont des couleurs tristes, la chair pesante ou coriace et filandreuse; ceux
qui croissent dans les caves, dans l'obscurité ou sur les vieux
troncs d'arbres : il vaut mieux, dans le doute, rejeter une
bonne espèce, que risquer de commettre une méprise, dont
les accidens les plus funestes peuvent être le résultat.

Les champignons vénéneux n'ont point de caractères communs; aussi, dans l'usage, on ne doit avoir confiance qu'en
ceux dont les qualités innocentes sont reconnues, et dans la
manière de les préparer, ce qui n'est plus de notre objet. Les
champignons vénéneux produisent d'abord des nausées, des
vomissemens, des défaillances, des anxiétés; un état de stupeur,
d'anéantissement, d'astriction à la gorge, qui conduit quelquefois à une prompte mort, au milieu des convulsions les
plus affreuses. Lorsqu'on échappe à ce terrible sort, on en
éprouve le plus souvent de longs ressentimens. L'émétique,
l'eau chaude, les adoucissans, sont les remèdes à porter dans
ces circontances. (Voyez AMANITE, FUNGUS, ORONGE.) L'on remarque que les acides, tels que le vinaigre, le jus de citron,
atténuent considérablement le mauvais effet des champignons,
quels qu'ils soient, et que l'ébullition leur enlève souvent de
leurs qualités malfaisantes. Kraschenninickow (Voyage au
Kamtschatka) nous apprend que les Kamtschadales préparent
avec la fausse oronge, *agaricus muscarius*, Linn., et l'épilobe,
epilobium angustifolium, une boisson enivrante, qui donne naissance souvent à des délires mortels. L'urine des individus qui
en sont les victimes, conserve les mêmes propriétés délétères.

Les champignons présentent quelques utilités à la médecine
et aux arts. Chacun sait que l'agaric des boutiques et l'*amadou*
sont des champignons; les usages de ce dernier sont très-
connus. Quelques peuples en font des vêtemens commodes et
fort chauds.

Certaines espèces de champignons sont employées pour
teindre les draps en jaune, etc.

Dans la nature, les champignons sont la proie des insectes

et de quelques animaux herbivores; l'on remarque que les champignons avancés en âge sont ceux que les insectes attaquent le plus volontiers.

Jusqu'ici nous n'avons parlé que des champignons qui nous sont utiles, ou qui influent sur l'économie animale. Que n'y auroit-il pas à dire sur les champignons parasites, qui attaquent les végétaux, détruisent leur feuillage ou leur tissu? de ces champignons filamenteux, comme les moisissures, qui dénaturent toutes les substances fermentescibles, et dont il n'est presque pas de moyens de les garantir? de ces champignons microscopiques, tels que ceux appelés *rouille*, *nielle*, *charbon*, *ergot*, *mort*, *blanc*, *meunier*, qui désolent nos moissons, nos grains, nos plantes potagères, et qui influent par-là sur notre existence? Mais nos connoissances à leur égard sont bornées, et ils demandent encore l'attention des naturalistes et des agriculteurs.

X. *Principes qui composent les champignons.*

Les champignons étant la nourriture à laquelle certains peuples se trouvent quelquefois réduits, renferment donc un principe nutritif : les effets prompts et actifs de quelques espèces sur l'économie animale annoncent des principes propres à ces espèces. Dans ces derniers temps, la chimie a cherché à découvrir ces principes : quelques essais ont donné des résultats intéressans, et, réunis aux résultats de nouvelles expériences, ils pourront conduire à des considérations très-importantes sur les champignons en général. La chimie fait connoître que ces cryptogames sont composés essentiellement d'une substance propre, la *fongine*, principe mollasse, fade, subélastique, alimentaire, et qui jouit de propriétés qui lui sont particulières (voyez FONGINE). L'analyse complète de diverses espèces de champignons y a fait découvrir en outre plusieurs acides nouveaux, de l'albumine, de l'adipocire, de l'osmazone, principes azotisés. On en retire encore une sorte de sucre qui se cristallise, et divers principes propres. Ces découvertes sont dues aux recherches de M. Braconnot. Les expériences de cet habile chimiste portent à conclure que les champignons sont de tous les végétaux ceux qui offrent le plus de principes animalisés, ou, pour être plus clair, de principes azotisés. Les champignons expirent du gaz azote, du gaz acide carbonique, du gaz hydrogène ; sous l'eau, ils ne donnent pas de gaz oxigène. Ainsi tout concourt à former des champignons une famille distincte de celles des autres végétaux.

XI. *Conclusion.*

De tout ce qui précède il est aisé de juger que l'étude des champignons n'est pas une étude stérile, qu'elle n'est pas dénuée d'attraits, même pour les gens du monde, et qu'elle est digne de fixer notre attention. Aussi existe-t-il un grand nombre d'ouvrages sur les champignons, et nous pourrions citer ici beaucoup d'auteurs ; mais il suffit d'indiquer les principaux, ceux que l'on peut consulter avec le plus d'avantage : tels sont Micheli, qui nous dévoila le premier la structure des champignons ; Batsch, Battara, Schæffer, Sowerby, Bulliard, importans à cause du nombre et de l'exactitude des figures ; M. Persoon, dont le *Synopsis fungorum*, ouvrage fondamental, est digne, par sa précision et le nombre des espèces qui y sont décrites, d'être consulté par tous les naturalistes ; le Traité du docteur Paulet, qui borne l'étude des champignons à celle des champignons, ainsi nommés vulgairement, mais qui fourmille d'expériences curieuses, et dont les figures sont remarquables par leur fidélité. Enfin, le voile qui couvroit l'histoire des champignons microscopiques, soulevé par Micheli, et que Tode, Persoon, Bulliard, ont déchiré en partie, l'est presque complétement par Link, dont les observations nombreuses et intéressantes se trouvent consignées dans les volumes 3 et 5 du Magasin de Berlin, et dans divers ouvrages périodiques allemands.

Ceux qui voudroient borner leur étude à la connoissance des champignons de la France, doivent essentiellement consulter le Traité des champignons, de M. le docteur Paulet ; l'Herbier de la France, par Bulliard ; et la deuxième édition de la Flore Françoise, par MM. de Lamarck et Decandolle. (Lem.)

CHAMPIGNONS ACRES. Micheli donne ce nom à quelques champignons qui ont un goût âcre ; tel est l'agaric poivré ou girolle blanche, qui se mange néanmoins dans bien des lieux.

CHAMPIGNON AGARIC. Ce sont les champignons subéreux des genres Agaric et Bolet.

Champignons a l'ail. Voyez Aillier.

Champignon ailé. C'est l'*agaricus elythrioïdes* de Scopoli. Ses feuillets ne touchent que par un point au chapeau, comme les élytres des insectes à leur corselet.

Champignon amer, de l'Ecluse. Espèce qui fait partie des champignons que Paulet nomme Grands-Poivrés, dont l'*Agaricus piperatus*, Linn., est le type.

Champignon androsacé. Voyez Androsaces.

Champignon de l'appareil des fractures. Voyez Digital humain.

Champignon anonyme, de l'Ecluse. C'est le *peziza lentifera*, Linn., qui fait le genre Cyathoïdes de Micheli, détruit par Linnæus, et rétabli depuis, sous les noms de *cyathus* et de *nidularia*. Schæffer donne ce même nom à un agaric que Paulet regarde comme une espèce particulière ; c'est celle qu'il nomme la *touffe-tabac-d'Espagne*, à cause de sa couleur et de sa manière d'être.

Champignons arborescens. Rai nomme ainsi les champignons qui croissent sur les arbres ; il en forme l'un des trois groupes qui, dans sa méthode, comprennent tous les champignons.

Champignon d'armas. Voyez Berlingozzino.

Champignon aromatique. Voyez Sureautier.

Champignon artificiel. On nomme ainsi les champignons bons à manger, que l'on fait croître au moyen de procédés particuliers. Les anciens avoient quatre manières principales de faire venir les champignons. Ménandre rapporte la première : elle consiste à couvrir une souche de figuier avec du fumier, et à l'arroser souvent ; on voit naître au bout de quelques jours, des champignons qui ne sont point malfaisans. La deuxième manière est indiquée à l'article Ægerita. La troisième, indiquée par Tarentinus, consiste à arroser avec de l'eau, et en plein air, les cendres de plantes qu'on a brûlées. La quatrième est celle des couches à champignons, qui étoient connues des anciens. En effet, Dioscoride assure que, pour avoir des champignons toute l'année, on répand sur une couche de terre bien fumée, de l'écorce de peuplier, et que cela suffit pour produire de bons champignons.

Champignons de l'aubépine. Plusieurs agarics portent ce

nom ; ils forment le groupe ou la petite famille des *têtes rousses*, établie par Paulet, qui comprend l'*agaricus lateritius* de Schæffer, et l'*agaricus amarus* de Bulliard.

CHAMPIGNON DE L'AUNE. Champignon du genre Agaric, qui a une odeur forte et virulente, analogue à celle d'un mélange d'odeur de soufre et de moisi. Il est malfaisant ; on le reconnoît à sa couleur de safran et à sa chair couleur de soufre. Il naît au pied de l'aune, en touffe de cinq ou six individus, haute de trois pouces. (Voyez Paulet. Champ. , pl. 147. f. 1. 2.)

CHAMPIGNON AURORE DES ARBRES, l'un des trois agarics qui composent la petite famille des calotins établie par Paulet. Il croît au pied des chênes, des bouleaux, des noyers, et se distingue par la belle couleur aurore de son chapeau, qui ressemble à une calote un peu peluchée ; par ses feuillets d'un roux vif ; par sa tige d'un beau jaune ; et par sa chair d'un jaune encore plus foncé, fade, mais qui ne paroît point malfaisante. On trouve ce champignon à Fontainebleau. Il ne faut pas le confondre avec l'aurore (*agaricus cyaneus*, Bull.).

CHAMPIGNONS A BOURSE. Ce sont ceux qui ont une volva, tels que les AMANITES.

CHAMPIGNON A LA BAGUE, nom donné aux pezizes.

CHAMPIGNON DE LA BALEINE. Petit agaric de couleur fauve, d'une substance adipeuse, et d'une odeur forte ; il naît sur les os de la baleine. Michel-Ange Tilly en donne une figure, pl. 3 de l'*Hortus Pisanus*.

CHAMPIGNON BLANC. Voyez COLOMBETTE.

CHAMPIGNON BLANC et COLUMELLE BLANC , *Agaricus ovoïdeus*, Decand., Fl. fr., n.° 562. Il porte ce nom à Montpellier, où on le mange. C'est un champignon des plus délicats, qui diffère de la véritable oronge par la couleur entièrement blanche de toutes ses parties. M. Decandolle le nomme oronge blanche ; Paulet, COQUEMELLE. Voyez ce mot, ORONGE et AMANITE.

CHAMPIGNON BLEUISSANT. Voyez PARASOL BLANC BLEUISSANT.

CHAMPIGNONS DES BOIS. Ce sont principalement ceux qui croissent sur la terre dans les bois.

CHAMPIGNONS DES BOULEAUX. Voyez MOUCHETÉS ou GRIVELÉES.

CHAMPIGNON DE BRUYÈRE. Voyez BOULE DE NEIGE.

CHAMPIGNON BULBEUX. Voyez BULBEUX.

Champignon de cave. Il croît naturellement dans les caves humides. Paulet en donne une figure pl. 132 de son Traité. C'est un agaric voisin du champignon de couches.

Champignon de cerf. Plusieurs champignons portent ce nom, soit à cause de leur ressemblance avec la corne de cet animal, telle est la *clavaire coralloïde* : soit parce qu'on les a regardés comme un effet des accidens du rut du cerf ; tel est le *phallus*, ou *satyre* : soit, enfin, parce que l'on croyoit que les cerfs en mangeoient comme stimulant ou aphrodisiaque, tels sont les *truffes* et le petit champignon connu sous les noms de *mouton* et de *petit mouton*, à cause de son chapeau pelucheux. Sterbeeck nie les qualités aphrodisiaques de celui-ci, qui est un agaric âcre et laiteux, couleur de chamois. C'est probablement l'*agaricus rufescens* de Schæffer. Paulet le reconnoît en celui qu'il figure dans son Traité, pl. 72, fig. 5, 6, qui croît dans nos environs et qu'il nomme *champignon du cerf*. Il ajoute qu'en Allemagne on le vendoit comme aphrodisiaque chez les pharmaciens. Il ne paroît pas être le même que le champignon fleur-de-pêcher que les Russes mangent cru en salade. Tous les champignons cités dans cet article portent le nom d'*hirchschwamm* (champignon de cerf) , en Allemagne.

Champignon chabane. Voyez Chabane.

Champignon changeant. Voyez Changeant.

Champignon chapeau cannelle. Voyez Chapeau cannelle.

Champignon chartreux. Voyez Chartreux.

Champignon du chêne. Espèce d'agaric figurée pl. 40 du Traité des Champignons par Paulet ; il est brun en-dessus et rosâtre en-dessous ; on le trouve sur les racines du chêne. Le *champignon de chêne soyeux*, autre espèce d'agaric, croît en touffe au pied des chênes. Il est d'abord roussâtre, puis brun ou marron ; ses feuillets sont d'un roux plus foncé. Son chapeau, porté sur une tige verdâtre, se fend sur le bord : sa surface est un peu soyeuse ou pelucheuse ; sa saveur est d'abord assez agréable, mais elle finit par laisser une sorte d'âpreté ou d'astriction à la gorge : néanmoins ce champignon n'incommode pas les animaux que l'on force à en manger. On le trouve dans nos environs. (Paulet. tom. 2, pag. 302, pl. 146, fig. 1, 2, 3.)

CHAMPIGNON CHENIER. Voyez CHENIER.

CHAMPIGNON A CHENILLES. Sterbeeck donne ce nom à un petit agaric, parce qu'on rencontre ordinairement dessus des chenilles qui y filent leur coque, ou qui sont suspendues après. Il est blanc en-dessus et aurore en-dessous. Paulet le met au nombre de ses *petits chapeaux*.

CHAMPIGNON CHEVELU. C'est l'*agaricus atricapillus* de Batsch, tab. 16, fig. 76. Il est brun en-dessus, rose-pâle en-dessous; le chapeau et le pédicule sont filamenteux.

CHAMPIGNON DE LA CHICORÉE. Petit agaric de la famille des ÉTEIGNOIRS D'EAU OU HYDROPHORES de Paulet, qui se résout en une liqueur noire aqueuse. Son pédicule blanc et fistuleux, soutient un chapeau fort mince, rayé, d'un blanc brunâtre, plus clair ou même blanc dans le centre ; les feuillets sont blancs. On trouve ce champignon sur la chicorée qui se pourrit.

CHAMPIGNON-CINQ-PARTS OU A CINQ LOBES. C'est l'*agaricus quinque partitus*, Linn. Son chapeau se divise en quatre ou cinq lobes ; il a trois pouces de diamètre ; sa surface est d'un jaune-grisâtre et un peu visqueuse ; les feuillets sont blancs. Il se trouve en Suède. La description ci-dessus est celle des individus que M. Paulet a observé dans la forêt de Senard. (Paul., t. 2, pag. 148, pl. 53, fig. 2, 3.)

CHAMPIGNON COMESTIBLE, nom que l'on donne à tous les champignons qui se mangent, tels que les CHAMPIGNONS DE COUCHE, l'ORONGE FRANCHE, les MOUSSERONS, les CEPES, la TRUFFE, etc. Voyez ces mots, et AMANITE. FONGE, CLAVAIRE.

CHAMPIGNONS COQUILLIERS. Voyez COQUILLIERS.

CHAMPIGNONS DE COUCHE. Ce sont les champignons qu'on fait croître artificiellement sur des couches de fumier de cheval. On les nomme encore *champignons du fumier*, *camparol*, ou *des champs*, et *paturons*, ou *potirons*, parce que les meilleurs viennent dans les pâtures. M. Paulet en distingue six espèces, qui composent sa petite famille des ENCRIERS SECS. (Voyez ce mot.) La 1.re est le champignon de couche *franc*, c'est-à-dire, l'agaric comestible (voyez FUNGUS). La 2.e, le champignon de couche *bâtard*, agaric à chapeau blanc, lavé de brun, et dont la peau s'écaille inégalement ; les feuillets sont couleur de chair tirant sur le souci. Ce champignon, qu'on ne mange pas, croît à l'ombre des arbres au bois de Boulogne. La 3.ᵉ le Champignon des eaux. La 4.ᵉ, la Boule de neige. La 5.ᵉ, le Paturon blanc (voyez ces mots); et la 6.ᵉ, le champignon de couche *marron*. Son pédicule, haut de quatre à cinq pouces, finement écailleux et picté de brun, est du reste couleur de marron-clair, comme le dessus du chapeau. Ses feuillets, d'abord couleur de corail, noircissent bientôt. Cet agaric croit dans les bois, à l'ombre; lorsqu'il est frais, il ne le cède en rien, pour les qualités, au champignon de couche franc, dont il a l'odeur, mais dont il diffère par une saveur de morille qui lui est propre. Tous ces champignons noircissent et se sèchent sur pied, sans se résoudre en liqueur noire.

Champignon du coudrier. Voyez Grivelé.

Champignon a croissan. Voyez Croissan et Coccigrue a croissan.

Champignon des dames. Agaric mentionné par Paulet, d'après l'Ecluse et Sterbeeck, qui croît en Hongrie et dans toute l'Allemagne. Il y est fort recherché pour l'usage. La délicatesse de son goût l'a fait nommer *Champignon des dames*; c'est l'*agaricus virescens*, Schæff. tab. 94.

Champignon d'épice. Deux agarics à chair molle et à odeur forte, forment la petite famille que Paulet nomme ainsi. Ces deux agarics sont la Térébenthine et le Moutardier. Voyez ces mots.

Champignon feuilleté. Les champignons qui portent ce nom sont les *agarics* de Linnæus. Voyez Fungus et Amanites.

Champignon des fossés. (Paulet, Trait. pl. 71, fig. 1, 2.) Cet agaric se trouve sous les châtaigniers et dans les fossés des bois aux environs de Paris. Il a trois ou quatre pouces de hauteur, et son chapeau quelquefois sept pouces de diamètre. Celui-ci est d'abord bombé, puis il s'aplatit, et finit par prendre la forme d'un entonnoir. Sa couleur est grise ou roussâtre, ses feuillets sont jaunâtres. Cet agaric ne paroit pas malfaisant.

Champignon du fumier. Paulet en distingue deux : l'un, farineux, à chapeau blanc de lait, strié de gris, saupoudré d'une poussière farineuse blanche, et dont les feuillets sont roux dans la jeunesse, puis noirs. Il a été trouvé sur le fumier, aux environs de Paris, par Vaillant. L'autre est le champignon du fumier écailleux, mentionné par Micheli : il est blanc ; la peau de son chapeau se lève par écailles aiguës et frisées. Paulet figure le premier, pl. 124, fig. 1, 2, 3, 4, et place les deux dans la famille des Encriers farineux. Voyez ces mots, et Champignons de couche.

Champignon glaireux. Voyez Glaireux.

Champignon hémorroïdal. Petit agaric pourpre-violet, visqueux et à feuillets blancs, qui a été découvert en Angleterre par Richardson, et mentionné par Rai ; sa couleur ressemble à celle d'un bouton hémorroïdal. M. Paulet le rapproche de l'*agaricus integer* de Linnæus.

Champignon hépatique, ou la Langue de bœuf ; c'est le *boletus hepaticus*, Pers., ou la Fistuline de Bulliard.

Champignon du houx. Agaric d'une chair fine, délicate, d'un parfum et d'une saveur agréables ; c'est un des meilleurs qu'on connoisse. Il porte aussi le nom de *grande girolle* et *d'oreille du houx*.

Champignon d'ivoire. (*Blanc d'ivoire*, Paul., 59, fig. 1 et 2.) Agaric suspect, d'un blanc d'ivoire, langueté sur les bords. Il ne faut pas le confondre avec le *blanc d'ivoire* (*agaricus eburneus*, Bull.). On le trouve en automne dans les lieux incultes.

Champignon lavure de chair. (Paul. pl. 42, fig. 3, 4.) Il est lilas ou légèrement incarnat ; ses feuillets sont inégaux et de même couleur, ainsi que sa chair ; celle-ci est un peu piquante ; quoique suspecte au premier coup d'œil, elle n'est pas malfaisante. Cet agaric a été découvert par Vaillant aux environs de Paris.

Champignon mascarille. Voyez Mascarille.

Champignon mithridate (*Fungillus mithridaticus*, Welsch, *Ephem. Nat. cur.* dec. 1, ann. 3, ic. *Agaricus mucor*, Batsch, *Elench.* tab. 17, fig. 82. *Agaricus epiphyllus*, Pers.). Welsch nomme ainsi un très-petit agaric qu'il découvrit sur une plante de son jardin, qu'on avoit apportée de l'ancien royaume de Pont, où régna Mithridate : sa tige, semblable à un fil lilas, a deux ou trois pouces de long ; elle porte un petit chapeau gris conoïde de deux lignes de diamètre. Il est particulier à nos contrées, et rien ne prouve qu'il soit venu d'Orient.

Champignon a mouche, ou Tue-mouche. Voyez Fausse oronge.

Champignon du murier. Agaric d'une couleur rousse, semblable à celle de l'écorce du mûrier, arbre au pied duquel il croit : il a quatre à cinq pouces de haut; il est très-bon à manger, et recherché par les amateurs de champignons. On le trouve dans le midi de la France, ainsi que le champignon du mûrier gris. (Paul., pl. 146, fig. 1, 7.) Celui-ci nait en touffe de cinq ou six individus réunis ensemble au pied de divers arbres, et surtout du mûrier blanc. Il a trois pouces de haut; son chapeau est d'un gris roussàtre, plus clair en-dessous, visqueux et sujet à se fendre : sa chair est rousse, d'une saveur àpre. Il paroit suspect. On le trouve en Provence.

Champignon naturel. On nomme ainsi les champignons que l'on recueille dans les endroits où ils croissent naturellement, et que l'on mange.

Champignon nyctalopique. Voyez Nyctalopique.

Champignon ordinaire. Voyez Champignon de couche.

Champignon de l'olivier. Voyez Oreille de l'olivier, *Agaricus olearius*, Decand., et Fungus.

Champignon de l'orme. (Paulet, pl. 91, fig. 1, 5, 122.) Agaric suspect, couleur de noisette, ou roux tendre à feuillets lilas ; il croît ordinairement en touffe sur les troncs de l'orme, et répand une odeur de farine de froment récente.

Champignon du peuplier. Voyez Peuplières.

Champignon phosphorique. (*Polymyces phosphorus*, Battara, t. 13, fig. A, B, et tab. 14, fig. E.) On trouve cet agaric le plus souvent en touffe au pied de l'olivier ; il est couleur de feu, à pédicule couleur de safran ; ses feuillets font l'effet du phosphore. Il passe pour être bon à manger. Cette description convient jusqu'à un certain point à l'agaric de l'olivier (voyez Oreille de l'olivier), qui, dit-on, jette, lorsqu'il se gàte, une lueur phosphorique : il est vénéneux.

Champignon poreux. Ces champignons sont les bolets, et tous les champignons qui sont munis de tubes de pores, ou de cellules.

Champignon prune-de-monsieur. Paulet figure sous ce nom (planch. 53, fig. 2) un agaric d'un violet-brun à feuillets blancs, et qu'il regarde comme l'espèce qu'il désigne dans sa synonymie sous les noms de *chartreux* ou *velucati* de Vaillant, et d'*agaricus leucophæus*, Scopoli. Cet agaric paroît un peu suspect.

CHAMPIGNON-RÉGLISSE. Agaric qui ne paroît point dangereux ; il est d'une couleur de réglisse dans toutes ses parties. On le trouve aux environs de Paris. (Paulet, pl. 96, fig. 3, 4.)

CHAMPIGNON ROUGE-BORD. Agaric que l'on trouve en automne, dans les bois : il a la forme d'un entonnoir ; il est visqueux et couleur de vin rouge ou de laque en-dessus, et à feuillets blancs, ainsi que le pédicule, lequel a quatre pouces de hauteur. Il ne paroît pas malfaisant. (Paulet, Tr. 2, p. 155, t. 60) le rapporte à une espèce de champignon citée par Micheli (p. 153, n.° 5), que les Italiens mangent, et qu'ils nomment *lardajolo*.

CHAMPIGNON SAINT-GEORGE. Voyez MOUSSERON SAINT-GEORGE.

CHAMPIGNON DU SAULE. Deux champignons portent ce nom : l'un est un agaric (voyez COULEMELLE) ; l'autre, le bolet odorant, qui sent l'iris ou l'anis, et qui croît sur le saule (*boletus suave olens*, Linn.). Ce champignon paroît être une espèce de *dædalea*. Dans le nord, beaucoup d'hommes portent sur eux cette plante pour se rendre plus agréables à leurs maîtresses. Ce fait est rapporté par Linnæus.

CHAMPIGNON DU SUREAU. Petit agaric, un peu suspect, qui croît sur le tronc du sureau. Son chapeau est mince, blanc et garni en-dessous de feuillets également blancs, mais tous différens, inégaux ; les plus grands dépassent le bord du chapeau : pédicule blanc-verdâtre. On nomme aussi champignon de sureau la pezize oreille-de-Juda, *peziza auricula*.

CHAMPIGNON SOUS-TERRESTRE. Ces champignons sont ceux qui, comme la truffe, croissent sous terre.

CHAMPIGNON SOUCI-DU-NOYER. (Paul., pl. 40, fig. 2.) Petit agaric qui croît sur les troncs du noyer ; son chapeau est couleur de souci en-dessous, à lames rousses, et porté sur un pédicule blanc. Il passe pour très-bon à manger.

CHAMPIGNON TERRESTRE. Rai nomme ainsi les bolets et les agarics qui croissent à terre.

CHAMPIGNON-TUE-MOUCHES. On désigne sous ce nom la fausse oronge, *agaricus muscarius*, Linn., et plusieurs de ses variétés. L'Ecluse en cite deux : il dit qu'à Francfort sur le Mein on vend ces champignons aux marchés, pour les mettre dans les appartemens où il y a beaucoup de mouches, ce qui fait périr ces insectes quand ils s'y attachent. Voyez Amanite.

Champignon typhoïde. Paulet met sous ce nom plusieurs agarics, *agaricus ovatus*, *cylindricus* et *porcellaneus*, Schæff.; et *mitella*, Batsch. Willd., qu'il regarde comme appartenant à une seule espèce, caractérisée par sa forme d'abord ovoïde, qui en s'alongeant devient celle du *typha*, ou *massette*; son chapeau, à surface sèche et finement écailleuse, varie du blanc au violet et au lilas. Les feuillets, d'abord blancs, puis rougeâtres, finissent par devenir noirs. Ce champignon se réduit promptement en une liqueur noire. Il est solitaire aux bords des eaux, dans les allées des jardins. M. Paulet, qui en distingue deux variétés principales, la blanche et la violette, fait observer qu'on peut en manger sans inconvénient avant leur maturité, mais qu'il faut s'en abstenir lorsque les feuillets commencent à rougir.

Champignon uni. Paulet donne ce nom à un petit champignon blanc, qui paroît être une pezize, et qu'il a trouvé sur un agaric (la rougeotte), qui se gâtoit.

Champignon d'armas. Voyez Berlingozzino.

Champignon a vache, *Agaricus mammosus*, Linn. Voyez Bonnet de matelot. (Lem.)

CHAMPIGNON DE MALTE. (*Bot.*) On désigne quelquefois sous ce nom le cynomore, *cynomorium*, parce que cette plante singulière, qui croît en plusieurs lieux dans la mer, sur les racines des arbres placés le long des côtes, est surtout abondante autour de l'île de Malte. (J.)

CHAMPIGNON DE MER (*Polyp.*), nom vulgaire employé d'une manière vague par le peuple, sur les bords de la mer, ou par les marchands d'objets d'histoire naturelle, pour désigner des corps souvent fort différens, et dont la forme se rapproche plus ou moins de celle des champignons. (De B.)

CHAMPLUM. (*Erpétol.*) Voyez Champsés. (H. C.)

CHAMPSAN. (*Erpétol.*) Voyez Champsés. (H. C.)

CHAMPSÉS. (*Erpétol.*) C'est un des noms que les anciens donnoient au crocodile du Nil. Hérodote, après avoir dit que les habitans d'Eléphantine en mangent la chair, ajoute: Καλέονται δὲ οὐ κροκόδειλοι ἀλλὰ χάμψαι (*On ne les y appelle* point *crocodiles*, *mais champsès*), ce qui sembleroit indiquer que le mot *champsès* est égyptien, d'autant plus qu'il assure ensuite que *crocodile* est ionien. C'est de *champsès* sans doute que vient le nom de *champlum*, qui est encore celui du crocodile aujourd'hui en Egypte, et de *champsam*, qu'on donne dans quelques ouvrages, comme synonyme du nom de cet animal. Voyez Crocodile. (H. C.)

CHA-MU. (*Bot.*) Arbre de la Chine, cité dans le Recueil des Voyages, sans description, comme employé par les habitans des provinces méridionales de ce pays pour la construction des vaisseaux, des barques et des édifices. (J.)

CHAN. (*Ornith.*) C'est le nom de l'oie, en dorique. (Ch. D.)

CHANAS (*Bot.*), espèce de figuier d'Arabie, *ficus chanas* de Forskaël. (J.)

CHANCELAGUE. (*Bot.*) (Voyez Cachen-Laguen.) C'est la même plante que le *gentiana peruviana*, Lam., Dict., n.° 29, qui, depuis, a reçu le nom de *gentiana cachen-lagua*, Molina; *chironia chilensis*, Willd., *Spec.* (Poir.)

CHANCHO-NALAK. (*Ornith.*) Le tadorne, *anas tadorna*, Linn., est ainsi appelé par les Kalmoucks. (Ch. D.)

CHANCHUNGA. (*Bot.*) On nomme ainsi à Quito un arbre à feuilles vertes en-dessus et blanches en-dessous, et à fleurs jaunes rassemblées en tête, dont on trouve un dessin incomplet parmi ceux de Joseph de Jussieu. Il est aussi nommé *quixval* dans d'autres lieux du Pérou. On est porté à croire que c'est une espèce de bulèje, *buddleia*, très-voisine du *palquin* du Chili, *buddleia globulosa*. Joseph de Jussieu dit qu'on emploie ses fleurs dans les teintures, et que dans les assaisonnemens elles imitent la couleur du safran. (J.)

CHANCIE, Chancissure. (*Bot.*) Voyez Moisissure et Botrytis. (Lem.)

CHANDANA. (*Bot.*) Les Portugais nomment ainsi le Tsiendam des Malais, qui est le Sandal. Voyez ces mots. (J.)

CHANDEL (*Bot.*), nom hébreu de la coloquinte, suivant Mentzel. (J.)

CHANDRALIA, Chandras. (*Bot.*) Ces noms, employés par Théophraste, et par Gaza son traducteur, désignent, suivant Adanson, la chondrille. (H. Cass.)

CHANFREIN. (*Ornith.*) On nomme ainsi l'ensemble des plumes

effilées, et en général assez rudes, qui, placées à la base du bec, se dirigent d'arrière en avant, et couvrent partiellement ou en totalité les narines, comme on le voit aux oiseaux des genres Corbeau, Ani, Barbu, Couroucou, etc. (Ch. D.)

CHANG-CHU (*Bot.*), nom chinois du camphrier de la Chine, inférieur à celui de Borneo. (J.)

CHANGEANT (*Bot.*), espèce d'agaric qui croît en Bavière, et dont Schæffer a donné une figure, *agaricus mutabilis*. Schæff. Fung., t. 9. Il est fauve ou couleur de tabac. On en fait usage sans inconvénient en Bavière. M. Persoon le nomme *agaricus caudicinus*, et lui rapporte l'*agaricus annularis* de Bulliard. (Lem.)

CHANGEANT (*Erpét.*), *Trapelus*. M. Cuvier a désigné sous ce nom un genre de reptiles sauriens de la famille des eumérodes, et voisin des agames.

Les changeans ont la forme générale et la tête renflée des agames; mais leurs écailles sont toutes très-petites, lisses et sans épines. Leurs dents sont les mêmes que celles des stellions.

On n'en connoît encore qu'une espèce :

Le Changeant d'Egypte, *Trapelus ægyptiacus*. Cet animal, d'une petite taille, est remarquable par la rapidité avec laquelle il change de couleur, en quoi il l'emporte beaucoup sur le caméléon. Il a été découvert par M. Geoffroy de Saint-Hilaire, et représenté dans le grand ouvrage sur l'Egypte, pl. V, fig. 3 et 4. Voyez Trapelus et Eumérodes. (H. C.)

CHANG-KO-TSE-CHU (*Bot.*), nom chinois qui signifie l'arbre au long fruit, et que l'on donne à la casse des boutiques, dont le fruit est en effet cylindrique et long de quelques pieds. (J.)

CHANGOUN, (*Ornith.*) C'est par erreur que Sonnini, dans son édition de Buffon, et ceux qui l'ont copié, ont ainsi écrit le nom du vautour dont M. Levaillant a donné la description, t. I.er, pag. 52 de son Ornithologie d'Afrique. Voyez Chasgoun. (Ch. D.)

CHANI. (*Ichthyol.*) Suivant Forskaël, c'est le nom arabe du *labrus chanus* de Linnæus.

D'après le même auteur, *chani* est encore le nom arabe d'un poisson de la mer Rouge, très-semblable à l'angeot, mais plus petit des deux tiers. Voyez Azara et Cantus. (H. C.)

CHANLUNGJAN. (*Bot.*) Voyez Chalungan. (J.)

CHANNA. (*Ichthyol.*) On trouve sous ce nom, dans le *Systema ichthyologiæ Blochii* de M. Schneider, un genre de poissons qu'il place dans sa classe des pentaptérygiens, ordre des achires. Ce genre appartient à la famille des pantoptères de M. Duméril. Ses caractères sont les suivans :

Corps arrondi, comprimé, couvert d'écailles larges ; nageoires impaires, non réunies ; mâchoire inférieure plus longue ; dents très-petites, nombreuses, confusément semées sur les mâchoires et le palais ; opercules écailleuses ; une seule nageoire du dos.

A l'aide de ces notes, on distinguera facilement ce genre de ceux des anarrhiques et des coméphores, dont il se rapproche par quelques caractères.

Le Channa, *Channa orientalis*, Schn., tab. 90, fig. 2. Teinte générale d'un brun châtain ; caudale arrondie ; nageoires sans aiguillons.

C'est un poisson des Indes orientales, décrit d'abord par Gronou, Zooph. 135, n.° 408, t. 9, fig. 1. (H. C.)

CHANNO. (*Ichthyol.*) Sonnini (Voy. en Grèce, t. 1, p. 181.) nous apprend que les Grecs modernes donnent ce nom au lutjan serran. Voyez Lutjan et Serran. (H. C.)

CHANOS (*Ichthyol.*), nom d'un genre de poissons de la famille des Lépidopomes (voyez ce mot), que M. de Lacépède a séparé des mugils de Linnæus, et dont les caractères, faciles à établir, sont les suivans :

Nageoires pectorales non prolongées ; nageoire dorsale unique, sans appendices ; les côtés de la queue garnis d'ailes membraneuses ; point de dents.

Le Chanos d'Arabie : *Chanos arabicus*, Lacép. ; *Mugil chanos*, Forsk., Linn. Tête plus étroite que le corps, aplatie, dénuée de petites écailles, et d'un vert mêlé de bleu ; la lèvre supérieure échancrée et avancée ; les écailles larges, arrondies, argentées et brillantes.

Il y a des individus de ce poisson de la mer d'Arabie qui atteignent la taille de douze pieds ; d'autres n'ont que quatre pieds de longueur. Les Arabes les désignent par des noms différens. Voyez Anged et Chani. (H. C.)

CHANSARET-EL-ARUSI. (*Bot.*) Aux environs du Caire, suivant Forskaël, on nomme ainsi l'*astragalus trimestris.* C'est, selon M. Delille, le *khansar-el-arouseh*, c'est-à-dire, le doigt de l'épouse, ainsi nommé à cause de la forme de sa gousse. (J.)

CHANSONNET. (*Ornith.*) Dans certains endroits du département des Deux-Sèvres, on donne ce nom au sansonnet, ou étourneau commun, *sturnus vulgaris*, Linn. (CH. D.)

CHANT. (*Ornith.*) Tous les animaux qui ont des poumons, peuvent exprimer leurs affections par la voix: mais la faculté de chanter, c'est-à-dire, d'accompagner l'émission de la voix de sons cadencés, de ces inflexions qui constituent la mélodie, est l'apanage exclusif des oiseaux; et les familles chez lesquelles cette faculté s'exerce de la manière la plus remarquable, appartiennent à l'ordre des passereaux. Les nuances dans les intonations ne permettent pas de douter que la voix ne soit, dans tous les temps, un langage au moyen duquel les diverses espèces correspondent entre elles, et expriment leurs besoins réciproques; mais, l'amour étant le premier de ces besoins, c'est au printemps que les mâles, dont les désirs sont plus vifs, chantent avec plus de force et de continuité. La musique est un attribut qui dépend de leur nature. En liberté, chaque espèce a son chant particulier; et quoique les moqueurs aient l'habitude de faire succéder à leur chant ordinaire une imitation des cris qu'ils entendent le plus fréquemment, les oiseaux, en général, ne réussissent à articuler des paroles et des phrases qu'en domesticité, et par un effet de l'influence de l'homme sur les différens êtres. Les perroquets, dont la langue est épaisse et ronde, la glotte flexible, le bec concave et voûté, sont ceux qui produisent, avec le plus de facilité, des sons semblables à la voix humaine. Viennent ensuite la pie, la corneille, le geai, le merle, l'étourneau, etc. Enfin, beaucoup d'autres ont des chants et des prononciations variés, suivant les circonstances dans lesquelles ils se trouvent, et que l'on peut diviser en chants amoureux, chants joyeux, cris de rappel, cris de surprise ou d'épouvante; et ces différences sont si grandes, qu'afin de s'exprimer avec plus de justesse en traitant de chaque oiseau en particulier, il faudroit ne pas perdre de vue que le bouvreuil *siffle*, le dindon *glousse*, le dindonneau *piaule*, les gobe-fourmis *tintent* ou *carillonnent*, la mésange *pipe*, le pigeon mâle *roucoule*, le coucou d'Europe *coucoule*, la tourterelle *gémit*, le corbeau *croasse*, le coq *coquerique*, la poule *caquette*, le perroquet *crie* et *parle*, la cigogne *claquette*, l'agami *crépite*, le râle *râle*, la foulque flûteuse *flûte*, le butor *mugit*, le flammant *trompette*, la pintade *crécerelle*, la tourterelle à collier et quelques mouettes *ricanent*, d'autres mouettes *criaillent*, le chardonneret *gazouille*, etc.

Le mécanisme à l'aide duquel les oiseaux tirent de leur gosier tant de sons divers, est nécessairement plus compliqué que celui des mammifères, et il a été l'objet des recherches de plusieurs anatomistes. Les uns ont prétendu que le volume de la voix prenoit sa source dans les grands réservoirs d'air situés dans leur abdomen et leur poitrine, et qu'au-dessus du larynx supérieur, à la bifurcation de la trachée, se trouvoit un second larynx suspendu au milieu d'une cavité remplie d'air, et tapissée par une membrane bien tendue sur un os élastique, ce qui faisoit résonner la voix avec plus de force. D'autres ont aussi fait sentir que la voix des oiseaux pouvoit éprouver beaucoup de modifications dans l'intérieur de la trachée, où elle étoit produite; cet organe, qui imite le corps d'un instrument musical, étant très-varié dans ses dimensions, tandis que la trachée des quadrupèdes ne pouvoit influer sur leur voix, qui ne se formoit qu'à son issue. Mais M. Cuvier a jeté un plus grand jour sur cette matière difficile, dans deux Mémoires insérés au Magasin Encyclopédique, 2.ᵉ vol. de la 1.ʳᵉ année, p. 330, et 2.ᵉ vol. de la 4.ᵉ année, p. 162. Après avoir posé en principe, que pour produire un son dans le conduit où l'air passe, il faut un corps ou une lame susceptible de vibrer, ce savant a fait observer que la trachée des oiseaux étoit munie, sur ses bords intérieurs, de membranes qui pouvoient produire cette vibration vers l'endroit où elle se rétrécit et où elle se partage en deux branches pour pénétrer dans les poumons; de sorte que cette partie peut être comparée, pour ces usages, à la glotte des mammifères. M. Cuvier conclut des nombreuses recherches par lui faites à ce sujet, d'une part, que la trachée n'est pas seulement un conduit pour l'air, mais aussi pour le son; et, d'une autre, que c'est vers sa partie inférieure que se forme le son, le larynx supérieur étant dépourvu de glotte, et l'inférieur étant, au contraire, plus compliqué que chez les mammifères, à cause de ses anneaux entiers, de sa longueur, de ses circonvolutions, et de sa forme si variée chez les divers oiseaux.

On peut comparer à l'anche des instrumens à vent l'ouverture de la trachée-artère des oiseaux, laquelle est membraneuse et formée par un repli de la peau intérieure du bronche, dont le rebord libre et élastique est dirigé vers le haut. Les deux bronches sont composés d'anneaux brisés, et une membrane sans cartilage ferme le côté par lequel ils se regardent. Les anneaux voisins de la trachée sont souvent plus grands et toujours moins courbés que ceux qui se rapprochent du poumon, à l'entrée duquel ils sont presque entièrement clos; et l'espace membraneux du bronche, trés-étroit vers le poumon, s'élargit plus ou moins promptement, et prend, vers la bifurcation, une forme ovale plus ou moins grande. L'air, chassé du poumon et des réservoirs contre cette membrane, doit donc y produire une résonnance à peu près semblable à celle que l'air renfermé dans un tambour, ébranlé par la partie supérieure, produit sur l'inférieure. Le son est ainsi modifié, tant en raison des degrés d'épaisseur, d'élasticité et de tension de la membrane tympaniforme, que par l'état de l'ouverture du bronche, qui représente les anches d'un instrument à vent. Des muscles servent à alonger ou raccourcir cette membrane, à l'élargir ou à la rétrécir, et le son est plus grave ou plus aigu, selon les modifications que présente la forme de la trachée, dont les oiseaux peuvent d'ailleurs tenir l'orifice supérieur entièrement fermé, ou plus ou moins entr'ouvert.

Le larynx inférieur, que M. Cuvier a trouvé dans tous les oiseaux par lui disséqués, excepté dans le roi des vautours, *vultur papa*, Linn., dans l'urubu, *vultur aura*, fait partie de la trachée-artère, et il consiste ordinairement dans une saillie membraneuse provenant de chacun des côtés de l'orifice de la trachée, lequel est séparé en deux par une traverse osseuse dirigée d'avant en arrière, ou seulement par l'angle de réunion des deux bronches, qui, au lieu des anneaux complets de la trachée, n'ont que des arcs cartilagineux, et susceptibles d'une courbure plus ou moins forte, suivant les sons qu'ils sont destinés à produire.

Il y a de deux sortes de larynx inférieurs. Les uns sont sans muscles propres, et tantôt avec des dilatations ou cavités latérales, comme chez les canards et les harles, tantôt sans dilatations, comme chez tous les gallinacés. Dans le premier cas, la traverse du bas de la trachée est au niveau de la membrane saillante qui en double l'intérieur; dans le second cas, cette traverse est située au-dessous du dernier anneau, auquel elle tient. Le caractère constant d'aigu ou de grave dans la voix de chaque espèce paroit tenir à la compression latérale du bas de la trachée et au rétrécissement de la glotte qui en résulte. Les larynx inférieurs à muscles propres n'ont qu'un seul muscle de chaque côté dans les faucons, les foulques, les râles, les bécasses, les chevaliers, et autres oiseaux de rivage à bec foible: ils en ont trois chez les perroquets, et cinq chez les oiseaux chanteurs.

Le larynx supérieur des oiseaux est placé à la base de la langue et à l'extrémité supérieure de la trachée-artère; il est, en général, garni de tubercules plus ou moins gros, plus ou moins nombreux; les oiseaux chanteurs en sont tous privés.

M. Cuvier, après beaucoup d'autres détails sur les divers organes de la voix des oiseaux, établit trois propositions principales. 1.º Le son est produit dans l'instrument vocal des oiseaux comme dans les cors, les trompettes, ou dans les tuyaux d'orgue nommés jeux d'anches. 2.º Il est modifié, relativement au ton, par les variations de la glotte, qui correspondent à celles des lèvres du joueur, ou de la lame de cuivre des jeux d'anches; par les variations dans la longueur de la trachée, qui correspondent aux différentes longueurs des tuyaux d'orgue, et par le rétrécissement ou l'élargissement de la glotte supérieure, qui correspond à la main du joueur de cor, et à la fermeture ou aux cheminées des tuyaux d'orgue. 3.º La voix des oiseaux est d'autant plus susceptible de variations, que les trois sortes d'organes destinés à faire varier le ton, c'est à-dire la trachée-artère et les larynx, ont un plus haut degré de perfection. (Ch. D.)

CHANTERELLE (*Bot.*), *Cantharellus*, champignon qui doit son nom à une sorte de ressemblance entre sa forme et celle de la tête d'un coq lorsqu'il chante. C'est pour cette raison que les Italiens le nomment *gallinacio*.

Linnæus en a fait une espèce de son genre Agaric, *agaricus cantharellus*; mais les botanistes le comprennent actuellement dans le genre Mérule, *merulius*, dans lequel il est le type d'une section, celle des espèces dont le chapeau est pédicellé et concave. Cette section constitue le genre Cantherelles de M. de Lamarck, le même que le *chanterel* d'Adanson. Le *cantharellus* de Jussieu répond au *merulius*, Pers.

La chanterelle est un champignon bon à manger : elle sera décrite à son genre. Voyez Mérule et Girole. (Lem.)

CHANTERELLE. (*Chasse.*) On fait, au soleil couchant et à la pointe du jour, une sorte de chasse aux perdrix et aux cailles mâles, en les attirant dans des filets que l'on a tendus, par le moyen de femelles de leur espèce, qu'on transporte dans des cages, et qui sont alors désignées sous le nom de chanterelles. Cette chasse se fait aussi à d'autres petits oiseaux ; l'on nomme appelans les individus dont on se sert, et à défaut de ceux-ci on emploie l'instrument connu sous la dénomination d'appeau. (Ch. D.)

CHANTEURS. (*Ornith.*) Tous les oiseaux qui se font remarquer par un chant plus ou moins étendu, par une voix plus ou moins mélodieuse, sont compris sous cette dénomination générale. M. Vieillot a donné proprement le nom de chanteurs, *canori*, à la vingtième famille de son ordre des oiseaux sylvains, et de la tribu des anisodactyles, en lui assignant pour caractères un bec comprimé, le plus souvent échancré, rarement à bords finement dentelés, fléchi en arc, ou droit et courbé à la pointe, et l'ongle postérieur quelquefois plus long que le pouce. Le nom de chanteur a été d'ailleurs appliqué spécialement au pouillot ou chantre, *motacilla trochilus*, Linn., au petit chanteur de Cuba, *fringilla lepida*, Gmel., au chanteur patagon, *motacilla patagonica*, Gmel., lequel est décrit tom. 2, in-8.°, pag. 288, de la traduction du Voyage de Dixon, et figuré pl. 20 du même ouvrage. (Ch. D.)

CHANTRANSIE (*Bot.*), *Chantransia*. Ce genre appartient à la famille des algues, section des conferves. M. Decandolle, en l'établissant, y rapporte toutes les conferves d'eau douce qui sont filamenteuses, cloisonnées, et dont l'intérieur contient une matière de forme indéterminée, composée de séminules très-nombreuses, fort petites , sortant de leur loge ; ou

germant dans l'intérieur même : les plantes sont ainsi proli-
fères.

Ces caractéres ramènent dans ce genre un nombre considérable d'espéces généralement très-difficiles à caractériser ; il
n'est même pas constant qu'ils appartiennent exclusivement aux
chantransies, et qu'un grand nombre d'espéces de conferves
marines, placées dans le genre *Ceramium*, ne les offrent pas.
Nous voulons parler ici des *ceramium* verts, dans lesquels
on n'a pas encore vu ces tubercules ou bourgeons particuliers aux *ceramium* cornés. Les naturalistes ont senti l'avantage de diviser les *conferva* de Linnæus en plusieurs genres.
Le chantransia est un de ces genres qui, lui-même, demande
à être subdivisé. M. Bory de Saint-Vincent a proposé de réunir
en un seul groupe les chantransies dont les articulations renflées aux deux bouts sont unies les unes aux autres par un
fil solide et intérieur. Ces articulations ne sauroient être
mieux comparées qu'à une suite de bobines enfilées. Ce
groupe constitue un genre reconnu par la plupart des botanistes. (Voyez LEMANEA.) Il ne resteroit dans le genre Chantransia que des espèces vertes, finement capillaires, souvent d'une
délicatesse extrême, dont les articulations, en général, comprimées alternativement dans un sens opposé, ne présentent point le fil central des lémanées, et dont la matière verte
qu'elles contiennent n'est point en étoile ou en spirale, comme
elle se montre dans le genre *Conferva*, tel que les botanistes
l'adoptent actuellement.

Les chantransies offrent en outre, de distance en distance, des bourrelets d'où partent quelquefois des articulations qui se développent en rameaux ; ceux-ci naissent aussi
des cloisons mêmes de la plante, ou bien ils font leur intervalle.

Les chantransies se plaisent dans les eaux courantes ou
agitées ; on en trouve aussi dans les eaux tranquilles. Une
grande agitation ne paroît pas arrêter leur développement ;
nous avons souvent recueilli des chantransies sur les rouages
des moulins, sous des bateaux continuellement en mouvement, et dans des ruisseaux d'un cours très-rapide. Ces chantransies sont du nombre de celles qui vivent fixées par un
petit empâtement qui n'est qu'une touffe de filamens micros-

copiques, pénétrant le bois, la pierre ou la plante même qui lui sert de soutien.

Elles ne tirent aucune nourriture de ces corps, et des fila-mens détachés par une cause quelconque végétent librement. Lorsqu'elles sont amenées dans des eaux dormantes, elles s'y développent et s'y multiplient même avec une plus grande facilité, au point de former des tapis nageans, fort étendus, d'abord verts, puis vert-jaunâtre, et enfin blanchâtres lorsque la plante est morte; on a cherché à tirer parti de ces chan-transies, mais sans succès. On a tenté en vain à en fabriquer du papier, même du papier pour enveloppes. On a cru que les chantransies concouroient à la fétidité des eaux sur les-quelles elles séjournent. Il est présumable, au contraire, que ces plantes contribuent à assainir ces eaux putrides, remplies d'animaux et de végétaux en décomposition. L'expérience doit nous apprendre comment les conferves opèrent cette purifica-tion : l'on sait qu'elles exhalent de l'oxygène.

Les espèces de ce genre sont très-nombreuses, et il n'existe pas de travail qui les fasse connoître. Il seroit à désirer que quelque naturaliste portât son attention sur elles, et en donnât une monographie. En attendant, on peut prendre pour type de ce genre les espèces qui suivent :

CHANTRANSIE PELOTONNÉE : *Chantransia glomerata*, Dec., Fl. fr., n.° 121; *Conferva glomerata*, Linn.; *Polysperma glomerata*, Vauch., Conf., t. 10, f. 4, 5. Verte; filamens très-rameux, sur-tout vers l'extrémité où ils forment des pinceaux ou des espèces de pelotons; articulations oblongues, renflées dans le milieu. Elle est très-commune dans les eaux pures, les canaux, les rivières : elle forme des touffes de trois à dix pouces de longueur, et d'un vert jaunâtre ou d'un vert d'herbe.

CHANTRANSIE DES RUISSEAUX : *Chantransia rivularis*, Dec., Fl. fr., n.° 122 ; *Conferva rivularis*, Linn.; *Prolifera rivularis*, Vauch., Conf., p. 129, t. 14, f. 1. D'un beau vert ou d'un vert foncé, filamens très-longs, garnis d'espace en espace de bourrelets d'où sortent de nouveaux filamens; articulations beaucoup plus longues que larges. Cette espèce est fort com-mune dans les ruisseaux et les étangs : elle y forme des tapis serrés et flottans; les filamens ont jusqu'à deux pieds de lon-gueur.

Ce genre a été dédié par M. Decandolle à M. Girod-Chantrans, auteur d'un ouvrage intitulé Recherches chimiques et microscopiques sur les Conferves, Bysses et Trémolles, etc. , 1 vol. in-4°, 1802, dans lequel l'auteur s'efforce à prouver que ces végétaux sont de vrais polypiers ; mais, comme l'a fort bien fait observer M. Bosc, il est tombé dans cette erreur en prenant pour les animaux des conferves, des *volvox* et des *cercaires* qui vivent dans les mêmes eaux et dans les mêmes circonstances. Voyez POLYSPERME, PROLIFERE, LÉMANÉE. (LEM.)

CHANTRE (*Ornith.*) , un des noms du Pouillot, *motacilla trochillus*, Linn. (CH. **D.**)

CHANVRE (*Bot.*), *Cannabis*, Linn., genre de plantes dicotylédones, apétales diclines, de la famille des urticées, Juss., et de la *dioécie pentandrie*, Linn., dont les principaux caractères sont d'avoir des fleurs dioïques, conformées ainsi qu'il suit : chaque fleur mâle est composée d'un périanthe caliciforme à cinq folioles oblongues ; de cinq étamines un peu plus courtes que le périanthe, et dont les anthères sont tétragones et oblongues : chaque fleur femelle consiste en un périanthe d'une seule pièce, oblong, caliciforme, s'ouvrant d'un côté dans toute sa longueur ; en un ovaire supérieur, surmonté de deux styles subulés et velus. Le fruit est une petite capsule crustacée, presque globeuse, bivalve, recouverte par le calice, et contenant une seule graine.

On ne connoît que deux espèces de ce genre.

1.° CHANVRE CULTIVÉ : *Cannabis sativa*, Linn. *Spec.* 1457 ; Lam. *Illust.* t. 814. Sa tige est droite, simple, un peu quadrangulaire, légèrement velue, haute de quatre à six pieds, et quelquefois plus ; ses feuilles sont opposées, pétiolées, découpées en cinq folioles lancéolées, dentées en scie. Les fleurs, dans les individus mâles, sont disposées dans les aisselles des feuilles supérieures, en petites grappes lâches, d'une couleur herbacée : dans les individus femelles, les fleurs sont également axillaires, mais presque sessiles, peu apparentes, et remarquables seulement par leurs styles. Le chanvre cultivé est une plante annuelle, qui croît naturellement dans les Indes et en Perse ; mais comme elle est d'une grande utilité, on l'a transportée depuis long-temps en Europe, où elle est presque naturalisée dans plusieurs de ses parties méridionales, et on la cultive même avec succès dans ses régions les plus septentrionales.

La plante entière a une odeur forte, qui est enivrante, exhilarante et narcotique. Il suffit, dit-on, de se livrer au sommeil dans le voisinage d'une chenevière (on appelle ainsi un champ dans lequel on cultive du chanvre) pour éprouver, en s'éveillant, des vertiges, des éblouissemens et une sorte d'ivresse. Dans le nord, selon Bergius, le chanvre n'a pas la propriété exhilarante qui se trouve dans celui du midi. Ses feuilles font la base d'une préparation connue dans tout l'Orient sous le nom de *haschisch*, et que l'on emploie de différentes manières, soit en liqueur, soit sous forme de confection ou de pastilles édulcorées avec des substances sucrées, soit même en fumigations. L'ivresse produite par le haschisch jette dans une sorte d'extase pareille à celle que les Orientaux se procurent par l'usage de l'opium; et, d'après le témoignage d'un grand nombre de voyageurs, les hommes tombés dans cet état de délire s'imaginent jouir d'une félicité dont l'acquisition leur coûte peu, mais dont la jouissance trop souvent répétée altère leur organisation, et les conduit au marasme et à la mort.

A la Cochinchine et dans les Indes, les habitans mêlent les feuilles de chanvre avec celles du tabac à fumer, et ils se procurent par ce moyen une gaieté et une sorte d'ivresse dont les effets sont à peu près les mêmes que ceux du haschisch d'Orient, et dont l'usage immodéré et trop fréquent produit la stupeur, l'hébêtement, la consomption et la perte de la vie.

La graine de chanvre, à laquelle on donne vulgairement le nom de chenevis, est très-bonne pour engraisser la volaille. Les poules auxquelles on en donne pour nourriture, pondent plus abondamment. Dans les villes, on en fait une consommation assez considérable pour les oiseaux de volière. On en retire par expression une huile qui est très-bonne à brûler, et qu'on emploie dans la peinture, ainsi que dans la fabrication du savon noir. Plusieurs animaux domestiques mangent avec avidité les tourteaux formés par le marc qui reste après l'expression de cette huile. Le chenevis paroît participer jusqu'à un certain point des propriétés narcotiques du chanvre lui-même; quelques médecins assurent l'avoir employé avec avantage en émulsion, dans plusieurs maladies, et principalement dans la blennorrhagie inflammatoire.

En Europe, c'est principalement sous le rapport de ses propriétés économiques, que le chanvre est une plante précieuse. Les filamens qu'on retire de son écorce, et qui sont connus sous le nom de filasse, sont employés à faire des cordes, des toiles de toute espèce, dont l'utilité et les usages sont infiniment variés. La récolte du chanvre est d'un grand profit pour certains départemens de la France, et il est en général peu de cantons dans lesquels cette plante ne soit plus ou moins cultivée. Sous tous ces rapports, elle mérite que nous entrions dans quelques détails sur sa culture, et sur les diverses préparations qu'on lui fait subir pour en retirer la filasse.

La graine de chanvre, comme la plupart des semences oléagineuses, ne conserve que d'une année à l'autre sa faculté germinative. Cette raison doit faire apporter une grande attention dans le choix de celle que l'on veut semer, car il est essentiel de n'en jamais employer que de la dernière récolte ; lorsqu'on n'a pas la certitude qu'elle en soit, il faut s'en assurer en en prenant une poignée au hasard, et en en écrasant quelques grains avec les dents, afin de pouvoir goûter la petite amande qu'elle contient. Quand la graine est bonne, cette amande est douce, et elle a un petit goût de noisette; lorsqu'au contraire elle a une saveur âcre, c'est qu'elle a déjà ranci, et qu'elle n'est plus propre à germer. Toute graine dont l'écorce est blanche ou d'un vert pâle, est vide en dedans, ou son amande est mal nourrie, et n'est pas non plus bonne à semer. Quand l'écorce est brunâtre ou luisante, on doit présumer que l'amande est bien conformée, et que le germe en est bon.

Le chanvre demande une terre bien meuble et en même temps très-substantielle; aussi réussit-il parfaitement dans les nouveaux défrichemens des prairies, et surtout des bois, parce qu'il a fallu travailler profondément la terre pour arracher les souches des arbres, et que la décomposition des feuilles des arbres ou des herbes de la prairie a formé depuis long-temps des couches de terre végétale.

Les meilleurs engrais pour les terres dans lesquelles on veut semer du chanvre, sont des fumiers à demi consommés répandus avant l'hiver sur le terrain de la chenevière, et enterrés aussitôt par un profond labour, afin qu'ils aient, pendant l'hiver, le temps de se décomposer entièrement. La nature du sol indique la quantité de labours nécessaires ; mais ils doivent être profonds, et renouvelés jusqu'à ce que la terre soit parfaitement meuble, et qu'il ne reste plus de mottes.

Le temps convenable pour semer est celui où l'on cesse de craindre les fortes gelées ; mais il vaut mieux en général semer un peu de bonne heure qu'un peu plus tard, parce que, lorsque les semailles sont faites avant la fin de l'hiver, les graines lèvent mieux et profitent davantage, à cause des pluies qui sont assez ordinaires à cette époque et à l'équinoxe du printemps. On peut d'ailleurs se précautionner contre les gelées tardives, en gardant une quantité de graines égale à celle que l'on aura semée, pour réparer la perte qu'elles auroient pu causer. Si les semailles n'ont éprouvé aucun dommage, et que ces graines soient par conséquent de reste, elles ne seront point perdues pour le cultivateur ; il pourra les employer à la nourriture de jeunes poulets ou de jeunes pigeons.

La graine se sème clair ou épais, selon l'usage auquel on destine le chanvre : s'il doit être employé à fabriquer des toiles, la graine doit être semée épais, parce que, dans ce cas, l'écorce plus fine, produit une filasse plus fine, plus douce, plus soyeuse, et qui blanchit plus facilement. Lorsque le chanvre doit servir à faire des cordes, il faut que la graine soit écartée, parce qu'alors elle produira des tiges beaucoup plus élevées, beaucoup plus grosses, dont la filasse sera grossière et en longs brins.

On ne doit pas trop enterrer la graine, parce qu'alors elle pourrit sans lever : il ne faut la recouvrir que d'une légère couche de terre. Une petite pluie survenant peu après l'ensemencement, fera germer et lever promptement les graines. Dans le cas de sécheresse, il sera à propos, si l'on est dans le voisinage de l'eau, de faire des arrosemens, soit par irrigation, si l'on a cette facilité, soit même avec des arrosoirs, si le premier moyen est impraticable.

Lorsque le chanvre est sorti de terre, et qu'il a deux ou trois pouces de hauteur, c'est le moment de le faire sarcler et de l'éclaircir s'il a été semé trop épais. Le sarclage est essentiel et indispensable pour empêcher les mauvaises herbes qui, croissant souvent en grande abondance dans une terre bien préparée, pourroient étouffer le chanvre : mais il suffit que cette opération soit faite une seule fois ; car, dès que les tiges du chanvre sont parvenues à une certaine élévation, elles ne permettent plus aux autres herbes de croître, ou elles les font périr promptement en leur interceptant l'air et la lumière.

La récolte du chanvre se fait le plus ordinairement en deux fois : dans le premier travail on n'arrache que les pieds mâles que les gens de la campagne nomment presque partout chanvre femelle ; et lors du second, le chanvre femelle, qu'ils prennent aussi mal à propos pour le chanvre mâle.

Le moment convenable pour arracher le premier chanvre est quelque temps après la floraison, lorsque les pieds mâles, ayant répandu leur poussière sur les femelles, ont rempli leur destination en fécondant la graine de ces derniers. Ces pieds ne tardent pas alors à se dessécher ; le haut de leur tige jaunit, et le bas blanchit. Les ouvriers qui sont employés à cette opération, communément ce sont des femmes, doivent faire attention, en enlevant les pieds de chanvre mâle, à ne pas endommager les femelles, qui, selon le climat et la chaleur de la saison, doivent encore rester cinq à six semaines, jusqu'à ce que les graines aient acquis leur parfaite maturité.

Les pieds mâles, arrachés, sont mis en petits faisceaux, portés au-delà du champ, où l'on doit, avec un instrument tranchant, couper toutes les racines un peu au-dessus du collet, ce qui se fait alors d'une manière très-expéditive, le chanvre étant encore vert ; si l'on attendoit qu'il fût sec, il faudroit la moitié plus de temps. Il faut aussi supprimer et abattre toutes les feuilles qui garnissent la partie supérieure des tiges, et qui, si on les laissoit, occasioneroient une fermentation nuisible à la plante. Après cela on fait ordinairement sécher les bottes de chanvre mâle pour les garder jusqu'à ce qu'on ait fait la récolte du chanvre femelle, et pour les mettre à rouir ensemble ; mais, l'expérience ayant démontré que le chanvre qu'on met dans l'eau aussitôt après qu'il est arraché, vaut mieux que celui qu'on laisse sécher pendant quelques jours, il est inutile d'attendre que le chanvre femelle soit récolté, pour faire subir au chanvre mâle la préparation du rouissage, dont nous parlerons plus bas au sujet du chanvre femelle.

Dans quelques cantons on arrache tout à la fois le chanvre mâle et femelle, en réservant sur les bords du champ une certaine quantité de pieds femelles pour se procurer les graines nécessaires aux semailles suivantes. Cette méthode est mauvaise, en ce que le cultivateur se prive par là d'une récolte abondante de graines qui auroient pu lui servir à nourrir de la volaille, ou dont il auroit pu retirer de l'huile; et outre cela, les pieds femelles n'ayant pas acquis toute la perfection à laquelle ils ne parviennent qu'à l'époque de la maturité des graines, la filasse qu'on en retire n'est que d'une qualité inférieure, et la toile qu'on en fait est de peu de durée.

Tous les oiseaux granivores sont très-friands de la graine de chanvre; plusieurs petits quadrupèdes rongeurs, comme les campagnols et les mulots, en font aussi un grand dégât. Il faut chercher à écarter tous ces ennemis dès le moment où l'on a fait le semis, et il faut renouveler ces précautions lorsque les graines approchent de leur maturité. C'est alors surtout que, pour écarter les oiseaux, il faut multiplier les fantômes, les changer de place, mettre même des enfans qui se promènent autour du champ en agitant et en frappant l'une contre l'autre deux lattes de bois, ou autres objets propres à faire du bruit. Quelques coups de fusil tirés par intervalle, trois à quatre fois par jour, sont encore un très-bon moyen d'écarter les oiseaux.

Les pieds de chanvre mâle sont toujours en bien plus petite quantité que les pieds femelles, et communément ils sont trois fois moins nombreux. Dans leur jeune âge ils sont plus grands que les femelles; mais quand ils approchent de la floraison, ils s'arrêtent, ne croissent plus que fort peu, et les femelles ne tardent pas alors à les atteindre et à les dépasser.

Lorsque le temps de récolter les pieds femelles est enfin venu, les ouvriers occupés à ce travail doivent avoir la précaution d'arracher les plantes sans les secouer, et de ne point renverser ni incliner leur tête. Quand ils auront rassemblé une certaine quantité de tiges, ils les mettront en bottes d'une grosseur de proportion à pouvoir être tenue dans les deux mains.

Beaucoup de cultivateurs font sécher rapidement leur chanvre, en appuyant les bottes contre un mur exposé au soleil; mais par là ils arrêtent subitement un reste de végétation qui, continué encore pendant quelques jours, tourne au perfectionnement de la filasse et de la graine. Il est donc préférable, lorsque la récolte est terminée, de mettre, dans le champ même, toutes les bottes en meule, tête contre tête, en couvrant de paille le sommet de ce tas, afin de garantir la graine de la pluie et de la voracité des oiseaux : la graine achève ainsi d'arriver à sa parfaite maturité. Mais il est à propos, lorsqu'il est survenu de la pluie qui a mouillé le tas, de profiter des premiers rayons de soleil pour donner de l'air aux bottes, et les faire sécher, car la pourriture et la moisissure pourroient altérer la qualité des graines et de la filasse.

On ne se sert point du fléau pour battre les graines du chanvre, parce qu'il les écraseroit. Dans quelques cantons on étend de grands draps dans les champs, et on frappe avec des bâtons sur les sommités des bottes de chanvre femelle appuyées sur un banc; dans d'autres, on secoue fortement la partie supérieure de ces bottes en la frappant sur le bord d'un tonneau défoncé par un de ses bouts, et dans lequel les graines tombent par ce moyen.

Quel que soit celui de ces deux procédés qu'on ait employé, on vanne la graine afin de la dépouiller de tous les débris de la plante, et surtout des calices qui se sont mêlés avec elle, on la porte ensuite dans un lieu sec, exposé à un grand courant d'air; on l'étend sur un plancher, où elle est remuée et changée de place jusqu'à ce qu'elle ait perdu toute humidité surabondante : alors seulement on peut l'amonceler sans courir les risques que la fermentation s'y développe, ce qui la feroit noircir, et lui feroit perdre sa faculté germinative, en sorte qu'elle ne seroit plus bonne à rien.

Quand on a recueilli les graines du chanvre, on retranche ses racines et le sommet de ses tiges, pour faire subir à ces dernières une préparation qu'on nomme le rouissage. Cette préparation a pour but de décomposer le gluten qui unit les fibres de l'écorce les unes avec les autres et à la tige, et d'obtenir ce qu'on appelle de la filasse.

L'endroit où l'on met rouir le chanvre, s'appelle routoir. La plante est plus tôt rouie dans une eau dormante que dans une eau courante; et l'opération est encore d'autant plus tôt terminée, que la saison est plus chaude. Dans le climat de Paris, il faut communément, dans un routoir isolé, quatre à cinq jours pendant les mois de juillet et d'août, six à huit en septembre, et neuf à quinze en octobre. Dans les eaux courantes, dans celles de source, celles qui sont trop profondes ou trop étendues, dans celles qui sont séléniteuses ou salées, le rouissage est plus long.

Pour rouir le chanvre à l'eau, soit dormante, soit courante, il faut auparavant l'avoir mis en bottes assujetties par deux liens, l'un placé près de la base, du côté où étoient les racines, et l'autre aux deux tiers de la longueur de la botte. On range ensuite toutes les bottes ou javelles dans l'eau, les unes à côté des autres; on en forme plusieurs lits, et on charge le tout de pièces de bois et de pierres, de manière à tenir la partie supérieure à environ six pouces au-dessous de la surface de l'eau.

Dans cette sorte de rouissage, les javelles de la partie supérieure sont toujours plus tôt rouies que celles placées plus profondément dans l'eau, en sorte qu'on feroit bien de retirer les javelles successivement, et de laisser les inférieures un jour ou deux de plus que les supérieures; mais on n'est pas dans cet usage: aussi s'ensuit-il que le chanvre est presque toujours inégalement roui. Quoi qu'il en soit, on reconnoît que l'opération du rouissage est achevée lorsque, après avoir retiré quelques brins séparément, et les avoir fait sécher, les tiges, en les pliant, se rompent facilement en fragmens, et que l'écorce ou filasse s'en détache d'un bout à l'autre. Ces fragmens, ainsi dépouillés de leur écorce, se nomment alors chenevotte.

Quand on met rouir le chanvre dans une eau dormante, il n'a pas besoin d'être assujetti autrement que par la charge dont on le couvre pour l'enfoncer dans l'eau; mais, quand on fait cette opération dans des ruisseaux d'eau courante, on comprend qu'il est nécessaire d'assujettir les javelles au moyen de piquets enfoncés dans le sol du fond de l'eau, pour les empêcher d'être entraînées par le courant.

Aussitôt qu'on a reconnu que le chanvre est suffisamment roui, il faut le retirer de l'eau, en le lavant à mesure. Il seroit très-avantageux de faire ce lavage sur le bord d'une rivière et dans une eau courante; mais les inconvéniens qui peuvent en résulter pour les poissons, et même pour les hommes et les bestiaux, empêchent souvent de le faire, et l'on est obligé de se contenter de le laver en jetant dessus une grande quantité d'eau.

L'eau dans laquelle on a fait rouir du chanvre prend une saveur extraordinairement désagréable, et elle contracte une odeur infecte. S'il y a du poisson dans cette eau, il commence d'abord par être enivré; mais, à mesure que la fermentation absorbe tout l'oxygène de l'eau, le poisson finit par périr. Non seulement cette eau paroît contracter des qualités nuisibles, mais encore les émanations qui s'en échappent peuvent occasioner des maladies graves dans les lieux qu'elles avoisinent: aussi les magistrats chargés du soin de la salubrité publique ont-ils presque partout défendu, par de sages réglemens, de pratiquer cette opération dans l'enceinte des villes, dans le voisinage des habitations, et dans les rivières ou les eaux courantes qui servent à la boisson des hommes et des bestiaux.

Aussitôt que le chanvre est retiré de l'eau et lavé, il faut le faire sécher promptement, en déliant les bottes, en les divisant en plusieurs petits paquets, ou seulement en ne leur laissant qu'un lien dans la partie moyenne, et en écartant par le pied, et en rond, les brins de chaque botte, de manière qu'on puisse les dresser par ce moyen sur le sol en les exposant en plein air; ce qui vaut mieux que de les placer contre un mur, à la chaleur du soleil, qui colle contre la chenevotte la filasse qui n'est pas encore totalement débarrassée de tout son gluten.

Le rouissage dans l'eau est celui qui est le plus généralement en usage; cependant, dans quelques pays, les localités ne permettant pas de l'employer, on est obligé de faire rouir le chanvre par deux autres procédés, à l'air et dans la terre.

Pour rouir à l'air, on étend le chanvre sur le terrain d'une prairie dont on a coupé le premier foin. Ce chanvre doit rester sur la prairie pendant la nuit seulement, et dès le matin, aussitôt que le soleil paroît, et avant qu'il dissipe la rosée, on relève complétement tout le chanvre, et on l'amoncèle en tas qu'on recouvre de paille. Dès que le soleil est couché, on étend de nouveau le chanvre sur la prairie, et on le relève de même le lendemain, en continuant tous les jours le même procédé jusqu'à ce que le rouissage soit complet. Si l'on avoit une ou plusieurs journées pendant lesquelles on eût des pluies presque continuelles, on pourroit se dispenser de relever le chanvre chaque matin, et l'opération en avanceroit davantage; dans le cas d'une trop grande sécheresse, au contraire, et de l'insuffisance des rosées, on pourroit l'accélérer en faisant, le soir, des arrosemens sur le chanvre. On voit, d'après cela, que, quoique cette opération s'appelle rouissage à l'air, c'est bien évidemment l'eau des rosées, des pluies ou des arrosemens, qui en est le principal agent. L'eau est également le principe du rouissage en terre, ainsi qu'on va le voir.

Pour rouir en terre, on creuse, à la portée d'un puits, une fosse d'une largeur proportionnée à la quantité de chanvre qu'on a récoltée; on y arrange ses bottes ou javelles comme dans un routoir; on les recouvre d'un pied de terre, et on arrose abondamment une seule fois : car on retarderoit la fermentation, et par conséquent l'opération, en jetant de l'eau dans la fosse à plusieurs reprises. Il faut, pour opérer le rouissage de cette manière, le double de temps que dans l'eau; au reste, on s'assure du moment où il est au point convenable, en visitant tous les deux jours une des bottes supérieures, et en examinant l'état du chanvre.

Lorsque le chanvre est roui, retiré de l'eau, lavé et séché, on le serre au grenier ou dans un autre lieu sec et aéré, jusqu'à ce qu'on lui fasse subir deux dernières préparations après lesquelles il est enfin propre à être mis en œuvre. Ces dernières préparations consistent à le tiller et à le peigner. Par la première, on en rompt les brins l'un après l'autre par le gros bout, pour détacher des chenevottes la filasse dans toute sa longueur. C'est ordinairement dans les veillées des longues soirées d'hiver que les gens de la campagne se livrent à ce travail, qui est le partage des femmes et des enfans; mais, comme il demande beaucoup de temps, on ne le met en pratique que dans les cantons où la culture du chanvre est très-bornée. Dans ceux, au contraire, où cette plante est cultivée plus en grand, on se sert d'un instrument qu'on nomme mâche, mâchoire ou brayoire. C'est une sorte de machine composée de plusieurs petites planches posées de champ, fixées par une traverse à chacune de leurs extrémités, et séparées les unes des autres par des intervalles vides. Cette partie de la machine est immobile, et montée sur quatre pieds, à demi-hauteur d'homme, ou fixée par chaque bout sur un tréteau. La seconde partie, ou la supérieure, est garnie d'un manche à l'une de ses extrémités, et retenue par l'autre au moyen d'une cheville qui la traverse, ainsi que la pièce inférieure, en lui laissant le jeu d'une charnière. C'est sur cette cheville ou axe que cette mâchoire supérieure se lève et s'abaisse au moyen du mouvement que lui imprime l'ouvrier; et les compartimens dont elle se compose sont divisés de telle manière que, lorsque celui-ci baisse le bras, ils s'enclavent dans les intervalles de la pièce ou mâchoire inférieure.

L'ouvrier qui fait agir cette machine, abaissant rapidement, avec la main droite, la mâchoire supérieure sur les tiges de chanvre dont il tient de l'autre main une poignée qu'il fait passer successivement et à plusieurs reprises, dans toute sa longueur, entre les mâchoires de l'instrument, la chenevotte est brisée en fragmens menus qui quittent la filasse, et tombent à terre.

Quelle que soit la manière qu'on ait employée pour tiller le chanvre, il reste encore à le peigner. Cette dernière opération se fait au moyen d'un instrument nommé seran ou serançoir. C'est une petite planche d'un pied de longueur ou environ, sur deux à trois pouces de largeur, chargée d'un grand nombre d'aiguilles de fer formant des dents comme une sorte de peigne à plusieurs rangs. En passant à différentes reprises la filasse à travers le seran, on la fait plus fine ou plus grosse, selon que les dents de cet instrument sont plus ou moins fines et serrées, ou grosses et écartées. Ainsi, pour donner à la filasse beaucoup de douceur et de finesse, et la rendre propre à faire du fil très-fin, il faut peigner le chanvre à plusieurs fois, en le faisant passer successivement par différens serans, en commençant par les plus gros, et finissant par les plus fins. Lorsque le chanvre a été tillé et peigné, on le met par poignées en bottes et en paquets; il est alors bon à être mis en vente, et à être employé aux usages auxquels il est propre.

Les ouvriers qui sont employés à tiller le chanvre au moyen de la mâche, et ceux qui le peignent, sont très-sujets à des maladies qui attaquent particulièrement les organes de la respiration, et qui paroissent être moins l'effet des exhalaisons qui peuvent se dégager de cette plante, que de la poussière fine et menue qui s'en échappe dans les manipulations qu'on lui fait subir. Cette poussière est formée de petites paillettes imperceptibles que leur légèreté tient suspendues dans l'air, et qui pénètrent avec celui-ci à travers la trachée-artère, les bronches, et jusque dans leurs dernières ramifications pulmonaires, où leur présence excite une toux plus ou moins fréquente, des douleurs de poitrine qui conduisent ces ouvriers à d'autres affections plus graves, comme l'inflammation et la suppuration du poumon, auxquelles ils succombent infailliblement. Pour prévenir ces accidens, les chanvriers doivent prendre les précautions suivantes : travailler dans des lieux vastes; avoir attention de se mettre le dos au vent; se laver souvent le visage et la bouche avec de l'eau et du vinaigre; se purger ou se faire vomir de temps en temps, toutes les fois que des nausées, des maux de tête, la perte de l'appétit, des douleurs de l'estomac les avertissent du mauvais état de ce viscère.

Les funestes accidens qui sont trop souvent la suite de la manière ordinaire de travailler le chanvre, ont porté plusieurs personnes à chercher de nouveaux moyens de préparation qui fussent exempts des inconvéniens attachés aux méthodes ordinaires. Dans un ouvrage imprimé en 1750, et ayant pour titre : Analyse pratique sur la culture et la manipulation du chanvre, par Bralle, on trouve l'indication de moyens particuliers, propres à remplacer avec avantage la pratique habituelle. Nous allons extraire sommairement ce que ce procédé présente de nouveau. Aussitôt que le chanvre est recueilli, il faut le mettre, encore vert, après en avoir retranché les racines et les têtes, par couches séparées, dans une fosse de seize pieds en carré et de huit pieds de profondeur, qu'on remplit ensuite d'eau, et qu'on entretient en la renouvelant sans cesse, mais lentement, par un petit filet d'eau continu. Quand le rouissage est achevé par ce moyen, on place le chanvre, poignée par poignée, dans un auget rempli d'eau, où il est retenu par des pointes qui sont dans le fond, et par deux cordes, chargées d'un poids, qui passent par-dessus. On retire ensuite par le gros bout la chenevotte brin à brin, et la filasse reste seule ; enfin on lave celle-ci dans une eau courante, et elle est très-blanche et de bonne qualité.

Les chenevottes servent dans bien des endroits à chauffer le four ; dans plusieurs cantons où l'on tille le chanvre à la main, on en fait des allumettes.

Les Romains n'employoient le chanvre qu'à faire des cordes et des filets de chasse. Sous les empereurs, tout le chanvre nécessaire aux emplois de la guerre, se ramassoit dans deux villes de l'empire d'Occident, à Ravenne en Italie, et à Vienne dans les Gaules. Celui qui en avoit l'intendance en-deçà des Alpes, étoit appelé le procureur du linifice des Gaules, et avoit son établissement à Vienne.

On fabrique aujourd'hui des toiles de chanvre aussi fines que celles de lin, et qui durent davantage. La manière d'en faire ne paroit pas être très-ancienne, puisque l'histoire remarque, comme une nouveauté, que Catherine de Médicis, femme de Henri II, avoit deux chemises de toile de chanvre.

Outre l'usage des fils et des toiles auxquels on emploie le chanvre, on en fait encore quantité de choses, comme ficelles, cordes, câbles, filets de chasse et de pêche, voiles et autres agrès de vaisseaux ; des sangles, des échelles ; enfin des souliers que les Espagnols appellent *alpargates*, et dont on faisoit encore, il y a quelques années, un grand commerce aux Indes, jusqu'à en charger des navires.

Sous tous ces rapports, les bénéfices qu'on peut retirer de la culture du chanvre sont d'autant plus grands, que la plupart des manipulations qu'il exige sont de menus ouvrages qu'on fait faire à loisir par des femmes et des enfans, ou dans les mortes saisons.

Le Chanvre des Indes : *Cannabis indica* , Lam. , Dictionn.
encycl., t. 1 , p. 695. Cette espèce diffère du chanvre commun
en ce qu'elle acquiert le double de hauteur, jusqu'à quinze pieds
dans nos jardins ; mais surtout parce que ses feuilles sont toutes
constamment alternes. Les folioles de celles-ci sont très-étroites,
linéaires-lancéolées, acuminées, au nombre de cinq à sept sur
chaque pétiole, dans les individus mâles ; mais ceux qui sont
femelles n'en ont communément que trois sur leur pétiole, et
même les feuilles du sommet sont entièrement simples. Elle
croît dans les Indes orientales.

Cette plante, ayant la tige dure et l'écorce mince, n'est pas,
comme le chanvre cultivé, propre à fournir de la filasse ; mais
ses autres propriétés sont les mêmes. Les Indiens fument ou
mâchent ses feuilles sèches, mêlées avec du tabac, pour se
procurer une ivresse agréable. En exprimant le suc des feuilles
vertes et des graines, et en le mêlant avec l'écorce, ils en
composent une boisson enivrante ; et en ajoutant au suc dont
il s'agit un peu de muscade, de gérofle, de camphre et
d'opium, ils en forment une composition qu'ils nomment
majuh, et qui, selon Clusius, est la même chose que le *malach*
des Turcs. Cette composition fait éprouver des rêves agréables,
ou procure un profond sommeil ; mais son usage trop fréquent
doit causer les mêmes accidens que nous avons dit plus haut
être la suite de l'abus des préparations de chanvre commun
prises à l'extérieur. (L. D.)

CHANVRE AQUATIQUE (*Bot.*), nom vulgaire du *bidens
tripartita*, Linn. Voyez Bidint. (H. Cass.)

CHANVRE DE CRÊTE. (*Bot.*) On donne ce nom à la can-
nabine, *dalisea*, qui a le port du chanvre, dont elle diffère
d'ailleurs beaucoup par sa fructification. (J.)

CHANVRE DES INDIENS. (*Bot.*) C'est ainsi qu'on nomme,
dans quelques colonies, l'agave, dont les feuilles fournissent
un fil propre aux mêmes usages que l'écorce du chanvre. (J.)

CHANVRIN (*Bot.*), nom vulgaire d'une espèce de galéope,
galeopsis tetrahit, Linn. (L. D.)

CHAOS. (*Bot.*) Voyez Charbon des blés. (Lem.)

CHAPE. (*Chim.*) C'est le dôme du fourneau de fusion.
Il est plus élevé que celui du fourneau de réverbère. Une
large porte mobile, par laquelle on introduit le combustible

dans le foyer, se trouve sur le côté antérieur; la partie supérieure se termine en un tuyau cylindrique, sur lequel on place d'autres tuyaux lorsqu'on veut augmenter le tirage. (Cн.)

CHAPEAU (*Bot.*), *Pileus.* Dans les champignons gymno-carpiens on donne le nom de chapeau au péridion, lorsque ce réceptacle des corps reproducteurs termine le pédicule sous la forme d'un disque, d'une calotte ou d'un renflement quelconque. Le chapeau est garni en-dessous de lames rayonnantes, ou de tubes, ou de pores, ou de pointes, qui servent de support (placentaire) aux corps reproducteurs (séminules). Avant son développement, le chapeau est uni au pédicule par une membrane dont les lambeaux prennent le nom d'anneau lorsqu'ils restent attachés au pédicule, et le nom de cortine lorsqu'ils restent attachés au chapeau. Voyez CHAMPIGNON. (MASS.)

CHAPEAU CANNELLE (*Bot.*), espéce d'agaric qu'on trouve aux environs de Champigny, prés de Paris. Toute la plante a la surface sèche, une saveur et une odeur de bon champignon; aussi est-elle recherchée pour l'usage. Elle est très-délicate et de bon goût; c'est même, ajoute Paulet, un des meilleurs champignons que l'on connoisse. On trouve cet agaric par groupe de deux individus, ayant deux pouces et demi de hauteur. Le chapeau, quelquefois finement gercé, est couleur de cannelle claire; ses feuillets sont blancs et serrés; la tige a prés d'un pouce d'épaisseur. Paulet, Trait. 2, p. 155, pl. 40. Voyez JUMEAUX. (LEM.)

CHAPEAU D'EVÊQUE (*Bot.*), nom vulgaire de l'épinède des Alpes. On donne le même nom au fruit du fusain d'Europe. (L. D.)

CHAPEAU (GRAND) TERRE D'OMBRE. (*Bot.*) C'est l'*agaricus atrotomentosus*, Batsch, *Elench.* pl. 8, f. 52, dont le chapeau et les feuillets sont couleur de suie ou de terre d'ombre. Son pédicule est noir. Ce champignon est le premier de la section des *pleuropus*, du genre *Agaricus*, de Persoon, Syn., p. 472, n.° 416. Voyez FUNGUS. (LEM.)

CHAPEAU (PETIT) D'ARGENT (*Bot.*), espéce d'agaric décrite par M. Paulet, Tr., 2, p. 252, pl. 111, f. 3, et qui ne paroît point malfaisante. Elle naît en touffe de quatre ou cinq individus, blancs partout. Leur petit pédicule a un pouce et demi de longueur, sur une ligne de diamètre contenu avec le chapeau. Celui-ci, relevé à son centre en bossette, et garni en-dessous de feuillets très-fins et inégaux, n'a que six lignes de diamètre. Voyez Serpentins. (Lem.)

CHAPEAU (Petit) DE SENARD (*Bot.*). M. Paulet figure, pl. 53, f. 1, de son Traité des Champignons, une espèce d'agaric qu'on trouve en automne dans la forêt de Senard, et qui paroît malfaisant. Il est haut de trois à quatre pouces : le chapeau est de couleur de marron, garni de feuillets blancs, inégaux. Voyez Piedbots. (Lem.)

CHAPEAU ROUX. (*Ornith.*) Sparrman a donné, sous le n.° 44 de son *Museum carlsonianum*, la figure et la description d'un oiseau par lui rapporté au genre Bruant, et nommé *emberiza ruticapilla.* Cet oiseau, remarquable par sa coiffure d'un rouge éclatant et bordée de noir, est de la taille du pinson : il a le corps brun en-dessus, et cendré en-dessous. C'est l'*emberiza ruficapilla* de Gmelin, et le *fringilla ruticapilla* de Latham. Le naturaliste suédois ne paroissant point avoir vérifié si cet oiseau a au palais le tubercule caractéristique du genre Bruant, on ne peut encore lui assigner sa véritable place. (Ch. D.)

CHAPEAUX (Petits). (*Bot.*) M. Paulet admet sous ce nom deux familles d'agaric. L'une sera mentionnée à l'article Mousseron d'eau; la seconde se divise en quatre sections. La première section comprend des champignons à chapeaux plats, dont l'espèce la plus remarquable, petite et toute bleue, a été décrite par J. Bauhin, cap. 69, p. 846, *ic. Fungus parvus omnino cœruleus.* La deuxième section renferme des espèces à chapeaux hémisphériques; l'*agaricus ermineus*, Scop. n.° 1559, en fait partie. La troisième section contient des champignons à chapeau en cône obtus, gris cendré, dont les *fungus* n.^s 22 et 55 de Vaillant font partie. Enfin, la quatrième section est constituée sur un agaric à chapeau oval, blanc, décrit par J. Bauhin, cap. 73, p. 847, *icon. Fungus albus pileolo inverso.* (Lem.)

CHAPELET. (*Erpétol.* et *Ichthyol.*) C'est le nom par lequel M. de Lacépède désigne une espèce de Couleuvre (voyez ce mot), et un labre du grand golfe de l'Inde, découvert et dessiné par Commerson. Voyez Labre. (H. C.)

CHAPELETS DE SAINTE-HÉLÈNE. (*Bot.*) Il est dit, dans le Recueil des Voyages, que les Espagnols de la Floride nomment ainsi la racine semée de nœuds, ou boulettes rondes et velues, d'une plante qui est l'*apoyomatsi* ou *patzisiranda* du pays. Dans cet ouvrage, la description imparfaite semble indiquer une espèce de jonc noueux : c'est le même qui est nommé *apoyomatli*, ou *phatzisiranda* au Mexique, et que Hernandez décrit et figure sous ce nom. Celle-ci paroît être une espèce de souchet, *cyperus articulatus*. Ces racines sont estimées dans la Floride : on les coupe, et on les fait sécher et durcir au soleil. Elles sont aromatiques, chaudes et astringentes. Les François les nomment patenôtre. Les sauvages du pays broient les feuilles entre deux pierres, et en tirent un suc dont ils se frottent le corps après s'être baignés, dans la persuasion qu'il fortifie la peau, et lui donne une odeur agréable. (J.)

CHAPELIÈRE (*Bot.*), nom vulgaire du *tussilago petasites*, Linn. Voyez Tussilage. (H. Cass.)

CHAPERON. (*Fauconnerie.*) On appelle ainsi le morceau de cuir dont on couvre la tête des oiseaux de proie. Cette sorte de bonnet se nomme chaperon de rust, lorsqu'on s'en sert pour des oiseaux non encore dressés, et le faucon qui supporte patiemment le chaperon est dit bon chaperonnier. (Ch. D.)

CHAPERON (*Entom.*), *Clypeus.* C'est le nom par lequel on désigne la partie la plus avancée du front des insectes, celle qui touche immédiatement la bouche ou la lèvre supérieure. On trouve dans quelques familles de très-bons caractères dans la forme constante du chaperon. Nous avons employé avec quelque avantage cette considération dans la distribution des genres de notre famille des pétalocères ou lamellicornes.

Quelques auteurs ont traduit le mot latin *clypeus* par bouclier, de sorte qu'ils ont appliqué la même dénomination à la partie supérieure du corselet dans quelques insectes, et en particulier à ceux de la famille des hélocères, qui comprend les silphes, boucliers, nécrophores, etc. (C. D.)

CHAPITEAU. (*Chim.*) C'est la pièce supérieure de l'alambic. (Ch.)

CHAPON. (*Ornith.*) On appelle ainsi le poulet mâle auquel

on a enlevé les testicules, et qui porte le nom de *chaponneau*
lorsqu'il est encore jeune. (Ch. D.)

CHAPON DE PHARAON. (*Ornith.*) L'oiseau auquel on a
donné ce nom et celui de *poule de Pharaon*, est le vautour ou
sacre d'Egypte, *vultur percnopterus*, Linn., *neophron percnopterus*, Savig.; et de Maillet s'est évidemment trompé en croyant
y reconnoître l'ibis, lorsque lui-même rapporte que cet oiseau
suivoit pendant plus de cent lieues les caravanes pour se repaître de charogne. (Ch. D.)

CHAPPAVUR. (*Bot.*) Voyez Chayaver. (J.)

CHAPPE. (*Entom.*) Quelques entomologistes françois ont
désigné soús ce nom un genre d'insectes lépidoptères dont les
larves vivent dans les fruits, et qui, sous l'état parfait, portent
des ailes larges, en toit, qu'on a comparées à une chappe,
sorte de vêtement dont les prêtres se servent dans l'exercice
de leurs fonctions. Voyez Pyrale. (C. D.)

CHAPPERON ou Coqueluchon de Moine (*Bot.*), nom ancien
vulgaire de l'aconit napel, suivant Daléchamps, donné probablement à cause de la division supérieure de son calice, qui a
la forme d'un capuchon. (J.)

CHAPPO. (*Bot.*) Marsden, dans son Histoire de Sumatra,
indique sous ce nom et sous celui de sauge sauvage, une plante
qui a la couleur, le goût, l'odeur et les vertus de la sauge
d'Europe. Elle s'élève à la hauteur de six pieds; ses feuilles
sont grosses, longues et dentelées; sa fleur ressemble à celle
du seneçon. Ce dernier caractère-éloigne entièrement cette
plante de la sauge, et l'on ne sait à quel genre la rapporter. (J.)

CHAPRKEUR. (*Bot.*) Dans le Recueil des Voyages on trouve
sous ce nom une racine de Virginie employée dans les teintures, sans autre indication. (J.)

CHAPTALIE (*Bot.*), *Chaptalia*. [*Corymbifères*, Juss.; *Syngénésie polygamie superflue?* Linn.] Ce genre de plantes, de la
famille des synanthérées, appartient à notre tribu naturelle des
mutisiées. Voici les caractères que nous avons observés, dans
l'Herbier de M. Desfontaines, sur une espèce de chaptalie.

La calathide est discoïde-radiée, composée d'un double
disque multiflore, équaliflore, labiatiflore, l'extérieur androgyniflore, l'intérieur masculiflore, et d'une double couronne
féminiflore, l'extérieure liguliflore, l'intérieure abortiflore.

Le péricline, égal aux fleurs du disque, est formé de squames irrégulièrement imbriquées, linéaires-lancéolées, foliacées, membraneuses sur les bords, tomenteuses extérieurement. Le clinanthe est nu, un peu alvéolé. L'ovaire est subcylindracé, alongé, atténué aux deux bouts, non collifère, nervé, glabre, muni d'un bourrelet apicilaire dilaté horizontalement, et d'une aigrette composée de squamellules nombreuses, inégales, filiformes, barbellulées. L'ovule est complétement avorté dans l'ovaire des fleurs mâles. La corolle des fleurs du disque a son limbe divisé supérieurement en deux lèvres : l'extérieure profondément tridentée, presque trilobée ; l'intérieure bifide jusqu'à la base. Les étamines ont de longs appendices apicilaires linéaires, arrondis au sommet, entre-greffés inférieurement, et de longs appendices basilaires sétiformes, libres. L'article anthérifère est long et grêle. Les fleurs de la couronne externe ont la corolle ligulée, composée d'un tube court et d'une languette largement linéaire, épaisse, plus longue que le style. Les fleurs de la couronne interne ont la corolle demi-avortée, composée d'un tube long, étroit, et d'une languette irrégulière, mince, plus courte que le style.

Le genre Chaptalie a été fondé par Ventenat, dans sa description des plantes du jardin de Cels, sur une seule espèce, qu'il a nommée chaptalie cotonneuse, *chaptalia tomentosa*, et que d'autres botanistes nomment *tussilago integrifolia*.

C'est une plante herbacée, à racine vivace, très-commune dans les grands bois de la Caroline. La racine est fibreuse ; les feuilles sont radicales, disposées sur deux ou trois rangs, lancéolées, un peu obtuses au sommet, munies sur les bords de quelques glandes, étrécies à la base en un pétiole très-court, lequel est dilaté et engaîne le collet de la racine : les feuilles extérieures sont horizontales, roides, glabres, et d'un vert foncé en-dessus, cotonneuses en-dessous ; les intérieures sont plus petites, dressées, molles, cotonneuses sur les deux faces : entre les feuilles naissent deux ou trois hampes dressées, un peu courbées au sommet, cylindriques, cotonneuses, terminées chacune par une seule calathide inclinée, dont la couronne est d'un violet tendre, et le disque blanchâtre.

M. Persoon n'admet le genre Chaptalie que comme sous-genre du genre *Tussilago*, et il le compose de sept espèces, dont les unes ont la cypséle collifère, et dont les autres n'offrent point ce caractère. M. Decandolle, laissant dans le genre Chaptalie les espèces à cypséle non-collifère, forme un genre particulier des espèces dont la cypséle se prolonge supérieurement en un col, et il le nomme *leria*.

Les *chaptalia*, *leria*, *onoseris*, établissent une affinité incontestable entre nos tribus naturelles des mutisiées et des tussilaginées. (H. Cass.)

CHAQAQEL. (*Bot.*) M. Delile dit que le panicaut ordinaire, *eryngium campestre*, est ainsi nommé dans l'Egypte. (J.)

CHAQUEUE, ou Queue de Chat (*Bot.*), noms vulgaires de la prêle des champs, *equisetum arvense*. (Lem.)

CHAR. (*Conchyl.*) C'est le nom françois que Bruguières a cru devoir donner au genre *Gioenia*, établi par le chevalier Gioeni, pour un corps organisé dont il décrivit la forme, les mœurs et les habitudes, quoique ce ne fût que l'estomac d'une espèce de bulle, *bulla liguaria*, comme l'a fait voir Draparnaud. Voyez Bulle. (De B.)

CHARA. (*Bot.*) M. Thiébaut de Berneau pense que le chara dont parle Jules-César, et dont on mangeoit la racine, est le crambe de Tartarie. Les botanistes nomment actuellement Chara un genre de plantes. Voyez Charagne. (Lem.)

CHARA. (*Ornith.*) Les Kalmoucks désignent par ce nom les corbeaux. (Ch. D.)

CHARACH. (*Ornith.*) Voyez Charah. (Ch. D.)

CHARACHER (*Bot.*), *Charachera*, nom arabe adopté par Forskaël, pour désigner un arbrisseau dont il faisoit un genre nouveau, mais qui, examiné ensuite par Vahl, est, selon lui, une espèce de *camara* qu'il nomme *lantana viburnoïdes*. Elle est distinguée par ses tiges sans épines, ses feuilles velues, lancéolées, âpres en-dessus, veloutées en-dessous; ses têtes de fleurs alongées, en épis. On la nomme encore *fresran* dans l'Arabie. (J.)

CHARACIN (*Ichthyol.*), *Characinus*. Gronou, Artédi et plusieurs autres ichthyologistes, M. de Lacépède en particulier, ont réuni sous ce nom un certain nombre de poissons voisins des saumons, et, comme eux, de la famille des dermoptères.

Le caractère principal de ce genre est, ainsi que le fait

remarquer M. Duméril (Zoolog. analyt.), difficile à observer, puisqu'il réside dans le petit nombre des rayons de la membrane des branchies, qui ne doit pas être de plus de quatre ou cinq. M. Cuvier trouve que les formes, et surtout les dents des poissons qui le composent, varient assez pour donner lieu à plusieurs subdivisions, dont quelques-unes ont déjà été indiquées par M. de Lacépède, ou d'autres naturalistes ; ce sont : les Curimates, les Anostomes, les Serra-Salmes, les Piabuques, les Tétragonoptères, les Raiis, les Hydrocins, les Citharines, les Saures, les Scopèles, les Aulopes, les Serpes. (Voyez ces différens mots.)

Dans tous ces poissons on trouve des cœcum nombreux, comme chez les saumons, et une vessie natatoire étranglée et bilobée, comme chez les cyprins. Aucun n'a de dents sur la langue, comme les truites. (H. C.)

CHARAD, Chodara (*Bot.*), noms arabes d'une plante que Forskaël nomme *valeriana scandens*. (J.)

CHARADRIUS (*Ornith.*), nom donné par Linnæus et par la plupart des naturalistes aux pluviers, d'après celui de *charadrias*, qui, dans Aristote, avoit déjà été rapporté au pluvier à collier, et qui est conservé, par Scopoli, comme terme générique, dans son *Introductio ad Historiam naturalem*. (Ch. D.)

CHARAGNE (*Bot.*), *Chara*, Linn. Ce genre renferme des plantes qui croissent dans les marais et les eaux stagnantes : ce sont des herbes qui pullulent dans les canaux dont les eaux ont un cours très-lent. Quelques espèces répandent une odeur fétide et limoneuse, avec un certain fond d'âpreté. Elles justifient complétement le nom de *chara* que leur a donné Vaillant, qui vient d'un mot grec signifiant joie, plaisir, et rappelant qu'elles jouissent ou se plaisent dans l'eau. Les naturalistes qui ont précédé Vaillant, les nommoient *hippuris* et *equisetum*. En effet, les charagnes ont des rapports avec les prêles, *equisetum*, et l'*hippuris*, par la disposition de leurs rameaux, et même par les stries qui les sillonnent quelquefois. Néanmoins, les charagnes ont un port tout particulier qui les fait aisément reconnoître : leurs tiges menues, striées ou lisses, nues ou garnies de papilles, opaques ou diaphanes, articulées ou non articulées, émettent de nombreux rameaux de même sorte, et disposés en anneaux autour

d'un même point ; ces rameaux en produisent d'autres
semblablement disposés ; et tous sont garnis quelquefois
d'écailles, subulées ou obtuses, qui leur donnent leur rudesse. C'est sur les dernières ramifications et sur le côté qui
regarde les rameaux qui les portent, et qui sont arqués en
dedans comme les branches d'un lustre, que naissent les
fleurs dans l'aisselle de dentelures épineuses. Celles - ci
échappent à la vue simple ; on n'en reconnoît l'existence que
lorsque les fruits ont pris toute leur croissance : aussi les naturalistes sont-ils fort peu certains de la structure de ces fleurs,
et, par conséquent, indécis sur le classement du genre *Chara*
dans l'ordre naturel. On voit qu'ils l'ont placé dans la famille
des fougères, dans celle, presque détruite, des naïades, et dans
celle des hydrocharidées ; il y a même des botanistes qui ont
réuni les charagnes avec les *batrachospermes*, genre de la
famille des algues, section des conferves : mais le genre *Chara*
n'a que des rapports éloignés avec toutes ces familles ; les
diverses places qu'on lui a fait occuper prouvent l'ignorance où
nous sommes sur ses vrais caractères.

Linnæus, qui nous paroît avoir examiné avec quelque soin
les fleurs du *chara*, est porté à le classer dans la *monoécie
monandrie*, c'est-à-dire, au nombre des plantes qui offrent sur
le même pied des fleurs femelles et des fleurs mâles à une
étamine. Ces caractères seroient : fleurs monoïques, calice
et corole nuls ; fleurs femelles à ovaire couronné par cinq
stigmates sessiles ; fleurs mâles, constituées chacune par une
anthère globuleuse, sessile, située quelquefois au bas de
l'ovaire, et quelquefois hors de la fleur femelle ; le fruit est
une baie polysperme. Voilà les caractères donnés par Willdenow, auteur de l'édition la plus récente du *Species plantarum*
de Linnæus : nous sommes loin de les regarder comme justes.
Suivant M. de Jussieu, les fleurs femelles ont un calice (supérieur, Vaill.), à quatre ou cinq feuilles tournées en spirale, et
fortement appliquées contre l'ovaire, qui est turbiné. Nous
n'oserions point entrer en discussion sur cet objet, si le hasard
ne nous avoit point mis à même d'observer les fruits du
chara pour une recherche d'abord étrangère à ce genre.
Nous avons fait voir, dans une note insérée dans le Nouveau
Bulletin des Sciences, par la Société philomathique, et d ans

un Mémoire inséré dans le Journal des Mines, que ces fossiles, si communs dans nos calcaires de formation d'eau douce, et appelés *gyrogonites*, n'étoient que des fruits de *chara* fossiles. Maintenant nous allons nous servir de la gyrogonite pour chercher à acquérir de nouvelles lumières sur la structure du *chara*. Il suffira de jeter la vue sur les figures qui accompagnent les Mémoires cités ci-dessus, pour voir qu'au sommet de la gyrogonite est un trou central, place évidente d'un seul style ; que de ce trou partent immédiatement cinq spirales qui sont coupées un peu après par un profond sillon, marque restante du point d'insertion de ce qu'on a nommé les cinq stigmates. Les spirales continuent ensuite leur évolution autour de la gyrogonite, et lui ont fait donner ce nom par M. de Lamarck qui croyoit voir en eux un genre de coquille. Des fruits du *chara vulgaris* ont été examinés par nous, et nous avons reconnu non-seulement les faits ci-dessus, mais encore que ce qu'on nomme stigmates, sont de vraies divisions d'un périanthe fortement collé sur le fruit : celui-ci n'est qu'une membrane mince très-délicate, qui contient une multitude de graines noires plongées dans une matière mucilagineuse. D'après l'examen des gyrogonites, lesquelles sont toujours entières, et constamment munies de leur trou au sommet, nous disons que les graines sortent du fruit par le trou que laisse le style après sa chute.

Nous nous proposons de pousser plus loin nos observations sur le genre Chara ; nous croyons seulement devoir faire observer ici que les fleurs du chara nous paroissent composées ainsi qu'il suit :

Deux, quatre ou cinq bractées, ou écailles subulées, situées à la base de l'ovaire, et l'enveloppant ; périanthe à cinq divisions soudées par leur base, et s'enroulant autour de l'ovaire qu'elles serrent étroitement, et croissant avec lui ; étamines 5 ? autant que de divisions du périanthe, lesquelles offrent chacune un pli longitudinal qui semble indiquer la place d'une étamine ; un seul style ou stigmate ; fruit recouvert par le périanthe endurci, uniloculaire polysperme indéhiscent ; graines sortant par l'ouverture que laisse le style lors de sa chute, et enveloppées d'une matière mucilagineuse.

D'après ces caractères, l'on voit que le chara se rapprocheroit des onagraires et des litraires, comme beaucoup d'autres genres de la famille des naïades qui en font même partie. Le chara nous semble devoir faire, en ce point, une famille particulière à laquelle le nom d'*éléodées* conviendroit.

Haller, Gærtner et Roth nient que les disques orbiculaires rouges, entourés d'un anneau, que Linnæus et Hedwig regardent comme des anthères, soient des organes mâles; peut-être sont-ils des organes sécrétoires, ou même des fleurs avortées.

Les espèces du genre Charagne, quoique peu nombreuses, sont cependant très-difficiles à caractériser. On en compte une vingtaine, dont quelques-unes ne sont réellement que des variétés. La plupart croissent en Europe. On n'en connoît que très-peu de l'Afrique, de l'Asie et de l'Amérique. Voici les plus remarquables, et qui peuvent le mieux donner une idée des autres espèces.

Charagne vulgaire ou fétide : *Chara vulgaris*, Linn.; Willd., Fl. Dan., t. 150; Lem., J. des Mines, n.° 191, tab. 8, fig. 3. Tige très-rameuse, lisse, striée, fragile; rameaux, cinq à six par verticilles, nus à la base, garnis de trois à quatre fleurs; fruits ovales, verts, puis jaunâtres, plus longs que les bractées qui les entourent : la tige est rude, et quelquefois enduite d'un limon qui ajoute à sa rudesse; elle rampe au fond de l'eau, ou s'élève en buissons touffus. Dans les eaux qui déposent beaucoup de calcaire : celui-ci se fixe sur la charagne, et l'on obtient ainsi de très-jolis buissons pierreux, de la même forme que celle de la plante; on en voit des échantillons dans tous les cabinets des curieux. Cette espèce de charagne est très-remarquable par son odeur fétide qui décèle sa présence dans les marais. On en connoît de nombreuses variétés, que plusieurs botanistes regardent comme autant d'espèces. On lui donne le nom de girandole d'eau, de lustre d'eau, à cause de la disposition de ses rameaux, d'herbe à grenouille, de charapot ou de charapat. M. Bosc fait observer que les poissons, et surtout les carpes, semblent se plaire dans les eaux où croissent les charagnes, et qu'ils y prennent plus de volume, sans doute en se nourrissant des graines de charagne, ou des animaux qui vivent dans les touffes que forme cette plante.

La charagne fétide est employée dans quelques endroits pour nettoyer la vaisselle ; elle porte alors assez communément le nom d'*herbe à écurer*.

CHARAGNE TOMENTEUSE : *Chara tomentosa*, Linn.; Willd.; Moris. Hist. S. 15, tab. 4, f. 9. Tige rameuse, fragile, cylindrique, striée, d'un aspect poudreux ou cotonneux. Ses rameaux sont au nombre de cinq ou six à chaque verticille, et articulés ; ils offrent de petites dentelures épineuses. Les fruits, un peu plus obtus ou ventrus que ceux de la charagne fétide, naissent dans les aisselles des dentelures.

CHARAGNE HÉRISSÉE : *Chara hispida*, Linn.; Willd.; Lam. *Ill.* 376, f. 3. Elle est plus grande que les précédentes, épaisse et entièrement couverte d'aiguillons déliés, groupés en faisceaux, ou disposés en portions de verticilles ; elle devient blanche lorsqu'elle est desséchée. Ces trois espèces croissent abondamment dans nos marais ; elles sont annuelles.

CHARAGNE FLEXIBLE : *Chara flexilis*, Linn.; Willd.; Vaill. *Act. par.* 1719, pag. 18, tab. 3, fig. 8 et 9. Elle est demi-transparente, ou même diaphane. Sa tige est longue, rameuse, flexible, luisante, d'un vert d'herbe. Ses rameaux sont deux ou quatre ensemble, en verticilles incomplets ; les fruits naissent sept ou huit ensemble, aux articulations des rameaux, et sont plus longs que les petites bractées qui les accompagnent. Cette plante croit dans nos marais ; elle est plus rare que les autres espèces que nous avons décrites. (LEM.)

CHARAH (*Ornith.*), nom que l'on donne au Bengale à l'oiseau qu'Edwards a appelé (dans ses Glanures, part. 1, pag. 35, pl. 226) pie-grièche rousse huppée, et qui est le *lanius cristatus*, Linn. (CH. **D.**)

CHARAI-PANNAI (*Bot.*), espèce d'amaranthe de la côte de Coromandel. (J.)

CHARAMAIS. (*Bot.*) Voyez CHERAMELIER. (J.)

CHARANÇON. (*Entom.*) Voyez CHARANSON. (C. D.)

CHARANDA (*Ornith.*), nom des hirondelles, en langue kalmouque. (CH. **D.**)

CHARANSON (*Entom.*), *Curculio*. On a écrit aussi CHARENÇON, CHARANÇON. Ce nom, dont l'étymologie est obscure, en latin comme en françois, a été appliqué de toute antiquité à un insecte qui ronge le blé ; c'est le titre de l'une des comédies de Plaute qui sont parvenues jusqu'à nous. On trouve dans quelques manuscrits, *gurgulio*, parce que, dit Varron, l'insecte est tellement goulu qu'il semble être tout gosier.

Linnæus est le premier auteur qui ait rapproché sous ce nom de genre les coléoptères à quatre articles à tous les tarses à antennes brisées et en masse, portées sur un bec, et dont nous avons fait depuis la famille des rhinocères ou Rostricornes. Voyez ce mot.

Tous les entomologistes ont adopté ce groupe : il renfermoit un si grand nombre d'insectes, qu'ils ont été successivement obligés de le sous-diviser en genres. Fabricius, Geoffroy, Olivier, MM. Latreille et Clairville, pour ne parler que des auteurs principaux, en ont établi successivement au moins douze, comme on peut le voir au nom de la famille, où, afin d'éviter les répétitions, on trouvera des détails sur ses mœurs.

Dans l'état actuel de la science, et d'après les derniers travaux de M. Latreille, qui a à peu près adopté les divisions que M. Clairville a publiées dans son Entomologie helvétique, le genre Charanson comprend les espèces dont les antennes sont insérées près de l'extrémité libre d'une sorte de trompe courte, formée par le prolongement de la face ou de la tête qui les reçoit dans une sorte de rainure ou de gouttière ; elles sont composées de onze articles, dont le premier est fort long, et les trois derniers rapprochés, courts, formant une massue. L'avant-dernier article des tarses est bilobé.

Le corps des charansons est arrondi, ové, plus ou moins alongé ; les élytres bombées, souvent réunies et sans écusson, embrassent l'abdomen ; les pattes sont très-fortes, à cuisses gonflées ou en fuseau.

Ce genre, tel qu'il est maintenant, n'offrant qu'un démembrement de ceux qu'on a nommés depuis Rhynchène, Brachyrhine, ne comprend que des espèces qui, sous l'état parfait, ne se nourrissent que de feuilles, et font un très-grand tort aux plantes. On ne connoît pas encore leurs larves, quoique la plupart vivent en société, ou se trouvent en très-grand nombre dans les mêmes lieux. Ils vivent long-temps sans nourriture ; ils sont très-lents dans leurs mouvemens ; lorsqu'on les saisit, ils tombent dans une sorte de paralysie volontaire dont souvent les épingles qu'on passe au travers de leur corps ne les tirent pas sur le moment : il est présumable que, comme leur corps est très-dur, c'est une sorte de ruse qu'ils emploient pour se soustraire au bec des oiseaux.

On a partagé ces espèces en deux sous-genres, suivant qu'elles ont des cuisses postérieures simples ou dentelées.

C'est à la première division qu'appartiennent les plus belles espèces, dont quelques-unes sont tellement brillantes, qu'on les a enchâssées pour les monter en bague, ou en former d'autres petits bijoux extrêmement brillans. Tels sont :

Le Charanson royal : *Curculio regalis*, Linn. ; Oliv., Entomol., pl. 83, fig. 8, n.° 1. Corps à fond noir, mais couvert d'écailles vertes ou bleu-tendre et métalliques ; dessous d'un vert doré, comme grésillé ; élytres d'un beau vert doré, avec la base et trois lignes sinueuses, transverses, d'un or rougeâtre.

C'est le plus bel insecte connu : il se trouve au Pérou, dans l'Amérique méridionale ; il n'est guère que de six à huit lignes de long.

Le Charanson impérial : *Curculio imperialis*, Linn., Drury, tom. II, planch. 33, fig. 1. Corps noir, mais recouvert presque partout d'écailles dans des points enfoncés ; deux lignes noires sur la tête et sur le corselet ; élytres striées, bossues en dehors vers leur base, pointues à l'extrémité.

Il acquiert le double de grosseur du précédent ; il est plus large et moins élégant ; les pattes sont velues, les tarses très-plats. On le trouve à Cayenne, au Brésil, d'où on en apporte beaucoup : on en voit dans presque toutes les collections.

Parmi les espèces de France qui appartiennent à cette division, nous citerons :

Le Charanson vert : *Curculio viridis*, Linn. ; Oliv., Entomol., pl. 83, fig. 18. Verdâtre, à bord des élytres et du corselet jaune.

Le Charanson du tamarisc ; *Curculio tamarisci*, Linn. Il est d'un vert brillant ; les élytres sont nuancées de vert, de cendré, de rougeâtre et de noir. C'est une très-jolie espèce, qu'on trouve à Montpellier et à Marseille, sur le tamarisc.

Parmi les espèces à cuisses dentées nous citerons, comme les plus communes :

Le Charanson de la livèche : *Curculio ligustici*. Schæffer, tom. 2, fig. 12. C'est peut-être le charanson le plus commun des environs de Paris : on en trouve dans les terrains sablonneux couverts. Au printemps, il dévore les premières pousses de plantes. Il fait les plus grands ravages dans les plants d'asperges, dans les vignes et dans les espaliers.

Il est gris-cendré, souvent couvert de terre ; il porte une crête ou ligne légèrement saillante au-devant de la trompe : le corselet est arrondi, chagriné ; les élytres soudées, chagrinées : il est aptère.

Le Picipède, *Curculio picipes*. Le charanson brodé, Geoff., tom. 1, pag. 281, n.° 9. Noir ; corselet à points enfoncés élytres striées. Il n'a guère que quatre lignes de longueur.

Ce genre comprend plus de quatre-vingts espèces.

Charanson a losange. Voyez Cione.

Charanson de la centaurée. Voyez Rhynchène.

Charanson de l'acorus. Voyez Cione.

Charanson de la scrophulaire. Voyez Cione.

Charanson des noisettes. Voyez Rhynchène.

Charanson du bouillon blanc. Voyez Cione.

Charanson du froment. Voyez Calandre.

Charanson du riz. Voyez Calandre.

Charanson goulu. Voyez Rhynchène.

Charanson linéaire. Voyez Cossone.

Charanson odontalgique. Voyez Rhynchène.

Charanson palmiste. Voyez Calandre.

Charanson paraplectique ou du Phellandrium. Voyez Lixe.

Charanson sauteur. Voyez Orchestre.

Charanson trompette. Voyez Rhynchène. (C.D.)

CHARANTIA. (*Bot.*) Dodoens nommoit ainsi le *momordica balsamina*, plante cucurbitacée, très-différente de la balsamine des jardins. Ce nom correspond à celui de *caranza*, donné à la même dans quelques lieux de l'Italie, suivant Césalpin. (J.)

CHARAPAT (*Bot.*), nom donné dans quelques lieux à la charagne, *chara*. (J.)

CHARAPETI. (*Bot.*) Voyez Chapiri. (J.)

CHARAX. (*Ichthyol.*) Χάραξ est un mot grec par lequel Élien et Oppien paroissent avoir désigné le cyprin, que nous nommons CARASSIN. Voyez ce mot et CARPE.

Gronou a aussi donné le nom de charax à deux poissons de Surinam et du Brésil qui rentrent dans le groupe des CHARACINS. Voyez ce mot. (H. C.)

CHARBA. (*Bot.*) Suivant Daléchamps, ce nom arabe est un de ceux de la calebasse, *cucurbita lagenaria*. Forskaël et M. Delile lui donnent celui de *gara*, qui paroît plus vrai. (J.)

CHARBECHASUED (*Bot.*), nom arabe de l'hellébore noir, suivant Mentzel. (J.)

CHARBON. (*Chim.*) C'est le corps noir, solide, fixe, que l'on obtient en exposant à une chaleur rouge les matières organiques privées du contact de l'air. On distingue le *charbon végétal* et le *charbon animal*, suivant qu'il provient d'une matière azotée ou d'une matière non azotée : c'est donc la nature de la substance carbonisée, plutôt que son origine, qui doit servir de base à la dénomination de son charbon ; et cela est visible, quand on considère qu'il existe dans les plantes des principes immédiats azotés qui ont toutes les propriétés caractéristiques des substances azotées animales, et qu'on rencontre dans les animaux des principes immédiats non azotés qui ressemblent à des matières végétales non azotées.

CHARBON VÉGÉTAL. Toutes les parties des végétaux, décomposées par l'action de la chaleur, donnent du charbon ; mais le bois, principalement formé de ligneux, est spécialement employé à la préparation de cette matière combustible, dont l'usage est si répandu. On peut réduire le bois en charbon par les procédés que nous allons décrire.

1. *Carbonisation en faulde.* On abat le bois depuis l'automne jusqu'au mois d'avril. On choisit le jeune bois et le rondin ; on le débite en morceaux de 0^m,8 à 1 mètre de longueur, et on le dispose en cordes de 2^m,6 de longueur sur 1^m,3 de hauteur. On prépare ensuite l'*aire* sur laquelle on doit opérer la carbonisation. Cette aire, appelée *place à charbon*, *faulde*, doit être bien battue et un peu élevée au-dessus du sol environnant. Au milieu de l'aire on plante une bûche de la grosseur de la jambe par en bas, qui porte une double croix à son sommet ; dans chacun des angles de cette

double croix on place les extrémités supérieures de quatre gros rondins, dont les extrémités inférieures s'appuient sur le sol à une certaine distance du pied de la bûche verticale. On forme ensuite le *premier plancher;* pour cela on place sur le sol un lit de gros morceaux de bois qui se réunissent par une de leurs extrémités autour de la bûche verticale, et on recouvre ce lit de bois sec et divisé. Sur ce plancher on construit, avec le bois qui est particulièrement destiné à être charbonné, une espèce de cône tronqué; quand celui-ci est achevé, on plante au milieu une perche verticale: on fait un *second plancher* avec des rondins, et l'on construit un second cône tronqué, qui est appelé l'*éclisse;* sur ce cône on en construit un troisième que l'on appelle le *grand haut*, puis un quatrième que l'on appelle le *petit haut*, quelquefois même un cinquième. Cet assemblage de cônes est appelé le *fourneau.*

Quand le fourneau est construit, on le recouvre d'une couche de terre un peu humide de 0ᵐ,081 , à 0ₘ,108 d'épaisseur; on laisse au bas du premier cône une surface découverte de 14 à 20 centimètres carrés, afin que l'air puisse s'introduire dans l'intérieur du fourneau. On enlève la perche qui formoit l'axe des cônes supérieurs, et on jette dans l'espace qu'elle occupoit, du bois enflammé et de petites branches bien sèches. Il s'établit un courant d'air, et le fourneau prend feu. Lorsque la flamme paroît au sommet du dernier cône, on ferme les deux ouvertures du fourneau avec de la terre humide et du gazon; et on a soin de boucher toutes les crevasses qui pourroient se produire sur la couche de terre dont le fourneau est recouvert. Si l'opération languit dans quelques parties, on y donne de l'air en faisant des trous dans la couche de terre. On juge que l'opération va bien, lorsque le fourneau s'affaisse partout également. Un grand fourneau reste embrasé pendant six à sept jours, et un petit pendant trois ou quatre; ils se réduisent tous à environ la moitié de leur hauteur. Quand le feu est éteint, on ratisse l'enveloppe de terre, de manière à la réduire à une couche extrêmement légère; on jette cette terre de côté; quand elle est refroidie, on la porte de nouveau sur le fourneau : on exécute cette manipulation dans la vue de refroidir ou de *rafraichir* le charbon. Quand celui-ci est tout-à-fait refroidi , on démolit

le fourneau. 100 parties de bois donnent de 16 à 17 parties
de charbon. Dans cette opération, il est visible qu'une partie
de la matière combustible du bois, en se brûlant par le courant d'air qui s'établit de la base du fourneau à son sommet,
dégage assez de chaleur pour réduire en charbon toute la
matière végétale qui ne se combine pas à l'oxigène. Une
portion du bois, en brûlant, sert donc à en distiller une autre
portion.

Deuxième procédé. Carbonisation en vaisseaux clos. MM. Mol-
lerat ont exécuté les premiers un appareil en grand, pour
carboniser le bois dans des vaisseaux clos, de manière à pouvoir recueillir l'acide pyro-acétique et les matières huileuses
produites pendant l'opération ; mais, comme leurs vaisseaux
faisoient partie du fourneau, ils étoient obligés de laisser refroidir ce dernier avant d'en retirer le charbon, ce qui occa-
sionoit dans chaque opération une grande perte de temps et
de chaleur. Depuis, MM. Lhomond et Kurtz ont imaginé un
autre appareil, qui n'a pas cet inconvénient, et dans lequel
ils tirent parti des gaz inflammables qui se dégagent du bois,
en les ramenant dans le fourneau. Ils ont établi deux fabriques
sur ce principe. Dans l'une d'elles, on met le bois dans un
cylindre qui a une capacité de quatre-vingts pieds cubes environ ; le fond de ce vaisseau est en fonte, les parois verticales
sont en tôle : on le recouvre d'une couche mince de terre
pour le défendre contre l'action immédiate du feu. Ce cylindre est fermé par un couvercle en tôle qui s'y adapte par
le moyen de boulons. A un pied environ du bord supérieur du
cylindre, se trouve un tuyau horizontal, lequel, au moyen
d'une alonge en tôle (qu'on y lute exactement lorsque l'a-
cide pyro-acétique commence à se dégager), sert à le faire
communiquer avec un condensateur de cuivre ; celui-ci est
formé d'un tuyau coudé dont la branche verticale descend
dans une cuve, où il y a un courant d'eau froide destiné à
condenser les produits liquides de la distillation. L'extrémité
inférieure de cette branche est coudée, aplatie et élargie considérablement, afin de présenter beaucoup de surface à l'eau
froide. Elle a deux orifices, à l'un desquels s'abouche un
tuyau vertical qui plonge au fond d'un baquet, et qui est
destiné à l'écoulement de l'acide, sans cependant laisser

échapper les gaz; à l'autre orifice s'abouche un tuyau qui se rend dans le foyer du fourneau, où il conduit les gaz inflammables qui doivent économiser le combustible nécessaire à la carbonisation du bois. Le fourneau a un diamètre plus grand de quatre à cinq pouces que le cylindre, et est garni au fond de quatre tasseaux en fonte sur lesquels est posé ce dernier; il reçoit dans sa partie supérieure un couvercle en briques qui se place et déplace à volonté au moyen d'une grue : cette grue est aussi destinée à retirer le cylindre du fourneau, lorsque l'opération est terminée (ce qui a lieu au bout de six heures), et à l'y remplacer par un autre cylindre plein de bois. On laisse refroidir le premier pendant huit heures, puis on le vide. Dans l'autre fabrique, les vases distillatoires sont de forme carrée, et le col par où sortent les produits de la distillation, est adapté au couvercle; du reste, le procédé est le même et présente des résultats semblables.

100 de bois donnent par ce procédé environ 25 de charbon et 50 d'acide pyro-acétique mêlé d'huile. Ce charbon est exempt de fumerons; il est plus léger que celui préparé par le premier procédé, surtout lorsqu'il n'a pas été exposé pendant un certain temps à l'air. Il brûle plus rapidement que ce dernier: c'est ce qui en rend l'usage peu avantageux, suivant quelques personnes, pour les fourneaux de coupelle et de réverbère en général. On ne l'a point encore employé dans le haut fourneau.

Troisième procédé. Carbonisation en fosses. Les fosses à carbonisation peuvent avoir 1 mètre de profondeur sur 3 de largeur et de longueur; le sol et les parois doivent être, autant que possible, revêtus de briques. Lorsqu'on veut opérer, on réunit le bois en bottes égales ; on place au fond de la fosse du bois très-divisé, mêlé de paille ; on dispose au-dessus et au travers de la fosse, une perche sur laquelle on met une rangée de bottes de bois, puis une seconde: on s'arrête lorsque le bois s'élève à 1 mètre au-dessus du sol. Le bois étant ainsi disposé, un ouvrier descend au fond de la fosse par une ouverture que l'on a ménagée; il met le feu au mélange de paille, remonte et bouche en dehors l'ouverture d'où il vient de sortir. A mesure que le bois s'affaisse par l'effet de la carbonisation, on jette de nouvelles bottes dans la fosse ;

et cela jusqu'à ce qu'elle soit pleine de charbon ; la quantité de bois ajoutée est à peu près égale à celle que contenoit la fosse avant que le feu y eût été mis. Lorsque la flamme a cessé, on aplanit la surface du charbon, puis on étend dessus une couverture de laine imbibée d'eau ; on jette une couche de terre sur cette couverture, et on la foule avec les pieds. On laisse la fosse couverte pendant trois ou quatre jours ; alors le charbon est suffisamment refroidi pour être retiré de la fosse.

Quatrième procédé. Carbonisation dans des fours. Ces fours sont alongés ; leur voûte est cylindrique ; tout l'intérieur est revêtu de briques ; deux ouvertures opposées, situées aux extrémités les plus éloignées, sont garnies de portes. On met le bois dans les fours ; on l'y allume avec une poignée de paille ; et, quand le bois est embrasé, on ferme les portes par lesquelles on a introduit le feu. On laisse brûler ; quand il ne se produit presque plus de flamme, on ferme la seconde ouverture, et après un quart d'heure on retire le charbon du four au moyen d'un râble de fer, et on le reçoit dans des étouffoirs de tôle, où on le laisse refroidir pendant deux jours. Pour plus de détails, voyez l'Art de fabriquer la Poudre à canon, par MM. Riffault et Bottée.

Les deux derniers procédés dont nous venons de parler, ne sont guère employés que pour faire le charbon destiné à la fabrication de la poudre. Si l'on vouloit charbonner des bois pour des expériences de chimie, il faudroit débiter ce bois en petits cylindres que l'on placeroit, au milieu du poussier de charbon ordinaire, dans un creuset de terre que l'on fermeroit avec une tuile ; on exposeroit ensuite le creuset à un feu de forge soutenu pendant deux heures.

Le charbon bien fait est solide, sonore : vu en masse, il est noir ; mais, lorsqu'il est dans un grand état de division, et surtout lorsqu'il est en suspension dans l'eau, et qu'on le regarde par transmission, il paroît d'un bleu foncé. Le charbon, quoique assez friable, est cependant très-dur ; de là, l'usage qu'on en fait pour polir certains métaux. Il est plus ou moins compacte, suivant les bois d'où il provient : en général, plus ces derniers sont denses, moins le charbon est léger ; c'est pourquoi le buis, le chêne, le noyer, donnent

des charbons plus denses que le sapin et les autres bois blancs;
si l'on fait abstraction des pores du charbon, c'est-à-dire, si
on le considère comme un corps dont les particules ne laisse-
roient point de pores apparens entre elles, et qui occuperoient
cependant toujours le même espace, on le trouvera plus léger
que l'eau, et même plus léger que le bois; mais si, en tenant
compte des pores, on ne considère que sa partie solide, on
lui trouvera une densité qui est au moins deux fois celle de
l'eau. C'est parce que le charbon est poreux, et que ses pores
sont remplis de gaz, qu'il flotte sur l'eau; mais s'il reste assez
long-temps au-dessus de ce liquide, pour perdre l'air qu'il
contient, il s'enfonce peu à peu dans l'eau, et finit par
être entièrement submergé. Si le charbon a la même forme
que le bois d'où il provient, cela tient à ce que le bois n'est
pas susceptible de se fondre par l'action de la chaleur, qu'il
en est de même du charbon, et que la cohésion de ce dernier est assez forte pour que ses particules restent agrégées.
Mais il n'en est pas de même du charbon provenant d'une
substance végétale, comme le sucre, la gomme, l'amidon,
qui se fondent avant de se carboniser; ce charbon est luisant, et plus ou moins boursouflé; ses particules étant plus
rapprochées, il est généralement moins combustible que celui
de bois.

Le charbon est fixe au feu, et conduit difficilement la chaleur; exposé à la lumière, il s'échauffe beaucoup, comme
les corps noirs en général; il est bon conducteur de l'électricité;
et, ce qu'il faut remarquer, c'est qu'en faisant aboutir aux
deux extrémités d'un charbon placé dans le vide ou le gaz
azote, les deux fils de platine d'un appareil voltaïque, le
charbon devient aussi incandescent que s'il brûloit : cependan-
dant il peut être tenu dans cet état pendant deux heures,
sans perdre sensiblement de son poids.

Le charbon ne s'altère point dans la terre humide; c'est
pourquoi on a conseillé de carboniser les extrémités des
pièces de bois que l'on y enfonce : mais plusieurs personnes
prétendent que cette pratique est vicieuse, en ce que le charbon produit absorbe l'humidité beaucoup mieux que le bois,
et que cette humidité altère ensuite la partie ligneuse.

Le charbon jouit de deux propriétés extrêmement remarquables : celle d'absorber les corps gazeux, et celle d'enlever à l'eau la plupart des principes odorans et colorans qu'elle peut tenir en dissolution. La première propriété a été successivement examinée par MM. Delamétherie, Fontana, Morozzo, Rouppe et Noorden, et enfin par M. Th. de Saussure; mais, comme elle n'est pas particulière au charbon, qu'elle appartient à tous les corps poreux, nous en traiterons à l'article Corps solides-poreux (*Absorption des gaz par les*). Nous allons examiner l'action du charbon sur les corps odorans et colorés qui peuvent se trouver dans les eaux. Ces dernières propriétés ont été reconnues par Lowitz.

Absorption par le charbon, de plusieurs substances odorantes et colorées, qui peuvent être contenues dans l'eau.

Lowitz a observé que la poudre de charbon faisoit disparoître l'odeur de l'acide succinique, celles de l'acide benzoïque, des punaises, des huiles empyreumatiques, des infusions de valériane, de l'essence d'absinthe, de l'oignon, ainsi que les odeurs sulfureuses, et qu'il suffisoit de nettoyer avec de la poudre de charbon les vases imprégnés de ces odeurs pour les en débarrasser entièrement. Lowitz a fait une application très-heureuse de cette découverte à la purification des eaux potables qui peuvent contenir des principes odorans de la nature de ceux qui sont absorbés par le charbon, lorsqu'elles ont séjourné pendant quelque temps dans des tonneaux de bois. Rien de plus simple que le moyen proposé par Lowitz pour purifier une eau putréfiée : il consiste simplement à mêler, pour trois livres et demie d'eau, une once et demie de poussière de charbon bien sèche, et vingt-quatre gouttes d'acide sulfurique à 66 deg.; si l'on employoit peu d'acide, il faudroit tripler au moins la dose de charbon. Lorsque l'eau a perdu son odeur, on la passe au travers d'une chausse dans laquelle il est bon de mettre du charbon. Dans ce traitement, le charbon enlève une portion de l'acide sulfurique. Lorsque les eaux ne sont pas très-putréfiées, il suffit de les filtrer au travers d'un filtre de charbon pour les purifier : mais nous ferons remarquer que les eaux purifiées doivent être employées le plus promptement possible ; car, si on les abandonne à elles-mêmes après la filtration, il arrive souvent qu'elles s'altèrent de nouveau, par la raison que le charbon n'a pas enlevé la matière organique non décomposée. Il paroit que la mauvaise odeur des eaux renfermées dans les tonneaux est quelquefois occasionée par l'action que des sulfates contenus dans l'eau exercent sur des matières organiques qui y sont dissoutes, soit que ces matières y existassent avant que l'eau eût été mise dans les tonneaux, soit que ce liquide les ait enlevées a la matière même des tonneaux. C'est pour éviter cette dernière cause de la présence des matières organiques dans l'eau, qu'il est bon, ainsi que M. Berthollet l'a prescrit, de carboniser l'intérieur des tonneaux qui doivent contenir l'eau dans les voyages de long cours.

Le charbon n'a aucune action sur l'odeur du camphre, sur celle de l'éther sulfurique, des essences, des baumes, et de l'écorce d'orange.

Il a la propriété de décolorer, à une douce chaleur ou même à froid, le sous-carbonate d'ammoniaque huileux, le vinaigre et les acétates faits avec un acide coloré, l'acide tartarique, la crême de tartre, l'eau-de-vie de grains, l'huile empyreumatique de corne de cerf, les sucs sucrés, la teinture de jalap, les teintures de bois de santal, de cochenille, de gomme laque. Il décompose l'acide malique, le jus de citron, les vins rouge et blanc, la bière, le lait, les solutions de gomme arabique et de gélatine; il est sans action sur l'eau-de-vie, l'acide formique, et les savons.

Il n'est pas douteux que le charbon n'agisse de deux manières, et comme filtre mécanique qui sépare des parties qui sont en suspension, et comme corps chimique qui n'absorbe pas indistinctement toutes les matières odorantes ou colorées. Si son action étoit tout-à-fait indépendante d'une certaine affinité élective, on ne voit pas pourquoi il n'absorberoit que certaines de ces matières.

Nature du charbon végétal. Le charbon est, en général, formé de deux sortes de substances ; une d'elles se dissipe en entier dans la combustion, en se combinant avec l'oxigène, et l'autre reste solide et fixe après la combustion de la première ; c'est cette dernière qui constitue la cendre du charbon. La proportion de ces deux substances varie non-seulement dans les charbons des diverses espèces de végétaux, mais encore dans les différentes parties du même végétal. Il est des charbons

12.

qui donnent 0,10 de cendre, tandis que d'autres n'en donnent que de 0,01 à 0,02. Pour la nature des cendres, voyez Principes immédiats des végétaux. Revenons à la portion du charbon qui se dissipe par la combustion. Cette matière est formée, suivant M. Th. de Saussure, d'une grande quantité de carbone unie à un peu d'hydrogène et d'oxigène; il a déduit cette conclusion de l'expérience suivante. Ce chimiste ayant brûlé dans du gaz oxigène 0,gr. 591 de charbon de bois parfaitement calciné, a obtenu 0,gr.020 de cendre, 0,gr.020 d'eau, 1074,4 centimètres cubiques de gaz acide carbonique, et 19,33 centim. d'un mélange d'hydrogène carboné et d'oxide de carbone; et, de plus, il a observé que le volume de l'oxigène consommé étoit égal au volume du gaz acide carbonique produit : or, si le charbon n'avoit pas contenu d'oxigène, l'acide carbonique n'auroit pas représenté tout l'oxigène consommé.

Avant M. Th. de Saussure, Lavoisier avoit trouvé de l'hydrogène dans le charbon ordinaire, et Kirwan, M. Hassenfratz, Cruikshank et M. Berthollet, avoient reconnu la présence de ce corps dans le charbon le plus fortement calciné; M. Berthollet avoit aussi admis l'existence de l'oxigène dans le charbon ordinaire, en même temps qu'il considéroit celui qui avoit été fortement calciné, comme en étant absolument dépouillé, ou du moins n'en contenant qu'une très-petite quantité : mais les expériences de ces chimistes, et celles même de M. Th. de Saussure, ne donnant pas la proportion dans laquelle l'hydrogène est uni au carbone dans le charbon calciné, M. Doëbereiner a cherché à déterminer cette proportion, en chauffant 36 grains de charbon de sapin avec 450 grains de peroxide de cuivre dans un tube de verre de 27 pouces de longueur et 6 lignes de diamètre, qui communiquoit à un autre tube rempli de chlorure de calcium; ce dernier tube portoit le gaz acide carbonique sous une cloche de mercure. M. Doëbereiner a trouvé que le charbon calciné étoit formé,

	En poids.	En volume.	
Carbone. . .	98,56	12	En supposant avec M. Gay-Lussac que 1 vol. d'acide carbonique contient 1 vol. de vapeur de carbone.
Hydrogène .	1,44	1	

M. Doëbereiner, en traitant de la même manière du charbon de bois ordinaire, qu'il avoit préalablement dépouillé de son eau hygrométrique en l'exposant à une température de 100 à 120 degrés, l'a trouvé formé de

En poids.   En volume.

Carbone. . . . 97,85 9

Hydrogène . . 2,15 1

Ce que nous venons de dire de la nature du charbon végétal calciné, prouve que c'est un véritable hydrure, ou plutôt un carbure d'hydrogène en proportion déterminée. La présence de l'hydrogène dans le charbon calciné, rendue évidente par la formation d'eau qu'on observe dans sa combustion, explique l'origine de l'acide hydrosulfurique qu'on obtient en faisant passer les vapeurs de soufre sur le charbon chauffé au rouge dans un tuyau de porcelaine (voyez CARBONE), et pourquoi le chlore, qui n'exerce aucune action sur le carbone pur, se convertit en gaz hydrochlorique lorsqu'on le met en contact avec du charbon rouge de feu. Voyez CHLORE.

CHARBON ANIMAL. Il se prépare en soumettant les matières animales azotées à l'action de la chaleur, dans des appareils distillatoires. Le seul charbon d'origine animale que l'on fabrique dans les arts, est celui d'os ou d'ivoire. Le charbon d'os est employé dans la peinture grossière, et pour clarifier et décolorer différens liquides; mais on ne le prépare pas exprès pour cet usage : celui du commerce provient des fabriques de sel ammoniac où l'on distille de grandes quantités d'os, afin d'en obtenir du sous-carbonate d'ammoniaque. Le charbon d'ivoire, appelé vulgairement noir d'ivoire, ne diffère point essentiellement du précédent ; mais le noir qu'il donne à la peinture est plus homogène et plus velouté.

Les os et l'ivoire n'étant pas plus susceptibles de se fondre, que le bois, à la température où la matière animale qu'ils contiennent se réduit en charbon, il en résulte que leur charbon a la même forme que l'os ou l'ivoire d'où il provient. Il n'en est pas de même des charbons de gélatine, de caséum, de peau, etc., etc. : ces matières se fondant avant de se charbonner, le résidu de leur distillation a la forme du vaisseau dans lequel on les a chauffées : il est boursouflé, par la raison que des gaz se sont dégagés du sein de la matière fondue, et que celle-ci, devenant de moins en moins fusible, à mesure de la dissipation des gaz, les particules du charbon n'ont pu se réunir pour former un solide compacte.

Le charbon animal, suivant l'intéressante observation de M. Figuier, jouit, à un plus haut degré que le charbon végétal, de la propriété de décolorer les infusions des plantes, le vinaigre, le résidu de l'éther sulfurique, l'acétate de potasse, les eaux mères de tartrate de potasse et de soude, celles du phosphate de soude qui a été fabriqué avec le phosphate acide de chaux, etc. M. Figuier, ayant fait d'abord ses expériences avec du charbon d'os, s'est ensuite assuré que les sels de ce charbon n'exercent pas d'influence sensible sur la décoloration des liquides, puisqu'il a obtenu les mêmes effets en se servant d'un charbon qui avoit été préalablement dépouillé de ses parties salines au moyen de l'acide hydrochlorique, et en faisant usage du charbon de gélatine qui ne contient que des traces de phosphate. M. Figuier a vu que, pour décolorer un litre de vinaigre rouge, il suffisoit d'y mêler 45 grammes de noir d'os, ou 24 grammes du même noir lavé à l'acide hydrochlorique, et de filtrer le liquide après une macération de trois jours. Lorsqu'on a opéré avec du noir d'os non lavé, le vinaigre contient un peu d'acétate et de phosphate de chaux. Pour décolorer le résidu de l'éther sulfurique, on l'étend de son poids d'eau, on le filtre ; on mêle à un litre de liqueur filtrée 5o gram. de noir d'os, et on filtre après trois jours : on a de l'acide sulfurique incolore. Enfin, pour citer un dernier exemple applicable aux sels, il suffit, pour décolorer l'acétate de potasse, d'ajouter à sa dissolution concentrée une quantité de noir d'os qui doit être de 6o gram. pour chaque kilog. de sous - carbonate de potasse qui a été saturé par le vinaigre, de laisser les matières réagir pendant cinq ou six heures, de filtrer, puis de faire évaporer à siccité.

Nature du Charbon animal. — Le charbon animal est formé d'une partie qui est susceptible de se dissiper à l'état aériforme par la combustion, et d'une partie fixe qui constitue la cendre du charbon. Jusqu'à M. Doëbereiner, on avoit généralement regardé la partie qui se volatilise par la combustion comme étant formée d'azote, de carbone et d'hydrogène ; mais ce chimiste, qui a cherché à déterminer la proportion de ses élémens, ne fait pas mention de l'hydrogène : suivant lui, elle ne contient que de l'azote et du carbone dans la proportion de

	En poids.	En volume.
Azote	28,3	1
Carbone	71,7	6

M. Doëbereiner a tiré cette conclusion d'une expérience dans laquelle il a chauffé, dans un tube de verre qui communiquoit à une cloche pleine de mercure, 75 parties de peroxide de cuivre avec 5 parties de charbon de gélatine qui avoit été dépouillé de ses sels par l'acide hydrochlorique : il en a obtenu 15 volumes de gaz azote, et 85 de gaz acide carbonique.

Le charbon animal peut être facilement distingué du charbon végétal, par la propriété qu'il a de produire, quand on le chauffe avec deux fois son poids de sous-carbonate de potasse, un cyanure alcalin qui, étant dissous dans l'eau, produit, avec la solution de protoxide de fer, un précipité qui devient bleu quand on le mêle avec de l'acide hydrochlorique, et qu'on l'agite avec l'air. Nous ferons observer à ce sujet que les bois qui contiennent une quantité notable de matière azotée, donnent un charbon qui produit du cyanure quand on le chauffe avec la potasse.

Le charbon animal est beaucoup plus difficile à brûler que le charbon végétal, ce qui paroît tenir à ce que l'azote n'est pas susceptible de s'unir à l'oxigène de l'air comme l'hydrogène, et aussi au plus grand rapprochement de ses particules. (Ch.)

CHARBON BITUMINEUX, Charbon de pierre, Charbon de terre, Charbon fossile, Charbon minéral. (Min.) Voyez Houille. (B.)

CHARBON INCOMBUSTIBLE. (Min.) Voyez Anthracite. (B.)

CHARBON, Nielle et Nécrose des blés. (Bot.) Maladie des grains produite par une petite espèce de champignons pulvériformes, du genre Uredo, uredo carbo, Dec., Fl. fr., vol. 6, n.° 615, qui se développe dans l'intérieur de la fleur et des ovaires d'un très-grand nombre de graminées, et principalement de l'avoine, de l'orge, du froment, du millet, etc. Elle sort, sous la forme d'une fumée noire ou violâtre, par la moindre pression ou le moindre mouvement. Elle est tachante, et formée d'une multitude de petites séminules rondes, portées sur des filamens élastiques qui les lancent au loin. Beaucoup d'autres végétaux offrent des espèces de charbons voisins de la précédente : tels sont les salsifis et les scorsonères, les laiches, etc. ; tous ces charbons sont des *uredo*. Mais les *uredo carbo* et les *uredo caries* sont ceux qui ont fixé l'attention à cause des ravages qu'ils causent dans les moissons. L'on ne peut douter maintenant que ce ne soient des espèces de champignons, et l'on ne sauroit admettre qu'elles sont une dégénérescence ou le résultat d'une maladie, ou des animalcules ; mais il reste toujours une question très-importante à résoudre, c'est celle de savoir comment les séminules de ces champignons ont pu pénétrer dans l'intérieur de la fleur avant son développement : cette question est loin d'être résolue. (Voyez Champignons.) Le chaulage et le glaisage des grains, c'est-à-dire, leur lavage dans une eau de chaux ou glaisée, les préservent, dit-on, du charbon.

Dans la douzième édition du *Systema naturæ* de Linnæus, on trouve le charbon des blés décrit sous le nom de *chaos ustilago*. Depuis, il a été porté par Bulliard dans son genre Réticulaire, *reticularia segetum*, et M. Persoon en a fait ensuite le type d'une quatrième section, *ustilago*, qu'il établit dans le genre *Uredo*, et qu'il caractérise par la couleur brune ou noirâtre des espèces, dont une des habitudes est de se développer dans l'intérieur de la fructification des plantes. Le charbon du maïs en doit faire partie. M. Linck avoit d'abord cru devoir faire de cette section un genre distinct, *Ustilago*; mais depuis il en a fait la première section de celui qu'il nomme Hypopermium. (Voyez ce mot.) Ce naturaliste doute que l'analyse du charbon des blés, donnée par M. Vauquelin, soit vraiment celle de ce fléau des moissons, qui se développe surtout dans les années pluvieuses. On ne doit point confondre le charbon avec la carie, autre champignon qui attaque le froment, qui n'en déforme point le grain, qui ne se répand point d'elle-même, et dont la consistance est plus sèche, l'odeur fétide, et la couleur un peu différente de celle du charbon proprement dit. Voyez Uredo. (Lem.)

CHARBONNIER. (*Bot.*) Voyez Carbonajo. (Lem.)

CHARBONNIER (*Ichthyol.*), nom vulgaire d'une espèce de merlan, qu'on appelle aussi colin, *gadus carbonarius*, Linn. Voyez Gade et Merlan. (H. C.)

CHARBONNIER. (*Ornith.*) Ce nom, donné dans le Bugey au rossignol de muraille, *motacilla phœnicurus*, Linn., et par les oiseleurs orléanois à une variété du chardonneret, *fringilla carduelis*, Linn., a été appliqué par M. de Bougainville, dans son Voyage autour du Monde, à une grande espèce de sterne ou hirondelle de mer. (Ch. D.)

CHARBONNIÈRE. (*Ornith.*) On donne le nom de charbonnière à la grosse mésange, *parus major*, et celui de petite charbonnière au *parus ater*, Linn. (Ch. D.)

CHARBOSA. (*Bot.*) Voyez Copous. (J.)

CHARCHARA (*Bot.*), nom arabe d'un aloës qui est l'*aloe vacillans* de Forskaël. (J.)

CHARCHUS (*Bot.*), nom arabe du plantain, selon Mentzel. Daléchamps, Forskaël et Delile sont d'accord pour le nommer *lissan el hamel*, ce qui signifie langue d'agneau. (J.)

CHARCHYR (*Ornith.*), nom égyptien de la sarcelle. (Ch. D.)

CHARDAL (*Bot.*), nom donné dans l'Egypte, suivant Forskaël, à la graine de moutarde. La plante qui la fournit, *sinapis nigra*, est nommée *kabar*; et le *sinapis arvensis*, espèce voisine, est le *chardel* ou *karilli* des Egyptiens. M. Delile cite les noms *kabar* et *khardel* pour le *sinapis juncea*, qu'il soupçonne être le *sinapis nigra* de Forskaël; et on trouve aussi dans Daléchamps celui de *cardel*, cité pour la moutarde. (J.)

CHARDERAULAT (*Ornith.*), nom que le chardonneret, *fringilla carduelis*, porte en Savoie. (Ch. D.)

CHARDINIA. (*Bot.*) [*Cinarocéphales*, Juss.; *Syngénésie polygamie superflue*, Linn.] Ce genre de plantes, de la famille des synanthérées, appartient à notre tribu naturelle des carlinées. Il vient d'être établi tout récemment par M. Desfontaines sur le *xeranthemum orientale*, Willd.; mais, l'auteur ne l'ayant pas encore publié, nous ne pouvons nous permettre d'exposer ici ses caractères. Nous nous bornerons donc à rappeler que, dans notre second Mémoire sur les Synanthérées, lu à l'Institut en juillet 1813, nous avions remarqué que les filets des étamines du *xeranthemum annuum* n'étoient point du tout adhérens à la corolle. Cette singulière anomalie n'a point lieu dans la chardinie, qui se distingue encore des vrais xéranthèmes par plusieurs autres caracteres. (H. Cass.)

CHARDON. (*Bot.*) [*Cinarocéphales* , Juss. ; *Syngénésie polygamie égale* , Linn.] Ce genre de plantes, de la famille des synanthérées, que les botanistes nomment *carduus*, est le type de notre tribu naturelle des carduacées. Il faut se garder de le confondre avec une foule d'autres plantes de divers genres, de diverses tribus, et même de diverses familles, que le vulgaire confond sous le nom de chardons, et qui n'ont de commun que d'être armées d'épines. Voici donc les caractères des vrais chardons.

Calathide multiflore, équaliflore, régulariflore, androgyniflore ; péricline formé de squames imbriquées, terminées par un appendice spinescent ; clinanthe fimbrillé ; cypsèle portant une aigrette de squamellules filiformes, barbellulées.

Ce genre diffère du *cirsium*, que Linnæus avoit confondu avec lui, par les squamellules de l'aigrette, qui ne sont que barbellulées dans les chardons, tandis qu'elles sont barbées dans les cirses.

Les chardons sont des plantes herbacées, à feuilles épineuses, plus ou moins découpées, souvent cotonneuses, toujours prolongées sur la tige, et à calathides de fleurs purpurines, ou blanches dans quelques variétés. On en connoît au moins une trentaine d'espèces, presque toutes européennes, et dont aucune n'habite le Nouveau-Monde. Quinze sont indigènes en France, et nous en trouvons trois très-communément autour de la capitale ; ce sont elles que nous allons décrire.

Le Chardon penché, *Carduus nutans*, Linn., est une plante herbacée, bisannuelle, qui borde la plupart des chemins, où elle fleurit aux mois de juin et de juillet. Sa tige dressée, rameuse, cannelée, velue, s'élève à un pied et demi ; les feuilles, décurrentes sur la tige, sont lancéolées, pinnatifides, à dents épineuses, glabres ; les pédoncules alongés, cotonneux, non épineux, portent chacun une large calathide inclinée, composée de fleurs purpurines, quelquefois blanches ; les squames extérieures du péricline sont étalées, et les intérieures dressées ; elles sont garnies de filamens imitant la toile d'araignée.

Le Chardon crépu, *Carduus crispus*, Linn., est annuel, et un peu moins répandu que le précédent; il fréquente à peu près les mêmes localités, et fleurit dans la même saison. La tige, haute de deux à trois pieds, est dressée, très-rameuse, glabre; garnie de feuilles décurrentes, oblongues, sinuées, crépues, très-épineuses sur les bords, velues en-dessous; les pédoncules courts, épineux, portent des calathides rapprochées, composées de fleurs purpurines, et dont le péricline est glabre, et a ses squames subulées, étalées.

Le Chardon a calathides menues, *Carduus tenuiflorus*, Smith, élève à deux pieds au moins le sommet de sa tige qui est dressée, rameuse, cannelée, cotonneuse, ailée sans interruption par la décurrence des feuilles; celles-ci sont distantes, oblongues, sinuées, velues et blanchâtres, à lobes anguleux, très-épineux sur les bords; les calathides, sessiles et réunies trois ou quatre ensemble au sommet de la tige et des rameaux, sont petites, oblongues, composées de fleurs pâles, munies d'un péricline cylindrique formé de squames subulées, dressées. Ce chardon n'est point rare dans les lieux arides; il est annuel, et fleurit en juin et juillet. (H. Cass.)

CHARDON (*Ichthyol.*), nom françois de la *raja fullonica*. Voyez Raie. (H. C.)

CHARDONS. (*Bot.*) C'est le titre donné par Adanson à la troisième des dix sections qu'il formoit dans la famille des synanthérées. Les caractères qu'il lui attribuoit étoient d'avoir le péricline épineux, le clinanthe fimbrillé, la calathide androgyniflore. Ces caractères, étant fondés sur des considérations étrangères à la structure de la fleur proprement dite, ne pouvoient constituer une association vraiment naturelle : aussi les chardons d'Adanson réunissoient confusément des genres de la tribu des carduacées, de celle des centauriées, et de celle des carlinées; tandis que quelques autres genres de ces trois tribus se trouvoient mêlés, dans une autre section, avec des astérées, des vernoniées, des anthémidées, des hélianthées, des inulées, des ambrosiacées. Nous ne saurions trop répéter qu'une classification naturelle des genres, dans la famille des synanthérées, doit être exclusivement fondée sur les caractères fournis, 1.° par le style et le stigmate; 2.° par les étamines; 3.° par la corolle; 4.° par l'ovaire. (H. Cass.)

Chardon a Bonnetier, ou a Foulon, **nom vulgaire de la cardère cultivée**, *dipsacus sativus*, dont les têtes de fleurs, munies d'écailles ou paillettes fermes et recourbées en crochet, sont employées pour carder les laines. (J.)

Chardon Acanthe, nom vulgaire de l'*onopordum acanthium*, Linn. (H. Cass.)

Chardon aux Anes. C'est l'onoporde, *onopordum acanthium*, nommé chardon argentin. par Daléchamps. On a aussi donné ce nom au *cirsium eriophorum*.

Chardon bénit. C'est, selon Linnæus, une centaurée, *centaurea benedicta;* selon Vaillant et Gærtner, un genre particulier qu'ils nomment *Cnicus*, différent de la centaurée, surtout par sa graine à bord supérieur relevé, du centre duquel s'élève une aigrette composée de deux rangs de poils, dont les extérieurs sont plus longs. Voyez Cnicus. (J.)

Chardon bénit des Antilles ou de Saint-Domingue. Voyez Argemone.

Chardon bénit des Parisiens. On donne ce nom au carthame laineux, *carthamus lanatus*.

Chardon bleu. On a donné ce nom au panicaut amethyste, *eringium amethystinum.*

Chardon des Indes occidentales. On a donné ce nom à une espèce de cacte, *cactus melocactus*, connu aussi sous celui de melon épineux.

Chardon des prés. Les anciens nommoient ainsi le *cnicus oleraceus*, Linn., qui doit être maintenant rapporté au cirse, à cause de l'aigrette plumeuse de ses graines.

Chardon de Syrie. C'est le *carduus syriacus*, Linn., à reporter au genre Cirse, à cause de ses aigrettes plumeuses. Voyez Aga.

Chardon doré, espèce de chausse-trape à fleurs jaunes, *calcitrapa solstitialis*, qui faisoit partie du genre *Centaurea* de Linnæus.

Chardon du Brésil. On nomme ainsi l'ananas, dans quelques lieux.

Chardon échinope. Voyez Échinope.

Chardon étoilé. C'est la chausse-trape ordinaire, *calcitrapa vulgaris.*

Chardon fier. C'est ainsi que le traducteur de Daléchamps

nomme son *carduus ferox*, qui est le *cardo fiero* des Italiens. Il est décrit et figuré dans le second volume de Daléchamps, p. 1489 de l'édition latine, p. 367 de la françoise. C'est une espèce d'atractyle, que l'on peut nommer *atractylis ferox*.

Chardon hémorroïdal. Ce nom est donné au *serratula arvensis* de Linnæus, que Lamarck reporte au *carduus*, à cause des écailles épineuses de son calice, et qui, plus récemment, est rangé parmi les cirses, *cirsium*, parce que son aigrette est plumeuse. (Voyez Caussido, Caoussida.) Ce cirse est sujet à être piqué par des insectes qui font élever dans ces points des tumeurs produites par l'extravasation des sucs : ces tumeurs sont colorées, et ont, à ce qu'on prétend, la forme d'hémorroïdes. Cette ressemblance a donné l'idée de les employer dans cette maladie, et c'est un préjugé, reçu en plusieurs lieux, mentionné même dans quelques livres, d'ailleurs estimés, que ces tubercules, portés dans la poche ou noués dans le coin de la chemise, préservent des hémorroïdes, et les guérissent. La même propriété est attribuée à d'autres amulettes de ce genre. (J.)

Chardon laité, nom vulgaire du *silybum marianum*, Gærtn. (H. Cass.)

Chardon laiteux, ou a lait, plante épineuse, remplie d'un suc laiteux, rapportée par Linnæus et la plupart des botanistes au genre *Centaurea*, à cause de ses fleurons de la circonférence neutre, et nommée *centaurea galactites*, que nous proposons de reporter au genre *Crocodilium*, une des subdivisions nouvelles de la centaurée, caractérisé par des écailles calicinales à épines simples et indivises.

Chardon Marie, ou Chardon Notre-Dame. C'est le *carduus marianus*, Linn., dont Vaillant, Haller et Gærtner font un genre distinct, sous le nom de *Silybum*, caractérisé par une aigrette plumeuse, et par ses écailles du calice, dont les intérieures sont droites, conformées en cuiller, les extérieures écartées par le haut, et terminées par un appendice en cœur, denté dans son contour, épineux à sa pointe. Lamarck nommoit cette plante *carthamus maculatus*. Il diffère cependant du carthame par son aigrette plumeuse, du cirse par ses écailles calicinales appendiculées. Voyez Silybe.

Chardon pédane. Voyez Onoporde.

Chardon roulant, nommé aussi par corruption Chardon Roland. C'est le panicaut ordinaire, *eryngium campestre*, dont les tiges, détachées de leur racine, dans la saison de l'automne, et poussées par le vent, roulent dans la campagne, d'où vient son nom. (J.)

CHARDONNEAU. (*Ornith.*) On appelle ainsi en Guienne le chardonneret, *fringilla carduelis*, Linn. (Ch. D.)

CHARDONNERET. (*Ichthyol.*) L'abbé Bonnaterre donne ce nom à un poisson de la mer Méditerranée, qu'il range avec Forskaël parmi les silures, sous la dénomination de *silurus cornutus*. Il est probable que ce poisson est simplement un centrisque, que Forskaël n'aura point reconnu sur le seul individu mal desséché qu'il a pu observer. Voyez Macroramphose, Centrisque, Solénostome, Silure. (H. C.)

CHARDONNERET. (*Ornith.*) Brisson a formé un genre particulier du chardonneret, *carduelis*, en lui donnant pour caractères distinctifs le bec en cône raccourci, avec une pointe grêle et alongée, et les deux mandibules droites et entières ; il y a accolé le tarin, en le désignant toutefois par le nom spécial de *ligurinus*. Meyer s'est borné à en faire une section de son dix-neuvième genre, *fringilla*, lequel comprend les moineaux, les pinsons, les linottes et les tarins. M. Temminck en a formé la cinquième division de son vingt-quatrième genre, qui, sous le même nom de *fringilla*, et outre les moineaux, les pinsons et les tarins, comprend les bouvreuils et les gros-becs. M. Cuvier a fait, des chardonnerets, des linottes, des tarins et des serins, sous le nom de *carduelis*, une sous-division de son grand genre Moineaux, qui comprend les tisserins, *procœus*; les moineaux proprement dits, *pyrgita*; les pinsons, *fringilla* ; les veuves, *vidua*; les gros-becs, *coccothraustes*; les bouvreuils, *pyrrhula*. S'il ne s'agissoit que de placer dans chacun de ces sous-genres les espèces suffisamment connues, on pourroit dès à présent les adopter ; mais les caractères particuliers qui servent à les distinguer ne sont pas tous assez tranchés, et il seroit difficile d'éviter des erreurs. Nous croyons donc, malgré la circonstance, facile à saisir pour les chardonnerets et les linottes, que leur bec est exactement conique sans être bombé en aucun sens, devoir renvoyer, pour eux et pour d'autres espèces, au mot Fringille, considéré comme désignant un groupe, une famille, plutôt qu'un simple genre. (Ch. D.)

CHARDONNETTE, ou Chardonnerette (*Bot.*), noms anciens de la variété d'artichaut que l'on nomme maintenant cardonette, et qui se distingue par ses écailles du calice plus aiguës, ses feuilles plus découpées. (J.)

CHARDONNETTE (*Ornith.*), un des noms vulgaires du chardonneret. *fringilla carduelis*, Linn. (Ch. D.)

CHARDOUSSE, ou Chardousse (*Bot.*), noms vulgaires de la *earlina acanthifolia*, Allioni. (H. Cass.)

CHARE. (*Ichthyol.*) Dans quelques contrées de la Grande-Bretagne, on nomme ainsi le saumon carpiou, *salmo carpio*. Voyez Saumon. (H. C.)

CHARE ALHAYN (*Bot.*), nom arabe de la berle, *sium*, selon Mentzel. (J.)

CHARÉE ou Charrée. (*Entom.*) Les pêcheurs nomment ainsi, d'une manière générale, toutes les larves, soit de mouches, soit de papillons, soit de tout autre insecte. Cependant ils désignent plus particulièrement sous ce nom les larves des Phryganes. Voyez ce mot. (C. D.)

CHARENSON. (*Entom.*) Voyez Charanson. (C. D.)

CHARES. Charfi. (*Bot.*), Voyez Charss. (J.)

CHARFI. (*Bot.*) Voyez Charss. (J.)

CHARFUEIL, ou Carfueil. (*Bot.*) Ce nom, donné en Provence au cerfeuil, se rapproche plus du nom latin *chærophyllum*. (J.)

CHARICA ELBAHR (*Bot.*), nom arabe de la lampourde, *xanthium strumarium*, suivant Forskaël. (J.)

CHARIEIS. (*Bot.*) [*Corymbifères*, Juss.; *Syngénésie polygamie superflue*, Linn.] Ce nouveau genre de plantes, que nous établissons dans la famille des synanthérées, appartient à notre tribu naturelle des astérées.

La calathide est radiée, composée d'un disque multiflore, équaliflore, régulariflore, androgyniflore. et d'une couronne unisériée, pauciflore, liguliflore, féminiflore. Le péricline, égal aux fleurs du disque, est hémisphérique, et formé de squames unisériées, égales, apprimées, subspatulées. foliacées, membraneuses sur les bords, hispides extérieurement. Le clinanthe est planiuscule, hérissé de fimbrilles courtes, inégales , subulées. Les fleurs hermaphrodites ont l'ovaire comprimé bilatéralement, obovale , hispide, muni d'un bour-relet basilaire, et d'une aigrette aussi longue que la corolle , composée de squamellules unisériées , égales, parfaitement libres, plumeuses, c'est-à-dire , filiformes et barbées ; les lobes de leur corolle sont souvent inégaux , et les branches de leur style toujours inégales. Les fleurs femelles, au nombre de huit environ, ont l'ovaire entièrement dépourvu d'aigrette , et la languette largement linéaire , très-longue , étrécie en pointe, et à peine tridentée au sommet.

La CHARIÉIDE HÉTÉROPHYLLE, *Charieis heterophylla* , H. Cass., est une plante herbacée, annuelle, haute de dix à douze pouces ; sa racine est pivotante, tortueuse, fibreuse ; sa tige , verticale , droite, rameuse, est cylindrique, striée , hérissée de longs poils subulés , roides, articulés, et de petits poils capités ; les feuilles inférieures sont opposées, sessiles, longues d'un pouce et demi, subspatulées , subpétioliformes infé-rieurement, uninervées, hérissées sur les deux faces de longs poils subulés, articulés ; les feuilles supérieures sont alternes, sessiles, progressivement plus petites à mesure qu'elles s'élè-vent davantage , oblongues , lancéolées ou linéaires. Toutes les feuilles sont ordinairement très-entières ; mais quelque-fois elles sont munies de petites dents cartilagineuses très-dis-tantes, et plus rarement elles sont assez profondément den-tées. Les calathides sont solitaires au sommet de la tige et des rameaux , dont la partie supérieure est nue et pédonculi-forme ; leur disque est de couleur jaune, et la couronne violette.

Nous avons trouvé cette intéressante synanthérée dans un paquet de plantes sèches apportées du cap de Bonne-Espé-rance par l'astronome Lacaille, et que possède M. de Jussieu. Quoique nous n'ayons point vu *l'olearia* de Mœnch, il nous est bien facile de juger , d'après sa description , que notre plante ne peut être rapportée a ce genre ; mais il est pro-bable que *l'olearia* et le *charieis* sont deux genres voisins l'un de l'autre. Ce que nous pouvons affirmer, c'est que notre *charieis* a beaucoup d'affinité avec *l'agathœa* et *l'hen-ricia*. Les calathides ressemblent à celles de la plupart des *aster*, et doivent être d'un aspect fort agréable sur la plante vivante. (H. Cass.)

CHARIUS. (*Ichthyol.*) Les Russes donnent ce nom à un poisson qui paroit être l'ombre de rivière. Voyez Corégone. (H. C.)

CHARLOT (*Ornith.*), un des noms vulgaires du grand courlis, *scolopax arcuata*, Linn. On appelle aussi en Provence charlot de plage, l'alouette de mer, *tringa cinclus*, Linn. (Ch. D.)

CHARME (*Bot.*), *Carpinus*, Linn., genre de plantes dicotylédones, apétales diclines, de la famille des amentacées, Juss., et de la *monoécie polyandrie*, Linn., qui a pour caractères des fleurs monoïques, dont les mâles sont disposées en chatons grêles, alongés, couverts d'écailles imbriquées, concaves, portant chacune six étamines à anthères velues : et dont les femelles forment des chatons imbriqués d'écailles entières ou divisées, portant chacune un ovaire denté à son sommet, et terminé par deux styles à stigmates simples. Le fruit est une noix uniloculaire, ne contenant qu'une seule graine, et enveloppée par l'écaille qui a pris de l'accroissement.

Ce genre renferme trois espèces, dont deux sont naturelles à l'ancien continent, et la troisième est originaire de l'Amérique. Les charmes forment des arbres à feuilles simples et alternes.

1.° Charme commun : *Carpinus betulus*, Linn., *Spec.*, 1416; Nouv. Duham., 2, pag. 198, tab. 58. Cette espèce est un arbre qui s'élève à la hauteur de quarante à cinquante pieds, quoique son tronc acquière rarement plus d'un pied de diamètre. Ce tronc, revêtu d'une écorce assez unie, blanchâtre avec des taches grisâtres, se divise en une grande quantité de branches qui forment une tête touffue et irrégulière. Ses feuilles sont ovales-pointues, pétiolées, inégalement dentées en leurs bords, glabres en-dessus, relevées en-dessous de fortes nervures. Les chatons mâles, solitaires, longs d'un à deux pouces, paroissent au printemps, un peu avant les feuilles. Les chatons femelles sont composés de grandes écailles foliacées, à trois lobes, dont celui du milieu est plus grand que les autres; ces écailles persistent, prennent de l'accroissement après la floraison, et embrassent chacune une petite noix osseuse, couronnée par de petites dents.

Le charme commun est indigène à l'Europe, et il se rencontre fréquemment dans nos forêts. Son bois est blanc, d'un grain très-fin et très-serré; il prend par la dessiccation une grande retraite, et devient alors très-dur. Sa force et sa ténacité le rendent très-bon pour les ouvrages de charronnage; on l'emploie pour faire des poulies, des dents de roues de moulins, des vis de pressoir, des manches d'outils, des masses, des maillets, et pour tous les instrumens destinés à éprouver une grande résistance. Il est difficile à travailler au rabot, se lève par esquilles sous l'outil, ce qui fait que les menuisiers ne s'en servent point; il convient mieux pour les ouvrages de tour. C'est d'ailleurs un excellent bois de chauffage, qui fait un feu vif, brillant, donnant beaucoup de chaleur et de bon charbon.

La propriété qu'a le charme de se beaucoup ramifier, de se plier de toutes manières, et de prendre, par la taille aux ciseaux, toutes les formes qu'on veut lui donner, rendit long-temps cet arbre très-précieux pour former ces palissades, ces portiques, ces colonnades, et toutes ces décorations de verdure qu'on employoit autrefois pour l'embellissement des jardins; et c'est de son nom que ces diverses décorations de verdure avoient pris celui de *charmilles*. Mais, depuis que le goût des jardins paysagers s'est répandu presque partout, le charme a beaucoup perdu de son prix; on ne le plante plus que rarement, et l'on peut croire qu'un jour viendra où cet arbre, exclus de toutes les plantations d'agrément, ne se trouvera plus que dans les bois et les forêts, où la nature le fait croître spontanément.

Le charme n'est délicat ni sur la nature du sol, ni sur l'exposition; il réussit presque également bien partout. La nature le multiplie de graines dans les forêts; les pépiniéristes le propagent et par ce moyen, et par boutures. Les graines de charme doivent se semer en automne, aussitôt qu'elles sont mûres, parce qu'elles ne leveroient que la seconde année si on attendoit jusqu'au printemps pour les mettre en terre. Les semis reprennent facilement à la transplantation, depuis l'âge de deux ans jusqu'à sept ou huit. On taille les charmilles au croissant ou aux ciseaux, à la fin de l'hiver et au commencement de l'été, avant l'époque de la seconde sève.

2.º CHARME D'AMÉRIQUE : *Carpinus americana*, Mich.. *Fl. Bor. Amer.*, 2 , p. 201 , et *Arb. Amer.*, 5 , p. 57 , t. 8. Cet arbre ressemble beaucoup au charme commun, mais il est beaucoup plus petit; et ne s'élève qu'à douze ou quinze pieds; ses feuilles sont moins acuminées ; ses fruits sont beaucoup plus petits et accompagnés d'écailles qui ont leurs divisions bordées de dents aiguës. Il croit dans le nord de l'Amérique septentrionale , depuis la Georgie et la Caroline jusque dans le Bas-Canada. Son bois ressemble entièrement à celui du charme d'Europe; mais, comme il ne parvient qu'à une très-petite grosseur, on ne l'emploie à aucun usage.

3.º CHARME D'ORIENT; *Carpinus orientalis*, Lam., Dict. Enc., 1, p. 707. Cet arbre, découvert dans le Levant par Tournefort, se distingue de l'espèce commune, en ce qu'il ne s'élève qu'à la hauteur de vingt pieds; en ce que ses feuilles sont plus lisses, moins plissées, et que ses fruits, beaucoup plus petits, sont munis d'écailles qui, au lieu d'être divisées en trois lobes alongés, sont irrégulièrement dilatées, anguleuses et dentées. On le cultive depuis long-temps en France, où il supporte bien les hivers du climat de Paris. On le multiplie de la même manière que le charme commun; mais il faut le semer en pot, afin de pouvoir, pendant les premières années, mettre les jeunes semis à l'abri des gelées; et lorsqu'on plante les arbres à demeure, il faut leur choisir une exposition au midi. Les branches horizontales que le tronc noueux de cette espèce pousse de tous côtés, le rendent très-propre à former des haies et des palissades, et l'on ne peut que difficilement, par cette même raison, l'élever sur une seule tige.

Nous parlerons, à l'article OSTRYE, de deux autres espèces qui, par leurs caractères, doivent former un genre distinct. (L. D.)

CHARME NOIR. (*Bot.*) Dans quelques départemens du midi, on donne ce nom au tilleul à petites feuilles. (L. D.)

CHARMS. (*Ichthyol.*) Suivant Hasselquist, c'est le nom que les Arabes donnent à un poisson des côtes d'Egypte, *perca ægyptiaca.* Voyez PERCHE et PERSÈQUE. (H. C.)

CHARMUT (*Ichthyol.*), nom spécifique d'un poisson de la famille des oplophores, qui vient d'Egypte, et que Hasselquist a désigné sous le nom de *silurus anguillaris.* Voyez Macroptéronote. (H. C.)

CHARNU (*Bot.*), *Carnosus.* Une plante, une racine, une feuille, sont nommées charnues, lorsque leur tissu épais et succulent est ferme, comme celui de la pomme. La truffe est une plante charnue ; la pomme de terre, la betterave, la bryone, ont des racines charnues. On a des exemples de feuilles charnues dans la joubarbe des toits, et d'autres plantes semblables, désignées par le nom de plantes grasses. On trouve aussi l'application de cette épithète dans le spadix de l'arum, le brou de la noix, l'arille du muscadier, le placentaire de la rue, les cotylédons de la féve, le périsperme du ricin et des autres euphorbiacées. Les fruits succulens, tels que les drupes ou fruits à noyaux, le pyridion, le pepon, la baie, sont ordinairement désignés sous le nom de fruits charnus. (Mass.)

CHARNUBI. (*Bot.*) Voyez Carub, Caroubier. (J.)

CHAROTE. (*Chasse.*) Les oiseleurs appellent ainsi la hotte dont ils se servent pour transporter les instrumens destinés à la chasse des pluviers, et les oiseaux qu'ils ont pris. (Ch. D.)

CHARPENE (*Bot.*), nom donné, dans quelques provinces méridionales de la France, au charme, *carpinus,* et qui paroît évidemment dérivé du latin, comme le sont beaucoup d'autres dans les mêmes lieux. (J.)

CHARPENTIER (*Ornith.*), nom donné, dans les colonies françoises, aux pics et aux épeiches, que les Espagnols de l'Amérique méridionale désignent également sous celui de *carpenteros,* parce que ces oiseaux charpentent les troncs d'arbres. (Ch. D.)

CHARPENTIÈRE, ou Menuisière. (*Entom.*) On a donné ce nom à l'abeille violette, ou perce-bois, qui fait en effet des trous dans le bois de charpente pour y déposer ses œufs, et par suite élever les larves qui en écloseut. Voyez Abeille et Xylocope. (C. D.)

CHARRIER. (*Fauconnerie.*) Ce terme a deux acceptions : il se dit également de l'oiseau de vol qui ne revient point avec la proie qu'il a saisie, et de celui qui se laisse emporter en la poursuivant. (Ch. D.)

CHARSENDAR. (*Bot.*) Voyez Chalungan. (J.)

CHARSJUF (*Bot.*), nom arabe de l'artichaut, suivant Forskaël. (J.)

CHARSS, Charfi, Chares (*Bot.*), noms arabes du persil, *apium petroselinum*, suivant Daléchamps. Ils sont bien différens de celui de bacdunis ou *baquedounis*, mentionné par Forskaël et M. Delile, dont le témoignage doit être préféré, puisqu'ils ont été sur les lieux. Le nom *kerafs*, donné selon eux à l'ache, *apium graveolens*, a plus de rapport avec ceux que cite Daléchamps, et on peut croire que c'est plutôt à cette plante qu'il faudroit les appliquer. (J.)

CHARTAM (*Bot.*), nom arabe du carthame ou safran bâtard, *carthamus tinctorius*, suivant Forskaël. (J.)

CHARTOLOGOI NOGOSSUM. (*Ornith.*) Le canard aux ailes en faucille, *anas falcaria*, Linn., est ainsi nommé par les Mongols, qui l'appellent aussi *boronogossum*. (Ch. D.)

CHARTREUX. (*Bot.*) Champignon du genre Agaric, qui croît dans nos environs, et dont les qualités sont suspectes. Paulet, Traité, vol. 2, pl. 89, fig. 1-3, le prend pour le *velucati* de Vaillant et l'*agaricus lecophæus* de Scopoli. Cette plante est d'un gris semblable à celui des chats qu'on nomme chartreux, couleur qui lui est donnée par de petits poils noirs, ou écailles, serrés sur un fond blanc, qui rendent sa surface velue. C'est ce que Vaillant a voulu exprimer par *velucati*. (Lem.)

CHARUA. (*Bot.*) Ce nom arabe est donné, suivant Forskaël, a son *ricinus medicus*, qui est, selon M. Delile, le même que le ricin ordinaire, *ricinus communis*, et que celui-ci nomme *kharoua*. Il est encore indiqué dans la Flore d'Orient de Rauolf, qui le nomme *cerua* et *kerua*. Les noms *karaii* et *karagasju* lui sont donnés dans la Perse, suivant Kæmpfer. C'est peut-être aussi la plante que Pernetti, dans son Voyage aux îles Malouines, a vue à Buenos-Ayres, et dont il parle sous le nom de *charrua*, sans autre désignation. (J.)

CHARUB (*Bot.*), nom arabe du *ceratonia*, d'où est dérivé son nom françois, caroubier. (J.)

CHARUECA (*Bot.*), nom espagnol du lentisque, suivant Mentzel. (J.)

CHARUL. (*Bot.*) Suivant Rauolf, ce nom a été anciennement donné, dans le Levant, au *paliurus*. (J.)

CHARUMFEL. (*Bot.*) Granger, qui voyageoit dans le Levant

vers 1736, avoit envoyé au Jardin du Roi, sous ce nom arabe, des graines d'une espéce de basilic du Levant, à odeur et saveur d'œillet : elles levèrent dans le temps, et produisirent une plante qui ne subsiste plus au Jardin, et dont le caractère spécifique ne fut pas constaté. Il faut observer que le girofle, qui a l'odeur d'œillet, est aussi nommé en arabe *charumfel* ou *carumfel*. Voyez CALAFUR. (J.)

CHASAB (*Bot.*), nom arabe de l'*acorus calamus*, suivant Mentzel. (J.)

CHASÆRET. (*Bot.*) Voyez CHASS. (J.)

CHASALLIA, ou CHASSALIA. (*Bot.*) Ce genre, établi par Commerson sur une seule espéce, ne paroit pas devoir être séparé des *pœderia*. (Voyez PÉDÉRIE.) Les rameaux du chasallia sont glabres, ligneux, articulés, garnis de feuilles opposées, lancéolées, glabres, coriaces, acuminées, rétrécies à leur base en pétioles connivens ; les stipules aiguës, fort petites ; les fleurs pédicellées, disposées en grappes droites, terminales, à ramifications courtes et opposées ; les pédoncules et les pédicelles comprimés ; les calices glabres, à cinq dents ; la corolle tubulée, à cinq découpures courtes et droites. Le fruit m'a paru être une baie ovale, s'ouvrant à son sommet. Cette plante croît à l'Ile-de-France, où elle a été découverte par Commerson. (POIR.)

CHASCANON (*Bot.*), un des noms grecs de la bardane, *lappa*, suivant Mentzel. (J.)

CHASI-ATTRALEB, GASI-ALCHALEB (*Bot.*), noms arabes du *satyrion* des Grecs et de Daléchamps, qui est la dent-de-chien, *erythronium dens canis*. (J.)

CHASIDA. (*Ornith.*) La cigogne, *ardea ciconia*, Linn., porte, en hébreu et en persan, ce nom, qui s'écrit aussi *hasida*, et qui, suivant Gesner, est également donné, dans la première de ces langues, à la huppe, *upupa epops*, Linn. (CH. D.)

CHASJIR. (*Bot.*) Forskaël dit qu'on donne en Egypte ce nom à l'échinope, *echinops sphærocephalus*, nommé aussi *sjok-edsjemmel*, c'est-à-dire, chardon du chameau, parce que le chameau le mange volontiers, quoiqu'il soit très-épineux. (Voyez CHALCEROS.) M. Delile, parlant de l'*echinops spinosus*, le désigne ous le nom de *khachyr* et sous celui de *chouk-el-gemel*, dont il donne la même traduction. Forskaël a produit encore ailleurs l'échinope sous le nom arabe de *djirdama*. (J.)

CHASS (*Bot.*), nom arabe et égyptien de la laitue culti-vée, suivant Forskaël. Le *chass-asfar* en est une variété verte, et le *chass-ahmar* une variété rouge. La laitue est nommée chasæret par Mentzel. (J.)

CHASSE. En tous temps et chez tous les peuples, l'homme s'est livré à cet exercice, qui, appliqué à la poursuite des bêtes fauves, prend le nom spécial de vénerie ; qui, exécuté avec des oiseaux de proie, s'appelle fauconnerie, et qui conserve proprement le nom de chasse, lorsqu'on n'emploie que le fusil. Les autres moyens auxquels les chasseurs et les oiseleurs ont recours pour prendre les oiseaux, et les piéges qu'ils leur tendent, ont reçu des dénominations différentes, sous les-quelles il en sera parlé. (Ch. D.)

CHASSE-BOSSE (*Bot.*), un des noms vulgaires de la lysi-machie ordinaire, *lysimachia vulgaris*, regardée comme vul-néraire résolutive, bonne pour dissiper, par son application, les tumeurs ou bosses occasionées par des coups ou contu-sions. (J.)

CHASSE-CRAPAUD. (*Ornith.*) L'oiseau auquel on a donné ce nom et celui de foule-crapaud, est l'engoulevent, *capri-mulgus europæus*, Linn. (Ch. D.)

CHASSE-FIENTE. (*Ornith.*) M. Levaillant a appliqué cette dénomination à un vautour d'Afrique, qui est le *vultur fulvus* de Gmelin. (Ch. D.)

CHASSE-MERDE (*Ornith.*), nom donné, ainsi que celui de stercoraire, au labbe, *larus parasiticus*, Linn., dans la fausse supposition qu'il se nourrissoit des excrémens de l'es-pèce de mouette qu'il poursuit pour lui faire rejeter le poisson qu'elle a avalé. (Ch. D.)

CHASSE-PUNAISE. (*Bot.*) Voyez Cimicaire. (J.)

CHASSE-RAGE. (*Bot.*) Voyez Passe-rage. (J.)

CHASSER. (*Bot.*) Voyez Chodie. (J.)

CHASSELAS (*Bot.*), variété de raisin. Voyez Vigne. (L.D.)

CHASSETON. (*Ornith.*) On appelle ainsi, en Savoie, le grand-duc, *strix bubo*, Linn. (Ch. D.)

CHAST. (*Bot.*) Ce nom est donné dans la Syrie, suivant Rau-wolf, au *costus arabicus*, commun aux environs d'Antioche. (J.)

CHÁSUS (*Bot.*), nom arabe, selon Daléchamps, du ciste, qu'il nomme ledon, et qui est le *cistus monspeliensis* de Linnæus. C'est un de ceux sur lesquels on récolte une espèce de ladanum. (J.)

CHASUTH, ou KESSUTH (*Bot.*), noms arabes de la cuscute, suivant Dodoëns. (J.)

CHAT (*Ichthyol.*), nom spécifique d'un pimélode, *silurus felis*, Linn. Voyez Pimélode. (H. C.)

CHAT (*Mamm.*), *Felis*, Linn. Ce nom, dérivé de *catus*, a été étendu par les naturalistes, de l'animal domestique, auquel nous le donnons, à tous les animaux qui lui ressemblent par les points principaux de leur organisation.

Il est peu de genres dans la classe des mammifères où les espèces soient aussi nombreuses que dans celui-ci, et où il soit plus difficile d'en former des groupes pour en faciliter l'étude.

Les chats se distinguent de tous les autres carnassiers par leurs dents et par leurs ongles. Ils sont les seuls qui aient quatre molaires à la mâchoire supérieure ; une tuberculeuse, une carnassière, et deux fausses molaires ; et trois à la mâchoire inférieure ; une carnassière et deux fausses molaires. La tuberculeuse n'a point de dents en opposition ; la carnassière supérieure a trois lobes et un petit tubercule à sa face interne et à sa partie antérieure, et la carnassière inférieure est sans talon et à deux lobes. (Voyez Dents et Carnassiers.) Ils sont aussi les seuls dont les ongles se relèvent et se cachent entièrement entre les doigts, de manière à conserver leurs pointes et leur tranchant. Du reste, ils ont deux canines et six incisives à chaque mâchoire, et leurs doigts sont au nombre de cinq aux pieds de devant, l'interne fort petit ; et de quatre à ceux de derrière ; ces doigts sont très courts en apparence, parce que la dernière phalange se relève et se cache avec l'ongle.

Ces animaux sont les plus carnassiers de tous les mammifères ; et quoique répandus sur la surface presque entière du globe, leurs mœurs sont partout à peu près les mêmes. Doués d'une vigueur prodigieuse, et pourvus des armes les plus puissantes, ils attaquent rarement les autres animaux à force ouverte ; la ruse et l'astuce dirigent tous leurs mouvemens, sont l'âme de toutes leurs actions. Marchant sans bruit, ils arrivent au lieu où l'on

poir de trouver une proie les dirige ; s'approchant en rampant
de leur victime, et tapis dans le silence, sans qu'aucun mouvement les décèle, ils attendent l'instant propice avec une
patience que rien n'altère ; puis, s'élançant tout à coup, ils
tombent sur elle, la déchirent de leurs ongles, et assouvissent
pour quelques heures la soif de sang qui les dévoroit. Rassa-
siés, ils se retirent au centre du domaine qu'ils ont choisi pour
leur empire. Là, dans un profond sommeil, ils attendent que
quelque besoin nouveau les presse encore d'en sortir. Celui de
l'amour, non moins puissant sur leurs sens que celui de la
faim, vient à son tour les arracher au repos ; mais la férocité de leur naturel n'est point adoucie par ce besoin, dont
la conservation de la vie est cependant le but. Le mâle et la
femelle s'appellent par des cris aigus, s'approchent avec défiance, assouvissent leur ardeur en se menaçant, et se séparent
remplis d'effroi. L'amour des petits n'est connu que des mères.
Les chats mâles sont les plus cruels ennemis de leur progéni-
ture. Il sembleroit que la nature n'a pu trouver qu'en eux-
mêmes les moyens de proportionner leur nombre à celui des
autres êtres, comme elle n'a pu trouver qu'en nous ceux de
mettre des bornes à l'empire de notre espèce. Telles sont en
effet les mœurs du tigre comme de la panthère, du lion comme
du chat domestique.

Cependant ces animaux, qu'aucun amour ne peut apprivoiser, sont capables de s'attacher par le sentiment de la reconnoissance. Lorsque la contrainte les force à recevoir des soins
et leur nourriture d'une main étrangère, l'habitude finit par
les rendre confians, et bientôt leur confiance se change en
une affection véritable ; elle va même jusqu'à en faire des
animaux domestiques : car le naturel des chats est tellement
semblable dans toutes les espèces, que je n'élève aucun doute
sur la possibilité de rendre domestiques le lion ou le tigre
comme notre chat lui-même.

Une grande force, une grande indépendance, nuisent, on
le sait, au développement des facultés intellectuelles, en les
rendant inutiles : c'est toujours le moyen le plus simple d'arriver au but qu'on préfère. Or, excepté l'homme, les chats
n'ont point d'ennemis qui en veulent à leur vie ; et aucun
des animaux dont ils font leur proie ne peut leur résister ;

la seule ressource de ceux-ci est dans une prompte fuite. Les chats ne peuvent point courir avec rapidité : c'est le seul développement de force auquel leur organisation ne se prête pas ; et, sous ce rapport, c'est leur seule imperfection, si l'on peut toutefois appeler ainsi la privation d'une faculté qui auroit entraîné la dévastation des continens, et y auroit éteint la vie animale ; car, après avoir vu ce que peut la force d'un tigre poussé par la faim, et l'adresse ou la légèreté du chat sauvage, il est impossible de concevoir comment les autres animaux auroient pu échapper à la mort, si la fuite leur eût été inutile. Le bufle et l'éléphant lui-même tombent sous la griffe du lion, et les arbres les plus élevés ne garantissent pas les oiseaux contre les surprises des petites espèces de chats.

Ces animaux, en effet, ne montrent jamais, dans l'état sauvage, une grande étendue d'intelligence : aussi, ne les chasse-t-on pas, à proprement parler ; on les attaque à force ouverte ou par surprise. Leurs ruses ne consistent guère que dans le silence et le mystère. Les grandes espèces se retirent dans les forêts épaisses, et les petites s'établissent sur les arbres ou dans des terriers, lorsqu'il s'en trouve de tout faits ; mais chaque individu, se reposant sur lui-même de la conservation de son existence, vivant dans un profond isolement, est privé des ressources qu'il trouveroit dans son association avec d'autres individus, et des avantages que procurent les efforts de plusieurs dirigés vers un but commun : non pas cependant que la nature ait donné la force à ces animaux pour restreindre leur intelligence ; lorsqu'ils sont une fois soumis à l'homme, lorsqu'ils sont contraints par sa puissance à vivre dans des circonstances où ils ne se seroient jamais placés d'eux-mêmes, alors leur entendement se développe , s'accroit, et présente des résultats tout-à-fait inattendus. La défiance paroît être le trait le plus marqué de leur caractère ; aussi c'est celui que la domesticité n'efface jamais tout-à-fait , et qui présente le plus d'obstacles quand on veut les apprivoiser. La moindre circonstance nouvelle suffit pour les effrayer, pour leur faire craindre quelque danger , quelque surprise : il sembleroit qu'ils se jugent comme nous les jugeons nous-mêmes.

Ce naturel calme, patient et rusé, est en parfaite harmonie

avec les qualités physiques des chats. Il n'est point d'animaux dont les formes et les articulations soient plus arrondies, dont les mouvemens soient plus souples et plus doux ; et toutes les espèces se ressemblent encore à cet égard. Quiconque a vu un chat domestique, peut se faire une idée de la physionomie, de la forme et des allures des autres chats : tous ont, comme lui, une tête ronde, garnie de fortes moustaches, un cou épais, un corps alongé et presque aussi gros au ventre qu'à la poitrine, mais étroit, et qui peut s'étrécir encore au besoin : des doigts très-courts, des pattes fortes, peu élevées, celles de devant surtout; et la plupart ont une queue assez grande et fort mobile. Ils marchent avec lenteur et précaution, et en fléchissant les jambes de derrière; se reploient très-facilement sur eux-mêmes; font usage de leurs membres, et surtout de leurs pattes de devant, avec une adresse qu'on aime à voir; ils n'ont pas un mouvement dur : lorsqu'ils courent, ils semblent glisser; lorsqu'ils s'élancent, on diroit qu'ils volent.

Les mâles se distinguent des femelles par une tête plus forte, plus large, plus arrondie, et par une taille généralement plus grande.

Leur vue ne paroit pas avoir une portée très-longue; mais ils voient également bien le jour et la nuit. Leur pupille se dilate et se resserre suivant la quantité de la lumière; et l'extrême sensibilité que montre cet organe, tient vraisemblablement à la couleur généralement jaunâtre de la choroïde. Chez quelques espèces, la pupille, en se resserrant, prend une forme alongée verticalement ; chez d'autres elle conserve constamment celle d'un disque.

Le peu d'étendue du nez n'a pas permis à ces animaux d'avoir un odorat très-fin ; cependant ils consultent ce sens avec soin avant de manger, toutes les fois que quelque odeur vient les frapper, et dans leur premier mouvement d'inquiétude, quand ils n'en connoissent pas la cause. Les narines sont environnées d'un organe glanduleux plus petit que celui des chiens.

La langue est revêtue de papilles cornées, qui altèrent sans doute les sensations du goût; aussi les chats dévorent-ils plus qu'ils ne mangent. Leur nourriture ne paroit leur causer d'impressions agréables que lorsqu'elle **est descendue** dans leur estomac, tant ils mettent d'empressement à l'avaler; ils ne mâchent point leurs alimens, à proprement parler, ils ne font que les découper en morceaux assez petits pour passer par l'œsophage, et ils mâchent et avalent sans interruption, jusqu'à ce qu'ils soient repus. Ils tiennent leur proie entre leurs pattes de devant, et boivent en lapant. Leurs déjections sont toujours enterrées avec soin : la forte odeur qu'elles répandent pourroit décéler une retraite qui doit être cachée.

C'est le sens de l'ouïe qui paroit avoir été chez eux le plus favorisé, quoique la conque externe de l'oreille ne soit pas fort développée; quelques espèces cependant l'ont plus élevée que d'autres; mais elle est mobile; son ouverture est très-grande, et elle est remplie de nombreuses sinuosités; la membrane et la caisse du tympan sont également très-étendues; et, en effet, c'est par leur ouïe surtout que les chats se dirigent; le son le plus imperceptible pour nous les frappe, et c'est au bruit des pas de leur proie qu'ils se dirigent à sa poursuite.

Le toucher de toute la surface du corps est très-sensible; les poils soyeux en sont l'organe extérieur; mais il est surtout développé aux moustaches. Il paroîtroit que les chats sont habitués à recevoir par ces longues soies de nombreuses impressions; car, lorsqu'ils en sont privés, leurs mouvemens, leurs actions éprouvent un embarras remarquable, qui ne se dissipe que long-temps après. Les pattes sont garnies en-dessous de tubercules épais et élastiques, qui contribuent à rendre si douce la marche de ces animaux. Le plus grand, qui se trouve à la base des doigts, approche de la forme d'un trèfle; les autres sont elliptiques, et placés à l'extrémité de chaque doigt, c'est-à-dire, sous la seconde phalange, la première, qui porte l'ongle, étant relevée; et l'on aperçoit, sous les pattes de devant, près du poignet, un tubercule particulier, long, étroit et saillant, qui ressemble à un rudiment de doigt.

Les chats ont en général un pelage doux : aussi leurs fourrures font-elles un assez grand objet de commerce. La plupart ont les deux sortes de poils : les laineux sont généralement gris, les autres peuvent former à l'animal une robe très-riche. Il y a des chats dont le pelage est jaunâtre; d'autres sont gris, noirs, fauve; le tigre a des bandes transversales noires ; le jaguar est couvert de taches en formes d'yeux ; le guépard a des taches pleines : les uns sont ornés de bandes longitudinales ; d'autres sont tiquetés par un mélange uniforme de deux couleurs différentes. En général, le pelage des chats tend à être varié; plusieurs espèces qui, dans leur état d'adulte, ont une couleur uniforme, apportent une livrée en naissant, et peut-être que de nouvelles observations étendront cette règle à celles qui ne nous sont point encore connues dans leur premier âge. Chez quelques espèces, on voit de fortes crinières; chez d'autres, la queue se garnit à son extrémité d'une touffe épaisse, et le lynx a les oreilles terminées par un pinceau de poils, etc.

Les organes de la génération n'offrent rien de très-particulier, à l'extérieur, chez les femelles, qui paroissent toutes avoir quatre mamelles. Dans l'état de repos, la verge du mâle se dirige en arrière; mais elle se redresse dans l'érection, et le gland est couvert de papilles cornées très-aiguës, auxquelles on attribue les cris de la femelle dans l'accouplement : les testicules sont en-dehors, dans un scrotum étroit.

La voix, dans les grandes espèces, est un bruit rauque très-fort, qui se change, dans les petites, en ce que nous appelons le miaulement. Mais, outre ce cri, dont le caractère principal se retrouve chez les unes comme chez les autres, chaque espèce a plus ou moins la propriété de rendre des sons particuliers, et qui n'appartiennent qu'à elle.

Lorsque ces animaux sont en colère, ils répandent une odeur très-fétide.

Tels sont les traits principaux par lesquels les chats se caractérisent. On a pu voir, à leur généralité, combien en effet ce genre est naturel, et l'anatomie ne feroit que confirmer cette vérité, en nous montrant encore mieux l'harmonie admirable et simple qui règne entre l'organisation, les mouvemens et les mœurs de ces animaux. C'est que, plus on pénètre avant dans la nature, plus on découvre ses richesses, plus aussi on s'élève à l'idée d'une intelligence simple dans sa volonté et infinie dans sa puissance, sans laquelle notre entendement ne peut concevoir ni force réelle ni ordre durable.

Aucun des chats de l'ancien monde ne se rencontre dans

le nouveau. Les grandes espèces d'Afrique paroissent se trouver en Asie; mais le tigre n'a point dépassé les bassins arrosés par les fleuves qui se jettent dans la mer des Indes.

La grande ressemblance que toutes les espèces de chats ont entre elles, n'a pas permis, jusqu'à présent, comme nous l'avons dit plus haut, de subdiviser leur genre. Un seul de leurs organes présenteroit les moyens de le faire naturellement : ce sont les yeux. Nous avons vu que chez les uns la pupille, à une douce lumière, présente la forme d'un disque, tandis que chez d'autres elle présente une forme très-alongée. Ce dernier caractère est plus particulièrement propre aux petites espèces de chats, à celles dont l'existence est nocturne, qui passent la nuit à pourvoir à leurs besoins, et le jour à se reposer, tandis que la pupille ronde semble appartenir plus spécialement aux chats diurnes, c'est-à-dire, à ceux qui distinguent très-nettement les objets au grand jour, sans cependant perdre la faculté de les voir aussi la nuit. Malheureusement les observations n'ont pas été assez multipliées pour que l'emploi de ce caractère, important d'ailleurs, puisse conduire à des résultats fort étendus; il n'a été observé que sur un très-petit nombre d'espèces, et est tout-à-fait inconnu sur les autres. Pour présenter sous un point de vue général les espèces propres à chaque continent, nous décrirons à la suite l'une de l'autre celles qui se trouvent dans l'ancien monde, et celles qui se rencontrent dans le nouveau; et comme nous avons pu, à cause de la grande ressemblance des chats entre eux, présenter les points principaux de leur organisation sous la forme de propositions générales, la description des espèces se réduira aux particularités propres à chacune d'elles : sans cela nous ne pourrions que nous répéter.

On ne connoît en Europe que deux espèces de chats :

Le Chat sauvage : *Felis catus*, Linn.; Buffon, t. VI, fig. 1. Cette espèce est d'un tiers environ plus grande que notre chat domestique. Le fond de son pelage est d'un gris foncé jaunâtre sur lequel on aperçoit des bandes noires qui tranchent peu, longitudinales sur le dos, et transversales sur les flancs, les épaules et les cuisses. La poitrine et le dessous du ventre sont gris-blanc, ainsi que les coins de la bouche; les lèvres sont noires; les pattes ont une teinte fauve à leur côté

interne, et la plante est noire ; la queue est annelée, et le bout
est noir : mais la plupart de ces caractères paroissent varier ; les
seuls qui soient constans, sont le fond gris du pelage, et la couleur noire des lèvres, de la plante des pieds et du bout de la queue.

Le chat sauvage est encore commun dans nos forêts ; et
c'est en partie à cela qu'il faut attribuer la ressemblance
qu'ont avec lui les chats domestiques des campagnes : les femelles privées s'accouplent avec eux, et conservent ainsi
dans leur race les caractères primitifs de l'espèce.

C'est du chat sauvage que descendent, comme on sait, les
diverses variétés de chat que nous élevons en domesticité. Nos
soins n'ont pas produit de grandes altérations sur cette espèce ;
les poils seuls ont éprouvé quelques changemens dans leurs
couleurs, dans leur finesse ou dans leur longueur. Les membres
et les proportions du corps paroissent être restés les mêmes ; et
s'ils offroient des différences, ce seroit dans le nombre des vertèbres de la queue et dans son port, qui est pendant dans le
chat sauvage, et relevé dans le chat domestique. Aussi est-ce
par les poils que les races de chats se distinguent.

Le CHAT DOMESTIQUE, A PLANTE DES PIEDS ET A LÈVRES NOIRES,
ressemble beaucoup au chat sauvage par les couleurs, et
même par le caractère ; il conserve une très-grande défiance,
vit solitaire et caché dans les habitations des campagnes, et
ne montre quelque familiarité qu'avec les personnes qu'il
voit habituellement et qui le nourrissent. C'est vraisemblablement cette variété qui nous montre les premiers effets
de la domesticité sur le chat sauvage. La couleur blanche est
la première que l'influence de l'homme développe, et qui
vienne se mêler au gris de l'espèce. Le noir paroît ensuite,
et c'est le fauve qui se montre le dernier. Les chats gris et
blancs, gris et noirs, et gris, noirs et blancs, sont les plus
communs dans cette variété. Les chats entièrement blancs ou
entièrement noirs y sont plus rares, et les roux le sont encore
davantage. Au reste, excepté cette dernière couleur, les autres,
simples ou mélangées, ne caractérisent point communément
des variétés. Sous le seul rapport des couleurs, on admet comme
telles :

Le CHAT D'ESPAGNE, dont le pelage est entièrement roux
ou composé d'un mélange de blanc, de roux et de noir. Les

lèvres et la plante des pieds sont couleur de chair. On dit que les mâles n'ont jamais plus de deux couleurs.

Par la considération de la nature des poils, on admet deux autres variétés :

Le Chat des Chartreux, dont les poils sont très-fins, et généralement d'un beau gris d'ardoise uniforme ; ses lèvres et la plante de ses pieds sont noires.

Le Chat d'Angora, qui se distingue par ses poils longs et soyeux : ceux du ventre descendent quelquefois jusqu'à terre, et ceux du cou forment une large fraise ; mais les poils de la tête et des pattes restent courts. La couleur de ces chats est communément blanche ; on en rencontre cependant de gris, de fauves, de tachetés, etc. Leurs lèvres et la plante de leurs pieds sont constamment couleur de chair.

C'est du mélange de ces diverses races que proviennent nos chats communs.

Le rut des chats se montre ordinairement au printemps et en automne, et la portée est de deux mois environ. Les petits, au nombre de cinq ou six, naissent les yeux fermés : ce n'est qu'après le neuvième jour que les paupières s'ouvrent : ils tettent pendant très-long-temps. La mère en a le plus grand soin : celles qui ne sont pas très-privées les cachent avec beaucoup de précautions, et les emportent dès qu'elles croient qu'ils ont été découverts ; petit à petit elles leur apprennent à manger en leur apportant des souris ou des oiseaux. A dix-huit mois, ils ont à peu près acquis leur entier développement, et dès la première année ils peuvent s'accoupler ; mais ce n'est guère qu'à la seconde qu'ils deviennent féconds. Les chats produisent pendant toute leur vie, qui ne va pas au-delà de douze à quinze ans.

On connoît l'extrême propreté de ces animaux, leur souplesse et la grâce de leurs jeux, la manière dont ils expriment leur contentement et leur affection, leur patience à guetter une proie ; les ravages que quelques-uns commettent dans les campagnes par la destruction des cailles, des perdrix, des lapereaux ; leur facilité à monter aux arbres, et à dénicher ou à surprendre les oiseaux ; les plaisirs qu'ils trouvent à se coucher sur ce qui est propre et douillet ; les effets singuliers que certaines odeurs produisent sur eux ; la sorte de

fureur avec laquelle ils se roulent sur le *nepeta cataria*, qui
de là a pris le nom d'herbe aux chats ; leur profond sommeil ;
la propriété qu'a leur poil d'être électrique par le frottement ;
en un mot, toutes les qualités qui leur sont naturelles ou
acquises. Cependant, même à ces divers égards, il est difficile
de rencontrer deux chats qui se ressemblent entièrement.
L'éducation les diversifie à l'infini : si les uns sont des fripons
incorrigibles, d'autres vivent au milieu des offices et des
basses-cours sans être jamais tentés de rien dérober, et l'on en
voit qui suivent leur maitre comme le feroit un chien. Ce haut
degré de domesticité de certains chats est sans contredit l'exemple le plus remarquable de la puissance de l'homme sur les
animaux, de la flexibilité de leur nature, des ressources
nombreuses qui leur ont été données pour se ployer aux circonstances, et pour se modifier suivant les causes qui agissent
sur eux. Je ne crois pas, en effet, qu'excepté chez les chats,
nos soins aient développé entièrement et presque créé une
qualité nouvelle dans nos animaux domestiques : nous avons
étendu, perfectionné celles qu'ils avoient reçues de la nature, et surtout celle qui les porte à l'affection. Avant
l'état où nous les avons réduits, ils étoient entraînés par
un sentiment naturel à vivre avec leurs semblables, à s'attacher les uns aux autres, à s'entr'aider mutuellement.
Nous ne sommes devenus pour eux, en quelque sorte, que
d'autres individus de leur espèce : seulement nous avons pris
sur ces animaux l'empire qu'auroient pris, mais à un moindre
degré, les individus qui parmi eux auroient été les plus
heureusement organisés. Les chats étoient poussés par leur
naturel à vivre seuls ; une profonde défiance les suivoit
partout, rien ne les portoit à s'attacher à notre espèce ; on
n'apercevoit en eux aucun germe de sentimens affectueux :
et cependant quelques races sont profondément domestiques,
et ont un besoin extrême de la société des hommes. C'est
surtout chez les femelles que ce besoin-là se manifeste : aussi
je serois disposé à trouver l'origine de leur domesticité
dans l'affection de celles-ci pour leurs petits, et il est à
remarquer que les mâles sont beaucoup moins dépendans
qu'elles. Il sembleroit que la domesticité de ceux-ci ne participe que de celle de leur mère, n'a pour cause que l'in-

fluence que sa nature, modifiée par nous, a exercée sur la leur, et non point cette disposition profonde et indestructible sur laquelle, par exemple, est fondée la sociabilité du chien.

La domesticité des chats ne semble pas remonter à des temps très-éloignés, en Europe du moins. Il paroîtroit que les Grecs les connoissoient assez peu ; Aristote n'en a dit que quelques mots, et il en est de même des autres auteurs de ce temps qui ont traité de l'histoire naturelle : cependant ils étoient communs chez les Egyptiens. Mais d'où ce peuple les connoissoit-il ? Ces animaux ont été transportés par les Européens dans toutes les contrées de la terre, et ils n'ont éprouvé qu'une légère influence de la diversité des climats. Bosmann dit que sur les côtes de Guinée ils sont encore comme ceux de Hollande ; les races d'Amérique, qui paroissent venir des chats d'Espagne, sont toujours les mêmes que les nôtres, et ceux de l'Inde et de Madagascar n'ont point éprouvé de changemens importans : on dit seulement que dans cette île, une variété de chat qui s'accouple avec les autres, a la queue tortillée. Quant à l'animal domestique, à oreilles pendantes, qui se trouve à la Chine, et qu'on a regardé comme un chat domestique, il est douteux qu'il soit réellement un chat. Pallas parle aussi, dans ses Voyages, d'un animal, qu'il dit être un chat, dont la couleur est d'un fauve très-clair, qui est peu domestique encore, et qui a le museau effilé, et la queue garnie d'un poil couché comme les plumes d'un oiseau, etc. ; mais ces caractères sont trop vagues et trop singuliers pour qu'il soit permis de regarder cet animal comme une variété de l'espèce qui nous occupe.

Le Lynx : *Felis lynx*, Linn. ; Buffon, t. IX, p. 21. La grandeur de cet animal est d'environ deux pieds et demi ; son pelage en-dessus est d'un roux tirant sur le fauve et marqué de taches brunes assez distinctes, surtout en été ; le dessous du corps est blanc ; les poils en général sont assez longs, et forment une fourrure épaisse, particulièrement autour du cou ; la queue est longue de six pouces, la base en est fauve, et l'extrémité noire, de manière que ces couleurs y occupent à peu près une égale étendue ; les oreilles sont terminées par un pinceau de poils noirs.

Le lynx se trouve dans toutes les parties septentrionales de l'ancien monde. Il paroit que du temps des Romains il étoit assez commun en France ; aujourd'hui il y est très-rare : cependant on le rencontre encore dans les Pyrénées, d'où il descend quelquefois dans nos départemens méridionaux. On le trouve aussi en Espagne ; il est plus commun en Allemagne, et surtout dans les pays du Nord, où sa fourrure fait un objet de commerce. Les Latins paroissent l'avoir connu sous les noms de *chama*, de *chaus*, de *lupus cervarius*.

C'est un animal fort destructeur : sa taille moyenne lui donne déjà assez de force pour attaquer les cerfs, les chevreuils, et il conserve encore assez d'agilité pour suivre les petits animaux jusque sur les arbres.

L'Asie est beaucoup plus riche en espèces de chats, que l'Europe; mais quelques-unes lui sont communes avec l'Afrique: celles qui lui appartiennent exclusivement, sont :

Le Tigre: *Felis tigris*, Linn.; Ménagerie du Museum, in-fol. Cette espèce est, avec le lion, la plus grande et la plus puissante de ce genre. Sa taille commune est d'environ cinq à six pieds, de l'origine de la queue au bout du museau, et de trois ou quatre pieds à l'épaule: la queue a trente pouces. La couleur du corps est jaune, avec des bandes transversales noires ; la queue est couverte d'anneaux alternativement noirs et jaunes ; le bout est noir : les pupilles sont rondes. La femelle ressemble au mâle. Cet animal ne se rencontre que dans les Indes orientales, dans la presqu'île du Gange, le Tonquin, le royaume de Siam, la Cochinchine, et dans les iles de la Sonde: Marsden dit qu'on en trouve à Sumatra.

La force prodigieuse et les goûts sanguinaires du tigre en ont fait la terreur des pays qu'il habite. Excepté l'éléphant, aucun animal ne peut lui résister. Il emporte un bœuf dans sa gueule presque en fuyant, et l'éventre d'un coup de griffes. On ne sauroit peindre avec des couleurs trop fortes sa férocité, les ravages qu'il cause, l'effroi qu'il inspire ; mais tout ce qu'on a dit de son naturel intraitable, de la fureur qui l'agite sans cesse, du besoin insatiable qu'il a de répandre le sang, de son insensibilité aux bons traitemens, de son ingratitude envers ceux qui le soignent, n'est qu'un tissu d'exagérations ou d'erreurs. Sous tous ces rapports, le tigre ressemble aux autres chats. En général, on l'apprivoise aussi aisément que le lion; il devient très-familier avec ceux qui le nourrissent, et il les distingue de toutes les autres personnes; lorsqu'il n'a aucun besoin, et qu'on ne l'effraie point, il reste très-calme, et dès qu'il est repu il passe presque entièrement son temps à dormir; il aime à recevoir des caresses, et il y répond d'une manière très-douce et très-expressive : il ressemble beaucoup, dans ce cas, au chat domestique; il voûte de même son dos, fait le même bruit, se frotte de la même manière, en un mot, a les mêmes dispositions naturelles. Notre ménagerie en a possédé plusieurs, et tous se ressembloient par les mœurs, comme par les proportions du corps, la grandeur et le pelage.

Il seroit naturel d'attribuer à la foiblesse du chat domestique son caractère timide et caché, ses allures souples et rampantes; le tigre cependant, malgré sa force, lui ressemble encore à cet égard. Willamson, dans son ouvrage sur les Chasses de l'Inde, représente un tigre qui s'approche d'un village pour y ravir sa proie : il est tapi contre terre, et s'avance à pas lents, avec une inquiétude d'être découvert que tout en lui décèle. Son courage ne se montre pas mieux lorsqu'il est attaqué ouvertement. On trouve dans le Voyage des Pères Jésuites à Siam, le récit du combat d'un tigre contre trois éléphans, dans lequel l'animal féroce se laissa vaincre, pour ainsi dire, sans se défendre : il chercha d'abord à faire quelque résistance; mais, dès qu'il sentit le danger, il se tint dans le plus grand éloignement de ses ennemis, qui le tuèrent bientôt après sans aucune peine.

Si dans quelques occasions on a vu des tigres attaquer leur proie avec audace et témérité, comme il seroit difficile d'en douter d'après ce qu'ont dit des voyageurs dignes de foi, ces animaux étoient sans doute poussés hors de leur naturel par une faim violente; dans ce cas-là, leur aveuglement paroîtroit extrême. Grandpré rapporte avoir vu un tigre s'élancer à l'eau, et s'avancer à la nage pour attaquer et enlever un homme de son équipage.

On a vu, à Londres, un tigre mâle et un tigre femelle s'accoupler et produire. La portée fut de cent et quelques jours, et le petit qui naquit ressembloit à ses parens : seulement les teintes n'étoient pas aussi tranchées ; le fond du pelage étoit plus grisâtre, et les bandes plutôt brunes que noires. Ce petit étoit de moitié moins grand qu'un chat domestique, et sa tête paroissoit démesurément grosse.

Le tigre rugit d'une manière très-violente, et qui approche de celle du lion ; et il se fait surtout entendre après avoir mangé. Lorsqu'il menace, il jette un cri court, mais fort ; au contraire, on peut être toujours sûr qu'il éprouve un sentiment doux et paisible, lorsqu'il vous approche avec un soufflement qui ressemble un peu au bruit qu'on fait lorsqu'on éternue.

Un des tigres de la Ménagerie avoit appris à se procurer lui-même les jouissances de l'accouplement. Pour cela, il s'accroupissoit, pressoit ses organes génitaux avec ses pattes de derrière, et remuoit la croupe.

Les anciens connoissoient cet animal. Aristote en dit quelques mots, et Pline raconte une histoire fabuleuse sur la manière dont on parvient à s'emparer de ses petits. Les ambassadeurs indiens, qui vinrent renouveler alliance avec Auguste, lui firent présent d'un tigre, et c'est le premier de ces animaux qui fut vu à Rome. Depuis, Héliogabale, ayant voulu paroître en public avec les attributs de Bacchus, fit venir des Indes deux tigres pour les atteler à son char.

Le GUÉPARD : *Felis jubata*, Linn. ; Schreber, fig. CV. Le guépard, autrement le tigre chasseur, paroit être à peu près de la grandeur de la panthère. Le fond de son pelage est blanc jaunâtre, et il est couvert de taches noires rondes, entièrement pleines, d'un pouce de diamètre, et séparées les unes des autres par un intervalle d'une semblable étendue ; le dessous du corps est presque blanc ; une bande noire règne de l'œil au coin de la bouche ; la queue, qui descend jusqu'au bas des jambes, est couverte de taches noires ; et de longs poils, placés au-dessus du cou, forment à cet animal une sorte de crinière.

Le guépard se trouve dans toute l'Asie méridionale. Il se laisse facilement apprivoiser, car on le dresse pour la chasse. Il paroît que pour s'en servir à cet effet on le conduit en croupe, et lorsqu'on est à la portée du gibier, on le lâche; alors il s'élance, et en deux ou trois bonds il a saisi sa proie. C'est un animal que les naturalistes ne connoissent encore que très-imparfaitement, et dont on n'a point de bonnes figures.

Le Mélas; *Felis melas*, Péron. Il est de la grandeur d'une panthère, et entièrement noir. Cependant, lorsqu'on le regarde dans un certain jour, on aperçoit des taches plus noires encore, et semblables aussi à celles de la panthère.' Notre Ménagerie en a possédé un qui venoit de Java, et avoit été ramené en France par l'expédition de Baudin. C'étoit un mâle; il étoit devenu très-familier. Sa pupille conservoit toujours la forme ronde. Il est mort d'excès de graisse.

Knox, dans sa Relation de Ceylan, parle de tigres noirs; et l'on trouve, dans le Journal de Physique, la description d'une panthère noire du Bengale. On ne peut guère rapporter ces animaux qu'à l'espèce du mélas. Mais le mélas lui-même ne seroit-il pas une variété noire de la panthère ? Il paroît que dans ce genre ces sortes de variétés sont celles qui se forment des premières.

Le Chat de Java. Il est plus grand que notre chat domestique. Sa couleur est fauve-clair en-dessus et blanchâtre en-dessous, avec des taches brunes très-marquées; celles du dos sont alongées et disposées sur quatre lignes; une tache partant de l'œil et allant en arrière se recourbe pour faire une bande transverse sous la gorge, que suivent, sous le cou, deux ou trois autres bandes. Ce chat, dont la dépouille se trouve dans notre Muséum, a été rapporté de Java par M. Leschenault, et il a déjà été décrit par M. G. Cuvier dans le tome IV de ses Recherches sur les Ossemens fossiles des quadrupèdes.

Le même voyageur avoit rapporté de Java une autre espèce de chat, grand comme un petit chat, dont le pelage étoit d'un gris sale, avec de nombreuses petites taches noirâtres un peu alongées. N'est-ce pas à cette espèce que se rapporte le chat sauvage de l'Inde, de Wosmaer, pl. XIII ? Il pourroit être confondu avec le margnay; mais il est plus gris, et a des taches plus petites.

L'Asie possède, sans aucun doute, beaucoup d'autres chats qui ne se rencontrent point ailleurs. Plusieurs voyageurs en ont indiqué, mais trop vaguement pour qu'elles aient pu être inscrites au nombre des espèces de ce genre. Lhuillier parle d'un chat tigre du Bengale ; Vincent Marie, d'un chat qui approcheroit de notre serval, et qu'au Malabar on nommeroit serval et maraputé. On dit qu'à Ceylan il y a des tigres de la grandeur du dogue, dont le pelage est blanc, rayé de jaune. Buffon (Suppl., t. III) publie, d'après Edwards, la figure d'un chat à pinceau de poil aux oreilles, et à très-longue queue, qui viendroit du Bengale ; et Pallas décrit imparfaitement un chat de la Mongolie, sous le nom de *felis manul.*

Toutefois, les chats que nous venons de décrire ne sont pas les seuls qui se rencontrent en Asie ; plusieurs espèces sont communes à cette contrée et à l'Afrique, et ce sont elles qui vont actuellement nous occuper.

Le Lion : *Felis leo*, Linn. ; Ménagerie du Muséum, in-fol. Il est peu d'animaux sauvages qui soient plus connus que celui-ci, et qui aient eu des historiens plus célèbres : aussi, je me bornerai à exposer d'une manière très-succincte les points principaux par lesquels il se caractérise, et je renverrai aux auteurs qui en ont parlé, pour tout ce qui sera relatif à la peinture des traits ou des mœurs, aux vues générales ou aux discussions critiques. Buffon a représenté, dans un langage qui est devenu classique, le lion tel qu'il se présente à notre esprit, dans sa beauté, dans sa force, dans sa noblesse, dans ses actions ; M. de Lacépède a rempli la même tâche pour la lionne, dans la Ménagerie du Muséum d'Histoire naturelle, et M. G. Cuvier, dans le même ouvrage, a rappelé tout ce que les anciens connoissoient sur ces animaux. Nous ajouterons seulement qu'en lisant Buffon il faut se défendre de la magie de ses expressions, et toujours avoir présent à la pensée que les couleurs qu'il emploie pour peindre le lion, soat plutôt puisées dans le sentiment que cet animal inspire communément, que dans sa véritable nature : non pas que les faits d'après lesquels ce sentiment s'est établi soient précisément faux ; mais la plupart ont été présentés sous un faux point de vue, et ont donné naissance à de fausses idées. Le lion ressemble à tous les autres chats par son caractère comme par son organisation : et s'il a acquis une réputation de générosité, de noblesse, d'élévation, cela tient à quelques circons-

tances, mal appréciées, de ses actions : la noblesse et la puissance paroissent s'allier si naturellement, que nous commen-
çons toujours par les réunir.

Le lion est à peu près de la grandeur du tigre, c'est-à-
dire qu'il a cinq à six pieds de long, de l'extrémité du museau
à l'origine de la queue, et trois ou quatre pieds de hauteur
au garrot ; sa queue est longue, et terminée par un pinceau de
poils, et toute la partie antérieure du mâle est garnie d'une
forte crinière, dont la femelle est privée. Sa couleur est entièrement d'un fauve sale ; la pupille a constamment la forme
d'un disque. Un des traits caractéristiques du lion, est la manière dont il porte sa tête ; il la tient généralement élevée,
ce qui donne à sa physionomie quelque chose d'ouvert, de
franc, qu'on ne remarque point sur la physionomie des autres
chats. Mais ce port de tête particulier n'a pas d'autre cause que
l'épaisse crinière de son cou. La femelle, qui a le cou nu, tient
sa tête presque au niveau de son dos, comme les autres chats,
et le jeune lion ressemble, en ce point, tout-à-fait à sa mère.

Ces caractères sont plus particulièrement ceux du lion de
Barbarie ; car il paroit qu'il existe plusieurs races de lion,
si ce n'est plusieurs espèces. Les lions du Sénégal et des parties
les plus chaudes de l'Afrique ont une crinière assez peu
fournie, et leur couleur est d'un fauve plus pâle. Les anciens
paroissent avoir connu une race dont la crinière se composoit de poils très-frisés ; et il existe, dans le centre de
l'Asie, des lions sans crinière : Olivier a assuré en avoir vu
de tels à Bagdad. Les anciens parlent de lions noirs et de
lions de plusieurs couleurs. Quoi qu'il en soit, ce sont les
lions d'Afrique qui sont les mieux connus des naturalistes, et
qui ont fourni l'histoire de l'espèce. Ils sont communs dans les
ménageries. On les apprivoise quelquefois facilement ; mais
il est des individus qui restent toujours intraitables. Notre
Muséum en a possédé plusieurs, et M. de Lacépède a publié
l'histoire d'une lionne qui a donné des petits, et qui par-là
a fait connoitre un des points principaux de l'histoire de son
espèce. Cette lionne et un lion de la même portée avoient
été élevés ensemble, et vivoient dans la meilleure intelligence tant qu'ils ne mangeoient pas ; mais il falloit les séparer
lorsqu'on leur donnoit leur nourriture : dans ce moment ils

se défioient l'un de l'autre, et se menaçoient par des cris violens. A l'âge de six ans, la femelle entra en chaleur, et le
lion la couvrit. C'étoit la nuit surtout qu'ils se livroient à leur
amour. Le lion devenoit furieux, et ses mouvemens étoient
si violens, les bonds qu'il faisoit dans sa loge étoient si im-
pétueux, qu'on fut obligé d'en renforcer les cloisons. La première portée ne réussit pas. Après deux mois de gestation
un avortement eut lieu ; deux petits naquirent, mais ne vé-
curent point. Vingt jours après, la femelle redevint en chaleur;
le mâle la couvrit cinq fois dans un jour, et au bout de cent
huit jours elle mit bas trois petits bien portans, qui avoient
les yeux ouverts. Cette femelle a fait cinq portées, et elle
en auroit fait davantage, sans doute, sans la perte de son
mâle. Les lions nouveau-nés, mâles, et femelles, se ressemblent entièrement. Le fond de leur pelage, d'un roux
grisâtre, étoit coupé par un grand nombre de petites bandes
brunes transversales, très-distinctes de chaque côté du dos et
vers l'origine de la queue; et une ligne noirâtre régnoit tout
le long de l'épine. La queue n'étoit point terminée par un
flocon de poils; sa longueur étoit de 6 pouces, et celle du
corps de 12 pouces. Après une année, les jeunes lions ont
acquis la taille d'un chien de moyenne taille. A la troisième
année, la crinière commence à pousser aux mâles, et il paroît qu'ils ne sont complétement adultes qu'à la cinquième
ou à la sixième; mais à cette époque ils n'ont point encore
entièrement perdu leur livrée. Leur vie peut s'étendre jusqu'à quarante ans.

Ainsi que la chatte, la lionne avoit le plus grand soin de ses
petits ; elle les léchoit sans cesse, ne les quittoit point, et les
entretenoit dans une grande propreté. Cependant une profonde inquiétude l'agitoit souvent; il sembloit qu'un instint
secret l'excitât à vouloir les porter dans des lieux cachés, et
loin de la vue des hommes; elle les prenoit entre ses dents,
et, dans un grand état d'agitation, les promenoit pendant des
quarts d'heure entiers, ce qui a occasione la mort de plusieurs. Son gardien, qui, dans tout autre temps, pouvoit entrer dans sa loge avec elle, n'osoit plus le faire dès qu'elle avoit
mis bas.

L'allaitement duroit six mois environ, après lesquels le

rut se faisoit de nouveau sentir. Aucun des petits nés dans notre ménagerie n'a vécu au-delà d'un an ; c'est à cette époque que les canines se développent, et le travail de la dentition paroît être fort dangereux pour les lions. Dans nos climats, quelques précautions pour élever les lionceaux seroient nécessaires : la principale consisteroit à les tenir très-chaudement et de manière qu'ils ne fussent point plongés dans l'atmosphère humide et mal sain de toutes nos ménageries.

Le lion rugit ordinairement après avoir mangé, et lorsque le temps est à l'orage. Ce cri particulier n'annonce point un état violent : il semble plutôt accompagner une inquiétude vague, que partagent bientôt tous les autres lions, dès qu'elle se manifeste ; car, aussitôt que l'un commence à rugir, tous les autres l'accompagnent, et les femelles rugissent comme les mâles. Quand le lion sent les premières atteintes de la colère, il agite sa queue, et il en frappe avec une grande force lorsqu'il entre en fureur. Cependant il ne s'en sert point offensivement, comme on l'a dit : ses griffes et ses dents lui rendent le secours de cet organe très-inutile. Ce n'est pas non plus à force ouverte qu'il cherche sa proie : excepté peut-être lorsqu'une faim violente le pousse, il ne s'en approche qu'en se cachant, et ne l'attaque que par surprise. M. Barrow, qui a si bien étudié les animaux du Cap, dit : « Cet animal est « traître ; il est rare qu'il attaque ouvertement ; il s'embusque « jusqu'à ce qu'il puisse sauter sur sa proie. » Sparmann raconte qu'un jour un Hottentot vit un lion qui le suivoit, et qui n'attendoit que le moment où il s'arrêteroit pour l'attaquer. Il marcha donc jusqu'à ce qu'il fût arrivé dans un lieu très-escarpé ; là il se plaça à l'abri de l'escarpement, et, revêtissant son bâton de son habit et de son chapeau, il le tint élevé au-dessus de sa tête. Le lion, qui crut le moment convenable, s'élança, et se cassa les reins au fond d'un précipice.

On écarte la nuit ces animaux en allumant du feu, quoique ce ne soit pas toujours un moyen sûr de les effrayer. Les chevaux, les bœufs les sentent de fort loin, se rassemblent et se serrent les uns contre les autres, en éprouvant un tremblement général, et en poussant des cris lamentables. Les chiens éprouvent aussi en leur présence le plus grand effroi, mais ils gardent le silence. La chasse des lions est très-dangereuse : on se réunit en grand nombre pour les attaquer; mais le plus souvent on leur tend des piéges.

Les lions ont été très-connus des anciens. On en a vu paroître jusqu'à cinq cents à la fois dans les cirques de Rome, et on en a apprivoisé plusieurs au point de pouvoir les atteler. Marc-Antoine se montra au peuple romain dans un char trainé par deux lions.

Ces animaux étoient autrefois plus répandus qu'ils ne le sont aujourd'hui. On en trouvoit d'une très-grande taille dans les contrées qui sont actuellement connues sous le nom de Turquie d'Europe, et ils étoient communs dans l'Asie-Mineure. On n'en rencontre plus guère que dans quelques parties de la Perse et de l'Inde, et dans l'Arabie. Chardin dit cependant qu'on en trouve dans le Caucase; mais ce pourroit être une erreur. Leur véritable patrie est aujourd'hui l'Afrique: ils y sont abondamment répandus, depuis l'Atlas jusqu'au cap de Bonne-Espérance, et depuis le Sénégal et la Guinée jusqu'aux côtes de l'Abyssinie et du Mozambique.

La Panthère: *Felis pardus*, Linn.; Ménagerie du Muséum in-fol. C'est un des animaux qu'on a le plus souvent occasion de voir. La longueur de son corps est de trois pieds environ, et sa queue descend jusqu'au bas de ses jambes. Ses pupilles conservent la forme d'un disque, et sa voix ressemble au bruit de la scie. La panthère est remarquable par son beau pelage fauve jaunâtre, avec des taches noires, en forme d'yeux ou de roses sur les côtés, mais pleines sur les membres. Le ventre et les parties inférieures des cuisses et des jambes sont blancs, avec quelques taches noires. Il est à remarquer que le nombre des taches qui se suivent transversalement sur chaque flanc, est de cinq ou six: c'est par ce caractère qu'on distingue la panthère du léopard et du jaguar.

Cette espèce a les mœurs du chat: elle attaque les petites espèces de gazelles ou les petits quadrupèdes, et poursuit jusque sur les arbres ceux qui peuvent y chercher une retraite; elle y monte également pour fuir les dangers. Williamson en représente une, dans ses Chasses d'Orient, montée sur un arbre pour se soustraire à une meute qui la poursuivoit.

Les panthères sont communes en Afrique, et elles étoient très-connues des anciens. Les Grecs leur donnoient le nom de *pardalis*, et les Latins celui de *panthera*. Ils en distinguoient de deux espèces, les unes plus grandes, les autres plus petites, suivant Oppien ; et Cicéron, dans ses Lettres à Atticus, parle de panthères d'Afrique et de panthères d'Asie, comme étant d'espèces différentes. L'une étoit peut-être l'espèce suivante :

Le Léopard ; *Felis leopardus*, Linn. C'est dans notre Ménagerie qu'on a appris à distinguer cette espèce de la précédente. M. G.^d Cuvier en a fait connoître les caractères ; ils consistent dans le nombre des taches qui se suivent en lignes transverses sur les flancs de l'animal, et ce nombre est généralement de neuf ou dix. Du reste, le léopard ressemble à la panthère par la taille, par les mœurs et par tout le reste des organes ; mais on ne connoît pas encore très - exactement la patrie du premier. Il est vraisemblable qu'il est commun à l'Afrique et à l'Asie. Comme jusqu'à ces derniers temps on a confondu ces deux animaux, il n'est pas possible de désigner celui qui se trouvoit anciennement dans la Thrace, suivant Xénophon, ni de dire auquel des deux on doit rapporter ce qu'on raconte des panthères qui, aux Indes, servent encore, de nos jours, à la chasse, et qu'on conduit, les yeux bandés, dans de petits chariots, jusqu'à la vue du gibier ; alors on leur rend la liberté et la vue ; elles s'élancent, en quelques sauts se saisissent de leur proie, et, après s'être repues de sang, se laissent reprendre et attacher de nouveau. On n'a aucune bonne figure du léopard.

Le Caracal : *Felis caracal*, Linn. ; Buffon, t. IX, pl. 24. Le caracal est à peu près de la grandeur du lynx d'Europe, c'est-à-dire qu'il a deux pieds six pouces environ du bout du museau à l'origine de la queue ; celle-ci a près de quinze pouces. Sa couleur est d'un roux vineux qui pâlit aux parties inférieures du corps ; on voit sur les cuisses quelques bandes transversales d'un roux un peu plus foncé, mais peu apparentes ; le dessous de la mâchoire inférieure est blanc, et les oreilles noires, surmontées d'un pinceau de poils de la même couleur. Schaw dit que dans quelques individus le ventre est tacheté. Il paroît qu'au premier regard le caracal frappe par ses oreilles noires, ce caractère ayant souvent servi aux voyageurs pour le désigner.

Le caracal est connu dans la partie septentrionale de

l'Afrique, en Perse, et dans l'Arabie. C'est lui qui a reçu le nom de pourvoyeur du lion, parce que, suivant quelquefois cet animal pour se repaître de ses restes, on a supposé qu'il alloit à la découverte, l'avertissoit de la présence d'une proie, et que le lion, par reconnoissance, lui en laissoit une portion.

Cette espèce est vraisemblablement celle que les anciens connoissoient sous le nom de lynx : Ælien dit que les oreilles du lynx sont terminées par un pinceau de poils ; et l'animal auquel nous donnons aujourd'hui ce nom, et qui a aussi ce caractère, portoit le nom de *chama* ou de *chaux* chez les Romains, et ne paroît pas avoir été connu des Grecs.

Le CHAUS : *Felis chaus*, Guld. *Nov. Comm. Petrop.*, 10, ann. 1775, pag. 433, pl. 14, 15. Cette espèce a été découverte dans les vallées marécageuses du Caucase par Güldenstedt ; et Bruce paroît en parler comme d'un animal d'Abyssinie, sous le nom de chat botté. Le chaus, ou lynx des marais, se rapproche en effet du lynx par le pinceau de poil de ses oreilles. Sa couleur est d'un gris jaunâtre, et l'on voit quelques taches brunes sur les parties postérieures et sur les cuisses ; le dessous du corps est blanchâtre, suivant Bruce, tacheté de rouge, et la queue est annelée de noir à son extrémité. Le derrière des quatre pattes est noir, ce qui lui a valu le nom que Bruce lui a donné. Cet animal approche aussi de la taille du lynx et du caracal, avec lesquels il pourroit former une petite famille, si le pinceau des oreilles étoit pour cela un caractère suffisant ; il a entre deux pieds et deux pieds six pouces de longueur ; sa queue descend jusqu'au talon : elle a un pied. C'est cette espèce de chat dont Olivier parle sous le nom de *felis libycus*, et qu'il a fréquemment rencontré en Egypte. Bruce dit qu'il fait surtout la chasse aux pintades, et se met en embuscade pour les surprendre ; il ajoute qu'il se jette même sur le chasseur qui le presse trop vivement. Comme tous les autres chats de sa taille, on le voit souvent monter aux arbres, et y surprendre les oiseaux. Güldenstedt l'a vu faire la chasse aux oiseaux aquatiques, et guetter les grenouilles et les poissons.

Les espèces de chats connus des naturalistes, et exclusivement propres à l'Afrique, sont en fort petit nombre. Le docteur Forster a publié la figure et la description d'un chat du Cap, dans le 7.ᵉ vol des Transactions Philosophiques, et Péron en a rapporté un autre de cette contrée.

Le Chat du Cap ; *Felis capensis*, Linn. Sa longueur est de vingt-six à trente pouces, sans la queue, qui en a douze ; le fond de son pelage est fauve. Le dessus du cou, du dos et des hanches, est marqué de bandes longitudinales noires ; la queue est annelée de noir et de jaunâtre, et le reste du corps est couvert de taches plus ou moins grandes. Cet animal a les mœurs de toutes les autres espèces de petits chats.

Les académiciens de Paris, dans le tome III de leurs Mémoires pour servir à l'histoire des animaux, ont décrit, sous le nom de panthère, un animal qui venoit d'Afrique, et qui a la plus grande ressemblance avec celui de Forster ; et le chat figuré par Miller, dans ses *Cimelia Physica*, pl. 39, se rapproche aussi beaucoup du chat du Cap, qui paroît avoir de nombreux rapports avec celui de Java.

Le Chat noir du Cap est de la grandeur de notre chat domestique, d'un brun noir très-foncé, avec des bandes transversales, entièrement noires, et très-nombreuses.

Les voyageurs indiquent cependant plusieurs autres chats propres à l'Afrique. Ludolphe parle de deux animaux tigrés, d'Abyssinie, d'égale grandeur, dont l'un a de larges taches noires ; et l'autre, de petites taches en forme de roses. Bosmann dit, dans son Voyage de Guinée :

« Les tigres ne diffèrent pas beaucoup des tigres en grosseur
« (il nomme tigres tous les animaux dont le pelage est tacheté) ;
« ils se trouvent dans ce pays en très-grand nombre, de quatre
« ou cinq figures, soit par rapport à la grosseur ou aux taches :
« il peut bien y avoir parmi ces bêtes, vu leur grande diver-
« sité, des léopards, des panthères, etc. Les nègres dis-
« tinguent ces tigres par des noms. »

Barrow, dans son Premier Voyage au Cap, rapporte que les colons reconnoissent trois animaux qu'ils nomment tigres ; que l'un d'eux habite les montagnes, et un autre la plaine. Ces deux derniers ont beaucoup de ressemblance, seulement celui qui habite les montagnes est plus petit ; il a, du bout du museau à l'origine de la queue 5 pieds 6 pouces (mesure anglaise), et la queue a 2 pieds 10 pouces ; le second, qui se trouve dans la plaine, n'est qu'un peu plus grand, et plus pâle dans ses couleurs. L'un et l'autre sont couverts de taches noires, irrégulières dans leur forme, sur un fond fauve aux parties supérieures du corps, et sur un fond blanc aux parties inférieures. Une ligne noire se prolonge de la partie antérieure des épaules jusqu'à la poitrine. Le troisième reçoit des fermiers le nom de léopard ; il n'est pas aussi long que les deux autres, mais plus épais et plus fort. Sa couleur est cendrée, avec de petites taches noires ; le cou et les tempes sont couverts de long cheveux frisés, pareils à ceux de la crinière d'un lion : la queue a deux pieds ; elle est plate, verticale, tachetée dans la moitié de sa longueur, depuis la racine ; le reste est annelé. Sa figure est marquée d'une épaisse ligne noire qui s'étend depuis le coin intérieur de l'œil jusqu'à l'extrémité de la gueule. Barrow ajoute que lui et ses gens prirent un jeune de cette dernière espèce qui se familiarisa avec eux, et joua comme un jeune chat. Il y a donc encore une grande moisson de découvertes à faire parmi les espèces de ce genre, pour les voyageurs qui visiteront l'Afrique, et qui pourront mettre de l'exactitude dans leurs observations.

Il nous reste actuellement à parler des chats d'Amérique.

Le Jaguar : *Felis onça*, Linn. ; Buffon, tom. IX, fig. 11. La grande ressemblance qui existe entre la panthère, le léopard et le jaguar, a long-temps empêché qu'on ne distinguât cette dernière espèce. Buffon avoit parlé sous ce nom d'un autre animal, et les auteurs systématiques, ayant pris leur jaguar dans Marcgrave, ne l'avoient pas non plus fait connoître exactement. C'est encore dans notre Ménagerie que ses caractères distinctifs ont été reconnus. Il se trouvoit à côté d'une panthère, et la voix de ces deux animaux à peu près de même taille étoit si différente, qu'on dut conclure qu'ils n'étoient pas, comme on le pensoit, de la même espèce. Ayant reconnu ensuite que le premier avoit été amené en France d'Amérique, et le second des côtes de Barbarie, on jugea que l'un pourroit être le jaguar, et l'autre la panthère ou le léopard : car à cette époque cette dernière espèce n'avoit point encore été distinguée de l'autre. Enfin un examen attentif montra que les taches œillées qui se trouvent sur le pelage fauve du jaguar sont bien plus grandes et en bien moindre nombre ; que ces la panthère, et qu'elles ne vont guère au-delà de quatre en ligne transverse ; l'on vit ensuite que le jaguar acquéroit une taille qui approchoit de celle du lion : sa longueur est d'environ quatre pieds, et sa hauteur de deux pieds et demi ; sa queue a trente pouces. Dès ce moment, on eut des caractères fixes et précis, que M. Geoffroy. qui les avoit reconnus, décrivit dans le tome VI des Annales du Muséum. Cet animal a vécu plusieurs années; il étoit très-doux, aimoit beaucoup à lécher les mains : il est mort des suites d'un abcès qui s'étoit ouvert sous sa mâchoire inférieure. Son pelage étoit d'un fauve jaunâtre sur toutes les parties supérieures du corps ; le dessous du cou, le tour de la gueule, le ventre, l'intérieur des cuisses et des jambes, étoient d'un beau blanc. Les taches étoient noires, pleines, et de forme alongée, le long de l'épine ; en forme de rose, avec un ou plusieurs points au milieu, sur les côtés et sur les flancs ; pleines sur la tête, le cou, les épaules, les cuisses, les jambes ; en lignes transversales, sous le cou et sur la poitrine ; grandes et pleines, sous le ventre et à l'intérieur des jambes. La queue étoit tachetée, et le bout en étoit noir ; les oreilles, assez petites, avoient une bordure noire. Le dessus du nez étoit fauve et sans taches, et les commissures des lèvres noires. Les pupilles restoient toujours rondes. Sa voix ressembloit à une sorte d'aboiement rauque, et, d'après M. d'Azara, il paroîtroit que, lorsqu'il menace, il souffle à peu près comme le chat domestique. L'animal que les académiciens représentent sous le nom de tigre, me paroît être un jaguar.

C'est à ce célèbre voyageur que nous devons quelques particularités exactes sur les mœurs du jaguar à l'état sauvage. Beaucoup d'autres historiens de l'Amérique ont parlé de cet animal, mais ils n'ont donné que des détails insignifians ou de faux récits, qu'une critique, tant soit peu sévère, ne peut admettre. Il faut placer parmi ces derniers, comme le fait observer M. d'Azara, l'histoire rapportée par Sonnini d'un jaguar qui les suivit pendant plusieurs jours, et qui fuyoit avec tant de promptitude, dès qu'il se voyoit mettre en joue, qu'on ne put le tirer ; et ce qu'il ajoute ensuite du tamanoir qui étouffe le jaguar en le serrant dans ses pattes, ou qui le déchire avec ses griffes.

Cet animal a les mœurs de tous les autres chats ; lorsqu'il

n'est pas poussé par une faim violente, il est d'une défiance extrême, et n'attaque sa proie que par surprise et surtout la nuit: mais sa force est prodigieuse. M. d'Azara raconte qu'il peut emporter un cheval, et traverser à la nage, avec cette proie, une rivière large et profonde. Il habite les lieux couverts et les grandes forêts, et se cache dans les cavernes; il attaque les hommes, et n'est pas effrayé par le feu : car plus d'une fois des Indiens qui environnoient de grands brasiers, ont été attaqués par lui. Lorsqu'une troupe d'animaux ou plusieurs hommes passent à sa portée, c'est toujours sur le dernier qu'il s'élance.

Il se nourrit de toute espèce de gibier, et s'avance dans l'eau pour attraper le poisson, qu'il aime, dit-on, beaucoup. J'ai essayé une fois d'en faire manger à l'individu de notre Ménagerie, mais il le refusa; ce qui, au reste, ne seroit point une preuve que le jaguar ne peut pas s'en nourrir : on sait qu'un animal mange toujours de préférence les alimens auxquels il est habitué, et depuis long-temps le nôtre n'étoit nourri que de viande.

M. d'Azara dit que la femelle est semblable au mâle, et qu'elle met au monde deux petits qui ont le poil moins lisse que les adultes, ce qui est général pour tous les mammifères.

Les Espagnols et les Indiens le chassent avec leurs lacets, qu'ils lancent si adroitement, en courant à toute bride, qu'à cent pas ils enlacent l'ennemi qu'ils poursuivent, et le mettent hors d'état de se défendre. Ils le chassent aussi avec des meutes nombreuses ; alors l'animal monte quelquefois aux arbres pour se soustraire à leur poursuite, et il s'élance sur le chasseur qui le presse trop vivement, ou qui n'a fait que le blesser. Des Indiens sont assez hardis pour aller attaquer ce puissant animal corps à corps, armés seulement d'une lance. Il paroît qu'ils s'enveloppent un bras avec une peau de mouton, au moyen de laquelle ils évitent la première atteinte du jaguar, et, au moment où celui-ci s'élance, ils lui enfoncent leur arme dans la poitrine: mais tôt ou tard ils sont victimes de leur témérité.

Cette espèce donne naissance à des variétés noires et à des races albines. M. d'Azara en parle, et M. Geoffroy a rapporté

une peau de jaguar noire du Portugal. C'est de cette variété
que Marcgrave a parlé sous le nom de jaguarété.

Les peaux de jaguar sont assez recherchées. Il fut un temps
où elles faisoient un objet de commerce fort considérable ;
mais le nombre de ces animaux a diminué, et l'on en tue
beaucoup moins aujourd'hui.

Le Cougouar : *Felis discolor*, Linn. ; Buffon, t. IX, pl. XIX.
M. d'Azara, qu'on citera toujours, dès qu'on parlera des
animaux qu'il a décrits, dit que cette espèce de chat a près
de quatre pieds de longueur, ce qui la rapproche beaucoup,
pour la taille, de l'espèce précédente. Sa queue a vingt-six
pouces, et elle est de la hauteur de l'animal. Sa couleur, aux
parties supérieures, est d'un fauve sale semblable à celui du
lion de Barbarie ; aussi a-t-il reçu le nom de lion d'Amérique.
Les parties inférieures sont plus pâles ; le ventre est cannelle, et
l'intérieur des cuisses est blanchâtre. Le museau, à l'endroit
des moustaches, est noir, ainsi que le derrière des oreilles,
dont le bout est aussi noir, et l'intérieur blanc. La mâchoire
inférieure et les lèvres sont blanches ; il y a une tache blanche
au-dessus de l'angle antérieur de l'œil, et une autre au-dessous
de cet angle.

Malgré sa grandeur, cet animal paroît être encore plus
défiant que les autres chats ; il n'ose attaquer que les petits
animaux, et n'est guère plus dangereux que le chat sauvage,
dont il a presque les mœurs. Il se tient de préférence dans les
lieux remplis de broussailles, et monte fréquemment aux
arbres, d'où, dit-on, il descend d'un seul saut ; ce qui seroit
le contraire des autres espèces de ce genre. Il menace aussi en
soufflant, et exprime son contentement par le bruit sourd
que font entendre nos chats domestiques lorsqu'on les caresse.
Quand il ne mange pas toute sa proie, il en cache les restes
avec soin, ou dans la terre ou sous la paille, et va les retrouver
lorsque la faim le presse de nouveau.

La femelle met bas deux ou trois petits, qui, à dix-huit
mois, ont trente-quatre pouces de longueur. Elle ne diffère
point du mâle, et quelquefois ils chassent ensemble. Ils aiment
particulièrement le sang, ce qui fait qu'ils tuent beaucoup plus
d'animaux qu'ils n'en mangent. C'est une habitude qu'ils partagent avec la plupart des petits carnassiers ; et l'on a envisagé ces

animaux sous un point de vue très-faux, lorsqu'on a prétendu établir sur ce fait qu'ils étoient plus féroces et plus cruels que les espèces qui ne tuent chaque fois qu'un animal : les uns et les autres ne cherchent également qu'à assouvir leur faim et à satisfaire leur appétit. Un cougouar qu'on avoit châtré, étoit devenu, au rapport de M. d'Azara, extraordinairement gras, et sa paresse étoit fort grande; mais il s'étoit très-apprivoisé: il n'étoit dangereux que pour la volaille, et il ne cherchoit point à s'échapper et à recouvrer sa liberté ; ses manières étoient entièrement celles du chat domestique, soit qu'il guettât sa proie, soit qu'il mangeât, soit qu'il se mît en colère.

Tel est le cougouar décrit par M. d'Azara. Notre Ménagerie en a possédé deux qui ne lui ressembloient pas entièrement. Ils étoient moins grands, et, quoique très-adultes, ils n'ont jamais acquis plus de trois pieds de longueur sans la queue, et plus de dix-huit pouces de hauteur; la queue avoit au moins vingt pouces. Le bout du museau étoit blanc, comme le dessous de la mâchoire inférieure, et les taches noires et blanches de la face, dont parle M. d'Azara, étoient peu apparentes dans les individus que j'ai examinés. Lorsqu'ils étoient jeunes, ils étoient couverts de taches d'un fauve plus foncé que leur pelage, et à peu près semblables, pour la forme et pour le nombre, à celles de la panthère. Ces taches ont en partie disparu avec l'âge, et c'est sur les pattes de derrière qu'elles se sont conservées le plus long-temps. Leur pupille étoit ronde.

Ces animaux, extrêmement doux, surtout pour leurs gardiens, avoient, comme le dit M. d'Azara de ceux qu'il a vus. toutes les habitudes de nos chats domestiques.

L'OCELOT : *Felis pardalis*, Linn.; Buff., v. XIII, pl. 35 et 36. le CHIBIGOUAZOU de d'Azara. L'ocelot est une des plus jolies espèces de ce genre. Sa longueur est de trente-quatre pouces environ, sans la queue qui en a douze, et sa hauteur à peu près de dix-huit. Le fond de son pelage, gris-roussâtre sur le dos, est marqué de bandes longitudinales noires de chaque côté de l'épine, et fauves bordées de noir sur les côtés ; la queue, blanche en-dessous, a des taches noires en-dessus, semblables à celles du dos.

Les parties inférieures du corps sont blanches, avec des taches noires, plus grandes et de forme irrégulière entre les pattes de devant; la nuque a quatre bandes noires qui commencent entre les oreilles et descendent sur le cou; le derrière des oreilles est noir, et l'intérieur blanc. De la partie postérieure de l'œil naît une bande noire qui s'unit, au-dessus de l'oreille, avec une autre bande qui vient des moustaches. M. d'Azara, de qui nous tirons cette description, observe que ces couleurs varient, qu'elles ne sont pas aussi marquées sur tous les individus, et que l'on trouve des chibigouazous plus petits les uns que les autres.

Ces animaux s'apprivoisent aisément, et ont toutes les mœurs du chat domestique. Ceux que M. d'Azara a vus déposoient leurs excrémens dans l'eau qu'on leur donnoit à boire. Ils sont très-difficiles à prendre, se tiennent cachés dans les broussailles les plus épaisses, et ne sortent que la nuit. Leurs yeux ont la pupille alongée, comme je m'en suis assuré sur un individu qu'a possédé notre Ménagerie. Il paroît que le mâle et la femelle vivent dans le même canton, et que celle-ci met bas deux petits. Ce sont des animaux qu'on rendroit très-aisément domestiques. M. d'Azara en a vu un qui étoit libre, qui aimoit son maître, et qui ne cherchoit point à s'échapper : il n'avoit conservé de son premier état que le goût de la rapine. L'ocelot se rencontre abondamment au Paraguay.

M. G. Cuvier pense, contre l'avis de M. d'Azara, qu'on devroit regarder comme une espèce différente de celle que nous venons de décrire, le *tlalco-ocelotl* de Hernandez, qui se distingue par des taches plus petites et plus nombreuses que celles du chibigouazou. Ce seroit cette espèce que Buffon auroit représentée sous le nom de jaguar, tom. IX, pl. 18, et Suppl. III, pl. 59; Schreber, dans sa planche CII; et Pennant, dans sa planche XXXI, fig. 1. Cette espèce seroit plus commune au Mexique.

Le Lynx du Canada : *Felis canadensis*, Geoff.; Buff., Suppl. III, p. 44. La longueur de cet animal est d'environ deux pieds et demi, et sa queue a quatre pouces; mais la longueur des poils la fait paroître plus courte. Ses mœurs sont celles de tous les chats. Les adultes sont d'un gris blanchâtre en-dessus, quelquefois sali par une teinte jaunâtre; la queue est grise à sa base, et noire à son extrémité; le dessous du corps est blanchâtre, ainsi que la face intérieure des membres. Les poils sont remarquables par leur longueur et leur épaisseur, et donnent à cet animal un air lourd et trapu qui s'écarte un peu de la physionomie caractéristique des espèces de ce genre. Les individus jeunes ont quelques taches brunes, parce que les petits naissent vraisemblablement tachetés. Les oreilles sont terminées par un long pinceau de poil, ce qui lui a fait donner le nom de lynx. Cette espèce se trouve dans l'Amérique septentrionale.

Le CHAT CERVIER : *Felis rufa*, Guld.; Schreber, p. 109. Cette espèce est un peu plus petite que la précédente : sa tête et son dos sont roux-foncé, avec de petites mouchetures d'un brun noirâtre; sa gorge est blanchâtre; sa poitrine et son ventre sont d'un blanc roussâtre, et les membres de la couleur rousse du dos, avec des ondes brunâtres légères; la lèvre supérieure a quelques lignes noires sur un fond blanc roussâtre; le nez est aussi roussâtre, et il y a un peu de blanc autour de l'œil : les oreilles sont terminées par un pinceau de poil.

Cette description est celle qui a été faite par M. G. Cuvier, sur l'individu du Muséum. La queue a cinq à six pouces de long. Cette espèce paroit moins s'avancer vers le nord que la précédente.

Le SERVAL : *Felis serval*, Linn.; Ménag. du Mus., in-fol. On connoissoit cette espèce de chat depuis fort long-temps : les académiciens en avoient donné une bonne figure sous le nom de chat-pard, et c'est peut-être cette espèce que Buffon a décrite aussi sous le nom de serval : mais il le croyoit des Indes orientales, et on n'avoit eu aucun renseignement sur la patrie de l'individu que notre Ménagerie a possédé, et que M. G. Cuvier fait connoître dans la description des animaux de cet établissement. Les académiciens avoient aussi laissé ignorer la patrie de leur chat-pard. C'est à M. d'Azara qu'on doit de savoir que le serval dont nous parlons ici est originaire de l'Amérique méridionale, et particulièrement du Brésil. Sa taille est celle du chat sauvage, et il en a aussi les goûts, les mœurs, les habitudes. Sa couleur est fauve en-dessus, et le dessous du corps est blanchâtre : de nombreuses taches noires sont répandues partout. La queue descend jusqu'au talon; sa longueur est de neuf pouces : quant à la couleur, elle est comme le reste du corps : le bout en est noir.

l'individu qu'a possédé la Ménagerie, étoit très-féroce; il voit appartenu à des montreurs d'animaux qui s'étoient plu à l'irriter, comme il leur arrive toujours, dans l'espoir d'exciter davantage la curiosité publique.

L'IAGUARONDI : *Felis jaguarondi*; d'Azara, Voyage, pl. X. Il a environ trente pouces de longueur, et sa couleur est par tout le corps d'un noir brun, à reflets blanchâtres. Les poils sont alternativement annelés de noir et de blanc. La queue descend jusqu'au bas des jambes. Il paroîtroit, d'après ce que dit M. d'Azara, que la pupille conserve toujours la forme d'un disque. Cet animal habite les bords des forêts, et a toutes les mœurs des petites espèces de chats.

Le MARGUAY : *Felis tigrina*, Linn.; Buffon, tom. XIII, pl. 58. Cette petite espèce, dont la longueur ne va guère au-delà d'un pied, est gris jaunâtre en-dessus, blanchâtre en-dessous, avec des taches noires alongées. On voit sur sa tête deux lignes brunes qui vont des yeux à l'occiput. La queue est annelée irrégulièrement de noir et de fauve. Il se trouve dans l'Amérique méridionale.

L'EYRA ; *Felis eyra*. C'est encore à M. d'Azara que les naturalistes doivent la connoissance de cette petite espèce de chat, dont la longueur ne va pas au-delà de vingt pouces ; la queue en a onze. Tout le pelage est d'un roux-clair, excepté la mâchoire inférieure, une petite tache de chaque côté du nez, et les moustaches qui sont blanches. Ses mœurs et ses habitudes sont celles des chats domestiques. Les femelles mettent au monde deux ou trois petits.

Le PAJEROS ou PAMPA ; *Felis pajeros*. Son corps a vingt pouces environ de longueur, et la queue dix. Son pelage doux est remarquable par sa longueur ; il est d'un brun-gris très-clair en-dessus et blanc en-dessous. On voit sur le dos et les côtés des bandes brunes longitudinales, et sur les parties inférieures des bandes transversales, également brunes ; mais toutes ces taches sont très-peu sensibles. Ce chat paroît habiter de préférence les climats tempérés de l'Amérique méridionale. M. d'Azara dit ne l'avoir jamais rencontré en-deçà du 5o.ᵉ degré. Il habite les lieux découverts.

On trouve encore beaucoup d'autres chats indiqués comme appartenans à l'Amérique ; mais, n'étant point décrits comparativement avec les autres, et n'ayant jamais été figurés, tout ce que nous pourrions en dire auroit assez peu d'intérêt.

Ainsi M. d'Azara parle d'un chat de la grandeur de notre chat domestique, qui est entièrement noir. Molina désigne un chat fauve, couvert de petites taches noires, auquel il donne le nom de *guigna*; et il nomme *colo-colo* un autre chat blanchâtre, avec des taches irrégulières, noires et fauves. Buffon a donné, dans ses Supplémens, tom. III, planche 43, la figure d'un grand chat qu'il nomme chat sauvage de la Nouvelle-Espagne, dont le pelage est blanchâtre et tacheté de noir. Le même auteur parle d'un chat de la Caroline qui a des rapports avec le serval, et Pennant a décrit un chat de montagne qui ressemble aussi au *felis tigrina*. De nouvelles observations sont nécessaires pour faire connoître l'histoire de ces animaux, dont l'existence, comme espèces particulières, est encore conjecturale.

Chats fossiles. M. G. Cuvier a reconnu, parmi les fossiles qu'on trouve dans quelques cavernes de Franconie, et principalement dans celles de Gaylenreuth, des os qui paroissent avoir plus de rapports avec ceux du jaguar, qu'avec ceux d'aucune autre espèce de chat.

Chat. Ce nom a souvent été donné, accompagné d'un autre nom, à diverses espèces du genre Chat et à des mammifères étrangers à ce genre. Ainsi, on a nommé Chat bisaam et Chat de Constantinople, la genette; Chat musqué, la civette : Chat épineux, le coendou; Chat-marin, un phoque; Chat volant et Chat-singe-volant, un galéopithèque, etc.; et l'on a appelé Chat a crinière, le guépard; Chat-pard, le serval; Chat a oreille noire, le caracal, etc. (F. C.)

CHATA. (*Ornith.*) Voyez Cata. (Ch. D.)

CHATAF. (*Ornith.*) Les Hébreux désignoient sous ce nom et sous ceux de *chatas* et *chauras*, les hirondelles considérées génériquement. (Ch. D.)

CHÂTAIGNE (*Bot.*), fruit du châtaignier. On donne ce nom à d'autres graines qui ressemblent à la châtaigne ordinaire, soit par la substance farineuse ou pâteuse qu'elles contiennent, soit par la nature coriace de leur enveloppe intime. Ainsi, la mâcre, *trapa*, que l'on mange, est nommée *châtaigne d'eau*, *châtaigne cornue*, parce qu'elle croît dans l'eau, et que son fruit est entouré de quatre pointes ou cornes. Le *brabey*, *brabeium*, est la *châtaigne sauvage du cap de Bonne-Espérance*. Une espèce d'acacia, *mimosa scandens*, à gousses très-grandes et à graines orbiculaires comprimées, souvent larges de deux pouces, et couvertes d'une peau solide et coriace, que l'on connoît sous le nom de cœur de saint Thomas, porte aussi celui de *châtaigne de mer*. On nomme *châtaigne du Brésil*, des graines contenues dans le fruit d'un grand arbre de l'Amérique méridionale, décrit par MM. Humboldt et Bonpland, sous le nom de *bertholletia*, et rappelé dans le Supplément du quatrième volume de ce Dictionnaire. (J.)

CHATAIGNE D'EAU. (*Bot.*) Voyez Macre. (L. D.)

CHATAIGNE DE MER. (*Echinod.*) C'est le nom que, par suite d'une ressemblance assez grossière, on donne, dans plusieurs provinces de la France, aux oursins. (De B.)

CHATAIGNE DE TERRE. (*Bot.*) Voyez Terre-Noix. (L. D.)

CHATAIGNE NOIRE. (*Entom.*) Geoffroy a désigné sous ce nom un petit insecte noir, voisin des criocères, dont le corselet et les élytres sont hérissés d'épines. Voyez Hispe noire. (C. D.)

CHATAIGNIER (*Bot.*), *Castanea*, Tournef, genre de plantes dicotylédones, apétales diclines, de la famille des amentacées, Juss., et de la *monoécie polyandrie*, Linn., dont les principaux caractères sont les suivans: fleurs monoïques, disposées en chatons très-alongés, grêles; quelques femelles occupant la base du chaton, et les fleurs mâles garnissant le reste de son étendue. Chaque fleur mâle en particulier, est composée d'un périanthe à cinq divisions, et de douze étamines ou environ. Chaque fleur femelle présente un périanthe d'une seule pièce, denté au sommet, tout hérissé en dehors d'écailles subulées; trois ovaires supérieurs, dentés à leur sommet, et terminés chacun par six à huit styles. Le péricarpe est formé par le périanthe, qui prend de l'accroissement après la floraison, et qui renferme une à trois noix, vulgairement nommées châtaignes, contenant chacune une seule graine farineuse.

Ce genre ne renferme que deux espèces, qui forment des arbres ou des arbrisseaux à feuilles simples et alternes.

1.° Chataignier commun: *Castanea vulgaris*, Lam., Dict. enc., 1, p. 708; Nouv. Duham., 3, p. 66, t. 19. Cette espèce est un

grand arbre dont le tronc devient souvent très-gros. Ses rameaux sont garnis de feuilles alternes, oblongues-lancéolées,
pétiolées, glabres des deux côtés, luisantes en-dessus, bordées
de grandes dents aiguës : ces feuilles sont longues de cinq à sept
pouces, et larges d'un pouce et demi à deux pouces. Les chatons naissent dans les aisselles des feuilles supérieures des jeunes
rameaux ; ils sont grêles, presque aussi longs que les feuilles.
Le pollen qui s'échappe des nombreuses fleurs mâles est abondant, et répand une odeur forte. Aux fleurs femelles qui, en
petit nombre, garnissent la partie inférieure de chaque chaton, succèdent des fruits arrondis, hérissés de nombreuses
pointes piquantes, et contenant chacun une, deux ou trois
châtaignes. Les fleurs de cet arbre paroissent au commencement de l'été, et ses fruits sont mûrs vers le milieu de l'automne.

Le châtaignier commun croit naturellement dans les forêts
de l'Europe, principalement dans les lieux montagneux, et
il se retrouve dans une grande partie des Etats - Unis d'Amérique. On en connoît deux variétés principales, l'une qui est
l'arbre sauvage venant spontanément dans les bois, et une autre
dont les fruits, améliorés par la culture, sont récoltés comme
alimentaires. Cette dernière variété présente elle-même plusieurs sous-variétés qui ont reçu chacune un nom particulier
dans les pays où l'on cultive beaucoup de châtaigniers, et dont
la plus estimée est celle dont la châtaigne, connue sous le nom
de marron, est très-peu ou point du tout aplatie, presque entièrement ronde, grosse, et d'une saveur très-agréable.

Au temps de Pline, les Romains connoissoient déjà huit
variétés de châtaignes qui portoient toutes des noms différens,
et dont les meilleures venoient de Tarente et de Naples. Selon
le même auteur, les premières châtaignes étoient originaires
de Sardes, ce qui ne doit s'entendre que de celles améliorées
par la culture : c'est de là que le nom de glands sardiens leur
avoit été donné par les Grecs ; et ceux-ci appelèrent même
par la suite glands de Jupiter ceux de ces fruits que la culture
avoit le plus perfectionnés. Cependant il paroît que les châtaignes étoient peu estimées à Rome, et Pline, à ce sujet,
trouve surprenant qu'on fit si peu de cas d'un fruit que la
nature avoit pris tant de soin de mettre à couvert. On pré-

féroit d'ailleurs les manger rôties que cuites de toute autre manière, et dans les temps de disette on les réduisoit en farine pour en faire une sorte de pain.

Le châtaignier occupe un des premiers rangs parmi les arbres de nos forêts ; il a un port majestueux, et parvient quelquefois à une grosseur prodigieuse. D'après le témoignage de plusieurs voyageurs, il existe un arbre de cette espèce sur le mont Etna, en Sicile, qui surpasse, sous le rapport de la grosseur, tous les autres végétaux connus, même les baobabs d'Afrique. Jean Houel (dans son Voyage, fait en 1776, aux îles de Sicile, de Malte et de Lipari, vol. 2, pag. 79, pl. 114) a donné ainsi qu'il suit l'histoire et les dimensions de cet arbre merveilleux : « Nous partîmes d'Aci-Reale pour aller voir le châtaignier qu'on appelle des cent chevaux........... Nous passâmes par Saint-Alfio et Piraino, où les arbres sont communs, et où l'on trouve de superbes futaies de châtaigniers. Ils viennent très-bien dans cette partie de l'Etna, et on les y cultive avec soin : on en fabrique des cercles de tonneaux, dont on fait un commerce assez considérable.... La nuit n'étant pas encore venue, nous allâmes voir d'abord le fameux châtaignier, objet de notre voyage. Sa grosseur est si fort au-dessus de celle des autres arbres, qu'on ne peut exprimer la sensation qu'on éprouve en le voyant. Après l'avoir bien examiné, je commençai à le dessiner.... Je continuai le lendemain à la même heure, et je le finis totalement d'après nature, selon ma coutume. La représentation que j'en donne est un portrait fidèle. J'en ai fait le plan, afin de démontrer la possibilité qu'un arbre ait cent soixante pieds de circonférence. Je me fis raconter l'histoire de cet arbre par les savans du hameau.

« Cet arbre s'appelle châtaignier des cent chevaux, à cause de la vaste étendue de son ombrage. Ils me dirent que Jeanne d'Aragon, allant d'Espagne à Naples, s'arrêta en Sicile, et vint visiter l'Etna, accompagnée de toute la noblesse de Catane : elle étoit à cheval, ainsi que toute sa suite. Un orage survint ; elle se mit sous cet arbre, dont le vaste feuillage suffit pour mettre à couvert de la pluie cette reine et tous ses cavaliers. C'est de cette mémorable aventure, ajoutent-ils, que l'arbre a pris le nom de châtaignier des cent chevaux ; mais les savans qui ne sont point de ce hameau prétendent que jamais aucune Jeanne d'Aragon n'a visité l'Etna, et ils sont persuadés que cette histoire n'est qu'une fable populaire.

« Cet arbre si vanté, et d'un diamètre si considérable, est entièrement creux, car le châtaignier est comme le saule : il subsiste par son écorce ; il perd en vieillissant ses parties intérieures, et ne s'en couronne pas moins de verdure. La cavité de celui-ci étant immense, des gens du pays y ont construit une maison où est un four pour faire sécher des châtaignes, des noisettes, des amandes, et autres fruits que l'on veut conserver : c'est un usage général en Sicile. Souvent, quand ils ont besoin de bois, ils prennent une hache, et ils en coupent à l'arbre même qui entoure leur maison ; aussi, ce châtaignier est dans un grand état de destruction.

« Quelques personnes ont cru que cette masse étoit formée de plusieurs châtaigniers qui, pressés les uns contre les autres, et ne conservant plus que leur écorce, n'en paroissent qu'un seul à des yeux inattentifs. Ils se sont trompés ; et c'est pour dissiper cette erreur que j'en ai tracé le plan géométral. Toutes les parties mutilées par les ans et la main des hommes m'ont paru appartenir à un seul et même tronc ; je l'ai mesuré avec la plus grande exactitude, et je lui ai trouvé cent soixante pieds de circonférence. »

L'attention et le soin avec lesquels le voyageur cité décrit cet arbre, et l'inspection de la figure qu'il en a donnée, ne permettent pas de supposer qu'il soit formé de la réunion de plusieurs troncs ; et, ce qui doit surtout faire croire le contraire, c'est que Houel dit positivement qu'on trouve dans les environs plusieurs autres arbres de la même espèce, très-beaux et très-droits, qui ont trente-huit pieds de tour, et qu'un d'eux en a jusqu'à soixante-quinze. Quel âge peuvent avoir de tels arbres ? c'est ce qu'il est bien difficile d'éclaircir : en supposant, toutefois, que chaque année leurs couches concentriques se soient accrues d'une ligne en épaisseur, ce qui est peut-être beaucoup trop (car on sait que, lorsque les arbres ont acquis une certaine grosseur, leur accroissement se ralentit extraordinairement), le châtaignier aux cent chevaux auroit trois mille six cents à quatre mille ans ; mais il est probablement beaucoup plus vieux.

Le plus gros châtaignier que l'on connoisse en France, paroît être celui qui existe dans le département du Cher, près de Sancerre : cet arbre a trente pieds de circonférence à hauteur d'homme. Il y a six cents ans, dit-on, qu'il portoit déjà le nom de gros châtaignier. On lui suppose mille ans d'âge. Son tronc est parfaitement sain, et il rapporte, chaque année, une quantité immense de fruits.

Le châtaignier étoit autrefois, dit-on, plus commun en France qu'il ne l'est aujourd'hui. On en trouve encore des forêts dans les Vosges, le Jura, les montagnes des environs de Lyon, les Pyrénées, les Cevennes, le Limousin, et le Périgord. Les collines sablonneuses des environs de Paris en sont couvertes.

Cet arbre se plait sur le penchant des coteaux, dans les terres légères et caillouteuses qui ont beaucoup de fond ; il languit dans celles dont le tuf est à deux ou trois pieds de profondeur, et il ne peut venir ni dans un sol marécageux ni dans celui qui est calcaire.

Le châtaignier ne se multiplie que de graines ; on n'est pas dans l'usage aujourd'hui de le provigner, ainsi qu'il paroît qu'on le faisoit au temps de Pline. On sème les châtaignes ou pour former des taillis et des forêts, ou pour faire des pépinières destinées à fournir des sujets pour greffer les meilleures variétés, dont on fait usage comme alimentaires.

Lorsqu'on veut convertir en un bois de châtaigniers un terrain inculte, il faut commencer par couper toutes les broussailles, par arracher toutes leurs racines, et ameublir ensuite la terre par deux labours profonds, dont le dernier se fait au moment de pratiquer le semis. Il y a deux époques pour semer les châtaignes : la première pendant l'automne, peu de temps après la maturité du fruit, et la seconde à la fin de l'hiver, lorsque les plus fortes gelées sont passées. En semant en automne, on a à craindre les mulots, les campagnols, qui souvent font un grand ravage dans les semis pendant l'hiver ; mais cependant cette époque est plus favorable, parce qu'elle est plus naturelle : en outre elle dispense du soin de mettre les châtaignes en jauge dans du sable, où l'on en perd beaucoup, parce qu'elles y moisissent ou se dessèchent, ou que, venant à germer, elles demandent par suite plus de précaution, au moment de les mettre en terre, afin de n'en pas briser le germe.

On doit toujours choisir pour semer les plus grosses et les meilleures châtaignes. On les place de trois sillons en trois sillons, à la distance de trois pieds, deux ou trois ensemble, et lorsque tout le champ est convenablement garni de semences, on y fait passer la herse afin de les recouvrir de terre. Les sarclages et les binages sont indispensables pendant les deux ou trois premières années, afin d'extirper les mauvaises herbes, et les empêcher d'étouffer les jeunes semis. Au bout de trois ans la plantation ne demande plus de soins particuliers : les arbres sont assez forts.

Pour faire une pépinière de châtaigniers, il faut choisir un emplacement dont la nature du sol leur convienne, et qui soit, autant que possible, abrité des vents par des haies vives ou par des arbres. On dispose le terrain par planches de six à sept pieds de largeur, après l'avoir rendu bien meuble par des labours suffisans. On trace ensuite, à six pouces les unes des autres, de petites rigoles de deux pouces et demi à trois pouces de profondeur ; on y place les châtaignes une à une, en les écartant de trois pouces les unes des autres, et on les recouvre de terre au moyen du râteau. Avec les soins ordinaires pour les pépinières, le semis peut rester en place pendant deux ans ; mais, à la fin de la seconde année, les jeunes châtaigniers ont besoin d'être transplantés dans une autre partie de la pépinière, où on les place à deux pieds les uns des autres en tout sens. C'est là qu'ils doivent rester quatre ou cinq ans, jusqu'à ce qu'ils aient acquis assez de force pour être plantés à demeure.

Les châtaigniers sont bons à mettre en place quand ils ont acquis sept à huit pieds de haut, et cinq à six pouces de tour par le bas. Ces arbres sont de nature à prendre un grand accroissement, et doivent être plantés à des distances proportionnées à l'étendue des rameaux qu'ils pourront avoir un jour ; ce n'est pas trop de les mettre à trente ou quarante pieds les uns des autres. Quand on doit les greffer, il faut leur couper la tête en les plantant, parce qu'on obtient par-là un nouveau jet de jeune bois sur lequel il est plus facile de pratiquer la greffe en flûte, seule espèce de greffe qui soit en usage pour les châtaigniers. Ceux qu'on ne greffe point s'élèvent davantage ; ils atteignent à la hauteur

des plus grands arbres des forêts : mais leurs fruits sont rarement aussi gros et aussi abondans que ceux des châtaigniers
greffés.

La transplantation de ces arbres, aussitôt après la chute
des feuilles, est de beaucoup préférable à celle qu'on ne fait
qu'en février et mars. A la première époque, il est plus facile
d'avoir le choix du jour, et l'on peut prendre par conséquent
le moment où la terre n'est ni trop mouillée ni trop sèche :
comme la terre s'affaisse naturellement pendant l'hiver, elle
s'unit plus intimement aux racines ; l'eau des pluies filtre
plus facilement à travers un terrain nouvellement remué, le
pénètre plus profondément, et y entretient une humidité salu-
taire aux racines des arbres. Lorsqu'on diffère, au contraire,
la transplantation jusqu'à la fin de l'hiver, l'humidité s'échappe
plus facilement d'une terre fraîchement remuée, et s'il ne
survient pas de pluies, l'arbre, planté dans un sol plus ou
moins sec, y languit faute d'une nourriture convenable, que
ses racines, encore peu unies à la terre, ne sauroient y puiser.

Le châtaignier commence à rapporter quatre à cinq ans, après
avoir été greffé, et son produit va toujours en augmentant
d'année en année jusqu'à l'âge le plus avancé, dont il est difficile
de fixer le terme, ainsi que nous l'avons dit plus haut. Les
vieux châtaigniers sont d'ailleurs fort sujets à la carie, et
on en trouve très-fréquemment dont l'intérieur est entièrement creux par l'effet de cette maladie. Pour s'opposer à ses
progrès, on est dans l'usage, dans les Cevennes et dans le
département de l'Allier, de ramasser de la bruyère et d'autres
végétaux combustibles, que l'on enflamme dans la cavité
même de l'arbre, jusqu'à ce que sa surface intérieure soit
complétement charbonnée. Il arrive très-rarement qu'il périsse
par l'effet de cette opération, et l'on voit constamment ce
moyen suspendre l'effet de la carie.

Le bois de châtaignier est peu estimé pour le chauffage ;
mais, comme il a beaucoup d'autres qualités utiles, il est
très-avantageux de le multiplier, et ses produits ont de quoi
dédommager amplement le propriétaire. Il fait de bon bois
de charpente, et on l'emploie souvent à la construction des
maisons, à la place du chêne : on a même cru, pendant
long-temps, que les charpentes de plusieurs grands édifices

étoient de châtaignier; mais on a reconnu depuis qu'elles étoient de chêne à grappes. Employé tout vert dans l'eau, il y devient presque incorruptible, pourvu qu'il y soit toujours plongé; aussi, les tuyaux qu'on en fabrique pour la conduite des eaux, durent-ils un temps infini étant enterrés. Dans plusieurs pays on en fait des tonneaux pour mettre le vin; et on assure qu'il communique à cette liqueur moins de goût que les autres bois, et qu'il en laisse moins évaporer la partie spiritueuse, parce qu'il a le grain plus fin et plus serré.

Les taillis de châtaignier sont également d'un fort bon rapport : on les coupe tous les sept à huit ans, pour en faire des lattes à treillage, des cerceaux pour tonneaux; tous les douze à quatorze ans, pour faire des cercles de cuves (lesquels résistent à l'humidité des caves beaucoup plus long-temps que ceux des autres bois); à vingt-cinq ans, on s'en sert pour pieux et charpentes légères; enfin, on en fait d'excellens échalas pour les vignes, et sous ce rapport les taillis de ce bois, dans le voisinage des vignobles, sont très-utiles. Les avantages dont le châtaignier peut être sous ce rapport, sont connus depuis long-temps, car Pline dit à ce sujet : « Un arpent de châtaigniers peut fournir assez d'échalas pour vingt arpens de vignes, et ils durent jusqu'au-delà du temps où se fait l'autre coupe des arbres qui les ont produits. »

Dans l'Amérique septentrionale, on emploie le châtaignier à faire des pieux, des barres qui servent pour former la clôture des champs cultivés, et qui, assure-t-on, durent quelquefois plus de cinquante ans. On en fait aussi des bardeaux très-supérieurs en qualité à ceux de plusieurs espèces de chênes. Il n'est pas en usage, comme en France, pour cercler les cuves et les tonneaux; mais on en fait, dans certains cantons, du charbon qu'on préfère dans les forges à celui des autres bois.

La récolte des châtaignes est plus ou moins abondante; mais il est rare qu'elle manque entièrement : c'est à la fin d'octobre et au commencement de novembre qu'elle se fait. Quand on attend que ces fruits soient parfaitement mûrs, leur péricarpe, que l'on nomme vulgairement le hérisson ou la bourre, s'ouvre naturellement, et les châtaignes tombent à terre, où il faut avoir le soin de les ramasser tous les jours pour les mettre en tas jusqu'à ce qu'on les serre au grenier ; mais les fruits recueillis de cette manière ne sont pas de garde. Pour avoir les châtaignes long-temps fraiches, il vaut mieux les abattre doucement à coups de gaule, un peu avant leur maturité ; elles tombent alors avec leur hérisson, et on les met en tas jusqu'à ce que celui-ci s'ouvre pour laisser sortir le fruit.

Les plus belles variétés de châtaignes, connues sous le nom de marrons, se mangent après qu'on les a fait cuire dans une poêle percée de trous, et exposée à la chaleur d'un feu clair ; grillées de cette manière, on les sert sur les meilleures tables. Les confiseurs en font confire ou glacer au sucre. Plus simplement, on les fait rôtir sous la cendre chaude, ou bouillir dans l'eau. Ce n'est ordinairement que les moindres variétés qu'on prépare de cette manière, et dont le peuple fait la principale consommation.

Les meilleurs marrons viennent du Dauphiné et des environs du Luc en Provence.

Dans le Limousin, où les châtaignes servent d'aliment à une grande partie des habitans des campagnes, on a, de temps immémorial, un procédé particulier pour les préparer et les faire cuire. On enlève d'abord avec un couteau, l'enveloppe extérieure qui est coriace, et qui se détache assez facilement par parties. On remplit ensuite d'eau jusqu'à moitié, une grande marmite de fonte mise sur le feu ; et lorsque l'eau est bouillante, on y jette les châtaignes pelées dès la veille, afin de leur enlever la seconde peau qui est très-adhérente à leur substance, et qui est comme collée dessus, parce qu'elle s'insinue dans les fentes creusées dans la surface de ce fruit. On laisse la marmite sur le feu en remuant les châtaignes avec une écumoire jusqu'à ce que l'eau chaude ait pénétré la substance de cette peau, qu'on appelle *tan*, et jusqu'à ce qu'elle ait produit un gonflement qui détruit son adhérence au corps de la châtaigne. Lorsqu'en comprimant les châtaignes entre les doigts, elles s'échappent par la compression, en se dépouillant de tout leur tan sans autre effort, on retire la marmite du feu, et on les remue au moyen d'un instrument de bois nommé *déboiradour*, et qui est composé

de deux barres de bois attachées en forme de croix de saint
André, au milieu de leur longueur, par une cheville qui
laisse aux bras de ces barres la mobilité qu'ont les branches
d'une paire de ciseaux; de manière que, les deux bras inférieurs de l'instrument étant enfoncés au milieu des châtaignes,
on les remue fortement en tous sens, en tournant, ouvrant
ou fermant avec les deux bras supérieurs du déboiradour,
qui restent au dehors de la marmite. Par le moyen de ces
mouvemens réitérés, les châtaignes se dépouillent du tan qui
les couvroit ; celui-ci s'élève au-dessus, et s'accumule le
long des parois intérieures de la marmite, tout autour des
bords. Dans cet état on les retire avec une écumoire, en
en mettant à mesure une certaine quantité sur une sorte de
crible à large voie, formé de lattes fort minces de bois de
châtaignier, entrelacées les unes dans les autres. En les
agitant sur ce crible, elles achèvent de se débarrasser de leur
tan ; et en les lavant enfin dans de l'eau froide, on les dépouille totalement de ce qui pouvoit leur en être resté, et
on leur enlève une grande partie de l'amertume qu'elles
avoient prise dans la première eau.

Après toutes ces manipulations, les châtaignes sont blan-
chies, et il ne reste plus qu'à les faire cuire. Pour procéder à
leur cuisson, on les remet dans la marmite sur le feu avec une
certaine quantité de nouvelle eau, et on les fait bouillir
pendant quelques minutes, ce qui suffit pour avancer beaucoup leur cuisson, et achever d'extraire la partie amère
dont elles sont imprégnées. On verse alors l'eau qui est encore
colorée et amère, en inclinant la marmite et en retenant les
châtaignes avec le couvercle ; et on achève de les faire totalement cuire, en laissant sur un feu très-doux la marmite,
dont on garnit le couvercle avec du linge pour concentrer
la chaleur. Par cette dernière opération, les châtaignes perdent l'eau surabondante qui les pénétroit, et elles acquièrent
un goût et une saveur que n'ont point celles qui ont été
cuites dans l'eau avec toutes leurs peaux, et mêmes celles
qui l'ont été sous la cendre.

La châtaigne est un aliment sain. Dans plusieurs parties
de la France, comme le Limousin, le Périgord, les Cévennes
et l'île de Corse, les habitans des campagnes et la classe in-

digente en font presque leur unique nourriture. Il en est
de même dans les montagnes des Asturies en Espagne, dans
quelques cantons de la Sicile, et dans les Apennins en Italie.
Desséché et broyé, ce fruit est aussi employé pour nourrir
les bestiaux et pour engraisser la volaille.

La châtaigne, dépouillée de ses écorces, est formée de trois
substances principales : 1.° une grande quantité d'amidon ;
2.° un gluten analogue à celui des plantes céréales ; 3.° une
substance sucrée. Cette dernière y est même en assez grande
quantité pour que, lorsque le sucre des colonies étoit, il y
a quelques années, porté à un si haut prix, dans une grande
partie de l'Europe, plusieurs essais faits pour chercher à retirer du sucre des châtaignes, eurent assez de succès pour
faire croire qu'il pourroit être avantageux de fabriquer de
ce sucre, surtout suivant le procédé de M. Guerrazzi, de
Florence, qui étoit parvenu à l'extraire du fruit, sans altérer
la partie farineuse et nutritive de celui-ci.

La première enveloppe de la châtaigne pourroit être employée dans la teinture en noir ; elle y remplaceroit jusqu'à un
certain point la noix de galle. La seconde peau est amère et
astringente.

Dans les Cévennes on fait dessécher les châtaignes dans des
bâtimens disposés exprès, et dans lesquels sont pratiquées de
grandes claies sur lesquelles on peut mettre à la fois cent
vingt à cent trente setiers de châtaignes, du poids de cent
livres chacun. On allume sous ces claies un feu qu'on arrange
de manière à ce qu'il produise beaucoup de fumée, afin que
celle-ci, en perçant à travers les châtaignes, puisse leur communiquer la chaleur qui doit en opérer la dessiccation. Pendant les premiers jours, on entretient un feu doux ; on l'augmente ensuite par degrés jusqu'au neuvième ou dixième
jour, qu'on retourne les châtaignes avec une pelle ; et on
continue ensuite à gouverner le feu de la même manière,
jusqu'à ce qu'on soit assuré que les châtaignes sont bien
sèches. Lorsqu'elles sont parvenues à l'état convenable, on
les retire de dessus la claie, et on les bat pour les dépouiller de leurs enveloppes. C'est dans de grands sacs de
forte toile, pouvant contenir environ vingt setiers à la fois,
qu'on met les châtaignes pour leur faire subir cette opéra-

tion, et deux hommes avec un bâton chacun, frappent sur le sac suffisamment de coups pour briser l'écorce extérieure, et détacher en même temps la peau intérieure. Le sac dans lequel on met les châtaignes pour les battre, doit être auparavant trempé dans l'eau, pour empêcher qu'il ne soit déchiré par le battage. Quand celui-ci est terminé, on vanne les châtaignes pour les séparer entièrement des débris de leurs enveloppes, et ensuite on les serre pour s'en servir au besoin. Ainsi préparées, elles peuvent se conserver d'une année à l'autre.

En Corse, on est aussi dans l'usage de faire sécher les châtaignes, et on en opère la dessiccation, à peu de chose près, de la même manière que dans les Cévennes : mais, comme les Corses en préparent une sorte de pain, ils les font moudre au moulin, ce qui oblige de les passer auparavant dans un four, quelque temps après en avoir retiré le pain, afin de les priver de toute espèce d'humidité qui pourroit s'opposer à leur conversion en farine.

Le pain fait avec de la farine de châtaignes a une saveur douce et agréable ; il se digère facilement, et peut se conserver quinze jours et plus. Mais, selon Parmentier, ce pain des Corses n'a aucune des qualités qu'on exige dans celui de grain ; il n'a point la même fermeté ; on ne parviendra jamais, quelque apprêt et quelque forme qu'on lui donne, à en faire du pain levé, et ce n'est tout au plus qu'une galette, d'ailleurs fort utile pour les gens de la campagne qui n'en ont pas d'autre.

2.° CHATAIGNIER NAIN : *Castanea pumila*, Lam., Dict. enc., 1, pag. 709 ; Mich., *Arb. Amer.*, 2, p. 166, pl. 7 ; vulgairement chincapin. Cette espèce, qui appartient exclusivement à l'Amérique septentrionale, présente des dimensions fort différentes, selon le climat sous lequel elle croit. Dans les parties du nord des Etats-Unis, dans les terrains secs et arides, elle n'est, pour ainsi dire, qu'un arbrisseau qui parvient rarement à plus de sept à huit pieds de haut, tandis que dans la Caroline méridionale, la Georgie et la basse Louisiane, où le sol est frais et fertile, elle s'élève quelquefois à trente et quarante pieds de hauteur, sur douze à quinze pouces de diamètre : il est vrai cependant qu'elle reste le plus souvent au-dessous de ces proportions. Ses feuilles sont longues de trois à quatre pouces, oblongues-lancéolées, courtement pétiolées, glabres en-dessus, légèrement cotonneuses et blanchâtres en-dessous, bordées de dents obtuses. Ses fleurs sont disposées comme dans le châtaignier commun, mais moitié plus petites. Les péricarpes sont arrondis, hérissés d'épines, et ne renferment qu'une seule châtaigne, qui n'est guère plus grosse qu'une noisette sauvage, et qui a une saveur très-douce.

Le bois de chincapin a le grain plus fin et plus serré que celui du châtaignier ordinaire; il est aussi plus pesant, et il a probablement, encore plus que lui, la propriété de résister long-temps à la pourriture : mais, comme on en trouve rarement de gros morceaux, il est fort peu en usage. Le chincapin est cultivé en Europe, dans les jardins de botanique et chez quelques amateurs, comme objet de curiosité. On a essayé de le greffer par approche sur le châtaignier ordinaire ; mais il est rare qu'il y réussisse. (L. D.)

CHATAIGNER DE LA GUIANE. (*Bot.*) Dans quelques cantons de cette contrée, on donne ce nom au pachirier, *pachira aquatica*, Aubl., p. 726, t. 291, qui est le *carolinea* de quelques botanistes modernes. (J.)

CHATAIGNER DE SAINT-DOMINGUE. (*Bot.*) Dans cette colonie on nomme ainsi le *cupania*. Le même nom est donné en Amérique au *sloanea*, parce que son fruit est hérissé comme l'enveloppe extérieure des fruits du châtaignier ordinaire. (J.)

CHATAIRE. (*Bot.*) Voyez Cataire. (J.)

CHATALHUIC (*Bot.*), nom mexicain d'une casse dont les feuilles sont composées d'environ neuf paires de folioles, suivant la figure qu'en donne Hernandez, p. 70. Elle n'est rapportée à aucune des espèces connues ; on ne peut l'assimiler à la casse d'Alexandrie, ou casse ordinaire, qui n'a que cinq paires de folioles. (J.)

CHAT DE MER. (*Ichthyol.*) Dans quelques pays on donne ce nom à la chimére arctique, à cause de l'éclat dont ses yeux brillent dans l'obscurité. Voyez Chimère. (H. C.)

CHATE (*Bot.*), *Chatis*. Daléchamps dit que le pastel, *isatis tinctoria*, est ainsi nommé chez les Arabes. Ce nom est bien différent de celui de *fidil-el-djemal*, cité par Forskaël, pour son *isatis Ægyptia*. (J.)

CHATE, Chatte, Quatie (*Bot.*), noms arabes d'une

espèce de concombre, *cucumis chate*, pour lequel Forskaël cite aussi le nom de *abdelavi*, et M. Delile celui de *a-bd-allaouy*, en ajoutant que le fruit non mûr est nommé *a-ggour*. (J.)

CHATELANIA. (*Bot.*) Necker, dans ses Élémens de Botanique, publiés en 1791, a cru établir, sous ce nom, un nouveau genre de plantes, déjà constitué par M. de Jussieu, en 1789, sous le nom de *drepania*, et plus anciennement encore par Adanson, sous le nom de *tolpis*. Nous pensons, malgré l'autorité de Gærtner, que le nom de *drepania* doit être préféré, parce que, Adanson ayant très-mal caractérisé son *tolpis*, il est juste de considérer M. de Jussieu comme le véritable auteur du genre. (H. Cass.)

CHATEPLEUSE, ou Chate-peleuse, ou Chatte-perleuse. (*Entom.*) Ce sont les noms vulgaires des charansons, et particulièrement de la Calandre du grain. Voyez ce mot. (C. D.)

CHATHETH, Chitira, Itica (*Bot.*), noms arabes du tragacantha des anciens, *astragalus tragacantha*, suivant Daléchamps. (J.)

CHAT-HUANT. (*Ornith.*) Quoique cette dénomination s'applique le plus ordinairement à l'espèce de chouette qui est désignée par Linnæus sous le nom de *strix stridula*, plusieurs auteurs prétendent que la hulotte, *strix aluco*, est le même oiseau, et que les deux ne diffèrent qu'en ce que le premier seroit une femelle, et le second un vieux mâle. On n'examinera pas ici cette question, et l'on se bornera à faire observer que la même dénomination de chat-huant a été étendue à d'autres espèces : qu'ainsi l'effraie, *strix flammea*, Linn., est connue, en certains endroits, sous le nom de chat-huant plombé, ou de petit chat-huant; que le hibou, ou moyen duc, *strix otus*, Linn., est quelquefois nommé chat-huant cornu, et le grand-duc, *strix bubo*, Linn., grand chat-huant; que le hibou à courtes oreilles, *strix brachyotos*, Gmel., se nomme, en Sologne, chat-huant de bruyère; qu'enfin le chat-huant de la baie d'Hudson se rapporte à la chouette caparaçonnée, *strix hudsonia*, Gmel.; le chat-huant blanc de la même baie, au harfang, *strix nyctea*, Linn.; le chat-huant de Canada, à la chouette funèbre, *strix funerea*, Linn.; et le chat-huant du Mexique, à la chouette chichictli, *strix chichictli*, Gmel. Voyez Chouette. (Ch. D.)

CHATIAKELLE (*Bot.*), nom caraïbe d'une plante des Antilles, *bidens nivea* de Linnæus, maintenant *melananthera hastata* de Michaux. (J.)

CHATILLON, Chatouille. (*Ichthyol.*) C'est le nom que l'on donne, dans quelques cantons de la France, à l'ammocœte lamproyon. Voyez Ammocœte. (H. C.)

CHATINI, Chatinie, Chaitini, (*Bot.*), noms arabes de la guimauve, suivant Daléchamps. (J.)

CHAT-MARIN. (*Ichthyol.*) Dans plusieurs de nos départemens méridionaux, on appelle ainsi la Roussette. Voyez ce mot. (H. C.)

CHATMEZICH (*Bot.*), nom arabe d'une espèce de tamaris, suivant Mentzel. Les noms rapportés par Forskaël sont très-différens : le *tamarix gallica* est nommé *hattab-achmer*, et celui du Levant, *atl.* (J.)

CHATMIÆ (*Bot.*), nom arabe de l'*alcea ficifolia*, espèce de rose-trendère, suivant Forskaël ; c'est le *khatmych* de M. Delile. (J.)

CHAT-OISEAU (*Ornith.*), nom donné par Catesby à l'oiseau dont Brisson a fait son gobe-mouche brun de Virginie ; Buffon, son moucherolle de la même contrée ; Linnæus, son *muscicapa carolinensis*, et auquel Sonnini a rapporté la grive rousse et noirâtre d'Azara. (Ch. D.)

CHATON (*Bot.*), *Catulus*, *Julus*, *Amentum*. Le chaton dont le saule, le peuplier, l'aune, le noyer, le noisetier, le pin, etc., offrent des exemples, est une espèce d'épi dont les fleurs sont attachées à l'axe ou pédoncule commun, par l'intermédiaire de bractées, lesquelles font, dans ce cas, les fonctions de pédoncules particuliers. En arrachant les bractées, on enlève nécessairement les fleurs ; c'est ce qui n'a point lieu dans l'épi proprement dit, où les bractées, lorsqu'il y en a, ont un point d'attache distinct.

Les chatons sont unisexuels : un épi unisexuel, celui du chêne, par exemple, prend quelquefois, à cause de l'analogie, le nom de chaton.

Le saule, le peuplier, le *myrica*, portent les chatons mâles sur un pied, et les chatons femelles sur un autre pied ; dans le bouleau, le charme, le noisetier, le même individu porte les chatons mâles et les chatons femelles.

Les chatons mâles sont pendans dans le bouleau, le peuplier, le noisetier, le charme ; ils sont dressés dans les pins,
les sapins, le cèdre et plusieurs saules. Ils tombent toujours
après la floraison.

Les fleurs, dans les chatons mâles, ne sont ordinairement
composées que d'étamines ; quelquefois les étamines sont environnées d'un périanthe simple.

Les fleurs des chatons femelles, toujours munies d'un périanthe adhérent, sont enfermées dans des cupules.

Dans les chatons femelles des pins, des sapins, des mélèzes,
les bractées portent à leur base une longue écaille (pédoncule squamiforme). Les cupules qui contiennent les fleurs,
sont attachées, sur ces espèces de pédoncules, dans une position renversée ; car leur orifice regarde l'axe du chaton.
Après la floraison, les pédoncules et non les bractées, prennent de l'accroissement et deviennent, des écailles ligneuses
qui cachent les fruits, en se recouvrant les unes les autres,
comme les briques d'un toit.

Dans les chatons femelles des cyprès, des thuyas, des gené-
vriers, les cupules qui contiennent les fleurs sont dressées, et
non renversées comme dans les pins ; elles sont attachées immédiatement sur les bractées, et ces bractées deviennent des
écailles ligneuses (cyprès) ou succulentes (genévrier).

Les chatons femelles prennent à la maturité le nom de
strobiles ; ceux des pins, des sapins, etc., sont ordinairement
connus sous celui de cônes ; ceux des cyprès, des thuyas, sous
le nom de galbules ; et ceux du genévrier, à cause de leur
consistance succulente et de leur aspect, sous celui de baies.

L'organisation singulière des chatons femelles de pins et
autres conifères, a été développée dans ces derniers temps
par M. Mirbel. (Mass.)

CHATOUILLE, ou CHATROUILLE (*Malacoz.*), nom que les
marins du Hàvre et de quelques autres ports de la Manche
donnent au poulpe commun. (DE B.)

CHATOUILLE. (*Ichthyol.*) Voyez CHATILLON. (H. C.)

CHATOYANTE. (*Min.*) M. Delamétherie a donné ce nom aux
pierres demi-transparentes qui ont des reflets brillans et variés,
en raison de l'aspect sous lequel on les voit ; il place dans cette
espèce de genre, *l'œil de chat* (voyez QUARZ CHATOYANT),

l'héliolite, l'hecatolite (voyez Felspath chatoyant); l'œil de poisson, voyez Felspath nacré. (B.)

CHATOYANTE. (*Erpét.*) Razoumowski a donné ce nom à une petite couleuvre qu'il a découverte aux environs de Lausanne, en Suisse. Voyez Couleuvre. (H. C.)

CHATOYANTE ORIENTALE. (*Min.*) C'est une variété de corindon - télésie, connue aussi sous le nom de *saphir œil de chat.* Voyez Corindon. (B.)

CHAT-ROCHIER. (*Ichthyol.*) Plusieurs auteurs nomment ainsi une espèce de Roussette, le Rochier. Voyez ces mots. (H. C.)

CHATTAI-RENAY. (*Bot.*) Espèce de chayaver ou hedyote de la côte de Coromandel, qui est peut-être l'*hedyotis paniculata.* On indique aussi sous le même nom, dans un herbier de Pondichéry, une espèce de *trianthema.* (J.)

CHATTERER (*Ornith.*), nom du jaseur en anglais. (Ch. D.)

CHATUKAN. (*Ichthyol.*) Quelques naturalistes disent que ce nom est donné par les Jakoutz à un esturgeon, *acipenser stellatus.* Voyez Esturgeon. (H. C.)

CHATUTE-MEKÈLE (*Erpétol.*), nom que les Kalmouks donnent à la tortue bourbeuse. Voyez Tortue. (H. C.)

CHAU. (*Bot.*) On lit dans le Recueil des Voyages, qu'un arbrisseau de ce nom existe dans la Virginie ; il est en buisson, ayant le port du groseillier. Ses baies sont bonnes à manger, et leur goût est excellent. (J.)

CHAUBE. (*Bot.*) Suivant C. Bauhin, les Turcs nommoient ainsi la boisson qu'ils préparoient avec les graines de l'arbre qui est le *bon* ou *ban* de Prosper Alpin, le *buncho* d'Avicenne, le *bunca* de Rhazès, si connu maintenant sous le nom de caféyer. (J.)

CHAUCH. (*Bot.*) Voyez Choch. (J.)

CHAUCHE-BRANCHE. (*Ornith.*) On appelle ainsi en Sologne l'engoulevent, *caprimulgus europœus,* Linn., qui se nomme en Provence *chauche-crapout.* (Ch. D.)

CHAUCHE-POULE (*Ornith.*), nom du milan, *falco milvus,* Linn., en Champagne. (Ch. D.)

CHAUFOUR. (*Ornith.*) Un des noms vulgaires du pouillot ou chantre, *motacilla trochilus,* Linn. (Ch. D.)

CHAUGOUN. (*Ornith.*) Espèce de vautour, dont M. Levaillant a donné la description et la figure dans son Ornithologie d'Afriqué, tom. I, pag. 32 et pl. 11, *vultur chaugoun*, Daud. (Ch. D.)

CHAULIODE (*Entom.*), *Chauliodes*. Sous ce nom de genre, M. Latreille a séparé, de celui des hémérobes, une espèce qui a les antennes pectinées, et qu'on trouve à Philadelphie. Voyez Hémérobe et Stégoptères. (C. D.)

CHAULIODE (*Ichthyol.*), *Chauliodus*. M. Schneider a le premier établi ce genre de poissons qui appartient à la famille des siagonotes, et que quelques ichthyologistes ont confondu avec les ésoces.

Ses caractères sont les suivans : *deux dents à chaque mâchoire, fort longues, et sortant de la bouche, de manière à se croiser sur la mâchoire opposée quand la gueule se ferme ; nageoire dorsale répondant à l'intervalle des pectorales et des catopes, et à premier rayon prolongé en filament.*

Chauliode est un mot grec (χαυλιοδɤς), qui indique la manière dont les dents sortent de la bouche chez ce poisson.

Le Chauliode : *Chauliodus Sloani*, Schneider, pag. 430 ; *Chauliodus setinotus*, Schneid., tab. 85 ; *Esox stomias*, Shaw ; *Vipera marina*, Catesby. Corps alongé, étroit ; tête plus large que le tronc ; gueule largement fendue ; dents aiguës, séparées les unes des autres, courbées vers le sommet ; mâchoire inférieure plus longue, recouvrant la supérieure ; yeux situés au sommet de la tête ; nageoires pectorales insérées très-bas, aiguës ; catopes au milieu de l'espace qui les sépare de l'anale ; teinte générale verte. Taille d'environ quinze pouces.

Le chauliode a été pris dans la mer qui baigne les rivages de Cadix. On en conserve un individu au Muséum britannique ; un second existe dans un cabinet particulier à Londres. (H. C.)

CHAUME (*Bot.*), *Culmus*. La tige des graminées est spécialement désignée par le nom de chaume. Cette tige est ordinairement creuse et toujours pourvue, de distance en distance, de nœuds qui portent chacun une feuille dont le pétiole forme une graine. Voyez pour exemples le Roseau, le Blé, le Maïs. (Mass.)

CHAUMET, ou Chaumeret. (*Ornith.*) L'oiseau auquel on donne quelquefois ce nom, suivant Salerne, est le bruant de haie, *emberiza cirlus*, Linn. (Ch. D.)

CHAUNA. (*Ornith.*) Voyez Chaïa. (Ch. D.)

CHAURAF. (*Ornith.*) Voyez CHATAF. (CH. D.)

CHAUS. (*Mamm.*) Il paroîtroit, d'après Pline, que les Latins donnoient ce nom, ainsi que ceux de *chama* et de *lupus cervarius*, à l'espèce de chat d'Europe auquel les modernes donnent plus particulièrement celui de lynx. (F. C.)

CHAUSEL. (*Ornith.*) C'est, chez les Arabes, le pélican, *pelecanus onocrotalus*, Linn. (CH. D.)

CHAUSSE D'HIPPOCRATE. (*Chim.*) C'est un sac, de forme conique, qui est fait presque toujours avec une grosse étoffe de laine blanche, plus ou moins serrée. On s'en sert particulièrement pour filtrer les sirops. (CH.)

CHAUSSE-TRAPE (*Bot.*), *Calcitrapa.* [*Cinarocéphales*, Juss.; *Syngénésie polygamie frustranée*, Linn.] Ce genre de plantes, de la famille des synanthérées, et de la tribu naturelle des centauriées, fut d'abord établi par Vaillant, puis confondu par Linnæus dans son grand genre *Centaurea*, ou plutôt employé par lui comme sous-genre ou section de ce genre trop nombreux; enfin, rétabli comme genre par M. de Jussieu. M. Decandolle, en adoptant le genre *Calcitrapa* de Vaillant et de Jussieu, y a réuni les *seridia* de ce dernier auteur. Nous suivons son exemple, parce que les deux genres de M. de Jussieu se confondent absolument par des nuances insensibles. Nous les conservons néanmoins comme sous-genres.

Le genre Calcitrape, ou Chausse-trape, se distingue des autres genres dont se compose notre tribu naturelle des centauriées, par la structure des squames qui forment le péricline ; ces squames coriaces sont terminées au sommet par un appendice spiniforme, ramifié, penné dans les calcitrapes proprement dites, palmé dans les séridies.

Les deux sous-genres réunis comprennent environ vingt-cinq espèces, dont la plupart habitent l'Europe méridionale. Nous allons faire connoître quelques-unes de celles qui croissent en France.

Premier sous-genre. CALCITRAPE.

La CALCITRAPE ÉTOILÉE : *Calcitrapa stellata*, Lam., Fl. franç.; *Centaurea calcitrapa*, Linn. est une plante annuelle ou bis-annuelle, très-commune pendant tout l'été, sur les bords des chemins, surtout dans les lieux secs, stériles, pierreux ou sablonneux, et que tout le monde connoit sous le nom de chausse-trape ou de chardon-étoilé. Sa tige, très-rameuse, forme une touffe étalée, arrondie, haute d'un pied environ. Elle est anguleuse, sub-pubescente, garnie de feuilles pinnatifides, dont les divisions sont étroites, linéaires et distantes. Les calathides sont sessiles, terminales, environnées de bractées foliiformes, indépendantes du péricline; celui-ci est muni d'épines jaunâtres, très-grandes. Les corolles sont purpurines, et les cypsèles dépourvues d'aigrette. Pendant la préfleuraison, les calathides en bouton semblent porter une étoile épineuse dont l'aspect est assez agréable.

La CALCITRAPE A DENTS DE MOULE : *Calcitrapa myacantha ; Centaurea myacantha*, Decand., Flor. fr. , a la tige grêle, rameuse, foible, glabre. Les feuilles, rapprochées vers l'extrémité des rameaux, sont sessiles, linéaires-oblongues, légèrement cotonneuses, les unes dentées en scie, les autres un peu lobées vers leur base. Les calathides sont terminales, solitaires, cylindriques, et plus petites que dans l'espèce précédente ; leur péricline est glabre, formé de squames coriaces, imbriquées, terminées chacune par un appendice corné, concave, ovale, bordé de neuf à onze dents épineuses, acérées, presque toutes égales entre elles, et analogues aux dents de la charnière des coquilles bivalves ; les corolles sont purpurines, égales entre elles, et les cypsèles sans aigrette, comme dans la chausse-trape. Cette plante bisannuelle, qui fleurit aux mois de juillet et d'août, a été trouvée dans les environs de Paris, à Vincennes, Cachant, etc., sur les bords des fossés.

La CALCITRAPE SOLSTICIALE : *Calcitrapa solstitialis*, Lam., Fl. franç.; *Centaurea solstitialis*, Linn. C'est une plante annuelle, qu'il n'est pas rare de rencontrer autour de Paris, où elle se fait remarquer par ses fleurs jaunes, dans les mois de juillet et d'août, sur les lieux secs, au bord des chemins et au pied des coteaux. Sa tige dressée, un peu rameuse, ailée, haute d'un pied environ, porte des feuilles dont les supérieures sont presque linéaires ; et les inférieures, assez larges, profondément sinuées en lyre, avec un grand lobe terminal. Les calathides, situées à l'extrémité des rameaux, ont le péricline globuleux, ordinairement glabre, composé de squames imbriquées, terminées chacune par cinq épines, dont l'une, occupant le milieu, est incomparablement plus longue. Les cypsèles du disque sont aigrettées; celles de la couronne sont sans aigrette.

Deuxième sous-genre. SÉRIDIE.

La CALCITRAPE RUDE : *Calcitrapa aspera*; *Centaurea aspera*, Linn. Elle croît dans les champs et les lieux stériles de nos provinces méridionales. Ses tiges sont cannelées, rougeâtres, hautes d'un à deux pieds; ses feuilles sont lancéolées, un peu étroites, dentées ou sinuées, et rudes au toucher; les calathides sont petites, composées de fleurs purpurines, entourées d'un péricline dont les squames portent trois ou cinq épines très-petites, rougeâtres. Les cypsèles, mouchetées de lignes noirâtres, sont surmontées d'une aigrette très-courte. (H. CASS.)

CHAUVE [GRAINE] (*Bot.*), *Calvum*, *muticum* (*Semen*). Dans la famille des apocinées, les plantes d'une section ont les graines chevelues, et les plantes d'une autre section ont les graines dépourvues de chevelure ou chauves. L'apocin a, par exemple, les graines chevelues; la pervenche a les graines chauves. (MASS.)

CHAUVE. (*Ornith.*) Le choucas chauve, *corvus calvus*, Linn., est décrit sous le simple nom de chauve dans les *Oiseaux rares* de Levaillant, pag. 108, et figuré pl. 49 du même ouvrage. Voyez CHOUCAS CHAUVE. (CH. D.)

CHAUVE-SOURIS (*Ichthyol.*), nom vulgaire d'un poisson d'Amérique qui appartient au genre Malthée. On a aussi quelquefois appelé ainsi la mourine. Voyez MALTHÉE et MYLIOBATE. (H. C.)

CHAUVE-SOURIS (*Mamm.*), nom que l'on donne communément aux mammifères qui ont la faculté de voler; aussi plusieurs animaux, d'espèces très-différentes, l'ont-ils reçu. Les naturalistes l'ont restreint aux mammifères pourvus d'ailes, qui ont des dents d'omnivores. Voyez CHEIROPTÈRES. (F. C.)

CHAUX. (*Min.*) La chaux, combinée avec différens acides, forme la base d'un grand nombre d'espèces minérales de la classe des sels : elle entre en outre dans la composition de plusieurs espèces de pierres, et même dans celle de quelques

minerais métalliques; mais elle ne s'y présente ni aussi abondamment ni aussi fréquemment que la silice, l'alumine et la
magnésie.

Les espèces qui appartiennent à ce genre, sont les suivantes, dont nous présenterons l'histoire dans l'ordre alphabétique.

Nomenclature caractéristique.   *Nomenclature binome usuelle.*

Chaux   1. Native.
         2. Nitratée.
         3. Sulfatée. . . . .   gypse.
         4. Sulfatée anhydre. . . . .   anhydrite.
         5. Carbonatée rhomboïdale.   calcaire.
         6. Carbonatée octaédrique .   arragonite.
         7. Phosphatée. . . . .   phosphorite.
         8. Fluatée. . . . .   fluor.

Les numéros placés en avant de chaque espèce les feront
reconnoître et en rappelleront le rang lorsque ces espèces
vont être confondues entre elles et avec les mots de renvois
et les synonymes par l'ordre alphabétique.

1.re *Espèce.* CHAUX NATIVE. La chaux a une si grande affinité
pour l'acide carbonique qui se trouve répandu partout, qu'en
supposant qu'elle ait pu, dans certaines circonstances, exister
dans l'état où on l'appelle *pure* ou *vive*, il est peu probable
qu'elle s'y soit maintenue long-temps, au moins dans les parties de la croûte du globe soumises à nos observations; cependant quelques minéralogistes admettent cette manière
d'être de la chaux dans la nature, et la nomment *chaux native.*

Wallerius regarde comme chaux native une terre blanche
ou grise, qu'on retire du fond de la mer sur le rivage de
Maroc en Afrique, et dont les particules se réunissent en une
masse solide à l'air. Il est vrai qu'il confond dans le même
article la chaux carbonatée qui se dépose dans les bassins de certaines eaux thermales, après avoir nagé quelque temps à leur surface, et d'autres variétés de chaux carbonatée pulvérulente.

Mais on pourroit regarder, avec lui, comme chaux native,
et même comme chaux vive, celle qu'il cite, d'après Dacosta,
Boyle et Bruckmann, comme venant des bains de Bath en
Angleterre, et qui *fuse* dans l'eau, et forme, avec ce liquide;

un ciment solide ; mais il faudroit que ces observations fussent mieux constatées et plus précises.

La prétendue *terre calcaire calcinée*, ou chaux de *volcan*, citée par M. Monnet, dans sa Minéralogie, comme se trouvant très-abondante et en couches obliques dans la Haute-Auvergne, le long des montagnes très-rapides qui bordent la vallée de Vic, nous paroît appartenir à la variété que nous nommons *calcaire marneux;* celle du moins que nous avons observée dans cette même vallée, appartient bien certainement à la formation du calcaire d'eau douce, qui est ordinairement presque entièrement composé de calcaire marneux : sa propriété de fuser un peu avec l'eau, paroît venir de sa porosité et de la facilité qu'elle acquiert par-là, d'absorber l'eau assez promptement, et avec une sorte de sifflement.

Chaux arséniatée, ou pharmacolite, c'est-à-dire, pierre empoisonnée.

Cette espèce minérale rare, mal caractérisée comme espèce, parce qu'on ne sait pas bien quels sont ses principes essentiels, ni quelle est sa forme primitive, est composée, d'après les analyses de Klaproth et de John, de plus de 50 pour 100 d'acide arsénique sur 23 de chaux. Il nous semble plus convenable de placer cette combinaison dans le genre de l'arsenic que dans celui de la chaux; les caractères extérieurs et les principes constituans de ce minéral semblent indiquer ce rapprochement, qui a été fait par Werner et par Jameson, et qui est analogue à celui qu'on a fait en plaçant dans le genre Schéelin, le schéelin calcaire. Voy. Pharmacolite.

Chaux carbonatée siliceuse, ou Datholite. Comme il n'y a pas encore plus de motifs de regarder la chaux comme base de ce sel que la silice, nous en ferons une espèce particulière et indépendante, que nous décrirons sous le nom de Datholite. Voyez ce mot.

6.e *Espèce.* Chaux carbonatée octaédrique, ou Arragonite. Dans un système de classification des substances minérales, qui est fondé sur la composition de ces substances, on ne peut se dispenser de regarder comme essentiellement composé de chaux et d'acide carbonique, un minéral qui, analysé depuis dix ans par les plus habiles chimistes de l'Europe, et constamment dans le but d'y trouver autre chose que ces deux substances, les a toujours présentées, tantôt sans aucun mélange notable, tantôt en quantité si prédominante, qu'on ne peut attribuer aucune influence importante aux terres étrangères qui s'y sont trouvées quelquefois en proportion infiniment petite et encore variable. L'arragonite est donc pour nous, dans l'état actuel de nos connoissances, une chaux carbonatée, aussi bien que le sel marin est une soude muriatée, etc. Vouloir la considérer autrement, c'est devancer l'expérience ; c'est établir une hypothèse possible, qui se réalisera peut-être un jour, mais qui n'est encore fondée sur aucun fait constant.

Néanmoins, comme cette chaux carbonatée présente une réunion de caractères cristallographiques et physiques qui établit entre elle et la chaux carbonatée rhomboïdale des différences très-remarquables, nous regardons, avec M. Haüy, et avec la plupart des minéralogistes, ces différences comme assez importantes pour en faire une espèce minérale particulière.

Nous conservons à cette espèce le nom usuel d'ARRAGONITE, et nous lui donnons le nom caractéristique de CHAUX CARBONATÉE OCTAÉDRIQUE, qui exprime ses principaux caractères chimiques et minéralogiques ; c'est le *calcaire excentrique* de Karsten et de la plupart des minéralogistes allemands ; la *chaux carbonatée dure* de M. de Bournon.

Les caractères qui lui sont communs avec la chaux carbonatée rhomboïdale pure, sont de faire comme elle effervescence avec les acides, et de se réduire en chaux par l'action du chalumeau : mais ce sont presque les seuls : les caractères qui la distinguent, sont, au contraire, bien plus nombreux.

Elle est plus dure que la chaux carbonatée ; plusieurs de ses variétés cristallisées, exposées à l'action du feu du chalumeau, pétillent et se dispersent en un grand nombre de petites parcelles ; mais cette propriété n'appartient pas même à toutes les variétés cristallisées. Sa pesanteur spécifique est plus forte ; elle est de 2,94, tandis que celle de la chaux carbonatée rhomboïdale n'est que de 2.72.

Mais c'est dans son clivage, et par conséquent dans sa forme primitive, et dans son action sur la lumière, que se montrent les plus grandes différences.

L'arragonite se présente ordinairement sous la forme de

prisme, à quatre ou à six pans, ou de dodécaèdre, composés de deux pyramides à six faces très-aiguës et opposées base à base. La division perpendiculaire à l'axe ne donne aucun joint, mais elle fait naître une véritable cassure qui est vitreuse et assez éclatante : celle qui est parallèle à l'axe des cristaux, offre des lames parallèles aux pans d'un prisme à base rhombe, dont les angles seroient de 116 d. et 64 d.; on observe en outre, mais avec assez de difficulté, des joints qui indiquent un clivage oblique à l'axe des cristaux, et qui conduisent à une forme primitive qui est un octaèdre rectangulaire, dans lequel l'incidence de M sur M est, suivant M. Haüy, de 115 d. 56', et celle de P sur P de 109 d. 28'.

Quoiqu'on puisse, soit par des lois de décroissement très-compliquées, soit par des modifications trop considérables dans la valeur des angles du rhomboïde pour n'être point sensibles, obtenir avec le noyau de la chaux carbonatée rhomboïdale un prisme donnant l'angle de 128 d., qui se trouve naturellement dans l'arragonite prismatique, on n'arriveroit jamais à faire rentrer ces formes l'une dans l'autre. Une seule réflexion suffit pour le prouver : car, dans le cas qu'on suppose ici, deux des pans des prismes de l'arragonite seroient parallèles aux joints naturels, et donneroient par conséquent, par le clivage, des facettes éclatantes; les deux autres, au contraire, ne présenteroient aucun clivage : or, cette conséquence est en opposition avec l'observation qui fait voir sur les quatre pans des prismes d'arragonite, un poli et un clivage également nets et éclatans. « Enfin, quand même on trou- « veroit, dit M. Haüy, une loi admissible de décroissement « pour l'angle de 128 d., il faudroit encore une loi suscep- « tible de donner le sommet dièdre, ou les deux autres « faces de l'octaèdre. »

La réfraction de l'arragonite est très-différente de celle du calcaire rhomboïdal : elle est simple lorsqu'on regarde à travers deux faces parallèles du prisme, et l'image ne paroît double que quand on regarde l'objet à travers la base du prisme et une facette artificielle inclinée sur cette base, de 10 à 15 degrés.

Nous avons dit que l'analyse de ce minéral avoit été souvent faite par un grand nombre de chimistes.

Les premiers, MM. Klaproth, Fourcroy, Vauquelin, The-

nard, Biot, Bucholz, etc., malgré tous les soins qu'ils ont pris,
malgré les méthodes perfectionnées qu'ils ont employées,
n'y ont trouvé que de la chaux de 0,58 à 0,55; de l'acide carbonique 0,41 à 0,45, et de l'eau de 0 à 0,3 ; Bucholz est même
le seul qui ait trouvé dans l'arragonite cette grande quantité
d'eau. Ces analyses établissoient entre l'arragonite et le calcaire rhomboïdal, la plus complète identité de composition.

Mais, en 1813, M. Stromeyer, de Gottingue, annonça avoir
reconnu dans un grand nombre de variétés d'arragonites qu'il
avoit analysées de nouveau, et dont il donna l'énumération,
la présence du carbonate de strontiane, en quantité fort petite,
il est vrai, et variable dans les différentes variétés, mais constante dans chaque variété. L'arragonite d'Aragon, qui est celle
qui en contient le plus, n'en renferme guère que 4 pour 100;
et celle de Vertaison en Auvergne, n'en a donné que 2 pour
100. M. Laugier a répété à Paris les expériences de M. Stromeyer, et a obtenu à peu près les mêmes résultats.

On s'est empressé de conclure que la présence du carbonate
de strontiane étoit la cause recherchée depuis si long-temps
de la différence de l'arragonite et du calcaire rhomboïdal,
et des différences de formes de ces deux sels pierreux.

Mais de nouveaux travaux, entrepris sur un grand nombre
d'arragonites, par MM. Bucholz et Meissner, ont fait connoître
que plusieurs variétés de ce sel pierreux, prises dans des lieux
différens, ne renfermoient pas de carbonate de strontiane,
ou n'en renfermoient que des quantités presque inappré-
ciables. Les arragonites de Neumarck, de Saalfeld, de Minden, de Lunebourg, et même celle de Bastène, n'ont point
donné de strontiane à ces habiles chimistes. M. Laugier, étonné
que celle de Bastène, dans laquelle on assuroit en avoir
trouvé, n'en ait pas offert, a répété, avec sa précision ordinaire, l'analyse de cette variété locale ; et, en effet, il n'y a
trouvé qu'un millième, au plus, de strontiane. Quant aux arragonites qui n'en renferment pas du tout, il fait remarquer,
1.° qu'elles sont rarement pures et transparentes; 2.° qu'elles
contiennent presque toutes un peu de sulfate de chaux.

Il résulte de ces faits et de ceux que nous avons rapportés
plus haut sur la forme de l'arragonite, premièrement, que
la forme primitive de l'arragonite et ses formes secondaires

sont absolument incompatibles avec celles de la chaux carbonatée rhomboïdale, et qu'on ne pourra jamais regarder la première comme une modification ou une forme secondaire de la seconde, quelque compliquées que soient les lois de décroissement qu'on veuille admettre. Cette incompatibilité est démontrée par la loi de symétrie qui préside à la formation des cristaux secondaires. D'après le nombre des plans de clivage dans la forme primitive de la chaux carbonatée rhomboïdale, les nouvelles facettes sont toujours produites en séries de 6, 12, 24, etc., qui sont des multiples de 3, tandis que dans l'arragonite ces facettes se présentent en nombre qui sont des multiples de 4, et qui appartiennent à la série 4, 8, 16, etc.

Enfin, dans le passage supposé de la forme de la chaux carbonatée rhomboïdale à l'arragonite, l'axe de réfraction, observe M. Haüy, subiroit un changement qui en détermineroit un autre dans la réfraction.

Les causes qui ont produit deux sels pierreux qui nous paroissent entièrement semblables par leur composition, et qui sont cependant si différens par leur cristallisation et leurs autres propriétés physiques, nous sont donc encore entièrement inconnues ; et si c'est une exception aux lois que semble suivre ordinairement la cristallisation, il faut convenir, comme nous l'avons déjà dit ailleurs, que cette exception presque unique, et qui n'est pas même prouvée, ne peut infirmer en rien des principes établis sur une multitude de faits précis et constans.

La plupart des cristaux d'arragonite sont groupés. Les prismes rhomboïdaux qui constituent leurs formes simples sont réunis parallèlement à leur axe, et se pénètrent en partie. C'est par cette réunion qu'ils donnent naissance à ces prismes hexaèdres, forme sous laquelle se présente le plus ordinairement l'arragonite. Mais ces prismes hexaèdres, résultat de l'aggrégation de plusieurs prismes rhomboïdaux dont les angles sont, comme nous l'avons dit, d'environ 116 d. et 64 d., ne peuvent jamais être des prismes hexaèdres réguliers : ce sont des prismes dont quatre angles sont de 116 d. et deux de 128 d.; ils offrent souvent sur leurs pans un ou même plusieurs angles rentrans, qui distinguent ces prismes hexaèdres par groupement des prismes hexaèdres simples.

Souvent aussi les bases de ces prismes sont marquées de lignes saillantes, convergentes vers l'axe du prisme : ces lignes sont les arêtes des deux faces culminantes des extrémités des octaèdres cunéiformes qui, groupés parallèlement à leur longueur, composent ces prismes ; cette disposition est très-distincte dans quelques variétés que M. Haüy désigne sous le nom d'*arragonite cunéolaire*.

Les formes simples sont plus rares ; elles se réduisent à deux principales :

L'*arragonite unitaire*; c'est le prisme hexaèdre à angles de 116 et 168 d., terminés par deux faces culminantes.

L'*arragonite apotome*; dodécaèdre composé de deux pyramides très-aiguës, dont la base commune est semblable aux prismes hexaèdres mentionnés plus haut. Ainsi, quoique cette forme paroisse simple, elle est encore, suivant M. Haüy, le résultat d'un groupement.

L'arragonite se présente aussi en masse peu volumineuse, à structure souvent fibreuse, dont les cavités sont hérissées d'aiguilles très-déliées qui appartiennent presque toujours à la variété nommée *apotome*. Le minéral décrit par les minéralogistes allemands sous le nom d'*iglite*, paroît être une arragonite de cette variété.

Enfin on avoit regardé la chaux carbonatée, formée par voie de concrétion à la manière des stalactites, et nommée vulgairement et très-improprement *flos ferri*, comme appartenant à l'espèce de l'arragonite ; mais de nouvelles observations paroissent avoir décidé les minéralogistes à ne point réunir cette singulière concrétion à l'arragonite.

Lieux. L'arragonite, comme son nom l'indique, a d'abord été remarquée en Aragon, et rapportée de ce lieu ; mais, depuis cette époque, on en a trouvé dans un grand nombre d'autres lieux : nous ne citerons que les principaux, en indiquant en même temps les circonstances de gisement qui leur sont particulières dans chacun de ces lieux.

L'arragonite d'Espagne se trouve, suivant Bowles, dans deux endroits : près de Molina, en Aragon, accompagnant des bancs de gypse ; et près de Mengranilla, dans le royaume de Valence, dans un terrain semblable au précédent, avec du quarz sinople cristallisé et de l'argile ferrugineuse. Cette arragonite est souvent violâtre, et présente les variétés prismatiques nommées *symétriques* et *intégriformes*.

On la connoit en France dans un grand nombre d'endroits. A Cascastel, département de l'Aude, c'est la variété *apotome*: elle est implantée sur du fer oxidé argileux, et accompagnée de calcaire rhomboïdal brunissant. — Dans le département des Landes, à Caupenne et à Bastène, près de Dax, elle est dans un terrain composé d'argile ferrugineuse, de cristaux de gypse, de quarz sinople, qui paroît appartenir à une formation trappéenne. — Dans le département du Tarn, à Faydel, dans une mine de fer, c'est la variété *aciculaire* : elle est verdâtre. — Dans les Vosges, dans la mine de fer de Framont. — Près de Tulle, département de la Corrèze, en masses globulaires radiées, dans du basalte. — Elle est très-abondante en Auvergne, aux Martes de Vaire, près Vertaison ; c'est la variété *confluente*.— Au mont Peyrat, c'est une variété presque compacte. — Au mont Gergovia, toutes sont ou-dans des basaltes ou dans des tufs volcaniques. — Dans le pays de Gex, elle est massive, dure, ayant bien la cassure vitreuse ; mais elle ne renferme pas de strontiane.

En Italie. — En Piémont, on cite la variété *unitaire*, près de Saint-Marcel. M. Faujas en a fait connoître une variété qui se trouve dans une serpentine accompagnée de fer sulfuré, au monte Ramazzo ; et M. Laugier en a analysé une autre des environs de Baudissero, près Turin, qui est opaque, friable, comme altérée, et qui ne renferme pas de strontiane.

En Ecosse, on a trouvé les variétés nommées *apotomes*, dans des roches de trapp.

En Allemagne, l'arragonite est maintenant très-connue. Celle de la vallée de Léogang, dans le pays de Salzbourg, est accompagnée de fer spathique, et même de calcaire rhomboïdal cristallisé, ce qui est assez remarquable. — A Schwaz, en Tyrol, on a trouvé la variété *aciculaire* verdâtre implantée sur de la chaux carbonatée compacte, avec du cuivre malachite, du cuivre sulfuré, etc.

Au Harz, M. Steffens la cite, accompagnant du fer hématite, à Kamsdorf, près de Saalfeld, et à Tilkerod. Ces arragonites et celles des environs de Minden, en Westphalie, ne renferment pas de strontiane.

Il en est de même des arragonites du Kaiserstull en Brisgaw, qui se trouvent en veines dans une variolite, et de celle de Limbourg; mais cette dernière contient un peu de gypse.

En Carinthie, on connoit la variété *apotome*. On trouve la même variété en Transylvanie.

La Hongrie offre une variété particulière d'arragonite qu'on a nommée *iglite* ou *iglotie*, parce qu'elle vient principalement d'Iglo, près du lieu appelé la Roll (*die Roll*). Il en vient aussi de Sakrul, sur les monts Poratsh. Schemnitz et Retzbania offrent l'arragonite dans des mines d'argent, accompagnée de calcaire brunissant.

En Bohême, on n'en indique qu'à Joachimsthal.

L'arragonite est peu connue hors d'Europe : cependant MM. Depuch et Dupuis en ont rapporté de la terre de Diemen ; elle y est renfermée dans des laves. M. Bory Saint-Vincent l'a vue, dans le même gisement, à l'île de Bourbon.

Enfin, on en cite au Pérou, mais sans aucune autre indication.

On voit, d'après les faits rapportés plus haut, que l'arragonite, beaucoup plus distincte par sa forme et par quelques caractères physiques, intimement liés à son état de pureté, que par sa composition, n'est plus aussi facile à reconnoître lorsqu'elle perd ces caractères en devenant fibreuse et massive, et qu'il n'y auroit presque aucun moyen de la distinguer du calcaire rhomboïdal, si elle se présentoit à l'état compacte, puisque ni sa composition ni ses caractères physiques, ne pourroient plus servir dans ce cas à la faire reconnoître. On n'a donc aucune raison de rapporter à cette espèce aucune des pierres calcaires compactes connues jusqu'à ce jour; et on peut dire que l'arragonite ne s'est encore trouvée qu'*implantée* dans les cavités de diverses roches; mais on doit remarquer trois circonstances qui l'accompagnent constamment dans son gisement, soit ensemble, soit séparément.

1.º La présence du gypse ; c'est le cas le moins ordinaire.

2.º Celle des roches d'origine volcanique évidente, ou au moins très-probable, telle que les basaltes.

3.º Celle du fer oxydé. C'est le cas le plus constant ; et il n'y a peut-être pas un seul gisement d'arragonite où ce métal ne se montre, soit dans les filons mêmes, soit dans les roches qui renferment ce singulier sel pierreux. Quand le fer ne se montre pas en quantité notable, la seconde circonstance, celle de la nature volcanique des roches, devient la circonstance dominante.

On ne peut tirer encore aucune conclusion de ces rapprochemens; mais il pourra être utile un jour de se les rappeler.

5.ᵉ *Espèce.* Chaux carbonatée rhomboïdale ou Calcaire. Les nombreuses variétés qui composent cette espèce sont si différentes entre elles par leur aspect qu'il n'est pas possible de leur assigner des caractères extérieurs communs; et quand on s'en tient uniquement à cette sorte de caractère, on se voit forcé de séparer en plusieurs espèces des substances absolument semblables par leur nature et par leurs propriétés les plus importantes. Il est, au contraire, facile de caractériser toutes les variétés de cette espèce au moyen de quelques propriétés chimiques essentielles, très-aisées à observer.

Toutes les variétés de chaux carbonatée donnent de l'acide carbonique par l'action de l'acide nitrique : la plupart le donnent avec effervescence ; toutes, chauffées fortement au chalumeau, se changent en chaux vive, reconnoissable par sa saveur àcre et brûlante ; toutes se laissent rayer par le fer ; enfin leur pesanteur spécifique est toujours au-dessous de 3000.

Mais, lorsque ce sel pierreux est cristallisé, il offre de nouveaux caractères spécifiques, et qui peuvent seuls le faire distinguer de l'espèce nommée arragonite. Les joints naturels de ses lames, ou son clivage, quel qu'il soit , peut toujours être conduit de manière à donner pour forme primitive ou fondamentale un rhomboïde obtus, dont l'angle d'incidence d'une face sur l'autre au sommet est, suivant M. Haüy, de 104 d. 28' ; et, suivant MM. Malus et Wollaston, de 105 d. 5'.

Les seules substances minérales qui aient quelque ressemblance avec la chaux carbonatée, lorsqu'elles ne sont pas cristallisées régulièrement, sont la baryte et la strontiane carbonatées, et le plomb carbonaté. Ces substances font, comme elles, effervescence avec l'acide nitrique ; mais leur pesanteur spécifique est très-sensiblement plus forte, dans le rapport de 9 à 7 au moins ; elles ne donnent point de chaux vive par l'action du chalumeau. Enfin, la dissolution de chaux carbonatée dans un acide, est précipitée par l'acide oxalique en un sel absolument insoluble ; caractère que n'offrent point les substances que nous venons de citer.

La chaux carbonatée rhomboïdale, suffisamment déterminée par les caractères qu'on vient d'indiquer, présente encore d'autres propriétés qui, pour être moins apparentes ou moins générales, n'en sont pas moins importantes.

Elle est sensiblement indissoluble dans l'eau, à moins que ce liquide ne contienne de l'acide carbonique en excès, ou du gaz hydrogène sulfuré.

Lorsque ce sel est transparent et homogène, il manifeste d'une manière très-remarquable le phénomène de la réfraction double : il suffit de regarder un objet à travers deux faces parallèles du rhomboïde primitif, pour en voir très-distinctement deux images.

Il y a encore quelques autres propriétés communes à plusieurs variétés de chaux carbonatée. Telles sont :

La phosphorescence par le frottement, que l'on remarque non-seulement dans la dolomie et dans les marbres statuaires antiques, mais encore dans certaines variétés de calcaires compactes, et même de calcaires grossiers des environs de Paris.

La lente effervescence qui s'observe dans des variétés de calcaire primitif, et même de calcaire secondaire, puisque Dolomieu cite une pierre calcaire coquillière qui présente ce phénomène ;

La scintillation sous le choc du briquet, observée par M. Gillet de Laumont dans un nombre de pierres calcaires beaucoup plus considérable qu'on ne l'auroit cru, et sans qu'on puisse attribuer cette propriété au quarz, qui est à peine sensible dans plusieurs de ces pierres.

Cette espèce étant susceptible d'être modifiée de diverses manières, soit par son mode d'aggrégation, soit par des matières étrangères qui y sont jointes dans un état qui n'est point encore parfaitement déterminé, et qui paroit mitoyen entre celui du simple mélange et celui de la combinaison parfaite, offre de nombreuses variétés que nous diviserons en plusieurs sections, fondées sur les considérations précédentes.

1.re Section. *Chaux carbonatée pure, formée par voie de cristallisation.*

On ne doit pas prendre ici le mot *pure* dans la rigueur de sa signification. On veut seulement indiquer que les variétés renfermées dans cette section sont généralement assez pures, et que les matières étrangères qu'elles renferment, ou plutôt qu'elles enveloppent quelquefois, n'y sont qu'accidentelle- ment, et qu'on ne doit en tenir aucun compte; enfin, qu'elles ont toutes été dissoutes, et que les masses qu'elles présentent ont été formées par cristallisation, soit régulière, soit confuse, et non par sédiment.

L'analyse des variétés les plus pures et les mieux cristal- lisées de cette division, faite sur les calcaires spathiques d'Is- lande ou du Hartz, par MM. Bucholz, Stromeyer, etc., a donné pour résultats :

De chaux. . . . . 55,5 — 56,5
D'acide carbonique. . . . . . 44 — 43
D'eau. . . . . 0,5 — 0,5

Toutes les analyses, et on les a répétées très-souvent, don- nent à très-peu près le même résultat.

1.re *Variété.* Calcaire spathique. (*Kalkspath,* le spath calcaire, Brochant. — *Calcareous spat,* Jam.)

Le calcaire spathique a la texture laminaire. Les lames qui composent ses masses, et, à plus forte raison, ses cristaux régu- liers, sont planes, étendues, et donnent aisément, par le cli- vage, le rhomboïde primitif; mais les minéralogistes ne sont pas entièrement d'accord sur la mesure des incidences des faces de ce rhomboïde. Lahire et M. Haüy ont trouvé, à l'aide du goniomètre, 104 d. 29', et 75 d. 31'; M. Malus, à l'aide du cerole répétiteur, et M. Wollaston, avec le goniomètre à réflexion de son invention, ont obtenu, pour les mêmes angles, 105 d. 4', et 74 d. 55'.

Si cette différence étoit toujours la même, il y auroit lieu de soupçonner qu'elle tient à une cause inexplicable ; mais si, pour avoir des résultats plus sûrs, on choisit des rhomboïdes plus volumineux, afin d'appliquer les alidades du goniomètre sur une plus grande étendue, et qu'on mesure un certain nombre de ces rhomboïdes avec toute l'exactitude possible, on trouve presque toujours entre toutes ces mesures des diffé- rences qui vont souvent à plus d'un demi-degré.

Ces différences paroissent venir, soit d'une courbure pres- que imperceptible dont les grandes faces des cristaux sont rarement exemptes, soit d'une sorte de mâcle qui paroit exister dans presque tous les grands cristaux. Les très-petits cristaux, au contraire, paroissent exempts de ces deux sortes d'altérations; et comme ces petits cristaux se prêtent très-bien à la mesure par le goniomètre à réflexion, il est probable maintenant que les nombres donnés par cette dernière méthode indiquent la véritable incidence des faces, tandis que le goniomètre ordinaire n'auroit donné que des approximations.

Au reste, la différence qu'il y a entre les résultats des deux méthodes de mensuration ne va, comme on peut le voir, qu'à 57' 6 ; et cette différence n'en apporte aucune qui soit importante dans ce calcul, ni même dans les propriétés principales des formes secondaires. Le maximum des différences, dans ce dernier cas, est de 32'. Elle ne change donc rien aux bases de la théorie de la cristallisation, ni aux principes de la détermination des espèces, tels qu'ils ont été posés par M. Haüy.

Outre le clivage principal, qui est en même temps le plus ordinaire et le plus facile, et qui conduit au rhomboïde de 105 d., on remarque dans certains rhomboïdes de calcaire spathique, soit qu'ils aient été obtenus par la division mécanique, soit qu'ils aient été donnés par la nature, d'autres joints beaucoup moins sensibles et moins nets, qui se manifestent ordinairement par des stries qu'on voit dans diverses directions sur les faces du rhomboïde.

Ces joints, que M. Haüy nomme surnuméraires, se présentent dans trois directions principales : les premiers, qui partent de stries parallèles à la petite diagonale des rhombes, sont perpendiculaires à l'axe du rhomboïde primitif; les seconds, qui partent de stries parallèles à la grande diagonale, sont parallèles à l'axe; les troisièmes, enfin, sont en même temps parallèles aux bords inférieurs des faces et à l'axe du rhomboïde.

Les faces qui seroient produites par un clivage parallèle à ces joints surnuméraires, appartiendroient à des cristaux secondaires dus à des lois de décroissement très-simples. Il ne faut pas se figurer que les molécules doivent être coupées par ce second clivage; mais, comme on ne peut douter que les molécules des corps ne se touchent, on doit supposer que ces joints surnuméraires passent entre elles, ainsi qu'on peut faire passer des allées droites dans une infinité de directions entre des arbres plantés en quinconce. D'ailleurs cette supposition est prouvée directement, comme l'observe M. Haüy, par des couches minces de matières étrangères qu'on voit suivre, dans certains cristaux, la direction de ces joints surnuméraires.

La pesanteur spécifique du calcaire spathique est généralement de 2,71.

Le calcaire spathique est le sel pierreux qui se trouve le plus communément cristallisé, et qui présente les variétés de formes les plus nombreuses, les plus variées et les plus intéressantes pour l'application et le développement des lois de la cristallisation. On connoît actuellement près de cent cinquante variétés de formes de chaux carbonatée. La plupart de ces cristaux n'ont extérieurement aucun rapport entre eux, et cependant tous peuvent être ramenés facilement, par une division mécanique, faite dans le sens de leurs lames, à une seule et même forme primitive qui est, comme on l'a dit, un rhomboïde obtus.

Nous choisirons parmi ces nombreuses variétés de formes, celles qui semblent pouvoir être considérées comme des types qui, par leurs combinaisons entre eux, produisent les autres variétés ; et nous les présenterons sous plusieurs groupes caractérisés par l'analogie de forme des variétés qui les composent.

1.° Les rhomboïdes.

Il y en a au moins six qui se présentent souvent complets, et indépendamment de toute altération produite par d'autres lois de décroissement ; et on peut y ajouter trois autres formes qui donneroient aussi des rhomboïdes, si leurs faces principales étoient prolongées, ce qui établiroit dans cette seule espèce neuf rhomboïdes différens, dont un primitif fondamental ou à clivage, parallèles à ses faces, et les huit autres secondaires.

Les romboïdes complets sont :

Le *primitif* donné immédiatement par la nature : il est assez rare. On en connoît en France de très-gros cristaux : à Chalonne, dans le département de la Mayenne ; près de Gap, dans le département des Hautes-Alpes.

Les rhomboïdes primitifs limpides, que l'on connoît généralement sous le nom de *spath d'Islande*, sont obtenus par le clivage de masses considérables de calcaire laminaire qu'on a d'abord rapporté du district de Bardestrand en Islande ; mais on en a trouvé depuis de semblables dans beaucoup d'autres lieux.

Le *calcaire spathique equiaxe* B. C'est un rhomboïde très-obtus, ainsi nommé parce que son axe est égal à celui du noyau. L'angle plan au sommet est de 114 d. 19'.

Le *calcaire spathique cuboïde*, $\overset{4}{\underset{5}{e}}$, commence la série des rhomboïdes aigus ; mais il l'est encore si peu, qu'on l'a pris quelquefois pour un cube. L'angle plan au sommet est de 87 d. $\frac{2}{5}$.

Le *calcaire spathique inverse*, E' 'E. Ce rhomboïde est déjà assez aigu. Ses angles plans sont sensiblement égaux aux angles d'incidence des faces du noyau, c'est-à-dire à 104 d. $\frac{1}{2}$ et 75 $\frac{1}{2}$; et l'*inverse* est également vrai.

On a remarqué qu'il se groupe quelquefois en formant des masses à baguettes divergentes. On a cru remarquer aussi qu'il se trouve plus particulièrement dans l'intérieur du test des coquilles fossiles ; et on lui a donné souvent, à cause de cela, le nom impropre de *spath calcaire muriatique*. Les rhomboïdes de ce qu'on appelle *grès cristallisé de Fontainebleau* appartiennent à cette variété de forme.

Le *calcaire spathique contrastant*, $\overset{3}{e}$. C'est un rhomboïde très-aigu.

Le *calcaire spathique mixte*, $\overset{\frac{3}{2}}{e}$. C'est un rhomboïde encore plus aigu, dont l'angle plan au sommet n'est que de 37 $\frac{1}{2}$.

Parmi les rhomboïdes incomplets on doit remarquer

Le *calcaire spathique hyperoxide*, $\overset{2}{e}$ E' 'E A. Si ses faces étoient prolongées, elles donneroient un rhomboïde si aigu que l'angle plein, au sommet, ne seroit que de 14 d.

Enfin on peut ramener au type des rhomboïdes les variétés nommées par M. Haüy *contracté*, $\overset{\frac{5}{4}}{\underset{1}{e}}$ B, et *dilaté*, $\overset{\frac{7}{4}}{\underset{1}{e}}$ B. Quoiqu'elles semblent se rapprocher de la forme prismatique. Elles sont composées de deux nouveaux rhomboïdes résultant d'une loi de décroissement mixte assez composée, et de l'équiaxe qui arrête le prolongement des faces de ces rhomboïdes.

2.° Les prismes.

Les lois qui font passer le rhomboïde primitif au prisme, sont au nombre de deux. L'une est exprimée par le signe $\overset{2}{e}$, qui indique un décroissement par deux rangées en largeur sur les angles e du rhomboïde primitif. L'autre, produite par un décroissement par une rangée sur les six arêtes latérales D, est exprimée par $\overset{1}{D}$.

Cette forme principale, combinée avec quelques nouvelles modifications des rhomboïdes ou d'autres formes décrites, donne

Le *calcaire spathique prismatique*, $\overset{2}{e}$ A, qui est le prisme hexaèdre régulier simple, forme à jamais célèbre dans l'histoire de la cristallographie, pour avoir donné à M. Haüy la première idée de son ingénieuse théorie.

Le *calcaire spathique dodécaèdre*, $\overset{2}{e}$ B. Ce même prisme présente à chacune de ses extrémités un pointement composé de trois faces du rhomboïde équiaxe, etc.

Le *calcaire spathique bisunitaire*, $\overset{1}{D}$ B. C'est le second prisme hexaèdre, avec le pointement du dodécaèdre.

Le *calcaire spathique péridodécaèdre*, $\overset{2}{e}$ A. Ce prisme a douze pans résultant de la combinaison des deux prismes hexaèdres que nous venons d'indiquer.

3.° Les dodécaèdres pyramidés à triangles scalènes.

Ces dodécaèdres considérés dans leur plus grande simplicité, et abstraction faite des autres variétés de formes avec lesquelles on les trouve ordinairement combinés, sont produits par trois sortes de lois de décroissement.

La première, exprimée par le signe $\overset{2}{D}$, donne

Le *calcaire spathique métastatique*, variété remarquable par sa forme, le volume que présentent quelquefois ses cristaux, et par ses nombreuses propriétés géométriques. L'angle obtus de chaque triangle est égal à celui du noyau ; l'incidence de deux de ces triangles est aussi sensiblement égale à celle des faces du rhomboïde. C'est ce transport de mesure qui lui a fait donner, par M. Haüy, le nom de métastatique : on l'appeloit autrefois du nom ridicule de *dent de cochon*.

Combiné avec le prismatique, il donne le *bisalterne* $\overset{2}{\mathrm{D'}}\overset{2}{e}$; avec le prismatique et l'équiaxe, il donne l'*analogique*, $\overset{2}{\mathrm{D}}\overset{2}{e}\underset{1}{\mathrm{B}}$, etc.

La seconde sorte de loi donne, par un décroissement mixte, $\overset{\frac{3}{2}}{\mathrm{D}}$, sur les mêmes arêtes, un dodecaèdre semblable au métastatique, mais beaucoup plus alongé. On ne le connoit pas simple. Combiné avec l'inverse, il donne

Le *calcaire spathique sexduodécimal*, $\overset{\frac{3}{2}}{\mathrm{D}}\,'\mathrm{E}'$.

Avec le prismatique, il donne

Le *calcaire spathique octoduodécimal*, $\overset{\frac{3}{2}}{\mathrm{D}}\overset{2}{e}\underset{1}{\mathrm{A}}$.

La troisième sorte de loi qui donne la forme du dodécaèdre à triangle scalène, appartient à celle que M. Haüy nomme intermédiaire, et est exprimée par le signe ($\mathrm{E}'\,'\mathrm{E}\,\mathrm{B}'\,\mathrm{D}^2$); combinée avec le métastatique et l'inverse, elle donne

Le *calcaire spathique paradoxal* ($\mathrm{E}'\,'\mathrm{E}\,\mathrm{B}'\,\mathrm{D}^2$), $\overset{2}{\mathrm{D}}\,\mathrm{E}'\,'\mathrm{E}$, variété intéressante par les considérations de structure dont elle est susceptible.

Le *delotique* n'est que la variété précédente avec des facettes hexagonales parallèles aux faces du rhomboïde primitif.

Nous nous bornerons à ces exemples : la plupart des autres formes régulières du calcaire spathique peuvent se rapporter à ces trois formes principales et à leurs subdivisions.

Le calcaire spathique, quoique cristallisé, n'offre pas toujours des formes régulières et déterminables par des caractères géométriques. Des circonstances particulières ont dérangé la symétrie de la cristallisation, l'ont troublée, et ont produit des cristaux irréguliers, des groupemens particuliers ou des hémitropies. Parmi ces variétés, les plus remarquables sont :

Le *calcaire spathique convexe*. Les faces du rhomboïde primitif sont bombées.

Le *calcaire spathique lenticulaire*. C'est l'*équiaxe*, dont les arêtes supérieures sont émoussées, et quelquefois entièrement effacées.

Le *calcaire spathique spiculaire*. C'est le contrastant considérablement alongé, dont les cristaux, souvent réunis en faisceaux composés de rayons divergens, n'offrent à l'extérieur des groupes que les trois faces d'un des sommets du rhomboïde. Quelquefois chacune de ces faces est creusée d'un sillon ou gouttière assez profonde.

Le *calcaire spathique bacillaire*. Cette variété a été décrite particulièrement, et comme espèce distincte, sous les noms de *madréporite* et d'*anthraconite* (Hausmann), à cause de la structure bacillaire de ses masses, analogue à celle de quelques madrépores. Elle est généralement noire, et contient, d'après Klaproth, 0,50 de carbone.

On l'a trouvée en morceaux isolés dans la vallée de Russbach, dans le pays de Salzbourg.

Les *couleurs* du calcaire spathique sont peu variées et peu vives ; elles sont répandues uniformément, et n'affectent en général aucune disposition particulière. Il y en a de tout-à-fait *limpide* ; celui d'Islande est dans ce cas : de *blanc de lait*, dans le Hartz et à Andreasberg : de *violâtre*, de *rougeâtre*, de *jaunâtre* ; les cristaux métastatiques du Derbyshire, les inverses des environs de Paris présentent cette couleur ; et de *verdâtre* en Angleterre, dans le pays de Galles, etc.

Le calcaire spathique ne se trouve guère qu'implanté principalement sur les parois des filons ou sur celles des cavités qui se rencontrent souvent entre les assises de certaines roches calcaires et schisteuses. On le trouve aussi quelquefois tapissant les cavités qui se voient dans ces couches ; mais ce cas est plus rare. Il est mêlé avec toutes sortes de cristaux, et se présente dans presque toutes les époques de formation. Cependant, il est beaucoup plus rare dans les roches granitoïdes et micacées des terrains primordiaux, que partout ailleurs. Il tapisse aussi très-souvent les cavités des coquilles fossiles, de certaines géodes calcaires, etc. On ne le trouve pas disséminé dans les couches en cristaux isolés.

2.ᵉ *Variété.* CALCAIRE NACRÉ. (*Aphrit.* Karsten.) Cette variété a
la texture feuilletée comme un schiste ; ses feuillets ne sont ni
très-étendus ni très-parallèles : ses couleurs varient du blanc
de perle au jaunâtre, au verdâtre et au rougeâtre ; mais elles
conservent toujours un aspect nacré. Cette pierre a d'ailleurs
tous les caractères chimiques et physiques de la chaux carbonatée ; elle se dissout en entier dans l'acide nitrique, et sa
forme primitive est exactement semblable à celle de ce sel
pierreux (Haüy). Nous la séparerons en deux variétés.

1. *Calcaire nacré argentine.* (*Schiefer spath.*) Il est aigre, facile
à casser ; ses feuillets, très-minces, sont courbes et ondulés.

On le trouve dans les montagnes primitives. Il est la base
d'une roche mêlée de chlorite, de plomb sulfuré et de zinc
sulfuré. Les lieux où on le cite particulièrement sont : les
Vosges, près Sainte-Marie-aux-mines ; Bermsgrün, près de
Schwartzenberg en Saxe ; Kongsberg, en Norwége ; la mine
d'Iglesias, en Sardaigne, etc.

2. *Calcaire nacré talqueux.* (*Schaum erde.*) Il est ordinairement
d'un blanc de nacre très-éclatant ; il a une consistance friable,
une structure écailleuse ou soyeuse ; il est doux au toucher,
et se présente sous la forme de bandelettes courtes, appliquées sur une roche ordinairement calcaire.

On l'a trouvé à Gera en Misnie, et surtout à Eisleben, en
Thuringe, dans des montagnes de calcaire stratiforme, nommé
dans ce pays *raucwack.*

3.ᵉ *Variété.* CALCAIRE FIBREUX. (*Satin-spat*, JAMESON.) Il est en
petites masses composées d'une multitude d'aiguilles déliées qui
lui donnent une texture comme fibreuse et un aspect soyeux.

On cite un bel exemple de cette variété à Alston - Moore,
dans le Cumberland. Elle forme dans un calschiste des filons
ou petites veines de trois à quatre centimètres de puissance.
On en polit des échantillons qu'on peut employer comme ornement ; mais leur peu de dureté leur fait bientôt perdre leur
éclat.

4.ᵉ *Variété.* CALCAIRE LAMELLAIRE. Il se présente en masse,
offrant dans sa structure une multitude de petites facettes dues
à des lamelles qui tombent l'une sur l'autre dans tous les sens.
Plusieurs marbres statuaires antiques, appartiennent à cette
variété, et notamment le marbre de Paros. Dans ce cas, ce cal-

caire est très-dur, et sa masse entière résulte évidemment d'une cristallisation confuse de chaux carbonatée pure, c'est-à-dire, non mélangée de matières terreuses; mais quelquefois les facettes nombreuses qu'on voit dans certaines roches de calcaire lamellaire, ont été produites par l'infiltration de la chaux carbonatée au travers d'une pierre calcaire poreuse. Dans ce cas, ce calcaire lamellaire est moins dur, moins homogène, et on le distingue de la sous-variété dont nous avons parlé en ce que, dans cette dernière, les facettes sont séparées par du calcaire grenu et grossier, ou entremêlées de cette substance. Ces facettes appartiennent fréquemment à de la chaux carbonatée qui a cristallisé dans les cavités des coquilles fossiles qui composoient la pierre calcaire dans laquelle s'est infiltrée la matière calcaire. La forme de ces coquilles est souvent reconnoissable.

Ces considérations sont nécessaires pour apprendre à distinguer le véritable calcaire primitif de celui qui n'en a que l'apparence.

5.ᵉ *Variété.* CALCAIRE SACCHAROÏDE; la pierre calcaire grenue. (*Kœrniger Kalkstein*, WERNER.)

Cette variété, souvent très-voisine de la précédente, a la texture grenue, mais brillante : elle a l'aspect du sucre. Elle fait facilement effervescence avec les acides, et c'est ce qui la distingue du calcaire dolomie, qui d'ailleurs lui ressemble beaucoup. Le calcaire saccharoïde partage souvent avec la dolomie la propriété d'être flexible, ce qui lui donne en même temps celle d'être assez friable, et cependant difficile à casser.

Ce calcaire varie un peu de couleur : il passe du blanc pur au gris et au bleu d'ardoise (le marbre dit *bleu turquin*). Il renferme quelquefois des matières étrangères cristallisées régulièrement ou confusément, telles que du quarz, des grenats, du mica, des amphiboles, hornblende, grammatite, et actinote, du talc, de l'asbeste, et quelques substances métalliques telles que du fer, du plomb et du zinc sulfurés, du fer oxidulé. Ce calcaire est assez dur, souvent très-homogène et susceptible d'un poli brillant. Il se présente, ainsi que le précédent, en grandes masses, et forme des bancs considérables très-épais, quelquefois même des montagnes entières. Les joints qui séparent ces bancs sont quelquefois à peine sensibles. La plupart des géologistes regardent le calcaire comme appartenant exclusivement aux terrains primordiaux, et comme étant d'une formation contemporaine à celle des gneiss, des porphyres, etc. En effet, les bancs de cette pierre calcaire alternent avec ceux des roches que nous venons de nommer : ils sont inclinés comme eux, et se trouvent dans des circonstances semblables.

On a donné à ce calcaire et à la variété lamellaire, le nom de *marbre salin*, *marbre blanc*, *marbre statuaire*. Ces marbres sont en effet employés plus spécialement par les sculpteurs, et les anciens ont donné à leurs diverses qualités des noms particuliers.

Les plus célèbres sont : le marbre de Paros, appelé par les anciens *lychnites*, qui appartient plutôt au calcaire lamellaire qu'au calcaire saccharoïde ; c'étoit celui de première qualité ; il a beaucoup de translucidité. Ses carrières sont situées dans les îles de Paros, de Naxos et de Tinos. On dit qu'elles n'en fournissent plus. Les célèbres statues de la Vénus de Médicis, de la Vénus du Capitole, de la Pallas de Velletri, etc., sont de ce marbre.

Le marbre appelé *pentélique*, dont les carrières étoient près d'Athènes, sur le mont Pentelès : il est traversé de quelques couches ou veines verdâtres, ou plutôt grises, et communément micacées. Il prend vulgairement le nom de cipolin statuaire. La tête d'Alexandre, le Bacchus indien, le Torse, la statue d'Esculape, la tête d'Hippocrate, etc., sont de ce marbre.

Celui de Carrare ou de Luni, à l'est du golfe de Gênes, est encore plus blanc que le marbre de Paros, et est maintenant le plus employé par les statuaires. On cite aussi beaucoup de figures antiques de ce marbre : telles sont l'Antinoüs du Capitole, un buste colossal de Jupiter, etc. Dolomieu assure que l'Apollon du Belvédère est de ce marbre ; mais plusieurs antiquaires et les marbriers de Rome, pensent qu'il est d'un marbre grec antique, différent de ceux qui sont connus.

On cite encore parmi les marbres statuaires grecs : le marbre grec du mont Hymète : il est à grandes facettes, et souvent d'un gris cendré approchant de la couleur du bleu turquin.

Le marbre thasien, de l'île de Thaso, dans la mer Égee.

Celui de Proconèse, dans la mer de Marmara.

Le marbre arabique, qui étoit encore plus blanc que celui de Paros.

Celui de Chio, que l'on tiroit en très-gros blocs du mont Pelleno.

On nomme en général marbres antiques ceux qui ont été employés par les statuaires de l'antiquité ; la plupart des carrières de ces marbres sont maintenant inconnues.

Il y a peu de pays qui ne renferment dans leurs montagnes primordiales du calcaire saccharoïde : on en trouve en France dans les Pyrénées ; en Piémont, à Ponté, près de Turin ; en Saxe, en Bohème, en Norwège, en Suède, en Angleterre, etc. Mais les marbres statuaires, susceptibles d'être employés, sont rares, parce qu'ils doivent avoir plusieurs qualités qui se rencontrent difficilement réunies.

Le calcaire saccharoïde renferme aussi quelques marbres colorés : tel est celui qu'on nomme *bleu turquin*, qui est d'un bleu sale d'ardoise ; il vient de Sitifi, en Mauritanie.

Le marbre cipolin, marqué de larges bandes ondulées blanches et vertes, micacées. Il venoit d'Egypte : ses carrières ne sont plus connues.

Le marbre blanc, veiné de gris, de Carrare ; il y en a même de presque noir qui vient du même lieu.

Le marbre jaune, de Sienne.

On emploie aussi ces marbres dans la décoration des édifices, des appartemens ; on en fait des vases, des chambranles de cheminées. Cette dernière manière de les employer a donné occasion de remarquer que plusieurs sortes de ces marbres acquéroient, au bout d'un certain temps, une sorte de flexibilité non élastique qu'ils doivent à une dessiccation complète, et à l'influence d'une dilatation et d'une contraction souvent renouvelées. Les marbres saccharoïdes des sommités de montagne possèdent quelquefois naturellement cette propriété : tel est celui que M. Fleurian de Bellevue a trouvé, à 2000 mètres d'élévation, dans la montagne de Campo-Longo, à sept heures de marche de l'hospice du Saint-Gothard. Quelques-uns acquièrent aussi cette propriété par une longue exposition à l'air, et surtout au soleil ; en sorte que les bras et toutes les parties saillantes des statues qui en sont faites, se détachent et tombent d'eux-mêmes au bout d'un certain temps. Dolomieu a fait cette observation sur le marbre d'Italie nommé *betullio*. On reviendra sur cette flexibilité propre à plusieurs pierres, à l'article PIERRE FLEXIBLE.

6.ᵉ *Variété*. CALCAIRE CORALLOÏDE, vulgairement *flos ferri*. Cette variété se présente en petits cylindres très-blancs, comme soyeux à leur surface; mais ce qui les distingue du calcaire concrétionné proprement dit, c'est la manière dont ils sont contournés et dirigés dans toutes sortes de sens, comme des rameaux de certains madrépores ou de coraux. Le grain du calcaire coralloïde est très-fin, et sa texture est fibreuse et rayonnée.

On a rangé pendant long-temps cette variété de calcaire parmi les stalactites; on l'a ensuite regardée comme appartenant à l'arragonite, parce qu'en effet elle a plus de dureté que les autres stalactites, et que sa cassure est plutôt vitreuse que la melleuse: mais, comme sa composition n'est point différente de celle du calcaire rhomboïdal, qu'elle ne renferme même pas la petite quantité de strontiane qu'on a trouvée dans plusieurs arragonites, et que, n'étant ni transparente ni cristallisée, elle ne peut présenter aucun des caractères tirés de ces propriétés essentielles pour reconnoître l'arragonite, on a dû la laisser avec le calcaire rhomboïdal.

On a appelé cette variété improprement *flos ferri*, parce qu'on la trouve communément dans les filons des mines de fer spathique et de fer hématite, dont elle semble des efflorescences: sa base est presque toujours imprégnée d'oxide de fer hydraté.

Cette substance doit avoir été produite à la manière des efflorescences salines, ou des dendrites que l'on voit monter le long des parois des vases où l'on conserve certaines dissolutions salines. La direction de ses rameaux dans toutes sortes de sens ne permet pas de croire qu'elle ait été produite par stillation de haut en bas, à la manière des stalactites.

On en trouve à Schemnitz, à Sainte-Marie-aux-mines dans les Vosges, en Styrie, etc. Les plus beaux groupes de calcaire coralloïde que l'on connoisse, se voient dans les mines de fer de Styrie, dans celles de Baygorri et dans celles de Vic-Desos dans les Pyrénées: ceux-ci sont moins blancs, plus transparens, plus brillans, et composés de cristaux en aiguilles couchés les uns contre les autres parallèlement à l'axe.

7e. *Variété*. Calcaire concrétionné. La structure générale de cette variété est ce qui la caractérise : on y reconnoît toujours des zones plus ou moins ondoyantes et à peu près parallèles. Ces zones ont une structure fibreuse ; cette structure générale est toujours sensible lorsque les masses qu'on observe ont un volume suffisant pour faire voir les différens dépôts de calcaire cristallisé qui les composent. On distingue dans cette variété un assez grand nombre de modifications ou sous-variétés.

Le *Calcaire concrétionné fistulaire*, vulgairement nommé *stalactite* (la pierre calcaire fibreuse, Werner). Cette sous-variété de calcaire se présente ordinairement sous une forme à peu près cylindrique. Les cylindres sont rarement d'un diamètre égal ; ils font voir, au contraire, des renflemens et des bourrelets qui rendent leur surface irrégulière : ils sont presque toujours percés dans leur axe d'un canal qui finit par s'obstruer dans les stalactites un peu volumineuses.

Ces cylindres n'ont quelquefois que le diamètre d'une plume sur la longueur d'un ou deux décimètres : leur cassure est alors laminaire. D'autres fois il sont plus volumineux ; et alors leur structure est fibreuse, et les fibres convergent vers l'axe ; mais ces fibres ou rayons présentent tous le clivage rhomboïdal. Les cylindres de calcaire concrétionné sont quelquefois terminés par une sorte de rondelle ou de chapeau semblable à celui des champignons, et qui est couvert de cristaux.

Calcaire concrétionné tuberculeux. Cette sous-variété est composée de tubercules irréguliers pleins, souvent hérissés de petits cristaux, et réunis de manière à représenter quelquefois l'aspect des choux-fleurs : leur texture est rayonnée ou lamellaire, et à couches concentriques.

Calcaire concrétionné stratiforme, vulgairement *stalagmite*, *albâtre calcaire*. Le caractère de cette variété est de représenter des zones non concentriques, mais étendues ; ondoyantes, mais parallèles : leur texture est quelquefois lamellaire, et quelquefois fibreuse. Ces couches ondoyantes se distinguent les unes des autres par leur diverse densité, et par leur translucidité plus ou moins grande, enfin par leurs couleurs souvent très-différentes. Lorsque la chaux carbonatée, ainsi disposée, est en plaques peu épaisses, ordinairement appliquées sur le sol ou

sur les parois des cavernes, elle porte le nom de *stalagmite;*
lorsqu'elle est en grande masse, susceptible d'être taillée et
polie, elle prend dans les arts le nom d'*albâtre.*

Il ne faut point confondre cet albâtre avec une variété de
chaux sulfatée qui porte le même nom, et dont il sera question
ailleurs.

L'albâtre calcaire porte le nom d'*oriental* lorsqu'il est jaune-
roussâtre, ou même rougeâtre, à zones distinctes, et surtout
lorsque, par suite de sa dureté et de sa compacité, il devient
susceptible d'un poli brillant.

L'albâtre est quelquefois d'un blanc laiteux éclatant : cette
variété est fort rare.

Gisement et formation. Les stalactites se forment dans les
grandes cavités nommées cavernes, qui se rencontrent fréquemment dans les terrains calcaires. L'eau qui transsude à
travers les masses calcaires, et qui distille de la voûte de ces
cavernes, est ordinairement chargée d'une certaine quantité
de chaux carbonatée, qu'elle tient probablement en dissolution à l'aide d'un excès d'acide carbonique. Le contact de l'air,
le mouvement, la diminution de pression, plutôt que l'évaporation, déterminent la précipitation de la chaux carbonatée
cristallisée. Chaque goutte d'eau, en tombant de la voûte,
abandonne un petit anneau calcaire qui s'accroit peu à peu,
et se change en un tube à parois minces. A mesure que la cavité de ce tube diminue par l'addition des molécules de chaux
carbonatée qui se déposent dans son intérieur, l'eau coule plus
abondamment à l'extérieur; le tube prend alors de l'accroissement, et se change bientôt en un cylindre irrégulier, à surface ondulée et rude, qui, examiné à la loupe, présente les
angles d'une multitude de petits cristaux.

La même eau qui forme ces stalactites, dépose sur le sol et
sur les parois de la caverne des couches de chaux carbonatée
qui, augmentant indéfiniment, finissent par remplir la caverne d'une masse de chaux carbonatée : c'est alors qu'elle
prend le nom d'albâtre. L'albâtre diffère du marbre par les
couches parallèles et ondoyantes qu'on remarque dans son
intérieur.

Les stalactites et les albâtres ne se trouvent guère que dan
les terrains calcaires, parce que c'est dans ces terrains seule-

ment qu'on voit le plus communément les cavernes d'une grande dimension : ces cavernes ont quelquefois plusieurs mètres d'étendue. Les stalactites qui les garnissent, dont les formes sont très-variées et l'aspect très-brillant, présentent un spectacle curieux, et même imposant, qui a rendu plusieurs de ces grottes célèbres : telles sont celles d'Antiparos dans l'Archipel; d'Auxelle, en Franche-Comté; de Pool's-hole en Derbyshire, etc. Voyez CAVERNE.

Annotation. L'albàtre sert dans la décoration des édifices, et entre dans la composition de quelques meubles : on en fait des vases précieux; c'est une des pierres le plus communément employées par les anciens. Il ne paroît pas que son nom vienne du mot latin *albus*, comme l'analogie porte à le croire. On doit se rappeler que l'albàtre blanc est très-rare. Celui que les anciens estimoient le plus, n'étoit pas de cette couleur, mais jaune de miel. On croit que ce nom est dérivé du mot *alabastrite*, qui vient du grec *alabastron*, qui veut dire *insaisissable*. C'est le nom que les anciens donnoient aux vases faits de cette matière, parce qu'étant ordinairement sans anses et très-polis, on ne pouvoit les prendre aisément.

Alabastrite n'est pas non plus le nom particulier de l'albàtre gypseux, comme quelques minéralogistes l'ont pensé. Enfin, les anciens appeloient aussi cette substance marbre *onychite*, et même *onyx* tout court, à cause de ses couches concentriques, semblables aux zones des ongles; ils ne le confondoient pas cependant avec le silex du même nom.

Le bel albàtre n'est pas commun : celui d'Egypte se tiroit des montagnes de la Thébaïde, qui sont entre le Nil et la mer Rouge, près d'une ville appelée Alabastron.

L'albàtre, nommé en Italie *liniato*, qui est marqué de veines fines ondulées et d'une couleur tranchée, se trouve près de Montieri.

En France, on a trouvé de l'albàtre roux, très-beau et fort dur, dans les carrières de Montmartre : la masse en a été promptement épuisée. On en connoît encore :

A Berzé-la-Ville, près Màcon ;

Auprès de l'oligny, département du Jura ;

Près de Marseille et d'Aix ;

Dans l'île de Malte : celui-ci est d'un beau jaune de miel.

Calcaire concrétionné pisolithe (*Erbsenstein*, la pisolithe, Broch.; chaux carbonatée concrétionnée, globuliforme, testacée, Haüy; vulgairement, dragée de Tivoli, orobites, bézoard minéral). Les pisolithes ne diffèrent pas seulement des oolithes par leur grosseur, ainsi qu'on le croit communément, mais elles s'en distinguent par leur structure. Les oolithes sont compactes, comme on l'a vu. Les pisolithes sont des concrétions sphéroïdales formées de couches concentriques très-distinctes, qui ont presque toujours pour noyau un grain de sable, ou tout autre corps étranger : leur grosseur moyenne égale celle d'un pois; leur couleur ordinaire est le blanc sale. Ces concrétions sont moins abondantes et se présentent en masses moins volumineuses que les oolithes ; elles forment cependant des couches continues : telles sont les pisolithes qu'on a trouvées en bancs au milieu des sources d'eau chaude de Carlsbad en Bohème, et qui ont chacune un grain de sable pour centre.

Les pisolithes les plus connues sont celles des bains de Saint-Philippe en Toscane : elles portent le nom de dragées ou calculs de Tivoli, et sont formées dans les parties de ce ruisseau où l'eau est agitée par une sorte de tournoiement. On en trouve aussi en Hongrie et à Perschesberg, en Silésie.

Calcaire concrétionné incrustant. La différence qui existe entre cette sous-variété et le calcaire concrétionné stratiforme, est très-légère et presque arbitraire. Le calcaire concrétionné incrustant est également composé de couches parallèles; mais dans ce cas-ci la chaux carbonatée s'est moulée sur un corps étranger qu'elle a recouvert, ou même enveloppé.

Les corps que la chaux carbonatée incruste ordinairement dans la nature, sont les végétaux plongés dans les fontaines dont l'eau tient ce sel en dissolution. Ces végétaux, recouverts d'une couche souvent épaisse de chaux carbonatée, conservent cependant leur forme.

Ces dépôts se font également sur des corps inorganisés, sur des pierres, des métaux, dans les conduits de terre cuite, de bois ou de plomb. On a un exemple remarquable de ces dépôts dans les eaux d'Arcueil, et dans presque toutes celles qui sont au midi de Paris. Les tuyaux s'engorgent promptement, tant ce sédiment est abondant.

Lorsque ces dépôts se sont faits sur des végétaux à tige cylindrique et d'un volume sensible, ils représentent souvent des os longs d'animaux. La plante, détruite par le temps, laisse une cavité semblable à celle que l'on voit dans les os, ou au moins une ligne noire. Ces sortes d'incrustations portent le nom très-impropre d'*osteocolle*, et on a prétendu que, prises intérieurement, elles facilitoient la formation du cal dans les fractures. On ne les rencontre ordinairement que dans les terrains sablonneux. On cite les ostéocolles de Brandebourg, de Thuringe, des environs de Francfort sur l'Oder; celles qui se trouvent auprès d'Etampes, et d'Albert, près d'Amiens.

Toutes les incrustations dont on vient de parler sont grises; leur grain est grossier. Il paroît que les fontaines qui les forment doivent la faculté de dissoudre la chaux carbonatée à un excès d'acide carbonique qu'elles contiennent, mais qui se dégage dès que ces eaux ont le contact de l'air.

D'autres fontaines donnent des sédimens d'un beau blanc, dont on a fait quelquefois un usage assez curieux.

Une des sources les plus célèbres dans ce genre, est celle des bains de Saint-Philippe, en Toscane. Cette source, presque bouillante, coule sur une masse énorme d'albâtre qu'elle a formée. Il paroît que la chaux carbonatée y est tenue en dissolution par du gaz hydrogène sulfuré, qui se dégage dès que l'eau a le contact de l'air. Le D.ʳ Vegny a tiré parti de la propriété incrustante de cette eau pour lui faire mouler des bas-reliefs qui sont d'un très-beau blanc et d'une assez grande dureté.

Il se sert de moules de soufre, qu'il place très-obliquement contre les parois de plusieurs cuves de bois ouvertes par leurs deux fonds. Ces cuves sont surmontées, à leur ouverture supérieure, d'une croix en bois assez large. L'eau de la source, après avoir déposé hors de l'atelier du moulage le sédiment le plus grossier, est amenée au-dessus de ces croix de bois. Elle s'y divise en tombant, et dépose dans les moules un sédiment calcaire d'autant plus fin, que ceux-ci sont placés plus perpendiculairement. Il faut d'un à quatre mois pour terminer ces bas-reliefs, selon l'épaisseur qu'on leur donne. Le D.ʳ Vigny est parvenu à les colorer, en mettant à la source un vase rempli de couleur végétale que l'eau délaie. (Latapie, J. de Ph.)

M. Gillet de Laumont a découvert à trois lieues au sud-ouest de Tours, dans le lieu dit *les caves de savonnière*, une source qui a une propriété incrustante semblable à la précédente, et qui se couvre d'une pellicule par le contact de l'air, comme l'eau de chaux.

La fontaine de Saint-Allyre, près de Clermont en Auvergne, a une puissance d'incrustation telle, qu'elle a jeté une espèce de pont calcaire sur le ruisseau auquel elle se réunit.

Lorsque ces incrustations sont faites par des rivières ou des ruisseaux, elles enveloppent de la vase, du sable, des débris de végétaux, des feuilles, etc. Elles sont alors très-poreuses, même cellulaires, peu dures, impures, et d'un gris sale : c'est le *tuf calcaire*, dont la surface naturelle est toujours ondoyante, et qui présente souvent des couches ondulées dans son intérieur. Le tuf, fait plus en grand que les incrustations précédentes, se trouve aussi en plus grandes masses. On le rencontre dans toutes sortes de terrains, mais il est toujours presque superficiel.

Les incrustations ou dépôts sont quelquefois si abondans, et les pierres qu'ils forment si dures, qu'on peut en construire des édifices. La pierre dont est bâtie la ville de Pasti, en Italie, est nommée par les Italiens *pierre tubulaire*, parce qu'elle semble devoir son origine à des incrustations formées sur des roseaux. (Guettard.)

Le *travertin* qui a servi à construire tous les monumens de Rome, paroît avoir été formé par les dépôts de l'Anio et de la solfatare de Tivoli. Les temples de Pestum, qui sont d'une très-haute antiquité, ont été bâtis avec un travertin formé par le dépôt des eaux qui coulent encore dans ce canton. (Breislak.)

On retrouve des exemples de cette dureté des pierres formées par sédiment, en Amérique, dans la contrée de Guancavelica. Une fontaine d'eau chaude forme très-rapidement, dans ce lieu, des dépôts abondans dont on retire des pierres de construction. (Ulloa.)

Toutes ces pierres acquièrent une grande dureté à l'air, et M. de Breislak croit que c'est à l'heureuse réunion du travertin et de la pouzzolane dans le même lieu, que les monumens de Rome doivent leur grande solidité.

8.ᵉ *Variété.* CALCAIRE SPONGIEUX, vulgairement, agaric minéral, moelle de pierre, etc.

Cette variété, qui est d'un beau blanc, a le grain très-fin ;

elle est douce au toucher, très-tendre, et assez légère pour surnager un instant.

Elle se trouve en couches peu épaisses dans les fentes des rochers calcaires qu'elle tapisse. Elle est assez commune en Suisse, où on l'emploie pour blanchir les maisons : on en trouve aussi aux environs de Walkenried, près Ratisbonne.

9.ᵉ *Variété.* Calcaire pulvérulent (vulgair., farine fossile).

Elle est blanche, légère comme du coton, et se réduit en poudre par la plus foible pression.

Elle recouvre, sous la forme d'un enduit d'un centimètre d'épaisseur, les surfaces inférieures ou latérales des bancs de chaux, calcaire grossier. On en trouve assez communément aux environs de Paris, notamment dans les carrières de Nanterre.

2.ᵉ section. *Chaux carbonatée de sédiment.*

La chaux carbonatée qui constitue les variétés renfermées dans cette division, n'a pas été dissoute, au moins dans la plus grande partie de sa masse. Elle a été suspendue dans un liquide, et déposée lors du repos ou du dégagement de ce liquide. Sa texture compacte, souvent même grossière, prouve ce mode de formation. On remarque cependant, dans les masses à texture très-compacte et à grains fins, une homogénéité et des lamelles qui indiquent qu'une partie de la chaux carbonatée a pu être dissoute. Dans d'autres masses on remarque un mélange de parties compactes, même terreuses, et de parties lamellaires, qui annonce qu'une portion de la chaux carbonatée complétement dissoute, a pénétré les cavités, les pores ou les fissures de la masse compacte, et qu'elle les a remplies en tout ou en partie.

Cette formation, faite principalement par sédiment, indique aussi que les variétés de cette section sont beaucoup moins pures que celles de la section précédente. Nous les considérons néanmoins comme pures, parce que nous faisons abstraction de toute partie mélangée qui n'imprime pas, par son mélange, des caractères ou des propriétés particulières.

10.ᵉ *Variété.* Calcaire marbre. La plupart des marbres sont des pierres mélangées : mais, comme quelques-uns sont composés de chaux carbonatée assez pure ; comme, dans les autres, cette substance est la partie dominante par ses caractères, et même par ses proportions, on les réunira ici, pour ne point séparer des pierres dont presque toutes les propriétés sont les mêmes.

Les marbres, proprement dits, ont la cassure généralement terne ; les lames qu'ils font voir appartiennent aux veines de calcaire spathique qui les pénètre souvent ; ils sont compactes et susceptibles d'un poli brillant : enfin, ils présentent des couleurs assez vives et très-variées.

Peu de marbres sont d'une seule couleur, lorsqu'on en observe de grandes masses ; beaucoup, au contraire, présentent un grand nombre de nuances.

Le nombre des marbres est infini, leur nomenclature arbitraire ; c'est un chaos qu'il n'est pas de notre sujet de débrouiller : on n'a pu même établir encore aucune bonne classification des marbres. On fera connoître ici les sortes les plus connues et le plus communément employées.

Les *marbres noirs* homogènes, dont on fait des tombeaux, des inscriptions, des socles, des carreaux, viennent de Dinan près Liége, de Namur (celui-ci est un peu veiné de blanc), de Theux, près de Namur, etc. Ces marbres noirs répandent souvent une odeur fétide par le frottement ou la chaleur. Celui des Ecaussines, près de Mons, nommé improprement *petit granite,* est remarquable par le grand nombre de débris d'encrines et de madrépores qu'il renferme.

Le *marbre à taches noires et blanches,* anguleuses très-mêlées, appelé communément *petit aulique,* vient des environs de Mons.

Le *marbre portor,* dont le fond est d'un beau noir, avec des taches et des veines d'un jaune doré, se tire au pied des Alpes, dans les environs de Gênes, près Porto-Venere.

Le marbre de Serancolin, dans les Pyrénées, est quelquefois d'un rouge foncé, mêlé de gris et de jaune, avec des parties transparentes. La partie de la carrière qui donnoit la plus belle qualité est épuisée.

Celui de Veyrette, près de Bagnéres, est jaune et rouge.

Le *marbre* nommé *griote* est d'un rouge de sang foncé en brun. Il se trouve en Italie ; à Cosne, département de l'Ardèche ; en Flandre, etc.

Dans les marbres que nous venons de prendre pour modèles, les couleurs sont disposées par veines ou par taches nuancées ;

dans d'autres elles sont par taches dont les contours sont limités et anguleux : on voit que ce sont des fragmens de marbres réunis par une pâte. On appelle ces marbres Brèches. (Voyez ce mot.) Nous citerons pour exemples :

La *brèche d'Alet*, ou de *Tolonet*, à une lieue d'Aix ; elle est mêlée de rouge, de noir et de gris.

La *brèche coraline d'Espagne*, qui a de grandes taches blanches, avec de plus petites, jaunes, brunes et violettes.

La *brocatelle*. C'est une brèche à petits morceaux, dont la couleur générale est le jaune doré. On la trouve à Tortose en Andalousie ; elle est rare et chère.

Un grand nombre de marbres renferment des coquilles fossiles, des madrépores, qui font corps avec eux ; mais il en est quelques sortes qui paroissent être uniquement composées de coquilles brisées. On les a appelées *lumaquelle;* il y en a de trois sortes assez distinctes.

La *lumaquelle grise* : elle est entièrement d'un gris cendré ; les coquilles sont plus brunes. Elle vient des environs de Troyes. On trouve un marbre grossier, de cette espèce, près d'Auxerre.

La *lumaquelle jaune*. Les coquilles sont d'un jaune pâle sur un fond jaune foncé. Cette variété est très-rare et très-belle. On ne sait point d'où elle vient. On la nomme *lumaquelle d'Astracan;* mais M. Patrin assure qu'on ne la trouve pas aux environs de cette ville.

La *lumaquelle opaline*. Le fond en est brun ; mais, ce qu'elle a de remarquable, c'est que les coquilles de nautile, ou d'ammonite qu'elle contient, ont conservé un nacré brillant et magnifique, qui a quelquefois l'éclat rouge-orange d'un charbon enflammé. On trouve cette variété précieuse en Carinthie ; elle sert de toit à la mine de plomb de Bleyberg.

Presque toutes les grandes chaînes de montagnes renferment des marbres. Les pays qui donnent les marbres les plus estimés, sont l'Espagne, les Pyrénées, et l'Italie.

L'estime que l'on fait d'un marbre est fondée sur la vivacité de ses couleurs, sur le poli qu'il est susceptible de prendre, sur son homogénéité, et surtout sur les propriétés qu'il a de se conserver à l'air sans altération. Les marbres qui contiennent de l'argile se délitent facilement à l'air ; ceux qui renferment des sulfures de fer se salissent en se couvrant de rouille.

Les marbres servent à l'ornement des édifices ; mais, dans les lieux où ils sont communs, ils sont employés comme pierre à bâtir.

On donne aux marbres le poli brillant qui les caractérise, par le procédé suivant :

Après avoir aplani la surface de la pièce à polir avec la scie ou avec le ciseau, on l'unit parfaitement en la frottant avec des tessons de poterie rouge commune, qui n'a pas eu de couverte, et avec un sable rougeâtre argileux ; on y ajoute de l'eau. Cette première opération terminée, on enlève complétement le sable, et on *plombe*, c'est-à dire que, l'on frotte fortement le marbre avec un parallélipipède de plomb piqué par-dessous, de l'émeril neuf, dit *quatrième*, et de l'eau : la surface devient très-unie, très-douce, mais elle n'est point encore brillante. On prend alors de la limaille de plomb mêlée d'un tiers d'alun, et on en frotte très-fortement avec un tampon de linge la surface du marbre, sans ôter l'émeril qui peut y rester. Lorsque l'opération est sur le point d'être terminée, on donne le dernier poli avec de la potée d'étain, que l'on emploie à sec, et sans changer de tampon. On essuie la surface du marbre avec une serge, et il est poli. On emploie, pour polir les marbres d'une couleur pâle, de la pierre ponce au lieu de plomb qui les noirciroit ; et, comme la potée d'étain jauniroit le beau marbre blanc, on lui substitue, dans ce cas, de la potée d'os : ce sont des os de mouton calcinés, broyés et mêlés avec un tiers d'alun. On se sert, pour la griote, qui est un marbre rouge, du rouge à polir, employé dans les fabriques de glaces.

Les marbres blancs sont sujets à jaunir à l'air, ou à s'y salir d'une autre manière : on peut les nettoyer complétement en les lavant avec du chlore (acide muriatique oxigéné), suffisamment étendu d'eau.

11.*e Variété.* Calcaire compacte ; la pierre calcaire compacte. (*Dichter-kalkstein*, Werner.) Cette pierre ne diffère presque point des marbres ; elle est, comme eux, solide, compacte, à grain fin : elle est même susceptible de poli, mais ce poli est terne, et ses couleurs sont toujours obscures ; sa cassure est ou terne, ou ondulée, ou écailleuse, ou quelquefois conchoïde.

Ses couleurs varient entre le blanc jaunâtre, le gris cendré, le brun et même le bleuâtre. On remarque souvent que les fragmens épars de calcaire compacte sont comme enveloppés d'une écorce assez épaisse, qui est d'un jaune pâle sale ; le milieu seul est resté bleuâtre. On peut observer très-fréquemment ce phénomène sur la route d'Auxerre à Dijon, près Chablis.

On remarque quelquefois dans le calcaire compacte des arborisations ou dendrites qui sont dues à une infiltration d'oxide noir de fer ou de manganèse, qui s'est introduit tantôt entre les feuillets de la pierre, tantôt dans les fissures nombreuses dont cette pierre est susceptible. Dans le premier cas, les dendrites sont superficielles ; dans le deuxième, elles sont profondes, et ne deviennent visibles que lorsqu'on scie la pierre perpendiculairement à ces fissures.

On trouve aux environs de Florence une variété de calcaire compacte, qui, sciée dans un certain sens, offre assez bien l'image d'une ville ruinée : on croit y voir des édifices, des tours, un ciel et une terrasse. On la connoît sous le nom de *pierre de Florence*. On suppose que cette pierre calcaire argileuse et ferrugineuse, en prenant du retrait par le desséchement, s'est divisée en prismes irréguliers ; que l'espace entre ces prismes a été rempli par une infiltration de chaux carbonatée, tandis que l'oxide de fer de la surface des prismes, en s'oxidant davantage, teignoit cette surface d'une couleur plus foncée que celle du fond sur lequel ils sont placés.

Gisement. Les marbres et le calcaire compacte présentent à peu près le même gisement et les mêmes faits géologiques. On réunira donc ici ce qui les concerne.

Mais nous ne considérerons dans leur gisement que ce qui leur appartient particulièrement et d'une manière absolue, sans parler de leur place dans la succession des couches du globe, ni de leur rapport de position, de formation, etc. avec les autres roches. Nous examinerons ce dernier sujet, en traitant des terrains dont ils font partie, au mot Terrain.

Les marbres et les calcaires compactes se présentent généralement en bancs épais, parallèles entre eux, rarement horizontaux, mais souvent très-inclinés, et, ce qui est plus remarquable, contournés, plissés, comme tordus dans toutes sortes de directions, sans cependant perdre leur parallélisme.

Ils forment des chaînes de montagnes stratifiées, souvent

très-hautes ; on en voit dans les Pyrénées qui ont 3600 mètres d'élévation. Ces montagnes ont toutes un aspect particulier qui les fait reconnoitre de très-loin. Leur sommet est rarement aigu ; il est, au contraire, fréquemment terminé en un plateau dont l'étendue est quelquefois assez grande : leurs flancs sont escarpés et coupés presque à pic; ces escarpemens sont quelquefois d'une hauteur prodigieuse ; quelquefois aussi ils se succèdent en retraite, comme les marches d'un escalier.

Cette double disposition est très-remarquable dans le centre de la chaîne des Pyrénées, sur les bords de la chaîne des Alpes, près de Grenoble, sur la rive droite de l'Isère, etc.

Les bancs de calcaire compacte et de marbre varient beaucoup d'épaisseur ; ils sont souvent séparés par des bancs d'argile, de schiste argileux, de psammite schistoïde, de houille même : on y trouve aussi, soit en couches ou en amas, du fer oxidé rouge, du mercure sulfuré, du plomb sulfuré et molybdaté, du manganèse, du zinc oxidé ou sulfuré, etc. Les mêmes substances les traversent en filons, accompagnées de calcaire lamellaire, de chaux fluatée, de baryte sulfaté, de fer sulfurée, de cuivre carbonaté, etc. Les minéraux disséminés, qu'on voit dans ces calcaires, sont peu nombreux ; ce sont principalement des grenats, quelquefois du felspath ; mais on y voit aussi des silex. Ceux-ci, néanmoins, y sont plus rares que dans la craie ; ils sont aussi plus petits et plus intimement liés avec la pâte, tantôt en couches continues (aux environs de Bakewell dans le Derbyshire), tantôt en noyaux ou couches interrompues (les silex blonds, des environs de Grenoble).

Enfin, ces deux variétés de calcaire renferment très-souvent des coquilles et autres corps marins fossiles. Certains marbres paroissent entièrement composés de madrépores qui ont pris la structure lamellaire. Ces corps marins ont rarement conservé la pureté de leurs formes, et sont tellement adhérens à la pierre, qu'ils ne peuvent pas en être séparés entiers. Les genres de coquilles et de zoophytes qu'on y trouve le plus ordinairement, sont des entroques, des bélemnites, des ammonites, des térébratules.

Les variétés minéralogiques de calcaires compactes et de marbres renferment les roches calcaires qui ont reçu en géognosie, et par rapport à leur position, les noms de *calcaire de transition*, *calcaire des Alpes*, *calcaire du Jura*, de *Zechstein*, de *Hochgebirgkalk* de M. Uttinger, de *Rauhwack*, de *Rauhkalk*. Chacune de ces variétés géognostiques présente des différences minéralogiques que nous rappellerons en traitant des époques de formation auxquelles elles appartiennent, mais qu'il est peut-être utile de présenter ici réunies. Toutes, comme nous venons de le dire, sont minéralogiquement des *calcaires compactes*.

Le *calcaire transitif* est généralement le plus compacte et le plus voisin, par sa texture, du calcaire saccharoïde ou lamellaire. Il est tantôt ou blanchâtre, ou très-coloré, et fait partie des marbres ; c'est probablement à cette modification du calcaire transitif qu'il faut rapporter le *Hochgebirgkalk* de M. Uttinger ; variété du calcaire compacte qui, selon ce géologue, est très-pure.

Tantôt il est brun, gris de fumée, ou même tout-à-fait noir ; dans ce dernier cas, il renferme du charbon, environ un quart pour cent. Il offre, ainsi que le précédent, un grand nombre de lamelles et de veinules de calcaire spathique, et renferme plus abondamment et plus fréquemment que lui des débris de corps organisés qui appartiennent à des espèces et même à des genres particuliers, très-différens de ceux qui vivent actuellement à la surface de la terre.

Le *calcaire* dit *des Alpes*, non moins compacte que le précédent, à grains très-fins, mais jaunâtre rosâtre, ou même coloré plutôt que noir ou brun, est néanmoins quelquefois gris roussâtre ou gris de fumée, et c'est alors le *zechstein* ; mais il a toujours une structure très-dense, une cassure quelquefois écailleuse, et n'offre point ces lamelles spathiques qui sont si abondantes dans le calcaire transitif ; il renferme enfin, mais comme par paquets seulement, un grand nombre de débris des corps organisés, tels que des coquilles très-variées et des encrines.

Le *calcaire* dit *du Jura*, est moins compacte, moins homogène ; il est grisâtre, plus ou moins foncé ; sa cassure est inégale ; il est quelquefois assez difficile à casser. Lorsqu'il présente un grand nombre de petites cavités remplies d'argile, et qu'il est comme boursoufflé, on lui donne les noms de *rauhwack*, *rauhkalk*, *hohlekalke* ; il ne renferme pas moins de débris de corps organisés que les précédens, mais ils appartiennent généralement à d'autres espèces. Les térébratules, bélemnites, ammonites, ptérocènes, pectens, gryphsées, etc., y sont très-communs.

On doit redire que les caractères convenables au plus grand nombre des calcaires compactes désignés sous les noms géognostiques précédens, sont loin d'être absolus et constans.

Plusieurs sous-variétés de calcaires compactes renferment de la magnésie jusqu'à 9 pour 100 ; lorsqu'elle leur imprime des caractères extérieurs et des propriétés suffisamment distinctifs, elles doivent être placées avec les calcaires mélangés magnésifères.

Les calcaires compactes sont particulièrement employés dans les constructions, et donnent par la cuisson une chaux d'assez bonne qualité, quand on a soin de les choisir exempts d'argile.

12.ᵉ *Variété.* Calcaire oolithe. (Chaux carbonatée globuliforme, Haüy.) *Rogenstein, Hersestein,* des minéralogistes allemands.

Nous plaçons ici une variété de pierre calcaire qui semble peu importante au premier aperçu, mais qui, par sa manière d'être assez particulière, mérite d'être séparée des autres. L'oolithe est toujours en globules ou sphéroïdes, dont la grosseur varie depuis celle d'un pois jusqu'à celle d'une graine de pavot. Ces sphéroïdes ne sont point réguliers; leur cassure est compacte et souvent écailleuse; on n'y voit ni couches concentriques ni stries convergentes : et c'est en cela que les oolithes diffèrent des autres variétés globuleuses de chaux carbonatée. Leur couleur, caractère d'ailleurs peu important, est le gris jaunâtre, ou le rouge brun et sale.

Les oolithes sont presque toujours agglutinées par un ciment calcaire; elles se trouvent en bancs ou en masses considérables au milieu des bancs ou terrains calcaires, probablement antérieurs à la craie, et qui paroissent d'une époque à peu près la même que celle où s'est déposé le calcaire du Jura. On voit au nord d'Alençon des couches entièrement composées d'oolithes de la grosseur d'une graine de pavot. On a cru remarquer qu'elles se trouvent, plus ordinairement qu'ailleurs, au pied des collines ou des montagnes, et qu'en les rencontre surtout dans le passage des terrains de cristallisation aux terrains de sédiment. Daubenton, Saussure, Spallanzani, M. Gillet-Laumont, supposent que c'est de la chaux carbonatée qui a été granulée comme de la poudre à canon, par le mouvement des eaux.

8.

Lorsqu'on voit les masses d'oolithes d'un brun-rougeâtre ferrugineux, des environs d'Eisleben et d'autres lieux du Harz ou du pays de Mansfeld, composées de grains souvent très-gros, couverts eux-mêmes de petites aspérités sphéroïdales et comme *chagrinées* régulièrement, on seroit tenté de les prendre pour des corps organisés fossiles; mais lorsque par la plus grande attention on ne peut parvenir à découvrir aucune structure organique dans l'intérieur de ces grains, qu'on les trouve de toutes les grosseurs dans la même masse, et qu'on voit qu'il n'y a même que ceux de la surface, exposés depuis long-temps à l'influence des météores atmosphériques, qui présentent cette structure, on est obligé d'abandonner cette idée, et d'attribuer leur forme à une cause mécanique, dont il est difficile de se former une idée juste.

Les oolithes sont rares dans la chaux carbonatée compacte, dite des Alpes; on ne les a jamais vues dans la craie proprement dite; leurs bancs alternent quelquefois avec des couches de grès.

On trouve en Suède, en Suisse, à Eisleben et à Artern en Thuringe, des masses d'oolithes qui se décomposent facilement : on s'en sert alors pour amender les terres au lieu de marne.

C'est l'*Hornmergel* de M. Freisleben. Quelquefois l'oolithe est tellement mêlée de sable quarzeux qui lui est fortement agrégé, qu'elle passe au grès, même au grès dur et au silex corné. (Freisleben.) Elle est alors susceptible de recevoir un assez beau poli.

13.ᵉ *Variété.* Calcaire craie (*Chaux carbonatée crayeuse*, Haüy). Il est assez difficile de faire coïncider les caractères minéralogiques de la craie, avec ses caractères géognostiques ou de position. Quoique la craie soit encore assez mal déterminée sous ces deux rapports, il est cependant plus facile de lui assigner des caractères géognostiques que des propriétés minéralogiques très-tranchées. Nous ne nous occuperons néanmoins, dans cet article, que de l'histoire naturelle de la craie considérée isolément et non dans ses rapports avec les autres couches du globe. Ce sujet sera traité au mot Terrain.

La craie est généralement blanche, tirant un peu sur le jaunâtre et le grisâtre; elle a une texture lâche, un aspect mat, terreux, sans aucun indice de cristallisation ni même d'infiltration cristalline; son grain est cependant très-fin, souvent même presque impalpable; le peu de cohérence qu'ont ordinairement ses parties, fait qu'elle laisse assez facilement une trace blanche et assez nette sur les surfaces sur lesquelles on la passe même avec légèreté.

Sa cassure est droite, quelquefois un peu conchoïde, rarement raboteuse; sa pesanteur spécifique varie entre 2,31 et 2,65.

La craie est complétement opaque, très-tendre, et même friable dans quelques cas. Elle happe à la langue.

C'est de la chaux carbonatée pure, dont la composition est absolument la même que celle du calcaire spathique; mais elle contient dans un état de mélange probablement mécanique, de la silice, de l'alumine et de la magnésie dans des proportions très-variables, comme on pouvoit s'y attendre. Ainsi on trouve sur 100 parties de craie, environ,

	Craie de Galicie.	*Craie de Paris.*
Chaux carbonatée	82	70
Silice	8	20
Magnésie	8	10
Alumine	2	0
	(Haquet.)	(Bouillon-Lagrange.)

Il est très-facile de confondre, sur des échantillons isolés, la craie avec certains petits dépôts de calcaire souvent marneux, qui lui ressemblent beaucoup par les caractères extérieurs; mais cette incertitude disparoit presque entièrement, lorsqu'à ces caractères on réunit ceux qui sont tirés de la craie examinée en grandes masses, et des corps étrangers qu'elle renferme, c'est-à-dire, les caractères géognostiques que nous allons indiquer.

La craie se présente en masses également étendues dans toutes les dimensions; elle constitue des chaînes de collines entières, et des terrains très-considérables; mais ces collines atteignent rarement une grande élévation, et nous doutons qu'elle passe 100 mètres.

Quelquefois, et c'est même le plus plus grand nombre des

cas, on n'y voit aucune assise distincte, appartenant à la masse même, c'est-à-dire, qu'on n'y remarque pas ces couches séparées par des fissures de stratification continues et si distinctes dans les calcaires compactes des Alpes et du Jura, dans le calcaire grossier, etc. Dans d'autres cas, la stratification est marquée par des lits ou d'argile ou de sable, ou même de grès, plus ou moins épais, et placés souvent à d'assez grandes distances les uns des autres ; nous le répétons, cette disposition est la moins ordinaire, et ne se trouve peut-être jamais dans la craie blanche, telle que nous l'avons caractérisée minéralogiquement.

Mais, ce qui indique le plus clairement la stratification de la craie, même toutes ses variétés ou états géognostiques, ce sont des lits de silex pyromaques très-multipliés, très-près les uns des autres, très-étendus et souvent parfaitement parallèles. Le silex qui compose ces lits est rarement continu sur une grande étendue ; il se présente plutôt en rognons sphéroïdaux, ou de toutes sortes de formes, comme placés à côté les uns des autres, tantôt tout-à-fait séparés et isolés, tantôt liés ensemble et comme soudés par différens points ; de manière que si on dégageoit ces lits de la craie sur une grande surface, ils présenteroient, dans beaucoup de cas, une grande plaque d'une épaisseur moyenne à peu près égale, à surface couverte de tubérosités inégales, et criblée d'une multitude d'ouvertures aussi différentes par leur grandeur qu'irrégulières dans leur forme et leur disposition.

Ces rognons durs, tantôt composés de silex pyromaques noirs ou blonds et très-purs, tantôt de silex opaque blanchâtre ou grisâtre, mêlés de sable et de craie, sont les caractères les plus sûrs de la craie envisagée en grand.

La stratification de la craie est, dans beaucoup de cas, sensiblement horizontale ; néanmoins, dans quelques lieux, elle présente une stratification très-inclinée, ou même presque verticale, et quelquefois des lits contournés et fortement arqués. Cette disposition est très-distincte sur les côtes de l'île de Wight, comme nous l'a fait connoître M. Webster. Nous donnons dans nos planches la vue de cette disposition remarquable, mais qui paroit presque locale.

Enfin, on observe dans les masses de craie des fentes presque verticales, à parois bosselées et comme polies par les eaux, et dans lesquelles les silex sont restés en saillie. Les ouvriers les nomment *filets* ou *filières*.

Les débris de corps organisés fossiles que renferme ce calcaire, peuvent encore le caractériser, et le distinguer surtout de ces marnes d'aspect crayeux avec lesquelles on le confond quelquefois. Mais, outre que l'énumération de ces fossiles nous feroit sortir de notre sujet, cette partie de la géognosie est encore trop peu avancée pour qu'on puisse donner cette énumération avec exactitude : nous nous contenterons donc d'indiquer les genres qu'on ne trouve jamais dans les marnes précitées : ce sont des bélemnites, des ananchites, des térébratules, etc. Le noyau de ces coquilles, mais plus particulièrement des oursins, est souvent remplacé par du silex pyromaque.

On ne trouve dans la craie aucun gîte métallique; on n'y trouve non plus aucun combustible charbonneux, du moins en quantité et en étendue notable. Le seul métal qui s'y rencontre, c'est le fer à l'état de sulfure ou de pyrites globuliformes, disséminé, ou incrustant les débris de corps organisés qui y sont également disséminés. Ces débris sont eux-mêmes répandus avec une grande inégalité ; il y a des masses de craie très-considérables qui n'en renferment aucun, tandis que dans d'autres lieux, on les voit accumulés en grande quantité dans un espace très-circonscrit.

Plusieurs terrains calcaires, mais beaucoup moins homogènes que la craie blanche que nous venons de décrire, appartiennent évidemment à ce dépôt, puisqu'ils s'y lient par des nuances insensibles, semblent alterner avec lui, et même quelquefois le remplacer. Cette considération étant entièrement géognostique, sera développée au mot TERRAIN. Nous nous contenterons d'indiquer ici les deux variétés de craie qui se lient évidemment avec la craie blanche. L'une est la *craie tufau* de M. Omalius d'Halloy, qui est grisâtre ou jaunâtre, friable, à grains plus grossiers, souvent très-sablonneux, et renfermant les silex opaques indiqués plus haut. L'autre est la *craie chloritée*, que nous avons fait connoître ailleurs, qui est également plus grossière, grisâtre, mêlée de beaucoup de sable très-friable, et qui ne diffère enfin de la craie tufau que par la grande quantité de grains de chlorite qu'elle renferme. Ces deux sortes de craies, et très-certainement la dernière, paroissent être plus anciennes que la craie blanche.

La craie, et surtout la craie blanche, n'est peut-être pas aussi abondamment répandue dans la nature que le calcaire compacte; cependant de vastes provinces en sont entièrement composées. La Galicie, la Pologne, l'Angleterre, la France, etc., présentent des terrains de craie très-étendus. Dans ce dernier pays, on sait qu'elle est abondante en Champagne, sur les côtes de la Manche, aux environs de Rouen, et près de Paris, à Bougival et à Meudon, etc.

La craie est employée dans les arts comme crayon; elle sert aussi à nettoyer les métaux, les verres; elle fournit le blanc employé dans toutes les peintures en détrempe; elle doit être pure, c'est-à-dire, privée de la plus grande partie du sable qu'elle contient.

On l'exploite ordinairement par vastes galeries. La consistance de cette pierre est telle que les parois se soutiennent d'elles-mêmes. On la concasse en petits morceaux avec une masse de fer emmanchée : on la délaie alors plus facilement, d'abord dans un peu d'eau, ensuite dans une plus grande quantité de ce liquide. On laisse reposer environ deux heures cette bouillie claire; lorsqu'on suppose que tout le sable s'est précipité, on décante avec des seaux, et sans remuer le fond, l'eau laiteuse qui surnage, et on la transporte dans des tonneaux, où la craie se dépose; on décante alors l'eau devenue claire; on laisse prendre à la craie assez de consistance pour qu'on puisse la manier, et en faire des masses qu'on applique contre les parois de la carrière. Elles y acquièrent promptement assez de fermeté pour être moulées entre les mains en cylindre. On transporte ces cylindres hors de la carrière; on les couche les uns sur les autres, et on les dépose en petites murailles à claire-voie, dont l'épaisseur est égale à la hauteur du cylindre. On place ces murailles deux à deux, à quelque distance l'une de l'autre, et on les couvre par un petit toit de chaume.

Ces cylindres ou pains de craie se sèchent complétement. On les vend à Paris sous le nom de *blanc*, ou de *blanc d'Espagne*.

14.ᵉ *Variété.* Calcaire grossier. Vulgairement , pierre calcaire, pierre à bâtir des Parisiens, pierre de taille, et moellon.

Cette variété a la texture lâche, le grain ordinairement grossier; elle se laisse facilement entamer par les instrumens tranchans, et n'est susceptible de recevoir aucun poli; sa cassure est grenue et terne; ses couleurs sont sales, et varient entre le blanc, le gris et le jaune isabelle.

Le grain, la couleur, la dureté de ces pierres, présentent de grandes différences, qui influent plus sur l'usage auquel on peut les employer, que sur le rôle qu'elles jouent dans la nature.

Les unes ont un grain très-fin, avec de la blancheur, mais peu de dureté, et ne peuvent être employées que pour la sculpture, telle est la pierre de Tonnerre , dans le département de l'Yonne (1); celle de Nanterre, près Paris.

D'autres ont le grain plus grossier; leur couleur est jaunâtre ; elles sont tendres : telles sont les pierres de Conflans - Sainte-Honorine, près Paris, dont les bancs ont quelquefois plus de deux mètres d'épaisseur; celles de Saint-Leu et de Trossy dans le département de l'Oise : ici les bancs n'ont guère plus d'un mètre.

Enfin, d'autres ont une texture très - lâche, un grain très-grossier, très-visible, et, quoique composées de sable, de fragmens de coquilles agglutinées, elles ont une grande dureté et une grande solidité : telle est la pierre de Saillancourt, près Pontoise. Ses bancs paroissent d'une telle épaisseur, que la carrière semble coupée dans une seule masse de pierre : cette carrière est réservée pour les travaux des ponts et chaussées.

Le calcaire grossier étant ordinairement un mélange impur de sable calcaire et siliceux, d'un peu d'argile, de fragmens de coquilles, etc., l'analyse chimique ne peut rien nous apprendre de précis sur la composition de cette pierre.

Il est d'une formation postérieure à celle de la craie, et antérieure à celle du gypse à ossemens. Il constitue des terrains assez circonscrits, très-étendus cependant aux environs de Paris, et fort bien caractérisés dans ce canton, mais plus

---

(1) Il n'est pas sûr que la pierre dite de Tonnerre appartienne géologiquement au calcaire grossier.

circonscrits et moins bien caractérisés dans d'autres lieux où sa présence n'est que présumée, mais non encore prouvée : tels sont les environs de Gand, ceux de Mayence, ceux de Londres, où ce calcaire est tellement friable et sablonneux, qu'il ne présente plus aucun caractère minéralogique, et qu'il ne peut être déterminé que par les caractères géognostiques.

Le calcaire grossier paroît être toujours assez éloigné des hautes chaînes de montagnes primordiales, et appartenir aux terrains les plus nouveaux. Quoiqu'il se présente en bancs puissans et très-étendus, il ne forme jamais de très-hautes montagnes, mais des collines arrondies dont les flancs offrent quelquefois des escarpemens : il fait en France la base d'assez grandes plaines : telles sont celles des environs de Paris.

Ses bancs sont très-distincts, horizontaux, rarement inclinés, jamais contournés ni plissés ; ils ne sont séparés que par de l'argile, de la marne, du sable ; quelquefois par des dépôts et des infiltrations géodiques de quarz et de chaux carbonatée cristallisés (Neuilly, près Paris) : ces bancs, ou couches, varient beaucoup d'épaisseur. On peut remarquer qu'ils sont beaucoup plus épais dans la pierre calcaire tendre, que dans la dure. Cette dernière sous-variété est quelquefois en couches si minces, qu'on s'en sert dans quelques contrées (dans la Côte-d'Or, près de Dijon), en place de tuiles, pour couvrir les maisons (1).

Ce calcaire renferme souvent un très-grand nombre de coquilles dont les genres et les espèces sont très-multipliés : quelques-unes de ces coquilles paroissent le caractériser géognostiquement. C'est, d'une part, l'absence des ammonites, et, de l'autre, la présence presque habituelle de plusieurs espèces particulières de cérites.

Il ne renferme ni filon, ni matière métallique : on n'y trouve que des infiltrations de fer oxidé hydraté, et peut-être aussi quelques petits dépôts de zinc carbonaté. La houille ne s'y est jamais rencontrée ; mais on peut y trouver quelques dépôts peu épais de lignites. Les silex pyromaques, si abondans

---

(1) Le calcaire que nous citons ici n'appartient probablement au calcaire grossier que par ses caractères minéralogiques ; il paroît être géognostiquement plus ancien.

dans la craie, ne se trouvent presque jamais, ou peut-être même jamais, dans le calcaire grossier ; mais on y voit des rognons en couches horizontales, interrompues, de silex cornés.

On voit que, si les différences minéralogiques qui existent entre le calcaire compacte, la craie et le calcaire grossier, sont légères, il n'en est pas de même des différences géologiques qui sont plus nombreuses et assez importantes.

Cette pierre, partout où elle se trouve, est employée pour les constructions. La solidité de quelques-unes de ses sortes, et la facilité de la tailler, lui donnent un grand avantage. On la nomme pierre de taille lorsqu'elle est en gros blocs, et moellons lorsque ses masses ne passent pas 25 centimètres cubes.

Elle ne se trouve pas également partout : elle est commune en France, et surtout aux environs de Paris. On la trouve près de cette ville, principalement au midi, depuis Meudon jusqu'à Gentilly ; et on a donné aux différentes parties de ses couches des noms particuliers, selon leur qualité et les usages auxquels on les emploie. On nomme *pierre de liais*, celle qui est à grains fins, et dont la texture est serrée : elle se taille à arêtes vives, et résiste très-bien aux intempéries de l'air. Son épaisseur n'est guère que de 25 centimètres.

La *pierre de roche* est dure comme le liais, mais poreuse et coquillière : ses bancs ont environ 6 décimètres d'épaisseur.

La *lambourde* est la pierre tendre à grain grossier ; ses bancs ont jusqu'à 9 décimètres d'épaisseur.

Ces trois qualités, et d'autres que nous négligeons, se trouvent souvent dans la même carrière, mais dans des positions respectives qui sont constantes, et qui seront déterminées dans un autre lieu.

Les carrières qui fournissent à Paris les pierres les plus estimées, sont celles

De Saint-Nom, dans le parc de Versailles ;

De la Chaussée, près Saint-Germain-en-Laye ;

De Poissy :

De Nanterre : ces trois dernières donnent des pierres presque aussi belles que le liais ;

De Saillancourt, près Pontoise ;

Et de Conflans Sainte-Honorine : cette carrière donne les plus belles pierres tendres ; elles ont quelquefois 21 décimètres d'épaisseur ;

De Saint-Nicolas, près Senlis : c'est un liais ;

De Saint-Leu et Trossy, département de l'Oise : c'est une pierre tendre.

Les pierres tendres se scient à sec, avec la scie à dents. Les pierres dures se scient avec une scie sans dents, au moyen de l'eau et du grès pilé. Pour que les pierres ne se détruisent pas à l'air, il faut toujours les poser sur leur lit, c'est-à-dire dans la même position qu'elles avoient dans la carrière. Très-peu peuvent être posées en *délit*.

Plusieurs pierres éclatent par la gelée : on les appelle *pierres gelisses;* ce sont surtout celles qui sont poreuses et tendres.

La pesanteur spécifique de ces pierres est très-différente, selon les qualités : ainsi la pierre dure de Meudon est, à la pierre tendre de Saint-Leu, dans le rapport de 24 à 17.

Cette variété de pierre calcaire, étant presque toujours impure, ne donne, par la calcination, que de la mauvaise chaux.

15.e *Variété*. Calcaire marneux. Nous donnons ce nom à une variété de calcaire très-commune aux environs de Paris, et qui s'est trouvée encore dans d'autres lieux. Elle n'a été décrite particulièrement par aucun minéralogiste, et cependant elle présente, comme on va le voir, quelques caractères qui la distinguent de toutes les variétés connues.

Le calcaire marneux est généralement ou d'un blanc presque pur, ou grisâtre, ou un peu jaunâtre. Quelles que soient sa dureté, sa compacité, son impureté apparente même, son grain est toujours fin, presque indiscernable; et cette pierre se rapproche en cela du calcaire compacte et de la craie : mais elle est loin d'avoir la couleur, la dureté et la force d'agrégation du premier, et n'est pas tendre et *écrivante* comme la craie. Cette variété est donc déjà assez bien distinguée, par ces premiers caractères, des seules variétés de calcaire avec lesquelles on pourroit la confondre, le calcaire compacte, la craie et le calcaire grossier.

Ce calcaire se présente en masse souvent très-volumineuse, informe, ou en banc continu.

Sa cassure est assez généralement difficile; il a donc une

ténacité particulière : elle est ordinairement droite, quelquefois raboteuse, quelquefois inparfaitement conchoïde.

Sa texture est, comme nous l'avons indiqué, tantôt serrée, tantôt plus lâche ; dans un plus grand nombre de cas, elle présente beaucoup de petites cavités irrégulières, et surtout beaucoup de tubulures ou canaux à peu près parallèles, quoique sinueux : c'est un caractère qui manque rarement.

Le calcaire marneux se dissout facilement dans les acides, même foibles, sans laisser aucun résidu sensible ; et cette propriété, en le distinguant des marnes proprement dites, qui sont des mélanges à grandes proportions de chaux carbonatée, d'argile, etc., le fait nécessairement placer dans l'espèce de calcaire, avec plus de droit que la craie et le calcaire grossier.

Enfin, une dernière propriété particulière à ce calcaire, celle qui lui a fait imposer le nom de calcaire marneux, c'est de se désagréger avec facilité par l'influence des météores atmosphériques. Lorsque les fragmens de ce calcaire sont épars dans les champs, on n'en trouve pas un qui ait conservé ses angles et ses arêtes ; ils sont tous émoussés, presque arrondis, et couverts d'une espèce d'écorce blanchâtre, moins dense que la partie intérieure.

Ces différences minéralogiques, déjà suffisantes pour faire considérer ce calcaire comme une variété particulière, acquièrent encore plus d'importance par les circonstances géologiques dans lesquelles on le rencontre.

Le calcaire marneux ne se présente que dans les derniers dépôts de la couche du globe : il fait partie des terrains de sédiment ; mais il ne peut, dans aucun cas, être considéré comme un sol de transport, et d'une formation très-récente, c'est-à-dire qui seroit postérieure à l'état actuel de nos continens.

Tantôt il est antérieur à la formation du gypse à ossemens, ou à des terrains volcaniques d'une haute antiquité, puisqu'ils appartiennent à des volcans éteints dont l'état d'ignition n'a jamais été connu : tel est, pour le premier cas, celui qu'on trouve si abondamment aux environs et à plus de trente lieues de distance de Paris ; et, pour le second cas, celui qu'on observe en Auvergne, dans le Cantal, etc.

Cette position donne, comme on le voit, une origine très-ancienne à ce calcaire ; mais il entre aussi dans la composition de terrains beaucoup plus nouveaux et presque superficiels, sans cependant qu'on puisse encore regarder sa formation comme moderne, puisqu'il se présente en couches puissantes, régulières, et qu'il est souvent pénétré de masses de silex qui supposent une dissolution complète et abondante de la terre siliceuse, phénomène dont nous ne connoissons aucun exemple récent dans les terrains qui ne sont point volcaniques.

Mais c'est la nature du liquide dans lequel s'est fait le dépôt puissant et solide de ce calcaire, qui le caractérise d'une manière encore plus tranchée. La nature de ce liquide paroît être indiquée, aussi bien qu'un phénomène de ce genre puisse l'être, par celle des débris organiques que ce calcaire renferme. Or, tous ces débris, généralement très-reconnoissables, appartiennent à des genres d'animaux ou à des végétaux entièrement semblables à ceux dont les espèces vivent ou sur la terre ou dans les eaux douces. On ne trouve dans ce calcaire aucun débris qui appartienne à des êtres organisés vivant dans les eaux marines. On peut présumer, avec la plus grande vraisemblance, que les couches de calcaire marneux et les minéraux qui y sont liés, tels que les silex, ont été déposés dans des eaux douces ; et cette origine qui est, comme on peut le voir, liée avec plusieurs caractères extérieurs, est une considération assez importante pour séparer ce calcaire des autres variétés de la deuxième division de cette espèce.

Nous devons ajouter que, néanmoins, tous les calcaires déposés dans l'eau douce n'appartiennent pas au calcaire marneux.

Annotations. On a parlé de l'usage particulier que l'on fait de quelques-unes des variétés de la chaux carbonatée. Il reste à faire connoître les usages auxquels sont employées indistinctement plusieurs variétés de ce sel pierreux.

On retire la chaux vive, si communément employée dans les arts, de plusieurs sortes de pierres calcaires, qui prennent alors le nom de pierres à chaux.

Toutes les variétés ne sont point également bonnes pour cet objet. La meilleure pierre à chaux seroit le marbre blanc ;

c'est, dit-on, celle que les anciens employoient souvent : mais on a rarement le choix de cette pierre. Celle qui est préférable après celle-là, et qui l'égale presque en qualité, c'est le calcaire compacte, et surtout celui qui renferme naturellement une certaine quantité de silice. C'est probablement pour cette raison que la meilleure pierre à chaux des environs de Paris est celle de Senlis et de Champigny, qui forme, comme on le verra plus bas, une variété particulière.

On obtient aussi de la chaux en calcinant des coquilles fossiles, et même des coquilles marines.

L'objet qu'on se propose en calcinant la chaux carbonatée, est de la priver de l'acide carbonique et de l'eau qui lui sont unis. Il faut la chauffer au rouge pendant plusieurs heures ; elle devient alors plus légère et plus sonore, absorbe l'eau avec sifflement et dégagement de calorique, et se réduit en une poussière blanche et fine que l'on appelle chaux éteinte ; dans ce dernier état, elle est pulvérulente, tendre, et privée de son acide carbonique qu'elle reprend peu à peu dans l'atmosphère.

On cuit la chaux au bois, à la houille, ou à la tourbe, dans des fours dont les formes varient beaucoup, selon le genre de combustible, et selon les pays.

Ce sont ordinairement des cônes ou des moitiés d'ellipsoïde renversées, creusées dans un massif de maçonnerie cylindrique.

Quand on veut cuire la chaux au bois, on place cette pierre, réduite en morceaux de diverses grosseurs, dans la cavité du cône. On dispose ces morceaux de manière qu'il y ait du jour entre eux, qu'ils ne puissent pas s'affaisser, et que les plus gros soient au centre, où la chaleur est la plus considérable. On remplit ainsi le four jusqu'en haut.

On jette, dans le foyer qui est au-dessous, le bois ou le combustible végétal : ce sont tantôt des fagots, tantôt des bottes de bruyère. On fait monter le feu peu à peu, en l'entretenant continuellement, au point de faire chauffer la chaux jusqu'au blanc. Cette cuisson dure douze à quinze heures. On laisse refroidir le fourneau pour retirer la chaux.

Lorsqu'on cuit la chaux avec de la houille, on se sert d'un four à peu près semblable au précédent ; mais ce qui étoit le foyer dans celui-ci, devient à présent le cendrier. Le chaufournier place sur la grille mobile du fourneau quelques fagots qu'il recouvre de houille. Il met ensuite un lit de pierres à chaux, puis un lit de houille, et ainsi de suite. Lorsqu'il a fait dix à douze lits de cette manière, il allume le four, et continue de le remplir de couches successives de houille et de pierres à chaux, jusqu'en haut. Lorsqu'on juge que les couches inférieures de chaux sont cuites, on retire les barreaux mobiles de la grille, et on enlève la chaux que l'on fait tomber dans le cendrier. Tant que les morceaux qui tombent ne sont pas assez cuits, on replace les barres de la grille en les enfonçant à coups de masse. On recharge le fourneau de nouvelles couches de houille et de pierres à chaux, et on continue le feu.

Si on veut arrêter tout-à-fait le feu, on y parvient aisément en fermant toutes les issues inférieures, et couvrant la masse de chaux avec du poussier de charbon et des pierrailles.

Cette description abrégée suffit pour faire voir l'avantage que le second fourneau a sur le premier.

Lord Stanhope en a proposé et fait exécuter un troisième : c'est un fourneau carré et fermé, assez semblable à celui des faïenciers. Le combustible qu'il emploie est un mélange de houille en petits morceaux, et de cendre de houille. On forme avec ce mélange un talus à l'ouverture du fourneau, et l'air qui alimente le feu, est obligé de traverser le combustible. Cette disposition produit une grande économie : ce four paroît être celui de tous qui emploie le moins de combustible il ne consume que 16 mètres cubes de houille pour cuire 100 mètres de chaux.

Enfin, M. de Rumfort a fait exécuter un four à chaux qui a les mêmes avantages économiques que ceux dans lesquels la pierre à chaux et le combustible sont mêlés, mais qui est d'un usage plus commode, et peut-être d'une plus grande économie : c'est un cylindre assez haut qu'on remplit de pierres à chaux ; le combustible, placé sur un foyer latéral qui est élevé un peu au-dessus du sol, brûle à flamme renversée, et, par conséquent, sous la condition la plus propre à la production de la chaleur. La flamme traverse toute la masse de pierre calcaire qui remplit le fourneau ; la chaux cuite se retire par la partie inférieure du fourneau, tandis qu'on le charge d'autant de nouvelles pierres calcaires par sa partie supérieure. On n'est donc point forcé de laisser refroidir le four pour le vider, et d'en réchauffer chaque fois la masse, lorsqu'on veut y cuire. Cette circonstance diminue beaucoup l'emploi du combustible.

L'eau paroît indispensable à la calcination de la chaux : des expériences directes le prouvent, et l'observation des procédés des arts le confirme. Les chaufourniers ont remarqué que la pierre à chaux humide se calcinoit plus aisément que celle qui a été extraite depuis long-temps ; et même, lorsqu'elle est trop desséchée, ils l'arrosent d'eau avant de la mettre dans le four.

On sait que la pierre calcaire perd, par la calcination, non-seulement son acide carbonique, mais son eau de cristallisation. Eteindre la chaux, c'est lui rendre cette eau : lorsqu'on éteint de la chaux avec de l'eau, ce liquide est rapidement absorbé, si la chaux est bien faite ; il y a dégagement de calorique, et, dans beaucoup de circonstances, il se produit une lumière assez vive. Il faut, pour que cet effet ait lieu, que la chaux soit pure, bien vive, et éteinte avec peu d'eau.

La chaux est la base des mortiers : c'est son principal usage.

Le mortier est un mélange de chaux éteinte et même délayée dans l'eau, et de sable ou de ciment, qui est de l'argile cuite et broyée. Ces corps adhèrent bientôt par une sorte de combinaison chimique ; et ce mélange durcit à l'air, et même dans l'eau.

Le mortier est d'autant meilleur, que la chaux est bonne et bien cuite, le sable ou le ciment fin et exempt d'argile, l'eau ajoutée dans de justes proportions, et le tout gâché long-temps et fortement.

Une certaine proportion d'oxide de fer ou d'oxide de manganèse a la propriété de rendre le mortier plus solide, et susceptible de se durcir, quoique employé dans l'eau.

Tous les bons mortiers sont faits sur ces principes : on en a employé un grand nombre, et on en a proposé encore plus. On citera quelques-uns des plus remarquables.

Higgins a observé qu'un cinquième d'oxide noir de fer sur la masse totale d'un mortier, lui donnoit une grande solidité.

Loriot a fait un mortier très-solide en ajoutant de la chaux vive en poudre à un mortier déjà composé d'une partie de brique pilée, de deux parties de sable de rivière, et d'une partie de chaux éteinte.

Lafaye a fait un mortier également bon en employant de la chaux éteinte avec le moins d'eau possible.

La pouzzolane, produit volcanique, dont on parlera à son lieu, ajoutée au mortier, lui donne une solidité remarquable.

La brique ferrugineuse, pilée, remplit le même objet.

Le mortier des anciens, qui est actuellement si dur, doit cette dureté à l'emploi qu'ils faisoient de cette matière volcanique, et au soin qu'ils apportoient dans sa préparation ; il étoit gâché, plusieurs jours de suite, par des esclaves.

Ces deux matériaux sont remplacés avec succès, en Hollande, par un tuf volcanique des environs d'Andernach, que l'on cuit, et que l'on réduit en poudre : on nomme cette matière *terrasse*, ou plutôt *trass* de Hollande.

Dans les environs de Tournai, la cendre de houille qui se ramasse sous les fours à chaux, et qu'on nomme *cendrée de Tournai*, fait un très-bon mortier, mais qui a besoin d'être fortement battu.

La chaux qui contient de l'oxide de manganèse, brunit à la cuisson. On la nomme *chaux maigre*, parce que le mortier qu'elle fait est moins tenace : il emploie moins de sable ; mais il a l'avantage de *prendre* dans l'eau, et d'y acquérir la plus grande dureté. On appelle *béton* le mortier qui jouit de cette qualité. On peut donner comme exemple de chaux maigre, celles de Brion, près d'Autun, que Guyton a fait connoître ; celles de Morex, près Genève ; de Saintrailles, département de Lot et Garonne ; de Lena dans la paroisse d'Uplande, en Suède ; etc.

3e. SECTION. Chaux carbonatée mélangée.

16.e *Variété*. CALCAIRE QUARZIFÈRE. Cette pierre a l'apparence d'un grès, et il faut l'essayer avec l'acide nitrique pour la placer dans l'espèce de la chaux carbonatée. Elle a donc l'aspect et la cassure grenue ; elle présente cependant quelques reflets spathiques, et même des lames qui mènent au rhomboïde. Cette propriété, que tous les échantillons ne présentent pas, est cependant un motif suffisant pour la rapporter à l'espèce à laquelle nous l'attachons. On voit que la silice en sable qui a été enveloppée par la chaux carbonatée, ne s'y est point unie, et ne lui a point enlevé la faculté de cristalliser suivant ses lois, non-seulement confusément, mais souvent même en rhomboïdes très-nets.

Quelle que soit la forme ou la cassure de cette espéce, elle fait toujours effervescence avec l'acide nitrique. Sa pesanteur spécifique est de 2,6. Elle est quelquefois assez solide pour étinceler sous le choc du briquet.

Le calcaire quarzifère se trouve ordinairement cristallisé, et offre la forme du rhomboïde inverse. On le trouve aussi en concrétion mamelonnée, ou en masse amorphe. Les cristaux et les concrétions se rencontrent au milieu de certains bancs de grès, dans des cavités remplies de sable, qui renferment souvent un grand nombre de petits rhomboïdes isolés, et fort nets. Parmi les cristaux attachés à la voûte de ces cavités, on en voit quelquefois dont la moitié est de chaux carbonatée pure, tandis que l'autre moitié est quarzifère.

C'est dans les carrières de grès de la forêt de Fontainebleau, au lieu nommé *Bellecroix*, et dans celles des environs de Nemours, qu'on a trouvé cette jolie variété de calcaire. On ne la connoit encore que dans ces deux endroits, et l'espace de la carrière qui en renferme, est lui-même fort circonscrit. On peut observer à Belle-Croix que les bancs de grès sont recouverts d'une couche de calcaire peu épaisse et comme brisée, qui appartient à la variété marneuse.

17.ᵉ *Variété.* CALCAIRE SILICEUX. Nous avons cru devoir établir cette nouvelle variété d'après les caractères suivans, qui ne paroissent convenir complétement à aucune des variétés connues.

Le calcaire siliceux a la texture dense, compacte, le grain très-fin, et tout-à-fait l'apparence du calcaire compacte, nommé *zechstein* par les minéralogistes allemands; mais si on essaye de le rayer avec une pointe d'acier, on lui trouve une dureté qui le fait reconnoitre; la pointe ne l'entame qu'avec difficulté, et la trace qu'elle laisse, examinée avec attention, est composée en partie de la poussière blanchâtre du calcaire entamée, et en partie de l'empreinte du fer ou de l'acier qui y a laissé un enduit métallique. Ce caractère se retrouve dans les échantillons du calcaire siliceux, qui paroissent les plus homogènes, et qui ne laissent voir aucune partie siliceuse. Ce calcaire est même quelquefois assez dur pour faire feu sous le choc du briquet ; mis dans l'acide nitrique, il ne s'y dissout qu'en partie, et laisse un résidu siliceux, et quelquefois une masse siliceuse spongieuse.

Le calcaire siliceux a la cassure tantôt droite et un peu raboteuse, tantôt conchoïde et toujours un peu écailleuse ; il se casse facilement lorsqu'il est homogène, et plus difficile-ment lorsqu'il est pénétré de silex visible ; enfin il est souvent un peu translucide sur les bords : mais il est rarement homo-gène, surtout en grande masse ; il est fréquemment pénétré et traversé dans tous les sens de veines siliceuses qui offrent pres-que toutes les variétés du quarz ; on y voit le quarz cristallisé, rarement prismé et très-limpide, le quarz blanc translucide, les silex cornés pyromaques, couverts de mamelons ou de con-crétions calcédoineuses de presque toutes les couleurs.

Cette disposition est surtout très-sensible à Champigny, à l'Est de Paris ; dans la vallée de Septeuil, entre Mantes et Houdan ; dans plusieurs parties des bords de la Seine, près Fontainebleau ; et enfin dans une multitude de lieux de la partie méridionale et orientale de Paris, entre la Seine et la Marne.

Ce calcaire forme des bancs puissans ou des masses sans stratifications très-distinctes qui sont situées, comme nous l'avons reconnu depuis peu, entre les assises supérieures du calcaire grossier et les assises inférieures du terrain gypseux. Il est mélangé de calcaire marneux, et passe quelquefois à ce calcaire ; quelquefois aussi il est tellement pénétré de silex, qu'il présente des masses immenses de quarz ou de silex corné, sans aucun mélange de calcaire.

Il ne renferme que très-rarement des débris de corps orga-nisés, et on n'en voit même ordinairement que dans les parties où les infiltrations siliceuses sont les moins abondantes ; dans ce cas, ces corps appartiennent, comme ceux du calcaire marneux, à des êtres organisés qui vivoient ou sur la terre ou dans les eaux douces, et jamais, jusqu'à présent du moins, à des animaux ou végétaux marins.

Nous avons dit, en parlant des usages de la chaux, que ce calcaire donnoit une pierre à chaux d'une très-bonne qualité, et nous en avons indiqué la raison.

On a nommé plâtre-ciment, une variété de chaux carbonatée,

d'un gris jaunâtre avec des veines rougeâtres; elle se trouve en fragmens roulés sur les bords de la mer, à Boulogne, et contient, d'après M. Drapier, 0,73 de chaux, 0,15 de silice, 0,07 de fer et 0,05 d'alumine environ. Cette pierre à chaux, calcinée, réduite en poudre, et gâchée, donne, sans addition, un mortier qui acquiert en très-peu de temps une grande solidité dans l'eau; elle appartient donc, tant par sa nature que par ses propriétés, au calcaire siliceux.

18.ᵉ *Variété*. Calcaire calp. Cette pierre ne se trouve qu'en masses compactes d'un gris bleuâtre d'ardoise, quelquefois presque noir: elle a la texture compacte et subiamellaire, et la structure tantôt entièrement massive, tantôt schistoïde; elle est quelquefois traversée de veines de calcaire spathique blanc, et même de filons de cette substance qui renferment du plomb sulfuré et du zinc sulfuré. Sa cassure est plane, quelquefois un peu conchoïde. Le calp se divise assez facilement en larges parallélipipèdes; il se raye en blanc; il a l'odeur argileuse par l'insufflation de l'haleine; sa pesanteur spécifique est de 2,68.

C'est, d'après M. Knox, un mélange de 0,68 de chaux carbonatée, — 0,07 d'argile, — 0,18 de silice, — 0,02 de fer, — et environ 0,03 de bitume; il jaunit et se délite en feuillets minces par la calcination; mais il ne donne pas de chaux vive pure.

Cette variété passe au marbre, à la chaux carbonatée compacte, et à la marne endurcie par des nuances insensibles.

M. Kirwan donne pour exemple de calp, la pierre noire à bâtir des carrières de Dublin, qui se trouvent à l'Ouest de cette ville, dans le voisinage de Lucan.

J'y ajouterai, comme exemple authentique, celui de Clontarf, près de Dublin, qui présente les veines métalliques dont on a parlé plus haut. Il ne fait dans les acides qu'une foible effervescence, et ne s'y dissout même qu'en partie: on le regarde en Angleterre comme appartenant au calcaire de transition.

Le calp de Finglas, qui m'a été également envoyé comme exemple du calp de Kirwan, a la structure un peu schistoïde, et paroîtroit se rapprocher du psammite schistoïde calcaire. Il fait une vive effervescence avec l'acide nitrique; mais il ne s'y dissout qu'en partie.

19.ᵉ *Variété.* Calcaire lent : *Chaux carbonatée magnésifère,* Haüy ; *Muricalcite,* Kirwan ; *Bitterspath, Picrite,* Blumenbach ; *Hornspath* et *Kiesspath* des minéralogistes allemands.

Cette variété n'a pas de caractère extérieur parfaitement tranché : sa propriété la plus ordinaire est de ne faire qu'une très-lente effervescence avec l'acide nitrique ; et encore, toutes les variétés ne présentent-elles pas toujours ce caractère : elle est aussi plus dure que la chaux carbonatée pure ; elle est souvent phosphorescente par frottement dans l'obscurité.

C'est donc dans sa composition que consiste sa véritable différence : elle renferme toujours de la magnésie, en quantité néanmoins assez variable, mais dont la proportion la plus ordinaire paroit être : de chaux carbonatée 54, et de magnésie carbonatée 42.

La forme primitive de cette variété est, suivant M. Haüy, absolument la même que celle du calcaire rhomboïdal pur, c'est-à-dire, le rhomboïde de 104 d. et demi ; mais, suivant M. Wollaston, de 106,15'.

Sa pesanteur spécifique est de 2,89.

Les variétés de formes sont aussi les mêmes que celles de ce calcaire, mais cependant beaucoup moins nombreuses ; les principales sont le primitif, l'unitaire, l'uniternaire, le lenticulaire, etc.

Les variétés de textures et d'aspect sont les suivantes :

Calcaire lent picrite : c'est le *bitterspath* proprement dit des minéralogistes allemands ; le *spath magnésien,* Broch. ; *la chaux carbonatée magnésifère primitive,* Haüy ; *le dolomite spatts,* ou *rhomb. spatts,* Jameson.

Il se présente ordinairement cristallisé : sa forme primitive, ses formes secondaires, et par conséquent sa texture, sont celles de la chaux carbonatée spathique ; mais il a une dureté et une apparence nacrée que cette dernière n'a pas : ses couleurs varient du blanc jaunâtre au brun jaunâtre.

La picrite se trouve dans les roches talqueuses, telles que la chlorite, la serpentine, la stéatite : elle y est accompagnée de talc, d'asbeste, de grammatite, etc.

On en trouve dans les montagnes du Tyrol ; dans celles de Sulzbourg, à Brienz en Suisse, dans la montagne de Taberg, dans le Wermeland, en Suède, etc. ; sur les bords du Loch-

Lomond en Ecosse; en Groenland, dans un talc endurci; et dans le Mexique, en cristaux limpides ou blanchâtres, recouvrant des masses cristallisées de quarz, d'améthyste et de felspath.

Calcaire lent miemite. Cette variété a une couleur verdâtre pâle, assez gaie : elle est plus souvent en grandes masses que cristallisée régulièrement; sa texture est rayonnée.

On a quelquefois donné ce nom à des variétés de calcaire spathique verdâtres qui ne renferment pas de magnésie : mais, si l'analyse suivante de Klaproth se rapporte réellement à une variété de calcaire lent de Miemo, comme il est difficile d'en douter, la miemite doit rester parmi les calcaires magnésifères.

Chaux carbonatée. 53
Magnésie carbonatée. 42
Fer carbonaté mêlé d'un peu de man-
ganèse. 3
                         98

On l'a trouvée à Miemo, en Toscane, dans les cavités d'une masse d'albâtre gypseux, et dans le pays de Gotha. M. Giescke l'a trouvée en rognons avec de la wavellite, de l'arragonite et de la calcédoine, dans une wake décomposée à Kannioak, dans l'Omenaksfiord, en Groenland.

Calcaire lent lamellaire. Il a la texture lamellaire : c'est le marbre grec magnescent, décrit par M. de Cubiéres, et dont l'exemple le plus authentique peut être pris de celui dont est construit le temple de Jupiter-Serapis, sur la côte de Baya, près Pouzzole.

Il est d'une blancheur éclatante, et assez translucide; son grain offre de grandes et nombreuses lames brillantes, ce qui donne un aspect aventuriné aux morceaux de ce marbre qui ont été polis.

Il est assez dur pour rayer un peu le verre, et il étincelle même sous le choc du briquet; il est phosphorescent par frottement ou par percussion.

Il ne fait, avec l'acide nitrique, qu'une légère effervescence, et ne se dissout que très-lentement dans cet acide.

Ce marbre a été analysé par Descostils, qui y a reconnu les principes suivans :

Acide carbonique. . . . 47
Chaux. 30
Magnésie 22

Il diffère essentiellement, par cette composition, du marbre de Paros, du marbre penthélique, etc.

CALCAIRE LENT DOLOMIE. (Chaux carbonatée magnésifère granulaire, Haüy.)

La dolomie diffère des variétés précédentes, en ce qu'elle se présente en masse, à structure grenue ; elle est tantôt solide, tantôt friable, et ressemble beaucoup, par ces caractères, au calcaire saccharoïde ; mais elle fait une très-lente effervescence dans l'acide nitrique, et quelques échantillons sont phosphorescens par percussion dans l'obscurité. La dolomie est tantôt grise et tantôt d'un blanc de neige éclatant.

On ne trouve cette variété que dans les terrains primordiaux ; elle y forme des masses, des bancs ou des filons considérables, qui renferment quelquefois du fer, du zinc et de l'arsenic sulfurés, du cuivre gris, de la grammatite, du mica, etc. Cette dernière substance donne ordinairement à la dolomie la texture feuilletée.

Presque toutes les chaînes de montagnes primitives offrent cette variété ; elle s'observe principalement dans le groupe des montagnes du Saint-Gothard, où elle se présente en lits, souvent d'une grande épaisseur, qui renferment des cristaux de trémolite, des grains de quarz et des feuillets de mica et de talc ; dans les Apennins, on la trouve en portions disposées en couches dans un calcaire à petites écailles d'un gris de cendre foncé ; en Carinthie, il forme des chaînes entières de montagnes ; à Bareuth, ce calcaire se présente en lits avec du calcaire feuilleté granulaire ; à Sala en Suède, il est mêlé de mica, de talc et de quarz ; sur la montagne de Maladetta en Espagne ; on en trouve dans l'île de Ténédos une belle variété blanche, qui a été employée par les anciens sculpteurs ; on le trouve aussi en veines, traversant le granite, dans la vallée de Sésia en Italie : et il se présente en parties isolées sur le mont Somma. Le docteur Bruce l'a reconnu avec de la trémolite dans la province de New-Yorck ; enfin, on en cite au Bengale, et toujours avec des couches de trémolite ; au

Simplon, dans la vallée de Kanter : celui de ce dernier lieu a la texture fissile, et renferme des grains de fer oxydulé, luisans comme du mica, et de la grosseur d'un pois, ce qui fait paroître cette roche comme mouchetée.

M. Patrin a remarqué, en Sibérie, une couche de dolomie dans laquelle on a percé une galerie qui mène à une mine de plomb. On trouve cette pierre en filon puissant dans un granite de la montagne du Sanctuaire, près Varallo, vallée de Sésia.

Elle est aussi assez commune en Angleterre, au sud-ouest de Workoop, dans le Nottingamshire, ainsi que dans le Yorckshire. Les murs de la cathédrale d'Yorck sont bâtis avec cette pierre.

La dolomie a quelquefois la propriété d'être flexible : c'est, comme on le verra au mot PIERRE FLEXIBLE, une propriété commune à plusieurs pierres d'une structure granulaire ou spathique.

CALCAIRE LENT COMPACTE. Cette variété a la texture compacte et très-serrée ; elle est tantôt grise, tantôt jaunâtre, et quelquefois d'un bleu presque pur, tirant néanmoins sur le jaunâtre ou le rosâtre.

Sa dureté est assez remarquable pour qu'on l'ait prise, au premier aspect, pour un calcaire siliceux ; mais elle ne renferme pas une quantité appréciable de cette terre, tandis qu'elle contient plus d'un tiers de son poids de magnésie.

Le calcaire nommé *conite* du Meissner, examiné par M. Stromeyer, est un calcaire magnésifère composé

De magnésie 3a
De chaux carbonatée 7a
De fer oxidé 4

Celui de Combecave, près Figeac, qui renferme entre ses assises des lits de zinc carbonaté et de plomb sulfuré, et qui est veiné de baryte sulfatée, contient, d'après M. Berthier, près du tiers de son poids de magnésie.

Enfin, la pierre décrite par Karsten, sous le nom de *gurhofian*, est encore un calcaire lent, composé, d'après Klaproth,

De chaux carbonatée 70,50
De magnésie carbonatée 29,50

Cette sous-variété est d'un blanc de neige, compacte, d'un

aspect mat ; sa cassure est conchoïde , plate , à bords tranchans , un peu translucide ; sa pesanteur spécifique n'est que de 2,76.

Elle se présente en filons accompagnés de feuillets de talc , dans une serpentine granitique , entre Gurhof et Aggsbach , district de Gœltweich en Basse-Autriche.

Annotation. La chaux qui résulte de la calcination du calcaire lent ou magnésifère , paroît avoir une action nuisible à la végétation : les terres sur lesquelles on la répand , sont frappées de stérilité pendant plusieurs années. Cette observation , rapportée par M. Tennant , a été faite près de Doncaster et près de Derby en Angleterre ; mais il paroît que cette action n'est ni aussi puissante , ni aussi longue qu'on l'a cru. M. Bakewell dit qu'elle ne s'étend pas au-delà de deux ans dans les parties du Derbyshire où ce calcaire a séjourné en grand tas pendant long-temps , et qu'elle est nulle lorsqu'on emploie cette chaux avec réserve. Ainsi on est dans l'usage d'envoyer le calcaire magnésien de Sunderland en Ecosse , pour l'amendement des terres ; il est même préféré à tout autre ; mais on a soin de n'en faire usage qu'avec une épargne convenable.

20.ᵉ *Variété.* CALCAIRE BITUMINEUX. Cette pierre est noire ou brune , et cette couleur peut être regardée comme une couleur essentielle , puisqu'elle résulte de la présence du bitume qui caractérise cette variété. Elle répand , par le frottement ou par l'action du feu , une odeur bitumineuse , souvent peu agréable. Elle perd , par l'action continue du feu, et sa couleur et son odeur.

Cette espèce est colorée par un bitume qui lui donne en même temps son odeur. Elle a tantôt la structure compacte , et est susceptible de poli comme les marbres ; tantôt elle a la structure lamellaire et presque laminaire.

Il est très-difficile , dans beaucoup de cas, de distinguer cette variété du calcaire que nous appelons fétide , et qui est coloré en noir par le charbon, mais qui ne renferme pas de bitume.

Ce calcaire paroît appartenir aux terrains houilliers et aux terrains supérieurs à la houille, plutôt qu'aux terrains de transition.

Nous ne pouvons y rapporter avec certitude que les exemples suivans :

Celui de Galway en Irlande : il contient quelquefois assez de bitume pour être employé comme combustible.

Bergmann dit que ce calcaire se trouve en grandes masses dans la Westrogothie, et qu'on en fait de la chaux avec avantage, parce que le combustible nécessaire est fourni en partie par le bitume qu'elle renferme : on en trouve en Dalmatie une variété tellement bitumineuse, qu'elle se laisse couper comme du savon. On construit cependant des maisons avec cette pierre; mais lorsque la maçonnerie est faite, on y met le feu; le bitume brûle, et la pierre blanchit : on pose alors la charpente et la couverture.

21.ᵉ *Variété*. Calcaire fétide : vulgairement *pierre de porc; stinkstein, la pierre puante*, Broch.; *lucullite*, Jameson.

Cette variété répand, par la chaleur ou par le frottement, une odeur fétide de gaz hydrogène sulfuré, analogue à celle des œufs pourris. Sa texture est compacte, grenue ou lamellaire ; sa couleur est variable, mais ordinairement grise ou noirâtre.

Cette odeur est différente de celle de l'espèce précédente; on l'attribue à la présence du gaz hydrogène sulfuré qu'elle renferme. Elle contient en outre presque toujours du charbon sans bitume, et c'est à cette substance qu'elle doit la couleur noire qu'elle présente quelquefois. (Bouesnel.)

C'est à cette variété qu'il faut, d'après le même auteur, rapporter les marbres noirs de Namur et de Dinant.

Elle renferme aussi quelquefois de la magnésie, suivant Hœvel; alors elle a une texture plus grenue.

Le gisement de cette pierre est le même que celui de plusieurs variétés de calcaire compacte; mais il paroît qu'elle appartient aux formations les plus anciennes de ce calcaire, c'est-à-dire, au calcaire de transition. Elle se présente en masses considérables, composées de montagnes entières.

Les montagnes d'où sortent les eaux chaudes de Bagnères, sont en grande partie composées de cette espèce de calcaire qui donne, par la calcination, une chaux d'une très-bonne qualité.

On en a trouvé aussi aux environs du Vésuve une sous-variété dont la texture est laminaire, et les lames alternativement noires et blanches.

Le calcaire fétide grisâtre lamellaire, qui recouvre le gypse du Hetzbergen, au pied méridional du Hartz, appartient à cette variété.

22.ᵉ *Variété*. Calcaire jaunissant. (Chaux carbonatée ferrifère, Haüy.)

Ce calcaire, qu'on n'a encore trouvé qu'en très-petits cristaux dans du gypse, à Salzbourg, est caractérisé par une composition particulière et par les propriétés qui en résultent. C'est une combinaison de chaux carbonatée et de fer oxidé sans manganèse ; il jaunit par l'action de l'acide nitrique, et rougit par celle du feu, mais n'y noircit pas comme le fait la variété suivante ; il se dissout dans l'acide nitrique, mais en ne produisant qu'une lente effervescence.

Il se présente en petits cristaux rhomboïdaux, qui appartiennent aux variétés de forme nommées *uniternaire* et *ternobisunitaire* par M. Haüy : sa couleur ordinaire est le gris brunâtre ; son éclat est foible et point perlé ; il est plus dur que le calcaire rhomboïdal pur ; sa pesanteur spécifique est de 2,81.

Il fond par l'action du feu, et sans noircir, en un globule qui fait facilement mouvoir l'aiguille aimantée.

23.ᵉ *Variété*. Calcaire brunissant : *Chaux carbonatée ferromanganésifère*, Hauy ; *Braunspath, le spath brunissant*, Broch. ; *le spath perlé, sidero calcite*, Kirwan.

Cette variété a la texture lamellaire, et l'aspect souvent d'un blanc argentin ou perlé. Ses caractères les plus remarquables sont de brunir par l'action de l'acide nitrique, par celle du feu, ou même quelquefois par le seul contact de l'air ; elle ne fait, avec l'acide nitrique, qu'une très-lente effervescence.

Sa composition varie beaucoup, mais ses principes constituans essentiels sont la chaux carbonatée dans la proportion moyenne de 0,66; le fer, 0,08; le manganèse, 0,08; et la magnésie, 0,10.

Malgré la présence de deux métaux très-colorans, ce calcaire est quelquefois parfaitement limpide ; quelquefois il tire sur le jaunâtre, et plus habituellement il a l'aspect comme nacré blanc, ou nacré jaunâtre ; c'est ce qui lui a fait donner le nom de spath perlé ; sa pesanteur spécifique est de 2,83.

Le calcaire brunissant a exactement, suivant M. Haüy, la même forme primitive avec les mêmes valeurs d'angle que le calcaire rhomboïdal pur ; mais, suivant M. Wollaston , les angles de ce rhomboïde sont de valeurs différentes.

Mais, ce qu'il y a de sûr, c'est que la composition de cette variété semble influer un peu sur l'habitude de ses cristaux. Ces cristaux, qui appartiennent ordinairement à la variété *inverse* de la chaux carbonatée, ont leurs faces souvent convexes, sont même quelquefois presque contournés, comme tordus. Ils sont ordinairement imbriqués, et comme à recouvrement les uns sur les autres, ce qui donne à leur masse un aspect écailleux assez remarquable.

Le calcaire brunissant, tel que nous le considérons ici, renferme au plus 10 pour 100 de fer et de manganèse ; mais, du moment où la proportion du fer devient plus considérable, on doit le considérer comme une espèce de minerai de fer, et le ranger parmi les minerais les plus riches de ce métal.

Il faut observer, avec M. Haüy, que les proportions de fer varient dans cette pierre depuis 4 pour 100 jusqu'à 60, tandis que les proportions de chaux et d'acide carbonique, et la forme primitive qui lui appartient, restent toujours les mêmes. La chaux carbonatée paroît donc être ici le type de l'espèce. Comme il n'est pas possible de placer dans la pratique une mine de fer aussi riche hors de son genre, nous laisserons le fer carbonaté parmi les minéraux de fer, et on ne placera ici que le calcaire brunissant, dans lequel le fer n'entre au plus que pour un dixième.

Cette variété se trouve le plus souvent en filons, tantôt en masse, tantôt en petits cristaux, perlés, imbriqués et groupés en stalactite, sur d'autres cristaux. Ils sont accompagnés des substances qui se trouvent ordinairement dans les filons, c'est-à-dire, de quarz, de chaux carbonatée pure, de chaux fluatée, etc., de plomb, de zinc, de fer, d'argent et de cuivre sulfurés.

On la trouve presque partout à Baygorry, dans les Pyrénées, à Sainte-Marie-aux-mines, en Saxe, au Hartz, en Hongrie, en Suède, etc.

Mêlée avec la pierre à chaux ordinaire, elle peut donner, par la calcination, une bonne chaux maigre, utile, comme on l'a dit, dans les constructions sous l'eau.

24.ᵉ *Variété.* CALCAIRE ROSE. (Chaux carbonatée manganésifère, Haüy.)

Ce calcaire est rose ; il brunit par l'action du feu , et il a le clivage de la chaux carbonatée rhomboïdale ; il est composé

De chaux carbonatée. 13
De manganèse 34
Et de silice. 53

Il se rapproche considérablement, par cette composition , du manganèse lithoïde rose , et n'en diffère réellement que par la présence des 13 pour 100 de chaux carbonatée.

Il est très-solide ; sa couleur rose est tantôt pure , tantôt mêlée de blanchâtre , tantôt tirant sur le jaunâtre ou même sur le violâtre.

Il se présente ordinairement en masse peu volumineuse, et quelquefois, mais rarement, en cristaux qui offrent le rhomboïde primitif de la chaux carbonatée : ce rhomboïde est comme contourné.

Il est opaque, quelquefois translucide, surtout sur les bords des fragmens ; sa cassure est ou conchoïde ou raboteuse ; il est plus dur que la chaux carbonatée pure.

On le trouve en Transilvanie, dans les filons exploités à Nagyac, pour les minerais aurifères qu'ils contiennent.

8.e *Espèce.* Chaux fluatée ou fluor, vulgairement *Spath fluor,* — *Spath fusible,* — *Spath vitreux ,* — *Spath phosphorique ,* substance minérale qui résulte de la combinaison de l'acide fluorique et de la chaux.

La *chaux fluatée* a été confondue pendant long-temps avec les *spath-pesans* et les *gypses ;* Marcgraff fut le premier, en 1772 , qui l'en sépara, et la même année, Schéele reconnut que le *fluor* étoit composé essentiellement de chaux et d'acide fluorique , dans les proportions suivantes :

Chaux. 0,57
Acide fluorique 0,16
Eau 0,27

La *chaux fluatée* se reconnoît facilement par plusieurs propriétés remarquables qui lui sont particulières.

Si l'on verse, sur ce sel réduit en poudre et chauffé légèrement, quelques gouttes d'acide sulfurique, l'acide fluorique se dégage sous forme de vapeur blanche, piquante, qui a la propriété de corroder le verre en lui enlevant sa silice.

Quelle que soit la forme cristalline sous laquelle la *chaux fluatée* se présente, on obtient toujours, par un clivage facile, l'octaèdre régulier que M. Haüy regarde comme la forme primitive, et que l'on peut convertir en rhombe et en tétraèdre régulier, suivant que l'on opère le clivage sur certaines faces. La *chaux fluatée* a la réfraction simple ; sa pesanteur spécifique varie suivant l'état où elle se trouve ; elle est de 3,09 à 3,19 ; quoique plus dure que la chaux carbonatée, elle se laisse cependant rayer par le fer ; deux morceaux de *fluor*, frottés l'un contre l'autre, brillent dans l'obscurité ; un effet analogue, plus marqué, mais moins général, a lieu lorsqu'on en projecte sur un charbon incandescent ; il se produit une lueur phosphorique variant du violet au bleu verdâtre.

1.re *Variété*. Chaux fluatée spathique. Sa texture est toujours lamelleuse ; on la rencontre cristallisée, tantôt confusément et présentant alors des festons ou des lignes parallèles, tantôt régulièrement et offrant des cristaux souvent très-gros, d'une netteté remarquable, et presque toujours transparens. Les couleurs de cette substance sont éclatantes et très-variées ; les principales sont : le violet, le bleu, le vert, le jaune, le violet noirâtre ; on a donné à ces variétés les noms des pierres gemmes, auxquelles ces mêmes couleurs sont censées appartenir. Ainsi, on les a nommées *fausse améthyste*, *faux saphir*, *fausse émeraude*, *fausse topaze*, *faux rubis*. Parmi ces variétés, il en est une violette de la Sibérie orientale, qui, jetée sur les charbons enflammés, ne décrépite pas, mais donne une belle lumière verte. Cette propriété lui a valu le nom de *chlorophane*. C'est une variété de peu d'importance.

La *chaux fluatée laminaire* est assez commune ; on la trouve dans tous les pays : Romé-de-l'Isle l'avoit nommée *albâtre vitreux*. M. Haüy compte plusieurs variétés de chaux fluatée bien distinctes ; les principales et les plus connues sont :

1.° La *Chaux fluatée primitive*, Haüy. C'est l'octaèdre régulier ; elle est assez rare dans la nature : on en trouve des cristaux limpides à Kongsberg en Norwége ; celle qui est couleur de rose se trouve aux environs du Mont-Blanc, dans les pics dits les grandes Jorasses ; on l'a trouvée aussi dans la vallée d'Urseren, près le mont Saint-Gothard (Pictet) ; en France, en beaux cristaux d'un jaune de topaze, dans la mine de Poyet, département de la Loire ; d'un beau vert, en Cornouailles ; d'un vert bleuâtre, au Mexique, etc.

2.° *Chaux fluatée cubique*, Haüy. C'est une des plus communes.

3.° *Chaux fluatée cubo-octaèdre*, Haüy. C'est l'octaèdre dont les angles sont tronqués.

4.° *Chaux fluatée cubo-dodécaèdre*. Lorsque les arêtes sont remplacées par une seule facette.

5.° *Chaux fluatée bordée*. Lorsque chaque arête est remplacée par deux arêtes également inclinées sur les faces adjacentes du cube ; et si elles atteignent tout leur accroissement, on a :

6.° *L'hexatetraèdre* de M. Haüy. Le cristal est représenté alors par un cube dont chaque face est cachée par une pyramide à quatre faces triangulaires.

7.° *Chaux fluatée émarginée*. C'est un octaèdre dont les arêtes, remplacées par des faces, donneroient naissance au dodécaèdre à plans rhombes, si elles atteignoient leurs limites, comme cela arrive quelquefois.

2.ᵉ *Variété*. Chaux fluatée demi-compacte (Haüy). Elle se présente en masse dont la cassure est translucide et presque vitreuse. Cette variété semble faire le passage de la chaux fluatée spathique à la chaux fluatée compacte; elle est assez rare, et se trouve à Somport, au fond de la vallée d'Aspe, dans les Pyrénées.

3.ᵉ *Variété*. Chaux fluatée compacte, *Dichter fluss*. — Le fluor compacte, Brochant. Elle a la texture compacte ; sa couleur est brune ou d'un gris verdàtre ; elle a l'aspect mat, sa cassure est cireuse, un peu conchoïde; elle a enfin l'apparence de certaines variétés de calcaire compacte, ou d'un pétrosilex ; mais elle est plus translucide que ces pierres, et s'en distingue essentiellement par les caractères chimiques. La brune se trouve en Angleterre ; la verdâtre se trouve à Stollberg au Hartz, à Yxsio en Suède, et en Sibérie. M. John ayant analysé une variété qui venoit de Ratoska, a obtenu pour résultat :

Chaux 20
Acide fluorique 49,05
Eau 10
Fer. 3,75
Sulfate de chaux 2

4.ᵉ *Variété*. CHAUX FLUATÉE TERREUSE. Elle a la texture grenue du grès friable, et ressemble à de la chaux carbonatée dolomie; elle a ordinairement une teinte violette lie de vin, et est composée de couches parallèles blanchâtres ou ferrugineuses, qui paroissent avoir été horizontales. On l'a trouvée en Angleterre; on en a rencontré une variété pulvérulente à Kongsberg en Norwége.

C'est à cette même variété qu'il faut rapporter la chaux fluatée qui a une couleur verdâtre, et qui renferme 0,21 de chaux, 0,15 d'alumine, 0,31 de silice, 0,28 d'acide fluorique, 0,01 d'acide phosphorique, etc. On la trouve à Kobola-Pojana, près de Szigeth, dans le comitat de Marmaros en Hongrie; elle est située dans un filon puissant avec du quarz.

5.ᵉ *Variété*. CHAUX FLUATÉE ALUMINIFÈRE. C'est une variété que l'on trouve près de Buxton en Angleterre, sous forme de cubes isolés gris, opaques, à cassure terreuse, et souillés d'argile qui n'a point cependant altéré les formes cristallines.

6.ᵉ *Variété*. CHAUX FLUO-ARSENIATÉE. Cette nouvelle variété a été trouvée à Fimbo, près Fahlun, en Suède, par M. Berzelius, qui en a envoyé un morceau au Cabinet d'Histoire naturelle de Paris; elle est en masse; son tissu est laminaire, mais fort peu apparent; sa couleur est grise, claire, tirant quelquefois sur le rougeâtre; sa pesanteur spécifique ne semble pas différer de celle de la chaux fluatée ordinaire; l'odeur d'ail qu'elle répand la distingue suffisamment des autres variétés.

La chaux fluatée est assez abondamment répandue dans la nature : on ne l'a cependant encore trouvée ni en montagnes ni en bancs considérables : elle se présente quelquefois en petites masses, mais, le plus souvent, en filons dans les terrains de transition, dans les calcaires secondaires, dans les terrains volcaniques; elle entre même quelquefois dans la composition des roches primitives, et paroît aussi ancienne que les montagnes qui la renferment : c'est ainsi qu'on la voit dans le Forez, en Auvergne, etc. La variété violette, qui a reçu le nom de *chlorophane*, est disséminée dans une roche granitique de la Sibérie orientale. M. Dandrada a annoncé, il y a quelques années, avoir vu en Suède, dans le district de Norberg, des assises très-étendues d'un schiste micacé mêlé de chaux fluatée en masse compacte, et de rognons de quarz. Des observations plus récentes viennent à l'appui de celles-ci : la chaux fluatée s'étoit présentée le plus souvent en masse de forme indéterminée. M. Pictet a observé la variété couleur de rose, cristallisée en octaèdres d'un pouce de diamètre, groupés avec des cristaux de felspath, de quarz et de spath calcaire, dans les grandes Jorasses, montagnes primitives près de la vallée de Chamouni; on en trouve de semblables, mais de moindre dimension, au mont Saint-Gothard. On la voit au Vésuve, dans les parties de ce volcan qui sont composées d'idocrase brune et d'amphibole noir; elle y est en petits cristaux reconnoissables, mêlés de nepheline et de cristaux imparfaits, bleuâtres, prismatiques, qui semblent être aussi de la nepheline. Un de nos plus grands observateurs, M. Buch, l'a reconnue en Norwége avec des grenats, dans un terrain grenu, mais de transition, posé immédiatement sur le granite de Paradiesberg, près de Christiana.

La variété de chaux fluatée violette se trouve en filets avec la chaux carbonatée dans le calcaire fétide des environs de Namur : ce calcaire renferme des silex et des ammonites.

Le *fluor* se rencontre donc dans des terrains de formation tout-à-fait différente, tantôt dans des filons qui contiennent de l'étain, tantôt dans des filons de formation plus moderne, comme ceux qui renferment du plomb, du zinc, etc., et dans des lieux plus récens encore, comme les dernières assises du calcaire grossier.

Les filons qu'il forme sont souvent fort puissans : ces masses présentent l'assemblage des couleurs les plus vives et les plus opposées; l'éclat métallique des sulfures de plomb, de fer, de cuivre, etc., qui les traversent en zigzag, en fait remarquer davantage la transparence. Dans ces mêmes filons, la chaux fluatée est accompagnée de quarz, de chaux carbonatée, de chaux phosphatée, de baryte sulfatée : ce dernier sel produit les zones blanches opaques qu'on y remarque souvent.

C'est dans les filons de plomb sulfuré, de cuivre gris, de zinc sulfuré, etc., qu'on trouve le plus ordinairement la chaux fluatée.

Ce sel pierreux a été découvert dans les corps organisés. M. Morichini et M. Proust ont démontré les premiers sa présence dans l'émail des dents fossiles d'éléphant : il y est mêlé de chaux phosphatée et de gélatine. Depuis, M. le comte de Bournon cite, dans le Catalogue de sa collection de minéralogie, une portion d'*entroque* venant du Derbyshire, de deux pouces de long sur dix lignes de diamètre, et dont toute la longueur, à partir de l'axe, est convertie mi-partie en chaux carbonatée lamelleuse, et mi-partie en chaux fluatée.

Les principaux lieux où se trouvent les plus beaux morceaux de chaux fluatée sont : en Allemagne, le Hartz, les mines de Saxe ; en France, le département de l'Allier et celui du Puy de Dôme ; en Angleterre, le Derbyshire : ce dernier lieu est le plus renommé pour les beaux échantillons qu'il a fournis. Le fluor y est renfermé dans des filons obliques et assez puissans, qui traversent une montagne de chaux carbonatée compacte et coquillière : les cristaux de chaux fluatée, mêlés de fer et de plomb sulfuré, tapissent immédiatement la chaux carbonatée.

Quoique plus abondante en Europe que dans toutes les autres contrées, on l'a cependant trouvée dans l'Amérique septentrionale, dans le New-Jersey, dans le comté de Sussex. Une variété pourpre se rencontre à Franklin-Fornace, mêlée avec du graphite, dans une pierre calcaire micacée; au Mexique, à Middletown, dans le Connecticut, en filons et en cubes, accompagnée de quarz, de chaux carbonatée, de fer, de zinc sulfuré et de plomb. Dans l'Asie boréale, on n'a encore aperçu le fluor que dans deux localités, et seulement en très-petite quantité, et accidentellement : l'une est la mine d'argent de Zméof, dans les monts Altaï ; l'autre est une mine de plomb argentifère de la Sibérie orientale ou Daourie. Dans la montagne d'Odon-Tchélon, on l'a trouvée mêlée avec des émeraudes, et étant tellement semblable à ces gemmes, qu'on a supposé à tort que les *émeraudes morillons*, ou *nègres-cartes*, étoient des cristaux de chaux fluatée. M. Lambotin a découvert la chaux fluatée aux environs de Paris, dans les dernières assises du calcaire grossier. Elle s'est présentée pour la première fois dans des fouilles faites au Marché aux Chevaux, situé dans Paris même, au sud-est ; on l'a ensuite rencontrée à Neuilly-sur-Seine, du côté de Courbevoie : la couche qui la contient est un calcaire cristallin grenu, avec plusieurs cristaux de quarz.

On emploie les belles masses de chaux fluatée dont nous avons parlé, pour faire des vases; la manière dont on les coupe, et le poli qu'on leur donne, font ressortir les couleurs variées et vives de cette pierre. Les cristaux dont les contours anguleux sont souvent recouverts de sulfures métalliques, forment, par leur entrelacement des zones d'un aspect assez singulier. C'est dans le Derbyshire, et surtout à Matlock, que se font la plupart de ces ouvrages. On tourne les pièces qu'on fait avec cette substance fragile, sur un tour très-solide, mu par l'eau; on les polit de la même manière que le marbre; et lorsque ce travail est terminé, on les envoie à Birmingham, où ils sont montés sur métaux.

Il paroîtroit, d'après les recherches de de Born et de M. Roziéres, que la chaux fluatée auroit été connue et mise en usage à des époques très-reculées, puisqu'ils prétendent que c'étoit la matière des fameux vases *murrhins*, si célèbres dans l'antiquité.

L'acide fluorique, que l'on obtient en mettant dans une cornue de plomb trois parties d'acide sulfurique sur une partie de chaux fluatée réduite en poudre, a été employé par M. Puymaurin, pour graver sur le verre comme on grave sur le cuivre avec l'acide nitrique : ce procédé a été abandonné, et on y a substitué l'acide à l'état de gaz; on est parvenu, par ce moyen, à obtenir des gravures très-fines, et dont il est possible de tirer, avec quelques précautions, un grand nombre d'épreuves. Il paroît qu'on connoissoit cette manière de graver le verre avant 1700, quoiqu'on ne connût, à cette époque, ni l'acide fluorique ni ses propriétés.

7.e *Espèce.* Chaux phosphatée, *Phosphorite*, Kirw. Le phosphore avoit été regardé comme appartenant exclusivement au règne animal, jusqu'au moment où on a reconnu la présence de l'acide phosphorique dans un assez grand nombre de substances minérales. Ce n'est que depuis peu d'années qu'on a déterminé la nature de ces substances, quoique plusieurs d'entre elles fussent déjà connues. Les variétés de chaux phosphatée sont assez nombreuses et très-différentes les unes des autres; en sorte qu'il est difficile de les réunir par un caractère commun qui soit apparent et bien tranché.

La chaux phosphatée ne fait point effervescence avec l'acide nitrique, ni avec l'acide sulfurique, comme la chaux carbonatée et la chaux fluatée ; mais elle se dissout lentement dans ces acides. Elle est plus dure que ces pierres, sans cependant être scintillante ; sa pesanteur spécifique est plus considérable que celle de la chaux carbonatée, mais inférieure à celle des espèces du genre Baryte et Strontiane ; enfin, elle est infusible au chalumeau.

Ces caractéres conviennent à toutes les variétés de ce sel, lorsqu'elles ne sont pas trop impures. Plusieurs de ces variétés jouissent, en outre, des propriétés suivantes :

Celles qui sont cristallisées affectent généralement la forme prismatique : leur cassure est lamelleuse dans le sens des bases, et raboteuse ou vitreuse dans celui des pans. Leur forme primitive est un prisme hexaèdre régulier, dans lequel un côté de la base est à la hauteur à peu près comme 10 est à 7. La chaux phosphate a la réfraction simple ; lorsqu'elle est pure, elle est composée de 55 parties de chaux, et de 45 d'acide phosphorique. Les variétés en masse ont la cassure compacte, un peu grenue : elles sont opaques, et font voir une phosphorescence verte, très-brillante lorsqu'on en jette la poussière sur des charbons.

La chaux phosphatée se présente cristallisée ou en masse.

M. Haüy en a décrit dix variétés déterminables : les unes sont généralement terminées par un pointement ; les autres ont le prisme terminé par une face plus ou moins grande, perpendiculaire à l'axe, ce qui formera pour nous deux variétés principales.

Nous comprendrons sous le nom de *chaux phosphatée terreuse*, les variétés indéterminables, en distinguant toutefois la *chaux phosphatée silicifère*, que nous regarderons comme une sous-espèce.

1.re *Variété*. Chaux phosphatée apatite : *gemeiner apatit*, l'apatite commune, Broch. ; — Béryl de Saxe, ou agustite, Tromsdorff.

Elle est en prismes courts et tronqués limpides, verts, violets ou bleuâtres ; leur poussière est phosphorescente par chaleur. Cette variété est composée de chaux 0,55, et d'acide phosphorique, 0,45, Klaproth. Elle se rencontre dans les filons des montagnes primitives, notamment dans ceux d'étain : le quarz, la chaux fluatée, la baryte sulfatée, le felspath, le fer schéclaté, etc., l'accompagnent ordinairement. On la trouve principalement en Saxe, en Bohème; — au Saint-Gothard, dans une roche à base de chlorite; elle y est accompagnée de felspath adulaire et de mica; — en Cornouailles, dans une roche à base de talc lamellaire verdâtre; — au Simplon et dans les environs de Limoges, disséminée dans le quarz; — dans les Pyrénées, avec la tourmaline et le mica; — en France, près de Nantes, et à l'ouest de cette ville, d'abord dans un granit renfermant beaucoup de felspath; et plus loin dans une roche à base d'amphibole, et dans les cavités d'un minerai de fer oxidé. (Dubuisson.)

Cette variété renferme toutes les chaux phosphatées, à cristaux non pyramidés, que M. Haüy a décrites, dans son ouvrage, sous les noms de *primitive*, — *péridodécaèdre*, — *annulaire*, — *émarginée unibinaire*, — *progressive*, — *doublante et bino-annulaire*. Cette dernière variété a été découverte nouvellement à Sungangarsok, dans le Groenland; elle se trouve engagée dans un mica schistoïde noir verdâtre. D'autres cristaux de chaux phosphatée ont été trouvés à New-Yorck. Ils sont d'une couleur brune, disséminés dans la pyrite magnétique, et ont l'apparence de certains grenats.

2.ᵉ *Variété*. CHAUX PHOSPHATÉE CHRYSOLITHE; *Spargelstein* (La pierre d'asperge, Broch.) Les prismes sont plus alongés que ceux de la variété précédente; ils sont terminés par une pyramide à six faces, comme le quarz; mais cette pyramide est plus obtuse : les couleurs ordinaires sont le vert d'asperge ou le vert pâle, l'orangé, le brunâtre et même le bleu verdâtre. C'est à ces deux variétés de couleur qu'appartient la *moroxite* de Karsten.

La poussière de la chaux phosphatée chrysolithe n'est point phosphorescente sur les charbons. D'après l'analyse faite par M. Vauquelin, elle contient 54,28 de chaux et 45,72 d'acide phosphorique. On avoit regardé les cristaux verts d'asperge ou orangés comme appartenant à une espèce particulière de pierre gemme, et on les avoit nommés *chrysolithes*. M. Werner avoit soupçonné qu'ils devoient se rapprocher de la chaux phosphatée, avant que MM. Klaproth et Vauquelin eussent prouvé qu'ils appartenoient en effet à cette espèce.

Cette variété comprend la chaux phosphatée *pyramidée* et *dodécaèdre* de M. Haüy.

Le gisement de la chaux phosphatée chrysolithe est souvent très-différent de celui de la chaux phosphatée apatite ; il paroit qu'elle se trouve dans les produits volcaniques, mêlée même avec les idocrases, comme on l'a observé au Vésuve. Suivant M. Gismondi, elle se présente sous forme d'aiguilles pyramidées, blanchâtres, dans des masses de pyroxène granulaire et de mica, aux environs d'Albano, dans la campagne de Rome. On la trouve en grande quantité au mont Caprera, près le cap de Gates, dans le royaume de Grenade en Espagne. Sa gangue est une pierre cariée argileuse, qui renferme des lames de fer oligiste et ressemble beaucoup à une lave. En France, on l'a rencontrée dans les basaltes de Monferrier, à quelque distance de Montpellier. Les cristaux brunâtres et bleus verdâtre ont un gisement analogue à celui des variétés de la première division : on les a trouvés dans les filons de la mine de Marboë ou Langloé, près d'Arendal, en Norwège.

3.e *Variété*. CHAUX PHOSPHATÉE TERREUSE, Haüy ; *Erdiger Apatit*. (L'*Apatite terreuse*, Broch.) Elle a la texture tantôt fibreuse, lamellaire, ou granuliforme, et tantôt terreuse. M. Haüy en a fait autant de variétés bien distinctes.

Chaux phosphatée cylindroïde (Agustite).

Chaux phosphatée laminaire.

Chaux phosphatée grano-lamellaire.

Chaux phosphatée concrétionnée fibreuse. Elle se trouve en masse rayonnée dans les mines d'étain de Schackenwald en Bohème.

Chaux phosphatée massive terreuse. Sa texture est solide et même compacte : elle a sa surface souvent mamelonnée ; ses masses sont marquées de zones jaunâtres et rougeâtres ; jetée sur des charbons ardens, elle y répand une lumière d'un jaune verdâtre.

Cette variété forme à Logrosan, près de Truxillo, en Espagne, des collines entières, composées de couches entremêlées de quarz : on s'en sert dans le pays pour bâtir. On avoit remarqué sa propriété phosphorescente long - temps avant de connoître sa nature. D'après l'analyse faite par Pelletier, elle contient, sur 100 parties, 0.59 de chaux, et 0.54

d'acide phosphorique. Le reste est un mélange d'acide fluorique, d'acide carbonique, de silice, de fer, et même d'un
atome d'acide muriatique.

Chaux phosphatée pulvérulente. — C'est un mélange de chaux
fluatée et phosphatée ; sa couleur est blanche ; elle se trouve
à Marmarosch en Hongrie.

Il paroît, d'après ce qui précède, qu'il y a deux et peut-être
trois formations différentes de chaux phosphatée : 1.° celle des
filons, qui est certainement la plus ancienne, puisqu'elle se
trouve dans les filons les plus anciens; 2.° celle qu'on trouve
en couches à Logrosan dans l'Estramadure : on ne sait encore rien sur son gisement; 3.° enfin, celle des terrains volcaniques.

Chaux phosphatée silicifère. Cette sous-espèce de chaux
phosphatée se trouve en masses poreuses et comme cariées ; sa
cassure est terreuse ou grenue ; elle a aussi la texture un peu
lamelleuse, à lames entrelacées ; elle est rude au toucher, et
fait même feu sous le choc du briquet; les couleurs sont le
gris sale nuancé de violet. Jetée sur un fer chaud, elle répand
une lumière phosphorique très-vive et d'un jaune doré.

C'est M. Tondi qui nous a fait connoître le premier cette
variété : on la trouve à Schlackenwald en Bohème, dans les
mines d'étain de ce pays.

3.° *Espèce.* Chaux sulfatée. — Gypse. Le gypse a, dans beaucoup de cas, l'apparence de la chaux carbonatée; il a presque
la même pesanteur; mais lorsqu'il n'est point mélangé, il ne
fait aucune effervescence avec les acides : il est d'ailleurs
beaucoup plus tendre que ce sel pierreux, se laissant souvent
rayer par l'ongle. Enfin, loin de se réduire en chaux vive au
chalumeau, il se fond en un émail blanc qui tombe en poudre
au bout de quelque temps.

Les caractères précédens suffisent souvent pour faire distinguer le gypse du calcaire, de la chaux fluatée, de la chaux
phosphatée. Sa pesanteur spécifique, qui est de 2,31 au plus,
ne permet pas de le confondre avec les espèces des genres
Baryte et Strontiane.

La chaux sulfatée a d'autres caractères moins apparens, mais
plus importans que les précédens. Sa forme primitive, facile à
obtenir, est un prisme droit, ayant pour base un parallélo-

gramme dont les angles ont 113°8' et 66°52', et dont la hauteur
est à la base, comme 52 est à 13 : les côtés du parallélogramme
sont entre eux comme les nombres 13 et 12. Elle a la double réfraction ; mais pour la voir, il faut faire naître sur une des
bases de la forme primitive une facette triangulaire qui abatte
un des angles solides obtus, et regarder à travers cette facette
artificielle, et la base qui lui est opposée.

Outre les joints ordinaires et très-sensibles parallèles aux
faces de la forme que nous venons de décrire, le gypse offre,
comme le calcaire rhomboïdal, des joints surnuméraires, dont
les lois de position et l'explication sont semblables à ce qui a
été dit à ce sujet à l'article de ce calcaire. Les uns sont parallèles à la petite diagonale de la base, ou à une face produite
par un décroissement sur une rangée à droite et à gauche de
l'arête H du prisme ; les autres joints, qui sont parallèles à une
face produite par un décroissement par trois rangées à gauche
de l'arête G, et par une rangée à droite de cette arête, donneroient, s'ils supportoient facilement et nettement le clivage,
un parallélipipède presque rectangle, mais dont les angles
égalent néanmoins 92 d. et 88 d.

Ce sel pierreux est un peu dissoluble dans l'eau ; il faut 500
parties de ce liquide pour en dissoudre une de cette substance.

On vient de dire que la chaux sulfatée étoit fusible au chalumeau ; mais, pour que cette fusion s'opère, il faut diriger le
jet de flamme dans le sens des lames. Si on agit perpendiculairement à leur surface, on ne peut l'obtenir. Ce phénomène,
observé par Macquer, est expliqué d'une manière satisfaisante
par M. Haüy. Il fait observer que les molécules intégrantes
prismatiques ayant plus de hauteur que de base, doivent adhérer plus fortement par leurs pans ou faces latérales, que par
leur base : d'où il résulte qu'elles seront plus difficiles à désunir
par l'action mécanique, ou par celle du calorique, dans le sens
de leurs pans, que dans celui de leur base.

Lorsqu'on expose de la chaux sulfatée cristallisée à l'action
du feu, elle perd son eau de cristallisation, devient blanche,
et s'exfolie beaucoup plus facilement dans un sens que dans
l'autre.

Plusieurs cristaux prismatiques de chaux sulfatée sont flexibles sans être élastiques ; ils se courbent sans se briser, et conservent la courbure qu'on leur a donnée : ce qui paroît tenir à ce que les lames qui les composent, ne se brisant pas toutes sur la même ligne, restent encore emboîtées l'une dans l'autre, quoique déjà rompues.

Les caractères et les propriétés de la chaux sulfatée, tels qu'on vient de les exposer, suffisent pour la faire distinguer de toutes les pierres connues.

Les variétés de formes de la chaux sulfatée ne sont pas très-nombreuses ; mais ses cristaux ont un caractère particulier : leurs arêtes s'émoussent, leurs faces semblent s'arrondir, et ils prennent alors des formes qui ne sont plus ni régulières, ni même symétriques.

La chaux sulfatée, ou gypse pur, est composée, en prenant des proportions moyennes entre les analyses,

De chaux. 32
D'acide sulfurique. 46
D'eau. 22
——
100

1.re *Variété.* GYPSE SÉLÉNITE. Nous laissons ce nom trivial au gypse cristallisé : c'est celui que lui ont donné Wallerius, Romé-de-Lisle, et que lui ont conservé plusieurs minéralogistes anglois et allemands.

La sélénite a une structure laminaire très-sensible ; un clivage facile, qui permet de diviser ses cristaux en grandes lames fort nettes : mais ses formes ont ceci de remarquable, qu'elles sont souvent terminées par des faces curvilignes qui altèrent tellement la régularité des cristaux, qu'il faut toute l'attention et la sagacité d'un cristallographe exercé pour les ramener aux formes régulières qu'elles ont pour type.

Tous les cristaux cependant n'ont pas souffert ce genre d'altération ; ou du moins il est si foible, dans beaucoup de cas, qu'on peut en faire abstraction. Parmi ces formes nettes et régulières nous choisirons les suivantes :

Le *gypse sélénite trapézien* C E P. C'est un solide en forme de table, dont les grands plans sont des rhombes bordés par des biseaux culminans qui sont des trapèzes. On en trouve des cristaux très-gros et très-nets près d'Oxford.

Le gypse sélénite équivalent P C B E. C'est un prisme comprimé à six pans, terminé par des pointemens à quatre faces trapézoïdales. Il est commun dans les marnes argileuses supérieures de la formation gypseuse des environs de Paris.

Les variétés des formes altérées sont beaucoup plus nombreuses; on doit y remarquer d'abord :

Le gypse sélénite mixtilique. Ce sont les variétés trapéziennes, dont les angles solides sont comme usés, obliques et arrondis en partie par une face curviligne.

Le gypse sélénite lenticulaire. Ce sont toujours les variétés trapéziennes, dont les arêtes et les angles sont presque tous émoussés, à l'exception des arêtes culminantes des trapèzes. On les trouve sous forme de lentilles, tantôt isolées, tantôt groupées deux à deux, de manière que la coupe perpendiculaire au grand cercle de la circonférence de ces lentilles offre une forme en fer de lance; tantôt ces lentilles, ainsi groupées deux à deux, sont implantées les unes au-dessus des autres, ou arrangées circulairement, comme les pétales d'une rose.

On divise facilement, comme nous l'avons dit, tous ces cristaux en lames minces, très-polies. On les a nommés très-improprement *pierre spéculaire*, et encore plus improprement *talc.* Ces lames peuvent être fléchies; mais elles ne reprennent pas leur première forme. Le mica en grande lame, qu'on a nommé aussi *talc*, est très-élastique.

Pallas a aussi observé du gypse en masses sphériques dans les collines gypseuses d'Inderski, sur les bords du fleuve Oural.

Toutes ces variétés, et plusieurs autres que l'on ne peut pas indiquer ici, se trouvent dans les carrières de pierres à plâtre des environs de Paris. Les unes, et ce sont les plus régulières, sont dispersées dans une marne argileuse verdâtre ou grisâtre, qui forme des couches assez épaisses au-dessus des masses de gypse; les autres, et ce sont les lenticulaires et leurs sous-variétés, sont éparses dans des bancs de marne calcaire blanche et solide, qui alternent avec les bancs de gypse. Les premières sont incolores, ou légèrement verdâtres, souvent même d'une belle transparence; les secondes, également transparentes, sont d'un jaune d'ambre, quelquefois assez vif. Cette disposition.

très-remarquable à Montmartre, à Belleville, etc., près Paris, est à peu près la même dans tous les pays où se trouve la sélénite; c'est-à-dire que ses cristaux ne se rencontrent point ordinairement implantés, ni dans des filons, ni dans des fentes ou d'autres cavités, mais presque toujours disséminés, soit isolés, soit réunis en petits groupes, dans des masses argileuses ou marneuses. La couleur de ces marnes ou de ces argiles ne paroît pas influer sur celle des cristaux. Ainsi, on trouve en Espagne des cristaux très-transparens, dans une argile ochreuse d'un rouge vif. Quand ces cristaux paroissent colorés, on remarque que cette apparence est plutôt due à une infiltration de cette argile ochreuse entre leurs lames, qu'à une véritable dissolution de la matière colorante dans le sel même. On trouve cependant quelquefois la sélénite implantée dans des filons ou des cavités : telle est celle des filons de cuivre pyriteux d'Herrengrund en Hongrie; — des filons de plomb sulfuré de Tetschen en Bohème; — de la mine d'argent de Séménofski, dans les monts Altaï; — des cavités des gypses salifères de Bex, etc.

Le gypse, en masse, offre des différences de texture assez nombreuses pour qu'on puisse établir les variétés suivantes :

2.e *Variété*. Gypse laminaire. Il est en masse, composée de grandes lames tantôt transparentes, tantôt d'un blanc laiteux; quoique fort tendre, il est susceptible d'un assez beau poli. On en trouve de très-belles masses à Lagny, à vingt-quatre kilomètres à l'est de Paris.

3.e *Variété*. Gypse niviforme (Gypse terreux, Wern.). Il se trouve sous forme de rognons peu volumineux, composés d'une multitude de petites paillettes ou lamelles d'un blanc de neige et nacrées, renfermé soit au milieu des masses de gypse saccharoïde, soit adhérent aux cristaux de sélénite lenticulaire. C'est ainsi qu'on l'observe dans quelques carrières de Montmartre.

4.e *Variété*. Gypse saccharoïde. Il est aussi en masse, mais ses masses ont la texture cristalline, à petites lames serrées, et ayant souvent, comme le calcaire saccharoïde, l'aspect du sucre. Il ressemble tellement à cette variété de calcaire, que l'œil le plus exercé ne peut, au premier aspect, l'en distinguer sûrement.

Cette variété présente beaucoup de couleurs différentes ; il y en a de jaune pâle, de rose, de rougeâtre, de brunâtre, et enfin d'un blanc pur et mat. On a fait, avec ce dernier, des figures qui ne diffèrent de celles faites en marbre que par la facilité qu'on trouve à les rayer ; et avec celui qui est translucide, on fait, à Florence, des figures qui ont une transparence cireuse assez remarquable, et des vases dans lesquels on place des lumières qui répandent une clarté douce et agréable. On exploite cette dernière variété à Volterra en Toscane. On lui donne le nom d'*albâtre gypseux*.

5.e *Variété*. GYPSE FIBREUX. Cette variété est en masse, dont la structure est à fibres parallèles droites ou courbes, souvent déliées, serrées l'une contre l'autre, et satinées comme de la soie. On l'appelle souvent, à cause de cet aspect, gypse soyeux. M. Haüy fait remarquer que chaque fibre appartient à la variété de formes qu'il nomme prismatoïde. Il en vient de la Chine, et du mont Salève, près Genève.

6.e *Variété*. GYPSE COMPACTE. Celui-ci ressemble encore beaucoup au calcaire saccharoïde ou au calcaire blanc ; mais il se laisse rayer avec l'ongle, et ce caractère suffit pour l'en distinguer. Il est aussi susceptible de poli. On lui a donné, ainsi qu'à la variété laminaire, le nom d'*alabastrite* ou d'*albâtre gypseux*.

Toutes ces variétés sont généralement assez pures. La suivante forme, pour ainsi dire, un groupe à part.

7.e *Variété*. GYPSE GROSSIER (vulgairement pierre à plâtre). Son grain est généralement grossier ; sa texture compacte ou lamellaire : il est souvent mélangé d'argile, de sable ou de chaux carbonatée ; et dans ce dernier cas, il fait légèrement effervescence avec l'acide nitrique.

Nous ne pouvons guère citer d'exemple authentique de cette variété que le gypse grossier de Montmartre, de toutes les collines gypseuses des environs de Paris, et celui des environs d'Aix en Provence.

Gisement. Le gypse a presque toujours été formé par voie de cristallisation confuse. Celui qui est de plus ancienne formation, comme le plus nouveau, présente cette manière d'être. Il a été déposé à presque toutes les époques de formation, peut-être dans les temps même où se sont déposées les roches que l'on nomme primitives, ou au moins dans des temps très-voisins de cette époque, et ensuite dans toutes les formations postérieures, jusque dans les plus récentes.

On en distingue donc d'un grand nombre d'époques ou de formations différentes. Nous nous contenterons d'indiquer ici les principales, avec leurs caractères les plus distinctifs. Quant aux preuves de leur rapport de position, on les trouvera dans l'histoire des terrains dont ils font partie. Le plus ancien gypse est celui des terrains primordiaux ; il est plus cristallin et plus brillant que les autres, et souvent mêlé de paillettes de mica ou de lames de talc. Il accompagne immédiatement les roches de cette époque, et alterne avec elles. Cette formation de gypse est, d'après les observations de M. Brochant, beaucoup plus fréquente et plus étendue qu'on ne le croit généralement.

Le second gypse est ordinairement fibreux, à fibres contournées ; il est assez difficile à distinguer du troisième, et n'en diffère peut-être même pas essentiellement.

Le troisième se distingue par sa position dans ou immédiatement dessus ces calcaires coquilliers qu'on nomme calcaires des Alpes et du Jura, et surtout par la soude muriatée rupestre ou fontinale qui l'accompagne.

Enfin, le quatrième, que nous ferons connoître en son lieu, sous le nom de *gypse à ossemens*, a la texture lamellaire, à grains grossiers, comme nous l'avons dit ; il se distingue des autres par sa position au-dessus de la craie, et par les débris de mammifères, d'oiseaux et d'autres animaux vertébrés qu'il renferme.

Telle est l'esquisse des principales formations de gypse. Ce sel terreux présente encore quelques caractères géologiques généraux qu'il est bon de présenter ici.

A l'exception du quatrième gypse, ou gypse à ossemens, et quelquefois aussi du premier, on ne remarque presque jamais, dans les terrains composés de cette roche, cette stratification distincte, régulière, quoique inclinée, ou même sinueuse qu'offrent la plupart des calcaires. Les collines gypseuses sont composées de ce sel pierreux ordinairement mêlé et comme pétri avec l'argile, la marne et les autres roches qui l'accompagnent.

Les terrains gypseux ne contiennent presque jamais de substance métallique ; quand ils en renferment quelques parties, elles y sont disséminées, et ne s'y présentent jamais ni en filons, ni en lits, ni même en rognons volumineux.

Plusieurs sels et minéraux particuliers accompagnent presque constamment le gypse ; ce qui est un phénomène géologique assez remarquable : ce sont la soude muriatée, la soude sulfatée, la magnésie sulfatée, la boracite, le bitume, et notamment le soufre, l'argile, le quarz et les silex cornués, l'arragonite, la strontiane sulfatée, mais point la baryte.

Les trois premiers gypses n'ont jamais présenté d'une manière authentique, du moins à notre connoissance, de débris de corps organisés ; le quatrième seul en enveloppe. Nous avons indiqué à quels animaux appartiennent ces débris ; nous devons faire seulement remarquer que les coquilles, si communes dans les calcaires, sont au contraire très-rares dans le gypse ; mais, ce qu'il y a d'assez singulier, c'est qu'elles se présentent en grand nombre dans les marnes argileuses superposées presque constamment à ce gypse, et que ces coquilles sont spécialement des huîtres, quelquefois recouvertes de cristaux de sélénite.

La chaux sulfatée est assez abondamment répandue à la surface du globe. Nous avons cité les carrières qui offrent les observations les plus remarquables. Quelques contrées assez étendues semblent manquer presque entièrement de ce sel pierreux : telles sont l'Angleterre, la Suède, etc.

Annotations et usages. Les variétés de gypse saccharoïde et compacte, connues sous le nom commun d'*albâtre gypseux,* étant susceptibles de recevoir le poli, servent quelquefois à faire des tablettes ou d'autres meubles ; mais, en raison de leur peu de dureté, elles ne conservent que très-peu de temps leur premier éclat. On en fait plus ordinairement, et surtout en Italie, des vases, ou de petites figures qui sont remarquables par leur translucidité. En mettant une lumière dans ces vases, ils répandent dans les appartemens une douce clarté. On dit que les anciens, ayant observé cette propriété, se sont servis de cette pierre, en place de vitre, pour éclairer les temples de cette lumière pâle et mystérieuse qui leur convient. On pense que c'est la pierre qu'ils nommoient *phengite*.

La chaux sulfatée impure, lorsqu'elle ne contient que de la chaux carbonatée, est celle qui fournit le meilleur plâtre.

Le plâtre n'est autre chose que cette pierre privée seulement de son eau de cristallisation par une chaleur convénable. L'acide sulfurique reste toujours uni avec la chaux.

Les fourneaux dans lesquels on calcine le plâtre, sont presque toujours d'une construction très-simple. Souvent ils sont faits avec la pierre à plâtre elle-même, réunie en un massif parallélipipédique à claire-voie, dans le bas duquel sont pratiqués des canaux voûtés. On jette le bois dans ces canaux, et la chaleur produite par la combustion suffit pour calciner le plâtre ; il s'élève, pendant cette calcination, une fumée blanche, qui se dissout rapidement dans l'air, pour peu que l'atmosphère soit sèche. Cette fumée est produite par l'eau de cristallisation réduite en vapeurs.

On délaie le plâtre avec de l'eau pour l'employer. Cette opération s'appelle *gâcher le plâtre* ; on lui rend ainsi son eau de cristallisation. Lorsqu'on n'en a mis que la quantité suffisante, qui doit être à peu près égale au volume du plâtre employé, l'eau ne tarde pas à être absorbée, et le plâtre à se prendre en une masse solide. On observe qu'il se produit dans ce moment une certaine quantité de chaleur, attribuée au calorique qui abandonne l'eau passant de l'état liquide à l'état solide. On observe aussi que le plâtre se gonfle, surtout s'il est pur : c'est l'effet qui accompagne ordinairement les cristallisations confuses. Aussi les ouvriers sont-ils forcés d'y ajouter diverses poussières, comme de la cendre, lorsqu'ils veulent diminuer le gonflement, dans le cas où il deviendroit nuisible à leurs travaux.

Le plâtre trop cuit, et celui qui est resté trop long-temps à l'air, a perdu la propriété de se gâcher. Il paroit que le premier a éprouvé une demi-vitrification, et que le second a déjà repris peu à peu son eau de cristallisation.

La chaux carbonatée, mélangée naturellement au plâtre, comme dans la pierre à plâtre de Montmartre, ajoute à sa qualité, en lui faisant participer de quelques-unes des propriétés des mortiers. Cette espèce de plâtre est beaucoup plus ferme que celui qui est fait avec de la chaux sulfatée pure; mais celui-ci est plus fin et plus blanc, et très-propre pour les objets de sculpture que l'on coule dans les moules.

Le plâtre sert dans plusieurs pays à amender les terres, principalement les terrains trop humides, dans lesquels on veut cultiver du trèfle.

On fait avec le plâtre un enduit particulier d'un grain très-fin, susceptible d'être diversement coloré, et de recevoir un poli très-beau. On le nomme *stuc*. On prend du plâtre choisi et cuit avec soin; on y ajoute, en le gâchant, une proportion convenable de colle de Flandre; on y introduit, en l'appliquant, les couleurs que l'on veut lui donner, et qui ont été broyées à l'eau.

Lorsque l'enduit fait avec ce plâtre est sec, on le polit, d'abord avec la pierre ponce, ensuite avec une pierre à aiguiser, puis avec du tripoli. On lui donne le dernier lustre, en le frottant fortement avec un morceau de chapeau et de l'eau de savon, et enfin avec de l'huile seule.

On fait aussi du stuc avec de la chaux pure.

4.° *Espèce.* CHAUX SULFATÉE ANHYDRE, ANHYDRITE. (*Chaux anhydro sulfatée. — Muriacite. — Spath. cubique. — Karstenite,* Haberli.) Cette substance est beaucoup plus dure que la chaux sulfatée ordinaire, puisqu'elle raye le marbre; elle est aussi beaucoup plus pesante, sa pesanteur spécifique étant de 2,964. Elle ne blanchit point, et ne s'exfolie point au feu comme elle : enfin, elle se divise très-nettement en fragmens qui sont des prismes droits à base rectangulaire, dans lesquels le grand côté est au petit, comme 16 est à 13.

Elle est composée, d'après l'analyse qu'en a faite Vauquelin, de 40 parties de chaux, et de 60 d'acide sulfurique. Il n'y a point d'eau de cristallisation, comme dans la chaux sulfatée ordinaire, et c'est à l'absence de ce corps, que M. Haüy regarde comme un principe, qu'il attribue les caractères très-différens que présente cette substance : c'est aussi ce qui l'a fait nommer *Chaux anhydro-sulfatée et anhydrite.* Elle jouit de la réfraction double à un haut degré.

On n'est pas encore assez fondé pour réunir cette substance avec la soude muriatée gypsifère; mais, dans tous les cas, il

faut éviter de la confondre avec cette espèce de soude muriatée, trouvée dans les mines de sel du Tyrol.

On peut reconnoître quatre variétés principales dans l'espèce de ce sel pierreux.

1.re *Variété*. L'ANHYDRITE SPATHIQUE, dont la structure est
lamellaire et comme ténulaire, et qui se présente en masse,
dont les cavités renferment quelquefois des cristaux qui sont
tantôt des prismes à quatre pans, tantôt des *prismes péri-*
octaèdres; elle a un éclat vif, quelquefois un peu nacrée; elle est
ou translucide, même transparente et sans couleur, ou presque
opaque laiteuse, roussâtre, bleuâtre ou violâtre.

2.e *Variété*. L'ANHYDRITE FIBREUSE. Sa structure est fibreuse,
à fibres très-déliées, très-alongées, très-serrées, et ayant souvent l'éclat soyeux, sa cassure transversale et presque vitreuse.
Ses fragmens ont souvent la forme de baguettes.

Ses couleurs principales sont le rouge ou le bleuâtre.

3.e *Variété*. L'ANHYDRITE CONCRÉTIONNÉE (Vulg. *Pierre de*
tripe.) On l'a prise long-temps pour de la baryte sulfatée;
mais l'analyse de Klaproth a prouvé que cette singulière pierre
étoit une variété d'anhydrite, composée de 0,42 de chaux, de
0,56 d'acide sulfurique, et souvent d'un peu de sel marin.
Sa pesanteur spécifique est de 2,9; elle se présente en masse
d'un gris ayant une légère nuance de bleuâtre, composée de
zones ou rubans blanchâtres, repliés plusieurs fois et d'une
manière inverse sur eux-mêmes. Ces zones sinueuses d'anhydrite sont séparées par de l'argile grisâtre assez dure. Sa
structure est compacte, et son aspect est mat.

On ne l'a encore trouvée que dans les mines de soude muriatée rupestre de Wieliczka.

4.e *Variété*. ANHYDRITE QUARZIFÈRE. (Vulg. *Pierre de Vul-*
pino.) C'est une pierre composée de 92 parties de chaux sulfatée
sans eau, et de 8 de silice. La présence de la silice, qui paroît être ici dans l'état de combinaison, modifie les propriétés
de la chaux sulfatée anhydrite, en sorte que cette pierre
est beaucoup plus pesante, sa pesanteur spécifique étant
2,8787; elle a la texture granuleuse des marbres salins, et
quelquefois la structure un peu lamellaire; elle est un peu
phosphorescente par l'action du feu, et très-fusible au cha-

lumeau. Son éclat est assez vif, un peu nacré. Elle est translucide.

Les échantillons de cette pierre que M. Fleurian a vus, et
qu'il a fait connoitre le premier, sont d'un blanc grisàtre,
uniforme, ou veiné de gris bleuàtre; ils sont translucides sur
leurs bords. On ne connoit point encore leur position géologique; on sait seulement qu'on les trouve à Vulpino, à
quinze lieues au nord de Bergame.

On emploie cette pierre, à Milan, pour faire des tables et
des revêtemens de cheminées. On l'y connoît sous le nom
de *marbre de bardiglio de Bergame.*

L'anhydrite, et presque toutes ses variétés, se trouvent
dans les terrains qui renferment de la soude muriatée et du
gypse; elle est disséminée en masse plus ou moins volumineuse, dans les masses de sel, ou bien elle les parcourt en
veinules ornées de toutes les couleurs qui lui sont propres.

On la trouve abondamment dans les mines de sel du pays
de Salzbourg, dans les salines de Bex, dans les cavités des
gîtes de minerai argentifère de Pesey, en Savoie. Elle est
souvent intimement mêlée avec le sel marin. On a fait quelquefois de ce mélange une variété, à laquelle on a donné le
nom de *chaux anhydro-sulfatée muriatifère.*

L'anhydrite, exposée dans les fissures des montagnes à
l'influence de l'eau qui les suit, reprend de l'eau de cristallisation, et passe, sans changer de forme ni de structure, au
gypse ordinaire; c'est un mode particulier d'altération auquel
M. Haüy a donné le nom d'*épigénie.* (B.)

CHAUX (*Chim.*), *Oxide de Calcium.* Voyez CALCIUM, Suppl.
(Cʜ.)

CHAUX. (*Chim.*) Jusqu'à Lavoisier, les chimistes donnoient à
ce mot une acception très-étendue; car ils l'appliquoient à toutes
les matières, terreuses ou métalliques, qui avoient éprouvé de
la part du feu ou de celle d'un autre agent, une altération
sensible, et en même temps une diminution dans la cohésion
de leurs particules. Ils distinguoient principalement les *chaux
pierreuses* et les *chaux métalliques*; celles-là étoient obtenues
par la calcination des pierres calcaires, et celles-ci provenoient des métaux calcinés avec le contact de l'air, ou des

métaux qui avoient été dissous dans des acides. Ils considé-
roient les chaux métalliques comme des matières terreuses
qui, unies au principe inflammable, constituoient les métaux. Mais aujourd'hui il est démontré que, loin d'être
d'une nature plus simple que les métaux, elles ont au
contraire une composition plus compliquée, puisqu'elles résultent de l'union d'un métal avec l'oxigène : de là le mot
oxide métallique, qui remplace celui de *chaux métallique*. (Ch.)

CHAVANCELLE. (*Bot.*) Les habitans de la Sologne
nomment ainsi un champignon poreux du genre Bolet (*boletus Soloniensis*, Decand., Fl., Fr. 6, n.° 309), qu'ils font recueillir en automne sur le tronc des arbres pour en préparer
l'amadou qui se vend à Orléans. Il est demi-circulaire, latéral et sessile; il atteint un pied de diamètre; sa surface supérieure est brune, et çà et là comme déchiquetée; il est
jaune en-dessous; sa consistance, de nature sèche, est plutôt
charnue que ligneuse. (Lem.)

CHAVANT. (*Ornith.*) Suivant Salerne, on donnoit en
Sologne ce nom et celui de chatmiant commun au chat-
huant, *strix stridula*, Linn. (Ch. D.)

CHAVARIA. (*Ornith.*) Voyez Chaïa. (Ch. D.)

CHAVARITA (*Ornith.*), nom chaldéen de la cigogne,
ardea ciconia, Linn. (Ch. D.)

CHAVAYER. (*Bot.*) Voyez Chayaver. (J.)

CHAVOCHE (*Ornith.*), un des noms vulgaires de la
chouette, ou grande chevêche, *strix ulula*, Linn. (Ch. D.)

CHAW (*Ornith.*), nom hollandois du choucas, *corvus
monedula*, Linn. (Ch. D.)

CHA-WGA. (*Bot.*) Arbre de la Chine, mentionné dans le
Recueil des Voyages, qui a le port du laurier, les feuilles
toujours vertes, et qui, couvert de fleurs dans la belle
saison, est un des ornemens des jardins. (J.)

CHAYAVER. (*Bot.*) Cette plante de l'Inde a une racine
employée dans les teintures, sur la côte de Coromandel,
comme la garance l'est en Europe; elle appartient de même
à la famille des rubiacées, sous le nom d'*oldenlandia umbellata*. On trouve dans le *Pinax* de C. Bauhin, sous celui de
chappavur, ou de *rubia virginea*, une plante de Virginie,
dont la racine est employée dans les teintures. C'est peut-être

la même que le chayaver dont le nom et le pays auroient été mal indiqués à C. Bauhin. (J.)

CHA-YEU (*Bot.*), nom donné par les Chinois, suivant Duhalde, à l'huile tirée du fruit d'un arbre qui a quelque ressemblance avec le thé. Il est de hauteur médiocre, et croît sans culture sur le penchant des montagnes et dans les vallées pierreuses. Son fruit vert, d'une forme irrégulière, contient un noyau osseux. (J.)

CHAYOTE. (*Bot.*) Dans l'île de Cuba on donne ce nom, suivant Jacquin, à une plante cucurbitacée, qu'il nommoit *sycios edulis*, et qui est le *sechium edule* de M. Swartz et de Willdenow. Son fruit est bon à manger. On en distingue deux espèces, ou plutôt deux variétés, l'une à fruit lisse de la grosseur d'un œuf de poule ; l'autre à fruit plus long et couvert de pointes molles. (J.)

CHAYOTILLO (*Bot.*), nom espagnol donné, dans le Mexique, au *calboa*, genre de plantes cucurbitacées, publié par Cavanilles. (J.)

CHAYQUARONA. (*Erpétol.*) Seba, *Thes.* 11, *tab.* 9, n°ˢ 1, 2, appelle ainsi un serpent orné de très-belles couleurs, qu'il dit venir du Brésil. C'est la couleuvre chayque de M. de Lacépède, ou *coluber stolatus* de Linnæus. Sa véritable patrie est la côte de Coromandel. Voyez COULEUVRE. (H. C.)

CHAYR. (*Bot.*) L'orge ordinaire, *hordeum vulgare*, est ainsi nommée dans l'Egypte, suivant M. Delile. Elle est nommée *sjair* par Forskaël. (J.)

CHÉ, ou XE (*Mamm.*), nom chinois du musc, *moschus moschiferus*, Linn., suivant Novarette. (F. C.)

CHEB-EL-LEYL (*Bot.*), nom arabe de la belle de nuit, *nyctago*, suivant M. Delile. (J.)

CHEBET (*Bot.*), nom arabe de l'aneth, *anethum graveolens*, suivant M. Delile. Ses graines sont nommées *chamar*. (J.)

CHEBETIBA (*Bot.*), nom caraïbe du *cupania*, cité dans l'Herbier de Surian. (J.)

CHEBULE (*Bot.*), un des cinq mirobolans mentionnés dans les livres de matière médicale et de pharmacie ; c'est le *myrobalanus chebulus* de Vesling, que Linnæus rapportoit à son genre *Ximenia*, sous le nom de *ximenia ægyptiaca*, et dont M. Delile a formé un genre distinct sous celui de *balanites*, qui a quelques rapports extérieurs avec l'*agihalid* de Prosper Alpin, mais qui paroît en différer. (J.)

CHECANI. (*Bot.*) Voyez CHACANI. (J.)

CHECCA-SOCCONCHE. (*Bot.*) Ce nom péruvien est celui du *gardoquia incana*, genre de plante labiée, de la Flore du Pérou, qui a le calice du thym et la fleur de la sauge. Sa saveur est agréable; on la mêle dans des assaisonnemens, et on emploie son infusion comme cordiale. (J.)

CHECHISHASHISH (*Ornith.*), nom sous lequel est connu, à la baie d'Hudson, le chevalier grivelé, *tringa macularia*, Gmel. (CH. D.)

CHEDEK. (*Bot.*) Dans quelques livres anciens on trouve sous ce nom la mélongène, *solanum melongena*, qui est encore désignée dans le Levant, suivant Rauvolf, sous ceux de *melantsana*, *batleschaim*, et une de ses variétés sous celui de *bedengiam*. Le *chadec*, espèce d'oranger, est aussi nommé *chedec*, par corruption, dans quelques lieux. (J.)

CHEEK (*Bot.*), nom qu'on donne en Laponie à l'*osmunda struthiopteris*, Linn., fougère particulière aux contrées du Nord. (LEM.)

CHEELA. (*Ornith.*) Voyez la description de cet oiseau à la fin du mot AIGLE. (CH. D.)

CHEF-CHOUF (*Bot.*), nom arabe ou égyptien de l'*aristida lanata* de Forskaël, ou *aristida plumosa* de Linnæus, suivant M. Delile. (J.)

CHEILANTHES. (*Bot.*) Ce genre, de la famille des fougères, diffèrt très-peu de celui des adiantes; il a été nommé *cheilanthes* par Swartz, et *allosurus* par Bernhardi. La fructification consiste en des points très-écartés, marginaux, recouverts chacun par une membrane (*indusium*) en forme d'écaille qui tient au bord de la fronde, et qui s'ouvre de dedans en dehors; les capsules qui composent la fructification, s'ouvrent irrégulièrement, et sont munies d'un anneau.

Les espèces de ce genre, adopté par un grand nombre de botanistes, s'élèvent à environ vingt-cinq. M. Poiret pense qu'on doit les laisser dans le genre Adiante. Il est vrai que beaucoup d'entre elles ont été regardées comme des espèces de ce genre; mais l'on doit dire qu'elles forment un groupe distinct, même à l'œil, de celui des adiantes, dont elles n'ont pas toujours la délicatesse : les autres espèces avoient été placées dans les genres *Pteris, Lonchitis*, *Aspidium*, *Polypodium*, *Nephrodium*, *Acrostichum* et *Trichomanes*. Ces diverses mutations prouvent que le *cheilanthes* a des rapports avec tous les genres que nous venons de nommer, et qu'il est un de ces genres tolérés pour placer certaines espèces de fougères qui, par leurs caractères ambigus, se trouveroient mal placées dans tout autre. Voyez Fougères.

Les espèces de cheilanthes se trouvent dans l'ancien et dans le nouveau continent ; leur fronde est ordinairement peu élevée, et deux, trois ou quatre fois ailée : on n'en connoît qu'une qui soit simplement ailée. Les plus remarquables sont :

Le Cheilanthes fluet ; *Cheilanthes micropteris*, Sw., fil. 324, t. 3, f. 5. C'est l'espèce à fronde, simplement ailée ou pennée ; les pennules sont arrondies, velues et à contour sinueux crénelé. Elle croît aux environs de Quito.

Le Cheilanthes odorant ; *Cheilanthes odora*, Sw., Schkuhr, *Crypt.* tab. 123. Cette jolie petite fougère, remarquable par l'odeur agréable qu'elle exhale, surtout lorsqu'elle est sèche, et qu'on la froisse entre les doigts, croît en Europe, et principalement en Italie, en Suisse, en Tyrol, et dans les îles d'Hières, sur les rochers, dans les vignes, etc. Ce n'est point le *polypodium fragrans* de Linnæus, comme on l'avoit cru, lequel croît dans les Indes orientales, et constitue aussi une espèce de ce genre (*cheilanthes fragrans*, Sw.). Ce n'est pas non plus le *polypodium fragrans* de M. Desfontaines, qu'on trouve dans les fentes des rochers en Natolie et en Barbarie, mais qui est encore une espèce du même genre (*cheilanthes suaveolens*, Sw.). Toutes ces espèces sont les vrais types du genre *Cheilanthes*, et du nombre de celles qui ont été réunies au *pteris*, à l'*adiantum* et au *polypodium*.

Le cheilanthes odorant est une fougère qui n'a pas plus de trois à quatre pouces de hauteur : ses pétioles sont bruns, un peu velus : les frondes viennent en touffes ; elles sont glabres, deux fois et même presque trois fois pennées : les dernières pennules sont oblongues, obtuses, sinueuses, et à lobes entiers, arrondis et obtus.

Le Cheilantes davallioides ; Bory, Willd., *Sp.* 5, p. 461. Très-belle fougère de trois à quatre pieds de hauteur, découverte, dans les îles de France et de Saint-Maurice, par Bory de Saint-Vincent. Les frondes sont trois fois ailées, à pennules ovales oblongues, entières et obtuses, portant à l'extrémité la fructification, dont la forme est oblongue, et la membrane qui la recouvre, brune.

Le nom de *cheilanthes* vient de deux mots grecs, qui signifient *fleur* et *lèvre*. Ce genre est ainsi nommé à cause de l'aspect de ses points fructifères. (Lem.)

CHÉILINE (*Ichthyol.*), *Cheilinus*. On appelle de ce nom un genre de poissons de la famille des léiopomes, qui a été établi par M. de Lacépède, et dont les caractères sont les suivans :

Un seul rang de dents; nageoire dorsale unique; museau comprimé; lèvre supérieure très-grosse, extensible; de grandes écailles ou des appendices à la base de la nageoire caudale ou sur les côtés de la queue.

Les dents maxillaires des chéilines sont coniques; les antérieures mitoyennes sont plus longues; il y a des dents pharyngiennes cylindriques et mousses, disposées en forme de pavé : les supérieures sur deux grandes plaques; les inférieures sur une seule, qui correspond aux deux autres.

L'organisation intérieure est semblable à celle des labres.

La ligne latérale est interrompue vis-à-vis la fin de la nageoire dorsale.

Ce genre de poissons est facilement distingué des Chéilodiptères, qui ont deux nageoires dorsales; des Labres, dont la nageoire caudale est dépourvue d'appendices et d'écailles; des Ophicéphales et des Chéilions, dont le museau est déprimé; des Gomphoses, qui ont une sorte de bec, etc. Voyez ces divers articles.

Le mot Chéiline est tiré du grec χεῖλος, *labrum*, et indique le volume de la lèvre supérieure de ces animaux.

Le Chéiline scare : *Cheilinus scarus*, Lacép.; *Labrus scarus*, Linn. Des appendices sur les côtés de la queue; dents émoussées; teinte blanchâtre, mêlée de rouge; écailles très-grandes, transparentes; taille d'environ un pied.

Ce poisson habite la Méditerranée, et se montre surtout près des côtes de la Sicile et de la Grèce; aussi a-t-il été connu des premiers naturalistes grecs : Aristote en parle, ainsi qu'Athénée, Élien et Oppien, sous le nom de σκάρος. Lors des premiers siècles de l'ère chrétienne, il s'avançoit dans la mer de Carpathie, jusqu'au premier promontoire de la Troade. Sa célébrité étoit des plus grandes chez les peuples anciens, qui ne négligeoient rien pour s'en procurer.

Sous l'empire de Claude, Optatus Elipertius, commandant d'une flotte romaine, en apporta plusieurs vivans, qu'il répandit sur la côte de la Campanie, où ils multiplièrent promptement, parce que pendant cinq ans on faisoit rejeter à la mer ceux que les pêcheurs prenoient dans leurs filets.

Dans le temps du grand luxe des Romains, le chéiline scare faisoit les délices des tables les plus somptueuses. Il entroit dans la composition de ces mets fameux pour lesquels on réunissoit les objets les plus rares, et que l'on servoit à Vitellius, dans le plat nommé *bouclier de Minerve*.

Les entrailles de ce poisson, au rapport de Rondelet, ont une odeur de violette. Aussi étoit-ce la partie que les anciens recherchoient particulièrement en lui, et qu'ils regardoient comme un mets divin, ainsi que nous l'apprend Athénée.

> Hic scarus, æquoreis qui venit obesus ab undis,
>   Visceribus bonus est, cætera vile sapit.
>
> MARTIAL. Epig. 84, lib. XIII.

Le chéiline scare vit, en troupes nombreuses, dans les trous des rochers qui bordent les rivages des îles de l'Archipel; il en sort difficilement, et les pêcheurs grecs assurent qu'en tête de chaque troupe il y a constamment un chef. On ne le prend qu'à la ligne : lorsqu'un de ces poissons a mordu à l'hameçon, on l'attache à un fil et on le laisse dans l'eau ; ses compagnons abandonnent leurs retraites ténébreuses pour l'entourer, et finissent par se prendre eux-mêmes.

Dans tous les temps, on a remarqué que le chéiline scare n'étoit point carnivore comme les autres poissons en général, mais qu'il paissoit les fucus et les algues qui poussent sur les rochers au fond de la mer ; il recherche aussi les végétaux ordinaires, et on emploie avec succès, pour l'amorcer, des feuilles de pois ou de fèves.

Plusieurs naturalistes lui ont accordé la faculté de ruminer, c'est une erreur.

D'autres assurent qu'il a une voix : autre erreur aussi. Peut-être fait-il entendre quelque bruit par ses mouvemens. Mais quel est le poisson qui puisse jouir de la voix ?

Le Chéiline trilobé ; *Cheilinus trilobatus*, Lacép. Deux lignes latérales ; la nageoire de la queue trilobée, très-large, recouverte à sa base et de chaque côté par trois ou quatre écailles très-considérables, libres et flottantes par la plus grande partie de leur circonférence ; les nageoires dorsale et anale prolongées en pointe vers la queue ; couleur générale d'un brun bleuâtre, relevé, sur la tête, la nuque et les opercules, par des taches ou des points rouges, blancs ou jaunes ; les pectorales sont jaunes ; les catopes ont une teinte nuancée de rouge.

Ce poisson, du volume d'une carpe ordinaire à peu près, a été observé par Commerson dans la mer de l'Ile de France et de Madagascar.

Le Chéiline fascié : *Cheilinus fasciatus* ; *Sparus fasciatus*, Bloch, 257. Nageoire caudale en croissant ; ligne latérale double ; dents coniques, molaires petites et arrondies ; les nageoires anale, dorsale et caudale, garnies en partie de petites écailles ; teinte générale jaunâtre ; six ou sept bandes transversales brunes ; une bande noire sur la nageoire caudale, dont l'extrémité est d'ailleurs très-brune. Il vient du Japon.

Le Chéiline queue-verte : *Cheilinus chlorourus* ; *Sparus chlorourus*, Bloch, 260. Nageoire caudale trilobée ; une seule ligne latérale ; corps et queue comprimés ; écailles larges et minces ; l'opercule terminée par une prolongation arrondie à son extrémité ; les catopes et les nageoires caudale et anale d'un vert foncé ; la teinte générale verte.

De la mer des Antilles et de celle du Japon. (H. C.)

CHÉILION (*Ichthyol.*), *Cheilio*. Commerson a donné ce nom à un genre de poissons de la famille des léiopomes, lequel a été conservé par M. de Lacépède et par M. Duméril. Voici ses caractères :

Dents en rang simple, fort petites ; nageoire dorsale unique, basse et très-longue ; museau déprimé, lèvres grosses et très-pendantes ; corps et queue fort alongés ; écailles petites.

Il est assez facile de distinguer ce genre de ceux qui composent la famille des Léiopomes. Voyez ce mot.

Chéilion est une expression grecque, qui indique le volume des lèvres : χεῖλος, *labrum*.

Le Chéilion doré ; *Cheilio auratus*. Tout le corps d'un jaune doré ; quelques points noirs, répandus sur la ligne latérale ; taille d'environ quinze pouces; nageoire caudale arrondie.

Il a été trouvé par Commerson à l'île Maurice, où il est si commun que sa chair est négligée, quoiqu'elle soit blanche et agréable au goût.

Le Chéilion brun : *Cheilio fuscus*. Teinte générale d'un brun livide ; catopes blancs ; taches blanches sur les nageoires du dos et de l'anus ; les pectorales transparentes ; taille d'à peu près onze pouces. Des mers de l'Inde. (H. C.)

CHEILOCOCCA. (*Bot.*) Salisbury, dans son *Prodromus*, pag. 412, a nommé *cheilococca apocynifolia* la plante qui, depuis, a reçu le nom de *platylobium formosum*. Voyez Platy-lobe. (Poir.)

CHÉILODACTYLE. (*Ichthyol.*) M. de Lacépède a ainsi appelé un genre de poissons de la famille des dimérèdes, et dont les caractères sont les suivans :

Une seule nageoire du dos; des rayons libres au-dessus de chaque nageoire pectorale; la lèvre supérieure grosse et très-extensible; le corps et la queue très-comprimés; catopes un peu en arrière des pectorales; dents en velours.

Le mot chéilodactyle est grec, et indique le volume de la lèvre et la séparation des rayons pectoraux ($\chi\varepsilon\tilde{\imath}\lambda\circ\varsigma$, *labrum*, et $\delta\acute\alpha\chi\tau\upsilon\lambda\circ\iota$, *digiti*).

Le Chéilodactyle fascié : *Cheilodactylus fasciatus*, Lacép.; *Cynœdus*, Gronov.; *Cichla macroptera*, Schneider. Nageoire dorsale étendue depuis la nuque jusqu'auprès de la queue; anale falciforme ; taches foncées sur les nageoires du dos et de la queue; écailles grandes.

Des mers de la Nouvelle-Zélande. Les indigènes le pêchent avec des hameçons, pour s'en nourrir. (H. C.)

CHÉILODIPTÈRE. (*Ichthyol.*) Ce genre de poissons, de la famille des léiopomes, a été formé pour la première fois par M. de Lacépède, aux dépens des genres Labre et Sciène des autres auteurs. Ses caractères sont les suivans :

Deux nageoires dorsales ; point de dents incisives ni molaires; opercules sans piquans ni dentelures ; lèvre supérieure grosse et avancée.

La présence des deux nageoires dorsales suffit pour éloigner ce genre de ceux qui l'entourent immédiatement.

Le nom qu'il porte indique d'ailleurs parfaitement ses caractères les plus remarquables, le volume de la lèvre, et l'existence de deux dorsales (χεῖλος, *labrum*, et δίπτερος, *bipinnatus*).

§. 1.er *Nageoire caudale fourchue ou en croissant.*

La Chéilodiptère heptacanthe ; *Cheilodipterus heptacanthus*, Lacép. Sept rayons aiguillonnés et plus longs que la membrane à la première nageoire du dos ; caudale fourchue ; mâchoire inférieure plus avancée que la supérieure ; opercules couvertes d'écailles semblables à celles du dos.

Il se trouve dans la mer du Sud, où il a été observé par Commerson. Voyez Temnodon.

Le Chrysoptère ; *Cheilodactylus chrysopterus*, Lacép. Mâchoires égales ; caudale en croissant ; seconde dorsale, caudale, anale, et catopes dorés ; couleurs très-belles ; dos d'un noir violet ; sur chacun des côtés neuf grandes bandes transversales de la même teinte sur un fond d'argent ; quatre raies longitudinales dorées, de chaque côté aussi.

Il vit dans les eaux de la Martinique, où il a été observé, décrit et figuré par Plumier.

Le Chéilodiptère rayé ; *Cheilodipterus lineatus*, Lacép. Dents longues, crochues, séparées ; huit raies longitudinales de chaque côté du corps ; une bande transversale large et courbe auprès de la caudale, qui est en croissant.

De l'Océan équatorial. M. Cuvier le range dans le genre Apogon. Voyez ce mot.

Le Maurice : *Cheilodipterus Mauritii*, Lacép. ; *Sciæna Mauritii*, Bloch. Caudale en croissant ; tête et opercules alépidotes ; teinte générale argentée, sans bandes, ni raies, ni taches ; dents petites, aiguës.

Ce poisson a été décrit par Bloch, d'après un dessin et un manuscrit du prince J. Maurice de Nassau-Siegen, qui, au commencement du dix-septième siècle, gouverna une partie du Brésil.

Il vit dans les eaux du Brésil, où il atteint le volume de la perche.

§ 2. *Nageoire caudale arrondie ou rectiligne.*

Le Cyanoptère ; *Cheilodipterus cyanopterus*, Lacép.; *Sciæna cirrhosa.* Caudale rectiligne ; les deux dorsales et la caudale bleues ; mâchoire supérieure plus avancée que l'inférieure, qui est garnie d'un barbillon.

Des mers de l'Amérique méridionale, où il a été observé et décrit par Plumier.

L'Acoupa ; *Cheilodipterus acoupa*, Lacép. Caudale arrondie ; mâchoire inférieure plus avancée ; plusieurs rangs de dents crochues et inégales ; plusieurs rayons de la seconde dorsale terminés par des filamens.

Même patrie que le précédent.

Le Boops : *Cheilodipterus boops*, Lacépèd.; *Labrus boops*, Houttuyn, Linn. Les yeux très-grands ; la mâchoire inférieure plus avancée ; opercules écailleuses, comme le dos.

Du Japon.

L'Aigle de mer : *Cheilodipterus aquila*, Lacép. ; *Sciæna aquila*, Cuvier. Caudale arrondie ; mâchoires égales, armées de deux rangs de dents ; teinte générale blanchâtre. Il atteint cinq pieds de longueur ; sa vessie natatoire produit de chaque côté plusieurs prolongemens coniques et branchus.

Pêché sur les côtes de la Manche, en 1803.

Les naturalistes décrivent encore quelques autres chéilodiptères. (H. C.)

CHEIRANTHOIDES. (*Bot.*) La famille des plantes crucifères se divise en deux sections caractérisées par le fruit, qui est siliculeux, c'est-à-dire, court dans l'une, et siliqueux ou alongé dans l'autre. Quelques auteurs forment, dans chacune, des subdivisions, et distinguent dans la seconde les *erucacées* ou *crucoïdes*, dont la silique se prolonge en un bec au-delà des valves, et les *cheiranthoïdes*, qui n'ont qu'une pointe très-courte au sommet de la silique. (J.)

CHEIRANTHUS (*Bot.*), nom latin des giroflées. (L. D.)

CHEIRI, Keiri. Alkeiri (*Bot.*), noms arabes cités par Daléchamps, de la giroflée, et principalement de l'espèce à fleur jaune, *cheiranthus cheiri.* Il est devenu, avec l'addition d'un autre mot, le nom générique donné par Linnæus, qui signifie fleur de cheiri. (J.)

CHEIROMIS (*Mamm.*), nom latin donné par M. G. Cuvier au genre Aye-Aye de M. Geoffroi. Il vient de μῦς, rat, et de χείρ, main. Voyez AYE-AYE. (F. C.)

CHEIROPTERES, ou CHAUVE-SOURIS. (*Mamm.*) De la première impression, au sujet des mammifères, et du mode de leur locomotion, on est arrivé à l'idée et au nom de quadrupède. En effet, quatre supports sous un tronc attaché vers le milieu de l'être, paroissoient la combinaison la plus heureuse pour que chaque chose existât dans des convenances réciproques.

C'est donc par suite d'anomalies que quelques mammifères manquent à ce plan primitif, et qu'il en est parmi eux, l'homme par exemple, qui n'emploient au mouvement progressif qu'une paire d'extrémités : l'autre paire, dans ce cas, tombe nécessairement dans des usages secondaires, et est mise à profit, suivant de nouvelles destinations, et dans autant de chances qu'il y a de sous-genres hors de la loi commune.

Si c'est là déjà une considération curieuse, combien, à plus forte raison, n'avons-nous pas de motifs pour nous récrier à la vue d'un développement qui provient de cette anomalie, quand ce développement a lieu hors de toutes proportions et de toutes règles ! Le plan primitif tombe alors dans le plus violent écart, et il en résulte des combinaisons dont on s'éloigne comme de productions monstrueuses.

Telles sont les sensations et les idées que firent naître dès l'origine des choses la rencontre et la vue des chauve-souris : on se prévint contre elles ; on fut révolté de leur difformité et de leur laideur ; et, les idées s'exhaltant dans cette direction, on alla jusqu'à les dire impures ; de façon qu'on ne se borna pas à éviter de les toucher, on s'abstint de les connoître.

Les écrits des naturalistes attestent l'ignorance où l'on fut d'abord à leur égard.

Aristote les définit des oiseaux à ailes de peau : il ne sait au juste si ce sont bien des volatiles, à cause de leurs pieds ; mais, d'un autre côté, il ne peut se déterminer à les regarder comme des quadrupèdes, ne les voyant pas pourvues de quatre pieds bien distincts. Ses réflexions sur leur défaut de queue et de croupion le conduisent à des idées théoriques dont aucune n'est appuyée sur une observation positive.

Pline n'en parle que pour remarquer qu'il y a des oiseaux qui engendrent leurs petits vivans, et qui les allaitent au moyen de mamelles.

A la renaissance des lettres en Europe, on se borna d'abord à copier les anciens.

Aldrovande commença le premier à s'étendre davantage sur les chauve-souris : cédant toutefois aux préjugés de son siècle, il en fit une même famille avec l'autruche, et la raison qu'il en donne, est que ces deux espèces d'*oiseaux* participent également de la nature des quadrupèdes.

Scaliger, de son côté, fait de la chauve-souris un être tout-à-fait merveilleux ; il lui trouve et deux et quatre pieds ; elle marche sans pattes, et vole sans ailes ; elle voit lorsqu'il n'y a pas de lumière, et cesse de voir quand l'aurore paroît. C'est, ajoute-t-il, le plus singulier de tous les oiseaux, puisqu'il a des dents, et qu'il est privé de bec.

Si plus tard on donna enfin quelque attention aux chauve-souris, ce ne fut pas d'abord pour en étudier l'organisation ; on y regarda qu'autant qu'il le fallut pour parvenir à les comprendre dans des distributions méthodiques, ou plutôt on n'alla consulter en elles que les points de leur conformation qui correspondoient aux bases sur lesquelles on avoit fait rouler l'échafaudage des systèmes zoologiques.

Toutefois il arriva qu'on eut de bonne heure une idée exacte des affinités des chauve-souris ; c'est qu'on avoit fort heureusement choisi pour le point de départ de ces sortes de travaux, des caractères extérieurs correspondans à des caractères anatomiques plus généraux et plus profonds.

Dès ce moment on ne sépara plus les chauve-souris des quadrupèdes vivipares : une étude plus approfondie de leur organisation, confirma les indications fournies par la considération de leurs dents.

En effet, les chauve-souris ont, comme les quadrupèdes vivipares, le cœur biloculaire, les poumons celluleux, suspendus et enfermés dans la plèvre, un diaphragme musculeux, interposé entre la cavité du thorax et celle de l'abdomen ; un cerveau ample et ramassé, le crâne composé d'autant de pièces, et de pièces également enchevrêtées. C'est le même système sensitif, et ce sont les mêmes appareils pour la digestion et les sécrétions. Leurs dents sont aussi de trois sortes; tout leur corps est également couvert de poils; et ce qu'on savoit depuis long-temps sans en avoir tiré la même conséquence que de nos jours, elles enfantent également leurs petits vivans, et leur donnent le lait de leurs mamelles. Leurs os, leurs muscles, leurs vaisseaux, tout en elles est comme dans les quadrupèdes vivipares; cette ressemblance est telle, que les moindres détails de leur organisation suffiroient seuls et séparément, pour montrer que ce sont de vrais mammifères, et qu'on ne sauroit se dispenser de les comprendre dans la même classe.

Mais il y a loin cependant de ce résultat aux vues hardies de Linnæus, qui les rangea dans un même ordre avec l'homme et les singes, et qui ne craignit pas de donner aux uns et aux autres un nom semblable; tantôt celui d'*antromorphæ* (êtres à visage humain), tantôt celui de *primates* (animaux de premier rang). Toute extraordinaire que parut cette classification, le grand nom de son auteur la consacra.

Toutefois il survint peu après une opinion qui ne pouvoit s'en accommoder: ce fut celle d'une nouvelle école qui admettoit entre tous les êtres des rapports suivis et gradués, et une marche progressive du simple au composé. Dans ces circonstances, des animaux constitués comme les mammifères, et manœuvrant dans les airs à la manière des oiseaux, fournissoient un exemple de transition dont on ne manqua pas de se prévaloir.

C'étoit, jusqu'à un certain point, confondre l'effet avec la cause, et implicitement reconnoître que la faculté du vol, dans les oiseaux et les chauve-souris, résultoit, au fond, d'une même organisation.

On examina ce point de fait, et l'on ne fut pas long-temps sans demeurer convaincu que, si les chauve-souris se rencontrent dans les régions de l'atmosphère avec les oiseaux, elles s'y portent en y employant des instrumens différens; donc, toutes les anomalies dérivent du type des mammifères.

Les parties qui correspondent aux doigts sont, dans les oiseaux, presqu'effacées; elles n'y existent que rudimentaires, atténuées et soudées les unes aux autres, d'où il résulte que la main des oiseaux n'est qu'un moignon; l'aile existe au-delà, appuyée et ajustée sur cette extrémité du membre, et consistant dans ses longues pennes terminales, c'est-à-dire, qu'en dernière analyse la portion la plus utile n'est, au fond, composée que de tiges ou d'élémens appartenans au système épidermique.

Dans la chauve-souris, au contraire, c'est le membre lui-même et principalement la main qui sont extraordinairement agrandis. Qu'on se figure la main d'un singe, dont les parties solides auroient passé à une filière, et s'écarteroient du carpe comme les rayons d'un segment de cercle, et l'on aura une idée nette de la construction d'une main de chauve-souris.

Le pouce seul n'éprouve pas les mêmes modifications : il reste court, dégagé de toutes entraves, et susceptible de mouvemens très-variés ; tel est encore le pouce des singes : comme il n'est pas employé en organe du vol, qu'il conserve sa fonction ordinaire, et qu'il reste doigt quant à l'usage, il est maintenu dans toute son intégrité, c'est-à-dire, qu'il reste pourvu de sa dernière phalange et de son ongle.

Les quatre doigts, au contraire, que leur longueur démesurée change en instrumens du vol, passant à un emploi étranger, ne sont plus susceptibles de leur service habituel, dès que c'est en se tourmentant et se fatiguant beaucoup que, par fois, les chauve-souris parviennent seulement à s'en servir pour se trainer sur un plan horizontal, ou pour tenir leurs petits embrassés.

Une autre anomalie rend en outre ces quatre doigts dignes d'attention : ils n'existent plus en leur entier ; ce ne sont plus que des doigts sans ongle, et, chose remarquable, comme si la phalange qui les termine, et qui se montre partout ailleurs avec une forme calquée sur celle de l'ongle en devoit suivre toutes les conditions, elle manque là où l'ongle a disparu. Aussi, si le nom de phalange onguéale n'avoit déja été donné à cette partie de la main, seroit-ce le cas de le créer pour rappeler une subordination aussi constante.

Les longues phalanges des chauve-souris ne sont à leur aile que ce que sont les baguettes d'un parachute à l'ensemble de cet instrument, c'est-à-dire des supports destinés à fixer une étoffe qui puisse résister à l'air. Celle-ci ne manque pas dans les chauve-souris : elle est produite par un prolongement de la peau des flancs ; le dos et le ventre fournissent chacun un feuillet, comme on s'en assure en séparant en deux couches semblables l'épaisseur de la membrane des ailes. Toutefois, malgré que cette membrane soit formée de deux peaux accolées l'une à l'autre, elle ne se manifeste à nous que sous l'apparence d'un réseau mince, transparent et léger.

Ainsi, de même que les os de la main ne sont alongés qu'en diminuant d'épaisseur; de même aussi le système tégumentaire ne s'est étendu autant sur les flancs, qu'en s'amincissant dans une égale proportion. Or, il est à remarquer que ce qui est ici l'effet d'une loi générale de l'organisation, complète merveilleusement les moyens de vol des chauve-souris, puisque des os plus compacts et une membrane plus épaisse et plus dense, surtout à une aussi grande distance de la force motrice, eussent ajouté au corps de ces animaux un poids que tous leurs efforts ne seroient sans doute pas parvenus à vaincre.

Cette analyse de l'aile de la chauve-souris, en nous montrant un bras et une main de mammifère, dont les métacarpes et les phalanges sont unis par des membranes, suffit pour établir que non-seulement l'aile de la chauve-souris n'est nullement comparable à l'aile d'un oiseau, mais de plus, que pour bien concevoir ses étranges anomalies, il convient de s'attacher à la considération des extrémités les plus favoralement disposées pour saisir, et les plus profondément divisées.

Or, les mammifères aux digitations les plus profondes, sont les quadrumanes. En retrouvant les chauve-souris plus voisines en cela de ce groupe que d'aucun autre de la classe des mammifères, nous sommes par là ramenés à reconnoître que Linnæus avoit bien jugé de leurs affinités.

Nous sommes encore mieux conduits à cette conséquence, par l'examen des autres traits qui les distinguent.

1.° *Les mamelles.* Plus nous nous éloignons du groupe des quadrumanes, qui ont leurs glandes mammaires situées sur le thorax, plus nous voyons ces glandes redescendre de la poitrine à l'abdomen. Toutes les chauve-souris, à l'exception des rhinolophes, ont exactement les mamelles semblables à celles des quadrumanes, pour le nombre et la position.

2.° *Les organes de la génération.* Les chauve-souris ne sont encore, sous ce rapport, comparables qu'aux quadrumanes: leur pénis est de même gros, ramassé, visible au-dehors, et pendant sur les testicules. S'il falloit suivre les rapports de ces êtres jusque dans la conformité de leurs habitudes, nous verrions encore les chauve-souris ressembler aux quadrumanes par des inspirations désordonnées, et l'enchaînement d'une brutalité révoltante. On sait, d'après M. Roch, que les chauve-souris s'adonnent de même, en domesticité, à user seules des organes de la génération.

3.º *Les dents.* Ce caractère nous mène encore mieux à l'idée que c'est le type des quadrumanes que la chauve-souris reproduit; car, sans cela, comment concevoir cette exacte répétition de formes dans des parties aussi compliquées et aussi peu essentielles à la vie, que le sont les dents incisives ? Cependant, les roussettes ont ces dents comme les singes, et les vespertilions, comme les makis; les molaires sont dans les mêmes rapports, c'est-à-dire, formées dans ceux-ci par une couronne hérissée de pointes, et dans ceux-là par une tranche nette.

4.º *Les abajoues.* Presque tous les singes de l'ancien monde présentent une dilatation très-grande des muscles buccinateurs. dans une convenance parfaite avec leur gloutonnerie et leur caractère inquiet. Ce sont là aussi des faits de l'histoire des chauve-souris; elles ont aussi des abajoues qu'elles remplissent d'insectes dans leurs chasses, se réservant de faire curée à leur retour dans leurs retraites.

Tant de rapports entre la chauve-souris et les quadrumanes nous prouvent que Linnæus, en plaçant son genre *Vespertilio* à la suite des makis, a vraiment présenté les chauve-souris dans l'ordre de leurs affinités naturelles; mais il a été plus loin, comme nous l'avons vu : il a jugé ces rapports si intimes, qu'il n'a plus fait des uns et des autres qu'une seule grande famille, ou l'ordre unique des *primates.*

Il eût fallu peut-être se borner à dire que ces familles dérivoient les unes des autres; mais en même temps il convenoit de constater ce qu'une si grande anomalie, qu'on avoit sous les yeux, pouvoit exercer d'influence sur l'organisation : le bras, tombé dans de moindres utilités dans l'homme, d'ordinaire puissant moyen du mouvement progressif pour les allures à terre, prend tout à coup, dans les chauve-souris, une grandeur démesurée. Dans une circonstance d'anomalie déjà si remarquable, la nature trouve le fonds et les ressources d'anomalies encore plus fortes et plus étranges ; mais bien qu'il y ait ici déduction de formes, il n'y a plus conservation rigoureuse du même plan ; car, avec une grandeur considérable, le bras des chauve-souris acquiert une influence immense. Cette partie de l'organisation, ailleurs subordonnée évidemment, dans ce cas dans l'homme, passe dans les chauve-souris au rang des plus grands organes ; elle y devient dominatrice, et l'est réellement dans ce sens, que c'est alors une donnée principale, une donnée qui soumet à elle impérieusement, et exige la corrélation de toutes les autres parties organiques.

Dans ce cas, la famille des chauve-souris se présente comme un ensemble qui a des limites distinctes, ou comme un de ces groupes qui, sous le nom d'ordres, forment les premières coupes de la classe des mammifères.

Montrons qu'en effet les caractères qui appartiennent exclusivement aux chauve-souris exercent une assez grande influence sur leur économie, pour justifier cette nouvelle manière de les envisager.

Une des choses les plus dignes de remarque que présente leur organisation, est cette disposition du système cutané à se prolonger au-delà des contours de l'animal, et à procurer aux organes des sens plus d'étendue et plus d'activité.

On n'a peut-être pas donné assez d'attention à la manière dont se fait cette extension. La peau des flancs ne se porte pas seulement sur les bras, pour de là se distribuer entre les phalanges des métacarpes et des doigts ; elle embrasse aussi les extrémités de derrière, et, en se prolongeant entre les jambes, elle se répand le long de la queue, de manière à former autour des chauve-souris une surface qui est réellement hors de toute proportion avec la petitesse de leur corps.

Il n'y avoit en effet qu'une surface aussi considérable qui pût offrir les organes d'un toucher si parfait et d'un tact si exquis, que Spallanzani, qui en a observé les phénomènes, les attribuoit à un sixième sens.

Les oreilles externes participent tellement à cette tendance du système cutané à s'agrandir, qu'il est de ces oreilles prolongées sur le front, et réunies en partie, et qu'on en connoît un exemple, le *vespertilio auritus*, où elles égalent en longueur l'animal lui-même ; elles participent en outre à cette tendance d'une manière plus curieuse, étant doubles dans la plupart des chauve-souris. En effet, indépendamment de la conque externe, qui ne diffère de l'oreille des autres animaux que par plus d'étendue. il en est une seconde qui borde le méat auditif.

Quoiqu'on ne trouve cette petite oreille, ou l'*oreillon*, que dans les chauve-souris, ce n'est pas un organe dont il n'y ait aucune trace ailleurs : la nature n'opère qu'avec un certain nombre de matériaux qui varient seulement entre eux de dimension ; l'oreillon en est une preuve : il dérive du tragus, ou plutôt c'est le tragus lui-même qu'on est tenté de prendre pour une partie distincte, à cause de son étendue et de ses usages.

Cette susceptibilité des tégumens à saillir en dehors se fait remarquer de même aux abords d'autres cavités des organes des sens. Il est, en effet, beaucoup de chauve-souris qui ont le nez bordé de crêtes et de feuilles formées par une duplicature de la peau : ces membranes sont disposées en entonnoir dont le fond sert d'entrée aux fosses nasales.

Il en est donc de l'organe de l'odorat comme de celui de l'ouïe : l'un et l'autre sont pourvus de conques ou cornets extérieurs.

Des membranes aussi étendues et aussi multipliées ne peuvent exister sans exercer une grande influence ; aussi voyons-nous que le monde extérieur des chauve-souris en est agrandi.

Il est évident, par exemple, qu'elles acquièrent la notion de beaucoup de corpuscules qui ne sont sensibles pour aucun autre animal. Les observations de Spallanzani nous apprennent que si elles se décident sur l'indication du toucher, c'est le plus souvent sans recourir à un contact immédiat, et qu'il leur suffit, pour être averties de la présence des objets corporels, de palper l'air interposé entre elles et ces objets, et d'apprécier la manière dont il réagit sur la membrane de leurs ailes.

On en trouve une autre preuve dans ces vastes entonnoirs placés au-devant des organes de l'ouïe et du toucher : ce sont là autant d'instrumens perfectionnés qui donnent aux êtres qui en sont pourvus, la faculté, au plus haut degré, de percevoir les plus petites particules du son et les moindres émanations odorantes.

Avec ces moyens de se rendre attentives et prêtes à toute espèce de perceptions, les chauve-souris ont en outre la faculté de s'y soustraire, faculté sans doute indispensable, puisque autrement elles eussent été accablées sous une aussi grande perfection de l'organe des sens. L'oreillon est placé sur le bord du méat auditif, de manière qu'il devient à volonté une soupape qui en ferme l'entrée : il suffit pour cela d'une foible inflexion de l'oreille, et même, dans quelques individus, du froncement et du seul affaissement des cartilages.

Et comme aussi les replis et les bourrelets des feuilles nasales remplissent le même objet à l'égard des narines, il est par-là manifeste que ce n'est point sans profit pour les chauve-souris que le système cutané prend un accroissement si considérable. Les organes des sens y gagnent ainsi plus de volume et de perfection.

D'un autre côté, l'excessive étendue de la main des chauve-souris a vraiment exercé une sorte de réaction, non-seulement sur les organes qui la font mouvoir, mais en outre sur d'autres parties d'un ordre plus élevé, et partout ailleurs, soumettant à elles tous les autres matériaux de l'organisation. Cette anomalie, hors de toutes proportions, hors de toutes règles, qu'on ne trouve nulle part élevée à ce degré, est devenue un caractère dominateur, comme elle procure à l'animal des fonctions inusitées dans tous les autres mammifères. Les organes des sens, presque partout ailleurs retenus dans des limites très-resserrées, offrent dans les chauve-souris les complications les plus singulières, et leur cœur lui-même éprouve une sorte de déplacement, et est chez elles bien plus haut placé. Les muscles pectoraux éprouvent, à plus forte raison, cette influence : ils sont plus volumineux, et ils ont en même temps leur siége et leurs attaches sur un sternum formé de pièces remarquables à la fois par leur grandeur et leur parfaite ossification. On sait, au contraire, que le sternum des quadrumanes est généralement foible, petit, et presque entièrement cartilagineux.

Dans ceux-ci, les os de l'avant-bras sont susceptibles des mouvemens dits de pronation et de supination : ce qui est une très-grande perfection à l'égard de ces animaux, qui demeurent comme appendus toute la vie aux branchages des

arbres, et qui ne peuvent prendre aucun soin pour se conserver, sans qu'ils ne soient contraints à saisir, formeroit un
grave inconvénient dans les chauve-souris, qui, à chaque
battement de l'aile, auroient à redouter que la résistance
de l'air ne causât la rotation de leur main. Elles ne sont
point heureusement susceptibles de ce mouvement de pronation, et il a suffi, pour cela faire, du sacrifice d'un des
deux os de l'avant-bras, du sacrifice du cubitus, qui cependant
ne disparoît pas entièrement; il en reste le tiers huméral, et
cette portion, soudée au radius, contribue à donner à celui-
ci assez de force et de solidité pour soutenir le carpe et toute
la main.

On peut calculer de combien les extrémités antérieures se
trouvent agrandies dans les chauve-souris, en les comparant
à celles de derrière, restées dans les dimensions ordinaires.
Celles-ci ne sont en outre qu'en partie engagées dans la membrane des flancs. Le pied est libre. La membrane a ses dernières attaches sur le tarse, dont un des osselets, saillant en
dehors, prend la forme d'une épine, et rend à la membrane
interfémorale le service de la maintenir, lors de son développement.

Les doigts postérieurs sont petits, comprimés, égaux entre
eux, et toujours au nombre de cinq: le pouce ne s'en distingue pas. Tous sont terminés par des griffes ou de petites
lames cornées, faites en quart de cercle, fort acérées à la
pointe, et remarquables par leur égalité et leur parallélisme.

Il faut que cette conformation des doigts entre d'une manière
bien nécessaire dans le plan constitutif des chauve-souris, car
elle n'éprouve nulle part de modification; et, dans le fait, si
l'on y réfléchit bien, la chose ne peut manquer d'être ainsi.

Les fonctions ailleurs départies aux doigts, se trouvent,
dans la chauve-souris, comme concentrées dans ceux de derrière, où seulement il existe de véritables doigts : nous avons
vu qu'en avant un seul reste conservé, les quatre autres n'étant,
à proprement parler, que des brins solides, propres seulement
à tendre ou à plisser la membrane.

Telles sont les seules ressources de la chauve-souris pour la
locomotion, quand elle n'est pas dans le vol. A les considérer,
on ne supposeroit pas qu'elle pût aisément les mettre en œuvre
pour changer de place à la manière des quadrupèdes, cepen-

dant, quand cela lui est utile, elle sait en tirer un parti très-avantageux. Ses ailes, reployées, deviennent au besoin des jambes de devant : elle pose alors sur quatre pieds ; elle marche enfin, et se traîne même avec assez de vélocité pour qu'on puisse dire qu'elle court avec vitesse.

Mais pour cela, que de peines, que d'efforts, combien d'actions diverses ! On la voit d'abord porter en devant et un peu de côté son bout d'aile ou moignon, se cramponner au sol, en y enfonçant l'ongle de son pouce ; puis, forte de ce point d'appui, rassembler ses jambes postérieures sous le ventre, et sortir de cet accroupissement, en s'élevant sur son train de derrière, et faisant dans le même temps exécuter à toute sa masse une culbute qui jette son corps en avant ; mais comme elle ne se fixe au sol qu'en y employant le pouce d'une des ailes, le saut qu'elle fait a lieu sur une diagonale, et la rejette d'abord du côté par où elle s'étoit accrochée ; elle emploie pour le pas suivant le pouce de l'aile opposée ; et, culbutant en sens contraire, elle finit, malgré ces déviations alternatives, par cheminer droit devant elle.

Cet exercice finit par la fatiguer beaucoup : aussi, pour qu'elle s'y livre, ou il faut qu'elle jouisse dans son antre d'une sécurité parfaite, ou qu'elle y soit contrainte par une suite d'accidens qui l'aient fait tomber sur un plan horizontal.

Toute chauve-souris qui est dans ce dernier cas, s'y soustrait aussitôt, parce qu'il lui est alors presque impossible de s'élever et de reprendre le vol : ses ailes ont trop d'étendue ; et les efforts qu'elle peut faire n'aboutissent le plus souvent qu'à heurter le sol, et à lui procurer une nouvelle chute. Si, au contraire, elle parvient à gagner un lieu élevé, un arbre ou même un tertre, elle se remet facilement dans la seule situation qui lui convienne.

Cette situation, c'est le vol. Ce n'est que dans les airs que les chauve-souris se complaisent, parce que c'est là seulement qu'elles jouissent de toute liberté, qu'elles mettent à profit toutes leurs ressources, et qu'elles ont une confiance sans bornes, quelquefois même jusqu'à s'emporter et aller braver des dangers réels.

Mais ces courses ne peuvent être continuelles : le repos doit les suivre. C'est pour ce moment critique que les chauve-souris

réservent toute leur prudence : le sentiment des dangers auxquels elles sont alors exposées, les porte à rechercher les retraites
les plus profondes et les plus inaccessibles, et leur fait prendre
la précaution de se suspendre à la voûte des cavernes, la tête
en bas. Simplement accrochées par les ongles de derrière, elles
n'ont plus qu'à lâcher prise, pour se dérober, par le vol, à
une attaque imprévue.

Nous entrevoyons maintenant les motifs de cette position
inverse à laquelle il étoit remarquable qu'il n'y eût que les
chauve-souris d'astreintes : en effet, nulle autre situation ne
les rendroit aussi promptement à l'industrie qui leur est la plus
familière ; nulle autre ne leur fourniroit plus de facilités pour
échapper et aller se perdre dans l'immensité des airs.

Les chauve-souris, prêtes à se lancer, ayant à déployer
l'embarrassant manteau que forme la membrane de leurs ailes,
et ne pouvant le faire qu'en se procurant sur les côtés un espace
proportionnel à son étendue, ne pouvoient, pour rencontrer
toutes ces chances de succès, que tomber d'un lieu élevé.

Les pieds de derrière des chauve-souris devoient donc, pour
fixer ces animaux au plafond de leurs retraites, avoir une
forme appropriée à cette destination ; dès lors il devient facile
de se rendre compte du parallélisme et de l'égalité de leurs
doigts, aussi bien que de la courbure et de la pointe acérée de
leurs ongles : et, en effet, si ces pieds, dont nous n'avions pas
d'abord rattaché les formes au plan des chauve-souris, com-
plètent ainsi leur système (ce qui donne aux diverses parties
des organes de la locomotion des usages qui se correspondent,
et qui sont dans des relations nécessaires), nous ne nous éton-
nerons plus de l'invariabilité des formes de ces extrémités.

On n'entre point dans les souterrains des chauve-souris, qu'on
ne soit d'abord affecté par l'odeur de leur fiente : on la trouve
rassemblée en monceaux souvent très-considérables sur le sol,
vers le centre des espaces qu'elles occupent ; et de plus, on ne
peut se méprendre sur le lieu d'où proviennent ces produits
excrémentiels : c'est de la voûte du souterrain.

C'est que c'est là le rendez-vous des chauve-souris ; c'est là
effectivement qu'elles s'assemblent côte à côte : mais il ne faut
pas oublier qu'elles y demeurent suspendues par les pieds de
derrière, et alors, comment concevoir qu'elles puissent se

vider dans une attitude si peu convenable à cet objet? Je vais dire comment elles y procèdent : je raconterai ce que j'ai vu.

Une chauve-souris, dans ce cas, met d'abord une de ses pattes en liberté d'agir, et en profite tout aussitôt pour heurter la voûte, ce qu'elle répète plusieurs fois de suite. Son corps, que ces efforts mettent en mouvement, oscille et balance sur les cinq ongles de l'autre part, lesquels forment, par leur égalité et leur parallélisme, une ligne droite, comme seroit l'axe d'une charnière. Quand la chauve-souris est parvenue au plus haut point de la courbe qu'elle décrit, elle étend le bras, et cherche sur les côtés un point d'appui pour y accrocher l'ongle qui le termine, celui du pouce de l'extrémité antérieure. C'est le plus souvent le corps d'une chauve-souris voisine qu'elle rencontre, d'autres fois un mur sur les flancs, ou bien un autre objet solide; mais, quoi que ce soit, elle a atteint son but; elle s'est mise dans une situation horizontale, le ventre en bas, c'est-à-dire, dans la situation qui lui convient pour se vider, et pour le faire en prenant soin de sa robe.

Ceci nous rappelle que nous avons encore à faire connoître les organes de la digestion des chauve-souris. Il semble, au premier aperçu, qu'en admettant la nécessité de relations intimes entre toutes les parties de ces animaux, l'anomalie dominatrice qui les distingue, et qui met à leur disposition l'usage d'un tout autre monde, auroit bien pu s'accommoder de tous les modes de nourriture qui sont propres aux mammifères, et c'est ce que nous ne trouvons pas; précisément parce qu'il y avoit alors indifférence à cet égard, l'ascendant du sous-type dont les chauve-souris sont comme une déduction, se fait sentir; tous les traits des quadrumanes, sous ce rapport, sont reproduits, et, ce qu'il y a de singulier, le sont avec de légères modifications, qui se rapportent toutes, ou au moins se combinent avec de fort légers changemens dans la manière dont l'aile se termine.

Le plus grand nombre des chauve-souris vit d'insectes; leur estomac est petit, sans étranglement ni complication; le canal intestinal, d'un diamètre assez égal, est court, et le cœcum manque entièrement.

Les dents répondent à cet ordre de choses : les incisives sont lobées , les canines longues et aiguës , et les molaires hérissées de pointes.

Quelques chauve-souris , qui vivent de fruits , ont les dents et les intestins un peu différemment conformés ; elles n'ont pas le derme aussi prolongé ; aussi sont-elles chauve-souris au plus petit titre possible.

Les dents aiguës du plus grand nombre sont les seules armes et moyens pour attaquer , saisir et déchirer les insectes dont elles font leur nourriture ; elles ont , pour les atteindre au vol , une facilité qu'on ne leur avoit pas remarquée : c'est la grandeur de leur bouche ; ce sont , à cet égard , de vrais engoulevents.

La commissure des lèvres ne s'étend pas , chez les mammifères , au-delà des dents canines : on diroit que la lèvre supérieure suit le sort des intermaxillaires , qu'elle lui est subordonnée , et qu'elle en est la coiffe. En effet. la bouche n'est large et bien fendue que chez les animaux dont les intermaxillaires sont très-longs , et se trouve au contraire d'une étroitesse extrême dans ceux qui ont les os très-petits.

Les chauve-souris, du moins celles qui se nourrissent d'insectes , sont la seule exception à cette loi que je connoisse : la commissure de leurs lèvres est très-reculée en arrière , et correspond à la pénultième molaire. On peut regarder leurs abajoues comme la cause de cette anomalie ; car les joues que ces poches rendent flasques, se déplissent et s'étendent avec les lèvres, et dès-lors la mâchoire inférieure peut s'écarter de la supérieure , jusqu'à former avec elle un angle droit.

Enfin , les chauve-souris ressemblent aux petits mammifères insectivores par les habitudes tristes, la vie nocturne , la susceptibilité des organes des sens qui les force de fuir le bruit et la lumière , et leur moindre chaleur spécifique : elles passent l'hiver, ou plutôt la plus grande partie de l'année dans l'engourdissement ; extrêmement sensibles aux plus petites impressions du froid et de l'humidité, elles ne jouissent d'une pleine activité, et ne sortent de leurs retraites que dans les belles soirées d'été ; mais alors, vivement excitées, elles ne sont attentives à rien : occupées de leur chasse avec une ardeur sans mesure, ou elles deviennent à leur tour une proie facile pour les oiseaux de proie de nuit, ou elles donnent dans les pièges qu'on leur tend ; elles tombent dans des filets qu'on agite sur leur route, ou sont prises à la ligne, parce qu'elles happent avec trop d'avidité tout ce qu'elles voient voltiger dans l'air.

Les *chauve-souris*, ainsi dérivées du type des quadrumanes, et offrant en outre d'assez nombreux rapports avec la petite famille des carnassiers insectivores, se présentent donc à nous comme constituant un ordre qui a des limites tranchées, et qui est tout à fait distinct.

Telle est la question que nous nous étions proposé de traiter dans cet article *Cheiroptères*. Avant de renvoyer, pour chaque genre, à des articles spéciaux et à leurs lettres respectives, j'examinerai ce qu'en ont pensé les principaux auteurs systématiques, et comment ils ont pu classer ces animaux, en se bornant à l'emploi des seules considérations zoologiques qui étoient pour lors en usage.

Belon est le premier qui figura une chauve-souris, l'oreillard ; Aldrovande en reproduisit la figure, et y en ajouta une seconde, la grande espèce d'Europe. Belon avoit, en outre, assez bien signalé une troisième espèce qu'il avoit vue en Egypte.

On apprit, dans la suite, par des voyageurs et des naturalistes iconographes, que chaque pays avoit, en quelque sorte, ses chauve-souris. Si cela ne fut dit d'abord bien précisément, c'est du moins ce qui résultoit des publications de Clusius, Pison, Bontius, Flaccourt, Séba et Edwards.

On possédoit ces matériaux dès 1748, qu'on ne croyoit encore qu'à l'existence de cinq espèces de chauve-souris : le Catalogue de Linnæus ne fait pas mention d'un plus grand nombre.

Mais au moins, on avoit été jusque là d'accord sur l'établissement de la famille des chauve-souris : c'étoit un de ces genres qu'on avoit fait d'instinct avant l'invention même des méthodes.

D'autres principes dirigèrent Brisson en 1756 ; il avoit rangé les quadrupèdes suivant l'ordre numérique des dents incisives. Dès qu'il s'aperçut que les chauve-souris se séparoient, d'après cette considération, en deux séries, il se crut obligé de les partager également en deux genres, et il leur donna les noms de *pteropus* et de *vespertilio*. On avoit alors si peu d'égard aux affinités naturelles des êtres, que personne ne fut choqué de voir ces deux groupes éloignés l'un de l'autre, et leur intervalle rempli par des animaux autres que des chauve-souris.

Comme on étoit dans cette fausse route, Daubenton cherchoit des animaux pour son anatomie comparée : il vint
à trouver en France quatre chauve-souris, qu'on n'y avoit
pas encore observées, et cette découverte l'engagea à revoir
ce qui avoit été fait avant lui sur ces mammifères, et à en
donner une Monographie. Son Mémoire, monument précieux, surtout si l'on se reporte à l'époque de sa publication,
fut imprimé dans le Recueil de l'Académie des sciences, pour
l'année 1759. La Monographie de ce célèbre naturaliste fut
aussi enrichie, tant de plusieurs espèces étrangères trouvées à
Paris dans des collections publiques, que de celles qu'Adanson
avoit dernièrement rapportées du Sénégal.

Dès ce moment, la famille des chauve-souris fut établie sur
des bases solides; on eut un guide qu'on apprécia et qu'on suivit.

Linnæus en donna le premier l'exemple, mais non pas en
toutes occasions, puisqu'il retira de son genre *Vespertilio* la
chauve-souris de Feuillée, ou le bec-de-lièvre, pour en faire,
dans la douzième édition de son *Systema*, le genre *Noctilio* de
ses *glires*.

On s'étoit jusque-là si bien trouvé de l'emploi des dents
incisives pour l'établissement des genres, qu'il étoit naturel de
beaucoup compter sur la valeur de ce caractère; on fut donc
étonné d'apprendre, d'abord par Brisson, et ensuite par Daubenton, que les chauve-souris différoient entr'elles sous ce
rapport.

Le nombre de ces animaux n'étoit pas encore considérable,
et on donnoit déjà plus d'attention aux affinités des êtres;
néanmoins on continua, à l'exemple de Daubenton, à comprendre dans un seul genre toutes les chauve-souris connues;
et, pour s'en excuser en quelque sorte, on affecta d'insister
sur la discordance de leurs caractères génériques, et sur l'idée
que ces êtres étoient comme frappés d'anomalies inexplicables.

Il n'y eut qu'Erxleben qui reproduisit la division de Brisson,
pteropus et *vespertilio*, et qui se montra en cela un compilateur
peu judicieux; car il détruisit l'essence du genre *Vespertilio*
en le définissant comme Brisson, et en y faisant entrer les nouvelles chauve-souris de Daubenton, auxquelles cette définition
ne convenoit pas.

On ne fit plus, dans la suite, que se copier les uns les autres :
d'ailleurs, on s'en tint à un seul genre, et l'on crut satisfaire à

ce qu'exigeoit l'état de la science , en donnant , dans des annotations , l'énumération des dents incisives de chaque espèce.

C'étoit ce caractère qui, entendu de diverses manières, avoit motivé ces différentes façons de classer les chauve-souris. J'y donnai attention.

Je m'aperçus d'abord qu'une des circonstances de ces dents (elles sont le plus souvent crénelées) avoit donné lieu à quelques erreurs, même de la part de nos plus habiles observateurs. Pallas avoit compté à la mâchoire inférieure du *vesp. pictus*, huit au lieu de six incisives qui y sont réellement; et Daubenton n'en avoit point remarqué en haut au *vesp. ferrum equinum*.

Je pus aussi apprécier une autre circonstance de ces dents, source d'autres erreurs : c'est qu'étant plus petites que leurs alvéoles, elles s'en détachent facilement, et manquent dans quelques individus.

Enfin, une troisième observation explique encore mieux leurs nombreuses anomalies; c'est la dépendance dans laquelle elles sont des organes qui les avoisinent.

Ailleurs que dans les chauve-souris, il n'y a guère qu'une seule manière d'être pour les organes des sens qui ont leur siége auprès des dents incisives. Ils sont en général contenus dans de certaines limites, et ne nuisent pas au développement de l'os intermaxillaire, qui lui-même fournit à son tour aux incisives tout l'emplacement et la solidité convenables. Rien ne troublant cet arrangement, les dents incisives croissent dans leur alvéole selon l'action qu'exercent sur elles les élémens dont l'être est constitué : effets, en quelque sorte, du concours de beaucoup de causes très-disséminées, et la plupart occultes ; ces dents peuvent alors être employées à indiquer ces causes d'une manière générale, et c'est dans ce sens qu'elles sont appréciées comme un excellent caractère générique.

Le contraire a lieu dans les chauve-souris : leurs organes des sens se compliquent de cette tendance du derme à acquérir un accroissement considérable ; l'organe de l'odorat, entre autres, est souvent obstrué par des espèces de soupapes ; mais comme il n'arrive presque jamais de développement extraordinaire en un lieu, que cela ne devienne ailleurs un obstacle, les développemens des fosses nasales influent sur l'intermaxillaire : celui-ci devient d'autant plus petit. que celles-là s'étendent et se prolongent davantage ; il est quelquefois rapetissé au point de n'être plus qu'un point osseux qui nage et se perd dans le derme ; quelquefois enfin il se perd entièrement.

Les incisives qui en suivent nécessairement toutes les conditions, et qui deviennent petites, ou manquent avec lui, sont alors traversées dans leur développement par une influence spéciale : n'obéissant plus à une impulsion de toute l'organisation, elles n'en rendent plus le même compte ; elles varient au contraire avec l'intensité de l'action locale qui pèse sur elles, et, dans ce cas, elles sont un caractère d'une valeur moindre que dans les autres familles où leur croissance n'est en rien contrariée.

Mais si elles le cèdent, pour l'importance, aux organes des sens qui les avoisinent, elles deviennent de nouveau un objet digne de considération : en relation avec ces organes, elles peuvent du moins nous en faire apprécier les modifications diverses ; elles concourent avec eux à établir les caractères de quelques groupes particuliers ou petits genres ; et, attendu que ces divers arrangemens sont aussi simultanés avec d'autres modifications qui affectent, soit les organes de la digestion, soit les ailes, la queue et la membrane interfémorale, il suit que nous avons une certaine quantité de caractères d'un rang encore assez relevé pour ordonner les chauve-souris dans des divisions tranchées, et les disposer en très-petites familles naturelles.

Nous donnerons les caractères de ces petites familles ou de ces genres aux mots suivans : GLOSSOPHAGE, MÉGADERME, MULOT-VOLANT, MYOPTÈRE, NOCTILION, NYCTÈRE, NYCTINOME, OREILLARD, PHYLLOSTOME, RHINOLOPHE, RHINOPOME, ROUSSETTE, STÉNODERME, TAPHIEN, et VESPERTILION. (GE. S. H.)

CHÉIROSTÉMONE A FEUILLES DE PLATANE (*Bot.*), *Cheirostemon platanoïdes*, Humb. et Bonpl., Pl. éq., 1, p. 82, t. 24. Arbre découvert par MM. Humboldt et Bonpland, à la Nouvelle-Espagne, dans les forêts de la province de Guatimala : il forme seul un genre particulier, voisin de la famille des malvacées, appartenant à la *monadelphie pentandrie* de Linnæus, distingué par un calice coloré, à cinq découpures ; trois bractées alternes à la base du calice; point de corolle; cinq filamens réunis en tube ; les anthéres linéaires ; un style ; une capsule à cinq loges.

Cet arbre s'élève à la hauteur d'environ quinze pieds, soutenant une cime touffue; ses branches sont tortueuses, étalées horizontalement, chargées, vers leur extrémité, de feuilles alternes, pétiolées, fauves et tomenteuses en-dessous, glabres en-dessus, échancrées en cœur à leur base, divisées en sept lobes, légèrement dentées à leur contour, accompagnées de stipules lancéolées caduques. Les fleurs sont grandes, solitaires, pédonculées, opposées aux feuilles, d'un beau rouge, situées à l'extrémité des jeunes rameaux; le pédoncule est tomenteux, uniflore, muni à son sommet de trois bractées lancéolées velues: le calice a l'apparence d'une belle corolle campanulée, charnue, longue d'un pouce et demi, à cinq découpures profondes; rouge en-dedans, il est revêtu en dehors d'un duvet roussâtre; à la base de chaque découpure, un tubercule arrondi, correspondant à une fossette intérieure nectarifère, caractère qui pourroit faire soupçonner que ce qu'on prend ici pour calice est une véritable corolle. Les filamens sont colorés, libres et ouverts en main à leur partie supérieure; l'ovaire pubescent; le style plus long que le tube des étamines. Le fruit consiste en une capsule ligneuse, couverte d'un duvet noirâtre, longue de trois pouces, à cinq loges, à cinq angles saillans, s'ouvrant sur les angles, depuis le sommet jusque vers le milieu, en cinq valves; les réceptacles anguleux, couverts de poils roux; les semences attachées par un pédicelle sur les côtés de l'angle interne de chaque cloison, munies d'une caroncule près de leur sommet, au-dessous duquel se trouve un ombilic alongé; le périsperme de même forme que la semence; les cotylédons ovales, foliacés; la radicule courte, ovale. (Poir.)

CHEISARAN, Cheisar (*Bot.*), noms arabes, suivant Rumph, d'une espèce de rotang cité par cet auteur, *Herb. Amb.*, vol. 5, p. 97, t. 51, et que Loureiro nomme *calamus petræus*. (J.)

CHEKAO. (*Min.*) C'est le nom d'un des composans de la porcelaine de la Chine. On ne sait pas bien sûrement quelle est cette substance, qui entre dans la composition de la couverte en émail, et qui sert même, dit-on, à y dessiner des ornemens en relief. Il paroît cependant, d'après les descriptions qu'on en donne, et l'opinion même de plusieurs voyageurs, que c'est du gypse, ou chaux sulfatée. (B.)

CHEKEN (*Bot.*), espèce de myrte du Chili, décrit par Feuillée. (J.)

CHELAPA, ou Celapa. (*Bot.*) C. Bauhin dit qu'on avoit envoyé de l'Inde occidentale, sous ces noms, une plante qu'il nomme *bryonia mechoacan nigricans*, dont la racine, semblable à celle du mechoacan, diffère par sa couleur noirâtre en dehors et roussâtre à l'intérieur. Il ajoute qu'à Alexandrie et à Marseille on le regarde comme un mechoacan noir, et on le nomme *jalapium* ou *gelapio*. Il paroît évident que ce mechoacan noir est le vrai jalap, *convolvulus jalapa*, dont l'usage, en Europe, est postérieur à celui du mechoacan vrai, et qui n'y a été introduit que vers 1660, peu avant le temps où C. Bauhin en a fait mention. (J.)

CHELIBS (*Conch.*), nom latin du genre Célibe. (De B.)

CHÉLIDOINE, ou Pierre d'hirondelle. (*Min.*) On nomme ainsi de petits cailloux presque lenticulaires, très-polis, de nature ordinairement siliceuse, appartenant aux agathes, et peut-être aussi au calcaire compacte. On les trouve dans le lit de certains torrens : on en recueille surtout dans les grottes de Sassenage, près Grenoble, où coule, comme on sait, un torrent rapide. Il paroît qu'ils doivent leur forme et leur poli au mouvement des eaux. On croyoit qu'ils venoient des nids d'hirondelles. On les emploie pour chasser de dedans les yeux les poussières ou corps étrangers qui s'y sont introduits. A raison de leur petitesse, de leur forme et de leur poli, ils peuvent glisser entre la paupière et le globe de l'œil sans l'irriter. Voyez Pierre d'hirondelle. (B.)

CHÉLIDOINE (*Bot.*), *Chelidonium*, Linn. Genre de plantes dicotylédones, polypétales, hypogynes, de la famille des papavéracées de Jussieu, et de la *polyandrie monogynie* de Linnæus, dont les principaux caractères sont d'avoir un calice de deux folioles caduques, une corolle de quatre pétales caducs, des étamines nombreuses ; un ovaire cylindrique, à stigmate sessile ; une silique linéaire, à une loge polysperme.

En rétablissant le genre *Glaucium* de Tournefort, que Linnæus avoit réuni aux chélidoines, les botanistes modernes n'ont conservé que trois espèces dans ce dernier genre.

Grande Chélidoine, vulgairement Éclaire : *Chelidonium majus*, Linn., *Spec.*, 723 ; *Fl. dan.*, tab. 542. Sa tige est rameuse, haute d'un à deux pieds; ses feuilles sont ailées, composées de folioles lobées; ses fleurs sont jaunes, pédiculées et disposées, au nombre de quatre à huit ensemble, en ombelles portées sur un long pédoncule opposé aux feuilles. Cette plante fleurit en mai et juin, et se trouve fréquemment dans les haies, les buissons, et au pied des murs.

Toutes les parties de la grande chélidoine exhalent une odeur forte et nauséeuse, et il en découle, à la moindre blessure, un suc propre, abondant, jaune, âcre, amer et même caustique. Si quelques gouttes en tombent sur la peau, elles y laissent des taches qu'on ne peut que difficilement enlever. On s'en sert ordinairement pour faire passer les verrues. Les anciens out préconisé l'emploi de la chélidoine pour les maladies des yeux, et c'est de là que lui est venu son nom d'éclaire. Tout ce qu'on peut raisonnablement croire à ce sujet, c'est que son suc ait fait quelquefois disparoître les taies qui se forment sur les yeux; mais son application doit exiger les plus grandes précautions.

Employée à l'intérieur, la grande chélidoine est un stimulant très-énergique; une cuillerée de son suc pur agit comme émétique et comme purgatif: sa dose ne doit être que d'une cuillerée à café dans un véhicule adoucissant; ce qu'on peut répéter deux fois par jour. La décoction de la racine peut se préparer avec deux à quatre gros de celle-ci pour une pinte d'eau, et l'extrait de toute la plante se donne à deux, trois et quatre grains, en augmentant graduellement. Toutes ces préparations, selon le témoignage d'habiles médecins, ont été employées avec avantage dans les affections scrofuleuses, dans les hydropisies causées par les engorgemens des viscères, et dans la jaunisse.

CHÉLIDOINE DU JAPON; *Chelidonium japonicum.* Thunb.; *Fl. jap.*, pag. 221. Ses tiges sont droites, glabres; ses feuilles sont ailées, composées de trois à cinq folioles oblongues incisées; ses fleurs sont jaunes, axillaires, pédonculées, solitaires. Cette espèce est indigène au Japon.

CHÉLIDOINE A DEUX FEUILLES; *Chelidonium diphyllum*, Mich., *Flor. Amer.*, 1, pag. 309. Sa tige est simple, munie, dans sa partie supérieure, de deux feuilles partagées en lobes pinnatifides, et terminée par une seule fleur portée sur un pédoncule qui naît au milieu de l'insertion des deux feuilles. Cette plante croit dans les lieux ombragés de l'Amérique septentrionale. (L. D.)

CHÉLIDOINE [Petite] (*Bot.*), un des noms vulgaires de la ficaire, *ficaria, ranunculus ficaria*, de Linnæus. (**J.**)

CHÉLIDOINE D'AMÉRIQUE. (*Bot.*) On donne , dans les Antilles, ce nom au *bocconia*, genre de plante voisin de la chélidoine ordinaire dans l'ordre naturel, et donnant comme elle un suc jaune. (**J.**)

CHÉLIDOINES. (*Foss.*) On a autrefois donné ce nom à de petites dents de poissons fossiles. Voyez Glossopètres. (**D. F.**)

CHÉLIDONS. (*Ornith.*) Ce nom qui, dans Aristote, paroît désigner l'hirondelle de cheminée, a été employé par d'autres naturalistes, comme embrassant la famille entière des oiseaux qui, pourvus d'un large bec, d'un ample gosier, ont le vol rapide, la vue perçante, et, tenant leurs mandibules habituellement ouvertes, y engloutissent les insectes dont ils font leur seule nourriture. Ces oiseaux qui, comme les rapaces, se divisent en diurnes et nocturnes, comprennent, d'une part, les hirondelles et les martinets, et, de l'autre, les engoulevents. Leurs caractères communs sont d'avoir le bec déprimé à sa base, très-fendu; les pieds fort courts, et les ailes très-longues. (Ch. D.)

CHÉLIFER , ou Porte-Pince. (*Entom.*) Geoffroy a désigné sous ce nom de genre, des insectes aranéides semblables aux scorpions par leurs palpes en forme de bras garnis de serres, mais privés de la queue, dont le corps est très-plat, et la manière de marcher semblable à celle des crabes. On les nomme aussi scorpions des livres, pince-crabes. Voyez Pince. (C. D.)

CHELIMONTOMA (*Bot.*), nom arabe de la chélidoine, selon Tabernæmontanus et Mentzel. Il est écrit *chelodomontoma* par Daléchamps. (**J.**)

CHÉLIOC. (*Ornith.*) Ce nom paroît être donné au coq dans la province angloise de Cornouailles. (Ch. D.)

CHÉLIPE. (*Entom.*) Voyez Pince. (C. D.)

CHELLÆ. (*Bot.*) Dans l'Arabie, le *scandix infesta* porte ce nom, ou celui de *gazar-sjœitani*, suivant Forskaël. La carotte est aussi nommée *chœlle*, de même que l'*ammi*. (**J.**)

CHELMON. (*Ichthyol.*) M. Cuvier vient de donner ce nom

8. 24

à un genre de poissons qu'il a démembré du groupe nombreux des chétodons, et qui appartient, comme eux, à la famille des leptosomes. Ces poissons doivent être ainsi caractérisés :

Ni dentelures, ni épines aux opercules; corps ovale; museau alongé en un bec étroit : une seule nageoire dorsale.

La forme du museau distingue les chelmons des vrais chétodons, des platax, des héniochus, etc. : leur nageoire dorsale unique les sépare des chétodiptères, où elle est double : l'absence des dentelures et des épines aux opercules les isole des holacanthes, des pomacanthes, etc.

Le Chelmon bec-alongé : *Chelmon rostratus; Chœtodon rostratus,* Linn.; Bloch, 202, fig. 1. Nageoire caudale arrondie, plus courte que le museau, qui est cylindrique; cinq bandes transversales noires et bordées de blanc de chaque côté du corps; une tache noire, arrondie et bordée de blanc, vers la base de la nageoire dorsale; teinte générale d'or et d'argent; vingt raies longitudinales brunes et très-étroites; orifice de chaque narine simple.

Ce poisson, très-beau par la vivacité de ses couleurs, habite les mers de l'Inde, se tenant le plus ordinairement près de l'embouchure des rivières, dans les lieux où l'eau est peu profonde. Il se nourrit d'insectes, particulièrement de ceux qui vivent à la surface des mers sur les plantes marines, et emploie, pour les saisir, une manœuvre remarquable : il lance sur eux une pluie d'eau salée à l'aide de son museau alongé, et les atteint ainsi quelquefois à la distance même de six pieds. Cette chasse devient un spectacle assez amusant pour que les gens riches de la plupart des îles des Indes orientales se plaisent à nourrir dans de grands vases un ou plusieurs de ces animaux. Leur chair est d'ailleurs agréable et salubre.

Le Soufflet : *Chelmon longirostris; Chœtodon longirostris,* Linn., Brousson.; *Chœtodon enceladus,* Shaw. Nageoire caudale en croissant; museau cylindrique et très-alongé; ouverture de la bouche petite; couleur générale citrine.

Ce poisson a été découvert par Broussonnet dans les eaux du grand Océan. Voyez Chétodon et Leptosomes. (H. C.)

CHÉLONARIE (*Entom.*), *Chelonarium.* M. Fabricius a décrit sous ce nom, dans le Système des Eleuthérates, t. 1, p. 101, un genre d'insectes coléoptères qui comprend deux espèces d'Amérique, très-voisines des genres Anthrène et Birrhe. Nous ne connoissons pas assez ces insectes pour en parler ici. (C. D.)

CHELONE. (*Bot.*) Voyez GALANE. (POIR.)

CHÉLONE (*Entom.*), *Chelonus.* M. Jurine a désigné sous ce nom, dans sa Méthode de classification des Hyménoptères, un insecte fort singulier, rangé précédemment comme une espèce d'ichneumon, sous le nom d'*oculator*. On n'en connoit pas les mœurs. Son abdomen, est formé d'un seul anneau, que l'auteur compare à un sabot renversé, ou à une boite ovoïde ayant en-dessous une ouverture ovale échancrée ou fendue pour laisser sortir l'aiguillon ; le corselet a deux petites épines latérales en arrière. M. Latreille a nommé ce genre Sigalaphe. M. Jurine a figuré cet insecte sous le n.° 41, pl. 12, de son bel ouvrage. (C. D.)

CHÉLONÉE (*Erpétol.*), *Chelonia.* M. Al. Brongniart, le premier, a consacré ce mot à désigner les tortues de mer, qu'il a réunies en un genre distinct de celles qui habitent dans l'eau douce ou qui vivent sur la terre. C'est ainsi que le mot χελώνη se trouve conservé chez nous avec une signification analogue à celle qu'il avoit chez les anciens Grecs.

Le caractère essentiel de ce genre de reptiles peut être ainsi exprimé :

Pattes en nageoires écailleuses, les antérieures plus longues ; les doigts réunis par des membranes, inégaux, alongés, les deux premiers ayant de vrais ongles sur leur bord extérieur, et tous terminés par des lames écailleuses larges et aplaties.

L'enveloppe générale est trop petite pour recevoir la tête et surtout les pattes, qui sont extrêmement alongées.

La tête, presque globuleuse, quoique quadrangulaire, est obtuse en devant, épaissie en arrière vers les tempes ; elle est plus étroite, ou du même volume que le cou.

Dans les jeunes, le nez se prolonge en un cylindre court.

Les mâchoires sont cornées, nues, souvent entières et tranchantes, quelquefois dentelées en scie sur leurs bords ; leur extrémité est recourbée en crochet ; la supérieure embrasse l'inférieure exactement.

La voûte du crâne est couverte d'écailles polygonales, nombreuses, plus larges au milieu que sur les côtés, très-petites dans le voisinage des yeux.

Les yeux sont grands et légèrement saillans.

Les orifices des narines sont peu visibles.

Le cou est court, fréquemment plus épais que la tête, rugueux, et à demi rétractile.

La carapace est peu convexe, ovale, cordiforme, couverte d'une sorte de cuir ou d'écaille; sa partie moyenne est osseuse; les côtes sont rétrécies et séparées l'une de l'autre à leur partie extérieure : cependant le tour de la carapace est occupé en entier par un cercle de pièces osseuses correspondantes aux côtes sternales.

Le plastron constitue une sorte d'anneau osseux, dont le centre est occupé par une plaque osseuse et par des cartilages. Il est recouvert de la même substance que la carapace. Toutes les plaques qui le forment, sont, au reste, diversement dentelées.

Les ongles tombent fréquemment à un certain âge.

La queue est fort courte, presque conique, couverte d'écailles, obtuse.

L'œsophage est armé, partout en dedans, de pointes cartilagineuses aiguës, dirigées vers l'estomac.

Les chélonées vivent toutes dans les mers des pays chauds, sous la zone torride et jusque vers le 5o.^{e} degré de latitude. Une seule espèce vit dans l'eau douce; c'est celle du Japon.

Elles se nourrissent ou de végétaux, comme la zostère ou les algues, ou de mollusques.

§ I. *Carapace divisée par plaques; pattes onguiculées, mâchoire supérieure entière.*

La Tortue franche: *Chelonia mydas*, Brong.; *Testudo mydas*, Linn.; *Testudo viridis*, Schneid.; *Testudo marina*, Gesn.; *Testudo macropus*, Walbaum. Milieu de la carapace à treize écailles verdâtres, ni imbriquées, ni carénées; circonférence de la même partie composée de vingt-quatre à vingt-cinq plastrons, formés de vingt à vingt-quatre plaques, sur quatre plaques; rangées longitudinales, et séparées par treize intervalles : mâchoire inférieure fortement dentelée.

La tête est comparativement plus petite que dans les autres tortues de mer.

La carapace est ovale, en cœur, fort peu bombée, relevée

en dos d'âne dans le milieu de sa **longueur**, et découpée dans sa circonférence par vingt-cinq festons.

Les quatre premières plaques vertébrales ont la figure d'un hexagone élargi; la cinquième représente un segment de cercle tronqué à sa pointe : les huit plaques latérales du dos sont seulement pentagonales; les vingt-cinq de la circonférence sont carrées, petites, saillantes en dehors.

Toutes ces écailles sont très-transparentes et agréablement nuancées; elles sont fort minces.

Lorsque l'animal est dans l'eau, la couleur de la caparace est d'un vert foncé; on n'y distingue alors que quelques taches jaunes, dit Fougeroux de Bondaroy.

Le plastron est plus court que la carapace.

Les pattes antérieures sont lancéolées; les postérieures sont plus larges.

La tortue franche surpasse tous les animaux du même genre par la grandeur de sa taille et de son poids. On en a vu atteindre six ou sept pieds de longueur, et peser sept ou huit cents livres.

Dans son Voyage aux îles Canaries, Lemaire assure qu'auprès du cap Blanc les tortues sont d'une telle grosseur, que leur carapace n'a pas moins de quinze pieds de circonférence, et que la chair d'une seule suffit pour rassasier une trentaine d'hommes.

Les tortues franches sont très-communes sur les rivages bas et sablonneux des deux continens, principalement sous la zone torride. On n'en prend vers le nord, ou au-delà du 50.ᵉ degré de latitude, que lorsque des tempêtes les y ont poussées. On en a trouvé quelquefois vers l'embouchure de la Loire. En 1752, on en a pêché, à Dieppe, une du poids de huit à neuf cents livres. Dans ces dernières années, j'en ai vu deux ou trois petites qui venoient du même port.

Elles recherchent le voisinage des îles et des côtes désertes; elles vont à terre le moins souvent possible, et n'y restent que fort peu de temps chaque fois. Lorsqu'elles ont demeuré ainsi à sec, elles éprouvent d'abord de la peine à s'enfoncer sous l'eau, malgré leurs efforts pour plonger, soit parce qu'elles se sont remplies d'un grand volume d'air, ou bien parce que, comme le veut M. de Lacépède, elles se sont assez desséchées pour perdre un seizième de leur poids.

A certaines époques, on voit les tortues franches quitter le fond de la mer, et se rendre en foule vers l'embouchure des grands fleuves. Elles sont fort craintives, et ne cherchent jamais à se défendre, excepté cependant lorsqu'elles sont accouplées. Dans cette circonstance, au rapport de Catesby, elles résistent avec fureur, et bravent tout danger.

Le mâle, pendant l'accouplement, se cramponne après la peau charnue du cou de la femelle, à l'aide des ongles qui font partie de ses nageoires antérieures. Valmont de Bomare et plusieurs autres naturalites disent que, dans cet acte, le mâle est placé sur le dos de sa femelle, comme l'étalon sur sa cavale; mais M. de Lacépède prétend que leurs plastrons sont appliqués l'un contre l'autre.

L'accouplement des tortues est appelé *cavalage* par les marins, et, suivant Catesby, il dure plus de quatorze jours.

C'est pendant le mois d'avril que les femelles viennent faire leur ponte à sec sur le rivage. Elles cherchent d'abord un lieu convenable, sans être jamais accompagnées par les mâles, sortant de l'eau avec beaucoup de précautions, après le coucher du soleil, et reprenant le chemin de la mer si elles conçoivent quelque inquiétude. Dans le cas contraire, elles remontent au-dessus de la ligne de la plus haute marée, creusent le sable avec leurs nageoires, et, après avoir fait un trou d'environ deux pieds de profondeur sur deux pieds de largeur, en cône renversé, elles y déposent leurs œufs, au nombre de cent quelquefois dans une seule nuit. Durant ce travail, elles ne sont distraites par rien.

C'est alors qu'on s'en empare facilement, de sorte qu'il n'y a rien d'étonnant que les tortues deviennent de plus en plus rares, puisque chaque année on détruit l'espoir des générations futures. C'est l'observation de ce fait qui avoit déterminé le philanthrope Martin Moncamps à proposer l'établissement de parcs à tortues dans les îles Séchelles.

Elles effectuent ainsi trois pontes successives, en mettant entre chacune un intervalle de quatorze jours ou de trois semaines.

Elles ne retournent à la mer qu'après avoir recouvert leurs œufs avec du sable.

Le père Labat prétend que, sur la côte d'Afrique, une seule

de ces tortues peut donner deux cent cinquante œufs, et même
un plus grand nombre.

Les œufs éclosent le plus ordinairement au bout de trois
semaines environ, plus ou moins, suivant la latitude et la chaleur de l'atmosphère. A Saint-Vincent, une des îles du Cap-
Vert, c'est le dix-septième jour. Mais il y a à ce sujet une.
foule de contradictions dans les auteurs. Les œufs sont ronds, de
deux à trois pouces de diamètre, enveloppés d'une membrane
molle, assez semblable à du parchemin mouillé ; leur partie
albumineuse ne se coagule point au feu, mais leur jaune s'y
durcit fort bien.

Ces œufs sont très-bons à manger et très - recherchés dans
tous les pays à tortues. On dit même que , dans quelques cantons de l'Amérique méridionale , on dresse des chiens à les
trouver.

Une fois sorties de l'œuf, les petites tortues se dirigent vers
la mer sans que rien les en puisse détourner. Elles s'enfoncent
d'abord avec peine sous les flots, ce qui fait que beaucoup
d'entre elles deviennent la proie des cormorans, des mouettes,
des fous, et d'autres oiseaux rapaces, ainsi que des grands
poissons.

Dans le premier âge, la carapace est recouverte d'une peau
blanche et transparente, qui brunit peu à peu, forme des rides
transversales, s'épaissit ensuite, se durcit, et se divise enfin
en plaques écailleuses.

D'après quelques observations particulières, il paroît que
l'accroissement des tortues franches est très-rapide. Valmont
de Bomare raconte qu'un habitant de Saint-Domingue, partant pour la France, en embarqua une qui, en un mois,
crut d'un pied environ.

Dampier a remarqué que, vers la saison de la ponte, le plus
grand nombre des tortues s'éloignent, pour deux ou trois
mois, des parages où elles vivent habituellement; elles vont
déposer leurs œufs à de très-grandes distances de cette espèce
de domicile, et les abandonnent ensuite. Dans le voyage, le
mâle suit la femelle, et ne la quitte qu'au retour. On croit que
pendant tout le temps de leur absence elles ne mangent point ;
ce qu'il y a de certain, c'est qu'elles reviennent fort maigres ,
surtout le mâle. Le même voyageur ajoute encore qu'elles

sont accompagnées, dans leur route, par les requins et par une infinité d'autres poissons.

Les lieux les plus notables pour la ponte des tortues franches, sont les îles des Caïmans, dans la mer des Antilles, et celle de l'Ascension au milieu de l'Océan atlantique équinoxial. Elles arrivent aux îles des Caïmans depuis la fin d'avril jusqu'au mois de septembre, et aucune d'elles ne peut avoir fait moins de quarante ou de cent lieues; car telle est la distance des points les plus prochains d'où elles puissent partir, qui sont les petites îles méridionales de Cuba. Celles qui vont à l'île de l'Ascension, doivent avoir parcouru au moins trois cents lieues, soit qu'elles soient venues d'Afrique, soit qu'elles arrivent d'Amérique.

On observe une quantité innombrable de ces tortues dans les canaux que laissent entre elles les îles de los Galapagos, dans le grand Océan équinoxial; celles-ci vont pondre sur les côtes de l'Amérique, à une distance d'au moins cent quarante lieues.

Il est à croire en conséquence, dit M. Claret-Fleurieu, dans ses notes sur le Voyage de Marchand, que le même instinct qui porte les petites tortues à gagner la mer, les dirige vers les parages qu'habitent leurs mères, et où elles trouveront une nourriture abondante.

C'est aussi par suite du fait que nous venons de faire connoître, que l'on peut expliquer comment des voyageurs en pleine mer ont trouvé des tortues franches à sept ou huit cents lieues de toute terre.

Cet animal est, au reste, un des produits les plus utiles des contrées équatoriales. Vers les rives éloignées, il fournit aux navigateurs une nourriture aussi agréable qu'abondante, et un remède assuré contre les ravages du scorbut.

La chair et les bouillons de tortues sont recommandés dans une foule d'affections morbides, comme la phthisie pulmonaire, la syphilis invétérée, les dartres, la lèpre, le pian, etc.

Leur graisse est souvent d'un vert foncé; mais elle a la saveur du meilleur beurre. Le voyageur F. Leguat rapporte que, dans les tortues de l'île Rodrigue, cette graisse est si colorée qu'on n'ose d'abord point en manger, et qu'elle communique à l'urine la teinte de l'émeraude.

Les tortues de Batavia sont peu estimées; au rapport de Cook, celles de la rivière Endeavour, à la Nouvelle-Hollande, sont fort bonnes.

Elles ont une odeur musquée plus ou moins prononcée, suivant la saison où on les prend.

Il paroît aussi que, dans certaines circonstances, dans certains parages, elles ont des qualités malfaisantes: lors du voyage du commodore Anson, en 1740, les Espagnols et les Américains des côtes occidentales du Mexique, près de Panama, en regardoient la chair comme venimeuse.

Mais dans les colonies européennes, aux Antilles, à l'Ile-de-France, on les recherche beaucoup, et même à la Jamaïque, où on les conserve dans des parcs; leur chair est mise en vente dans les boutiques à un moindre prix que celle du bœuf et du mouton.

C'est aussi de cette dernière île qu'on en envoie une grande quantité à Londres, où la soupe de tortue est un mets délicat, recherché des amateurs de la bonne chère, et des malades.

Tous les ans, plusieurs vaisseaux en vont prendre leur charge aux îles du Cap-Vert, et en salent pour les transporter en Amérique. Aujourd'hui l'Ile-de-France tire les siennes des Séchelles.

La graisse de tortue peut encore faire de l'huile pour brûler. Une grosse tortue en fournit trente pintes et plus.

Selon Pline et Diodore de Sicile, certains peuples des bords de la mer Rouge employoient, en guise de nacelles, des carapaces de grandes tortues, et d'autres en couvroient leurs huttes. Les guerriers, dans les mêmes contrées, faisoient des boucliers avec les petites. Aujourd'hui, dans les colonies, ces carapaces servent à mettre l'eau pour les bestiaux, pour laver les enfans, etc.

Lorsque les tortues sont à terre, et qu'on veut s'en emparer, on les renverse sur le dos, soit avec les mains, soit, si elles sont trop lourdes et trop volumineuses, avec des pieux ou des leviers. On les laisse dans cette position plus ou moins de temps. Suivant le père Labat, on peut les conserver ainsi en vie pendant quinze ou vingt jours, pourvu qu'on ait soin de les arroser d'eau de mer quatre ou cinq fois chaque jour; cependant elles maigrissent beaucoup.

Au milieu de la mer, on pêche les tortues en les harponnant. Le lord Anson rapporte que, dans quelques parties de la mer du Sud, des plongeurs hardis s'enfoncent au-dessous d'elles pendant leur sommeil, les saisissent par la partie postérieure de la carapace, et les soutiennent assez de temps sur l'eau pour qu'on puisse les enlever dans un bateau.

Suivant Laborde, ancien médecin à Cayenne, on prend les tortues avec un filet nommé *fole*, large de quinze à vingt pieds, et long de quarante à cinquante ; les mailles ont un pied de côté, et le fil a une ligne et demie d'épaisseur.

Enfin, une autre manière de pêcher les tortues, est de se servir d'un poisson du genre des échénéis. En 1809, lorsque M. H. Salt était à Mozambique, l'évêque lui ayant fait présent d'un de ces poissons, tous les habitans l'assurèrent qu'on l'employoit en le fixant au bateau avec une corde, et qu'il s'attachoit par la tête au plastron de la première tortue qu'il rencontroit, avec tant de force qu'elle ne pouvoit s'échapper. Commerson a aussi rapporté quelque chose de semblable. Voyez, pour plus de détails, au mot Echénéis.

L'écaille des tortues franches est trop mince pour être employée avec les mêmes avantages que celle du caret.

Il est probable qu'il existe plusieurs variétés de la tortue franche ; mais les naturalistes ne les ont pas encore bien distinguées. Daudin, par exemple, semble avoir établi sa tortue cépédienne sur un jeune individu de la tortue franche.

Le nom de *mydas*, par lequel Linnæus, le premier, a désigné en latin notre tortue franche, a été pris par lui dans Niphus. M. Schneider le croit corrompu d'ἐμὺς.

La Chélonée du Japon : *Chelonia japonica* ; *Testudo japonica*, Thunberg, Schœpff. Carapace aplatie, fortement carénée, noirâtre : plaques vertébrales sur trois rangs ; plastron blanc ; tête triangulaire, à vertex déprimé et aplati.

Elle habite les lacs du Japon. Thunberg l'a décrite et figurée dans les *Nov. Act. Suecica*, VIII, pag. 178, tab. 7, fig. 1.

Le Caret : *Chelonia imbricata* ; *Testudo imbricata*, Linn. Carapace elliptique, carénée ; plaques du disque imbriquées, tachetées, au nombre de treize ; celles du plastron au nombre de douze ; le bec arqué, entier.

La carapace est foiblement sinuée en devant et plus étroite

en arrière ; les écailles qui la recouvrent sont épaisses de deux ou quatre lignes, transparentes, lisses et imbriquées avec leur bord postérieur, tranchant et entier dans les jeunes, ou souvent rongé dans les adultes. Les cinq écailles vertébrales sont d'inégales dimensions et de formes différentes, avec une saillie longitudinale un peu en dos d'âne. La première est très-large et a quatre faces, dont l'antérieure est plus grande et demi-circulaire ; les trois suivantes sont hexagonales, plus longues que larges ; la cinquième est seulement pentagonale et prolongée postérieurement en pointe.

Les huit écailles latérales sont très-larges ; celles des extrémités sont quadrilatères, et les intermédiaires pentagonales : d'ailleurs, elles sont très-irrégulières, lisses, planes et imbriquées postérieurement.

Les écailles marginales sont au nombre de vingt-cinq ; les postérieures seules sont imbriquées.

La couleur de toutes les écailles de la carapace est noire, avec des taches irrégulières et transparentes plus ou moins roussâtres.

Le plastron est arrondi et un peu saillant en devant, alongé et obtus en arrière ; ses douze plaques sont très-larges, imbriquées, blanchâtres et coriaces.

Chacune des ailes qui joint le plastron à la carapace, est recouverte par quatre petites plaques carrées.

La tête est recouverte d'écailles non entuilées.

Les mâchoires sont saillantes, et l'inférieure est recourbée par en haut ; ce qui a fait donner à l'animal, par les marins, le nom de *bec-à-faucon*.

Le cou, très-extensible, est revêtu d'une peau ridée.

Selon Bonnaterre et Schneider, il y a souvent quatre ongles véritables à chaque pied.

Le caret est assez commun près des îles et des côtes de l'Amérique, sous la zone torride, dans la mer Atlantique ; il préfère surtout les îles des Caïmans, et celles de la baie de Honduras, les côtes de la Vera-Crux dans le golfe du Mexique, le nord de la Jamaïque, les côtes de Guinée, et l'Océan indien.

Son volume est bien moins considérable que celui de la tortue franche ; rarement il pèse plus de deux cents livres.

Le caret se nourrit de l'*herbe à tortue*, de la mousse des rochers qui croît sous l'eau, etc. Selon Catesby, il mange un fungus que les Américains appellent *oreille de juif*.

Sa chair est désagréable et malsaine. Suivant Dampier, entre les Sambales et Porto-Belo, elle purge violemment ceux qui en mangent. Labat dit qu'à la Martinique elle produit la fièvre, et fait naître des clous par tout le corps. Ses œufs cependant sont excellens à manger.

Mais, si le caret ne nous offre aucun avantage sous le rapport de sa chair, il mérite notre attention sous celui de cette écaille qui, dès les siècles les plus reculés, a servi à décorer les meubles et les palais des grands; seul, il la fournit à nos artisans, qui savent en tirer un parti si avantageux, qui en font des boîtes, des étuis, des peignes, des manches de couteaux, ou d'autres instrumens tranchans, des garnitures de coffrets où de miroirs, etc.

La dépouille d'un caret pèse ordinairement trois à quatre livres : rarement ce poids s'élève à sept ou huit livres; souvent il est au-dessous de quatre.

On détache les écailles de la carapace du caret en mettant du feu dessous; elles se soulèvent d'elles-mêmes. Ces écailles varient pour la qualité. On a remarqué que celles des carets mal nourris, étoient beaucoup moins belles. Leur teinte varie aussi : il y en a de fauves et transparentes, d'autres presque noires; le plus grand nombre est nuancé de noir, de roux et de fauve.

Cette matière est susceptible de prendre le plus beau poli : on lui donne la forme que l'on veut, en la comprimant à l'aide d'une presse sur des moules de fer dans l'eau chaude; on peut la souder. On la fond même de manière à en rassembler en une seule lame les fragmens, la râpure, les rognures enlevées sur le tour, etc.; mais cette *écaille fondue* est noire, cassante, non transparente et moins facile à polir.

La CHÉLONÉE RAYÉE; *Chelonia virgata*, Duméril. (Bruce, *Abyssin.*, *pl.* 42.) Carapace ovale, presque orbiculaire, carénée en dos d'âne, à plaques légèrement imbriquées, brunes, variées de jaune, au nombre de treize; celles de la circonférence au nombre de vingt-quatre à vingt-six.

Des mers de la zone torride.

On en conserve plusieurs individus au Muséum de Paris.

La Caouane : *Chelonia caouana ; Testudo caretta*, Linn. ; *Testudo cephalo*, Schneid. Carapace convexe, à quinze plaques dorsales, les vertébrales fortement carénées en arrière ; extrémité de la mâchoire supérieure en crochet ; pieds de devant plus longs et plus étroits que dans les espèces voisines, et conservant deux ongles plus marqués. Douze plaques au plastron.

La carapace, d'un roux noirâtre, est terminée en poiñte par derrière ; elle est tronquée au-dessus du cou ; ses cinq plaques vertébrales sont toutes hexagonales et d'égale longueur ; les latérales sont plus larges que longues ; les deux premières sont plus petites, les intermédiaires plus grandes. Le tour de la carapace est composé de vingt-cinq plaques, presque toutes carrées et à peu près d'égal volume.

Le plastron est ovale, alongé, plus étroit et plus saillant en arrière, entouré d'une carène, et un peu creusé dans son milieu. Ses douze plaques sont coriaces et assez semblables à du parchemin épais. Il y a en outre deux petites plaques sous chaque bras, et trois plaques sur chacune de ses ailes, qui sont larges et assez grandes.

La tête est grosse, ovale, un peu alongée, couverte en dessus d'une grande plaque bombée, entourée de douze petites écailles.

Le bec est saillant et analogue à celui du perroquet.

La queue, très-courte, est à peine distincte.

Les pattes antérieures sont falciformes, alongées ; les postérieures en spatule.

Cette chélonée avoit été confondue avec le caret par Linnæus. Daubenton et quelques autres naturalistes. M. de Lacépède, le premier, l'en a distinguée.

Elle est moins abondante et moins commune que la tortue franche et que le caret. Elle vit dans plusieurs mers, et on en trouve dans la Méditerranée, sur les côtes de Sardaigne ; près de Cagliari on en pêche quelquefois du poids de trois à quatre cents livres. Il y en a également dans diverses parties du golfe du Mexique, sur les côtes de la Jamaïque, et même plus au nord, vers la Floride, suivant Catesby.

La caouane est très-vorace ; elle montre aussi beaucoup de courage ; elle se nourrit principalement de coquillages, surtout de buccins, qu'elle peut très-facilement broyer, suivant l'auteur que nous venons de citer, à l'aide de ses robustes mâchoires.

Suivant Schœpff, on voit souvent attachées sur sa carapace des serpules, des balanes, et d'autres coquilles parasites.

La chair de la caouane est huileuse, rance, coriace et fortement musquée. Elle est peu recherchée ; ses œufs sont cependant fort bons. Elle fournit aussi une huile très-fétide qui sert à brûler, à préparer les cuirs, et même à enduire les vaisseaux, parce qu'on prétend que sa mauvaise odeur en écarte les tarets.

Son écaille est trop mince et trop irrégulière pour pouvoir être employée dans les arts.

Caouana est le nom que l'on donne vulgairement à l'animal dont nous parlons, dans presque tous les pays où il se trouve.

M. de Lacépède a fait connoître, sous le nom de *nasicorne*, une chélonée des mers de l'Amérique équatoriale, très-voisine de la véritable caouane.

Feu Daudin réunit aussi à la caouane, la *tortue coffre* de Catesby, la *tortue à grosse tête* de Dampier, le *testudo macropus* de Walbaum.

§ II. *Carapace couverte d'une sorte de cuir ; mâchoire supérieure échancrée de chaque côté vers le bout ; pieds sans ongles.*

Le Luth : *Chelonia coriacea ; Testudo lyra*, Shaw ; *Testudo coriacea*, Linn. Carapace oblongue, creusée par de profonds sillons longitudinaux, réunis en arrière, et couverte d'une sorte de cuir brun.

La carapace, convexe et arrondie dans son contour, est tellement prolongée postérieurement, remarque M. de Lacépède, que la pointe qu'elle forme semble constituer une seconde queue au-dessus de la véritable queue.

La tête et les pattes sont revêtues du même cuir que la carapace.

M. de Blainville vient de faire du luth le type d'un nouveau genre qu'il appelle Dermochelis. Voyez ce mot.

Cette chélonée n'habite que la mer Méditerranée, et peut-être l'Océan atlantique. Elle va pondre dans le sable sur les côtes de Barbarie. Elle acquiert des dimensions considérables.

Rondelet en a vu un individu long de cinq coudées, pêché à Frontignan; et Amoureux en a décrit un autre, long de cinq pieds cinq pouces, pris à Cette en 1779.

En 1729, on en prit une de sept pieds un pouce vers l'embouchure de la Loire. M. de Lafont, qui la décrivit alors, assure qu'elle fit entendre des hurlemens terribles quand on la tua; mais ce fait est bien loin de paroître vraisemblable, ou d'être assez constaté.

Les anciens Grecs connoissoient fort bien cet animal: c'est avec sa carapace que, d'après les traditions conservées chez eux, l'on fit la première lyre. Aussi l'avoient-ils consacré à Mercure, inventeur de cet instrument. Cependant Pausanias (lib. VIII, chap. 23, 54) dit que les tortues employées à cet usage étoient celles des bois de l'Arcadie; et nous devons faire remarquer que Rondelet est le premier qui ait accordé au luth ce noble emploi; en quoi il a été suivi par presque tous ses successeurs. Voyez CHÉLONIENS. (H. C.)

CHÉLONIENS. (*Erpétol.*) M. Brongniart, le premier, a donné ce nom à un ordre des reptiles qui comprend les animaux que Klein avoit désignés sous le nom collectif de *testudinata*, et Linnæus sous celui de *testudo*. M. de Lacépède les a rangés parmi ses quadrupèdes ovipares à queue. MM. Duméril, Cuvier et Oppel ont adopté la classification de M. Brongniart, à peu de chose près, et ont employé le nom qu'il a proposé.

Le nom *chéloniens* est d'origine grecque: Aristote appeloit χελώνη la tortue de mer.

L'ordre des chéloniens est très-naturel; ses caractères généraux sont les suivans:

Corps court, ovale, bombé, couvert d'une carapace et d'un plastron; quatre pattes; point de dents; point de métamorphoses.

En ne considérant que leurs caractères extérieurs, les animaux de l'ordre des chéloniens peuvent être groupés en plusieurs genres que nous allons faire connoître à l'aide d'un tableau synoptique.

Pattes à doigts
- mobiles, palmés; ongles postérieurs au nombre de
  - plus de trois: mâchoires
    - cornées, en bec tranchant; queue
      - courte. . . . . EMYDE.
      - très-longue. CHÉLYDRE.
    - plates, non cornées. . . . . . CHÉLIDE.
  - trois au plus, carapace molle sur les bords. TRIONYX.
- immobiles, comme soudés, réunis en
  - nageoire plate. . . . . CHÉLONÉE.
  - moignon arrondi . . . TORTUE.

M. Oppel les a divisés d'abord simplement en deux grandes familles principales ; il a donné à l'une le nom de *chelonii*, à l'autre celui d'*amidæ* : la première n'est composée que du seul genre Chélonée ; la seconde renferme les cinq autres. (*Die Ordnungen*, *Familien*, etc. *der Reptilien. München*, 1811.)

Linnæus avoit rangé tous les chéloniens dans un seul genre, celui des tortues ; M. Brongniart a indiqué la division de cet ordre en trois genres (Bull. des Sciences, par la Société phil.), auxquels M. Duméril a assigné des noms qui ont été adoptés depuis généralement, même par M. Brongniart (Mémoire des Savans étrangers, pour l'Institut) : ce sont ceux des CHÉLONÉES , des ÉMYDES et des TORTUES. Plus tard , d'autres genres ont encore été formés, savoir : le genre CHÉLYDE, par M. Duméril; celui des TRIONYX, par M. Geoffroy Saint-Hilaire; et celui des CHÉLYDRES enfin , par M. Schweigger. Voyez ces mots, et AMYDES.

A la vérité, on distinguera toujours , au premier coup d'œil, un chélonien de tout autre reptile , par le double bouclier dans lequel son corps est enfermé, et qui ne laisse passer au dehors que sa tête , son cou, sa queue et ses quatre pieds. Mais ne pourroit-on pas aussi, dans un premier examen peu attentif, trouver des rapports, à cause du test qui le couvre, avec les phatagins, les tatous, certains crustacés , etc., et avec les oiseaux , à cause de son espèce de bec, de la forme de son cou , de son mode de fécondation ? D'un autre côté, si les chéloniens se distinguent des ophidiens par la présence de membres, par l'existence d'un seul pénis; des sauriens, par leur carapace ; des batraciens, par le défaut de métamorphoses, ils s'en rapprochent néanmoins dans certains points. Ainsi, l'*emys longicollis* de Shaw les lie aux premiers ; la chélydre serpentine aux seconds, par les crocodiles ; les chélydes et les trionyx aux troisièmes, par les crapauds à bouclier et les pipas. Il devient donc de la plus haute importance d'étudier leur organisation intérieure , et d'établir avec celle-ci des points de comparaison propres à éclairer leur classification.

1.º *Organes de la locomotion dans les chéloniens.* La lenteur des tortues est passée en proverbe. Leurs pattes sont, en effet, si courtes et si éloignées de la ligne moyenne du corps, que, toutes les fois qu'elles marchent, leur ventre appuie à terre. Au reste , les chélonées et les émydes nagent fort bien.

Les pièces principales de leur squelette, d'ailleurs, présentent
des modifications qu'on ne retrouve point dans les autres animaux vertébrés. Leurs vertèbres dorsales sont intimement soudées et réunies avec les côtes élargies; elles concourent à la
formation d'un bouclier solide qui recouvre le corps en-dessus,
et qu'on appelle la CARAPACE. (Voyez ce mot.) Leur sternum,
composé assez ordinairement de neuf pièces distinctes, est
très-étendu, et forme au-dessous du corps un autre bouclier
protecteur. Voyez PLASTRON.

Dans le rachis des chéloniens, les vertèbres du cou et de la
queue sont donc les seules mobiles. Celles de la première de
ces parties sont au nombre de sept : l'atlas n'est qu'un simple
tubercule, dont la portion annulaire est distincte; la facette
articulaire, qui l'unit à l'axis, est une cavité glénoïde. L'axis
et les autres vertèbres cervicales ont, sur la face trachélienne
de leur corps, une crête saillante et longitudinale; leurs apophyses articulaires sont très-prolongées en arrière : l'axis seul
a une apophyse épineuse, qui se dirige en avant; dans la
troisième vertèbre, ce n'est déjà plus qu'un simple tubercule.
Constamment encore, la troisième et la quatrième vertèbres
offrent sur les surfaces par lesquelles leur corps correspond à
celui des vertèbres voisines, deux éminences arrondies, très-
fortes; ce qui leur donne la facilité de se mouvoir en deux
sens opposés.

On compte cinq ou six vertèbres caudales; elles sont mobiles les unes sur les autres : mais la queue, chez ces animaux,
est presque inutile; elle dirige seulement un peu les mouvemens de la natation chez les espèces qui vivent habituellement
dans l'eau.

Il résulte de ce que nous venons de dire, qu'une grande
partie du squelette des chéloniens est tout-à-fait située a l'extérieur, de manière à être recouverte immédiatement par la
peau ou par des écailles d'une nature particulière. Cette singulière disposition est cause que l'omoplate et tous les muscles
des bras et du cou, au lieu d'être attachés sur les côtes et sur
le rachis, comme dans les autres animaux, le sont au-dessous;
il en est de même des os du bassin et de tous les muscles de la
cuisse : aussi une tortue peut-elle être appelée, à cet égard,
un animal *retourné*, comme le dit M. Cuvier.

L'épaule est composée de trois os : l'omoplate, la clavicule et un os furculaire, plus grand que les deux autres, dirigé en arrière, et correspondant, comme chez les oiseaux, à l'apophyse coracoïde. L'extrémité rachidienne de l'omoplate s'articule avec la carapace, et l'extrémité opposée de la clavicule avec le plastron ; en sorte que les deux épaules forment un anneau dans lequel passent l'œsophage et la trachée-artère.

L'humérus a une forme tout-à-fait particulière ; il s'articule à la fois avec les trois os de l'épaule, par une grosse tête ovale dont le grand diamètre est dirigé dans le sens de l'aplatissement de l'os.

2.° *Organes de la sensibilité chez les chéloniens*. Comme tous les reptiles, ces animaux ont une sensibilité assez obtuse, et, par contre, une irritabilité étonnante : on en a vu se mouvoir sans tête pendant plusieurs semaines. Rédi, après avoir enlevé le cerveau à une tortue, l'a vue, quoique privée de la faculté d'apercevoir les objets, marcher encore pendant six mois ; une autre, à laquelle il avoit absolument ôté la tête, vécut durant vingt-sept ou vingt-huit jours, sans marcher, à la vérité, mais ayant conservé la facilité de retirer ses pattes sous sa carapace. De pareilles expériences semblent indiquer que c'est moins du cerveau que des nerfs que les chéloniens empruntent leur sensibilité.

La tête de ces animaux, excepté dans les chélydes, offre plutôt des caractères propres à réunir les genres en une seule famille, qu'à les séparer les uns des autres. Elle est plus forte pourtant et plus convexe dans les véritables tortues que dans les autres genres. Chez tous, elle loge les organes des sens, et donne attache aux muscles destinés à mouvoir les mâchoires et elle-même sur le cou.

Le crâne, quoique petit, n'est pas entièrement rempli par le cerveau, et le volume de ce viscère, comparé au reste du corps, est si disproportionné que, dans un chélonien du poids de soixante-neuf livres, l'encéphale ne pesoit que deux gros et demi.

Les couches optiques sont situées derrière les hémisphères ; deux tubercules antérieurs correspondent aux corps cannelés, d'où naissent évidemment les nerfs olfactifs. Les tubercules optiques sont très-gros, et deux autres éminences voisines donnent naissance aux autres paires de nerfs.

Comme dans les grenouilles, le névrilème est coloré, noirâtre et couvert de petits tubercules ; les nerfs sont très-gros, relativement au cerveau, ce qui peut servir à confirmer une vue physiologique, fort importante, émise naguère par le célèbre professeur Soëmmering ; mais, du reste, ils ne présentent aucune particularité notable.

Tous les chéloniens ont trois paupières ; l'inférieure est la plus mobile : tous ont un appareil propre à la sécrétion des larmes, destinées à lubrifier la surface antérieure de l'œil.

Leur cristallin varie suivant les genres : dans les espèces aquatiques, celles des genres Chélonée et Émyde, il n'est pas lenticulaire ; mais il constitue une véritable sphère. On conçoit assez facilement, à l'aide des lois de la dioptrique, la raison d'une pareille conformation ; dans les tortues terrestres, il est lenticulaire.

La circonférence de la cornée est garnie de lames osseuses.

Le globe de l'œil est en général peu convexe.

La vue est, généralement aussi, assez foible ; plusieurs espèces même sont lucifuges.

Comme les autres reptiles, les chéloniens ont un organe d'audition, composé d'un vestibule, de canaux semi-circulaires, etc. La paroi qui sépare le vestibule du crâne, ne s'ossifie point ; elle reste en partie membraneuse. Il n'y a qu'un osselet à tige mince, dure, à platine ovale ou triangulaire, et implanté par son extrémité extérieure dans la masse cartilagineuse qui forme les parois de la cavité ; il pénètre dans un canal étroit qui aboutit à la fenêtre ovale, au fond de la caisse du tympan, dont la portion interne se prolonge en arrière en une grande cellule arrondie. La trompe d'Eustachi, ou le conduit guttural, est un canal d'une longueur médiocre, dirigé en bas et en arrière, et ouvert sur le palais à la partie postérieure et interne de l'articulation de la mâchoire. La vaste ouverture extérieure de la caisse est fermée par une plaque cartilagineuse très-épaisse, recouverte elle-même par une peau écailleuse, toute semblable à celle du reste de la tête.

Les narines sont peu étendues ; on y remarque quelques plicatures de la membrane pituitaire : leur organisation est intermédiaire entre celle des narines dans les poissons et dans les mammifères. Elles sont prolongées en une sorte de tube dans les trionyx et les chélydes. Du reste , l'odorat des chéloniens qui vivent dans l'eau doit être singulièrement modifié, et ne point ressembler à ce qu'est ce sens chez ceux qui respirent à la surface de la terre : dans les premiers, il doit avoir beaucoup d'analogie avec le goût, puisque c'est un liquide qui tient en suspension les molécules odorantes.

La langue des chéloniens, non protractile , mais trois ou quatre fois plus longue que large, charnue, couverte en-dessus de papilles uniformes, coniques, longues, molles, serrées, a l'aspect du velours. Elle sert plutôt à la déglutition qu'à la gustation , puisque ces animaux avalent sans mâcher ; il n'y a point d'ailleurs d'appareil sécréteur de la salive.

Ils ne doivent jouir du tact qu'à un degré très-imparfait ; leur corps est couvert d'une carapace solide, garnie d'écailles, en sorte que le cou seul et les bras doivent être sensibles : encore n'est-ce que dans les plis que forme une peau dure, coriace , tuberculeuse ou écailleuse.

3.º *Organes de la nutrition.* Les chéloniens sont très-sobres , et peuvent vivre quinze ou seize mois sans manger, ainsi qu'Aristote l'avoit remarqué le premier dans ses ouvrages, et comme le prouvent les observations plus récentes de Gauthier et de Blasius. Il y a eu au Jardin du Roi, à Paris, une émyde à long cou, qui a jeûné pendant six ans entiers : mais il paroît qu'ils absorbent par la peau avec une grande activité ; car, lorsqu'ils sortent de leur long sommeil d'hiver, ils pèsent un peu plus qu'à l'automne. Les chélonées et les émydes se nourrissent de végétaux, les trionyx de poissons, les tortues et les chélydes de petits animaux, et surtout de mollusques.

L'ouverture de la bouche est assez variable : les trionyx ont des lèvres charnues ; les chélydes ont une sorte de bec tranchant, carré et plat ; dans les autres genres, les mâchoires sont garnies de lames cornées , très-fortes.

Pour ce qui est de l'articulation de la mâchoire, on observe qu'elle est tellement disposée, que les mouvemens d'abaissement et d'élévation, de protraction et d'élévation, sont seuls possibles. Quand, en effet, dans une articulation, le mouvement s'opère simultanément par plusieurs points, il ne peut avoir lieu dans un grand nombre de sens à la fois ; et ici, le temporal et la mâchoire offrent des saillies et des cavités qui s'emboîtent réciproquement les unes dans les autres. Au reste, quand les animaux de cette classe ont mordu un corps, ils ne lâchent point prise, et montrent une force prodigieuse dans les mâchoires, quoique leurs muscles masseters soient très-peu considérables.

L'œsophage, assez étendu, peu dilatable, est garni intérieurement de papilles coniques, dirigées en arrière.

L'estomac, situé transversalement, est dépourvu de pylore.

Le rectum aboutit dans un cloaque arrondi sous la queue.

Le foie, étendu de gauche à droite, est divisé en deux lobes principaux, dans l'intervalle desquels est logé le péricarde; chacun de ces lobes est divisé en trois longues lanières, et quelquefois en quatre lobules. La vésicule du fiel est enfoncée dans le parenchyme même de l'organe.

La rate est située dans le trajet de la ligne médiane.

La vessie a des parois musculeuses, dont l'action est soumise à la volonté de l'animal; et cela devoit être ainsi, puisque l'existence du plastron empêche celle des muscles abdominaux.

Il y a des vaisseaux, mais point de ganglions lymphatiques; on observe deux canaux thorachiques distincts.

4.° *Organes de la circulation.* La circulation, dans les chéloniens, est lente et simple en réalité. Il semble qu'il y ait chez eux deux cœurs adossés l'un contre l'autre : l'un d'eux est formé par les deux oreillettes; l'autre, quoique semblant constituer une cavité unique, renferme quatre ventricules, deux veineux et deux artériels. Ces quatre loges communiquent entre elles, de sorte que, continuellement, il s'opère un mélange du sang rouge et du sang noir.

J'ai trouvé sur une tortue à boîte, que M. Duméril a eu la bonté de me donner à disséquer, le péricarde fibro-cartilagineux, absolument comme on le voit dans les Lamproies. Voyez ce mot et Cyclostomes.

A sa naissance, l'aorte se partage en deux branches, quelquefois en trois.

5.° *Organes de la respiration.* Le mécanisme de la respiration doit être ici tout différent de ce qu'il est dans les mammifères : car les côtes, étant soudées, ne peuvent permettre l'ampliation du thorax; le sternum, quoique mobile dans certains cas, n'y peut pas concourir non plus ; enfin, il n'y a point de diaphragme. Aussi, dans les chéloniens, comme dans les batraciens, il y a une véritable déglutition de l'air, sous l'influence des muscles mylo-hyoïdiens et génio-hyoïdiens.

Il n'y a, chez eux, ni voile du palais, ni épiglotte. La glotte s'ouvre en se portant en arrière au-devant de l'œsophage, et se ferme lorsqu'elle est tirée en avant.

Ils peuvent être très-long-temps sans faire parvenir d'air dans leurs poumons ; ce qui leur donne la propriété de vivre pendant plus de deux jours dans des gaz délétères, sans pourtant les empêcher de périr rapidement sous le récipient de la machine pneumatique.

Le larynx manque : aussi, ils n'ont pas de voix ; ils poussent simplement des soupirs. Cependant on a prétendu avoir entendu la tortue à cuir pousser des cris violens. Voyez Chélonée.

6.º *Organes de la génération.* De tous les animaux, peut-être, ce sont les chéloniens qui mettent le plus de lenteur dans l'accomplissement de l'acte de la génération. L'accouplement dure ordinairement quatorze à quinze jours, et souvent vingt ou trente, quoique le mâle, plus petit que la femelle, constamment montre beaucoup de vivacité.

Il n'y a qu'une simple verge sillonnée et soutenue par le cloaque, dans le mâle, dont le plastron offre d'ailleurs une concavité remarquable. Linnæus a donc eu tort d'attribuer pour caractéres à ses tortues deux pénis (*penes bini*).

Chez les femelles, les ovaires, doubles, racémiformes, laissent apercevoir les œufs plus de dix mois avant la ponte. Les oviductes, analogues à ceux des oiseaux, renferment à la fois un grand nombre d'œufs, et ont une glande particulière pour la sécrétion de la matière calcaire de la coque. Ces œufs sont arrondis, enveloppés par une croûte non poreuse, et ont, dans plusieurs espèces, une odeur de musc ; le jaune en est orangé et fort huileux, l'albumen verdâtre et difficilement coagulable.

Il n'y a point d'incubation. L'époque de la sortie des petits est très-variable. (H. C.)

CHELONION (*Bot.*), un des noms grecs du cyclame, ou pain de pourceau, suivant Mentzel. (J.)

CHELONISCUS. (*Mamm.*) Fab. Columna, décrivant une

carapace de tatou imparfaite, et ignorant le nom de l'animal auquel elle avoit appartenu, donna à cet animal supposé par lui, le nom de chéloniscus. (F. C.)

CHÉLONITES. (*Foss.*) Les auteurs anciens ont donné ce nom à des Glossopètres. Voyez ce mot.

Quelquefois aussi on a désigné ainsi ceux des oursins fossiles auxquels on trouvoit la forme d'une écaille de tortue. Voyez Scutelle. (D. F.)

CHÉLONOPHAGES (*Erpétol.*), nom par lequel on désigne certains peuples qui ne vivoient que de tortues, et qui, au rapport de Pline et de Diodore de Sicile, habitoient près de l'Ethiopie, sur les bords de la mer Rouge. Voyez Chélonée. (H. C.)

CHÉLOSTOME. (*Entom.*) M. Latreille appelle ainsi un genre d'insectes hyménoptères, de notre famille des mellites ou apiaires, pour y ranger l'*apis maxillosa* de Linnæus, qui est la femelle, et dont notre auteur supçonne que Linnæus a fait du mâle l'*apis florisomnis*. La disposition des mandibules, qui sont, au moins dans les femelles, très-avancées, arquées et fourchues, leur a fait probablement donner le nom qu'elles portent, qui signifieroit en grec bouche en pince. M. Latreille n'a encore rapporté à ce genre que l'espèce précédemment indiquée. (C. D.)

CHÉLYDE (*Erpétol.*), *Chelys.* M. Duméril a établi sous ce nom un genre de l'ordre des chéloniens, auquel il assigne les caractères suivans :

Pattes à doigts palmés, à plus de trois ongles mobiles; carapace molle, mais couverte d'écailles, ne protégeant ni la tête ni les pattes; mâchoires plates; point de bec de corne; narines avancées; tympan distinct.

La gueule des chélydes ressemble beaucoup à celle des pipas; leur nez constitue une espèce de trompe; leur peau est couverte de tubercules verruqueux; leur queue est fort courte.

Χέλυς est un mot employé par les Grecs pour désigner les tortues.

La Matamata : *Chelys fimbriata*, Dum.; *Testudo matamata*, Brugn.; *Testudo fimbriata*, Schn. Carapace oblongue, aplatie, à trois carènes longitudinales épineuses; front garni d'une aile de chaque côté; cou épais, frangé; treize plaques dorsales, vingt-cinq marginales; plastron ovale, bifide postérieurement; tube des narines très-long; queue verruqueuse, cylindrique, obtuse.

La couleur de l'animal est d'un brun foncé uniforme en dessus, et un peu plus pâle en dessous.

Les pattes antérieures ont cinq doigts onguiculés à peine distincts; les postérieures en ont quatre onguiculés, et un plus court, sans ongle.

La matamata vit dans les marais de Surinam et de Cayenne, où elle se nourrit de mollusques. Autrefois elle étoit assez commune dans cette dernière colonie, où on lui donne le nom par lequel nous la désignons. Elle y est beaucoup plus rare aujourd'hui, parce qu'on la chasse avec acharnement à cause de la bonté de sa chair : il y en a pourtant encore en abondance dans les lacs de Mayacaré, dans la crique de Houassa, etc. Le Muséum de Paris en possède deux individus. Cette chélyde parvient à la taille de deux ou trois pieds.

La Chélyde a deux épines : *Chelys bispinosa ; Testudo bispinosa*, Ruiz de Xelva, Daudin. Carapace oblongue, aplatie, tronquée en devant, fourchue en arrière ; point d'ailerons membraneux sur le front; huit appendices frangés de chaque côté, et quatre au-dessous du cou.

Taille d'un à deux pieds.

Elle paroît habiter le Brésil. Connue seulement par une lettre de l'Espagnol Ruiz de Xelva à feu Daudin.

Voyez Chéloniens. (H. C.)

CHELYS (*Erpétol.*), nom latin. Voyez Chélyde. (H. C.)

CHEMAM, Schemmam (*Bot.*), noms arabes d'un concombre, *cucumis schemmam* de Forskaël, que M. Delile reporte au *cucumis dudaim*. Son fruit, d'abord velu, devient lisse en mûrissant. On le cultive à cause de son odeur forte et assez agréable; mais on ne le mange pas. (J.)

CHEMNICIA (*Bot.*), nom donné par Scopoli au genre de la Guiane nommé *rouhamon* par Aublet, et *lasiostoma* par Schreber, qui diffère du vomiquier, *strychnos*, par le nombre des parties de la fructification diminué d'un cinquième, et par celui des graines réduites à deux dans chaque fruit. Ces différences n'ont pas paru suffisantes pour séparer ces deux genres. (J.)

CHEMPS (*Bot.*), nom arabe du ciche, *cicer*, selon Mentzel et Daléchamps. Celui-ci le nomme encore *hamos* et *athamos*. Il est nommé *homos* par Forskaël. (J.)

CHEN. (*Ornith.*) Ce mot grec désigne spécialement l'oie, et en grec moderne le terme *chena* embrasse la famille des canards. L'oiseau dont parle Varinus sous le nom de *chennion*, n'appartiendroit pas, malgré l'identité apparente de la racine, au même genre, si, comme le dit Gesner, c'étoit une petite corneille qu'on sale en Egypte. (Cн. D.)

CHENALOPEX. (*Ornith.*) Cet oiseau, cité par Aristote, et dont le nom a été traduit en latin par celui de *vulpanser* ou renard, étoit vénéré en Egypte à cause de son attachement pour ses petits. On l'avoit rapporté au tadorne, *anas tadorna*, Linn. ; mais M. Geoffroy Saint-Hilaire prétend que c'est la bernache armée, *anas ægyptiaca*, Linn. Les anciens ornithologistes ont beaucoup disserté sur le passage du livre 10, chapitre 22, de l'Histoire naturelle de Pline, où cet auteur, parlant d'oiseaux nommés *chenalopeces* et *chenerotes*, se borne à dire que ce sont des espèces d'oies, dont la dernière, plus petite que l'oie sauvage, est un mets recherché; et ils ne les ont pu déterminer, quoique vraisemblablement il s'agisse ici de la bernache et du cravant. D'un autre côté, Moerhing a appliqué le nom de *chenalopex*, comme terme générique, au grand pingouin, *alia impennis*, Linn. (Cн. D.)

CHÉNANTOPHORES. (*Bot.*) M. Lagasca (ou la Gasca), botaniste espagnol, a publié, en 1811, une dissertation sur un nouveau groupe de plantes qu'il forme dans la famille des synanthérées, et auquel il donne le nom de chénantophores (*chænantophoræ*), formé de trois mots grecs exprimant que ces plantes portent des fleurs en gueule. Il est à remarquer que M. Decandolle avoit proposé ce même groupe, sous le nom de *labiatiflores*, dans un Mémoire, lu en janvier 1808, à la première classe de l'Institut; mais ce Mémoire n'a été publié qu'en 1813; et d'ailleurs M. Lagasca dit avoir terminé son opuscule en 1805, et avoir envoyé le manuscrit en France au commencement de 1808. Il est donc fort difficile de juger à qui la priorité doit être attribuée, et il est peut-être convenable d'accorder aux deux savans botanistes des droits égaux à la découverte des rapports intéressans qu'ils ont fait connoitre.

M. Lagasca considère ses chénantophores comme un ordre parfaitement naturel, et qui doit être placé entre les chicoracées et les corymbifères de M. de Jussieu. Le caractère essentiel qu'il lui attribue, est d'avoir le limbe de la corolle divisé supérieurement en deux lèvres, dont l'extérieure est plus large.

Il divise cet ordre en trois sections. La première comprend les genres à calathides non radiées, et se sous-divise en deux parties, selon que le clinanthe est nu ou garni d'appendices : les genres à clinanthe nu sont les *Perezia*, *Leucheria*, *Lasiorrhiza*, *Dolichlasium*, *Proustia*, *Panargyrus*, *Panphalea*, *Caloptilium*, *Nassauvia;* les genres à clinanthe fimbrillé ou squamellé sont les *Triptilion*, *Trixis*, *Martrasia*, *Jungia*, *Polyachurus*. La seconde section comprend les genres à calathides radiées; ce sont les *Mutisia*, *Chœtanthera*, *Aphyllocaulon*, *Perdicium*, *Chaptalia*, *Diacantha*. Enfin la troisième section, celle des chénantophores anomales, se compose des genres dont le disque est régulariflore : tels sont les *Bacasia*, *Barnadesia*, *Onoseris* et *Denekia*.

Le nouveau groupe proposé par MM. Lagasca et Decandolle ne nous paroît pas avoir été accueilli par les botanistes avec toute la faveur qu'il mérite. Ceux dont l'autorité est la plus respectable parmi les sectateurs de la méthode naturelle, sont convaincus que les chénantophores ne sont réunies que par un lien artificiel, et qu'elles doivent être dispersées. Après avoir nous-mêmes long-temps hésité, nous avons définitivement adopté une opinion contraire, sans toutefois embrasser pleinement le système de MM. Lagasca et Decandolle. Il résulte en effet de nos observations, que les chénantophores ou labiatiflores doivent former deux tribus naturelles, immédiatement voisines l'une de l'autre, mais parfaitement distinctes, principalement par la structure du style et du stigmate. Dans la première, que nous nommons la tribu des *mutisiées*, et que nous plaçons à la suite de nos tussilaginées, les deux branches du style des fleurs hermaphrodites sont courtes, non divergentes, un peu arquées en-dedans, demi-cylindriques, arrondies au sommet qui est un peu épaissi, munies sur la face interne plane de deux très-petits bourrelets stigmatiques marginaux, confluens au sommet; et sur la partie supérieure de la face externe convexe, de quelques petites papilles collectrices éparses. Dans la seconde, que nous nommons la tribu des *nassauviées*, et que nous plaçons avant nos sénécionées, les deux branches du style des fleurs hermaphrodites sont longues, divergentes, arquées en dehors, demi-cylindriques, tronquées au sommet, qui est garni sur la troncature d'une touffe de poils collecteurs ; les bourrelets stigmatiques ne sont presque point sensibles. Notre méthode de classification étant uniquement fondée sur les affinités naturelles qui résultent de l'ensemble des caractères, et non d'un caractère unique, nous admettons, dans nos tribus des mutisiées et des nassauviées, quelques synanthérées à corolle non labiée, tandis que nous excluons de ces mêmes tribus quelques synanthérées à corolle labiée : c'est encore un point sur lequel nous différons de MM. Lagasca et Decandolle. Nos mutisiées comprennent, entre autres genres, les *Mutisia, Chœtanthera, Cherina*, H.Cass., *Aphyllocaulon, Gerberia*, H. Cass., *Trichocline*, H.Cass.; *Chaptalia, Lasiopus*, H.Cass.; *Leria, Onoseris*, etc. Nous comptons parmi nos nassauviées les *Nassauvia, Caloptilium* ou *Sphœrocephalus; Triachne*, H. Cass.; *Triptilion, Trixis, Martrasia* ou *Dumerilia, Panphalea, Lasiorrhiza* ou *Chabræa, Perezia* ou *Clarionea, Homoianthus*, etc. Il est très-remarquable que M. Lagasca, qui n'avoit fait nulle attention aux caractères différentiels offerts par le style et le stigmate, a cependant en général assez bien rapproché d'une part les nassauviées, de l'autre les mutisiées, sans les mélanger confusément comme a fait M. Decandolle. C'est que le botaniste françois a établi ses divisions sur des caractères d'une très-foible valeur, et qui ne sont point en relation avec les affinités naturelles. Les mutisiées ont des rapports si frappans avec les lactucées et les carlinées, que nous les avions d'abord placées entre ces deux tribus; mais, par cet arrangement, il devenoit impossible de placer convenablement les nassauviées ; c'est pourquoi nous nous sommes décidés à faire un changement dans la série que nous avions adoptée, et qui devra désormais commencer ainsi : 1.° *vernoniées*, 2.° *eupatoriées*, 3.° *adénostylées*, 4.° *tussilaginées*, 5.° *mutisiées*, 6.° *nassauviées*, 7.° *sénécionées*, etc. (H. Cass.)

CHENCHELCOMA (*Bot.*), nom péruvien du *salvia oppositifolia* de la Flore du Pérou. (J.)

CHENDANA (*Bot.*), nom du sandal ou santal, *santalum*, à Sumatra, suivant Marsden. (J.)

CHÊNE (*Bot.*), *Quercus*, Linn. Genre de plantes dicotylédones, apétales diclines, de la famille des amentacées, Juss., et de la *monoécie polyandrie*, Linn., dont les principaux caractères sont les suivans : Fleurs monoïques ; les mâles disposées en chaton, et composées d'un périanthe membraneux, quinquéfide, et de quatre à dix étamines ; fleurs femelles composées d'un périanthe hémisphérique , persistant, revêtu d'écailles extérieurement, contenant un ovaire couronné par six petites dents, et terminé par trois à cinq styles ; une noix globuleuse ou ovoïde, monosperme, fixée par sa base dans une cupule formée par le périanthe persistant.

Le genre chêne comprend de grands arbres ou des arbrisseaux, dont les feuilles sont alternes, simples, entières, ou, le plus souvent, incisées ou lobées ; dont les fleurs mâles sont disposées en chatons lâches, pendans, placés dans les aisselles des feuilles inférieures, et dont les fleurs femelles, solitaires ou réunies plusieurs ensemble, sont sessiles ou portées sur un pédoncule commun dans les aisselles des feuilles supérieures des jeunes rameaux.

La nature a rapproché dans ce genre les extrêmes de la force et de la grandeur. Quelques espèces élèvent leur cime oblongue jusqu'à près de cent pieds ; d'autres, comme le chêne nain et le chêne pygmée, ne sont que de foibles arbustes qui n'acquièrent quelquefois qu'un pied de haut.

Le chêne paroît appartenir exclusivement aux climats tempérés : les chaleurs de la zone torride lui conviennent aussi peu que les froids des contrées glacées du nord ; on ne le trouve point non plus sur les montagnes élevées dont la température est analogue à celle des régions polaires. Il croît naturellement dans les pays du milieu et du midi de l'Europe, dans l'Afrique septentrionale ; en Asie, il habite la Natolie, la Chine, la Cochinchine, le Japon, et probablement le centre de cette partie de l'ancien continent ; en Amérique, on n'a observé jusqu'à présent de chênes que dans les Etats-Unis, le Mexique et la Nouvelle-Espagne.

Linnæus n'a parlé que de quatorze espèces de chênes : le nombre de ceux dont les auteurs font mention maintenant, s'élève à plus de quatre-vingts, dont près de quarante appartiennent à l'ancien continent, et le reste au nouveau ; mais il

s'en faut bien que toutes ces espèces soient déterminées avec
certitude. Plusieurs chênes du Mexique et de la Nouvelle-
Espagne ne nous sont encore qu'imparfaitement connus; et,
malgré les travaux de MM. Michaux, père et fils, sur ceux des
Etats-Unis, il reste encore quelques doutes sur certaines
espèces. Enfin, les chênes de l'Asie, ceux de l'Europe et de la
France même, auroient encore besoin d'être étudiés de nouveau, pour déterminer plus exactement les limites entre les
variétés et les espèces. Nous aurions pu, en rapportant toutes
les espèces, présenter ici le tableau de nos connoissances ac-
tuelles sur ce genre d'arbres qui est d'une importance majeure
pour les nations de l'Europe, et pour la plupart de celles chez
lesquelles il croit; mais, comme cela nous obligeroit à donner
à cet article une trop grande étendue, nous nous bornerons
à parler de celles qui sont les plus connues et les plus intéressantes par leurs usages et leurs propriétés.

Pour faciliter l'étude de ce genre difficile, les botanistes ont
divisé ses nombreuses espèces en plusieurs sections. Les uns,
n'ayant égard qu'à l'habitation, n'ont admis que deux divisions,
l'une comprenant tous les chênes de l'ancien continent; la
seconde, ceux du nouveau. D'autres, prenant pour considération le temps que les fruits mettent à parvenir à leur maturité, ont partagé ces arbres en deux sections, dont la première
renferme ceux dont les fruits mûrissent dans la même année
qui les a vus naître; et la deuxième, ceux qui ont besoin de
deux ans pour les voir mûrir. D'après une troisième division,
fondée sur la considération des feuilles qui tombent à l'automne
dans beaucoup d'espèces, ou qui persistent dans plusieurs autres, de manière qu'elles restent toujours parées d'une verdure
continuelle, les chênes étoient encore partagés en deux sections principales; et même Tournefort et la plupart des botanistes qui l'avoient précédé, distinguoient les espèces comprises
dans cette dernière division, sous deux noms de genre différens, *Ilex* et *Suber*. Toutes ces manières d'envisager les chênes
ne présentent que de foibles moyens pour faciliter la connoissance des espèces, et elles ont toutes le grave inconvénient
de séparer et d'éloigner les unes des autres celles qui, dans
l'ordre de la nature, paroissent les plus voisines. La forme
très-variable des feuilles dans la même espèce de chêne, selon

l'âge des arbres, avoit d'abord écarté des botanistes l'idée d'y trouver un mode de division convenable ; mais enfin, après avoir bien examiné les avantages et les inconvéniens de ce moyen, on est à peu près d'accord aujourd'hui qu'en n'ayant égard qu'à la forme des feuilles parfaitement développées sur des individus adultes, c'est encore celle-ci qui présente le moyen le plus facile et le plus commode pour l'étude des espèces. Ce sera donc d'après la considération des feuilles entières ou dentées, ou lobées, etc., que nous présenterons la série des chênes dont nous nous proposons de traiter.

** Feuilles très-entières.*

CHÊNE SAULE : *Quercus phellos*, Linn., *Spec.*, 1412 ; Mich., *Arb. Amer.*, 2, p. 74, t. 12. Ses feuilles sont étroites, lancéolées, lisses, luisantes, mucronées, caduques ; ses fleurs mâles ont quatre à cinq étamines, et les femelles sont réunies deux ensemble sur un pédoncule très-court ; les glands qui succèdent à ces dernières sont petits, arrondis, enveloppés à leur base, et presque jusqu'à moitié, dans une cupule mince. Cet arbre croît dans les lieux humides de l'Amérique septentrionale, et surtout dans la Virginie, les deux Carolines et la Géorgie. Il s'élève à la hauteur de cinquante à soixante pieds, et son tronc acquiert cinq à six pieds de circonférence : on en voit un individu dans le jardin royal de Trianon, près de Versailles, qui a plus de quarante pieds de haut.

Le chêne saule, considéré sous le rapport de ses propriétés, est d'un foible intérêt, et ne peut mériter d'être cultivé en Europe que comme arbre d'agrément, et à cause de la singularité de ses feuilles. Son bois est rougeâtre, avec le grain grossier et les pores très-ouverts ; ce qui ne l'empêche pas cependant d'avoir beaucoup de force et de ténacité. On l'emploie peu dans les Etats-Unis, si ce n'est quelquefois pour faire des jantes aux roues des voitures.

CHÊNE VERDOYANT : *Quercus virens*, Ait., *Hort. Kew.*, 3, p. 356 ; Mich., *Arb. Amer.*, 2, p. 67, t. 11. Ses feuilles sont persistantes, coriaces, ovales ou oblongues, un peu obtuses, courtement pétiolées, soyeuses dans leur jeunesse, entières dans les individus adultes, mais bordées de dents écartées dans les jeunes arbres : ses fleurs mâles ont quatre à cinq étamines, et

les femelles sont portées sur de longs pédoncules ; il succède
à ces dernières des glands oblongs dont la cupule est turbinée
et revêtue d'écailles courtes. Cet arbre croît dans l'Amérique
septentrionale, depuis la Basse - Virginie jusqu'à la Floride et
la Basse-Louisiane, dans les terrains qui sont au voisinage de
la mer ; il s'élève à quarante ou cinquante pieds de hauteur,
sur un tronc qui a quatre à six pieds de tour par sa base.

Le bois du chêne verdoyant a une teinte jaunâtre ; il est fort
pesant et fort compacte ; son grain est très-fin et très-serré.
On l'estime beaucoup, dans les Etats-Unis, pour les constructions navales ; les charrons l'emploient pour faire les jantes et
les moyeux des grosses voitures ; on s'en sert aussi pour faire
les vis de certaines machines, et les dents d'engrenage des roues
de moulin. Son écorce seroit très-bonne pour le tannage des
cuirs.

Chêne concentrique ; *Quercus concentrica*, Loureiro, *Fl.
Coch.*, 2, p. 572. Ses feuilles sont elliptiques, aiguës par les
deux extrémités, très-entières, courbées en faux, glabres des
deux côtés : ses fleurs mâles sont disposées sur des chatons droits,
linéaires, réunis plusieurs ensemble vers le sommet des rameaux ; les fleurs femelles sont pédonculées, placées au-dessus
des mâles : les glands sont ovales-oblongs, contenus à leur base
dans une cupule lâche, courte, creusée circulairement de
plusieurs lignes concentriques. Ce chêne forme un arbre très-
élevé. Il croît dans les forêts de la Cochinchine. Son bois est
employé dans ce pays pour les grandes constructions.

Chêne a lattes ; *Quercus imbricaria*, Mich., Hist. des
Chênes, n.° 9, t. 15 et 16. Ses feuilles sont très-rapprochées
les unes des autres, lancéolées, luisantes, et d'un vert gai en-
dessus, pubescentes en-dessous ; ses glands sont arrondis, sessiles. Cet arbre croît dans la Pensylvanie et le pays des Illinois,
où il s'élève à la hauteur de quarante à cinquante pieds, sur
un tronc qui en a trois à quatre de tour à sa base. Son bois,
quoique pesant et dur, n'est que d'une qualité inférieure. Les
François du pays des Illinois, dans le nord de l'Amérique septentrionale, le font fendre pour en faire des lattes et des
essentes ou bardeaux.

**** *Feuilles dentées*.**

Chêne yeuse : *Quercus ilex*, Linn., *Spec.*, 1412 ; Lois., *in Nov. Duham.*, 7, p. 156, t. 43 et 44, fig. 2. Ses feuilles sont coriaces, persistantes, pétiolées, tantôt ovales-lancéolées, tantôt ovales-arrondies, parfaitement entières ou bordées de dents plus ou moins nombreuses, souvent piquantes, le plus ordinairement lisses et luisantes en-dessus, toujours cotonneuses et blanchâtres en-dessous. Les chatons de fleurs mâles sont placés, un ou plusieurs ensemble, à l'aisselle des feuilles de l'année précédente, et vers l'extrémité des rameaux. Les fleurs femelles, au nombre de quatre à huit, sont sessiles et écartées les unes des autres le long d'un pédoncule commun placé dans les aisselles des jeunes feuilles. Il leur succède des glands ovales ou ovales-oblongs, munis à leur base d'une cupule à écailles très-menues, fortement imbriquées et cotonneuses. Le plus souvent il ne mûrit qu'un ou deux de ces fruits ; les autres avortent plus tôt ou plus tard.

Le chêne yeuse, qu'on nomme aussi vulgairement chêne vert, ou tout simplement yeuse, croît dans les parties méridionales de l'Europe et dans le nord de l'Afrique ; on le trouve en France jusqu'aux environs de Nantes et d'Angers. Il forme en général un arbre tortueux, très-branchu, qui ne prend un grand accroissement que lorsqu'il a acquis de nombreuses années. Il se plaît dans les terrains secs, sablonneux, aérés et exposés au nord ; le plus souvent on le trouve isolé et dispersé çà et là au milieu des autres arbres, mais rarement croissant en famille avec ceux de son espèce, et formant masse de forêt. Son bois, pesant, dur et très-compacte, est très-utile à cause de sa longue durée, pour certains ouvrages de mécanique. On s'en sert pour faire des essieux, des poulies, et on le préfère à tout autre pour le mettre en œuvre dans des endroits qui doivent éprouver beaucoup de frottement. Son écorce est employée à tanner les cuirs. Les anciens estimoient beaucoup ses glands pour la nourriture des cochons. Certains arbres produisent des glands doux, et que l'on peut manger ; d'autres n'en produisent que d'amers : on trouve même quelquefois des uns et des autres sur le même pied, de sorte que cette différence essentielle dans la saveur ne peut nullement se distinguer par les formes extérieures, et servir à caractériser des variétés ; il est seulement d'observation que les glands de l'yeuse ont une saveur d'autant plus agréable que cet arbre croît à une exposition plus chaude.

CHÊNE BALLOTE : *Quercus ballota*, Desf., Mém. Acad. Paris, 1790, *cum fig.* Ce chêne n'est très-probablement qu'une variété du précédent, dont il ne diffère essentiellement que par ses glands très-alongés. Son bois a les mêmes propriétés que celui de l'yeuse. On l'emploie en Barbarie pour plusieurs sortes d'ouvrages. Les habitans de l'Atlas se nourrissent, pendant une partie de l'année, de ses glands, qui ont une saveur douce et agréable ; ils les mangent crus ou torréfiés.

CHÊNE-LIÉGE : *Quercus suber*, Linn., *Spec.*, 1413 ; Lois., *in Nov. Duham.*, 7, p. 159, t. 45. Cet arbre a beaucoup de rapports avec le chêne yeuse ; mais il en diffère sensiblement par son écorce épaisse, crevassée et spongieuse. C'est au développement considérable que prend le tissu cellulaire qu'est due l'épaisseur de cette écorce, connue sous le nom de liége. Au bout d'un certain nombre d'années, lorsqu'on ne prend pas soin de l'enlever, cette écorce se fend, se détache d'elle-même, et est remplacée par une nouvelle écorce qui se forme en dessous. Le chêne-liége croit spontanément dans les parties méridionales de l'Europe et en Barbarie. Il se plait dans les terrains secs, montueux, dans les sables quarzeux, et il paroît, au contraire, ne pouvoir venir dans les terres calcaires, car jamais on ne l'y rencontre. En France, on trouve une grande quantité de liéges dans les pays de Condom, de Nérac, dans les landes de Bazas, qui s'étendent jusqu'à Bayonne, dans quelques cantons du Languedoc. En Provence, l'habitation de ces arbres est bornée à la partie qu'on appelle les Maures, et qui s'étend depuis la Napoule, près de Grasse, jusqu'à Hyéres, en suivant les bords de la mer, et en s'avançant à deux, quatre, et même jusqu'à six lieues dans les terres.

Le bois du liége est employé pour différentes sortes d'ouvrages et de constructions : mais il faut s'en servir dès qu'il est coupé, ou le mettre à l'abri des injures de l'air ; car il pourrit en très-peu de temps, quand il est exposé alternativement à l'humidité et à la sécheresse. Lorsqu'on l'emploie dans la construction des navires, il faut avoir soin de le mettre dans les parties qui doivent rester à sec ; car l'eau en détache une liqueur âcre, qui rouille et détruit les clous en très-peu de temps. Dépouillé de son écorce, c'est un très-bon bois de chauffage, et sous ce rapport on le préfère, à Marseille, à tout autre. Mais la partie la plus utile du liége est, sans contredit, son écorce extérieure : on en fait des bouchons, des talons de souliers, des bouées pour les vaisseaux, des chapelets pour soutenir les filets des pêcheurs à la surface de l'eau, des malles, des caisses. Dans les pays où cet arbre croît naturellement, les usages économiques de son écorce sont encore plus multipliés : on en fait des ruches pour les abeilles, des baquets pour mettre de l'eau ; et les gens de la campagne, surtout les ouvriers qui sont occupés à la récolte de cette écorce et à sa préparation, en font des assiettes, des gobelets, des cuillers. On emploie aussi, pour nager facilement, une sorte de casaque garnie de liége, qu'on appelle scaphandre. Pline (liv. XVI, chap. 8) nous apprend que les femmes de l'antiquité en garnissoient leurs chaussures d'hiver, comme on le fait encore aujourd'hui. Dans quelques parties de l'Espagne, on s'en sert pour couvrir les maisons. On brûle encore cette écorce dans des vaisseaux bien fermés, pour en obtenir une poudre noire, qui s'emploie dans les arts, et qui est connue sous le nom de noir d'Espagne.

C'est tous les huit, dix et même douze ans, selon la nature du sol et de l'exposition, qu'on détache l'écorce des liéges, et un arbre peut donner ainsi douze à quinze récoltes. Le liége des cinq à six premières levées est le meilleur ; celui qu'on retire dans les dernières récoltes, va toujours en diminuant de qualité. Le liége, pour être bon, doit être souple, ployant sous le doigt, élastique, point ligneux, ni poreux, et de couleur rougeâtre : celui dont la couleur tire sur le jaune est moins bon ; le blanc est de la plus mauvaise qualité.

Non-seulement il se fait une grande consommation de liége en France, mais on en expédie beaucoup dans les pays du Nord ; on en transporte dans un grand nombre d'autres contrées, et cette matière est l'objet d'un commerce considérable.

On prétend qu'en Espagne on mange les glands du liége, grillés comme les châtaignes ; ce qu'il y a de certain, c'est qu'ils ont en général une saveur douce et agréable. Ils sont très-recherchés des pourceaux, et la qualité particulière qu'ils donnent à la chair de ces animaux, fait la réputation des jambons de Bayonne.

Chêne au kermes : *Quercus coccifera*, Linn., *Spec.*, 1413; Lois., *in Nov. Duham.*, 7, p. 180, t. 46. Cette espèce n'est qu'un arbrisseau dont le tronc se divise en un grand nombre de rameaux tortueux et diffus, formant un buisson de quelques pieds de hauteur. Ses feuilles sont ovales, coriaces, persistantes, courtement pétiolées, glabres des deux côtés, luisantes en dessus, rarement très-entières, le plus souvent bordées de dents épineuses. Ses fleurs mâles sont sur des chatons réunis plusieurs ensemble en petites panicules. Ses fleurs femelles sont sessiles, au nombre de trois à sept, le long d'un pédoncule commun de la longueur de huit à quinze lignes. Ses glands, qui ne mûrissent que la seconde année, sont ovales, enfoncés à peu près à moitié dans une cupule hérissée d'écailles cuspidées, étalées, et un peu recourbées.

Le chêne au kermès croît dans les lieux pierreux, arides et sablonneux des départemens méridionaux de la France, en Espagne, en Italie, dans le nord de l'Afrique, et dans l'Orient. C'est sur cet arbrisseau que vit le *coccus ilicis*, insecte de l'ordre des hémiptères, employé dans la médecine comme cordial et astringent, sous le nom de kermès, et dans les arts pour teindre en rouge, sous le nom de graine d'écarlate.

Le kermès ne se trouve ordinairement que sur les jeunes rameaux, et c'est aux bifurcations des branches qu'il est le plus abondant. Pour se procurer de meilleures récoltes de kermès, on est dans l'usage de couper les tiges avant qu'elles aient trop grossi, afin de les forcer à donner de jeunes pousses.

Le kermès faisoit un objet de commerce considérable, et la richesse des pays où croît le chêne sur lequel il est produit, avant qu'on lui eût préféré la cochenille, qui n'est autre chose qu'un insecte du même genre (*coccus cacti*), qui vit sur le cactier nopal, et qui forme une des principales richesses du Mexique.

Chêne des teinturiers : *Quercus infectoria*, Olivier (Voy. dans l'Emp. Ottom., 1, p. 253, t. 14 et 15). Cette espèce n'est, comme la précédente, qu'un arbrisseau tortueux, divisé en rameaux nombreux, et s'élevant à quatre ou cinq pieds. Ses feuilles sont oblongues, mucronées-dentées, luisantes et d'un vert cendré en dessus, plus ou moins pubescentes en dessous, portées sur des pétioles longs de six à huit lignes. Ses glands sont alongés, sessiles, courtement pédonculés.

Ce chêne, qui nous fournit la noix de galle du commerce, n'étoit pas connu des botanistes avant le voyage d'Olivier dans l'Empire Ottoman. C'est à ce naturaliste que nous devons la connoissance de cette espèce intéressante, qui est répandue dans toute l'Asie mineure, depuis le Bosphore jusqu'en Syrie, et depuis les côtes de l'Archipel jusqu'aux frontières de la Perse.

« La galle, dit Olivier, est dure, ligneuse, pesante ; elle naît aux bourgeons des jeunes rameaux, et acquiert depuis quatre jusqu'à douze lignes de diamètre ; elle est ordinairement ronde et couverte de tubérosités, dont quelques-unes sont pointues. Cette galle est beaucoup plus estimée lorsqu'elle est cueillie avant sa maturité, c'est-à-dire, avant la sortie de l'insecte qui l'a produite. Les galles qui sont percées, ou celles dont l'insecte s'est échappé, sont d'une couleur plus claire ; elles sont moins pesantes et moins propres que les autres à la teinture.

« Les Orientaux ont l'attention de faire la récolte des galles au temps précis que l'expérience leur a prouvé être le plus favorable : c'est celui où cette excroissance a acquis toute sa grosseur et tout son poids. S'ils tardoient à la cueillir, la larve qui vit dans l'intérieur y subiroit sa métamorphose, la perceroit, et paroîtroit sous la forme d'un petit insecte ailé. La galle, dès-lors, ne retirant plus de l'arbre les sucs nécessaires à l'accroissement de l'insecte, se dessécheroit et perdroit une bonne partie des qualités qui la rendent propre à la teinture. Les agas veillent à ce que les cultivateurs parcourent, vers le commencement de juillet, les collines et les montagnes qui sont couvertes de chênes. Ils sont intéressés à ce que les galles soient d'une bonne qualité, parce qu'ils prélèvent un droit sur leur produit. Les premières galles ramassées sont mises à part ; elles sont connues, dans l'Orient, sous le nom de *yerli*, et désignées dans le commerce sous le nom de *galles noires* et de *galles vertes*. Celles qui ont échappé aux premières recherches, et qu'on cueille un peu plus tard, nommées *galles blanches*, sont d'une qualité très-inférieure. Les galles les plus estimées sont celles des environs d'Alep, de Smyrne, de Kara-Hissar, de Diarbequir, et de tout l'intérieur de la Natolie.

« On néglige presque partout de ramasser les glands; ils servent de pâture aux sangliers et aux chèvres : celles-ci contribuent beaucoup à rendre le chêne petit et rabougri, en dévorant avec ses fruits une partie de son feuillage et de ses jeunes rameaux. »

L'insecte qui produit ces galles est un diplolépe, qu'Olivier a nommé *diplolepis gallæ tinctoriæ*, et qu'il a fait figurer dans son Voyage, pl. 15, fig. CC.

Chêne prinus : *Quercus prinus*, Linn., *Spec.*, 1413; Mich., *Arb. Amer.*, 2, p. 51, t. 7. Ses feuilles sont ovales, élargies en leur partie supérieure, ordinairement glabres et glauques dans leur parfait développement ; bordées de dents grossières, portées sur des pétioles assez longs : ses fleurs mâles sont composées de cinq à dix étamines ; ses glands, qui ont une saveur douce, sont portés sur des pédoncules quelquefois fort courts, et contenus dans une cupule écailleuse et peu profonde. Ce chêne se fait remarquer par son tronc parfaitement droit, conservant souvent le même diamètre jusqu'à cinquante pieds de terre, et élevant sa tête vaste et touffue jusqu'à quatre-vingts et quatre-vingt-dix pieds de hauteur. Il croît dans les forêts humides et ombragées de la Floride, des deux Carolines, de la Géorgie, de la Virginie et de la Pensylvanie.

Le chêne prinus doit être placé au premier rang des plus beaux arbres de l'Amérique septentrionale ; mais, son bois étant inférieur en qualité à celui de beaucoup d'autres espèces, il ne mérite d'être considéré en Europe que comme arbre d'ornement. Il ne souffre pas des froids qu'on éprouve dans le climat de Paris ; mais il auroit encore une végétation plus rapide et plus belle dans les départemens du Midi. Dans les Etats-Unis on l'emploie comme bois à brûler et pour les ouvrages de charronnage ; comme il se fend très-facilement de droit fil, on peut le diviser en morceaux très-minces.

Chêne des montagnes : *Quercus montana*, Willd., *Spec.*, 4, p. 440 ; Mich., *Arb. Amer.*, 2, p. 55, t. 8. Ses feuilles sont ovales-renversées, aiguës, blanches et cotonneuses en-dessous, bordées de grandes dents presque égales, dilatées à leur sommet ; ses fleurs mâles sont composées de cinq à dix étamines ; ses glands sont ovales-alongés, assez gros, contenus jusqu'au tiers dans des cupules turbinées, dont les écailles sont libres. Ce chêne s'élève à soixante pieds de haut, sur un tronc de huit à neuf pieds de circonférence ; il croît dans diverses parties des Etats-Unis d'Amérique.

Son bois est rougeâtre, pesant, bien supérieur en qualité à celui du chêne prinus ; aussi l'emploie-t-on beaucoup dans son pays natal pour les constructions navales. Son écorce est excellente pour le tannage des cuirs. Il réussit très-bien dans le climat de Paris, et comme il n'est pas difficile sur le terrain, croissant au milieu des pierres et même des rochers les plus escarpés, il seroit avantageux de le propager en France, dans les endroits analogues à ceux où il vient de préférence en Amérique.

Chêne bicolore : *Quercus bicolor*, Willd., *Spec..* 4, p. 440 ; Mich., *Arb. Amer.*, 2, p. 46, t. 6. Ses feuilles sont cunéiformes à leur base, élargies dans leurs deux tiers supérieurs, et garnies de dents grandes et larges ; elles ont en tout six à huit pouces de longueur sur quatre de largeur à leur sommet. Dans les arbres adultes, la surface inférieure des feuilles est d'un blanc argenté, ce qui produit un contraste remarquable avec le beau vert de la surface supérieure. Les glands ovales, assez gros, d'une couleur brunâtre, ont une saveur douce qui les rend bons à manger ; ils sont portés sur un long pédoncule, et souvent deux ensemble ; leur cupule est évasée, bordée de filamens courts et déliés. Ce chêne est un arbre dont la végétation est belle et vigoureuse ; il s'élève de soixante à soixante-dix pieds de hauteur ; il croît dans la plus grande partie des Etats-Unis, excepté dans les contrées basses et maritimes. Le chêne bicolore seroit un arbre qui pourroit être utile sous le rapport de ses propriétés. Son bois est assez pesant ; il a le grain fin et assez serré ; il a de la force, beaucoup d'élasticité, et se fend aisément de droit fil. « Sous le rapport de son introduction dans les forêts européennes, dit M. Michaux, je pense que cet arbre offre assez d'intérêt pour y trouver place, soit en le mêlant, soit en le substituant alternativement aux essences qui viennent dans les lieux très-humides, tels que les frênes, les aunes, et quelques espèces de peupliers. C'est d'ailleurs un arbre d'une belle apparence, qui ne peut que contribuer à l'embellissement de nos forêts, et des possessions des personnes qui seroient tentées de le cultiver. »

CHÊNE CHATAIGNIER : *Quercus castanea*, Wild., *Spec.*, 4. p. 441 ; Mich., *Arb. Amer.*, 2, p. 61, t. 9. Ses feuilles sont oblongues-lancéolées, acuminées, cotonneuses en-dessous, bordées de dents presque égales, aiguës et calleuses à leur sommet. Les fleurs mâles ont dix étamines, quelquefois moins ; les glands sont petits, ovales, sessiles, et ils ont une saveur plus douce que dans aucune autre espèce de chêne du nouveau monde. Cet arbre croît dans les contrées fertiles des États-Unis d'Amérique, où il s'élève à la hauteur de soixante-dix à quatre-vingts pieds ; il est principalement répandu à l'ouest des monts Alléghanis ; mais il est disséminé dans une grande étendue de pays, sans être commun nulle part.

Le chêne châtaignier peut être employé, à cause de son port agréable, et du bel effet de son feuillage, pour être planté en Europe dans les jardins pittoresques et de grande étendue ; mais aucune qualité recommandable ne paroît devoir lui mériter d'être cultivé plus en grand. Au reste, son bois a le grain peu serré, avec des pores très-nombreux, ce qui paroît annoncer qu'il a peu de force, et qu'il n'est pas de longue durée.

*** *Feuilles lobées au sommet.*

CHÊNE AQUATIQUE : *Quercus aquatica*, Wild., *Spec.*, 4, p. 441 ; Mich., *Arb. Amer.*, 2, p. 89, t. 17. Ses feuilles sont cunéiformes, glabres, obscurément divisées à leur sommet en trois lobes, dont celui du milieu plus grand que les autres. Ses glands sont petits, un peu arrondis, presque sessiles, trèsamers, et contenus dans une cupule peu profonde et peu écailleuse. Cet arbre, dont la hauteur excède rarement quarante à cinquante pieds, croît dans les États-Unis depuis le Maryland jusqu'à la Floride.

Le bois du chêne aquatique est de peu de durée, ce qui, sous le rapport de son utilité, ne lui mérite en aucune manière de fixer l'attention des Européens, d'autant plus que cette espèce est très-sensible au froid, et qu'elle ne réussiroit parfaitement que dans nos départemens les plus méridionaux.

CHÊNE NOIR : *Quercus nigra*, Linn., *Spec.*, 1413; *Quercus ferruginea*, Mich., *Arb. Amer.*, 2, p. 92, t. 18. Ses feuilles sont cunéiformes, glabres, un peu en cœur à leur base, partagées à leur sommet en trois lobes écartés, mucronés, dont celui du milieu plus court. Ses glands sont arrondis, assez gros, sessiles, souvent deux à côté l'un de l'autre, et renfermés jusqu'à moitié dans des cupules très-écailleuses. Il est rare que cet arbre s'élève à trente pieds de hauteur sur deux à trois pieds de circonférence : le plus souvent il ne parvient qu'à la moitié de ces dimensions. Il croit dans les terrains secs et sablonneux de la Pensylvanie, de la Virginie, de la Caroline et de la Floride.

Si le chêne noir peut offrir quelque intérêt, c'est d'attirer, par son feuillage assez singulier, l'attention des amateurs d'arbres étrangers; mais, originaire d'un pays chaud, il ne peut vivre en pleine terre que dans les parties méridionales de la France. Sous le rapport de son utilité, il ne mérite pas plus d'attention que le précédent. Son bois a le grain grossier, et les pores très-ouverts. En Amérique, il n'est employé à aucune espèce d'ouvrage, parce qu'il est trop susceptible d'être attaqué dans le cœur, et qu'il se pourrit très-facilement lorsqu'il reste exposé aux différentes intempéries de l'atmosphère. Le seul avantage qu'on en retire, c'est qu'il est excellent pour le chauffage.

**** *Feuilles sinuées, à lobes mucronés.*

CHÊNE QUERCITRON : *Quercus tinctoria*, Mich., *Arb. Amer.*, 2, p. 110, t. 22; Willd., *Spec.*, 4, p. 444. Ses feuilles sont ovales-oblongues, sinuées, pubescentes en-dessous, partagées en lobes anguleux et mucronés. Les fleurs mâles n'ont que quatre étamines; les glands sont arrondis, un peu déprimés à leur sommet, sessiles le long des rameaux, enveloppés à moitié dans une cupule presque en soucoupe et revêtue d'un grand nombre d'écailles légèrement adhérentes. Cet arbre est répandu dans tous les États-Unis d'Amérique, excepté dans ceux qui sont le plus au nord; il acquiert quatre-vingts à quatre-vingt-dix pieds d'élévation, sur quatre à six pieds de diamètre, et même plus.

Le quercitron a l'avantage de prendre promptement un

grand accroissement, de parvenir à une très-haute élévation, et de pouvoir croître dans un mauvais sol et dans les pays les plus froids. En Amérique, on se sert beaucoup de son écorce pour le tannage des cuirs, parce qu'elle est très-riche en principe tannin. Le désagrément qu'elle a dans ce cas, c'est de donner aux cuirs une couleur jaune qu'on est obligé de faire disparoître par un procédé particulier. Son bois, de couleur rougeâtre, n'est que d'une médiocre qualité, ayant le grain grossier et les pores très-larges; cependant on l'estime à cause de sa force, et parce qu'il résiste assez long-temps à la pourriture. Au défaut de chêne blanc, on l'emploie pour la charpente des maisons; mais c'est surtout à cause de ses qualités précieuses pour la teinture, que le quercitron est un arbre recommandable pour l'Amérique du nord, et qu'il mériteroit d'être cultivé en grand en Europe.

« C'est la partie cellulaire de l'écorce de cette espèce, dit M. Michaux, qui fournit le quercitron, dont on fait actuellement un très-grand usage pour teindre en jaune la laine, la soie et les papiers de tenture. D'après les auteurs qui en ont parlé, entre autres le docteur Bancroft, à qui on est redevable de cette découverte, une partie de quercitron donne autant de substance colorante que huit ou dix parties de gaude. La décoction du quercitron est d'une couleur jaune brunâtre; les alcalis la rendent plus foncée, et les acides plus claire. La solution d'alun n'en sépare qu'une petite portion de matière colorante, qui forme un précipité d'un jaune foncé: les disssolutions d'étain y produisent un précipité plus abondant et d'un jaune vif. Pour teindre la laine en jaune, il suffit de faire bouillir le quercitron avec un poids égal d'alun; on introduit ensuite l'étoffe, en donnant d'abord la nuance la plus foncée, et en finissant par la couleur paille. On peut aviver ces couleurs en faisant passer l'étoffe, au sortir du bain, dans une eau blanchie par un peu de craie lavée; on obtient une couleur plus vive par le moyen de la dissolution d'étain. Le quercitron peut être substitué à la gaude pour les différentes nuances qu'on veut donner à la soie, qui doit être d'abord alunée : la dose est d'une à deux parties de quercitron pour une de soie. »

Chêne rouge: *Quercus rubra*, Linn., *Spec.*, 1413; Mich.,

Arb. Amer., 2, p. 126, t. 26. Ses feuilles sont oblongues, glabres, longuement pétiolées, partagées en sept à neuf lobes
aigus et chargés de dents mucronées-sétacées. Ses glands sont
ovales, sessiles, contenus dans une cupule plane en-dessous.
Ce chêne s'élève souvent à plus de quatre-vingts pieds de hauteur. Il est très-commun dans le Canada et dans le nord des
Etats-Unis.

CHÊNE ÉCARLATE : *Quercus coccinea*, Willd., *Spec.*, 4, p.
445 ; Mich., *Arb. Amer.*, 2, p. 116, t. 23. Ce chêne est,
comme le précédent, un très-grand arbre qui parvient à
soixante-quinze et jusqu'à quatre-vingts pieds d'élévation. Ses
feuilles sont oblongues, glabres, longuement pétiolées, profondément sinuées, partagées en lobes divariqués, et chargés
de dents mucronées-sétacées ; ses fleurs mâles n'ont que quatre
étamines ; ses glands sont ovoïdes, arrondis également à leurs
deux extrémités, contenus jusqu'à la moitié dans une cupule
turbinée, très-écailleuse. Cet arbre croît abondamment dans
la haute Géorgie, les hautes Carolines, la Virginie, le New-
Jersey ; il est rare dans les parties des Etats-Unis qui sont plus
au nord.

Le chêne rouge et le chêne écarlate sont de beaux arbres ;
mais ils ne se distinguent par aucune propriété utile, leur bois
n'étant que d'une médiocre qualité. Leur fructification est bis-
annuelle, de même que celle du quercitron ; leurs feuilles, qui
prennent en automne une teinte d'un rouge plus ou moins
vif, forment alors un contraste frappant avec les autres arbres,
et cette singulière altération de leur feuillage les rend propres
à l'embellissement des parcs et des grands jardins.

CHÊNE VÉLANI : *Quercus ægylops*, Linn., *Spec.*, 1414 ;
Oliv., Voy. 1, p. 254, t. 13. Cet arbre a le port et la hauteur
de notre chêne rouvre. Ses feuilles sont longues de trois pouces
sur deux de large, arrondies à leur base, portées sur un pétiole long de neuf à dix lignes, bordées de grosses dents dont
chacune se termine par une pointe sétacée ; ces mêmes feuilles
sont épaisses, coriaces, d'un vert plus ou moins foncé, un peu
luisantes en-dessus, quoique couvertes d'un léger duvet, blanchâtres et cotonneuses en-dessous. Ses glands sont courts, un peu
creusés à leur sommet, plus gros que dans aucune autre espèce
d'Europe, enfoncés environ au tiers ou à moitié dans une cu-

pule dont les écailles sont libres à leur partie supérieure,
larges d'une ligne et demie à deux lignes, longues de plus de
six, les unes redressées, les autres à demi-étalées, et les plus
extérieures enfin un peu réfléchies en arrière. Cette espèce
croît sur la côte occidentale de la Natolie, dans les îles de
l'Archipel, et dans une grande partie de la Grèce.

Selon Olivier, les Grecs modernes nomment *vélani* le chêne
qui fournit la *vélanède*, qui, d'après le même auteur, n'est autre
chose que la cupule des glands de cet arbre. Les Orientaux,
les Italiens et les Anglois emploient cette cupule, ainsi que la
noix de galle, dans les teintures. Les négocians françois n'en
font passer quelquefois à Marseille que pour l'envoyer de là
à Gênes et à Livourne. Nos teinturiers ont jusqu'à présent négligé de se servir de cette substance. « On recueille beaucoup
de *velani*, dit Tournefort, dans l'île de *Zia*, une des îles de
l'Archipel, autrefois *Ceos*. Le fruit n'étoit pas mûr dans le
temps que nous y étions. Les Grecs l'appellent *velani*, et l'arbre,
velanida. Le commerce du *velani* est le plus considérable de
l'île : on y en recueillit, en 1700, plus de cinq mille quin-
taux. On appelle petits *velani* les jeunes fruits cueillis sur l'arbre,
beaucoup plus estimés que les gros, qui tombent d'eux-mêmes
dans leur maturité ; les uns et les autres servent aux teintures et à tanner les cuirs. Les petits se vendent ordinairement un écu le quintal, au lieu que les gros ne valent que
trente sous ; mais le plus souvent on les mêle. »

***** *Feuilles sinuées, à lobes mutiques.*

Chêne blanc : *Quercus alba*, Linn., *Spec.* 1414 : Mich.,
Arb. Amer., 2, p. 13, t. 1. Ses feuilles sont oblongues,
sinuées-pinnatifides, découpées en lobes oblongs, obtus, et
le plus souvent très-entiers. Les fleurs mâles ont de cinq à
dix étamines ; les femelles sont portées sur des pédoncules de
huit à dix lignes de longueur : il leur succède des glands
assez gros, ovoïdes, d'une saveur douce, contenus dans une
cupule peu profonde, relevée d'écailles tuberculeuses et grisâtres. Cet arbre s'élève à soixante-dix et quatre-vingts pieds
de hauteur. Il croît dans toute l'Amérique septentrionale,
depuis le Canada jusqu'à la Floride. C'est, de toutes les espèces
de chênes du nouveau continent, celle qui a le plus de rap-

port avec les chênes d'Europe, et particulièrement avec le chêne à grappes.

Le bois du chêne blanc est, de toutes les espèces naturelles à l'Amérique septentrionale, celui qui est le meilleur, et dont l'usage est le plus général; il a le grain moins serré, il est moins pesant, moins compacte, que notre chêne à grappes et que notre rouvre; mais il est celui qui en approche le plus. On l'emploie principalement pour faire la charpente des maisons; il n'en est aucun qui soit aussi nécessaire dans les constructions navales. On en fait beaucoup d'usage pour les digues, les pilotis. En Amérique, c'est, de toutes les espèces de ce genre, presque la seule, et certainement la meilleure dont on puisse faire des tonneaux propres à contenir les vins et les liqueurs spiritueuses. La quantité de merrain qui s'emploie pour cet objet, est très-considérable, et la consommation est prodigieusement augmentée par ce qui s'en exporte tant en Angleterre que dans les colonies des Indes occidentales, et aux îles Madère et de Ténériffe. Le bois des jeunes chênes blancs est fort élastique et susceptible de se diviser en lames très-minces et très-petites, dont on fabrique des paniers, des seaux, des cercles, et autres objets.

CHÊNE-ROUVRE : *Quercus robur*, Linn., *Spec.*, 1414; Lois., *in Nov. Duham.*, 7, pag. 176, t. 52. Le chêne-rouvre ou roure, nommé aussi chêne mâle, est un grand arbre qui s'élève à soixante pieds et au-delà, sur un tronc de six à douze pieds de circonférence. Ses feuilles sont pétiolées, ovales-oblongues, sinuées ou bordées de lobes arrondis, luisantes et d'un beau vert en-dessus, le plus souvent glabres des deux côtés. Le périanthe des fleurs mâles, divisé jusqu'à moitié en cinq divisions ovales, légèrement ciliées, renferme cinq à neuf étamines. Les fleurs femelles sont sessiles, ou portées sur de courts pédoncules; il leur succède des glands ovoïdes, ou ovales-alongés, contenus jusqu'au tiers dans une cupule revêtue d'écailles grisâtres et étroitement imbriquées. Cet arbre croit dans les forêts de l'Europe; il présente un nombre prodigieux de variétés, que l'on peut distinguer par les feuilles découpées plus ou moins profondément, par la longueur de leur pétiole, par les poils dont elles peuvent être chargées en-dessous, et enfin par la grosseur et la disposition des glands sessiles, pédonculés, solitaires, géminés ou agglomérés plusieurs ensemble.

Les deux espèces de chênes les plus communes en France sont le rouvre et le chêne à grappes, que Linnæus avoit confondus sous le nom de *quercus robur*. Ce sont elles qui forment le fonds et sont le plus bel ornement des forêts européennes. C'est à ces deux espèces que s'applique particulièrement tout ce qu'on dit du chêne en général. Ce sont elles dont le bois est la base de notre chauffage et entre dans la plupart de nos constructions. Ce bois l'emporte par la solidité et la durée sur tous les autres bois de l'Europe ; ce qui fait qu'on le préfère pour tous les ouvrages qui exigent ces qualités, comme charpentes, navires, moulins, etc. On a vu des charpentes de chêne durer plus de six cents ans, et l'on assure que dans l'eau elles peuvent se conserver deux et presque trois fois aussi long-temps. Plusieurs anciennes charpentes qu'une longue suite de siècles n'a point détériorées, et qu'on prétendoit être de châtaignier, ont été reconnues pour être de chêne.

Le bois du chêne-rouvre est plus dur, plus pesant, que celui du chêne à grappes ; ses fibres ont aussi plus de ténacité, et offrent une plus grande résistance aux efforts. Les Anglois en faisoient autrefois beaucoup de cas pour la construction de leurs vaisseaux ; ils prétendoient que les boulets pouvoient le percer, mais non le fracasser. Son bois fournit beaucoup plus de pièces courbes pour les constructions navales que le chêne à grappes. On en fait des carênes de vaisseaux, des fûts de pressoirs, des portes d'écluses, des pilots, des poutres, des solives. Les charrons l'emploient pour faire des rayons de roues, des herses, des charrues, et plusieurs autres ouvrages. C'est la meilleure espèce de bois pour le chauffage ; aucune autre ne donne plus de chaleur en brûlant. Le pied cube pèse soixante-dix à soixante-douze livres.

Chêne a grappes : *Quercus racemosa*, Lamk, Dict. encyc., 1, p. 715 ; Lois., *in Nov. Duham.*, 7, p. 177, t. 54. Le chêne à grappes, appelé vulgairement *chêne blanc, gravelin*, est la plus grande espèce de nos chênes d'Europe. Ses feuilles sont sessiles, ou presque sessiles, ovales-oblongues, sinuées, bordées de lobes obtus et même arrondis ; glabres des deux côtés, lisses et luisantes en-dessus, un peu glauques en-dessous. Ses fleurs mâles ont un périanthe quinquéfide , et environ dix étamines ; ses fleurs femelles sont sessiles, au nombre de quatre à dix , espacées le long d'un pédoncule commun : à ces fleurs succèdent deux à trois glands, contenus dans des cupules revêtues d'écailles brunâtres, étroitement imbriquées. Cet arbre croît en Europe dans les forêts.

Le chêne à grappes est employé, comme le chêne-rouvre, à un grand nombre d'usages ; mais il en est plusieurs auxquels il est plus particulièrement réservé. Il est excellent pour la charpente des maisons. Comme il a très-peu de nœuds, et qu'il se fend aisément en douves minces , cela le rend précieux pour la fabrication des tonneaux , des cuves, et de tous les vases nécessaires à la confection ou à la conservation du vin. La même cause le fait employer de préférence pour lattes, échalas , bardeaux ; il est plus recherché pour tous les ouvrages de menuiserie , parce qu'il est plus facile à travailler. Il parvient à une taille colossale dans les bons terrains ; M. Secondat, dans ses Mémoires sur l'histoire naturelle du chêne , dit en avoir vu un qui avoit trente-deux pieds de tour à la portée des bras des hommes, et dont le tronc , de douze pieds de hauteur, se partageoit ensuite en trois grosses tiges. Il réussit très-bien d'ailleurs dans un terrain graveleux, pourvu qu'il soit humecté.

Chêne pyramidal : *Quercus fastigiata* , Lam. , Dict. enc. , 1 , p. 725 ; Lois. , *in Nov. Duham.* 7 , p. 178 , t. 55. Cet arbre se fait remarquer par son port extraordinaire , semblable à celui du peuplier d'Italie ou du cyprès pyramidal. La direction de ses branches régulièrement redressées , et toutes dirigées vers le sommet, de manière à former exactement la pyramide , est véritablement la seule chose qui puisse le faire distinguer du chêne à grappes, dont il a tous les autres caractères ; cependant nous avons remarqué que toutes ses feuilles sont en général plus distinctement pétiolées, et jamais sessiles.

Cet arbre se trouve en France , dans les vallées des Pyrénées occidentales et dans les Landes ; mais on n'en rencontre que des individus isolés et près des habitations, ce qui annonce qu'il n'y est point indigène. M. Corréa assure , selon M. Desfontaines, qu'il est originaire de Portugal. On commence à le cultiver, comme arbre d'ornement, dans les pépinières de Paris ; il pourra

servir un jour à la décoration des parcs et des jardins paysagers ; il est aussi très-propre à faire de belles avenues. Comme
il n'est pas encore commun , on le greffe sur le rouvre ou sur
le chêne à grappes.

Chêne des Pyrénées : *Quercus pyrenaïca* , Willd. , *Spec.* , 4 ,
p. 451 ; Lois. , *in Nov. Duham.* , 7 , p. 178 , t. 56. Cette espèce
s'élève moins que le chêne à grappes et que le rouvre ; ses
feuilles sont pétiolées , inégales à leur base , découpées plus
ou moins profondément en lobes arrondis : dans leur jeunesse
elles sont abondamment couvertes d'un duvet velouté , blanchâtre et doux au toucher ; dans l'âge adulte , la surface supérieure se dépouille en totalité ou en partie de ce duvet, mais
l'inférieure en reste toujours chargée. Les fleurs mâles sont
disposées en chatons longs de trois à quatre pouces, grêles ,
velus , et chacune d'elles a un périanthe à six divisions
oblongues, ciliées, et dix étamines ou environ. Les fleurs femelles
sont disposées , six à dix ensemble , le long d'un pédoncule très-
velu et placé dans les aisselles des feuilles supérieures des jeunes
rameaux. Les glands sont en général ovoïdes , plus ou moins
gros, selon les variétés, qui sont nombreuses dans cette espèce.
Ce chêne croît en France , dans les Basses-Pyrénées et dans
toute la partie de l'Ouest qui s'étend depuis le pied de ces
montagnes jusqu'au Mans et à Nantes. Il aime de préférence
les terrains sablonneux. On le connoît dans les Landes et dans
les Pyrénées , sous les noms de chêne noir , *tauzin* ou *tauza* ; à
Angers et à Nantes , on l'appelle chêne doux ; au Mans , chêne
brosse ; les Basques le nomment *amenza* ou *ametça*.

Le bois de cette espèce a beaucoup plus d'aubier que les
autres chênes de France ; et si on ne prend la précaution d'enlever entièrement tout cet aubier lorsqu'on veut mettre ce
bois en œuvre, les vers ne tardent pas à l'attaquer ; ils y pullulent, pénètrent même jusqu'au cœur pour s'en nourrir , et
finissent par le détruire. Cet inconvénient, joint au défaut
qu'il a de se beaucoup tourmenter, fait qu'en général ce
bois est rejeté des constructions. La meilleure manière de
lui enlever ses mauvaises qualités , est de le laisser sécher
dans son écorce pendant cinq à six ans avant de l'employer ;
quand il est parfaitement sec, il acquiert tant de dureté qu'il
devient très-difficile à travailler, et qu'il fait souvent casser

les outils des ouvriers ; comme il a beaucoup de nœuds, il se fend mal de droit fil. Mais, sous le rapport du chauffage, on ne peut avoir de meilleur bois ; il donne un feu très-ardent et qui dure long-temps. Il a l'avantage de s'accommoder de terres stériles, dans lesquelles le rouvre et le chêne à grappes ne sauroient vivre ; il y pousse de fortes racines rampantes, qui vont chercher au loin la nourriture de tout l'arbre. Ses bourgeons et ses feuilles sont rarement attaqués par la dent des bestiaux. Sa végétation est plus tardive, au printemps, que celle du chêne à grappes, ce qui fait qu'il est bien moins souvent attaqué par les dernières gelées de cette saison. Quoique son bois, dans toute sa force, soit plus dur que celui du chêne à grappes, il est dans sa jeunesse plus flexible ; ce qui fait qu'on peut alors l'employer à faire des cercles, tandis qu'on ne pourroit en faire avec celui de l'autre. Son écorce sert pour le tannage des cuirs, et ses glands sont recherchés pour la nourriture des porcs.

CHÊNE ÉTOILÉ : *Qercus stellata*, Willd., *Spec.*, 4, p. 452 ; Mich., *Arb. Amer.*, 2, p. 36, t. 4. Ses feuilles sont oblongues, pubescentes en-dessous, partagées en cinq lobes, dont les inférieurs entiers, les supérieurs dilatés et divisés en deux découpures. Les chatons mâles sont quelquefois très-courts, et les fleurs femelles sont réunies trois à quatre ensemble sur un pédoncule assez court ; les glands sont ovoïdes-arrondis, de grosseur médiocre, contenus jusqu'au tiers de leur longueur dans une cupule grisâtre et légèrement inégale à sa surface ; ils ont une saveur douce. Ce chêne s'élève rarement à plus de quarante ou cinquante pieds. Il croit dans les terrains secs et graveleux de l'Amérique septentrionale, depuis le Canada et la Nouvelle-Angleterre jusqu'à la Floride. Le bois de cet arbre a le grain assez fin et assez serré ; il a beaucoup de force et dure long-temps : mais, comme il n'acquiert pas de grandes dimensions, cela borne son emploi à certains ouvrages. On s'en sert principalement dans le pays pour faire des pieux, du merrain, et pour le charronnage. La disposition oblique de ses branches le rend propre à être employé pour les genoux des vaisseaux. L'avantage qu'il a de pouvoir croître dans les terrains secs et maigres, est un motif suffisant pour qu'on cherche à le multiplier en France.

Chêne a feuilles en lyre : *Quercus lyrata*, Willd., *Spec.*, 4, p. 453; Mich., *Arb. Amer.*, 2, p. 42, t. 5. Ses feuilles sont oblongues, sinuées, glabres, ayant leurs lobes inférieurs entiers et plus courts, les supérieurs dilatés, tronqués et souvent échancrés, le terminal à trois pointes. Les glands sont arrondis, plus larges que longs, comme déprimés à leur sommet, presque complétement renfermés dans une cupule qui est hérissée d'écailles terminées en pointes courtes et rudes. Cette espèce croît dans les marais et sur les bords des rivières des parties basses et maritimes des deux Carolines, de la Géorgie et de la Floride orientale ; elle parvient à une élévation et à un diamètre considérables. M. Michaux fils dit en avoir vu des individus qui avoient plus de quatre-vingts pieds de hauteur sur dix à douze pieds de tour; son bois, quoique inférieur en qualité à celui du chêne blanc, est néanmoins estimé pour plusieurs sortes d'ouvrages. Cet arbre ne pourroit réussir en France que dans les parties les plus chaudes de nos départemens du Midi.

Chêne oliviforme : *Quercus olivæformis*, Mich., *Arb. Amer.*, 2, pag. 32, t. 2. Ses feuilles sont oblongues, glabres, glauques en-dessous, profondément et inégalement lobées. Ses glands sont ovales-alongés, presque entièrement renfermés dans une cupule qui a sa surface revêtue d'écailles saillantes, dont les pointes se recourbent en arrière, excepté vers le bord supérieur, où elles se terminent en filamens déliés et flexibles. Cette espèce forme un arbre de soixante à soixante-dix pieds de hauteur ; elle croit dans l'Amérique septentrionale, sur les bords de la rivière de Hudson et dans l'Etat de New-Yorck. La disposition particulière des branches secondaires de ce chêne, qui sont menues, flexibles et toujours inclinées vers la terre, le rend très-propre à être cultivé pour l'embellissement des parcs et des jardins paysagers.

Chéne a gros fruit : *Quercus macrocarpa*, Willd., *Spec.*, 4, p. 453; Mich., *Arb. Amer.*, 2, p. 34, t. 3. Ses feuilles sont oblongues, d'un vert un peu sombre, légèrement pubescentes en-dessous, sinuées profondément ou découpées en lobes inégaux, plus grandes que celles d'aucune autre espèce connue, ayant souvent quinze pouces de longueur, sur huit pouces dans leur partie la plus large. Les glands sont ovoïdes, plus gros que ceux d'aucun autre chêne de l'Amérique septentrionale, ou de l'ancien continent, contenus jusqu'à moitié, ou jusqu'aux deux tiers, dans une cupule épaisse et hémisphérique, revêtue, dans la plus grande partie de son étendue, d'écailles ovales aiguës, et garnie en son bord de filamens déliés et flexibles.

Ce chêne croît dans l'Amérique septentrionale, dans toutes les contrées qui sont à l'ouest des monts Alléghanis : c'est un très-bel arbre qui s'élève à soixante ou quatre-vingts pieds. Son beau port, la hauteur à laquelle il peut parvenir, l'ampleur de ses feuilles, la grosseur énorme de ses fruits, sont bien faits pour attirer l'attention des amateurs de cultures étrangères, et pour lui mériter une place dans les parcs et les grands jardins.

CHÊNE CHEVELU : *Quercus cerris* ; Linn., *Spec.*, 1415 ; Lois., *in Nov. Duham.*, 7, p. 182, t. 57. Le chêne chevelu est un très-bel arbre, qui parvient à une hauteur et une grosseur égales à celles des plus grandes espèces de ce genre ; ses feuilles sont pétiolées, oblongues, glabres, et d'un vert un peu foncé en-dessus, pubescentes en-dessous, rétrécies à leur base, sinuées-pinnatifides en leurs bords, ou partagées en lobes oblongs, lancéolées, dentées. Les glands, portés deux à quatre, près les uns des autres, sur un pédoncule ligneux, long de quelques lignes, d'un pouce au plus, quelquefois presque sessiles, sont ovoïdes-alongés, enfermés jusqu'au tiers inférieur dans une cupule revêtue d'écailles étroites, pointues, subulées, diversement contournées, qui la font paroître comme chevelue. Cette espèce croît en Espagne, en Italie et dans plusieurs provinces de France, comme la Provence, la Bourgogne, la Franche-Comté, le Poitou, etc. Le bois du chêne chevelu est d'une excellente qualité ; il est employé par les tourneurs, les menuisiers, les charrons, les tonneliers ; on s'en sert dans les constructions navales. La chair des cochons qui ont été nourris avec son gland est délicieuse, ferme, et se conserve long-temps.

CHÊNE DE TOURNEFORT : *Quercus Tournefortii*, Willden., *Spec.*, 4, p. 455 ; *Quercus cerris*, Oliv., Voy., 1, p. 221, t. 12. Cette espèce a beaucoup de rapports avec la précédente ; mais elle en diffère par ses feuilles cotonneuses en-dessous, plus profondément pinnatifides, à lobes distans très-entiers, et par ses fruits plus gros. Elle croît dans l'Arménie, l'Asie mineure et la Syrie. C'est particulièrement ce chêne, et le chêne à grappes, que les Turcs emploient dans leurs constructions navales : on l'apporte à l'arsenal de Constantinople des côtes de la mer Noire, et on s'en sert le plus souvent pour la charpente des maisons.

Histoire du Chêne en général.

Le chêne domine en roi parmi les arbres de l'Europe : c'est le plus beau comme le plus robuste des habitans de nos forêts. C'est son image qui s'offre d'abord à la poésie quand elle veut peindre la force qui résiste, comme celle du lion pour exprimer la force qui agit : le nom latin *robur* indique cette vigueur qui caractérise le chêne. C'est par cette qualité, plutôt que par sa grosseur, que le chêne l'emporte sur tous les arbres indigènes, et sur un grand nombre de ceux des autres climats. Il ne s'élève jamais aussi haut que quelques espèces de pins et de palmiers, et son tronc n'acquiert jamais les dimensions effrayantes de celui du baobab, le plus gros des enfans de la terre.

Quoique la vie du chêne ne soit pas non plus comparable à celle de ces colosses des bords du Niger, dont quelques-uns paroissent dater d'aussi loin que les premiers souvenirs des hommes, elle n'en est pas moins très-longue relativement à la nôtre et à celle de la plupart des créatures.

Plot et Ray citent plusieurs chênes d'une grosseur vraiment étonnante. Les branches de l'un, mesurées depuis le tronc, avoient cinquante-quatre pieds de longueur; un autre, de trente pieds de circonférence, s'élevoit jusqu'à cent trente.

Le malheureux Charles Ier, roi d'Angleterre, fit employer dans la construction d'un vaisseau fameux un chêne qui fournit quatre poutres, chacune de quarante-quatre pieds de long, sur quatre pieds neuf pouces de diamètre.

Daléchamps, vol. 1, p. 11, dit qu'on voyoit de son temps, dans la forêt de Tronsac en Berry, un chêne d'une élévation et d'une grosseur presqu'incroyables : François Ier, charmé de la beauté de cet arbre, le fit entourer d'une terrasse et d'une barrière, et venoit se délasser sous son ombrage quand il avoit chassé dans cette forêt.

Pline, liv. 16, chap. 44, fait mention d'une yeuse que l'on

voyoit de son temps, près de Tusculum, dans le voisinage d'un bois consacré à Diane. Le tronc de cet arbre merveilleux avoit trente-quatre pieds de tour, et donnoit naissance à dix branches principales qui, par leur grandeur et leur grosseur, valoient chacune un gros arbre, de sorte que cette yeuse formoit à elle seule une petite forêt.

Le chêne croit lentement : un chêne de cent ans n'a souvent pas plus d'un pied de diamètre : c'est jusqu'à quarante ans environ que son accroissement est le plus prompt ; après cette époque, il devient moins sensible, et se ralentit progressivement. Le chêne vit communément deux à trois cents ans, et encore la main de l'homme vient le plus souvent abréger son existence ; car, si l'on calculoit l'âge auquel cet arbre peut atteindre par la grosseur à laquelle les chênes dont il vient d'être parlé sont parvenus, on croiroit facilement qu'un chêne peut vivre dix à douze siècles et plus. Pline, dans le chapitre déjà cité, rapporte qu'il y avoit sur le Vatican une yeuse plus ancienne que Rome, et sur laquelle une inscription étrusque, en caractères d'airain, indiquoit que dès ces temps reculés elle avoit été l'objet de la vénération des hommes.

Le chêne commence tard à donner des fruits ; on a remarqué que sa fécondité augmente avec son âge, et que c'est dans la vieillesse qu'il porte le plus. Ce fruit, d'une forme assez particulière, et connu de toute antiquité sous le nom de gland, a donné son nom à plusieurs sortes d'ornemens dont il a fourni la première idée.

C'étoit, dans la Grèce, une tradition universellement reçue, que les premiers habitans de ce pays, venus des environs de la mer Caspienne, et établis dans la partie montagneuse de l'Epire, appelée Chaonie, y avoient long-temps vécu de glands. C'est sans doute à cause de cela que Virgile appelle quelque part ce fruit *glandem chaoniam*. C'est sans doute aussi la véritable origine de la célébrité des chênes de Dodone, situés dans cette partie de la Grèce, et du respect qu'on leur portoit.

Les Arcadiens prétendoient avoir appris de Pélasge, fils de Jupiter et de Niobé, à se nourrir de glands. Ils conservèrent cet usage lors même que les autres Grecs vivoient de céréales : ce qui leur fit donner le surnom de balanophages.

Ovide met le gland au rang des fruits qui faisoient les délices des hommes pendant l'âge d'or.

> Ipsa quoque immunis, rastroque intacta, nec ullis
> Saucia vomeribus, per se dabat omnia tellus:
> Contentique cibis nullo cogente creatis,
> Arbuteos fœtus montanaque fraga legebant,
> Cornaque, et in duris hærentia mora rubetis,
> Et quæ deciderant patulâ Jovis arbore glandes.
>
> METAMORPH. lib. I, v. 101.

On ne peut entendre par cet âge d'or que l'époque qui a précédé la civilisation des peuples de l'Europe, et où les hommes, sauvages et sans industrie, n'avoient encore pour nourriture que les fruits des forêts. Si l'on a plus parlé des glands que des autres, c'est qu'ils sont les plus abondans dans les forêts de l'Europe, et qu'il paroît d'ailleurs certain que dans ces temps reculés on appeloit glands la plupart des fruits, au moins tous les fruits durs, comme on appeloit chênes la plupart des arbres. *Glandis appellatione omnes fructus continentur*, dit Pline, liv. 7, chap. 56. Le même auteur appelle ailleurs la faîne du hêtre *glans fagi*, et l'on donnoit au noyer le nom de *Dios balanos*, *Jovis glans*, dont *juglans* est l'abrégé. Ainsi, lorsqu'on lit dans plusieurs auteurs anciens que les glands furent la principale nourriture des premiers habitans de l'Europe, on voit que ce n'est pas uniquement des fruits du chêne, mais des fruits en général qu'il faut l'entendre.

Au reste, les glands de plusieurs espèces de chênes sont réellement doux et bons à manger, comme les noisettes et les châtaignes. On a mangé, de toute antiquité, et on mange encore aujourd'hui en Portugal, dans quelques parties de l'Espagne et de l'Italie, les glands du chêne-liége, du chêne-ballote, et autres. Dans toutes les villes de la Morée et de l'Asie mineure, Olivier rapporte qu'on vend dans les marchés une espèce de gland de chêne bon à manger. Dans la Mésopotamie et dans le Curdistan les glands sont gros et longs comme le doigt, et très-bons à manger, selon Michaux. Les Barbaresques, d'après M. Desfontaines, mangent les glands du chêne-ballote crus ou torréfiés; les habitans de l'Atlas s'en nourrissent une partie de l'année, et en Espagne et en Portugal les plantations de ballote sont d'un très-bon produit. Dans l'Amérique septentrio-

nale, M. Michaux fils dit que plusieurs espéces de chênes produisent des glands doux et bons à manger, et il cite entre
autres le chêne blanc, le chêne prinus, le chêne de montagne,
et le chincapin.

Pline dit que les glands font même, en temps de paix, la
richesse de plusieurs nations, et parle de l'art d'en faire du
pain, connu de son temps.

Les habitans des montagnes du Liban recueillent, quand ils
manquent d'autres vivres, les glands du chêne, et les mangent
bouillis ou cuits sous la cendre.

Galien raconte que, pendant une longue famine, les habitans de son pays furent obligés de se nourrir de glands.

Simon Paulli dit que la même chose arriva de son temps
dans le Meckelbourg, sa patrie, après la guerre de Bohème.

En France, dans une année de disette (1709), de pauvres
gens firent du pain avec la farine de nos glands communs.
Quoique ce pain fût désagréable, il s'en fit une grande consommation dans quelques provinces.

Ces deux derniers faits prouvent que les glands, même ceux
de nos chênes communs, peuvent être de quelque ressource dans
une grande famine. Linnæus conseille de les torréfier avant de
les moudre, pour rendre moins lourd le pain qu'on en fait;
et M. Bosc dit qu'on peut ôter à ces glands un peu de leur
âpreté, en les faisant cuire dans une lessive alcaline. ,

Si les hommes peuvent manger certaines espéces de glands,
toutes indifféremment fournissent une nourriture abondante
à des animaux sauvages de nature diverse. En Europe, le cerf,
le chevreuil et le sanglier vivent, pendant tout l'hiver, du
gland des chênes de nos bois. En Asie, les faisans, les pigeons
ramiers le partagent avec les bêtes fauves. Dans l'Amérique
septentrionale, l'ours, l'écureuil, le pigeon et la dinde sauvages recherchent aussi le gland des chênes. Plusieurs espéces
de quadrupèdes et d'oiseaux de ce continent, ayant consommé
les glands d'un territoire, se rendent par troupes innombrables
dans les pays où ces fruits se trouvent plus abondans.

Parmi nos animaux domestiques, le cochon est celui qui
recherche le plus les glands pour en faire sa nourriture; mais
on peut habituer plusieurs autres animaux à en manger, et
en les faisant un peu cuire et légèrement concasser, on pourroit

en nourrir toutes sortes de volailles. Les dindes principalement
en sont en général très-friandes, et les avalent tout entiers.

Toutes les parties du chêne sont en général styptiques et astringentes ; ce sont ces propriétés résidant éminemment dans
son écorce, qui la rendent la plus propre au tannage des
cuirs. On n'emploie ordinairement que celle des taillis de
quinze à trente ans, quoique celle du bois plus vieux soit au
moins aussi bonne.

C'est à la séve du printemps qu'on dépouille le chêne de son
écorce, qu'il faut laisser sécher à l'ombre. La meilleure est
celle des arbres qui ont crû dans un terrain sec ; celle de certaines espèces, comme le tauzin ou chêne des Pyrénées, paroît aussi contenir plus abondamment le tannin, ce principe
astringent, qui donne de la solidité au cuir.

Lorsqu'on est obligé d'employer du bois de chên eencore vert,
il suffit, dit-on, pour lui donner promptement les qualités du
bois sec et pour le garantir des vers, de le laisser quelques
mois seulement dans l'eau.

L'aubier du chêne est très-épais et très-marqué. Il est défendu aux ouvriers, par leurs statuts, de l'employer, parce qu'il
pourrit facilement, et ne tarde pas à être attaqué par les vers.

Buffon, Duhamel, Varenne de Fenille et Hassenfratz ont
fait des expériences sur les moyens d'augmenter la force, la
solidité, la durée du bois de chêne, et de donner à l'aubier
la même qualité qu'au bois même : ces moyens consistoient
à écorcer et à laisser sécher les arbres sur pied avant de les
abattre. Il avoit paru résulter surtout des expériences de Buffon et de Duhamel, que le bois, écorcé avant d'être abattu,
devenoit plus dur, plus ferme, plus pesant, plus fort ; d'où
ils avoient cru pouvoir conclure qu'il devoit aussi être de plus
longue durée : mais plusieurs forestiers recommandables par
leurs connoissances, entre autres M. Becker, inspecteur des
forêts à Rostock, et M. Laurop, grand-maître des forêts du
duché de Berg, reprochent à Buffon et à Duhamel de s'être
trompés dans les conclusions qu'ils ont tirées de leurs expériences, et de n'avoir pas d'ailleurs fait ces dernières avec toute
l'exactitude nécessaire. MM. Becker et Laurop n'attribuent la
plus grande pesanteur et la plus grande tenacité des chênes
écorcés sur pied par Buffon et Duhamel, qu'à ce que le bois

de ces arbres n'étoit pas suffisamment desséché, et qu'il l'étoit dans toutes les proportions beaucoup moins que celui des chênes qui avoient été abattus dès le commencement des expériences, et qui avoient séché pendant deux ans dans leur écorce; car c'étoit avec du bois de ces derniers que Buffon avoit fait ses expériences comparatives.

M. Baudrillard, qui a écrit sur le même sujet, assure d'ailleurs que l'écorcement des bois a l'inconvénient de renfermer dans le corps des arbres un amas de sucs fermentescibles qui, par la facilité avec laquelle ils se dissolvent à l'humidité, donnent lieu à la pourriture; que ces mêmes sucs occasionent les fentes qui se forment dans ces sortes de bois pendant l'été et pendant les gelées. Enfin, ce qui doit encore faire prohiber la méthode de l'écorcement, c'est la cherté de cette opération, la mort des souches qui en est la suite, la perte de l'écorce des branches, et l'analogie qui existe entre les arbres morts sur pied par l'effet de l'écorcement, et ceux dont la mort est naturelle, lesquels sont généralement réputés mauvais par les ouvriers qui font l'emploi de leur bois.

Un végétal aussi considérable que le chêne ne peut manquer de nourrir et d'abriter un très-grand nombre d'insectes. On en trouve plus de deux cents espèces sur les chênes des environs de Paris seulement.

Il n'est point de partie du chêne qui ne serve d'aliment ou de retraite à quelque insecte : une foule de larves, de celles des coléoptères surtout, perforent son bois, malgré sa dureté.

Nous avons parlé du kermès ou de la cochenille, qui fournit la graine d'écarlate, et de l'insecte qui produit la galle du commerce : nous n'y reviendrons pas. D'autres cochenilles vivent sur différentes espèces de chênes, mais ne servent à aucun usage.

Plusieurs espèces de diplolèpes vivent aussi aux dépens du chêne, et chacune s'attache à une partie différente et déterminée, aux feuilles, aux pétioles, aux fleurs, aux pédoncules, etc. Les femelles percent l'épiderme à l'aide d'un aiguillon ou tarrière qui est en même temps l'*oviductus*, et déposent un œuf dans cette piqûre. Bientôt l'extravasation des sucs forme à cette place une protubérance qui va toujours en croissant, où l'œuf éclot, où vit la larve, et où la nymphe est

en sûreté jusqu'à sa métamorphose en insecte ailé. Ces protu-
bérances, qu'on appelle galles, affectent, suivant l'espèce qui
les a produites, des formes particulières, et diffèrent beaucoup
par leur consistance, leur couleur et leur grosseur.

Culture du Chêne.

On ne sème pas toujours les arbres pour les multiplier : les
uns se multiplient facilement par la voie des boutures, des
marcottes; les autres produisent de leur souche de nombreux
rejetons qu'on peut transplanter facilement, et qui fournissent
un moyen expéditif que l'on emploie pour leur propagation :
mais, pour les grands arbres forestiers, et surtout pour le chêne,
la meilleure manière de les multiplier, et même la seule pra-
ticable, est celle des semis. La greffe par approche, la seule qui
réussisse pour le chêne, doit être considérée moins comme un
moyen de multiplication, que comme une manière de conserver les espèces rares et étrangères qu'on n'a pas la facilité
de multiplier autrement, et qui sont seulement destinées à
servir à l'ornement des jardins d'agrément.

Les glands que l'on destine à faire des semis, doivent être
parfaitement mûrs : on ne les cueille point; mais on les ramasse
quand ils tombent d'eux-mêmes pendant l'automne. Ceux qui
tombent les premiers sont ordinairement piqués de vers; ils
ne valent rien pour semer, et ne sont propres qu'à la nourriture des pourceaux. Ces premiers glands exceptés, on doit
ramasser les autres à mesure qu'ils tombent, c'est-à-dire, tous
les deux ou trois jours, et les déposer dans des greniers jusqu'au moment de les semer, si on se propose de le faire avant
l'hiver; mais, si l'on ne peut faire ses semis qu'au printemps,
il faut les stratifier dans du sable ou de la terre sèche, dans un
lieu frais, mais qui ne soit point humide. On fera bien de visiter de temps en temps les glands qu'on aura déposés dans le
sable, parce que, si dans le mois de janvier ils paroissoient
se dessécher, il faudroit arroser le sable avec un peu d'eau ;
et si, au contraire, ils commençoient à germer, il faudroit se
préparer à les mettre en terre dès le commencement de février,
ou au moins dès qu'il ne gèleroit pas. Quand on sème les glands
en automne, on est dispensé de ces soins, et les semis réussissent mieux en général; mais les sangliers, les mulots, et plu-

sieurs autres animaux, qui se nourrissent de glands, en détruisent souvent beaucoup.

Soit qu'on sème les glands en automne ou au printemps,
cette opération peut se pratiquer de trois manières. On sème
les glands par petits tas, de distance en distance, comme à trois
pieds l'un de l'autre; dans des fosses faites à la houe, à quatre
pieds l'une de l'autre; ou bien par rangées faites à la charrue
et à la même distance, à peu près, que les fosses; ou, enfin,
on les sème en plein, comme on fait ordinairement pour le
blé et les autres céréales. Les glands ne doivent pas être trop
recouverts; il suffit qu'ils le soient d'un ou deux pouces de
terre.

Quand on fait de grands semis de glands, il faut renoncer
à leur donner aucune culture particulière, afin d'éviter des
frais considérables. Le mieux est alors de semer le gland dans
toutes les raies faites avec la charrue, et d'y mettre beaucoup
plus de semence qu'il n'en faudroit, parce que l'abondance
des jeunes chênes qui en naîtront, prendra plus facilement le
dessus des mauvaises herbes; d'ailleurs les pieds les plus vigoureux étouffent par la suite les plus foibles : c'est là le moyen
le plus simple d'avoir, avec le temps, une belle futaie.

Quand on destine les semis de chêne à être transplantés
pour être mis en avenue, en quinconce ou autrement, il
faut les élever exprès dans des pépinières particulières, et
leur donner les soins nécessaires pour en faire des arbres
de belle forme, et qui supportent bien la transplantation. On
prend donc des glands choisis, et on les sème dans un bon terrain bien ameubli par plusieurs labours.

Au bout de deux ans, on lève les jeunes chênes, on leur
coupe le pivot; à cet âge ils souffrent très-peu de cette opération : on les replante tout de suite en pépinière à la distance d'un pied l'un de l'autre. Chaque année on les laboure
à la bêche en automne; on leur donne un binage à la fin du
printemps ou au commencement de l'été, pour les débarrasser des mauvaises herbes, et enfin on élague leurs branches
surabondantes ou mal placées, afin de les forcer à croître
aussi droit que possible. Après qu'ils ont resté ainsi quatre
ans en pépinière, on les arrache de nouveau par rangs entiers, en fouillant jusqu'au dessous de leurs plus basses ra-

cines, et on les replante à deux pieds de distance pour les cultiver encore pendant trois à quatre ans. Ils sont alors bons à mettre en place; ils auront fait d'excellentes racines, et on pourra les planter avec la certitude de les voir presque tous bien reprendre.

Les racines des chênes sont extrêmement sensibles au hâle; elles se dessèchent rapidement lorsque le vent est au nord, ou qu'il fait un beau soleil: il est donc à propos de ne laisser ces arbres hors de terre que le moins qu'il sera possible, et de ne planter qu'à mesure qu'on les arrachera, toutes les fois que la proximité de la pépinière le permettra; il sera encore avantageux de choisir un temps couvert. L'époque la plus favorable pour la transplantation des chênes est l'automne, immédiatement après les premières gelées, afin que, pendant l'hiver, la terre ait le temps de se tasser autour des racines par l'effet des pluies. Une chose dont on doit bien se garder en plantant le chêne, c'est de lui couper la tête, comme on le fait à certains arbres.

Le chêne n'est point délicat sur la nature du terrain: s'il a beaucoup de fond, il formera des arbres énormes qui auront plus de cinquante pieds de tige; si la bonne terre s'étend à une moindre profondeur, il ne fournira que des poutrelles et du bois de charpente de six à huit pouces d'équarrissage; enfin, si le terrain a fort peu de fond, il ne pourra donner que du taillis. La nature du terrain influe encore sur la qualité du bois: il sera de bonne qualité dans une terre bonne et un peu sèche; il ne deviendra pas si gros, mais il sera fort dur, dans le gravier allié de bonne terre; il sera de belle taille, mais tendre, sur la glaise et dans les sables humides. La situation est également à considérer; car on n'obtient que du bois gras dans les vallées, et le bois est beaucoup plus dur sur les hauteurs. Celui des chênes élevés dans les haies et exposés à l'air de tous les côtés, est plus ferme et plus rustique que celui qui vient en massif.

Tout ce qui vient d'être dit sur la manière de faire des semis de chêne, a principalement rapport au rouvre et au chêne à grappes, qui font la masse de nos forêts; cela peut être aussi appliqué au chêne chevelu, au chêne pyramidal, au tauzin, et autres espèces indigènes ou parfaitement acclimatées: mais plusieurs autres, qui sont exotiques et encore rares, exigeront, jusqu'à ce qu'elles soient plus multipliées, une culture plus soignée. Celles qui appartiennent à des climats plus chauds que celui de Paris, demanderont, dans leur premier âge surtout, à être préservées du froid pendant l'hiver. Leurs semis seront faits avec d'autant plus de soin que les espèces seront plus rares, et qu'on aura moins de leur gland. Dans ce dernier cas, les semis ne seront faits que dans des pots ou des terrines, et pendant plusieurs hivers on les rentrera dans l'orangerie. Au défaut de glands pour multiplier les espèces rares, on aura recours aux marcottes, et mieux encore à la greffe par approche, en prenant pour sujets des plants de trois à quatre ans du chêne à grappes, pour les espèces qui perdent leurs feuilles pendant l'hiver, et du chêne yeuse pour celles qui les conservent. (L. D.)

Chêne des grandes Indes. C'est le tek, *teka grandis*, nommé *tectona* par Linnæus fils, et dont le bois est très-solide.

Chêne françois. Dans les Antilles angloises on nomme ainsi, suivant Aublet, le grignon, *bucida buceras*.

Chêne kermès. Voyez Chêne.

Chêne marin. Espèce de varec, *fucus vesieulosus*, que Lobel nommoit *quercus marina*.

Chêne noir d'Amérique, Chêne a siliques. On nomme ainsi en Amérique l'espèce de catalpa à feuilles ovales et ondées, et à siliques longues et menues, *catalpa longissima*, décrite par Jacquin et Linnæus sous le nom de *bignonia*, dont le bois, très-dur, ressemble un peu à celui du chêne.

Chêne petit, nom populaire de la germandrée, *teucrium chamædrys*, herbe basse qui, par son feuillage sinué, ressemble à un chêne poussant. On la nomme aussi chênette.

Chêne vert. Voyez Chêne. (J.)

CHENEROTES. (*Ornith.*) Voyez Chenalopex. (Ch. D.)

CHÈNETTE (*Bot.*), nom donné à quelques herbes qui ont le feuillage du chêne, telles que la germandrée, *teucrium chamædrys*; une véronique, *veronica chamædrys*; une dryade, *dryas octopetala*. (J.)

CHENEVIS (*Bot.*), nom vulgaire du chanvre, ou plutôt de sa graine, d'où vient celui de *chenevottes*, donné à ses tiges dépouillées de leur écorce, dont on fait de bonnes allumettes, qui s'enflamment facilement. (J.)

CHENGO-VERAG (*Bot.*), nom hongrois du millepertuis, suivant Mentzel. (J.)

CHÊNIER. (*Bot.*) Ce nom est donné par M. Paulet à deux champignons du genre Agaric, qui croissent principalement sous les chênes.

L'un est le CHÊNIER DUR (Paul., pl. 84, fig. 3-5). Il appartient à la famille des feuillets faucilleurs. Son pédicule cylindrique et ferme porte un chapeau roux foncé, garni en-dessous de feuillets de même couleur. Sa chair est blanche, ferme, coriace, d'une saveur fade qui répugne. Néanmoins, ce champignon n'a pas incommodé les animaux auxquels on en a fait manger. Il se trouve au bois de Boulogne.

Le second chênier est le CHÊNIER VENTRU (Paul., tab. 51, fig. 1-4); *Agaricus crassipes*, Schœff., tab. 87-88. Il appartient à la famille que Paulet nomme le *gros clou*. Il est commun aux environs de Paris, et facile à reconnoître à son odeur de bois de chêne. Il a une saveur de champignon qui n'est point désagréable; des essais faits sur des animaux prouvent qu'il n'est point malfaisant. On le trouve, solitaire, ou par touffes, au pied des chênes. Son chapeau est fauve ou marron, garni en dessous de feuillets blancs roussâtres. Le pied est coriace, ventru, et d'un roux foncé presque noir. (LEM.)

CHENILLE (*Entom.*): *Eruca*, Pline; Κάμπη, Théophraste. On nomme ainsi particulièrement les larves des insectes à quatre ailes écailleuses, ou les lépidoptères, sous leur premier état, depuis leur sortie de l'œuf jusqu'à l'époque où ils se transforment en chrysalide. On appelle cependant encore fausses chenilles les larves de quelques hyménoptères, comme celles des uropristes ou des mouches à scie.

On reconnoît, en général, les chenilles ou les larves des lépidoptères à leur corps alongé, composé de douze anneaux ou articulations, la tête non comprise; garni de neuf boutonnières ou trous destinés à la respiration, situés de chaque côté du corps, et qu'on nomme *stigmates*. Toutes les chenilles ont d'abord six pattes écailleuses ou à crochets simples, correspondant aux trois premiers anneaux et aux pattes que l'insecte doit avoir sous l'état parfait; et, en outre, un nombre variable de tubercules ou d'appendices courts, membraneux, garnis chacun de rangées de petits crochets recourbés en de dans, qui servent aussi de véritables membres, ou de moyens de transport, à l'insecte.

Roësel, Lyonnet, Réaumur, ont fait connoître un grand nombre de chenilles, et leur organisation ; mais leur histoire tient à celle des lépidoptères en général, et nous renvoyons à cet article tous les détails de mœurs, de forme et d'organisation que présentent ces insectes sous ce premier état. Nous allons indiquer succinctement, dans cet article, les principales différences qui doivent être connues de tous les entomologistes.

Chacun des genres et même des sous-genres des lépidoptères offre des configurations, des habitudes, et même une structure variée. C'est ainsi, par exemple, que, pour le nombre des pattes, les uns en ont huit, d'autres dix, douze, quatorze ou seize. Les phalènes, dites géomètres, d'après la forme de leurs chenilles, qui ne peuvent se transporter qu'en mesurant pour ainsi dire l'espace à pas comptés, ne peuvent changer de place que par le rapprochement des tubercules qui se trouvent placés à l'extrémité de leur corps, et qui font l'office de crochets, sur lesquels tout l'animal s'appuie pour faire lâcher prise aux pattes écailleuses et à l'extrémité antérieure, laquelle se redresse et se porte juste au degré le plus considérable d'extension auquel elle puisse parvenir. Arrivées là, les pattes articulées, ou à crochet simple, saisissent les aspérités de la surface, s'y accrochent à leur tour, et deviennent le nouveau point d'appui vers lequel les tubercules postérieurs viennent adhérer de nouveau. La plupart de ces chenilles sont rases, et de la couleur des tiges des plantes ou des arbustes sur lesquels elles sont appelées à vivre. Souvent elles se tiennent immobiles sur ces tiges, en formant avec elles un angle semblable à celui sous lequel s'éloignent le plus ordinairement les branches du végétal, ce qui leur donne l'apparence d'une tige tronquée, et ce qui les a fait nommer *arpenteuses en bâton*. Les chenilles à huit pattes, c'est-à-dire à deux paires de tubercules seulement, vivent ordinairement dans des étuis ou des fourreaux qu'elles se construisent elles-mêmes, en rapprochant des feuilles ou d'autres matières tantôt animales, tantôt végétales, à l'aide de fils de soie : telles sont celles des teignes, des lithosies.

La forme des chenilles ne varie pas moins. Les unes sont

demi-cylindriques, comme celle du bombyce du trèfle ; d'autres sont quadrangulaires, ou présentent des plans anguleux, comme celles de certains sphinx : d'autres sont courtes, ovales, et ont été comparées à des cloportes, à des poissons. Les unes sont rases, lisses et polies, tout-à-fait étiolées ou colorées diversement ; d'autres ont la peau tuberculeuse ou chagrinée, et dure au toucher, garnie de pointes cornées simples ou ramifiées. Il en est qui sont excessivement velues, et qu'on a nommées pour cette raison martres ou hérissonnes. Dans quelques espèces, comme dans celle du bombyce du pin, dans la processionnaire, dans la fuligineuse, ces poils se cassent très-facilement, et produisent des ampoules ou une sorte d'érysipèle sur la peau de l'homme dans laquelle ils pénètrent. Ces poils sont tantôt disposés en aigrettes, en faisceaux, en brosses, en plumes diversement colorées, que l'on a comparées, suivant leur situation sur le corps de l'animal, à des oreilles, des bosses, des panaches.

Quelques-unes, comme celles des papillons *machaon*, *podalyre*, et autres dits chevaliers, font sortir une sorte de tubercule charnu en Y, de l'espace compris entre le cou et la tête ; d'autres, comme les chenilles dites à queue fourchue, ont le dernier anneau du corps terminé par deux tentacules protractiles qui paroissent, comme dans les premières, avoir pour usage d'éloigner, à l'aide d'une liqueur qui suinte de ces parties, les animaux qu'elles ont à craindre.

Beaucoup de chenilles vivent en société : les unes d'une manière permanente, et pour tout le temps où elles doivent conserver cette forme, comme celles des *bombyces*, dites processionnaires ; celles de beaucoup de phalènes d'*alucites* et d'*yponomeutes*, en se filant une tente commune sous laquelle elles se retirent dans les temps de pluie, dans le jour ou dans la nuit, suivant que les espèces se nourrissent et doivent éviter plus ou moins certains oiseaux dits échenilleurs. D'autres vivent isolées : c'est ainsi, par exemple, que parmi les papillons, les paons de jour proviennent de chenilles qui ont été déposées toutes ensemble sur les orties, où on les trouve constamment en grand nombre, tandis que l'*atalante*, le C. *blanc*, vivent solitairement. Les unes fuient la lumière, et se trouvent sur les racines, comme celles des *hépiales*; dans le tronc des arbres, comme celle des *cossus;* dans les ruches des abeilles, comme les *gal-léries;* dans les étoffes de laine, la fourrure des animaux, les semences des graminées, comme celles des *teignes;* dans les fruits, comme les *pyrales,* etc. : mais la plupart des chenilles se nourrissent des feuilles des plantes, tantôt bornées à une seule espèce, tantôt à plusieurs végétaux, comme l'a donné à observer la chenille du sphinx du troëne, que l'on trouve aussi sur le lilas et sur le frêne ; celle du papillon brassicaire, qui vit sur la capucine et sur le réséda.

Les chenilles sont en général très-voraces : on a observé par exemple que dans certains jours la chenille du mûrier, vulgairement dite le ver à soie, dévoroit le double de son poids de matière végétale.

Toutes les chenilles, en se développant, ont besoin de changer de peau, afin que leurs parties puissent être contenues dans leur tégument. C'est une opération admirable que cette *mue,* dans laquelle l'insecte se dépouille de toutes ses parties extérieures, dont il sort comme d'une envelope ou d'un fourreau dans lequel il étoit contenu. A cette époque, qui se renouvelle jusqu'à huit ou neuf fois pour certaines espèces, l'individu éprouve une sorte de maladie. Il reste sans prendre de nourriture, il se gonfle; sa peau éclate et se fend ordinairement en longueur sur le dos, et c'est par cette fente qu'il sort en abandonnant sa dépouille. Dans cette peau de l'insecte on retrouve l'étui de toutes les parties, des mâchoires, des ongles, du crâne, des anneaux, des stigmates, des cornes, des épines, et quelquefois même des poils.

Dans quelques cas, comme dans la première mue du bombyce du mûrier, la chenille, de velue qu'elle étoit, devient rase; mais le plus ordinairement, comme on peut le voir dans celles de la noctuelle du bouillon, du groseillier, etc., les taches et les couleurs de chaque mue sont autrement disposées, et d'une autre teinte, qui la fait aisément distinguer.

En sortant de la peau que la chenille abandonne, toutes ses parties sont dans un état de mollesse qui ne cesse que par son exposition à l'air : enfin, à l'époque déterminée par la nature pour la métamorphose ou pour le changement en chrysalide, chacune des espèces, par une sorte d'instinct, se retire dans le lieu convenable, pour y travailler tranquillement aux moyens de se mettre en sûreté et de se protéger contre les ennemis divers attachés à sa destruction. Les unes se filent un *follicule* ou un *cocon*, avec un art très-varié, ou se construisent une sorte de tombeau, de coque solide, ovalaire ou cylindrique : tels sont la plupart des lépidoptères nocturnes. D'autres se métamorphosent à l'air libre, en se fixant par la queue, et quelquefois en même temps par le milieu du corps, à quelques substances solides : tels sont les papillons de jour.

Voyez, pour plus de détails, les articles Insecte, Métamorphose, Chrysalide, Lépidoptères, et tous les mots imprimés ci-dessous, auxquels nous renvoyons le lecteur afin d'éviter les répétitions. Voyez aussi les articles Bombyce, t. 5, p. 131 ; Papillon, Sphinx, Teigne.

Chenille a queue de poisson. Voyez Bombyce et Phalène papillonnaire.

Chenille a aigrette. Voyez Noctuelle de l'érable.

Chenille arpenteuse ou géomètre. Voyez Phalène.

Chenille en baton. Voyez Phalène.

Chenille bedeaude. V. Papillon gamma, ou Robert-le-Diable.

Chenille a brosses. Voyez Bombyce pudique.

Chenille du chou. Voyez Papillon brassicaire.

Chenille cloporte. Voyez Papillon, Polyomatte.

Chenille cochonne. Voyez Sphinx cochonnet.

Chenille commune. Voyez Bombyce chrysorrhé.

Chenille a cornes. Voyez Sphinx et Noctuelle psi.

Chenille épineuse. Voyez Papillon.

Chenille fausse, ou Fausse Chenille. Voyez Uropristes.

Chenille a fourreau. Voyez Teignes, Phryganes.

Chenille hérissonne ou Martre. Voyez Bombyce caja.

Chenille livrée. Voyez Bombyce de Neustrie.

Chenille a oreilles. Voyez Bombyce disparate ou Zigzag.

Chenille du pin. Voyez Bombyce pythiocame.

Chenille processionnaire. Voyez Bombyce.

Chenille queue fourchue. Voyez Bombyce vinule.

Chenille du saule. Voyez Cossus.

Voyez en outre les genres de l'ordre des lépidoptères, et l'article précédent. (C. D.)

CHENILLE BLANCHE. (*Conch.*) C'est le nom marchand de la cérite buive. (De B.)

CHENILLETTE (*Bot.*), *Scorpiurus*, Linn., genre de plantes dicotylédones, polypétales, à étamines périgynes, de la famille des légumineuses, Juss., et de la *diadelphie décandrie*, Linn., dont les principaux caractères sont d'avoir un calice à cinq divisions presque égales ; une corolle papilionacée, à étendard arrondi, à ailes presque ovales et à carène semi-lunaire, presque ventrue ; dix étamines, dont neuf ayant leurs filamens réunis à leur base ; un ovaire supérieur, surmonté d'un style terminé par un stigmate simple ; un légume oblong, coriace, sillonné, contourné en spirale, et divisé en articulations contenant chacune une graine.

Ce genre renferme cinq espèces, dont quatre croissent naturellement en France, et la cinquième en Barbarie. Les chenillettes sont des plantes herbacées, annuelles, à feuilles simples et alternes, à fleurs solitaires ou réunies plusieurs ensemble au sommet d'un long pédoncule axillaire. Leur nom françois paroit leur venir de la ressemblance que leurs gousses vertes ont avec les chenilles. Toutes ces plantes étant nulles, sous le rapport de leurs propriétés, nous abrégerons la description des espèces, en ne rapportant que les deux suivantes :

Chenillette vermiculée : *Scorpiurus vermiculata*, Linn., *Spec.*, 1050, Gærtn., Fruct. 2, p. 345, t. 155, f. 4. Ses tiges sont longues de huit à dix pouces, couchées, nombreuses, légèrement velues. Ses feuilles sont oblongues, élargies dans leur partie supérieure, rétrécies en pétiole à leur base. Ses fleurs sont jaunes, petites, solitaires au sommet de chaque pédoncule, et remarquables par les cinq dents profondes de leur calice. Les légumes sont épais, roulés sur eux-mêmes, chargés de tubercules obtus et disposés par séries longitudinales. Cette plante croît dans les champs, en Provence, en Languedoc, en Italie, etc.

Chenillette sillonnée : *Scorpiurus sulcata*, Linn., *Spec.*, 1050 ; Gærtn., Fruct., 2, p. 346, t. 155, f. 4. Cette espèce a ses feuilles plus larges et plus obtuses que la précédente. Ses pédoncules sont ordinairement chargés de trois à quatre fleurs ; ses légumes se tortillent, dans leur partie supérieure, en deux tours de spirale ; ils sont marqués de sillons très-profonds, et chargés sur leur dos de quatre rangs d'épines droites, roides, grêles et pointues. Cette plante croît dans les champs de nos départemens méridionaux. (L. D.)

CHENNÉ. (*Bot.*) On trouve sous ce nom, dans quelques livres, le henné ou alkanna des Arabes, qui est le *lawsonia* des botanistes. (J.)

CHENNIE (*Entom.*), *Chennium*. M. Latreille nomme ainsi de très-petits coléoptères à deux articles aux tarses, qu'on trouve sur la terre humide. Il n'en a décrit qu'une espèce, sous le nom de *bituberculé*. Il lui a reconnu des mandibules, onze articles aux antennes, dont le dernier est plus grand et comme globuleux. (C. D.)

CHÉNOBOSCON (*Bot.*), nom grec de l'argentine, *potentilla anserina*, suivant Mentzel. (J.)

CHENOLEA. (*Bot.*) Ce genre de plantes de M. Thunberg a été réuni par Lhéritier à la soude, *salsola*, dont il diffère seulement par sa graine renfermée dans une capsule, et contournée en spirale. (J.)

CHÉNOPODA. (*Bot.*) Breynius avoit donné ce nom à un aspalath du Monomotapa, que Linnæus a nommé pour cette raison *aspalathus chenopoda*. On retrouve encore, sous le même nom donné par Pline, et cité par C. Bauhin, un *genista spartrum* de ce dernier, qui n'est point rapporté dans les ouvrages modernes; il se rapproche peut-être de l'*anthyllis erinacea*, ou mieux encore de l'*asparagus horridus*. (J.)

CHÉNOPODE (*Bot.*), *Chenopodium*. Voyez ANSERINE. (L. D.)

CHÉNOPODÉES (*Bot.*), nom donné par quelques auteurs à la famille des ATRIPLICÉES. Voyez ce mot. (J.)

CHENUCE. (*Bot.*) Voyez CHEUNCE. (J.)

CHEPA. (*Ichthyol.*) Voyez CHOÜPA. (H. C.)

CHEPU. (*Ichthyol.*) En Galice, on appelle ainsi l'oblade, *boops melanurus*. Voyez BOGUE, dans le Supp. du 5.e vol. (H. C.)

CHERAMELA (*Bot.*), nom malabare d'où dérive le nom françois cheramélier, donné au *cicca*, genre de la famille des euphorbiacées. (J.)

CHÉRAMÉLIER (*Bot.*), *Cicca*. Quelques arbrisseaux des Indes orientales ont donné lieu à la formation de ce genre, de la famille des euphorbiacées, appartenant à la *monoécie tétrandrie* de Linnæus. Rapproché des phyllantes, il s'en distingue par des fleurs monoïques : les mâles composées d'un calice à quatre folioles arrondies, concaves ; point de corolle ; quatre étamines ; les anthères globuleuses : dans les fleurs fe-

melles, un ovaire surmonté de quatre styles, d'autant de stigmates bifides. Le fruit est une capsule, ou plutôt une baie
globuleuse, à quatre coques conniventes; une semence dans
chaque coque.

Linnæus n'avoit mentionné qu'une seule espèce de *cicca*,
qui est le

Chéramélier a feuilles distiquées : *Cicca disticha*, Linn.;
Lam., *Ill.*, tab. 757, fig. 1; *Neli-poli*, Rheed., Malab., 3, tab.
47, 48; *Cheramela*, Rumph, *Amb.*, 7, tab. 53, fig. 2; vulgairement *amvallis*.

On soupçonne, avec beaucoup de probabilité, que cet
arbrisseau est la même plante que l'*averrhoa acida*, Linn. Ses
grands rapports avec les phyllantes l'ont fait nommer *phillan-
thus longifolius*, Jacq., *Hort. Schœnbr.*, 2, tab. 194. Ses rameaux
sont élancés, alongés, très-simples, quelques auteurs les con-
sidèrent comme le pétiole d'une feuille ailée : les feuilles sont
alternes, glabres, ovales, lancéolées, aiguës, très-entières,
médiocrement pétiolées; les fleurs petites, monoïques, réunies
par groupes sur de petites grappes pédonculées, situées à la
base des rameaux.

Chéramélier nodiflore : *Cicca nodiflora*, Lam., *Ill. gen.*,
tab. 757, fig. 2. M. de Lamarck nous a fait connoître cette
espèce, dont M. Sonnerat lui a envoyé des échantillons de
l'île de Java. Elle se distingue aisément de la précédente par
ses feuilles au moins une fois plus petites, ovales, ou presque
orbiculaires; les fleurs très-petites, réunies par paquets axillaires, presque sessiles, placées le long des rameaux. Les
fruits sont de petites baies globuleuses.

La plante que Loureiro a nommée *cicca racemosa*, *Fl.
Cochin.*, pag. 680, est à peine distinguée de la première espèce, d'après la description qu'en donne cet auteur. Ses feuilles
sont ovales; ses fleurs en grappes, à quatre découpures; ses
baies acides. Elle croît aux Indes orientales, dans le royaume
de Champava, et se cultive à la Cochinchine. (Poir.)

CHERAMUS. (*Ornith.*) Ce terme, et celui de *ceramides*,
paroissent désigner la même espèce d'oiseau que *chenerotes*,
qui est présenté par Pline comme appartenant au genre *Anser*,
oie. Voyez Chenalopex. (Ch. D.)

CHERBACHEM (*Bot.*), nom arabe donné, suivant Dalé-

champs, soit à l'ellébore blanc, *veratrum*, soit à l'ellébore
noir, *helleborus*. (J.)

CHERBAS, Cʜᴀs (*Bot.*), noms arabes de la laitue, suivant
Daléchamps. (J.)

CHERBOSA. (*Bot.*) Voyez Coᴘous. (J.)

CHEREDRAMON (*Bot.*), un des noms anciens de la prêle,
equisetum, suivant le traducteur de Daléchamps. Elle étoit plus
connue anciennement sous celui de *hippuris*, qui a été depuis
transporté à une autre plante. (J.)

CHEREM (*Bot.*), nom hébreu de la vigne, suivant Mentzel. (J.)

CHEREMIA (*Bot.*), nom donné dans l'île de Bourbon au
chéramélier, *cicca disticha*. Quelques habitans de cette île le
nomment chéremélier. (J.)

CHEREN (*Ornith.*), nom arabe du martin-pêcheur, *alcedo
hispida*, Linn. (Cʜ. D.)

CHERFA. (*Bot.*) Dans la Hongrie, suivant Clusius, on
nomme ainsi le *cerrus* de Pline, qui est le *quercus cerris* des
botanistes. (J.)

CHÉRIC. (*Ornith.*) Ce petit oiseau, qu'on trouve à Madagascar, est une espèce de figuier de Buffon, *motacilla made-
raspatana*, Gmel., et *sylvia madagascariensis*, Lath. (Cʜ. D.)

CHERIMOLIA (*Bot.*), nom péruvien d'une espèce de coros-
sol, *anona cherimolia* de Lamarck, *anona tripetala* d'Aiton,
dont le fruit a une saveur agréable, et passe pour un des meilleurs du Pérou. On le trouve dans l'Abrégé des Voyages, et dans
d'autres livres, sous le nom de *chirimoya*. (J.)

CHERINA. (*Bot.*) [*Corymbifères*, Juss.; *Syngénésie polygamie superflue*, Linn.] Ce nouveau genre de plantes, que nous
établissons dans la famille des synanthérées, appartient à notre
tribu naturelle des mutisiées.

La calathide est radiée, composée d'un disque multiflore,
équaliflore, labiatiflore, androgyniflore, et d'une couronne
unisériée, pauciflore, biliguliflore, féminiflore. Le péricline,
oblong, et presque égal aux fleurs radiantes, est formé de
squames imbriquées, ovales, uninervées, membraneuses sur
les bords. Le clinanthe est plane, nu, fovéolé. L'ovaire est
alongé, atténué inférieurement, couvert de fortes papilles
charnues, et muni d'un bourrelet apicilaire. L'aigrette est
longue, blanche, composée de squamellules nombreuses, iné-

gales, filiformes-laminées, très-finement et régulièrement bar-bellulées. Les corolles de la couronne ont le tube plus long que le limbe, qui est biligulé; la languette extérieure très-large, trilobée au sommet, presque glabre; l'intérieure colorée comme l'extérieure, mais plus courte, très-étroite, linéaire, indivise inférieurement, divisée supérieurement en deux lanières filiformes, non roulées. Les corolles du disque sont presque régulières, à peine labiées, les deux lèvres étant très-courtes, et divisées chacune très-profondément, l'extérieure en trois lobes, l'intérieure en deux lobes. Les étamines ont les filets laminés et papillés, l'article anthérifère grêle : les appendices apicilaires très-longs, linéaires, aigus, entre-greffés inférieurement; les appendices basilaires longs, filiformes, un peu barbus. Les fleurs femelles portent cinq rudimens d'étamines avortées, libres, et réduites aux appendices apicilaires.

La Chérine a petites feuilles (*Cherina microphylla*, H. Cass.) est une plante herbacée, annuelle, de six à huit pouces, toute glabre; à tige dressée, rameuse, grêle, cylindrique; à feuilles alternes, sessiles, lancéolées, entières, luisantes, très-petites; à calathides solitaires à l'extrémité des rameaux; leur disque est jaune-foncé, et la couronne brun-rouge. Nous avons observé cette plante dans l'herbier de M. de Jussieu; elle vient du Chili.

Notre *cherina* est très-voisine des *chœtanthera*; mais elle en diffère suffisamment par le péricline, qui n'est ni involucré ni appendiculé; par les fleurs femelles à languette intérieure bifide, et non pas indivise, comme dans les *chœtanthera*; par les fleurs hermaphrodites à corolle presque régulièrement quinquélobée. (H. Cass.)

CHERIWAY. (*Ornith.*) M. Cuvier pense que l'aigle, ainsi nommé par Jacquin, n'est qu'une variété d'âge du *falco brasiliensis*, Gmel., ou caracara de Marcgrave. (Ch. D.)

CHERK-FALEK. (*Bot.*) Ce nom, qui signifie iris ou arc céleste, est donné en Egypte, suivant M. Delile, à une espèce de liseron, *convolvulus cairicus*. Il cite le même nom pour la fleur de passion, *passiflora cærulea*. (J.)

CHERLA. (*Ichthyol.*) Voyez Cherna. (H. C.)

CHERLÉRIE (*Bot.*), *Cherleria*, Linn. Genre de plantes dicotylédones polypétales, à étamines hypogines, de la famille des caryophyllées, Juss., et de la *décandrie trigynie*, Linn., dont les principaux caractères sont d'avoir un calice de cinq folioles; cinq pétales petits et échancrés; dix étamines; un ovaire supérieur, surmonté de trois styles; une capsule à trois valves et à trois loges, contenant chacune deux graines. On ne connoît qu'une seule espèce de ce genre.

CHERLÉRIE FAUX-SÉDUM : *Cherleria sedoïdes*, Linn., *Spec.*, 608; Lam., *Ill. gen.*, t. 579. La racine de cette plante est vivace, et donne naissance à des tiges nombreuses, couchées, longues de quelques pouces, disposées en gazon, et garnies d'une grande quantité de feuilles linéaires, aiguës, opposées, réunies à leur base, et très-rapprochées les unes des autres. Ses fleurs sont petites, d'une couleur herbacée ou un peu jaunâtre, portées sur de courts pédoncules. Cette plante croit dans les prairies élevées, et sur les rochers humides des Alpes et des Pyrénées, où elle forme souvent des gazons d'une étendue assez considérable. (L. D.)

CHERMAN (*Ichthyol.*), nom arabe de l'ORPHIE. Voyez ce mot. (H. C.)

CHERMASEL. (*Bot.*) C'est sous ce nom que sont désignées, par Belon et Clusius, les galles qui se trouvent sur le tamaris du Levant, *tamarix orientalis*, qui est l'*atle* des Egyptiens. (J.)

CHERMEN, ou CHERMÈS (*Bot.*), noms arabes de l'insecte nommé aussi *kermès*, qui a passé long-temps pour être le fruit du chêne écarlate, *quercus coccifera*, sur lequel il vit. (J.)

CHERMÈS. (*Entom.*) Voyez KERMÈS et PSYLLE. (C. D.)

CHERNA (*Ichthyol.*), nom espagnol de la *perca scriba* de Linnæus. Voyez PERSÈQUE. (H. C.)

CHERNITES. (*Min.*) C'est, dit Pline, une pierre propre à conserver les cadavres : mais elle a peu d'action; elle ne les consume pas. Le corps de Darius a été conservé dans un semblable cercueil. Cette pierre avoit la blancheur de l'ivoire.

Est-ce du gypse blanc compacte, qui a, comme l'on sait, la plus grande ressemblance avec l'ivoire, lorsqu'il est poli, au point de devenir jaunâtre comme lui sur les parties saillantes? Est-ce simplement un marbre blanc? C'est ce qu'on ne peut encore décider. (B.)

CHEROOLING (*Ornith.*), nom donné à un pluvier par les habitans de Sumatra. (Ch. D.)

CHERRY DEANISH. (*Ornith.*) Les Anglois donnent, au Bengale, ce nom et celui de *bird of knowledge*, au second calao du Malabar, de Buffon, variété du *buceros malabaricus*, Gm. (Ch. D.)

CHERRY-TREE. (*Bot.*) M. Swartz, dans sa *Flora Ind. occid.*, dit que l'on nomme ainsi à la Jamaïque l'*ardisia tinifolia*, à cause de la couleur très-rouge de son bois ; et il ajoute qu'il ne faut pas le confondre avec l'*ehretia tinifolia*, qui porte le même nom dans les îles angloises. (J.)

CHERSŒA (*Erpét.*), nom spécifique d'une vipère du nord de l'Europe. Voyez ÆSPING et VIPÈRE.

Le mot χερσαία (*terrestris*) étoit, chez les Grecs, l'épithète d'une espèce d'aspic. (H. C.)

CHERSONÈSE. (*Géograph. phys.*) Ce mot, tiré du grec, èst employé quelquefois, suivant son acception originale, pour désigner une PRESQU'ÎLE. Voyez ce mot. (L.)

CHERSYDRE. (*Erpét.*) Celse, Ætius, et d'autres médecins anciens, appellent ainsi un serpent venimeux, contre la morsure duquel ils proposent des remèdes, mais que nous ne savons à quel genre rapporter.

M. Cuvier vient tout récemment d'établir sous le même nom un sous-genre dans le genre des hydres, de la famille des ophidiens hétérodermes. Il lui donne pour type l'*oular-limpe*, serpent très-venimeux des rivières de Java, que nous avons décrit, dans le Supplément du 1.ᵉʳ volume, sous le nom d'acrochorde à bandes. Voyez ACROCHORDE.

M. Cuvier pense que par χέρσυδρος les Grecs entendoient la couleuvre à collier. Voyez COULEUVRE. (H. C.)

CHERU-CHUNDA. (*Bot.*) Voyez CHUNDA. (J.)

CHERUNA (*Ornith.*), nom du lagopède, *tetrao lagopus*, en Laponie. (Ch. D.)

CHERVI DE MARAIS. (*Bot.*) La plante ombellifère indiquée sous ce nom par Desmoulins, traducteur de Daléchamps, est le *siser palustre* de ce dernier, l'*œnantha fistulosa*, Linn. (J.)

CHERVILLUM, ou SERVILLUM (*Bot.*), nom latin ancien, suivant Dodoëns, du chervi, *sium sisarum*, qui est le *chervilia* des Espagnols, le *sisaro* des Italiens. Il est écrit *chervilla* par Daléchamps. (J.)

CHERVIS, Chirouis ou Girolles (*Bot.*), noms vulgaires sous lesquels on connoit la berle chervi. Voyez Berle. (L. D.)

CHETASTRUM. (*Bot.*) Vaillant, dans les Mém. de l'Acad. des Sciences, année 1722, avoit subdivisé en quatre le genre *Scabiosa*, d'après la structure du calice propre, soit intérieur, soit extérieur, de chaque fleur. L'un d'eux étoit l'*asterocephalus*, dont Necker, adoptant ces genres, avoit changé le nom en celui de *chætastrum*. Ces divisions génériques n'ont pas été admises par les botanistes modernes. (J.)

CHETCHIA. (*Bot.*) C'est, suivant M. Rochon, un *hieracium* de Madagascar, à fleurs jaunes. (J.)

CHETE-ALHAMAR. (*Bot.*) Suivant Daléchamps, ce nom arabe est celui du concombre sauvage, espèce de momordique, *momordica elaterium*. Le concombre cultivé est nommé *chætha* ou Chathe. Voyez ce mot. (J.)

CHETHA. (*Bot.*) Voyez Chathe. (J.)

CHETHMIE (*Bot.*), nom de l'*hibiscus syriacus*, dans le Levant, suivant Rauwolf. Tournefort le nommoit, d'après C. Bauhin, *ketmia Syrorum*, et il paroît ainsi évident que le nom françois, *ketmie*, donné aux *hibiscus*, provient du nom syrien de cette espèce. (J.)

CHÉTOCÈRES (*Entom.*), nom d'une famille d'insectes de l'ordre des lépidoptères, que nous avons proposée dans la Zoologie analytique, pour y comprendre tous les genres de papillons de nuit dont les antennes sont en soie, et qui proviennent, pour la plupart, de chenilles qui n'ont que dix ou même huit pattes, et qui, en raison de cette organisation, trainent partout avec elles un fourreau qu'elles se filent, et auquel elles fixent des corps étrangers, ou qui se creusent des galeries tapissées d'une sorte de soie dans les substances animales ou végétales, privées de la vie, dont elles se nourrissent. La plupart volent la nuit, et fuient la lumière du jour.

Comme tous les lépidoptères, les insectes parfaits de la famille des chétocères ont quatre ailes écailleuses. Sous l'état parfait, leur bouche, sans mâchoire, est munie d'une langue roulée en spirale entre les palpes ; ils ne peuvent, par conséquent, dans cet état, prendre d'autre nourriture que des matières liquides qu'ils absorbent par le canal que forment les lames de cet organe que l'on nomme la Langue (voyez ce mot), ils correspondent par conséquent à cet ordre d'insectes que Fabricius a nommés les glossates.

Le nom de chétocères, sous lequel nous avons indiqué cette coupe de l'ordre des lépidoptères, est formé de deux mots grecs, l'un χαίτη, qui signifie *soie*, et l'autre κέρας, *corne*, *antennes*; ce qui tend à rendre l'idée d'antennes en soie, c'est-à-dire, plus grêles à l'extrémité libre qu'à l'origine ou au point par lequel elles s'insèrent sur la tête, à peu près comme le poil ou la soie du sanglier : aussi avons-nous proposé comme synonyme l'expression de *séticornes*. Ce n'est pas, au surplus, que les antennes des insectes que nous avons réunis par ce caractère, soient réellement simples et lisses : elles sont quelquefois divisées sur l'un de leurs côtés en lamelles, comme une sorte de peigne; mais la tige sur laquelle ces dentelures sont reçues, est elle-même sétacée.

Trois autres familles d'insectes appartiennent à cet ordre des lépidoptères. Deux d'entre elles sont très-faciles à distinguer par la forme de leurs antennes, qui sont renflées ou en masse, tantôt à l'extrémité, comme dans les globulicornes, famille qui comprend les papillons, les hétéroptères, les hespéries; tantôt le renflement s'opère vers la partie moyenne, comme dans les sphinx, les sésies, les zygènes, que nous avons nommés les fusicornes, parce que leurs antennes sont en fuseau.

La troisième famille avec laquelle les chétocères pourroient être confondus, est celle des filicornes ou némocères, qui comprend les bombyces, les cossus, les hépiales; mais dans ces trois genres les antennes sont de même grosseur dans toute leur étendue, ou en forme de fil.

Nous présentons dans le tableau suivant la division de cette famille en huit genres, d'après la forme des ailes, qui indique des coupes assez naturelles.

```
                ( étendues, planes, ( fendues ou divisées. . . . . . . . . . 8 PTÉROPHORE.
                (                    ( simples, non divisées. . . . . . . 4 PHALÈNE.
A ailes {                         ( plane; ailes en triangle. . . . . . 3 CRAMBE.
                (                ( toit ( voûté, ( aiguë, à ( plus longue
                ( inclinées, en  {      (        ( antennes ( que le corps. . 7 ALLUCITE.
                (                (      ( à base  (          ( moins longue. 2 NOCTUELLE.
                (                (      ( arrondie. . . . . . . . . . 5 PYRALE.
                                 ( fourreau ( arrondi, court. . . . . . . . 6 TEIGNE.
                                            ( plat en-dessus, très-long . . 1 LITHOSIE.
```

Voyez la planche qui représente chacun de ces genres, et

l'article .Lépidoptères, et les noms de chacun de ces genres. (C. D.)

CHÉTODIPTÈRE. (*Ichthyol.*) M. de Lacépède a établi sous ce nom un genre de poissons de la famille des leptosomes, qui se distingue par les caractères suivans :

Deux nageoires dorsales; dents petites, flexibles et mobiles, et tous les autres caractères des chétodons.

Le mot chétodiptère est tiré du grec, et signifie chétodon à deux nageoires (χαίτη, *seta;* ὀδὺς, *dens;* δὶς, *duo,* et πίερὸν, *pinna*).

Le Chétodiptère de Plumier : *Chætodipterus Plumierii,* Lac.; *Chætodon Plumieri,* Bloch. Tête sans écailles; caudale en croissant; forme d'une losange. Couleur générale d'un vert mêlé de jaune, avec six bandes transversales étroites, d'un vert foncé : toutes les nageoires vertes.

Ce poisson a été observé par Plumier dans les mers de l'Amérique, où il aime à se tenir au-dessus des fonds pierreux. H. C.

CHÉTODON (*Ichthyol.*) , *Chætodon,* nom d'un genre de poissons de la famille des leptosomes.

Ce genre est très-nombreux en espèces dans Linnæus, qui l'a ainsi nommé à cause des dents des animaux qui le composent, lesquelles sont semblables à des crins pour la finesse et pour la longueur : χαίτη, en grec, signifie en effet la même chose que le *coma* ou *cæsaries* des Latins, et ὀδὺς, *dent.* Ces dents sont rassemblées sur plusieurs rangs, comme les poils d'une brosse.

Tous les poissons qui entrent dans le genre *Chætodon* de Linnæus, semblent former une petite famille à part. Ils ont tous le corps très-comprimé, élevé verticalement, et les nageoires dorsale et anale couvertes d'écailles. Ils habitent les mers des pays chauds. Ils sont peints des plus belles couleurs, ce qui en a fait rassembler beaucoup dans les collections. Leur chair est bonne à manger. Leurs intestins sont longs et amples, et leurs cœcums grêles, longs et nombreux ; ils ont une grande et forte vessie aérienne. Ils fréquentent généralement les rivages rocailleux. Leur nom vulgaire, en françois, est *bandoulière.*

M. de Lacépède a, le premier, reconnu que ce grand genre de poissons en renfermoit plusieurs autres très-distincts ; il l'a en conséquence coupé en plusieurs groupes, ne réservant le nom de chétodon qu'à ceux qui n'ont ni dentelures ni épines aux opercules. Les autres espèces sont réparties dans les genres ACANTHINION, ACANTHOPODE, ACANTHURE, ASPISURE, CHÉTODIP-TÈRE, ENOPLOSE, GLYPHISODON, HOLACANTHE, POMACANTHE, POMA-CENTRE, et POMADASYS. Voyez ces mots.

M. Cuvier a encore divisé les chétodons proprement dits en plusieurs sections, sous les noms de CHELMON, PLATAX, HENIOCHUS, EPHIPPUS. Voyez ces mots.

Le caractère du genre Chétodon, tel qu'il existe aujourd'hui, est le suivant :

Corps ovale ; épines dorsales se suivant longitudinalement sans trop se dépasser ; dents petites, flexibles, mobiles ; bouche petite, non prolongée en bec ; une seule nageoire dorsale ; opercules ni dentelées ni épineuses. Voyez LEPTOSOMES.

Le ZÈBRE : *Chætodon striatus*, Linn. ; Bloch, 205, fig. 1 ; *Rhomboïdes edentulus*, Klein. Corps orbiculaire ; nageoire de la queue arrondie ; deux orifices à chaque narine ; tête et opercules couvertes d'écailles ; anus rapproché de la tête ; teinte générale jaune ; quatre ou cinq bandes transversales, larges et brunes ; les pectorales noirâtres ; extrémité de toutes les autres nageoires noire aussi. Chair très-agréable. Des mers des Indes orientales.

Le CHÉTODON BRIDÉ : *Chætodon capistratus ; Tetragonopterus lævis*, Klein. Corps ovale, nageoire caudale arrondie, tête et opercules écailleuses ; teinte générale d'un jaune doré, ligne latérale courbée vers le bas ; une tache noire, ronde, grande, bordée de blanc, sur chaque côté de la queue ; une bande transversale sur l'œil. Des raies étroites et brunes se portent vers la tête, de chaque côté du corps, en partant des nageoires dorsale et anale.

Ce poisson ne parvient pas au-delà de trois ou quatre pouces de longueur. Il habite la mer de la Jamaïque et celle des Indes ; on le pêche à Tranquebar.

Le CHÉTODON TACHE NOIRE : *Chætodon unimaculatus*, Linn. ; Bloch, 201, fig. 1. Nageoire caudale en croissant ; une bande transversale large et noire au-dessus de la nuque, des yeux et des opercules ; une tache noire, grande et arrondie, sur la ligne latérale ; dos argenté, taché de jaune ; nageoires jaunâtres ; extrémité de la dorsale et de l'anale, et base de la caudale, d'un brun marron. Des mers du Japon et de l'Inde.

Le Collier : *Chœtodon collare*, Linn. ; Bloch, 206, fig. 1.
Caudale arrondie, museau un peu avancé, membrane saillante
au-dessus d'une partie du globe de l'œil, un seul orifice à
chaque narine ; deux lignes latérales de chaque côté, la supérieure s'élevant du haut de l'opercule jusqu'à la dorsale, et
l'inférieure s'étendant du milieu de la queue jusqu'à la caudale directement ; deux bandes transversales blanches sur la
tête ; dos bleu, tête brune, nageoires jaunâtres. Du Japon.

Le Chétodon huit-bandes : *Chœtodon octo-fasciatus*, Bl. ;
Chœtodon capistratus; Perca nobilis, Linn. Caudale arrondie,
museau un peu avancé, un seul orifice à chaque narine, tête
et opercules écailleuses, ligne latérale très-courbe, et garnie
d'écailles assez larges ; huit bandes transversales brunes, étroites, et rapprochées deux à deux de chaque côté du corps ; anale
et dorsale bordées de brun. De la mer des Indes.

Le Vagabond : *Chœtodon vagabundus*, Linn. ; Bloch, tab. 204,
fig. 2. Caudale arrondie, tête et opercules écailleuses,
deux orifices à chaque narine, museau cylindrique ; teinte
générale jaune ; une bande transversale noire au-dessus de
chaque œil ; une bande noire, fléchie en crochet, vers l'extrémité de la queue, et étendue depuis la dorsale jusqu'à
l'anale ; ces deux nageoires et la caudale bordées de noir ; un
croissant noir sur la caudale.

Ce poisson, dont la chair est grasse, ferme et d'une saveur
agréable, vient des mers de l'Asie, entre les tropiques.

Le Chétodon Klein : *Chœtodon Kleinii;* Bloch, 218, 2.
Caudale arrondie., un seul orifice à chaque narine ; couleur
générale mêlée d'or et d'argent ; une seule bande transversale
brune et placée sur la tête, de manière à passer sur l'œil ; nageoires d'un jaune doré. Des mers de l'Inde.

Le Séton : *Chœtodon setifer; Pomacentre filament.*, Lacép.
Caudale arrondie ; un filament très-long et une tache noire,
ovale, bordée de blanc, à la nageoire du dos ; un bandeau
noir, bordé de blanc, passant sur chaque œil ; raies rouges à
directions variées, sur les côtés du corps, dont la teinte générale est jaune ; la plupart des nageoires bordées de noir.

C'est une dentelure indiquée à faux au préopercule de ce
chétodon, dans la planche 426 de Bloch, fig. 1, qui a engagé
à le placer parmi les pomacentres.

Le Cocher : *Chœtodon auriga*, Forskaël. Le cinquième rayon aiguillonné de la dorsale terminé par un très-long filament; écailles rhomboïdales; couleur générale bleuâtre; quinze ou seize bandes courbes, brunes, obliques, de chaque côté du corps; quatre bandes transversales, rousses, sur la tête; une bande noire sur les yeux et sur le bord de la dorsale. Des mers de l'Arabie et de l'Ile-de-France.

Chétodon alépidote; *Chœtodon alepidotus*. Voyez Seserinus.

Chétodon anneau. Voyez Holacanthe.

Chétodon argenté. L'abbé Bonnaterre appelle ainsi l'acanthopode argenté. Voyez Acanthopode.

Chétodon armé. Voyez Enoplose.

Chétodon arqué. C'est un Pomacanthe. Voyez ce mot.

Chétodon argus; *Chœtodon argus*. Voyez Ephippus.

Chétodon aruset. Voyez Holacanthe.

Chétodon asfur. Voyez Pomacanthe.

Chétodon bengali; *Chœtodon bengalensis*, Bloch. Voyez Glyphisodon.

Chétodon de Boddaert; *Chœtodon Boddaerti*. V. Acanthopode.

Chétodon bordé; *Chœtodon marginatus*. Voyez Glyphisodon.

Chétodon chauve-souris; *Chœtodon vespertilio*. Voy. Platax.

Chétodon chirurgien; *Chœtodon chirurgus*, Linn. Voyez Acanthure.

Chétodon cornu. Voyez Heniochus.

Chétodon des îles de Nicobar; *Chœtodon nicobareensis*, Schn. C'est probablement le même poisson que l'holacanthe géométrique de M. de Lacépède. Voyez Holacanthe.

Chétodon a deux épines; *Chœtodon diacanthus*, Boddaert. Ce poisson paroît être le même que l'holacanthe-duc. Voyez Holacanthe.

Chétodon dorade de Plumier. L'abbé Bonnaterre appelle ainsi le pomacanthe doré. Voyez Pomacanthe.

Chétodon double-aiguillon; *Chœtodon biaculeatus*, Bloch. Voyez Premnade.

Chétodon duc; *Chœtodon dux*. Voyez Holacanthe.

Chétodon empereur. Voyez Holacanthe.

Chétodon encelade; *Chœtodon enceladus*. Ce poisson paroît être le même que le chelmon museau-alongé. Voyez Chelmon.

Chétodon faucheur; *Chœtodon falcatus*, Lacép. Voy. Ephippus.

Chétodon faucille; *Chætodon falcula*. Voyez Pomacentre.

Chétodon forgeron; *Chætodon faber*. Voyez Ephippus.

Chétodon gaher, Forsk. C'est l'acanthure noiraud de Lacépède. Voyez Acanthure.

Chétodon galline; *Chætodon gallina*, Lacép. Voy. Platax.

Chétodon glauque. C'est l'acanthinion bleu de M. de Lacépède. Voyez Acanthinion.

Chétodon goutteux; *Chætodon arthriticus*, Schn. Voy. Platax.

Chétodon a grandes écailles; *Chætodon macrolepidotus*. Voyez Heniochus.

Chétodon grison; *Chætodon canescens*. Voyez Heniochus et Pomacanthe.

Chétodon guaperve, Daubenton. Voyez Chevalier. (H. C.)

Chétodon jagaque. Quelques auteurs ont donné ce nom au glyphisodon moucharra de M. de Lacépède, *Chætodon saxatilis*, Linn. Voyez Glyphisodon.

Chétodon lancéolé. Voyez Chevalier.

Chétodon licornet; *Chætodon unicornis*. Voyez Nason.

Chétodon lutescent. Voyez Pomacanthe.

Chétodon maculé; *Chætodon maculatus*, Bloch. Voyez Glyphisodon.

Chétodon mulat, Bloch. C'est un Holacanthe. Voyez ce mot.

Chétodon museau-alongé: *Chætodon rostratus*. Voyez Chelmon.

Chétodon noiraud, Daubent. C'est l'*acanthurus nigricans* de M. de Lacépède. Voyez Acanthure.

Chétodon orbe; *Chætodon orbis*, Bloch. Voyez Ephippus.

Chétodon paon; *Chætodon pavo*. Voyez Pomacentre.

Chétodon paru. Voyez Pomacanthe.

Chétodon peigne. C'est l'*holacanthus ciliaris*. Voyez Holacanthe.

Chétodon pentacanthé, Lacép. Voyez Platax.

Chétodon persien, Bloch. C'est l'acanthure noiraud de M. de Lacépède. Voyez Acanthure.

Chétodon a petites écailles; *Chætodon microlepidotus*, Gron. C'est l'*holacanthus ciliaris*. Voyez Holacanthe.

Chétodon ponctué; *Chætodon punctatus*, Linn. Voy. Ephippus.

Chétodon rayé; *Chætodon lineatus*, Linn. C'est l'acanthure rayé de M. de Lacépède. Voyez Acanthure.

Chétodon rhomboïde. Voyez Acanthinion.

Chétodon sale ; *Chœtodon sordidus.* Voyez Pomacanthe.

Chétodon sargoïde. Voyez Glyphisodon.

Chétodon sohab. C'est un Aspisure. Voyez ce mot.

Chétodon soufflet ; *Chœtodon longirostris.* Voyez Chelmon.

Chétodon tacheté ; *Chœtodon guttatus.* Voyez Centrogastère.

Chétodon téira ; *Chœtodon teira.* Voyez Platax.

Chétodon tricolor. C'est un Holacanthe. Voyez ce mot.

Chétodon veuve-coquette. L'abbé Bonnaterre appelle ainsi l'holacanthe bicolor. Voyez Holacanthe.

Chétodon zèbre, Daubent. ; *Chœtodon triostegus*, Linn. C'est une espèce d'Acanthure. Voyez ce mot.

CHÉTODONOIDE (*Ichthyol.*), nom spécifique du Plectorinque. Voyez ce mot.

C'est aussi le nom d'un Lutjan de M. de Lacépède. Voyez ce mot. (H. C.)

CHÉTOLOXES. (*Entom.*) C'est le nom par lequel nous avons désigné une famille nombreuse d'insectes à deux ailes, ou de l'ordre des diptères, dont la bouche charnue, rétractile, peut rentrer dans une cavité de la tête, et dont les antennes portent un poil isolé, latéral, simple ou barbu. Ce dernier caractère se trouve à peu près exprimé par le nom tiré de deux mots grecs, Χαίτη, soie, et λοξός, latéral, oblique, que nous avons cherché aussi à rendre en françois par le mot tiré du latin *laterisetes.*

Les diptères que nous avons ainsi rapprochés, diffèrent en effet de tous ceux du même ordre par les particularités que nous allons rappeler : d'abord des taons, des asiles, des stomoxes, des cousins, enfin de tous les insectes à deux ailes, dont la bouche est formée d'un suçoir saillant, corné, et que nous avons nommés sclérostomes ; ensuite, des oëstres ou astomes, qui n'ont, à la place d'une trompe ou d'un suçoir, que trois tubercules qui ne paroissent pas tenir à la nutrition. Dans une autre famille, la bouche, charnue et distincte, diffère de celle des chétoloxes, parce qu'elle est munie de palpes ou barbillons articulés, et supportée par un museau plat et saillant, et que d'ailleurs les antennes sont le plus souvent alongées, formées d'un grand nombre d'articulations distinctes, comme dans les tipules, les hirtées, les scatopses, que nous avons nommés becs-mouches ou hydromyes. Les seuls insectes avec lesquels ceux-ci pourroient être confondus, sont les aplocères : ils leur ressemblent en effet beaucoup par les formes et les habitudes ; mais ceux-ci, ou n'ont pas de poil isolé sur les antennes, ou, s'ils en portent un, il est placé à l'extrémité. (Voyez l'article Aplocères, dans le Supplément du 2.ᵉ volume, pag. 100.) Nous présentons ici un tableau analytique qui indique les genres compris dans la famille des diptères chétoloxes, d'après la disposition du poil latéral des antennes.

```
                      portée sur un col : corps linéaire, pat-
               plus   tes longues. . . . . . . . . . . . . . . . 2 CALOBATE.
               court;        courbé, co- ( très-longues. . 1 DOLYCHOPE.
               tête          nique : pattes ( ordinaires . . . 5 COSMIE.
                      sessile;        fuscau. . . . . . . . . . 9 MULION.
simple,               ventre                     cachée; ( sim-
à arti-                      ovale : ( pa-  ( cuil- ( ple. . 4 CÉROCHÈTE.
cle du                       ant. en ( lette. ( leron ( cilié. 6 THÉRÈVE.
milieu                                         dressée; ( sess. .10 SYRPHE.
                                               à tête ( isol. . 8 SARGE.
               plus long : ( cachées : corps à poils roides . . . . 7 ECRINOMYE.
               antennes    ( dressées en avant dans le repos. . . . 3 TÉTANOCÈRE.
plumeux ou ( prolongée en bec : ventre vide . . . . . . . 11 CÉNOGASTRE.
barbu : tête ( non prolongée : ventre opaque . . . . . . . 12 MOUCHE.
```

Voyez les noms de chacun de ces genres. (C. D.)

CHETUM (*Bot.*), nom égyptien de la pulicaire, *psyllium*, suivant Mentzel. Son nom arabe, cité par Daléchamps, est *basara chatona*. (J.)

CHEU-KUS. (*Bot.*) Dans l'abrégé de l'Histoire générale des Voyages, on lit que le fruit du goyavier, *psidium*, est ainsi nommé à la Chine. (J.)

CHEUNCE, Bhunte, Biruach (*Bot.*), noms arabes de l'asphodèle ordinaire, *asphodelus ramosus*, suivant Daléchamps. Tabernæmontanus et Mentzel la nomment *chenuce*. Le nom de *burak* est cité par Forskaël pour l'*asphodelus fistulosus*. (J.)

CHEUQUE. (*Ornith.*) Les habitans du Chili appellent ainsi l'oiseau qui remplace l'autruche en Amérique, et qui, de plus petite taille que l'autruche d'Afrique, en diffère surtout parce qu'il a trois doigts. On en a parlé à la page 550 du 1.ᵉʳ volume de ce Dictionnaire, et l'on a proposé de substituer à la dénomination d'autruche de Magellan, sous laquelle il avoit été précédemment connu, celle de *cheuque*, que Molina avoit employée dans son Histoire du Chili. Ce terme simple paroissoit, en effet, plus convenable pour désigner un oiseau dont les auteurs systématiques avoient formé le genre *Rhea*; mais, depuis, M. d'Azara a fait connoître que le cheuque portoit au Paraguay les noms de *nandu* et de *churi*, et M. Vieillot a adopté, dans son Prodrome, le terme *nandou*. Afin de ne pas introduire de changement sans nécessité, on donnera la description et l'histoire du cheuque sous ce dernier mot. (Cʜ. D.)

CHEVAL (*Mamm.*), *Equus*, Linn., de *Cabalus*, dont les Latins paroissent s'être plus particulièrement servis pour désigner un cheval de mauvaise ou de petite race.

Le nom de cheval, d'abord appliqué à l'animal auquel nous le donnons communément, est devenu le nom générique de tous les animaux qui lui ressemblent par leur organisation.

Les chevaux, en effet, forment parmi les mammifères un groupe très-naturel, mais très-isolé, et il est impossible de les séparer les uns des autres pour les diviser en groupes partiels; ils ne constituent qu'un seul genre, et ce genre, par l'importance de ses caractères, peut difficilement être réuni à ceux d'un autre groupe : c'est ce que prouvent peut-être les diverses places que les chevaux ont occupées dans le système général des mammifères. Linnæus en fait un genre de ses *belluæ* avec l'hippopotame; Erxleben les place entre les éléphans et les dromadaires; Storr en fit un ordre distinct qu'il plaça après les ruminans ; Illiger, en conservant cet ordre, le mit à la suite de celui des pachydermes, et avant les chameaux; et enfin, M. G. Cuvier, dans son dernier Tableau du règne animal, n'en fait plus qu'une famille de ses pachydermes, qui est située après celle des cochons, des rhinocéros, des tapirs, et immédiatement avant l'ordre des ruminans.

Quoique entièrement herbivores, les chevaux n'ont point plusieurs estomacs comme les animaux à pieds fourchus, et ils ne ruminent pas. Tous ont les pieds terminés par un seul doigt et par un seul ongle qui, à cause de sa forme, a pris le nom de sabot. Cependant, on trouve derrière chaque canon les rudimens de deux autres doigts ; caractère qui, avec la simplicité de l'estomac, et l'impossibilité de remuer les phalanges, rapproche les chevaux de certains pachydermes plus que tous les autres mammifères. Aux jambes de devant, et quelquefois à celles de derrière, on voit une partie nue, cornée,

qu'on appelle châtaigne, ou noix. Leurs molaires sont à couronne plate, et au nombre de six de chaque côté, à l'une
et à l'autre machoires ; elles présentent une figure qui est
constamment la même, mais qui est trop irrégulière pour pouvoir être décrite avec exactitude et clarté. En partant du milieu de la dent, en dehors, on voit l'émail se courber à droite
et à gauche en demi-cercle, et redescendre de chaque côté,
sans beaucoup d'irrégularité, jusqu'aux deux tiers de l'épaisseur de la dent : là, du côté antérieur, il pénètre dans l'épaisseur de la matière, et en ressort en y dessinant un angle ; il
y rentre ensuite de l'un et l'autre côtés, se rapproche, après
quelques détours, surtout du côté postérieur, et s'éloigne
bientôt pour se réunir enfin à la face interne, après avoir tracé
la figure d'un triangle irrégulier. Au milieu de la dent, à la
mâchoire supérieure seulement, se sont formées deux autres
figures par les mouvemens de deux autres lames d'émail ; mais
ces figures, très-irrégulières, ne peuvent être comparées à
rien. Les premières molaires semblent d'abord différentes des
autres ; mais avec un peu d'attention on remarque que les différences qu'elles présentent ne viennent que de ce qu'elles sont
plus étroites à leur partie antérieure ; au reste, les figures de
l'atlas donneront de ces dents une idée plus claire que celle que
nous en pouvons donner par cette description. Les trois premières tombent et sont remplacées par des dents nouvelles. Il
y a huit incisives à chaque mâchoire, et deux canines, chez les
mâles, qui se développent aussi quelquefois chez les femelles,
dans les espèces privées.

Les yeux des chevaux sont généralement grands, à fleur de
tête, et leur pupille a la forme d'un carré long, dont le grand
diamètre est horizontal. Leur vue est excellente, et quoiqu'ils
ne soient pas des animaux nocturnes, ils distinguent nettement
les objets de nuit.

Leurs oreilles sont assez grandes, et la conque externe est
fort mobile ; aussi ont-ils une ouïe délicate : c'est peut-être
leur meilleur sens, et c'est ce qu'on observe chez les animaux
naturellement craintifs. Au moindre mouvement, à la moindre
apparence d'un objet qui leur est inconnu, ils s'arrêtent et
écoutent avec la plus grande attention.

Leur odorat est aussi fort délicat ; ils en font usage fréquemment, et dans tous les cas où ils cherchent à reconnoître un objet qui leur inspire quelque défiance. On voit par-là que ce sens leur a procuré des impressions nombreuses et variées. Leurs narines sont très-mobiles, et l'intervalle qui les sépare est nu, mais sans organe glanduleux, sans mufle.

Leur langue est douce, et leur lèvre supérieure a une grande facilité de mouvement ; ils semblent quelquefois l'employer à palper, et ils s'en servent pour ramasser leur nourriture. Ils boivent en humant. Ils ont le goût aussi développé que les autres animaux herbivores. En hiver, ils savent creuser la neige pour trouver leur nourriture.

Ils ont le toucher sensible : à l'attouchement le plus léger on les voit faire mouvoir leur peau. Leurs yeux ont plusieurs soies, et leurs lèvres sont garnies de fort longs poils, mais qui ne sont point disposés en forme de moustaches. Le pelage sur le corps se compose de poils doux et flexibles ; le dessus du cou et la queue sont garnis de crins. Les couleurs sont variées ; mais il est à remarquer que toutes les espèces, excepté le cheval, tendent à se zébrer.

Le mâle a la verge très-grande, dans un fourreau dirigé en avant ; ses testicules sont en dehors. La vulve n'offre rien de particulier, et les mamelles sont inguinales et au nombre de quatre.

Les allures naturelles aux chevaux sont le pas, le trot et le galop.

Les chevaux, par leurs formes, leurs proportions, leurs mouvemens, donnent l'idée de la force et de l'agilité. Ils ont le corps épais sans pesanteur, la croupe arrondie, les épaules séparées par un large poitrail, des cuisses musculeuses, des jambes sèches et élevées, des jarrets pleins de vigueur et de souplesse, une forte encolure, la tête un peu lourde, mais dont les traits expriment la douceur et la fierté, le courage et la prudence.

Nos chevaux domestiques, de taille moyenne et de race commune, peuvent seuls nous donner une idée des formes, mais non point pour la physionomie, des traits caractéristiques des espèces de ce genre, qui ne se distinguent les unes des autres que par les couleurs ou par les proportions de quelques parties extérieures des organes des sens ou du mouvement, et par quelques dispositions intellectuelles ; car ces chevaux de selle, dont les formes sont si belles, les proportions si élégantes, les mouvemens si légers, la docilité si grande, ou ces chevaux épais et lourds que nous employons au trait, sont entièrement les produits de la domesticité : ils ne se conservent que par les soins de l'homme ; abandonnés à eux-mêmes et à la nature sauvage, ils reprendroient les formes primitives de leur espèce, et perdroient toutes les qualités précieuses qu'ils tiennent de nous.

Les chevaux vivent en troupes nombreuses, et habitent les pays de plaines. Ces troupes sont conduites par des chefs qui les dirigent et qui sont toujours à leur tête, dans les voyages comme dans les combats. La force et le courage ont seuls élevé ceux-ci, et, à mesure que l'âge les affoiblit, leur autorité passe à celui qui, à son tour, se montre le plus courageux et le plus fort. Cette succession à la puissance occasione peu de démêlés fâcheux. L'individu qui a les qualités convenables arrive par degrés d'un rang inférieur à un rang plus élevé, et il se trouve enfin à la tête des autres par la seule force des choses, sans qu'aucune prévoyance, aucune volonté ait eu part à son élévation, ou s'y soit opposée.

L'autorité de ces chefs est assez grande ; mais elle se renferme naturellement dans les intérêts de la troupe. On les suit constamment et partout. S'il s'agit de chercher des pâturages plus frais ou des contrées moins froides, c'est pour l'avantage commun, chacun obéit ; s'il faut se défendre contre quelques ennemis, ils s'exposent les premiers au danger, et un instinct secret apprend aux chevaux que leur force est dans leur union : aussi ont-ils bien soin de se réunir, de se serrer les uns contre les autres dès qu'une bête féroce les menace, et si l'un d'eux succombe, c'est ordinairement le plus foible, celui qui n'a pu suivre, s'il étoit à propos de fuir, ou celui qui a mis trop de lenteur dans ses mouvemens s'il falloit se former en groupe pour se défendre.

Les grandes espèces de chat sont, au reste, les seuls ennemis que les chevaux aient à craindre, et ils se défendent ordinairement contre eux avec succès : ils frappent des pieds, et surtout des pieds de derrière, avec beaucoup de force, et mordent très-violemment.

Toutes les espèces de ce genre appartiennent à l'Asie et à

l'Afrique. Il ne s'en est trouvé aucune ni en Amérique, ni à la Nouvelle-Hollande; et, même en Asie, il paroît que les contrées naturelles à ces animaux sont seulement les plaines de l'Tartarie.

Le genre du cheval et celui du chameau sont les seuls qui nous aient fourni deux espèces domestiques. Ces espèces s'accouplent et produisent ensemble : mais, malgré cette circonstance, et tous les avantages que donne la domesticité pour développer certaines parties de l'organisation et former des variétés, il est à remarquer qu'on n'est point encore parvenu à transformer les unes dans les autres; les individus que ces espèces produisent, restent toujours les mêmes et ne se reproduisent point. Ces faits sont une preuve bien forte contre le système des naturalistes qui prétendent faire dériver les traits caractéristiques des espèces de quelques circonstances purement accidentelles : ils montrent que ce système ne repose que sur de vagues conjectures, et qu'aucun phénomène bien constaté n'en fait la base. Dans tout le règne animal, en effet, il n'est aucun cas qui puisse offrir des conditions plus favorables à ce système, que la domesticité des ânes et des chevaux, et leur accouplement. L'âne ne diffère du cheval que dans les proportions d'un petit nombre de ses organes, de ses sabots, de ses oreilles, de sa croupe, de sa queue, et par quelques qualités intellectuelles : il a surtout plus de lenteur dans ses conceptions. Quelle différence, au contraire, n'y a-t-il pas entre le cheval sarde, si petit, si ramassé, si nerveux, et le cheval hollandois, si grand, si élancé, si mou; entre le cheval espagnol, qui joint à l'élégance et à la beauté des formes des mouvemens si souples et une intelligence si prompte, et nos gros chevaux de trait, dont le corps massif et lourd est en si parfaite harmonie avec leur intelligence? Eh bien, au milieu de toutes ces différences, qui se reproduisent depuis des siècles, qu'on modifie encore chaque jour, jamais on n'a vu paroître une race avec les oreilles des ânes, et bien moins encore avec des qualités propres à cette espèce; et tout ce que nous venons de dire du cheval, nous pourrions le dire de l'espèce de l'âne, qui donne aussi naissance à un grand nombre de variétés, mais de laquelle jamais aucun cheval n'est sorti. On croit échapper à la difficulté en répondant qu'il ne se forme plus de variétés ; mais, outre que cette assertion est une erreur, on sent assez qu'il faudroit indiquer au moins quand les variétés existantes se sont formées, afin d'avoir un fait positif à avancer en sa faveur. Au contraire, tous les exemples sont défavorables à cette hypothèse : les squelettes des animaux conservés en momie par les anciens Egyptiens, et qui existoient il y a trois ou quatre mille ans, présentent tous les caractères des espèces d'aujourd'hui : et nous n'avons aucun moyen de remonter à de plus anciennes preuves ; car les restes fossiles d'animaux qui se sont conservés dans les vieilles couches de la terre, annoncent tous des espèces qui n'existent plus aujourd'hui sur notre globe.

Le CHEVAL ; *Equus cabalus*, Linn. Queue garnie de crins dès sa racine ; couleur uniforme.

Cette espèce paroît être originaire de la grande Tartarie ; mais on croit qu'on ne l'y trouve plus aujourd'hui d'origine sauvage, et que les troupes de chevaux qu'on y rencontre quelquefois proviennent d'individus échappés à la domesticité. Cette conjecture repose principalement sur ce que ces chevaux ont des couleurs différentes, et qu'ils redeviennent facilement domestiques. S'il en est ainsi, nous ne pouvons pas faire connoître l'espèce du cheval dans toute sa pureté, c'est-à-dire entièrement exempte de l'influence directe de l'homme, et telle que la nature l'auroit formée, si elle eût toujours été abandonnée à elle-même. Cependant, tous nos continens, excepté la Nouvelle-Hollande, possèdent aujourd'hui des chevaux redevenus indépendans depuis bien des générations, et qui par conséquent ont dû se rapprocher jusqu'à un certain point de l'état de nature, et perdre quelques-unes des traces de la domesticité. Ce sont eux qui pourroient le plus sûrement donner les traits généraux de leur espèce libre ; mais nous avons sur ces animaux des renseignemens si imparfaits, qu'il est impossible d'en tirer des notions générales très-précises. Les observations des voyageurs ne se rattachent entre elles par aucun point ; ils semblent avoir parlé d'espèces ou de variétés différentes ; et encore n'en disent-ils pas même assez pour établir, ce qu'on pourroit raisonnablement conjecturer, que les chevaux rendus à l'état sauvage n'ont pas repris partout les mêmes caractères, et qu'ils présentent, dans chaque contrée, des modifications propres aux climats et aux autres circonstances locales dont ils ont ressenti l'influence. On sent combien les chevaux sauvages, envisagés sous ce rapport, offriroient de remarques curieuses pour l'histoire de leur espèce, et de vues nouvelles pour celle des animaux : ce qui manque surtout à l'histoire naturelle, aujourd'hui, ce sont des recherches sur l'influence des causes extérieures sur l'organisation.

Pallas a décrit une jument sauvage, très-jeune et très-privée, prise dans le pays situé entre le Jaïk et le Volga. Les chevaux libres qui habitent ces contrées, sont fauves, roux ou isabelles; en été ils s'avancent le plus qu'ils peuvent du côté du nord, pour fuir la chaleur et les mouches, et se procurer de meilleurs pâturages. Le poulain décrit par Pallas étoit isabelle, et ses crins étoient noirs : comparé à un poulain domestique, de race kalmouque et du même âge, sa taille étoit plus haute, ses membres plus forts, sa tête plus grande, ses oreilles plus longues, et il les portoit habituellement couchées, comme le cheval prêt à mordre : son front étoit bombé; sa crinière très-épaisse descendoit jusque sur le garrot, et sa queue avoit la même forme que celle du cheval privé; ses sabots étoient plus petits et plus pointus, et son poil étoit frisé, principalement sur la croupe et vers la queue.

Léon l'Africain et Marmol parlent aussi de chevaux sauvages en Afrique : mais ils se bornent à dire que ces animaux sont plus petits que les chevaux domestiques, que leur couleur est cendrée ou blanche, et que leurs crins sont courts et hérissés; ce qui est bien insuffisant pour en donner une idée exacte : ils se servent d'ailleurs des mêmes expressions pour parler de l'âne sauvage.

Nous avons des notions plus étendues sur les chevaux qui sont rentrés dans l'état de nature en Amérique. Plusieurs voyageurs en parlent avec détails, et M. d'Azara le fait avec son exactitude ordinaire. Il paroît que, dès les premiers temps de l'arrivée des Européens dans le nouveau continent, plusieurs chevaux furent abandonnés à eux-mêmes, et qu'ils se propagèrent assez promptement : ils étoient autrefois très-communs à Saint-Domingue, et ils différoient déjà par quelques traits de la race espagnole, qui leur avoit donné naissance : leur tête étoit plus grosse, et leurs oreilles et leur cou plus longs. Mais c'est surtout dans le continent de l'Amérique méridionale et au sud de la Plata que ces animaux se sont multipliés ; leur nombre est si considérable qu'on les rencontre par troupes de dix mille individus. Ils tirent aussi leur origine de quelque race espagnole ; et, comme les chevaux domestiques du Paraguay, ils ont perdu de la taille, de l'élégance, de la force, de la légèreté, de la beauté du pelage de leur souche primitive ; leur tête est devenue plus épaisse, leurs jambes plus grosses, leurs oreilles plus longues, leurs poils plus grossiers. La couleur la plus commune parmi ces chevaux est le bai-châtain, et on en voit, mais rarement, de noirs. Ces nombreuses troupes de chevaux sauvages se trouvent dans les contrées immenses et peu habitées qui s'étendent des rives de la Plata jusque chez les Patagons. Chacune d'elles habite un canton particulier qu'elle défend, comme sa propriété, contre toute invasion étrangère, et qu'elle n'abandonne que lorsqu'elle y est forcée par la faim, ou par quelque ennemi puissant. Ils marchent en colonnes serrées, et lorsque quelque objet les inquiète, ils s'en approchent à une certaine distance, ayant les individus les plus forts à leur tête, l'examinent attentivement, en décrivant un ou plusieurs cercles à l'entour ; s'il ne paroît pas dangereux, ils s'en approchent avec précaution ; mais, si les chefs ont cru reconnoître des dangers et donnent l'exemple de la fuite, la troupe entière les suit et ne reparoît plus.

L'instinct qui porte les chevaux à se réunir toujours en famille, rend la rencontre de ces troupes sauvages très-dangereuse pour les voyageurs, parce qu'elle les expose à perdre pour jamais leurs chevaux. Lorsque ces hordes aperçoivent des chevaux domestiques, elles les appellent avec empressement, en passant à leur portée autant que la prudence le leur permet ; et, si ceux-ci ne sont pas gardés avec soin, ils s'enfuient, et on tenteroit en vain de les rattraper.

Ces chevaux sauvages s'apprivoisent et deviennent domestiques très-facilement, même lorsqu'on les prend adultes ; les Américains les saisissent au moyen de longues cordes, qu'ils lancent avec beaucoup d'adresse, et dans lesquelles ils enlacent les animaux dont ils veulent se rendre maitres.

Nous voyons du moins par ces détails, quoique peu nombreux, que la nature tend à ramener l'espèce de cheval à une taille moyenne, à lui donner une tête plus forte, des oreilles plus grandes, des membres plus épais, un'pelage plus grossier; mais qu'elle n'exerce qu'une très-légère action sur son intelligence, et qu'on les réduit sans peine sous le joug de la domesticité, tandis qu'il faudroit des soins infinis pour leur rendre leur grande taille et surtout leurs proportions élégantes. Ce phénomène, auquel on n'a pas fait assez d'attention, pourroit servir à en expliquer un autre, qui a toujours paru fort remarquable : je veux parler de l'entière disparition de plusieurs espèces domestiques de l'état sauvage. En effet, si ces espèces ont reçu originairement des dispositions aussi prononcées à s'attacher à l'homme et à le servir, que celles que nous voyons aux chevaux redevenus sauvages, et qui, sous tous les rapports physiques, ont déjà éprouvé de si grands changemens, il est facile de concevoir que leur association à l'espèce humaine a dû être un des premiers effets de notre influence sur elles, et que, dans toutes les contrées où nous avons pénétré, nous avons rapproché de nous des animaux qui pouvoient nous être utiles, et qui, pour cela, n'exigeoient presque aucun soin de notre part. C'est ainsi, comme on l'a justement observé, que les premiers arts auxquels notre industrie a donné naissance, ont eu pour fondemens les phénomènes qui se présentoient naturellement à nous, et qui n'avoient besoin, pour être produits, que des circonstances les plus ordinaires, et qui se passoient le plus habituellement sous nos yeux.

Les grandes troupes dont nous avons parlé se forment de familles composées d'un mâle et de plusieurs femelles, qui lui appartiennent et lui obéissent, qui se réunissent toujours autour de lui et le suivent partout. C'est au printemps que les besoins du rut se font sentir, et la gestation est de douze mois. Le poulain naît couvert de poils, les yeux ouverts, et avec assez de force pour se soutenir et marcher. Quelques jours après la naissance, on voit paroître les deux incisives moyennes à chaque mâchoire ; à trois ou quatre mois, en viennent deux autres, à côté des premières, l'une à droite et l'autre à gauche ; enfin, les deux dernières se montrent à six mois environ. Ces dents sont des dents de lait, qui se reproduisent dans le même ordre, entre deux et trois ans, et à des intervalles de six mois ; de sorte qu'en deux ans à peu près le travail de cette nouvelle dentition est terminé. Le poulain tette pendant douze mois environ, et son entier développement a lieu vers la cinquième année. Les chevaux libres pourroient vivre de trente à quarante ans. Dans leur jeunesse, on reconnoît leur âge à leurs incisives. Ces dents ont, à leur partie supérieure, un creux qui s'efface petit à petit par l'usure, et suivant des régles assez constantes pour que chaque degré d'usure corresponde à un espace de temps déterminé.

Les incisives de lait sont plus blanches que celles qui viennent après ; elles sont aussi plus étroites, et ont à leur base un collet ou rétrécissement plus marqué : à quinze mois environ, celles qui ont paru les premières commencent à perdre leur cavité par l'effet de l'usure ; celles qui sont venues ensuite ne marquent plus vers le vingtième mois ; enfin, après deux ans, la cavité des dernières est effacée à son tour. Nous venons de voir à quel âge ces dents sont remplacées par des dents adultes ; celles-ci perdent leur creux dans le même ordre que les autres : les premières, à la mâchoire inférieure, entre quatre ans et demi et cinq ans ; les secondes entre cinq et six ans, et les dernières entre sept et huit ans. Les incisives supérieures s'usent après les autres. Les cavités des deux moyennes disparoissent vers la huitième année ; celles des suivantes vers la dixième, et celles des dernières vers la douzième. Les différences qu'on observe dans ces divers changemens, tiennent aux races, et même aux individus, qui arrivent plus ou moins promptement à l'état adulte. Après la douzième année, on n'a plus que des régles fort incertaines pour juger de l'âge des chevaux.

Les sens de ces animaux sont, en général, assez délicats, comme nous l'avons vu dans nos généralités. Chacun connoît leur voix, qui prend des tons différens, suivant les causes qui les portent à la faire entendre : les femelles hennissent moins souvent et avec beaucoup moins de force que les mâles, et la castration rapproche, sous ce rapport, celui-ci de la femelle.

Les caractéres intellectuels des chevaux consistent surtout dans la netteté de leurs perceptions, et dans l'excellence de leur mémoire ; car c'est sur l'association des impressions qu'ils ont reçues que repose tout ce que leur éducation présente d'extraordinaire et peut permettre.

Si nous considérons l'espèce du cheval, dans les variétés que la domesticité y a produites, nous le verrons, tantôt se rapetisser jusqu'à la taille du daim, tantôt s'accroître jusqu'à celle du dromadaire, acquérir l'élégance et la légèreté du cerf, ou la corpulence et la pesanteur du bœuf. Quelques races nous montreront une tête petite et effilée, des yeux vifs, des oreilles fines, dirigées en avant, des naseaux larges et mobiles ; d'autres, au contraire, auront la tête lourde, les yeux ternes, les oreilles grandes et couchées en arrière, des naseaux étroits et fermés : les uns ont le chanfrein arqué, les autres l'ont droit : ici le pelage est ras et les crins peu fournis, là les poils et les crins sont frisés ; ailleurs ils sont longs et soyeux ; et nous pouvons observer toutes les couleurs qui résultent du fauve, du noir et du blanc, mélangées dans toutes les proportions.

Les allures offrent aussi des différences. Certains chevaux, en marchant, relèvent en même temps les deux pieds du même côté ; c'est l'amble : d'autres galopent avec les jambes de devant, et trottent avec celles de derrière ; c'est l'aubin : le pas relevé consiste à relever, non pas à la fois comme dans l'amble, mais successivement, les deux pieds du même côté, etc. L'éducation développe quelquefois la force des chevaux à un point surprenant. On dit que les bons chevaux arabes peuvent faire jusqu'à cinquante lieues en vingt-quatre heures, et que les chevaux tartares font quelquefois des courses de plusieurs jours sans s'arrêter que pour manger quelques poignées d'orge. On a vu des chevaux anglois parcourir jusqu'à quatre-vingts pieds en une seconde, ce qui surpasse la vitesse du vent.

Les qualités morales n'offrent pas moins de diversité que les qualités physiques : les uns sont d'une intrépidité que rien n'arrête, les autres d'une timidité que tout effraie ; il en est qui sont aussi remarquables par leur mémoire, leur prudence, la facilité avec laquelle on les instruit, que d'autres le sont par leur étourderie, la foiblesse de leur conception, leur entêtement, etc. Toutes ces différences pourroient former les caractères d'autant de races, et elles doivent être considérées ainsi par les naturalistes, car elles sont constantes et se propagent. Malheureusement les chevaux n'ont pas été étudiés dans les variations que chacun de leurs organes peut éprouver, et celles qu'on admet communément se caractérisent par des modifications plus ou moins nombreuses et de nature très-différente. Chaque pays a ses races de chevaux, qui ont été formées suivant la nature de ces pays et les besoins des peuples qui les habitent. Les Arabes ont cherché à étendre et à conserver les qualités du cheval de selle, la légèreté, la vigueur, la docilité. Dans les contrées agricoles, on a particulièrement soigné les races propres au trait, au labourage. Les pays du Nord, où la végétation est riche, ont donné naissance aux chevaux de la plus grande taille : ceux du Midi ont été moins favorables au développement du corps ; mais ils ont donné de la vigueur, de l'énergie. En général, c'est sur l'usage auquel on destine les chevaux, que leurs variétés sont établies ; et, sous ce point de vue, très-différent de celui sous lequel l'histoire naturelle devroit les envisager, elles peuvent être rangées dans trois divisions principales : les chevaux de course, les chevaux de bât, et les chevaux de trait, parmi lesquels on pourroit former encore de nombreuses subdivisions. Nous extrairons ce que nous croyons devoir en dire, de l'important ouvrage de M. Huzard, intitulé : Instruction sur l'amélioration des chevaux en France.

CHEVAUX ARABES. Le cheval arabe est, sans contredit, le premier cheval du monde. Il n'est pas beau, d'après l'idée que nous nous formons de la beauté des chevaux en général. Il a la tête presque carrée, le chanfrein creux plutôt que busqué. l'encolure droite et quelquefois même renversée, ce qu'on appelle *encolure de cerf*. Cette conformation, que l'on a regardée comme un défaut, est donnée par la nature à tous les animaux qu'elle destine à fournir de longues courses ; et il suffit de connoître les premières lois de la physiologie animale et celles du mouvement, pour en sentir la nécessité. Ce cheval a la peau fine, le poil ras, les vaisseaux sanguins très-apparens ; les apophyses, qui servent d'attaches aux muscles, sont fortement prononcées ; les muscles le sont eux-mêmes, et se dessinent bien sous la peau ; les articulations sont larges et fortes, exemptes de toutes ces tares si fréquentes dans nos races communes. Les jambes sont fines, et ne sont pas plus chargées de poil que le reste du corps ; les cordes tendineuses de ces parties sont bien détachées des canons, et le pied est excellent et sûr. La taille ordinaire est de quatre pieds six à sept pouces. Le cheval arabe est sobre, se nourrit aisément et de peu de chose : on lui donne, au coucher du soleil, cinq à six livres d'orge, et quelquefois, sous la tente, un peu de paille d'orge hachée. Il fait habituellement dix-huit à vingt lieues par jour, quelquefois davantage. Il sue difficilement, et il est long-temps en état de servir; il a un fonds d'haleine pour ainsi dire inépuisable. Il faut voir ce cheval, courant sous l'homme, dressant la tête et l'encolure de manière à couvrir entièrement son cavalier ; portant la queue en l'air et en trompe, avec une vigueur et une grâce que nous avons inutilement cherché à imiter par une opération aussi inutile que barbare. Tout dans ce cheval annonce la durée, la vigueur, la force et la bonté : c'est cette réunion de qualités applicables à tous les usages, et qu'il communique éminemment à ses descendans, qui le met au premier rang sans rivalité.

Les Arabes distinguent deux races de leurs chevaux : l'une parfaitement pure, dont ils ont la généalogie positive de temps immémorial, et qu'ils nomment *kochlani*, *kohejle* ou *kailhan*. Les Arabes ne font couvrir les jumens de cette race qu'en présence d'un témoin qui reste vingt jours auprès d'elles, pour être sûr qu'aucun étalon commun ne les déshonore. Quand elles mettent bas, le même témoin doit également être présent ; le certificat de la naissance légitime du poulain est expédié juridiquement dans les sept premiers jours. Cette précaution fait voir combien les Arabes sont jaloux de conserver la race de leurs chevaux dans toute sa pureté. L'autre race n'est, à proprement parler, qu'une dégénération ou un croisement de la première, dont la généalogie est inconnue ; ils la nomment *kadischi* ou *hatik*.

La première race est la meilleure, et est principalement élevée par les Arabes Bédouins, entre Bassora, Merdin et la Syrie. Ils vendent les étalons de cette race assez facilement, quoique très-cher ; mais ils ne vendent pas les jumens : ce n'est, pour ainsi dire, que par supercherie ou à force d'argent qu'on peut espérer d'en obtenir. Ces jumens jouissent exclusivement du privilége de transmettre la pureté de la race à leurs descendans, et c'est toujours par les mères que l'on compte les généalogies.

La seconde race sert à tous les usages ordinaires de la domesticité.

On ne fait jamais couvrir les jumens de la première race par des étalons de la seconde; et, lorsque cela arrive par hasard, le poulain est réputé de la race du père, tandis qu'au contraire il arrive souvent de faire couvrir les jumens de la seconde race par des étalons *kochlani*, et dans ce cas le poulain est toujours réputé de la race de la mère. Cela tient à l'idée avantageuse que les Arabes ont de leur première race, idée bien propre à la conserver dans toute sa pureté en en excluant tous les mélanges.

Le cheval arabe améliore toutes les races, même celles qui sont plus grandes que lui, et de figure tout-à-fait différente. On peut dire qu'en fondant ses formes dans celles de la race qu'il croise, il lui communique ses qualités. Ce n'est pas toujours à la première génération que cette fonte de formes est sensible : par exemple, un cheval arabe, croisé avec une jument normande, ne donnera pas un beau poulain; mais ce poulain, excellent par les qualités de ses ascendans, en donnera qui seront plus beaux et aussi bons que lui.

Chevaux persans. Les chevaux persans sont, après les arabes dont ils descendent, ceux qui jouissent de la meilleure réputation. Ils sont dans le cas de parcourir aussi vite, et même plus vite que ceux-ci, un certain espace de chemin; mais bientôt le cheval arabe prendra le devant.

Le cheval persan a la tête plus fine et la croupe mieux faite que le cheval arabe. Il y a, au nord de la Perse, une race plus forte que nos chevaux normands, qu'on laisse paître pendant huit à neuf mois de l'année dans les pâturages abondans du Chirvan, du Mazendaran : les chevaux de cette race sont recherchés pour la cavalerie.

Les Persans soignent leurs races et les conservent avec le même soin que les Arabes.

Le cheval persan a été transporté en Angleterre, pendant le règne d'Elisabeth, et y a donné d'excellentes productions; mais les Anglois lui ont préféré le cheval arabe, dès qu'ils ont été à portée de se le procurer et d'en reconnoître les avantages.

Chevaux barbes. Les chevaux barbes, ou de la Barbarie, ou des Etats barbaresques, ont l'encolure mieux faite que les chevaux arabes, ou plutôt elle est plus ronde, et ce qu'on appelle *mieux sortie du garrot.* Par conséquent, ils sont moins propres à courir que les premiers; aussi sont-ils plus recherchés pour le manége que pour tout autre exercice. Ils ont la tête plus fine que les arabes; le chanfrein, au lieu d'être creux, comme dans ceux-ci, est assez ordinairement busqué; les épaules sont plates, la croupe un peu longue, et ils sont assez souvent long-jointés. Le cheval barbe a plus de figure que le cheval arabe; il est à peu près de la même taille, et on en voit très-rarement au-dessus de quatre pieds neuf pouces. Il est froid dans ses allures; il a besoin d'être échauffé et mis en train peu à peu : alors on lui trouve le nerf, la vigueur, la vitesse et la légéreté qu'il tient du cheval arabe dont il paroît descendre. C'est dans le royaume de Maroc et de Fez qu'on trouve aujourd'hui les meilleurs chevaux barbes; au reste, les Maures sont loin d'avoir de leurs chevaux les mêmes soins que les Arabes.

CHEVAUX TURCS. Ces chevaux approchent du cheval arabe, dont ils sont aussi une descendance : ils ont, comme lui, l'encolure droite et assez ordinairement effilée; leur corps est plus long et leurs reins plus élevés; mais ils ont les mêmes qualités.

CHEVAUX TARTARES, TRANSILVAINS, HONGROIS, POLONOIS. Tous ces chevaux sont également sobres, légers, vigoureux et bons coureurs. Ils sont rarement beaux : la tête est carrée, la crinière longue; ils ont peu de corps, ce qui fait que, quoique de même taille que les chevaux arabes, ils paroissent cependant plus haut montés sur jambes : ils ont les pieds très-solides, le sabot un peu étroit et les talons hauts; ce qui est cause qu'ils arrivent promptement à être *droits sur leurs membres.* On peut remédier à ce vice par une ferrure appropriée. Quelques-unes de ces races ont les naseaux fendus; cette opération les empêche, dit-on, de hennir, ce qui est avantageux à la guerre : la plupart aussi sont marqués sur l'une des cuisses, et ont les oreilles fendues, comme nos chevaux de réforme. Au demeurant, ils se ressentent de leur origine arabe.

CHEVAUX ESPAGNOLS. Les chevaux d'Espagne ont la tête un peu grosse et forte, et sont quelquefois ce qu'on appelle *chargés de ganache.* Le chanfrein est assez ordinairement *busqué;* les oreilles quelquefois attachées un peu bas et généralement trop longues; l'encolure forte, trop charnue, chargée de beaucoup de crins; les épaules et le poitrail sont larges, étoffés; les reins forts et quelquefois bas ; la croupe le plus communément comme celle des mulets ; la côte est bien arrondie ; ils sont long-jointés ; le pied en est serré et les talons en sont un peu hauts : mais ce défaut tient moins peut-être à la nature du cheval, qu'il ne tient aux vices de la ferrure espagnole. Ces chevaux, bien étoffés, et qui ont quelquefois un peu de ventre, paroissent bas et près de terre ; quoi qu'il en soit, ils ont les mouvemens très-souples, beaucoup de grâce, de courage, de feu et d'action, et sont avec cela très-dociles. On peut en faire non-seulement d'excellens chevaux de manége, où ils conviennent mieux que tous autres ; mais ils donnent aussi de très-bons chevaux de cavalerie.

Ce sont, exclusivement au reste de l'Espagne, les royaumes d'Andalousie, de Grenade et la province d'Estramadure, qui sont en possession de fournir les chevaux les plus distingués ; mais c'est particulièrement l'arrondissement de Xérès qui possède les chevaux les plus estimés. On y en trouve deux races parfaitement distinctes : l'une, remarquable par sa finesse et ses belles proportions, qui, à l'exemple de nos chevaux limousins, ne prend tout son développement qu'à six ou sept ans, et s'est conservée dans toute sa pureté à la Chartreuse de Xérès et chez un petit nombre de propriétaires ; on ne lui reproche que d'être trop long-jointée, ce qui, en nuisant un peu à la solidité, contribue à la beauté de ses mouvemens, et est regardé comme une perfection de plus par les Espagnols : l'autre race, plus grande, moins fine, plus taillée en force, est plus multipliée, parce qu'elle est moins long-temps à croître, et qu'elle est employée à la remonte des troupes.

CHEVAUX ALLEMANDS. La plupart des souverains et des princes de l'Allemagne ont, dans leurs haras, d'excellentes races de chevaux ; presque tous les étalons sont choisis parmi les arabes, les barbes, les turcs et les espagnols. De tels étalons, bien appareillés, ne peuvent donner sans doute que de bonnes productions : aussi, les chevaux allemands sont-ils assez estimés ; on leur reproche seulement d'avoir, pour la plupart, l'haleine un peu courte.

CHEVAUX SUISSES. La Suisse possède une bonne race de chevaux de trait ; quelques-uns sont même assez distingués pour pouvoir être employés au carrosse et au cabriolet. Ces chevaux sont fort ramassés, bien membrés, vigoureux, sobres; mais ils ont en général la ganache, la mâchoire et les jambes chargées de poils. Ils tirent leur origine des étalons allemands et italiens. Le canton de Berne fournit les meilleurs.

CHEVAUX DANOIS. Le cheval danois est bien fait et étoffé ; il a les formes rondes, l'encolure *rouée;* il est brillant et trotte bien. On lui reproche seulement d'avoir la croupe un peu trop mince, et les jambes trop fines pour sa taille. Les meilleurs et les plus estimés sont ceux du Jutland et d'Eldembourg.

CHEVAUX HOLLANDOIS. Les chevaux hollandois sont bons pour le carrosse et pour le trait. Les meilleurs viennent de la province de Frise, ensuite de celle de Berg et du pays de Juliers.

CHEVAUX ANGLOIS. Le croisement de l'arabe et des autres chevaux asiatiques avec la race angloise, et le croisement de leurs productions entre elles ou avec la race indigène, ont produit, en Angleterre, une division de tous les chevaux en quatre classes principales, bien tranchées et bien caractérisées, qui se conservent même en se fondant successivement l'une dans l'autre.

La première est le cheval de course, résultat immédiat d'un étalon barbe ou arabe et d'une jument angloise, déjà croisée de barbe ou d'arabe au premier degré, ou le résultat de deux croisés au même degré, que les Anglois appellent *premier sang,* c'est-à-dire le plus près possible de la souche étrangère.

La deuxième est le cheval de chasse, résultat du croisement d'un étalon du premier sang, et d'une jument d'un degré moins près de la souche. Cette classe est la plus multipliée ; elle est plus membrée que la première, et excellente pour le travail.

La troisième est le résultat du croisement du cheval de chasse avec des jumens plus communes, plus fortement membrées, approchant plus de la race indigène que les précédentes. Elle forme le cheval de chaise et de carrosse : ce sont les chevaux de ces deux classes que les Anglois exportent le plus dans toute l'Europe, et principalement en France.

La quatrième est le cheval de trait, résultat du cheval précédent avec les plus fortes jumens du pays. Il y a de ces chevaux qui sont de la plus grande et de la plus forte taille : leur moule est en quelque sorte celui d'un cheval de bronze, et les membres en sont plus fournis qu'aucun des chevaux que nous connoissons. On peut les comparer à nos chevaux de brasseur, et ils sont employés également à ce service en Angleterre.

Quel que soit, au surplus, le mélange de toutes ces classes, on reconnoit, jusque dans les individus les plus médiocres de la dernière, l'influence du sang arabe, malgré l'état plus ou moins avancé de la dégénération ; cette influence se fait apercevoir dans la conformation de quelques parties du corps échappées à cette dégénération, ou dans la conservation de qualités inherentes au service que l'on peut encore tirer de ces chevaux.

Les plus beaux chevaux anglois, dit Buffon, sont pour la conformation assez semblables aux arabes et aux barbes, dont ils sortent en effet; ils ont cependant la tête plus grande, mais bien faite et *moutonnée*, et les oreilles plus longues. Par les oreilles seules on pourroit distinguer un cheval anglois d'un cheval barbe ; mais la grande différence est dans la taille : les anglois sont plus étoffés et plus grands. Ils sont généralement forts, vigoureux, hardis, capables d'une grande fatigue, excellens pour la chasse et pour la course ; mais il leur manque la grâce et la souplesse : ils sont durs et ont peu de liberté dans les épaules.

CHEVAUX FRANÇOIS. Il y a en France des chevaux de toute espèce. Le Limousin et la Normandie fournissent les meilleurs : le Limousin, les chevaux de selle, et la Normandie, outre les chevaux de selle, de très-beaux chevaux de carrosse. Les chevaux de selle normands ne sont pas si bons pour la chasse que les limousins ; mais ils valent mieux pour le carrosse, pour le manége et pour les troupes, et sont plus forts. La Franche-Comté et le Boulonnois fournissent de très-bons chevaux de trait; l'Auvergne, le Poitou, le Morvan, la Bourgogne, d'excellens bidets ; le Roussillon, le Bugey, le Forêt, le pays d'Auch, la Franche-Comté, la Navarre, la Bretagne, etc., donnent aussi de forts bons chevaux de selle, mais moins estimés cependant que les limousins et les normands.

Quoique la race des chevaux normands soit aujourd'hui assez méconnoissable, dans ce pays même, par l'effet des croisemens avec des métis étrangers, surtout avec des anglois, on

3o.

y trouve cependant encore une très-grande quantité de beaux chevaux et de belles jumens poulinières qui ont gardé les caractères de leur type.

Lorsqu'on veut conserver les races de chevaux, on forme des haras. L'art de conduire ces établissemens et d'élever les animaux, est un art particulier qu'il ne nous appartient point de décrire, mais dont les règles se déduisent du naturel des chevaux. En général, les qualités propres à chaque race se propagent par la génération; et l'on sent, d'après cela, que les races ne peuvent pas être indifféremment mélangées. C'est par gradations, et par les gradations les plus insensibles, que toute espèce de développement s'opère avec le plus de succès, soit au physique, soit au moral; et l'art doit laisser la plus entière liberté à la nature, dans tous les cas où elle tendroit au même but que lui. Ces principes devroient faire la base de toutes les règles de la direction des haras; mais ils sont encore méconnus de la plupart des hommes qui se livrent à l'éducation et à la propagation des chevaux.

C'est par les bienfaits, la douceur et la patience qu'on parvient le plus sûrement à soumettre et à dresser ces animaux utiles, lorsqu'ils ne sont point naturellement vicieux. La force peut aussi les contraindre à l'obéissance; mais ils perdent en même temps leurs qualités les plus précieuses, leur ardeur, leur courage, et leur docilité même, parce qu'ils perdent leur intelligence. Quelle différence n'y a-t-il pas entre l'animal conduit habituellement par le fouet, et celui qui n'obéit qu'à la main d'un écuyer habile! Celui-ci aime son maître, se plaît à faire sa volonté, répond à ses moindres désirs; l'autre, au contraire, cesse d'obéir dès qu'il ne tremble plus, et à la moindre circonstance qui lui fera apercevoir la supériorité de ses forces sur celles de son conducteur, il les emploiera contre lui, et sa vengeance pourra être terrible. L'art de dresser les chevaux est un art très-difficile, et qu'on trouve rarement bien exercé, parce qu'il n'a été jusqu'à présent qu'un art empirique : les détails qui le constituent ne peuvent pas non plus appartenir à notre ouvrage; mais ils reposent entièrement sur les qualités physiques et morales des chevaux, dont nous avons tâché de faire connoître les principales. L'important est que toutes les perceptions du cheval soient nettes et précises : autrement sa mémoire lui deviendra inutile, produira de vagues associations, et le conduira indubitablement à se tromper : c'est pourquoi la douceur et la patience sont si essentielles à son éducation. Rien, en effet, n'est plus propre à troubler les impressions et à les rendre fausses, que de les accompagner sans cesse des châtimens et de la peur.

Le Dziggtai; *Equus hemionus*, Pallas. Queue avec des crins à son extrémité seulement ; une ligne dorsale qui s'élargit sur la croupe.

C'est encore à Pallas que nous devons la connoissance exacte de cette espèce, dont Messerschmit avoit déjà parlé. On trouve, dit-il, les dziggtais, en troupeaux nombreux dans la Mongolie ; mais on ne les rencontre qu'isolés sur les frontières de la Russie. Cet animal a la taille d'un cheval moyen ; ses formes ont de l'élégance et de la légèreté, et son air est vif et sauvage ; ses membres sont déliés, et sa tête est un peu lourde ; mais ses oreilles sont dans de belles proportions, et un peu plus longues que celles du cheval ; son poitrail est large du bas, son dos carré, sa croupe effilée ; ses épaules sont étroites, et ses sabots semblables à ceux de l'âne ; son pelage est brillant en été, de couleur isabelle, avec une bande dorsale noire, qui s'élargit un peu au défaut des reins et se rétrécit beaucoup vers la queue ; celle-ci n'a de poils qu'à son extrémité, et les crins sont courts et crépus. Le pelage d'hiver est épais et frisé, et un peu plus roux que celui d'été.

Le dziggtai porte, en courant, la tête droite et le nez au vent, et le meilleur cheval ne peut l'atteindre. Ces animaux éventent facilement les chasseurs. Lorsqu'un objet les inquiète, le chef de la troupe s'en approche, et, s'il ne se rassure pas, il fait quelques sauts, et tous partent avec la rapidité de l'éclair.

Il paroît être difficile à apprivoiser. Pallas pensoit qu'il seroit fort utile de le rendre domestique, à cause de sa force et de la légèreté de sa course ; et il jugeoit, avec raison, qu'il suffiroit pour cela de quelques soins particuliers.

L'Ane; *Equus asinus*, Linn. Queue avec des crins à son extrémité seulement ; une ligne dorsale et une ou deux bandes transversales en croix sur les épaules.

Jusqu'à ces derniers temps, cette espèce ne nous étoit connue qu'à l'état de domesticité. Les anciens parlent bien d'ânes sauvages, sous le nom d'*onager;* mais, suivant leur usage, ils n'en donnent point la description, et ne rapportent sur ces animaux que quelques circonstances particulières, peu propres à les faire connoître. Des voyageurs modernes parlent aussi d'ânes sauvages, sans entrer dans plus de détails que les anciens : Dapper en cite dans les îles de l'Archipel, et Léon l'Africain et Marmolle disent un mot sur ceux qui se trouvent en Afrique. Oléarius, Pietro della Valle et d'autres, n'ont bien laissé aucun doute sur l'existence de ces animaux en Asie : cependant ils ne les ont pas non plus décrits. C'est Pallas qui, dans son Voyage de 1773, dans les parties méridionales de l'empire de Russie, nous a fait connoître avec quelque exactitude l'âne sauvage de cette partie du monde, en admettant toutefois, avec les naturalistes d'aujourd'hui, que le *koulan* est véritablement l'âne abandonné à la nature et exempt de toute trace de domesticité.

Cet animal est de la grandeur d'un cheval de moyenne taille ; sa tête est lourde, ses oreilles un peu moins grandes que celles de l'âne commun, et sa couleur est d'un gris ou d'un jaune brunâtre, avec une raie dorsale brune et une ou deux bandes en croix sur les épaules. Il passe les saisons froides dans les parties chaudes de la Perse et de l'Inde, et s'avance en été au nord de l'Oural, où il trouve des pâturages abondans et frais. Il vit en troupes nombreuses : lorsque ces troupes retournent du nord au midi, elles laissent, dit Pallas, des traces d'un werste en largeur dans les landes.

Tout annonce que les races domestiques de l'âne nous sont assujetties de temps immémorial. La domesticité a produit aussi de nombreuses variétés dans cette espèce, mais moins que dans celle du cheval, qui, supportant mieux l'inclémence des saisons, a pu éprouver les effets d'un plus grand nombre de circonstances capables de le modifier. Les contrées les plus convenables à l'espèce de l'âne, sont celles du midi : aussi c'est en Perse, en Arabie, en Egypte, qu'on en trouve aujourd'hui les variétés les plus fortes et les plus belles ; il en est qui, par la taille, égalent presque le cheval, bien différentes en cela des variétés foibles et petites de nos climats. L'Espagne a aussi de très-belles races d'ânes, qu'on rencontre quelquefois dans nos provinces méridionales; mais, à mesure qu'on s'avance vers le nord, cet animal se rapetisse, et sa conservation devient plus difficile.

La couleur de nos ânes est communément le gris avec une ligne dorsale noire, et une bande en croix de même couleur sur l'épaule. Il y en a de tout noirs, de roux, de tachetés de ces couleurs avec le blanc; et il n'est pas rare de trouver des variétés qui, outre les bandes du dos et des épaules, en ont encore sur les cuisses et sur les jambes.

Tout le monde connoît cet animal et les traits principaux par lesquels il se caractérise, et qu'il conserve constamment, comme nous l'avons fait remarquer en parlant du cheval. Ses sens en général sont excellens; il paroît que toutes les impressions qu'il en reçoit sont précises et nettes, et c'est à cette faculté heureuse qu'il faut attribuer la sûreté de sa marche et, si j'ose hasarder cette expression, la sagesse de sa conduite : mais, autant les impressions intellectuelles du cheval sont promptes et vives, autant il paroît que celles de l'âne sont lentes; et il est en outre fort timide, ce qui est cause de l'espèce de prudence qu'on lui reconnoît, et surtout de la résistance qu'il nous oppose quelquefois, et que nous confondons sans raison avec l'entêtement.

Ces animaux, chez nous du moins, ont une constitution très-robuste; ils ne sont sujets qu'à très-peu de maladies, et leur sobriété est extrême : ces bonnes qualités viennent certainement de l'éducation grossière qu'ils reçoivent. Il n'est point d'animal domestique qui soit plus négligé et exposé à d'aussi mauvais traitemens que l'âne : la nourriture que les autres bêtes de somme rejettent est réservée pour lui, et on l'accable de fatigue et de coups. A la vérité, il ne nous rend pas d'autre espèce de service que le cheval, et il ne peut le faire que proportionnément à ses forces qui ne sont pas grandes. C'est sans doute la facilité qu'on trouve à le nourrir et la force de son tempérament, qui nous portent à le conserver; aussi est-il dans nos campagnes le compagnon du pauvre dont il partage les fatigues et la misère. Mais, si cet animal est méprisé en Europe, les Orientaux l'estiment beaucoup, et le traitent avec soin; aussi leurs races sont d'une grande taille : ils les emploient comme les chevaux, les font servir au bât, au trait, à la selle

c'est même, chez eux, le monture la plus en usage , et la seule
permise à certaine classe d'hommes, et surtout aux Européens.
L'âne seroit très-susceptible d'éducation : il a pour cela toutes
les qualités nécessaires, des sens fort délicats et une mémoire
excellente ; il se souvient de tous les chemins par lesquels il a
passé, et sa timidité le porte à ne jamais en suivre d'autre, lorsqu'il le peut. C'est cette timidité qui lui fait craindre l'eau, à
laquelle cependant il s'habitue aisément ; lorsqu'on lui couvre
les yeux, il s'arrête et refuse d'aller plus loin ; si on le sur-
charge, il accélère sa marche, et va jusqu'à ce qu'il tombe.
Sans le cheval, il seroit certainement devenu le premier de
nos animaux domestiques ; nos soins auroient développé en lui
des qualités nouvelles, et auroient augmenté celles qu'il a
reçues de la nature. Le cheval sauvage et l'âne sauvage ont à
peu près la même taille ; leur force est égale, et leur naturel
est peu différent : l'âne même a des qualités plus solides que le
cheval. Mais celui-ci a été plus favorisé du côté de l'intelligence ; il l'a emporté sur l'autre, et cela devoit être : les forces
du corps n'ont de prix qu'en proportion de celles de l'entendement qui les dirige.

L'histoire naturelle de l'âne est tout-à-fait semblable à celle
du cheval, dans tout ce qui a rapport à la reproduction des
individus et à leur développement ; c'est pourquoi je ne rap-
pellerai point ces détails. On connoît sa voix, ce cri désagréable
et discordant : il le fait entendre lorsqu'il éprouve quelque désir,
le mâle surtout, lorsqu'il sent une femelle en chaleur ; c'est
lui qui brait le plus fort ; la femelle a un cri plus clair, et
l'âne coupé ne brait qu'à voix basse.

Cette espèce n'étoit point connue chez nous du temps d'Aristote ; elle paroît s'y être établie à mesure que nos marais ont
été desséchés, et que les défrichemens ont éclairci nos forêts
et adouci la température de notre climat : mais les Grecs en
possédoient de très-belles races qui de chez eux ont sans doute
passé en Italie. On en trouve aujourd'hui jusqu'en Suède, tant
il est vrai que le naturel des animaux peut éprouver les plus
grands changemens quand on a soin de n'agir sur lui que par
des gradations lentes et insensibles. L'âne a été transporté en
Amérique, où il n'est pas mieux traité que chez nous, dans
certaines provinces du moins.

Le lait d'ânesse est recommandé dans quelques maladies : c'est un aliment sain, léger, calmant, qui peut produire de bons effets, chez nous principalement où tous les usages tendent à porter jusqu'à l'excès l'exercice des facultés.

Le COUAGGA ; *Equus quaccha*, Gm. (Ménagerie du Mus. d'hist. nat., in-fol.) Queue avec des crins à son extrémité seulement ; une ligne dorsale, et des bandes transversales sur les épaules et sur le dos.

Cette espèce rappelle les formes et les proportions du cheval, par la légèreté de sa taille et la petitesse de sa tête et de ses oreilles ; mais elle a la queue de l'âne. Sa taille est celle d'un cheval de grandeur moyenne ; sa hauteur, au garrot, est d'environ quatre pieds. La couleur du couagga, sur la tête et sur le cou, est un brun foncé noirâtre ; le dos, les flancs, la croupe, le haut des cuisses, sont d'un brun clair, qui pâlit et se change en gris roussâtre sur le milieu des cuisses ; leurs parties inférieures, les jambes, le dessous du corps et les poils de la queue, sont d'un assez beau blanc ; sur le fond brun de la tête et du cou sont des raies d'un gris blanc, tirant sur le roussâtre : elles sont longitudinales, étroites et serrées sur le front, les tempes et le chanfrein ; transversales et un peu plus écartées sur les joues ; entre l'œil et la bouche elles forment des triangles, parce qu'elles sont larges au milieu et étroites aux deux bouts. Le tour de la bouche est entiérement brun. Il y a dix bandes sur le cou ; la crinière ne va que jusqu'à la neuvième : elle est courte et droite comme celle d'un cheval qui l'auroit eu coupée, et elle participe des taches du cou. L'épaule a quatre bandes ; mais elles se raccourcissent jusqu'à la quatrième : une ligne noirâtre règne le long de l'épine, et descend jusque sur la queue.

Cette description a été prise sur un couagga mâle adulte, qui a vécu à notre Ménagerie ; mais il paroît que le nombre des bandes varie, et qu'elles descendent quelquefois jusque sur la croupe, sans cependant jamais être semblables à celles du zèbre.

Le cri de ces animaux est une sorte d'aboiement ; c'est le son *ouau*, *ouao*, répété une vingtaine de fois, sur un ton très-aigu. Ils vivent en troupes nombreuses, et se laissent facilement apprivoiser. Il paroît, d'après Gordon et Sparmann, que les colons hollandois en ont habitué au trait, et qu'on en élève avec le bétail ordinaire qu'ils défendent contre les hyènes et les autres animaux féroces de cette taille. L'extrémité méridionale de l'Afrique paroît être la patrie exclusive de cette espèce.

Le ZÈBRE; *Equus zebra*, Linn. (Ménagerie du Mus. d'hist. nat. in-fol.) Queue avec des crins à son extrémité seulement; une ligne dorsale, et tout le reste du corps couvert de bandes transversales.

Cet animal se rapproche beaucoup de l'âne par les formes et les proportions; mais il se caractérise nettement par son pelage à fond blanc légèrement teint de jaunâtre, avec des bandes d'un brun presque noir. Le tour du museau est tout entier d'un brun noirâtre; les lignes qui occupent le chanfrein sont rousses, ainsi que celles des côtés de la bouche. Les premières sont étroites et longitudinales; celles des côtés de la tête sont transverses, excepté une qui se contourne autour de l'œil. L'oreille est rayée irrégulièrement de blanc et de noir, en sa moitié inférieure; l'autre moitié est noire, excepté le petit bout, qui est blanc. Toute sa face concave est revêtue de poils gris blancs.

Il y a huit rubans noirs sur le cou, deux sur l'épaule, qui s'écartent à la hauteur de l'aisselle, pour faire place aux rubans de la jambe de devant, lesquels sont disposés en sens contraire. Le tronc porte douze rubans, dont les trois ou quatre derniers se joignent obliquement vers le bras, pour faire place à ceux de la cuisse, aussi disposés dans le sens horizontal. Les lignes de la croupe vont en se raccourcissant, et forment ainsi un triangle alongé, dont les rubans de la racine de la queue font la continuation. Chaque cuisse porte quatre bandes plus larges que toutes les autres, et qui en dessinent très-bien la convexité. Les quatre jambes sont entourées de rubans transverses et irréguliers; le ventre et le haut de la face interne des cuisses sont blancs et sans bandes; les longs poils qui la terminent sont noirâtres. La crinière commence au sommet de la face antérieure du front, entre les deux oreilles, et se continue sur le cou; elle est partout courte et droite, et les endroits blancs et noirs sont la continuation des bandes contiguës du cou.

Les mâles et les femelles se ressemblent, et les jeunes naissent avec les couleurs de l'espèce ; seulement le brun est plus pâle. La portée des femelles est de douze mois.

Les zèbres, semblables à toutes les espèces sauvages de ce genre, s'apprivoisent avec quelques soins : nous en avons possédé une femelle qui étoit de la plus grande douceur, et qui se laissoit monter ; elle a produit successivement avec un âne et avec un cheval, comme nous l'avons déjà dit.

Ces animaux sont naturels à l'Afrique, et paroissent se rencontrer depuis l'Abyssinie jusqu'au cap de Bonne-Espérance, où ils sont plus particulièrement connus sous le nom d'âne sauvage ou d'âne rayé. On pourroit croire, d'après un passage de Xiphilin, comme l'observe M. G. Cuvier, que les Romains connoissoient le zèbre sous le nom de hippo-tigre ; mais ils ne paroissent pas l'avoir vu souvent, puisque Pline n'en dit rien, quoiqu'il ait généralement soin de parler des animaux qui furent montrés au peuple dans les cirques de Rome.

Mulets de chevaux. D'après les faits connus, il seroit permis de croire que toutes les espèces de ce genre peuvent s'accoupler et produire, mais qu'il ne résulte pas de leur accouplement des individus féconds et propres à donner naissance à des espèces intermédiaires. Le cheval et l'âne produisent le mulet proprement dit ; nous avons été les témoins d'un accouplement fécond entre un âne et un zèbre, et entre ce zèbre et un cheval ; et un couagga a couvert, dans notre Ménagerie, une ânesse qui, à la vérité, n'a point été fécondée.

On connoit le mulet domestique ; on sait qu'il participe aux qualités des espèces auxquelles il doit son origine, et que celui qui a eu une jument pour mère est plus grand et mieux fait que celui qui a été porté par une ânesse.

Le mulet de zèbre, d'une variété d'âne noir et de grande taille, qui est né dans notre établissement, et qui vit encore, a acquis la taille et les formes de son père ; mais le fond de son pelage est gris, et sa tête, son cou, son avant-train et ses jambes, sont ornés de bandes noires, longitudinales sur la tête, transversales sur les autres parties. Une bande noire règne tout le long du dos.

Le mulet de zèbre et de cheval n'est point parvenu à son entier accroissement : nous ne l'avons vu qu'au huitième mois de la gestation, et il n'avoit point encore de poils ; mais on voyoit déjà, sur un fond brun, des bandes noires à la tête et au cou. Voyez Mulets.

Chevaux fossiles. Les débris fossiles de chevaux se rencontrent très-fréquemment dans les terrains meubles, et ils paroissent appartenir à l'espèce commune ; cependant ils se trouvent avec des os d'élephans, de rhinocéros, de tigres, et d'autres animaux tout-à-fait étrangers à nos climats.

On trouve ces débris par milliers, près de Canstadt en Wurtemberg, mélangés avec des restes d'éléphans, d'hyènes, de rhinocéros, de tigres. On en a découvert, avec des os d'éléphans, à Sévran, en creusant le canal de l'Ourcq; près de Fouvent-le-Prieuré, dans la Haute-Saône ; à Argenteuil, dans le Val d'Arno, où se trouvent aussi des restes de mastodontes, etc.

Cheval. Ce nom, joint à un autre, a été donné, par les anciens surtout, à beaucoup d'animaux différens auxquels ils croyoient reconnoître des rapports avec le cheval proprement dit. Le Cheval-cerf des Grecs étoit vraisemblablement notre cerf des Ardennes, très-vieux, parce qu'à cet âge il a une sorte de crinière. Les Chinois donnent aussi ce nom à un ruminant dont il n'a pas été possible, par le peu qu'on en sait, de reconnoître l'espèce. On nomme le morse, Cheval marin, et l'on donne aussi ce nom et celui de Cheval de rivière à l'hippopotame ; et il est vraisemblable, comme nous l'avons dit, que Xiphilin, dans son Abrégé de Dion, appelle Cheval-tigre le zèbre, qui a, en effet, comme le tigre, le corps couvert de bandes noires transversales sur un fond jaunâtre. (F. C.)

CHEVALIERS (*Entom.*), *Equites.* Linnæus avoit appelé *papiliones equites* une section du genre Papillon, qui comprenoit les espèces à antennes le plus souvent filiformes, avec les ailes supérieures plus longues de l'angle postérieur au sommet qu'à la base même, et il les avoit subdivisés en chevaliers troïens , *equites troes*, de couleur le plus ordinairement noire, avec des taches rouges ou de sang au corselet en-dessous, et en chevaliers grecs, *equites achivi*, qui n'avoient point de taches ensanglantées à la poitrine, et qui portoient sur l'aile une tache œillée vers l'angle. Tous les noms tirés de la Mythologie, de l'Iliade et de l'Enéide, rappellent ces divisions. C'est ainsi que parmi les Troïens on trouve les dénominations principales suivantes :

Hector, Ascagne, Pâris, Antenor, Palinure, Deiphobus, Achates, Lysander, Polydore, Priam, Anchise, Astyanax, Polydamas, Androgée, Enée, Hélène, etc.

Et parmi les chevaliers grecs :

Pyrrhus, Jasius, Etéocle, Castor, Pollux, Ulysse, Agamemnon, Diomède, Patrocle, Machaon, Podalyre, Palamède, Philoctète, Ménélas, Achille, Nestor, Télémaque, Idoménée, etc. Voyez Papillon.

Chevalier noir, Chevalier rouge, noms donnés par Geoffroy à deux espèces de son genre Bupreste ; l'un est le panagée; l'autre un carabe ou badiste, *carabus crux major, bipustulatus, crux minor* des premières éditions de Fabricius. (C. D.)

CHEVALIER (*Ichthyol.*), *Eques*. Ce nom a été donné à un genre de poissons de la famille des lophionotes, qu'on reconnoît aux caractères suivans :

Deux nageoires dorsales, la première très-haute, garnie de filamens; toutes les nageoires impaires écailleuses; dents en velours; tête mousse; opercules sans piquans ni dentelures.

Ce genre, établi par Bloch aux dépens des chétodons de Linnæus, a été adopté par nos ichthyologistes françois. Il est facile à distinguer de tous les autres genres de la famille des lophionotes, qui n'ont qu'une seule nageoire au dos. Voyez Lophionotes.

Le Chevalier américain : *Eques americanus*, Bloch, 347; *Chœtodon lanceolatus*, Linn. ; *Chétodon guaperve*, Daubenton. Nageoire caudale lancéolée; tête et opercules écailleuses; trois bandes noires, bordées de blanc, de chaque côté du corps; teinte générale dorée; six bandes brunes et inégales sur la nageoire du dos; chaque orifice des narines double.

Ce beau poisson vit dans les eaux de la Caroline, de la Havane, de la Guadeloupe, etc.

Le Chevalier ponctué : *Eques punctatus*, Schn., pag. 106, tab. 3, fig. 2. Corps rayé de noir et de blanc; la seconde dorsale, l'anale et la caudale parsemées de taches blanches arrondies; yeux bleus; seconde dorsale très-longue.

Ce poisson, que les Espagnols appellent *serrana*, d'après Parra, habite le fond de la mer de la Havane. Il est toujours d'une petite taille. On le mange.

Le Chevalier aigu : *Eques acuminatus; Grammistes acumi-*

natus, Schn., pag. 184. Corps oblong, blanc, avec des bandes brunes; catopes noirs; nageoire caudale tronquée; écailles âpres; mâchoire supérieure un peu prolongée.

Patrie inconnue. (H. C.)

CHEVALIER. (*Ornith.*) Brisson a appliqué à plusieurs des oiseaux dont on va donner la description, le nom de *totanus*, tiré de *totano*, dénomination vénitienne d'un chevalier ou d'une barge, et ce nom a, depuis, été étendu par Bechstein, Meyer, Leisler, Temminck, etc., à d'autres espèces disséminées dans les genres *Scolopax* et *Tringa* de Linnæus et de Latham; mais quoique les travaux de ces naturalistes aient contribué à éclaircir la synonymie, différentes espèces de ce genre n'ont pas encore été déterminées avec assez d'exactitude. M. G. Cuvier, qui, dans son Règne animal, a jeté un nouveau jour sur les oiseaux riverains, a, de son côté, formé des groupes pour lesquels il ne s'est pas toujours trouvé d'accord avec M. Temminck ni avec les auteurs allemands; et s'il ne s'est pas borné, comme ceux-ci, à traiter des oiseaux d'Europe, il est entré dans fort peu de détails sur les espèces étrangères, qui sont très-nombreuses, et qu'on ne peut ranger dans ses divisions, jusqu'à ce qu'elles aient été étudiées sous les mêmes rapports.

Les caractères qui ont été assignés aux chevaliers dans le tableau synoptique, inséré au tome 4.ᵉ de cet ouvrage, sous le mot Bécasse, consistoient à avoir quatre doigts, dont celui de derrière, muni de plusieurs phalanges, s'appuyoit sur la terre, dont les deux externes étoient réunis par une membrane jusqu'à la première phalange, et dont le bec, d'une longueur moyenne, mais excédant celle de la tête, étoit légèrement fléchi à l'extrémité. M. Temminck, qui n'associe pas les chevaliers aux bécasseaux, dont il forme un genre particulier, en considérant surtout la substance du bec, molle et flexible chez ceux-ci, qui trouvent leur nourriture dans les terrains vaseux, donne pour caractères à ses chevaliers, qui cherchent leur proie à la surface d'un terrain dur, entre les fentes des pierres, ou sur la grève, un bec cannelé à la base, solide, tranchant; la mandibule supérieure légèrement courbée sur l'inférieure; des narines linéaires, longitudinalement fendues dans la cannelure; des pieds longs, grêles, nus au-dessus du genou; la première rémige la plus longue. Les chevaliers de M. Cuvier sont aussi désignés comme ayant un bec ferme, quoique grêle, rond, pointu; le sillon des narines ne dépassant pas la moitié de sa longueur; la mandibule un peu arquée vers le bout, le pouce touchant très-peu à terre, et la palmure externe bien marquée. M. Vieillot ajoute à ces caractères le bec tantôt grêle et foible, tantôt plus dur et plus robuste; la mandibule inférieure plus courte, droite, quelquefois un peu retroussée vers le bout; la mandibule supérieure formant, dans le milieu, une sorte d'enfoncement chez des espèces étrangères; la langue filiforme, pointue; la membrane, qui chez les uns réunit le doigt du milieu à l'extérieur, se trouvant chez d'autres entre le doigt du milieu et l'intérieur; les ongles falculaires.

Suivant Belon, les chevaliers auroient reçu ce nom parce que, monté sur de très-hautes jambes, leur corps semble être à cheval. Ces oiseaux, dont plusieurs entrent dans l'eau jusqu'aux genoux, mais sans nager, vivent sur les bords de la mer, des lacs, des étangs, et dans les prairies basses et humides où ils se nourrissent de vermisseaux, et, à leur défaut, d'insectes terrestres, de mouches, etc., mais rarement de frai de poissons. Ils font, dans les herbes, par terre, un nid que les petits quittent de très-bonne heure. On les trouve par paires à cette époque; mais le plus ordinairement ils forment, en automne, de petites troupes qui voyagent et ne se séparent qu'au printemps. Quoique sujets à une double mue, leur plumage d'hiver ne diffère de celui d'été que par la distribution des taches et des raies, et les mâles sont de la même taille que les femelles. Leur chair est ordinairement tendre et de bon goût.

M. Cuvier ne range parmi les espèces d'oiseaux riverains qu'il a suffisamment vérifiées, que les sept suivantes :

Le CHEVALIER A GROS BEC, OU GRAND CHEVALIER AUX PIEDS VERTS; *Scolopax glottis*, Linn. Cette espèce, qui est la plus grande d'Europe, a le bec gros et fort; son plumage est d'un cendré brun dans les parties supérieures et latérales du corps, à l'exception du croupion, qui est blanc ainsi que les parties inférieures; sa queue est rayée de blanc et de gris; ses pieds sont verts. M. Cuvier cite, dans la synonymie, Albin, II, 69; Aldrov., Ornith., III, 555, et la Zool., britann. pl. C, 1?

Le CHEVALIER BRUN, *Scolopax fusca*, Linn. et Lath., pl. enl.

de Buffon, n.° 875, et de Frisch, 256, qui est d'un brun noirâtre en - dessus, ardoisé en - dessous, et dont les plumes sont liserées de blanchâtre, est celui que M. Temminck appelle chevalier arlequin. Il a, dans ses différens âges, reçu plusieurs dénominations en double et triple emploi. Les jeunes, avant leur première mue, ont les parties supérieures d'un brun oli‑ vâtre ; les plumes du dos sont bordées latéralement d'un petit trait blanc ; les couvertures des ailes et les plumes scapulaires ont, à l'extrémité de leurs barbes, de petites taches blanches de forme triangulaire, et toutes les parties inférieures sont blan‑ châtres et parsemées de zigzags d'un cendré brun ; les pieds sont d'un rouge orangé. C'est alors, suivant M. Temminck, le *scolopax totanus* de Gmelin, et le *totanus maculatus* de Bechstein. Dans le plumage d'été, les parties supérieures et la face sont noi‑ râtres ; les plumes du dos, les couvertures des ailes et les scapulaires ont sur leurs bords de petites taches blanches, terminées par un croissant de la même couleur, qui se trouve également sur la poitrine et sur le ventre, où il est plus étroit ; les plumes anales sont transversalement rayées de blanc et de cendré noir ; les pennes de la queue, d'un cendré noirâtre, ont sur le bord des barbes de petites raies blanches ; la base de la mandibule inférieure est rouge, et les pieds sont d'un brun rougeâtre. L'oiseau, à cette époque, se rapporte au *scolopax fusca* et au *tringa atra* de Gmelin, au *totanus fuscus* de Bech‑ stein. Enfin, le mâle et la femelle, dans leur plumage parfait d'hiver, ont le haut et le derrière de la tête et les parties supérieures du corps d'un gris cendré, avec les baguettes noi‑ râtres ; la gorge, la poitrine, le ventre et le croupion d'un beau blanc ; les couvertures supérieures et les pennes de la queue rayées transversalement de blanc et de brun noirâtre : deux bandes, dont l'une est noire, et l'autre blanche, occupent l'espace qui se trouve entre l'œil et le bec, dont la couleur est noire, à l'exception de la base de la mandi‑ bule inférieure, qui est rouge, ainsi que les pieds. L'oiseau est, dans cet état, le *totanus fuscus* de Leisler, le *totanus natans* de Bechstein, le *scolopax curonica* et le *scolopax cantabri‑ giensis* de Gmelin, la barge brune de Buffon, pl. enl. 875, et le chevalier de Courlande de Sonnini. Cette espèce, qui paroît à M. Temminck être la même que celle de l'Amérique septentrionale, a deux passages dans l'année ; elle ne séjourne pas long-temps sur les côtes de Hollande , et elle se propage dans les régions du cercle arctique.

Le Petit Chevalier aux pieds verts : *Scolopax totanus* , Linn. ; et pl. enl. de Buffon , n°. 876. Cet oiseau , qui n'est pas la barge aboyeuse de Buffon , dont M. Temminck a fait son chevalier aboyeur , et qui , par la courbure de la mandibule supérieure à sa pointe , appartient aux chevaliers , a , dans son plumage d'été , des raies longitudinales noires sur la tête et le cou ; le dos et les plumes scapulaires , noirâtres , ont une partie de leur bordure blanche , et l'autre rougeâtre ; les grandes couvertures et les pennes secondaires des ailes sont d'un gris rougeâtre , et présentent des raies longitudinales noires à leur centre ; on voit en outre du blanc au bord des premières , et des traits noirâtres à l'extrémité des autres ; les plumes qui couvrent la gorge et toutes les parties inférieures , sont blanches ; le bec est d'un gris brun , et les pieds sont verts. En hiver , l'oiseau a le dessus de la tête et du cou d'un brun sombre , le dos et les plumes scapulaires d'un gris brun , avec des taches noirâtres sur les pennes : le bas du dos et le croupion sont blancs ; des raies brunes traversent les couvertures supérieures et les pennes de la queue ; le dessous du corps est blanc , avec une ligne noirâtre sur la tige des plumes ; les pieds sont d'un gris verdâtre. Cette espèce , qui n'est que de passage en France , vit ordinairement sur les bords de la mer.

Le Grand Chevalier aux pieds rouges ; *Scolopax calidris* , Linn. M. Cuvier , qui indique avec le signe du doute la pl. 827 de Buffon , comme se rapportant à cet oiseau , le distingue du petit chevalier aux pieds rouges , ou gambette , *tringa gambetta* , Linn. , pl. enl. 845. Il décrit la première espèce comme étant brune en-dessus , avec des points noirâtres et blancs à l'extrémité des plumes , et ayant le devant du cou et le dessous du corps blancs , quelques taches grises aux côtés , et la base du bec , ainsi que les pieds , de couleur de minium. La seconde espèce a le dessus du corps brun , avec un assez grand nombre de taches noires , et un plus petit nombre de taches blanches aux bords des plumes ; les parties inférieures sont mouchetées de brun , surtout au cou et à la poitrine ; les pieds ne diffèrent pas de ceux du grand chevalier.

8.

Le principal motif qui a déterminé M. Cuvier à présenter ces deux oiseaux comme des espèces distinctes, est probablement la différence de leur taille, qu'il a trouvée *moindre d'un quart* chez le second; mais, d'autres auteurs ne les regardant que comme la même espèce dans des âges divers, on croit devoir exposer ici leurs observations, et particulièrement celles de M. Temminck. Son chevalier gambette, *totanus calidris*, Bechstein, a dix pouces une ou deux lignes de longueur. Le mâle et la femelle, en hiver, ont, suivant cet auteur, les parties supérieures du corps, à l'exception du croupion, d'un brun cendré, qui n'est varié que par un trait plus foncé le long des baguettes; les côtés de la tête, le devant du cou, la gorge et la poitrine, d'un blanc grisâtre, avec une raie brune sur les baguettes; le croupion et le ventre, d'un blanc pur; les pennes de la queue rayées transversalement de blanc et de zigzags noirs; l'iris brun, la moitié des deux mandibules rouge, la pointe du bec noire, les pieds d'un rouge pâle. Chez les jeunes, avant leur première mue, on remarque un trait blanc qui va de la mandibule supérieure à l'œil, et un espace brun entre l'œil et le bec; les plumes du haut de la tête sont brunes, avec un liseré jaunâtre; la nuque est cendrée; les plumes dorsales et scapulaires sont brunes et bordées latéralement d'une large bande jaunâtre; les couvertures des ailes sont d'un brun noirâtre, avec des franges jaunâtres; la gorge, blanchâtre, est parsemée de points bruns; les côtés du cou et la poitrine offrent, sur un fond cendré, des raies longitudinales brunes, très-étroites, et les flancs et l'abdomen des taches de la même couleur, sur un fond blanc; le bec, livide à sa base, est brun vers la pointe; les pieds sont d'un jaune orangé. Lorsque les jeunes, en mue, prennent la livrée d'hiver, ils se rapportent au *tringa striata* de Gmelin, au *totanus striatus* de Brisson, et au chevalier rayé de Buffon, pl. enl. 827.

L'oiseau, dans son plumage d'été ou de noces, a les parties supérieures d'un brun cendré olivâtre, avec une raie noire, large et longitudinale, sur chaque plume; ces raies sont transversales sur les scapulaires et les plus grandes couvertures des ailes; les côtés de la tête et toutes les parties inférieures sont blancs, et l'on voit au centre de chaque plume une tache longitudinale, d'un brun noirâtre, laquelle devient oblique sur les plumes de l'abdomen et les couvertures inférieures de la queue, dont les pennes, rayées de noir et de blanc, sont bordées de cette dernière couleur ; la moitié du bec et les pieds sont d'un rouge vermillon très-vif. C'est alors, suivant M. Temminck, le *totanus calidris*, Bechstein ; le *scolopax calidris*, et le *tringa gambetta*, Gmelin ; la gambette de Buffon, pl. enl. 845.

La gambette, qui habite au printemps les marais et les prairies, vit de vermisseaux et d'insectes sans élytres ; elle pond, dans un nid placé près de terre et composé de plantes et de racines flexibles, quatre œufs pointus, d'un jaune verdâtre, et marqués de taches brunes, qui se réunissent en une seule masse vers le gros bout.

M. Temminck dit qu'on trouve dans l'Amérique septentrionale un chevalier qui ressemble beaucoup à la gambette, quoiqu'il forme une espèce distincte, qui est d'*un tiers plus grande* dans toutes ses dimensions.

Le Chevalier bécasseau : *Tringa ochropus*, Linn. (que plusieurs auteurs écrivent *ocrophus*) ; pl. enlum. de Buffon, 843, (jeune), et de Lewin, 171. Cet oiseau, long de 8 pouces 6 lignes, qui est également connu sous le nom de *cul-blanc*, et qu'on appelle aussi *pied-vert*, *pivette*, *sifflasson*, a le dessus du corps d'un brun olivâtre et bronzé, avec des points blanchâtres au bord des plumes ; les parties inférieures ont, sur un fond blanc, des taches longitudinales grises au cou et le long des flancs ; les pennes de la queue sont rayées de bandes noires et blanches, qui sont larges et peu nombreuses ; l'iris est d'un brun foncé ; la base du bec est d'un vert obscur ; les pieds sont d'un cendré verdâtre, et les ongles noirs.

Le mâle ne diffère pas de la femelle : mais les jeunes de l'année ont les plumes des parties supérieures d'une teinte plus claire, et bordées d'une bande fine et roussâtre ; les points des couvertures sont jaunâtres et moins nombreux ; l'espace blanc du haut de la queue est moins grand, et les bandes noires des pennes intermédiaires sont plus larges.

Le bécasseau habite le plus souvent, pendant l'été et à la fin de l'automne, le bord des rivières et des ruisseaux, où il se nourrit de vers, de mouches et d'autres insectes qu'il prend à la course ou au vol ; on en trouve aussi dans les marais, mais plus rarement sur les côtes maritimes : ce sont les lieux paisibles et solitaires, les eaux douces, les rives découvertes, les grèves et les endroits où il y a peu de plantes, qu'il fréquente de préférence. Lorsqu'il marche, c'est presque toujours en balançant la queue, et quand il part, il jette un cri assez agréable, et se porte à peu de distance pour recommencer sa chasse; mais, s'il est poursuivi, il exerce la patience du chasseur, en passant et repassant d'une rive à l'autre de l'étang ou de la rivière. Cet oiseau entre assez souvent dans l'eau, où on le voit saisir sa proie; dans d'autres momens il vole en rasant sa surface. Il vit séparément avant la saison des amours, pendant laquelle le mâle et la femelle ne se quittent pas, et ensuite on en rencontre quelquefois de petites troupes de quatre à huit. Il niche jusque dans les provinces du centre de l'Europe, et il fait dans le sable ou dans les herbes, au bord des eaux, un nid où il pond trois à cinq œufs, d'un vert blanchâtre, avec des taches brunes. Sa chair est assez délicate, quoiqu'elle ait une légère odeur de musc. On le chasse au fusil, et on le prend aussi à l'appeau avec des joncs englués.

Quelques auteurs regardent le *chevalier à croupion verdâtre*, que Gmelin et Latham n'ont pas distingué du chevalier bécasseau, et qui se trouve dans l'Amérique septentrionale jusqu'à la baie d'Hudson, comme une espèce particulière, surtout à raison de son croupion qui est verdâtre, tandis qu'il est blanc chez le bécasseau; mais cet oiseau est un de ceux qui paroissent exiger des vérifications nouvelles, et dont on se bornera à faire ici mention.

Le CHEVALIER GUIGNETTE : *Tringa hypoleucos*, Linn. ; et pl. enl. de Buffon, 850. Cet oiseau, long de 7 pouces 2 ou 3 lignes, et de la grosseur de l'alouette de mer, *tringa cinclus*, Linn., a beaucoup de ressemblance avec le bécasseau. Toutes les parties supérieures sont d'un brun olivâtre à reflets, avec une raie noirâtre le long des baguettes, et des bandes transversales et en zigzags, d'un brun plus foncé; on remarque une raie blanche au-dessus des yeux; la gorge et le ventre sont entièrement blancs, et les côtés du cou, ainsi que la poitrine, rayés longitudinalement de brun; la queue, très-étagée, est variée de gris brun, de blanc et de noirâtre; le bec est brun, et les pieds d'un cendré verdâtre. On distingue les femelles en ce qu'au lieu d'avoir, comme les mâles, un seul trait noirâtre sur la côte des plumes du dos et du croupion, elles en ont deux, et qu'une petite ligne transversale sur l'aile est également double; la bande blanche au-dessus des yeux est plus large chez les jeunes de l'année, et les couvertures des ailes sont plus foncées; les plumes du dos sont aussi bordées de roux et de noirâtre, et celles des couvertures terminées par des bandes rousses et noires.

La guignette, qui se trouve dans presque toutes les contrées de l'Europe, recherche, comme le bécasseau, les grèves et les rives sablonneuses, et elle vit solitairement le long des eaux douces, où elle se nourrit de petits vers et d'insectes sans élytres. On les voit en assez grand nombre vers les sources de la Moselle, dans les Vosges, où elle s'appelle *lambiche*, et elle quitte ce pays dès le mois de juillet. Sa voix est un son flûté, qu'elle répète souvent, et qu'elle fait entendre même pendant la nuit. Elle construit son nid dans un trou, près des ruisseaux, et elle y pond environ cinq œufs d'un blanc jaunâtre, parsemés de taches d'un brun roussâtre, qui sont plus nombreuses au gros bout : ces œufs sont figurés t. VI, pl. 38 de l'Hist. nat. des Oiseaux de la Grande-Bretagne, par Lewin.

. Outre les sept espèces d'Europe que l'on vient de décrire, et qui sont relatées dans le Règne animal de M. Cuvier, il y en a d'autres également connues, savoir :

Le Chevalier stagnatile, ou des étangs (*Totanus stagnatilis* Bechst., Meyer), dont le bec est très-foible et très-délié, et qui n'avoit pas encore été décrit sous son plumage d'hiver, lorsque M. Temminck l'a présenté, dans son Manuel d'Ornithologie, comme ayant alors les sourcils, la face, la gorge, le milieu du dos, le devant du cou et de la poitrine, et les autres parties inférieures, d'un blanc pur; la nuque rayée longitudinalement de brun et de blanc; le haut de la tête, le haut du dos, les scapulaires et les grandes couvertures des ailes, d'un cendré clair avec des bordures blanchâtres; les petites couvertures d'un cendré noirâtre; les côtés du cou et de la poitrine blanchâtres avec de petites taches brunes; la queue blanche avec des bandes brunes diagonales, et une bande longitudinale en zigzag sur les deux pennes extérieures; le bec d'un noir cendré; l'iris brun, et les pieds olivâtres. Les jeunes,

avant leur première mue, diffèrent des adultes et des jeunes,
en hiver, en ce qu'ils ont de petits points bruns sur la face
et sur les côtés de la tête; en ce qu'une large bordure jaunâtre
entoure les plumes qui couvrent le haut de la tête et du dos,
ainsi que les scapulaires et les couvertures des ailes, lesquelles
sont d'un brun noirâtre; enfin, en ce que les rémiges, blanchâtres à leur extrémité, ont de petites raies diagonales d'un
brun très-foncé, et que les pieds sont d'un cendré verdâtre.
C'est dans cet état que Naumann en a donné, pl. 18, fig. 23,
une représentation très-exacte. Le même oiseau, dans le plumage d'été, a les pieds verdâtres, le bec noir; l'espace entre
le bec et l'œil, les tempes, les côtés et le devant du cou, les
côtés de la poitrine et les plumes anales, blancs, avec une
petite tache longitudinale noire sur chaque plume; le sommet
et le derrière de la tête d'un blanc cendré, avec des raies
longitudinales noires; le haut du dos, les scapulaires et les
grandes couvertures d'un cendré rougeâtre, avec des raies transversales noires sur chaque plume; la gorge, le devant de la
poitrine et le ventre, d'un blanc pur; les pennes de la queue
rayées sur les barbes extérieures en zigzags longitudinaux.
Leisler a décrit l'oiseau dans cet état, et l'on en trouve une
assez bonne figure, tom. 5, pl. 458 de l'Ornithologie de Gérini.

Le chevalier stagnatile habite, au nord de l'Europe, sur les
bords de la mer et des fleuves; il émigre le long des côtes
orientales jusque vers la Méditerranée, et non sur celles de
l'Océan. Sa propagation a lieu dans les régions du cercle
arctique.

Le CHEVALIER SYLVAIN, *Tringa glareola*, Gmel. et Lath.,
pl. 19, fig. 25 de Naumann. Cette espèce, dont la longueur
est de sept pouces environ, et que Linnæus avoit confondue
avec le bécasseau, *tringa ocrophus*, en diffère par divers caractères que Retzius a énoncés dans son édition de la Faune
suédoise. Le haut de sa tête est noir, à l'exception d'une
bande ferrugineuse qui la traverse depuis le bec jusqu'à la
nuque; une autre bande pâle s'étend le long des sourcils,
et une troisième, brune, passe sous les yeux; le bec est d'un
brun noir; le cou est varié de petites taches blanches, noires
et brunes; les grandes pennes des ailes sont entièrement noires;
les pennes moyennes blanches à l'extrémité; les couvertures

des ailes et les pennes du milieu de la queue mélangées de noir et de blanc ; les scapulaires, qui s'étendent au-delà de l'origine de la queue, ont leur côté extérieur d'un jaune ferrugineux, le côté intérieur tacheté de jaune près de la tige, et d'un vert clair à la bordure ; les pieds sont d'un vert obscur, et entièrement dépourvus de membranes ; les yeux sont placés plus près du vertex que dans les autres espèces, mais moins cependant que chez les bécasses. On trouve cet oiseau dans les marais boisés du nord de l'Europe ; il passe, aux deux époques de sa migration, dans quelques provinces de l'Allemagne, et fort rarement en Suisse et en France. Il fait dans les marais, sous le cercle arctique, un nid où l'on prétend qu'il pond quatre œufs d'un jaune verdâtre, avec des taches brunes.

M. Leschenaut a rapporté de Java un chevalier qui paroît être de la même espèce, quoique sa gorge et sa poitrine soient d'un gris foncé et non piquetés.

M. Temminck place encore parmi les chevaliers d'Europe, la grive d'eau, de Buffon, *turdus aquaticus*, Briss., *tringa macularia*, Gmel., pl. 277, f. 2 des Oiseaux d'Edwards, sous le nom françois de *chevalier perlé*, auquel celui de *chevalier grivelé*, adopté par M. Vieillot, semble préférable en ce qu'il rappelle la dénomination de Buffon. Cependant cette espèce, qui ne passe qu'accidentellement sur les côtes de la Baltique et dans quelques provinces de l'Allemagne, habite ordinairement l'Amérique septentrionale, et se porte même jusqu'à la baie d'Hudson, où elle niche, et où on la nomme *chechis hashish*. Son bec, de couleur de chair à la base, est brun vers la pointe ; l'iris est brun ; une bande blanche partant du bec passe au-dessus de l'œil, et plus bas on voit un trait brun entre le bec et l'œil ; le corps est parsemé de taches noirâtres, la plupart rondes, sur un fond d'un brun olivâtre pour les parties supérieures, et blanchâtre pour les parties inférieures, sur lesquelles la femelle a moins de taches que le mâle. La longueur de l'oiseau est de huit pouces.

Le seul chevalier étranger que M. Cuvier cite comme appartenant au genre *Totanus*, est l'espèce à gros bec et à pieds demi-palmés, de l'Amérique septentrionale, *scolopax semipalmata*, Linn., qui est représentée sous le nom de barge demipalmée, dans l'Encyclopédie Méthodique, pl. 71, fig. 1 du Tableau d'Ornithologie de Bonnaterre. Cet oiseau à doigts bien bordés, à palmures presque égales, et dont le bec est plus court et plus gros que celui de la première espèce ci-devant décrite, n'en forme qu'une seule avec le chevalier à gros bec, *totanus crassirostris*, et le chevalier demi-palmé, *totanus semipalmatus* de M. Vieillot, qui avoit lui-même soupçonné cette identité. Son plumage est d'un gris brun en-dessus, blanchâtre en-dessous, avec des mouchetures brunes au cou et à la poitrine.

Divers auteurs ont placé parmi les chevaliers beaucoup d'autres oiseaux extraits des genres *Tringa* et *Scolopax*, de Gmelin et de Latham, et quelques-uns de ceux qui ont été décrits sous le nom de *chorlito*, par M. d'Azara, dans son Histoire naturelle du Paraguay. Cette classification n'étant pas encore dégagée de ce qu'elle peut avoir d'arbitraire, on se bornera ici à présenter une notice des individus qui y ont été compris, en conservant les noms déjà donnés, pour ne pas augmenter les embarras d'une nomenclature qui n'a pas acquis un assez grand degré de fixité.

Le Chevalier proprement dit, de Buffon, pl. enl. 844, a été reconnu pour un individu de l'espèce du combattant, *machetes*, Cuv.

Le Chevalier austral, *Tringa australis*, Gmel., a le sommet de la tête rayé de brun; les parties supérieures du corps cendrées avec des taches brunes; les parties inférieures roussâtres, les pennes de l'aile et de la queue noirâtres, le bec et les pieds noirs. On trouve à Cayenne cette espèce à laquelle Latham rapporte un individu venu de la baie d'Hudson.

Le Chevalier bariolé, *Totanus variegatus*, Vieill., a environ six pouces de longueur, et se trouve aux Antilles et dans l'Amérique septentrionale; le bec, noir en-dessus, est de couleur de corne sur les côtés et en-dessous; la tête et les parties supérieures offrent, sur un fond d'un gris sale, un mélange de brun et de noirâtre; le croupion, de la même couleur, est blanc aux deux côtés; les pennes de la queue, d'un brun clair, sont rayées transversalement de noir en-dessus, et blanches en-dessous; la gorge et la poitrine sont d'un blanc terne, avec des raies noires longitudinales sur le devant du cou, et transversales sur les côtés; le ventre, plus blanc, n'a point de taches.

Le Chevalier blanc, *Scolopax candida*, Linn., *Totanus candidus*, Briss. Cet oiseau, envoyé de la baie d'Hudson, a onze pouces de longueur; son bec et ses pieds sont orangés, son plumage est blanc, et l'on voit sur le dos des teintes brunes qui semblent indiquer un passage d'une couleur à une autre, et sont propres à faire douter si ce n'est pas une variété accidentelle.

Le Chevalier blanc et noir, *Scolopax melanoleuca*, Gmel. et Lath. Cet oiseau est donné comme ayant une taille double de celle de la bécassine. Le blanc, qui constitue le fond du plumage, est parsemé de taches noires sur toutes les parties du corps, à l'exception du croupion et de la queue, où les deux couleurs présentent des bandes alternatives. On le trouve, en automne, sur les côtes basses du Labrador : il remue sans cesse la tête, et cette particularité lui est commune avec l'espèce qui a reçu, pour la même habitude, le nom de chevalier branle-tête, *scolopax nutans;* mais si, malgré l'identité du pays que les deux oiseaux habitent, la grande différence dans la taille ne permet guère de les considérer comme appartenant à la même espèce, cette circonstance ne présente pas le même obstacle au rapprochement du chevalier criard, *totanus vociferus*. Vieill., avec la synonymie déjà indiquée de *scolopax melanoleuca*, et des chevaliers ferrugineux et à cou ferrugineux, *totanus ferrugineus* et *totanus ferrugineicollis*, Vieill. ; *scolopax noveboracensis* et *tringa islandica*, Gmel. et Lath. D'un autre côté, l'on a reconnu au chevalier criard, qui, comme le chevalier branle-tête, vit dans les terrains bas du Labrador, la même habitude de remuer la tête. Quoique le chevalier ferrugineux se soit rencontré en Islande, on le trouve aussi dans l'Amérique septentrionale, et le plumage des quatre espèces n'offre d'ailleurs que des différences très-peu importantes. Chez toutes il présente un mélange de blanc, de cendré, de noir et de ferrugineux; chez toutes les pieds sont verdâtres ; et pour ne pas s'exposer à décrire comme espèces particulières des individus peut-être aussi sujets à des variations que les combattans, qui déjà ont donné lieu à tant de doubles emplois, on croit prudent d'attendre que des voyageurs naturalistes aient été à portée de les examiner plus soigneusement et d'une manière comparative.

Le Chevalier cendré, *Scolopax incana*, Gmel. et Lath. Cet oiseau, de dix pouces de longueur, a le bec noir ; l'espace compris entre le bec et l'œil, le devant du cou et le milieu du ventre blancs ; quelques traits bruns sur le haut de la gorge, et le reste du plumage d'un gris cendré : les pieds sont d'un vert jaunâtre. On a trouvé cette espèce aux îles d'Eimeo et de Palmestron.

Le Chevalier a croupion noir, *Totanus melanopygius*, Vieill. Cette espèce, de huit pouces de longueur totale, a sur la tête, le cou, le dos et les ailes, des plumes brunes à leur centre, et roussâtres sur les bords ; le bas du dos, le croupion et les couvertures supérieures de la queue sont noirs ; les parties inférieures sont blanches, avec des taches noires sur le devant du cou et le haut de la poitrine ; le bec est brun, et les pieds orangés. Cet oiseau, qui paroît sédentaire à la Louisiane, se trouve au centre des Etats-Unis pendant les mois d'octobre et de novembre.

Le Chevalier a demi-palmé, *Scolopax semi-palmata*, Lath., a la tête et le cou sillonnés de traits noirs et blancs ; le fond cendré qui s'étend sur le corps, est parsemé de taches noires qui ont la forme d'un fer de lance ; les parties inférieures sont blanches avec des mouchetures noires sur la poitrine et des raies transversales de la même couleur sur les flancs ; les grandes pennes des ailes sont noirâtres et traversées par une bande blanche ; les pennes du milieu de la queue sont cendrées avec des raies noires ; les extérieures sont blanches ; les pieds ont une teinte noirâtre, et les doigts en sont réunis par une courte membrane ; son bec, de la même couleur, est gros et robuste comme celui du chevalier à gros bec, *totanus crassirostris*, Vieill. ; ses trois doigs antérieurs sont aussi à demi-palmés, et il existe d'ailleurs, entre ces deux oiseaux de l'Amérique septentrionale, qui ont douze à quatorze pouces de longueur, des rapports assez grands pour qu'ils puissent n'être que des variétés d'âge.

Le Chevalier grisâtre, *Scolopax grisea*, Gmel. et Lath. Cet oiseau, qui habite avec le *scolopax noveboracensis*, le long des côtes de la Nouvelle-Yorck, et dont la taille est d'environ onze pouces, a le bec et les pieds bruns. Une ligne blanche qui part du bec, s'étend au-dessus des yeux ; la tête, le cou et les scapulaires sont d'un brun cendré, les ailes brunes ; le dos et le ventre sont d'un blanc pur ; la poitrine d'un blanc mélangé de brun ; le croupion et la queue ont sur le même fond des raies noires.

Le Chevalier leucophée, *Totanus leucophœus*, Vieill., a environ un pied de longueur ; son bec, qui a deux pouces deux lignes, est brun, et ses pieds sont d'un rouge orangé. Les parties supérieures du corps offrent un mélange de gris et de blanchâtre ; les parties inférieures sont blanches, avec de petites lignes cendrées sur le devant du cou et sur les flancs.

Le Chevalier leucophrys, *Totanus leucophrys*, Vieill., que l'on trouve, comme le précédent, dans l'Amérique septentrionale, a le corps et le bec à peu près de la même longueur, les pieds de la même couleur ; et le gris et le blanc forment aussi la base de son plumage, avec des différences seulement dans la distribution. Cet oiseau offre encore des traits de ressemblance avec le *Tringa noveboracensis* de Latham, et l'on est sans cesse arrêté dans la description partielle des espèces de ce genre, par la crainte de donner pour telles de simples variétés d'âge ou de sexe, et d'accroître ainsi le vague d'une nomenclature déjà trop étendue pour n'être pas très-fautive.

- Le Chevalier leucoptère, *Scolopax leucoptera*, Gmel., et pl. 82 du *General Synopsis of birds* de Latham, lequel a été décrit en double emploi dans l'édition de Buffon donnée par Sonnini, sous les noms de *bécasseau à ailes blanches* et de *vanneau aux ailes blanches*, est un oiseau des îles de la mer Pacifique. Sa longueur est de huit pouces ; il a au-dessus des yeux une bande étroite de couleur rousse. Les parties supérieures sont d'un brun foncé à l'exception du croupion, qui est roux comme les parties inférieures ; les petites couvertures des ailes sont blanches, mais non les ailes entières, et la queue a des raies transversales rousses et noires ; son bec est cendré et ses pieds sont verdâtres. Dans l'île d'Otaiti on nomme cet oiseau *torowé*, et dans celles d'Eimeo et d'Yorck, *te-te*.

Le Chevalier marbré, *Totanus marmoratus*, Vieillot, et le Chevalier moucheté, *Totanus guttatus*, id., se trouvent l'un et l'autre dans l'Amérique septentrionale et aux Antilles. Le premier, dont la longueur totale est de treize pouces, a la tête et le dessus du cou noirs avec des raies longitudinales blanches; le dos, les couvertures et les pennes secondaires des ailes marbrés de blanc, de gris et de noir, les grandes pennes de cette dernière couleur; le croupion blanc et la queue de la même couleur avec des raies transversales qui s'étendent sur les côtés du ventre; la poitrine et les parties inférieures blanches; le bec noir et long de deux pouces trois lignes; les pieds rouges. Le second, qui n'a que neuf pouces de longueur, dont le bec, d'un pouce six lignes, est brun, et dont les pieds sont orangés, a la tête, le dessus du cou et le dos gris avec des taches blanches, le devant du cou brun et moucheté de gris; des raies transversales brunes et blanches sur le croupion et sur la queue, qui est blanche en-dessous.

Le CHEVALIER noir de Belon est décrit plus haut sous le nom de *chevalier brun*. Il y a aussi un *chevalier noir* de Steller, *scolopax nigra*, Lath., dont les pieds sont rouges; mais cet oiseau, que Steller a vu dans les îles situées entre l'Amérique et l'Asie boréale, n'est pas suffisamment déterminé.

Le CHEVALIER AUX PIEDS COURTS, *Totanus brevipes*, Vieill. L'individu qui est ainsi dénommé dans les galeries du Muséum, a le bec long d'environ un pouce de longueur, et assez gros, le dessus du corps brun, des taches longitudinales de la même couleur sur un fond blanc à la gorge et en zigzags sur la poitrine et sur les flancs; le ventre et l'anus sont entièrement blancs.

Le CHEVALIER SASASHEW. Latham n'a présenté cet oiseau, décrit par Forster sous la dénomination de *spotted woodcock*, bécasse tachetée, que comme une variété du *scolopax totanus*, dont la taille est un peu plus forte, et qui a sur les ailes des taches blanches triangulaires. A la baie d'Hudson on l'appelle *sasashew*, et M. Vieillot l'a décrit sous ce nom, comme un chevalier d'une espèce distincte, ayant près de quinze pouces de longueur, le bec brun, long de deux pouces et demi, et les pieds rouges.

Le CHEVALIER A TÊTE RAYÉE, *Tringa virgata*, Gmel. Cet oiseau, qu'on trouve aux îles Sandwich, est de la taille de la bécassine : il a la tête et le cou blancs avec des raies longitudinales brunes; les plumes dorsales brunes et bordées de blanc; les scapulaires avec des taches ferrugineuses; les couvertures des ailes d'un cendré clair; les plumes uropygiales et les parties inférieures du corps blanches ; le bec noirâtre, et les pieds jaunâtres.

Le Chevalier titarès. Quoique l'oiseau désigné ici sous le nom spécifique qu'il porte dans l'Inde, soit considéré par divers auteurs comme une variété du chevalier gambette, la circonstance qu'il a le croupion rayé de noir et de blanc, tandis que celui de la gambette est toujours blanc, a paru à M. Vieillot suffisante pour en former une espèce particulière.

M. d'Azara a décrit, dans ses Oiseaux du Paraguay, sous le nom de chorlitos, quinze oiseaux riverains, qui se rapportent la plupart aux barges et aux chevaliers, et qu'il a distingués des bécassines en ce qu'ils ne se cachent pas, sont moins nocturnes, marchent plus vite, et en ce qu'ils ont les ailes et les jambes plus longues, les doigts moins séparés et le doigt postérieur plus court, le bec moins droit, moins long, plus pointu et sans renflement à son extrémité. Ces oiseaux portent les n.ᵒˢ 394 à 408 ; huit d'entre eux seulement, ont été rangés, dans le nouveau Dictionnaire d'histoire naturelle, comme appartenant au même genre.

Le Chevalier solitaire, *Totanus solitarius*, Vieill., décrit par M. d'Azara, n.° 294, sous le nom de *chorlito à croupion blanc*, est regardé par Sonnini comme l'*yacatoptil* d'Hernandez, que Buffon et d'autres ornithologistes ont rapporté au chevalier gambette, quoique celui-ci ait les pieds rouges, tandis que l'auteur espagnol a annoncé que le sien les avoit jaunes. La longueur totale du chevalier solitaire est de treize pouces huit lignes, et celle de son bec de deux pouces deux lignes. Un trait blanc va du bec à l'œil et l'entoure ; le reste de la tête et le dessus du cou sont bruns et veinés de blanchâtre ; les plumes scapulaires, les ailes et la queue sont brunes et bordées de piquetures noirâtres et blanches ; le croupion, la gorge et la presque totalité des parties inférieures du corps sont de cette dernière couleur, sur laquelle les flancs présentent des raies transversales noirâtres ; la partie nue de la jambe et le tarse sont jaunes comme chez l'yacatoptil. Cet oiseau se tient seul sur les bords unis des lagunes, et quoiqu'il paroisse ne point quitter le Paraguay, il y est rare.

Le Chevalier a front roux, Az., 395, *Totanus rufifrons*, Vieill., a douze pouces et demi de longueur, et son bec deux pouces neuf lignes ; le tour de celui-ci est roux ; on voit ensuite une tache et une ligne sourcilière blanches, et le reste de la tête, ainsi que le cou et le dos, sont bruns, avec une bordure noirâtre à chaque plume ; la queue, dont les pennes latérales et les deux du centre sont les plus courtes, est presque noire, avec une bordure cendrée ; le croupion, le dessous du corps et celui des ailes sont blancs, les tarses et le bec noirâtres.

Le Chevalier brun et piqueté de blanc, Az., 396, entre jusqu'aux genoux dans les lagunes du Paraguay pour y chercher sa nourriture ; et il ne faut pas conclure de la dénomination de *Totanus natator*, Vieill., qu'il ait l'habitude de nager, M. d'Azara rapportant seulement qu'un individu, blessé à l'aile, a tenté de s'échapper à la nage. Cet oiseau, dont le corps est long de douze pouces trois lignes, et le bec de deux pouces deux lignes, a la queue étagée, les deux pennes extérieures de chaque côté étant moins longues de trois lignes que celles du milieu, qui se terminent en pointe. Les plumes des côtés de la tête et du devant du cou ont, sur un fond blanc, une petite tache longitudinale brune ; le dos et les couvertures supérieures des ailes sont d'un brun foncé, avec des piquetures blanches et noirâtres sur leurs bords ; les petites couvertures inférieures sont blanches et traversées dans leur milieu par une petite bande brune ; la queue est rayée de brun et de blanc ; le bec, d'un vert noirâtre sur une partie, est tout-à-fait noir sur l'autre ; les pieds sont jaunes.

Le Chevalier des champs. M. d'Azara a donné à l'oiseau par lui décrit sous le n.º 397, le nom de chorlito champêtre, et il a appliqué celui de *Chorlito à bordures de blanc roussâtre*, au n.º 398. C'est cependant à ce dernier oiseau que renvoie la description du *totanus campestris*, Vieill., où l'on trouve des passages tirés des deux articles originaux ; et cette circonstance auroit pu faire soupçonner une méprise de la part de l'auteur françois, si l'on n'avoit lieu de croire, d'une part, qu'il a choisi la dénomination la plus simple pour l'un des deux oiseaux dont M. d'Azara a déclaré que les habitudes étoient les mêmes, et si l'on ne voyoit, de l'autre, que le chorlito du n.º 397 a les deux mandibules terminées en forme de petite cuiller, ce qui ne se rencontre pas chez les chevaliers. Celui du n.º 398 a onze pouces deux lignes de longueur avec un bec de quatorze lignes, qui est de couleur de paille. Les plumes du dessus de la tête et du corps sont noirâtres et bordées de blanc roussâtre; les côtés de la tête et le dessous du corps sont blanchâtres; mais sur le devant et les côtés du cou, les plumes sont noirâtres à leur centre; les seconde, troisième et quatrième pennes de l'aile ont des bandes transversales blanches sur un fond noirâtre, et à compter de la cinquième, le blanc est sur la bordure. Les couvertures supérieures, brunes au milieu, sont traversées de raies noires, et ont les bords roussâtres : on voit une tache blanche sur la queue dont la bordure est noire. La mandibule inférieure est de couleur de paille, et la mandibule supérieure est noire. Ce que M. d'Azara a observé relativement au chorlito du n.° 397, et qu'il a dit être commun à l'oiseau n.° 398, consiste 1.° en ce que le premier est de passage au Paraguay, où il arrive, dans le mois de septembre, en troupes de dix à vingt; 2.° en ce qu'on ne le rencontre pas sur les bords des rivières et des lagunes, mais dans les plaines découvertes, sèches ou humides, et qu'en volant il jette le cri *bibi*.

Le CHEVALIER A COIFFE BRUNE, *Totanus fusco-capillus*, Vieill., a été décrit par M. d'Azara, sur le seul individu qu'il ait eu en sa possession, sous le n.° 399, et sous le nom de *grand chorlito brun*; il avoit dix pouces de longueur, et son bec dix-sept lignes; les deux pennes extérieures de chaque côté de la queue étoient plus courtes de deux lignes et demie que les pennes du milieu; le devant du cou étoit varié de brun et de blanc; cette dernière couleur étoit celle des autres parties inférieures et des couvertures supérieures de la queue; tout le dessus du corps étoit brun avec quelques points blanchâtres sur les ailes; les pieds étoient d'un jaune vif.

Le CHEVALIER POINTILLÉ, *Totanus punctatus*, Vieill., et *petit chorlito brun*, Az., 400, a huit pouces trois lignes, et son bec quinze lignes; les douze pennes de la queue sont de longueur égale; le dessus de la tête et du cou, les couvertures supérieures des ailes et leurs pennes secondaires sont bruns et piquetés de blanc; les pennes extérieures des ailes et celles du milieu de la queue sont brunes; les autres ont des bandes blanches et noirâtres; les plumes des côtés de la tête et du devant du cou sont blanches sur les bords et brunes au centre, les couvertures inférieures des ailes offrent des raies de blanc et de noirâtre. Le bec, noirâtre en-dessus, est d'un vert pâle en-dessous. M. d'Azara a trouvé cet oiseau tantôt seul, tantôt par couple sur le bord des eaux.

Le CHEVALIER NOIRATRE, *Totanus nigellus*, Vieill., ou *Chevalier aux pieds rouges* d'Azara, n.º 402, a la queue garnie de douze pennes et étagée ; sa longueur est de huit pouces et demi, et son bec a environ dix lignes ; le front est blanchâtre ; la tête, le dessus du cou et les scapulaires offrent un mélange de noirâtre et de blanc ; cette dernière couleur domine sur les parties supérieures, et forme sur le devant du cou un angle avec des plumes noirâtres ; la queue, noirâtre au centre, est blanche à sa base et aux extrémités. Le bec est noir et les tarses orangés. Sonnini trouve de grands rapports entre cet oiseau et le chevalier blanc, *scolopax candida*, Linn. et Lath. On doit, d'ailleurs, faire remarquer ici que ses doigts sont entièrement séparés, et que le bec a la mandibule supérieure beaucoup plus forte que l'inférieure.

Le CHEVALIER A DEMI-COLLIER, *Totanus semi-collaris*, Vieill., ou *Chorlito à demi-collier blanc et noirâtre*, Az., n.º 405, que Sonnini a mal à propos rapporté à la perdrix de mer à collier, de Buffon, *glareola austriaca*, Gmel. (laquelle en est si différente par la forme de son bec et sa queue fourchue), a huit pouces trois lignes de longueur totale et la queue étagée ; on lui voit, comme chez la plupart des autres espèces, un trait blanc du bec à l'œil, et une ligne sourcilière de la même couleur ; il a au bas de la gorge un demi-collier noirâtre qui s'étend jusqu'à la naissance des ailes, et au-dessous un autre blanc et plus étroit, qui va jusqu'au milieu du dos, où il prend une teinte rousse. Les plumes scapulaires sont mélangées de blanc et de noir, et les petites couvertures des ailes variées de brun et de roux ; les grandes couvertures et les pennes des ailes ont des taches blanches, arrondies ; la poitrine, le ventre et les parties inférieures des ailes sont blancs ; les pieds sont verts.

Les oiseaux décrits par M. d'Azara sous les n.ºˢ 401, 403, 404 et 406, ont le bec conformé de la même manière que celui qui porte le n.º 397, c'est-à-dire que les mandibules formant à leur extrémité une sorte de petite cuiller, s'écartent par ce caractère des chevaliers proprement dits, dont le bec a la pointe déliée. Le n.° 407 a, dans la conformation, des tarses si comprimés qu'ils n'ont pas une demi-ligne d'épaisseur, un autre caractère qui a déterminé M. Vieillot à en faire un genre particulier, sous le nom de *Stéganope*; et le 408.ᵉ et dernier chorlito de M. d'Azara, est le bec-en-ciseaux, ou coupeur d'eau, *rayador* des Espagnols, et *hati guazu* des Guarinis.

On a aussi appelé chevaliers des oiseaux qui sont étrangers à ce genre; ainsi l'aigle Jean-le-blanc, *falco gallicus*, Linn., est, dans Salerne, le chevalier blanche-queue; l'échasse, *charadrius himantopus*, Linn., est le chevalier d'Italie; le jacana, *parra jacana*, Linn., est nommé, à Saint-Domingue, le chevalier mordoré armé. On connoît aussi sous le nom de chevalier vert, l'oiseau que Gmelin et d'autres naturalistes ont placé parmi les râles sous celui de *rallus bengalensis*, dont M. Vieillot a fait un chorlite, et que M. Cuvier a placé parmi les rynchées. (Cʜ. D.)

CHEVAL MARIN (*Ichthyol.*), nom vulgaire de l'Hɪᴘᴘᴏᴄᴀᴍᴘᴇ. Voyez ce mot et Sʏɴɢɴᴀᴛʜᴇ. (H. C.)

CHEVAL MARIN ARGENTÉ. (*Ichthyol.*) L'abbé Bonnaterre donne ce nom au syngnathe argenté. Voyez Sʏɴɢɴᴀᴛʜᴇ. (H. C.)

CHEVANNE (*Ichthyol.*), nom vulgaire d'une espèce d'able, *leuciscus jeses*, qu'on trouve dans nos rivières et nos ruisseaux. Voyez Aʙʟᴇ et Cʏᴘʀɪɴ. (H. C.)

CHEVAUCHER. (*Fauconnerie.*) Ce terme sert à exprimer l'action de l'oiseau de proie qui s'élève par secousses au-dessus du vent, dont le souffle est opposé à la direction de son vol. (Cʜ. D.)

CHEVÊCHE. (*Ornith.*) Plusieurs oiseaux de nuit portent ce nom et celui de *chevechette*. Voyez-en la description sous le mot générique Cʜᴏᴜᴇᴛᴛᴇ. (Cʜ. D.)

CHEVELINE. (*Bot.*) On donne ce nom à la clavaire coralloïde. Ce champignon, employé comme aliment dans beaucoup d'endroits, a reçu un grand nombre de dénominations (voyez Cʟᴀᴠᴀɪʀᴇ); et particulièrement celles de *menottes*, de *barbe de bouc*, de *ganteline* et de *cheveline*. (Lᴇᴍ.)

CHEVELU. (*Bot.*) On dit d'une racine qu'elle est chevelue (*capillamentosa*), ou qu'elle a du chevelu, lorsqu'elle est garnie de ramifications capillaires nombreuses. On dit d'une graine qu'elle est chevelue (*comata*) lorsqu'elle porte une touffe de longs poils très-déliés. Cette touffe de poils, cette chevelure, dans certaines plantes, dans le tamarisc, par exemple, naît du tégument propre de la graine. Dans d'autres, dans l'épilobe, l'apocyn, etc., elle est formée par le funicule ou cordon ombilical de la graine, lequel, en se desséchant, se divise en une multitude de filamens soyeux. Il ne faut pas confondre la chevelure avec l'aigrette : l'aigrette prend toujours naissance du sommet d'un ovaire infère, et non d'une graine. (M_ass.)

CHEVELURE DES ARBRES. (*Bot.*) On désigne ainsi plusieurs espèces de lichens filamenteux, du genre des usnées, qui croissent sur les arbres, et qui pendent après leurs branches. En Dauphiné, on les nomme *chevelure de pin.*

L'hydne coralloïde, *hydnum coralloïdes*, Pers., qui croît sur les branches et les troncs du hêtre, du sapin, et quelquefois sur les souches de chênes, reçoit aussi, le plus ordinairement, le nom de *chevelure des arbres.* On en distingue quatre variétés, qui sont peut-être autant d'espèces. L'une d'elles, figurée par Schœffer, tab. 142, et par Bulliard, tab. 309, ressemble, dans sa jeunesse, au chou-fleur.

M. Paulet décrit deux espèces de chevelures d'arbres, l'une blanche, plus connue sous le nom de *corne de cerf*, et l'autre couleur de chair. Ce sont encore autant de variétés de l'*hydnum coralloïdes.* (Voyez H_ericium et H_ydne.) Ce champignon est suspect, quoique, suivant Micheli, il soit bon à manger. (L_em.)

CHEVELURE DORÉE (*Bot.*), nom vulgaire des *chrysocoma linosyris et coma-aurea.* (H. C_ass.)

CHEVESNE (*Ichthyol.*), nom vulgaire. Voyez C_hevanne. (H. C.)

CHEVEUX. (*Mamm.*) Voyez P_oils. (F. C.)

CHEVEUX. (*Chim.*) *Nature des cheveux.* M. Vauquelin est le seul chimiste qui ait cherché à déterminer par une longue suite d'expériences, la composition chimique des cheveux, et la cause de leurs diverses couleurs.

Les cheveux noirs sont formés, suivant lui,

1.° De mucus, qui en est la base ;

2.° D'une huile blanche concrète, en petite quantité ;

3.° D'une huile noire-verdâtre plus abondante que la précédente ;

4.° De fer, dans un état de combinaison qui n'a pas été parfaitement déterminé ;

5.° De quelques atomes d'oxide de manganèse ;

6.° De phosphate de chaux ;

7.° De carbonate de chaux en très-petite quantité ;

8.° De silice en quantité notable ;

9.° Enfin d'une quantité considérable de soufre. L'huile noire-verdâtre, et peut-être du protosulfure de fer, sont les causes de la couleur de ces cheveux.

Les cheveux rouges ont une composition analogue, avec cette différence cependant que l'huile noire-verdâtre qu'on trouve dans les cheveux noirs, y est remplacée par une huile rouge, et qu'ils paroissent contenir moins de fer et plus de soufre que ces derniers.

Les cheveux blancs contiennent une huile qui est presque incolore, et en outre un peu de phosphate de magnésie ; ils sont dépourvus de fer.

M. Vauquelin pense que dans les cheveux rouges, blonds et blancs, il y a toujours un excès de soufre qui est vraisemblablement combiné, au moins en partie, avec de l'hydrogène. S'il en étoit autrement, on expliqueroit difficilement comment ces trois sortes de cheveux noircissent aussi promptement qu'ils le font, quand on les recouvre d'oxides d'argent, de mercure, de plomb, de bismuth, etc.

Plusieurs observations que j'ai faites, m'ont conduit à penser que l'huile noire-verdâtre et l'huile rouge sont de la même nature que l'huile incolore des cheveux blancs ; que si les premiers diffèrent de celle-ci, par la couleur, cela est dû à des principes colorans que l'on n'a pu encore en séparer.

Propriété des cheveux. Les cheveux sont insipides et inodores quand ils sont bien propres ; ils sont plus denses que l'eau ; lorsqu'on les chauffe, ils se fondent, pétillent, exhalent une odeur de corne brûlée ; dégagent de l'eau, de l'huile, du sous-carbonate d'ammoniaque, et de l'hydrosulfate d'ammoniaque ; ils laissent de 0,28 à 0,30 de charbon, lequel ne donne qu'environ 0,015 de cendre.

A 0,^{m}.76 de pression, l'eau bouillante n'enlève aux cheveux qu'une très-petite quantité d'une matière soluble qui donne à ce liquide la propriété de répandre une odeur putride, lorsqu'on l'abandonne à lui-même. Si l'on augmente l'énergie dissolvante de l'eau, en la renfermant dans un digesteur, on pourra dissoudre les cheveux sans altération, si ce n'est cependant qu'il se produira un peu d'acide hydrosulfurique. Quand on aura opéré avec des cheveux noirs, la liqueur déposera peu à peu de l'huile noire, épaisse, mêlée de soufre et de fer, qui sont peut-être à l'état de sulfure. Quand on aura opéré avec des cheveux rouges, le dépôt sera de l'huile rougeâtre, mêlée de soufre et d'un peu de fer.

Si l'on outre-passoit la température où la dissolution des cheveux a lieu sans altération, ceux-ci se réduiroient en eau, en huile empyreumatique épaisse, en hydrosulfate, et en sous-carbonate d'ammoniaque; une partie de l'huile seroit à l'état savonneux.

La solution des cheveux dans l'eau, filtrée, est presque incolore; les acides foibles ne produisent aucun effet sensible; les acides concentrés la troublent; un excès rétablit la transparence du liquide; la noix de galle et le chlore la précipitent abondamment; les sels d'argent et de plomb sont précipités en flocons bruns; cette solution évaporée ne se prend point en gelée.

L'eau qui tient les quatre centièmes de son poids de potasse ou de soude caustique, dissout les cheveux à chaud; il y a un dégagement d'hydrosulfate d'ammoniaque, et formation de dépôts analogues à ceux qui sont produits dans les dissolutions opérées au moyen du digesteur. Ces dissolutions alcalines contiennent de l'acide hydrosulfurique.

Les acides sulfurique et hydrochlorique mis en contact avec les cheveux, se colorent en rose, et finissent par se dissoudre; l'acide nitrique les jaunit et les dissout en partie à une douce chaleur; la partie insoluble paroît être formée aux dépens de la matière huileuse des cheveux; elle est noire ou rouge, suivant que les cheveux soumis à l'expérience, avoient l'une ou l'autre de ces couleurs. Par l'action prolongée de l'acide, la matière huileuse se décolore et acquiert plus de solidité. La dissolution nitrique contient de l'acide oxalique, beaucoup de fer, et d'acide sulfurique provenant de l'oxigénation du soufre. La dissolution nitrique des cheveux rouges contient plus d'acide sulfurique et moins de fer que celle des cheveux noirs.

Le chlore blanchit les cheveux colorés, les ramollit, et finit par les réduire en une pâte visqueuse et transparente, qui est amère et soluble en partie dans l'eau, et en partie dans l'alcool.

Lorsqu'on fait réagir dans un digesteur de l'alcool sur les cheveux noirs, et qu'on filtre la liqueur encore chaude, celle-ci dépose, par le refroidissement, de l'huile concrète blanche, qui est sous la forme de petites lames brillantes, et retient en dissolution l'huile d'un noir-verdâtre. Lorsqu'on opère sur les cheveux rouges, on obtient également, par le refroidissement, l'huile concrète cristallisée, et l'huile rouge reste en dissolution; et, ce qui est remarquable, c'est que les cheveux, de rouges qu'ils étoient, sont devenus châtains.

Telles sont les expériences que M. Vauquelin a faites sur les cheveux; avant lui, M. Hatchett avoit considéré la substance animale qui en forme la base, comme étant de la nature de l'albumine coagulée, et non de la nature du mucus; mais l'opinion de M. Vauquelin nous paroît beaucoup mieux fondée que celle du chimiste anglois.

M. Vauquelin ne seroit pas éloigné d'attribuer la décoloration, plus ou moins rapide, des cheveux, que l'on a observée dans plusieurs personnes frappées subitement d'émotions profondes, à l'action qu'exerce sur la matière colorante des cheveux, un acide développé instantanément dans l'économie animale. Quant à la décoloration produite par la vieillesse, il l'attribue au défaut de sécrétion de la matière colorante. (Cn.)

CHEVEUX DE BOIS. (*Bot.*) Dans les Antilles on donne ce nom à une espèce de tillandsie, *tillandsia usneoïdes*, plante parasite de couleur grisâtre, qui n'a point de feuilles, et dont les ramifications entrelacées présentent la forme d'une chevelure négligée. (J.)

CHEVEUX DE VÉNUS (*Bot.*), nom vulgaire d'une adiante, *adiantum capillus Veneris*. On le donne aussi à une espèce de nigelle, *nigella damascena*. (J.)

CHEVEUX D'ÉVÊQUE (*Bot.*), nom vulgaire de la raponcule orbiculaire. (L. D.)

CHEVILLES. (*Bot.*) Deux champignons du genre des agarics de Linnæus, trouvés aux environs de Paris par M. Paulet, lui ont servi pour établir deux familles. La première, celle des chevilles en clou, comprend la

CHEVILLE ROUSSE, ainsi nommée parce qu'elle est d'un roux foncé en-dessus, et même en-dessous. Sa tige est blanchâtre, semblable à une cheville, ou plutôt à un clou. Les feuillets se réunissent en forme de cercle autour de la tige sans s'y implanter. Ce champignon n'a rien qui annonce des qualités suspectes : on le trouve, en automne, dans les bois. Voyez Paulet, tab. 47, f. 1, 2.

La seconde famille ne comprend aussi qu'une seule espèce.

La CHEVILLE EN COIN. On la trouve dans la même saison et dans les mêmes lieux que la précédente.

La connoissance de l'une et l'autre nous semble due à M. Paulet. Dans la cheville en coin, les feuillets s'implantent sur la tige. Celle-ci est pleine et blanche, comme tout le champignon. Cette plante n'a pas incommodé les animaux qui en avoient mangé : sa chair est fade ; elle a une odeur terreuse. (LEM.)

CHEVILLER ROUX-BRUN. (*Bot.*) Paulet désigne par ce nom le *boletus granulatus*, Linn., qu'il classe dans la famille des cèpes chevillers ou à tige en cheville. C'est un champignon suspect, de couleur de feuille-morte, brunâtre ou verdâtre en-dessous, à chair blanche, et qui se trouve dans les bois, en septembre. (LEM.)

CHEVIN. (*Ichthyol.*) Suivant la Chênaye des Bois, les Anglois donnent ce nom au meunier, *leuciscus dobula*. Voyez ABLE et CYPRIN. (H. C.)

CHÈVRE (*Mamm.*), *Capra*, Linn. Chacun sait que l'on donne ce nom à la femelle du bouc ; mais il a encore été appliqué, comme nom de genre, à tous les ruminans qui ont paru avoir le plus d'analogie avec cet animal. Le genre Chèvre est un démembrement du groupe, si nombreux et si naturel, des mammifères à pieds fourchus et à cornes creuses, que jusqu'à ce jour on a tenté en vain de subdiviser naturellement en groupes plus petits ; aussi semble-t-il bien plutôt établi par l'usage que par la considération des parties de l'organisation qui distinguent les chèvres des autres ruminans. Quoi qu'il en soit, nous parlerons ici des animaux qui le composent, et auxquels les naturalistes ont donné pour caractère commun : des cornes dirigées en haut et en arrière, comprimées, ridées transversalement ;

le menton généralement garni d'une longue barbe, le chanfrein concave, et les chevilles osseuses des cornes, creuses intérieurement. Du reste, les chèvres ont la plus grande ressemblance avec les antilopes, par les organes de la mastication, de la digestion, des sens et des mouvemens.

Leur physionomie a de la finesse, et leur regard beaucoup de vivacité: elles ont le chanfrein droit, et même un peu creux, bien différentes en cela des moutons, qui l'ont arqué; leurs yeux sont semblables à ceux des autres ruminans, mais sans larmiers: elles n'ont point de mufle proprement dit; cependant l'intervalle qui sépare leurs narines est nu, et présenteroit en quelque sorte un mufle en rudiment: leurs oreilles, pointues, droites et mobiles, n'offrent rien de particulier, et leur langue est très-douce: elles ont un pelage assez doux; les poils soyeux sont de longueur moyenne et très-lisses, et les poils laineux très-fournis et très-fins. Les femelles ont généralement des cornes, mais beaucoup plus petites que celles des mâles. Les organes de la génération sont comme chez les antilopes : la verge se dirige en avant, et les testicules sont au dehors, dans un scrotum assez volumineux; la vulve est petite, et les mamelles au nombre de deux. La queue est toujours très-courte. Ce sont des animaux fort lascifs; leur rut a lieu en automne, quoiqu'ils puissent s'accoupler en toute saison. La femelle porte cinq mois, et met au monde un ou deux petits, qui ne sont complétement adultes qu'à la troisième année. La vie des chèvres ne va guère au-delà de quinze ans.

Les espèces de ce genre ont tous les sens fort délicats; mais leur odorat a une finesse remarquable : elles voyent de très-loin, et entendent bien: leur goût est le plus obtus de leurs sens; elles mangent des herbes qui, par leur amertume, répugnent aux autres animaux.

Ces espèces sont en petit nombre, et ont une taille moyenne: leurs proportions annoncent de la force, et leurs mouvemens de la souplesse et de l'agilité; leur corps est gros et court, leurs jambes sont épaisses et musculeuses; elles ont l'encolure forte, les individus mâles surtout, des jarrets pleins de vigueur, et leur adresse est prodigieuse. Ces animaux habitent les chaînes des montagnes alpines, où ils forment de petites familles, et ils semblent se plaire particulièrement sur les pics les plu•

escarpés et aux bords des précipices les plus profonds. Lorsqu'ils sont poursuivis, on les voit s'élancer de rocher en rocher,
avec la rapidité de l'éclair; se précipiter dans des profondeurs
que l'œil mesure à peine, ou gravir, avec la légèreté du vol,
du fond des vallées aux sommets des plus hautes cimes. Aucun
ennemi ne peut les suivre ni les atteindre : placés ordinairement à la pointe d'un pic isolé, ils éventent ou voient le chasseur bien avant que celui-ci ne puisse les surprendre; ils suivent ses moindres mouvemens avec inquiétude, et se laissent
rarement approcher d'assez près pour être atteints. Ce n'est
qu'avec une parfaite connoissance des lieux, et par une tac-
tique bien calculée pour les enfermer dans quelque étroit
passage, qu'on parvient à s'en rendre maître à force ouverte,
et il est rare qu'on puisse les surprendre, même lorsqu'ils reposent à l'abri de quelque rocher, ou qu'ils paissent aux bords
des hautes forêts de pins, ou dans les hautes vallées que les
glaciers entourent. Leur prudence et la délicatesse de leurs
sens leur font apercevoir et fuir le moindre danger, non cependant qu'ils soient précisément des animaux craintifs et timides :
lorsque le danger devient imminent, ils se défendent avec
courage, et plus d'un chasseur, en les poursuivant, est tombé
sous leurs coups, payant de sa vie son imprudence et sa témérité. Quand on les prend jeunes, on les apprivoise aisément,
et ils s'attachent par le bien qu'on leur fait.

Ces traits caractéristiques du naturel des chèvres sauvages ne
se sont point entièrement effacés par la domesticité; notre chèvre
nous les montre encore tous: on connoît son indépendance, son
agilité, son courage, le plaisir qu'elle trouve à gravir sur les plus
hauts rochers, l'adresse avec laquelle elle se suspend, pour
ainsi dire, aux bords des précipices les plus dangereux; on ne
la maîtrise point par la force, elle veut être libre; mais elle
cède aux bons procédés, et prend même un grand attachement
pour ceux qui la soignent.

Les impressions dont ces animaux sont susceptibles, paroissent
être très-vives et très-nettes; mais elles semblent ne pas laisser
de profondes traces : leurs déterminations varient à chaque
instant; rien ne les arrête; un désir succède à un autre sans
intervalle, sans repos, et cette mobilité de sentiment se marque
au dehors par la pétulance des mouvemens; cependant, malgré

cètte apparente légèreté, quelles que soient la vivacité de leurs sauts et l'inégalité du terrain que ces animaux parcourent, ils arrivent toujours, avec la plus exacte précision, au point où ils tendoient. On est étonné de la rapidité avec laquelle leurs quatre pattes se ramassent et se placent sur l'étroite base d'un roc escarpé, pour conserver un équilibre sans lequel il pourroit leur en coûter la vie, et que la moindre erreur leur feroit manquer.

Les espèces qui ont été rapportées à ce genre paroissent ne se trouver que dans les hautes chaînes granitiques de l'Europe et de l'Asie.

Le Bouquetin; *Capra ibex*, Linn. Face antérieure des cornes, plate, contenue entre deux arêtes longitudinales, avec des côtes transversales saillantes qui se relèvent davantage en passant sur l'arête interne.

Le bouquetin a environ trois pieds et demi de longueur sur deux pieds et demi de hauteur. Sa couleur est généralement d'un gris fauve aux parties supérieures du corps, et d'un blanc sale aux parties inférieures : une bande noire s'étend tout le long de l'épine du dos jusqu'au bout de la queue, mais elle se voit surtout en hiver; alors la teinte brune du corps diminue, les fesses sont blanches, et il y a sur chaque flanc une ligne brune qui sépare la couleur du dessus du corps de celle du dessous; la barbe est d'un brun noir.

Le rut de ces animaux a lieu vers le milieu de l'automne; alors un mâle rassemble plusieurs femelles, et ils vivent ainsi réunis jusqu'à ce que la saison du part soit arrivée. A cette époque, c'est-à-dire, vers le mois d'avril, cent soixante jours environ après la conception, les femelles se retirent à l'abri d'un taillis pour mettre bas; et, comme nos chèvres, elles ne produisent qu'un ou deux petits. Les mâles exhalent dans le rut une odeur forte et désagréable. Il n'est pas rare, lorsqu'en automne les chèvres vont paître dans les montagnes, de voir les bouquetins se mêler avec elles, et les couvrir. Le mulet qui résulte de cet accouplement a ordinairement les couleurs du père, et les cornes qui caractérisent l'espèce de la mère : mais nous en parlerons plus particulièrement à l'article de cette dernière espèce.

Le bouquetin se trouve en Europe, dans les Alpes et dans les

Pyrénées; et en Asie, à ce qu'on assure, dans le Caucase, le Taurus, et les montagnes de la Sibérie.

Pallas a décrit un bouquetin de ces dernières contrées, qui différoit de celui d'Europe : il étoit beaucoup plus long à proportion de sa hauteur; le poil étoit d'un gris sale, mêlé de brun à la nuque et aux bras, et le devant des quatre canons étoit noir.

Il est difficile de décider si le bouc estain de Belon appartient à cette espèce ou à l'espèce suivante, sa description étant très-incomplète.

Le Bouquetin du Caucase; *Capra Caucasia*, Guldenst., *Act. Petrop.*, 1779, p. 16 et 17. Cornes triangulaires; face antérieure formant un angle obtus avec des côtes ou nœuds saillans.

La taille et les proportions de cet animal sont à peu près celles du bouquetin : il est brun foncé aux parties supérieures du corps, et blanc aux parties inférieures; la tête est grise, excepté le tour de la bouche qui est noir; la poitrine a aussi cette couleur, et l'on voit une ligne d'un brun foncé le long de l'épine, et une blanche derrière chaque canon.

Guldenstedt a découvert cette espèce dans les parties septentrionales du Caucase.

L'ÆGAGRE, *Capra ægagrus*, Gmel.; Pallas, *Spicil. Zool.*, fasc. XI, pl. 5, fig. 2 et 3; Ménagerie du Muséum, in-fol. Face antérieure des cornes formant un angle aigu avec des nœuds ou côtes légèrement marqués; face postérieure arrondie.

Cet animal est aussi à peu près de la taille du bouquetin, dont il a les proportions. Les couleurs, d'après Gmelin jeune, sont, en-dessus, d'un gris roussâtre avec une ligne dorsale et la queue noires; la tête est noire en avant et rousse aux côtés; la gorge est brune ainsi que la barbe. Les femelles n'ont que de petites cornes, ou en sont tout-à-fait privées.

Les bézoards, qui ont eu autrefois une si grande réputation en médecine, se tiroient vraisemblablement de plusieurs ruminans : ce sont des concrétions qui peuvent se former dans le corps de toutes les espèces de cette famille; il paroît cependant que les plus estimés provenoient de l'ægagre, que tout porte à regarder comme le *paseng* des Persans. Dans cette supposition, cette espèce seroit répandue dans toute l'étendue du Caucase et du Taurus.

On a conjecturé qu'elle se trouvoit aussi dans nos montagnes d'Europe, et nous avons reçu des Alpes de Suisse, dans notre Ménagerie, deux mâles et une femelle d'une grande espèce de chèvre qu'on assuroit être sauvage, et qui avoient les cornes et plusieurs autres caractères des ægagres. C'est comme tels que M. Cuvier a décrit ces animaux dans la Ménagerie du Muséum d'histoire naturelle, mais avec quelques doutes cependant. On sait, en effet, que les métis qui proviennent de l'accouplement du bouquetin et de la chèvre domestique, ont les cornes de la mère, c'est-à-dire, semblables à celles des ægagres, et les couleurs du père, qui ont encore, avec celles des ægagres, une grande ressemblance. Voici la description que M. Cuvier donne de ces animaux.

« Les deux mâles sont à peu près de même grandeur et de même âge, à en juger par les cornes ; mais ils diffèrent par les couleurs, l'un ayant le fond du poil gris, et l'autre fauve.

« Leur taille est plus forte que celle des boucs ; leur corps plus robuste, plus trapu ; leur poil est lisse, et, quoique assez long, il n'est nulle part pendant, hors la barbe.

« Ils ont seize décimètres de longueur depuis le bout du museau jusqu'à l'anus, et huit décimètres et demi de hauteur au garrot.

« L'individu gris paroît un peu plus haut, parce qu'il a les poils de la nuque et du garrot plus longs, et relevés presque en forme de crinière.

« Son poil est gris, nué de blanchâtre à certains endroits, et de gris roussâtre à d'autres. Le chanfrein a une large bande qui s'étend depuis l'occiput jusqu'à la queue ; une autre qui descend le long de l'épaule, et une troisième en avant de la cuisse ; les quatre jambes, les pieds, la barbe, une bande qui se prolonge sous le cou, toute la poitrine et la plus grande partie du dessous du corps, sont d'un brun noirâtre plus ou moins foncé ; la queue est noire, et autour de l'anus est un large espace arrondi d'un blanc pur.

« Il n'y a sur les pieds d'autres marques qu'une callosité grise aux genoux de devant, c'est-à-dire, sur le carpe.

« L'autre individu, un peu moins fort et moins en poil, est d'un fauve clair assez brillant ; la distribution du brun sur son corps est la même, mais toutes les bandes sont plus étroites ; la ligne dorsale est très-pâle sur la nuque, et celle du devant de la cuisse finit avant de rejoindre celle du dos ; il y a peu de fauve derrière les canons de devant, et le blanc de l'anus est moins pur ; le scrotum est gris pâle dans tous les deux.

« Les cornes, mesurées sur leur grande courbure, ont huit décimètres de longueur ; elles sont comprimées latéralement, tranchantes par-devant, arrondies par-derrière, ridées en travers ; et celles du gris ont huit nœuds saillans sur leur tranchant ; celles du fauve n'en ont aucun. »

Nous avons appris depuis que, dans les Pyrénées et dans les Alpes, presque tous les troupeaux avoient quelques individus de cette grande espèce de chèvre à leur tête, comme une sorte d'ornement ; mais nous n'avons pu savoir si ces animaux n'étoient que des métis de bouquetin et de chèvre. Ce qu'il y a de certain, c'est qu'ils forment une race féconde, pendant un temps du moins ; qu'ils s'accouplent avec la chèvre commune, et que celle-ci donne des produits qui tiennent d'eux, et qu'ils peuvent encore féconder : mais je n'ai jamais vu, dans cette race secondaire, la grossesse se terminer heureusement, et, quelque soin que j'aie pris, je n'ai jamais pu conserver la race primitive : ou bien la femelle avortoit, ou bien, si les petits venoient au monde, ils restoient languissans, se développoient mal, et mouroient avant la deuxième année. Cependant les individus adultes conservoient une très-bonne santé, et ne souffroient point du changement qu'ils avoient éprouvé dans leur régime, en passant des pâturages des Alpes dans ceux de nos parcs ; ce qui permet de penser que ce n'est point à ces changemens qu'il faut attribuer l'impossibilité où nous avons été de conserver cette race.

Il y a une singulière ressemblance entre les difficultés qu'éprouvent ces animaux à se propager, quoique féconds, et celles qu'ont aussi, à se reproduire, les variétés très-éloignées de la souche primitive de nos animaux domestiques. On sait que lorsqu'on a poussé jusqu'à un certain point les modifications des animaux qui nous sont soumis, ils cessent de se propager facilement, et deviennent presque aussi stériles que les mulets eux-mêmes : ce n'est, par exemple, qu'avec la plus grande peine que l'on conserve directement la variété dogue de forte race.

De ces diverses considérations. j'oserois conjecturer que ces animaux n'étoient point d'une race pure, mais non pas cependant qu'ils étoient une variété de l'espèce de la chèvre, analogue à celle du dogue pour l'espèce du chien : ils n'avoient pas, comme cette dernière, des formes, des proportions et un naturel entièrement différens de ceux qui caractérisent les espèces de leur genre ; au contraire, sous ce rapport, ils avoient tous les traits des races les plus libres. Une seule conjecture nous resteroit donc à former sur ces singuliers animaux : c'est qu'ils étoient des mulets de bouquetin et de chèvre, et que ces mulets, sans se propager comme les races primitives, conservent cependant un certain degré de fécondité, comme les mulets de loups et de chiens. Sans doute les animaux qui viennent originairement de la même souche, appartiennent à la même espèce ; celle-ci, comme le dit Buffon, « est un être abstrait, « qui se compose de la succession constante et du renouvelle- « ment non interrompu des individus »; mais ce renouvellement peut ne pas s'arrêter aux métis, ni même à leurs premières générations, et la règle n'en conserve pas moins toute sa force. Les soins de l'homme, d'ailleurs, peuvent, à cet égard, faire ce que la nature ne feroit point à elle seule ; et si nous n'avons point encore d'*espèces* métives, il ne seroit peut-être pas absolument impossible que nous en obtinssions un jour.

Il faut donc continuer à conclure que des individus qui ne s'accouplent pas naturellement, ne sont pas de la même espèce ; mais, dans le cas contraire, il ne faudroit pas admettre que les individus sont d'espèce semblable. On doit nécessairement faire une différence entre l'accouplement, même fécond, des individus, et leur propagation : l'un peut se borner à la succession d'un très-petit nombre d'individus, et s'affoiblir graduellement; l'autre appartient nécessairement à tous, et se conserve.

C'est à l'espèce de l'ægagre qu'on rapporte communément aujourd'hui la chèvre domestique, sans que pour cela on ait, je crois, aucune expérience positive ; mais ces animaux ont entre eux beaucoup de ressemblance : leurs cornes, d'ailleurs, ont les mêmes caractères. Nous ne devons donc considérer les chèvres domestiques que comme des variétés.

La domesticité a apporté d'assez grands changemens chez ces animaux : les unes ont conservé la taille et les proportions de la race sauvage; d'autres se sont considérable-

ment rapetissées : ici, le corps s'est raccourci proportionnellement au raccourcissement des jambes ; là, il a conservé sa longueur, tandis que les jambes ont diminué. Chez la chèvre commune, les oreilles sont restées droites et mobiles ; chez la chèvre
mambrine, au contraire, elles sont devenues pendantes, et se
sont beaucoup alongées. Les cornes ont aussi éprouvé d'assez
grandes modifications : leur grandeur, leur direction, ont
varié ; quelques races les ont entièrement perdues, et leur
nombre s'est quelquefois accru. Enfin, les poils ont souvent
changé de nature et de couleur : la chèvre d'Angora a des poils
longs, soyeux et frisés ; et parmi nos chèvres communes on
trouve des pelages noirs, bruns, blancs, ou variés par le mélange de ces couleurs.

La Chèvre commune diffère peu de la race sauvage, si ce
n'est par les couleurs, qui sont communément la noire et
la blanchâtre, répandues uniformément ou diversement mélangées.

La Chèvre naine ne diffère de la précédente que par la
petitesse de sa taille ; elle paroît être originaire d'Afrique, et
avoir une origine assez ancienne ; car les modifications qui la
caractérisent sont profondément enracinées en elle ; on l'a
transportée en Amérique, sans qu'elle ait éprouvé de changement.

La Chèvre mambrine ou de Syrie se distingue par sa tête
busquée, sa taille alongée, ses cornes très-courtes, ses oreilles
longues et pendantes, et son poil fauve et court ; elle paroît
surtout répandue dans les contrées chaudes de l'Asie. Les
femelles donnent beaucoup de lait.

La Chèvre de Juda a le corps un peu plus court, à proportion de la hauteur, que le bouc commun, et elle est remarquable par ses cornes qui font plusieurs tours sur elles-mêmes
en s'écartant de la tête, par ses oreilles pendantes et son poil
blanc, assez long et fin : les poils laineux de cette chèvre ont
toute la douceur des laines de Cachemire ; ils donneroient des
étoffes d'une finesse remarquable, et l'animal en est assez abondamment pourvu. Il seroit fort à désirer que cette variété
remplaçât, dans les usages domestiques, la variété commune ;
elle est très-abondante en lait, et, si elle étoit une fois répandue, sa laine pourroit devenir un objet d'économie.

La Chèvre d'Angora. Elle diffère surtout de la précédente par ses poils longs, soyeux et frisés, qui servent, dans le Levant, à faire de très-belles étoffes. Cette variété, la plus éloignée de la souche commune, exige beaucoup de soin, et est très-difficile à conserver. Les femelles avortent facilement, dans nos contrées du moins, où cette chèvre a souvent été apportée, mais où elle n'a pu encore se naturaliser.

. La Chèvre d'Irlande se caractérise par l'accroissement du nombre de cornes; mais cette variété se rencontre dans toutes celles que nous venons d'indiquer.

M. de Blainville a fait connoître, d'après des dessins et des descriptions vues à Londres, deux ruminans qu'il regarde comme des variétés de la chèvre : la première, en effet, a les traits du genre; mais la chèvre imberbe a tous les caractères des moutons. Toutefois, dans le doute, nous en donnerons ici la description.

La Chèvre cossus est entièrement blanche, couverte par tout le corps de poils fort longs, tombans, non frisés, soyeux; les oreilles sont horizontales; les cornes, courbées en arrière et en dehors, à la pointe, sont serrées contre la partie postérieure de la tête; le front est assez busqué; il n'y a pas de barbe, proprement dite, sous le menton; et les poils de la face, fort longs, se portent à droite et à gauche, partant de la ligne médiane du chanfrein; la queue est courte et retroussée, comme dans les autres chèvres.

La Chèvre imberbe a beaucoup de rapport, pour la forme générale, avec le bouquetin du Caucase. Son corps est épais, alongé; le col court, très-large; les jambes assez élevées, et cependant fortes : la tête a beaucoup de ressemblance avec celle du belier; le chanfrein est arqué, le front bombé; les oreilles horizontales, médiocres : les cornes très-comprimées, ridées transversalement, se touchant presque à la base, s'écartant ensuite en dehors et en arrière, en se tordant un peu; mais elles sont plus petites et moins comprimées dans la femelle : la queue est recourbée en-dessus : le poil est en général court et serré; il est plus long, et forme une sorte de crinière noire sur le cou et la plus grande partie du dos : il n'y a point de barbe sous le menton, mais une sorte de fanon ou peau pendante sous la ganache. La couleur générale est bariolée de noir, de roussâtre et de blanc, dispersés d'une manière assez irrégulière : ce qui pourroit faire présumer, dit M. de Blainville, que l'individu qui a servi à cette observation étoit à l'état de domesticité.

Ce sont là les principales races que nous connoissions ; mais il est vraisemblable que la domesticité en a produit encore d'autres.

Le bouc domestique s'accouple avec la brebis, et la féconde. Le mulet qui en résulte, participe de la nature de ses parens, et il est fécond ; mais il se reproduit difficilement. J'ai eu un semblable mulet femelle qui, par ses formes, tenoit du mouton, et de la chèvre par ses allures et ses poils ; il ne s'est accouplé qu'à la troisième année avec un bouc, et il a été fécondé : mais le fœtus n'est point venu à terme ; l'avortement a eu lieu au quatrième mois.

On dit que la chèvre s'unit au chamois ; mais le produit de cet accouplement n'est point connu.

La chèvre, à l'état domestique, est assez délicate ; elle a besoin de soins ; elle craint le froid et l'humidité, et ne prospère pas dans les pays de plaines. Elle cherche le soleil et les pâturages secs ; et elle donne beaucoup de lait proportionnément à sa grosseur, lorsqu'elle est bien nourrie.

Cet animal, considéré dans l'économie rurale ou domestique, est, par rapport à la vache, ce que l'âne est par rapport au cheval ; l'un et l'autre sont le partage et le soutien du pauvre, et rendent plus de services dans les contrées montagneuses et arides, que dans les pays riches et cultivés. Les chèvres font de grands dégâts dans les forêts ; aussi a-t-on cherché dans quelques provinces à en éteindre la race.

Le lait de la chèvre est sain, et convient aux personnes affoiblies : mais le beurre qu'on en tire est peu savoureux. Ses poils sont employés à quelques usages communs ; et avec sa peau on fait du maroquin et du parchemin. Les outres dont on se sert dans les pays chauds, se font ordinairement de peaux de boucs.

CHÈVRE. Ce nom a souvent été donné, par des voyageurs, à des animaux qui n'appartiennent point à ce genre, et surtout à des antilopes. Le chamois a quelquefois été nommé CHÈVRE DES ALPES. On a donné le nom de CHÈVRE DU BÉZOARD à plusieurs antilopes ; celui de Chèvre du Congo, à *l'anti-lope pygmæa;* celui de Chèvre bleue, à *l'antilope leucophæa.* La Chèvre de Grimm est *l'antilope grimmia;* la Chèvre jaune, *l'antilope gulturosa.* Brisson appelle un mouflon Chèvre du Levant; Aldrovande, le musc, Chèvre a musc. Les Hollandois du Cap nomment Chèvre pale, un antilope ; Chèvre de pas-sage, le *springbock;* Chèvre plongeante, un autre antilope, etc. La Chèvre sauvage de Kolbe est *l'antilope strepsiceros,* et celle de Marmol, un animal qui, dit-il, a de longs poils, semblables à du crin, qui descendent jusqu'à terre, etc. (F. C.)

CHÈVRE VOLANTE. (*Ornith.*) Quelques rapports trouvés entre le cri de la chèvre et celui de la bécassine commune, *scolopax gallinago,* Linn., ont fait donner à l'oiseau cette déno-mination bizarre. (Ch. D.)

CHÈVREFEUILLE (*Bot.*), *Lonicera,* Linn. Genre de plantes dicotylédones, monopétales, à étamines épigynes, distinctes, de la famille des caprifoliacées, Juss., et de la *pentandrie mono-gynie,* Linn., dont les principaux caractères sont d'avoir un calice très-court, à cinq dents; une corolle tubuleuse, in-fundibuliforme, ayant son limbe partagé en cinq découpures, le plus souvent inégales; cinq étamines à filamens saillans hors du tube de la corolle ; un ovaire inférieur surmonté d'un style de la longueur de la corolle, et terminé par un stigmate simple, un peu en tête ; une baie à trois loges polyspermes.

Linnæus avoit réuni à ce genre plusieurs espèces, que les botanistes modernes en ont séparées, pour établir les genres *Xylosteum, Diervilla* et *Symphoricarpos.* (Voyez ce qui a été dit à ce sujet au mot Camérisier.) Le genre Chèvrefeuille, borné aux plantes ayant les caractères qui viennent d'être donnés ci-dessus, comprend dix espèces, dont quatre sont indigènes de l'Europe, et les autres exotiques. Ces plantes sont des arbris-seaux sarmenteux, grimpans, à feuilles simples et opposées, à fleurs disposées en tête, ou par verticilles. Les espèces les plus remarquables sont les suivantes :

Chèvrefeuille des jardins; *Lonicera caprifolium,* Linn., Sp. 246. La tige de cette espèce se divise en rameaux sarmenteux, flexibles, qui s'élèvent à dix, quinze et vingt pieds de hauteur, en s'entortillant autour des arbres qui sont dans leur voisinage, ou des supports qu'on leur donne. Les feuilles sont ovales, sessiles, opposées, glabres, glauques en dessous, et les deux ou trois paires supérieures de chaque rameau sont connées à leur base, réunies en une seule feuille arrondie et perfoliée. Les fleurs sont grandes, à cinq divisions inégales, rouges en dehors dans une variété, blanchâtres dans l'autre, ainsi que dans l'intérieur, disposées en un ou deux verticilles feuillés, et en une tête terminale et sessile. Ce chèvrefeuille croît dans les haies et les bois, en Italie, et dans les parties méridionales de l'Europe. On le cultive partout pour l'ornement des jardins. Ses rameaux, longs et flexibles, se plient aisément pour prendre toutes les formes qu'on veut leur donner. Le plus souvent on en couvre des treillages, des berceaux, on en tapisse des murs ; on en forme des guirlandes qui embrassent la tige des arbres, s'enlacent avec grâce dans leurs branches, et font le plus bel effet dans les mois de mai et de juin, où elles se chargent de charmantes fleurs, qui, non-seulement plaisent aux yeux par l'élégance de leur forme, mais encore font sur l'odorat la sensation la plus agréable par le parfum délicieux qu'elles exhalent. Quoique ce chèvrefeuille soit essentiellement sarmenteux et grimpant de sa nature, l'art du jardinier est cependant parvenu à en faire, quand il le veut, un arbrisseau à tige, dont on arrondit la tête en la taillant aux ciseaux. Il est d'ailleurs très-rustique, ne craint pas le froid, et peut s'accommoder d'une terre médiocre. Il ne lui faut ni trop de soleil, ni trop d'ombre. On le multiplie si facilement de boutures, de marcottes, ou de drageons, qu'on n'est guère dans l'usage de l'élever de graines. Ses propriétés sont les mêmes que celles de l'espèce suivante.

CHÈVREFEUILLE DES BOIS; *Lonicera periclymenum*, Linn., *Sp.* 247. Cet arbrisseau a absolument le même port que le précédent; mais il en diffère en ce que ses feuilles sont toutes libres, pointues, et ne sont jamais réunies par leur base. Ses fleurs, d'un blanc jaunâtre, souvent un peu rougeâtres en dehors, réunies plusieurs ensemble en têtes terminales, répandent une odeur agréable, et paroissent en juin et en juillet. Cette espèce croît dans les haies et les bois, en France, en Allemagne, en Suisse, etc. On l'emploie, comme la précédente, pour la décoration des jardins, et on la cultive de même. Les feuilles, les fleurs et les baies du chèvrefeuille des bois et de celui des

Jardins, sont diurétiques. Le suc exprimé de leurs feuilles est, dit-on, vulnéraire et détersif ; leur décoction s'emploie en gargarisme dans l'inflammation des amygdales, et l'eau distillée des fleurs passe pour être utile dans les maladies inflammatoires des yeux.

Chèvrefeuille de Virginie ; *Lonicera sempervirens*, Linn., *Spec.* 247. Cette espèce est, comme les deux précédentes, un arbrisseau sarmenteux et grimpant, ayant ses rameaux garnis de feuilles ovales-oblongues, opposées, sessiles, glabres, persistantes, et dont les supérieures sont réunies par leur base et perfoliées. Les fleurs sont d'un rouge éclatant et orangé, disposées en verticilles nus et terminaux, dépourvues d'odeur ; le tube de leur corolle est ventru à son orifice, partagé en son limbe en cinq divisions presque égales. Ce chèvrefeuille croît naturellement au Mexique et dans la Virginie. On le cultive, depuis 1656, en Europe, où il est parfaitement acclimaté aujourd'hui, passant l'hiver en pleine terre sans souffrir du froid ; cependant ses fruits mûrissent rarement dans le climat de Paris.

Chèvrefeuille du Japon ; *Lonicera japonica*, Thunb., *Flor. Jap.*, 89. Ses tiges sont grimpantes, divisées en rameaux velus, garnis de feuilles ovales, un peu aiguës, opposées, pétiolées, d'un vert assez foncé en-dessus, plus pâlesen-dessous. Ses fleurs sont blanches extérieurement, d'un jaune doré intérieurement, portées deux à deux sur de très-courts pédoncules, et disposées plusieurs ensemble en tête terminale ; elles répandent une odeur douce de fleur d'orange. Leur corolle est de la grandeur de celle de notre chèvrefeuille des bois, formée d'un long tube fendu à son extrémité en deux lèvres roulées en dehors, dont l'inférieure est étroite, et la supérieure, beaucoup plus large, se termine par quatre dents arrondies. Cet arbrisseau croît naturellement au Japon et à la Chine ; il a été apporté de ce dernier pays en Angleterre en 1805 ou 1806. On le cultive en France depuis 1811, et jusqu'à présent on le tient pendant l'hiver dans l'orangerie. Il est probable qu'il pourra s'acclimater dans nos départemens méridionaux. Sa culture est facile, et on le multiplie facilement de marcottes. (L. D.)

CHÈVREFEUILLE DES ANTILLES. (*Bot.*) Voyez Ciocoque. (De T.)

CHEVRETTE (*Entom.*), nom donné par Geoffroy à quelques insectes coléoptères qu'il avoit réunis dans le même genre que les cerfs-volans. La bleue et la verte sont une même espèce. (Voyez Lucane caraboïde.) La brune est un trogosite, dont la larve, qui fait beaucoup de tort aux blés, est désignée dans plusieurs départemens sous le nom de cadelle. (C. D.)

CHEVRETTE, ou Sauterelle de mer. (*Crust.*) On nomme ainsi, dans plusieurs de nos ports de l'Océan, le cardon, ou la crevette de mer, crustacé du genre Crangon. (C. D.)

CHEVRETTE (*Mamm.*), nom de la femelle du chevreuil, *cervus capreolus*, Linn. (F. C.)

CHEVRETTES. (*Bot.*) Une espèce de champignons est ainsi nommée, et Chevrotines, parce que leur pied ressemble en quelque sorte à celui de la chèvre. Le docteur Paulet en fait une famille ; c'est celle de ses *champignons sous-épineux*, dits *chevrettes* et *chevrotines*, qui sont des *urchins* ou *hydnes*, au nombre desquels se trouvent les *Hydnum repandum*, Linn. ; *carnosum*, Batsch. ; *rufescens*, Schæff. ; *subsquamosum*, Batsch. ; *imbricatum*, Linn. ; *auriscalpium*, Linn., et plusieurs autres, indiqués par Paulet dans son Traité des Champignons, vol. 1, p. 543, et vol. 2, p. 127. Cet auteur nomme Chevrotine ordinaire l'*hydnum repandum*, Linn. ; et Chevrotine écailleuse, ou Grande Chevrette, l'*hydnum rufescens*, Schæff.

On nomme encore Chevrette et Chevrille, la *Chanterelle*, autre champignon du genre Mérule. (Lem.)

CHEVREULIA. (*Bot.*) [*Corymbifères*, Juss. ; *Syngénésie polygamie superflue*, Linn.] Ce nouveau genre de plantes, que nous établissons dans la famille des synanthérées, appartient à notre tribu naturelle des inulées.

La calathide est discoïde, cylindracée, composée d'un petit disque pauciflore, équaliflore, régulariflore, androgyniflore, et d'une large couronne multisériée, multiflore, équaliflore, ténuiflore, féminiflore. Le péricline, égal. aux fleurs, est cylindracé, formé de squames imbriquées, largement linéaires, arrondies au sommet, uninervées, glabres, luisantes, scarieuses sur les bords et surtout au sommet ; les intérieures progressivement plus longues et plus étroites. Le clinanthe est plane, nu, ponctué. L'ovaire est grêle, muni d'un bourrelet basilaire, et prolongé supérieurement, dès l'époque de la fleuraison, en un très-long col filiforme, portant un bourrelet apicilaire, dilaté horizontalement, et une aigrette de squamelles filiformes, presque capillaires, à peine barbellulées. Les fleurs du disque sont au nombre de quatre ou cinq, et parfaitement régulières, nullement labiées; leurs anthères sont munies d'appendices basilaires, longs, subulés, plumeux ou barbus. Les fleurs de la couronne ont leur corolle plus courte que le style, à tube très-long, très-grêle, et à limbe avorté, irrégulièrement denté, comme tronqué.

La CHEVREULIA STOLONIFÈRE (*Chevreulia stolonifera*, H. Cass.; *Chaptalia sarmentosa*, Pers. Syn., 2, 456; *Xeranthemum cespitosum*, Aubert du Petit-Thouars, Flore de Tristan d'Acugna, p. 39, t. VIII) est une petite plante herbacée, dont la racine originaire produit plusieurs tiges sarmenteuses, rameuses, rampantes, qui s'enracinent par quelques-uns de leurs nœuds; elles sont grêles, cylindriques, tomenteuses, et portent des feuilles opposées, connées à la base, obovales, subspathulées, étrécies inférieurement en une sorte de pétiole membraneux, entières, mucronées au sommet, pubescentes et vertes en-dessus, tomenteuses et blanches en-dessous. Au-dessus de la racine originaire et des nœuds enracinés s'élèvent verticalement de courtes branches simples, chargées de feuilles très-rapprochées, et portant quelques calathides axillaires qui semblent sessiles en fleuraison : mais leur pédoncule qui à cette époque n'avoit qu'une ou deux lignes de longueur, acquiert cinq pouces à la maturité; il est grêle, cylindrique, tomenteux. Les corolles sont jaunâtres.

Nous avons étudié les caractères de cette plante, dans l'herbier de M. Jussieu, sur des échantillons recueillis par Commerson près de Montevideo. Selon M. du Petit-Thouars, elle est assez commune dans l'île de Tristan d'Acugna, sur les montagnes arides. Ses caractères génériques diffèrent beaucoup de ceux du *Leria* de M. Decandolle, qui d'ailleurs est de la tribu des mutisiées. Nous avons dédié ce nouveau genre au savant chimiste qui enrichit ce Dictionnaire d'excellens articles, et qui a composé, pour les Élémens de Botanique de M. Mirbel, un petit Traité de Chimie végétale. (H. Cass.)

CHEVREUSE (*Bot.*), variété du pêcher, ou amandier-pêcher. Voyez AMANDIER. (J.)

CHEVRILLE. (*Bot.*) Voyez CHEVRETTE. (LEM.)

CHEVROTAINS (*Mamm.*) ; *Moschus*, Linn. Les chevrotains se distinguent extérieurement de tous les ruminans qui nous sont connus, par leur tête nue, c'est-à-dire, sans bois ni cornes, et par les deux longues incisives pointues et tranchantes, qui descendent de la bouche des mâles à la mâchoire supérieure : ils sont en outre les seuls qui aient un péroné. Du reste, ils ressemblent aux autres ruminans : ils n'ont point d'incisives à la mâchoire supérieure ; mais ils en ont huit à l'inférieure, et leurs molaires sont au nombre de vingt-quatre, six de chaque côté des deux mâchoires. Leurs yeux n'ont rien de caractéristique ; ils n'ont point de larmiers, mais leurs narines sont séparées par un mufle semblable à celui des cerfs. Les oreilles sont de grandeur moyenne et pointues ; la queue est courte. Les mâles ont la verge dirigée en avant, et les femelles ont deux mamelles entre les jambes de derrière. Le poil est court, assez gros et très-sec.

Ce sont des animaux qui sont encore peu connus, et qui paroissent être fort sauvages. Ils ont une petite taille et toute la légèreté des gazelles, dont ils ont vraisemblablement aussi les mœurs. On ne rencontre ces animaux qu'en Asie. Le plus célèbre est :

Le Musc : *Moschus moschiferra*, Linn. ; Buff., Suppl., p. 29. Il a la grandeur d'un chevreuil, et est aussi presque entièrement privé de queue. Les poils, qui sont de la nature de ceux du cerf commun ou de l'élan, sont blancs dans une grande partie de leur longueur, et le bout en est noir, brun ou fauve. Il résulte de là, que la couleur de cet animal est indéterminée, parce que, suivant qu'il est vu de face ou de côté, il présente des teintes différentes. Les parties inférieures sont blanchâtres, ainsi que le dessous de la queue. On voit de chaque côté de la mâchoire inférieure, et un peu au-dessous des coins de la bouche, un bouquet de poils durs, roides et semblables à des soies. Les ergots de l'individu de notre cabinet sont d'une longueur démesurée ; les oreilles sont jaunes intérieurement, et d'un gris-brunâtre à l'extérieur ; l'iris est d'un roux-brun. Le train de derrière est beaucoup plus élevé que celui de devant, et annonce un animal capable de faire des sauts prodigieux. La bourse qui contient le musc est située en avant du prépuce, chez le mâle seulement; elle a deux ou trois pouces de diamètre. Le musc habite particulièrement le Thibet et les provinces qui l'avoisinent; il est recherché pour sa chair, mais bien plus encore pour la matière odorante qu'il produit. Cette matière est employée chez les Orientaux, surtout dans les parfums. Le musc a passé d'usage chez nous dans la parfumerie, et ne nous sert plus guère qu'en pharmacie. Il est rare qu'on puisse s'en procurer qui soit pur; il est ordinairement falsifié avec du sang desséché, ou d'autres substances analogues. C'est des Chinois que nous le tirons, et l'on sait combien ce peuple manque de bonne foi.

Le Chevrotain: *Moschus pygmæus*, Linn.; Buff., t. 12, pl. 42. Ce joli animal est de la taille du lièvre, et ses formes ont une délicatesse et une élégance remarquables. Le dessus de son corps est d'un brun-roux qui devient fauve sur les côtés; toutes ses parties inférieures sont blanches. Sa légèreté est prodigieuse, mais il se fatigue assez vite, et un homme peut finir par l'atteindre. Il est fort délicat, et n'a pu encore soutenir le voyage d'Europe.

Le Mémina: *Moschus memina*, Linn.; Schreber, pl. 243. Cette espèce est encore peu connue; elle est plus grande que la précédente. Sa couleur est brune, avec des taches blanches assez semblables à celles des jeunes cerfs qui ont encore leur livrée. Elle a la gorge entièrement blanche. Elle se trouve à Ceilan.

Le Chevrotain de Java (Buff., t. 6, pl. 30), semblable au précédent, excepté qu'il n'a point de livrée. Il a trois bandes blanches sur la poitrine, et le brun du pelage est ondé de noir; le nez est noir. C'est un animal qui n'est encore que très-imparfaitement connu.

On trouve dans l'*Oriental Miscellany*, sous le nom de musc de l'Inde, la figure d'une espèce de chevrotain, dont M. de Blainville a vu la tête, qui est assez remarquable par sa grandeur et par la longueur de ses canines. Il en parle dans le Bulletin de la Société philomathique, année 1816, pag. 76. (F. C.)

CHEYBEH. (*Bot.*) Ce nom égyptien est donné, suivant M. Delile, au *lichen pranastri* de Linnæus, maintenant *evernia pranastri* d'Acharius, qui ne se trouve pas dans l'Égypte.

mais qui y est apporté de la Gréce pour un usage économique. On le mêle dans le pain pour le rendre plus savoureux. Forskaël, qui parle aussi de cet emploi, nomme la plante *schœba* ou *sjœba*, ce qui signifie, selon lui, cheveux grisâtres ou blancs. Lorsqu'il demanda à connoître la plante ainsi nommée, on lui présenta une espéce d'absinthe qui portoit en effet ce nom, à cause de sa couleur blanchâtre. C'est probablement l'*artemisia arborescens*, que M. Delile cite aussi sous le nom du *cheybeh*. (J.)

CHEVROLLE (*Crust.*), *Caprella*. M. de Lamarck a nommé ainsi une division de crustacés, voisine des cloportes alongés, vivant sur les plantes marines, avec dix pattes, mais dans une série interrompue telle qu'il n'y en a pas sur le second et le troisième anneau. Tel est l'*oniscus scolopendroïdes*, figuré par Pallas dans ses Glanures zoologiques, cahier IX, pl. IV, n.ᵃ 15. Tels sont encore les cancers *atomus* et *filiformis* de Gmelin. Voyez CLOPORTES. (C. D.)

CHEYLÈTES. (*Entom.*) C'est le nom sous lequel M. Latreille a désigné le ciron des livres, *acarus eruditus*, Schranck, espéce de mite à mandibules en pince. Voyez MITE. (C. D.)

CHÉ YU. (*Ichthyol.*) Suivant la Chênaye des Bois, les Chinois appellent ainsi l'alose. Voyez CLUPANODON. (H. C.)

CHIACCHIALACCA. (*Ornith.*) Suivant Gemelli Carreri, ce nom a été donné par les anciens Mexicains à de petites poules brunes, dont la grosseur n'excède pas celle du pigeon commun, et qui, d'ailleurs, ont beaucoup de ressemblance avec les nôtres. Ces oiseaux, autrefois réduits en domesticité, sont, depuis, retournés à l'état sauvage, et vivent dans l'intérieur des terres, au Mexique et à la Guiane. (CH. D.)

CHIACHAS. (*Bot.*) Voyez CHINAOS. (J.)

CHIAI-CATAI. (*Bot.*) Il est fait mention d'une plante de ce nom dans le chapitre de Daléchamps qui traite de la rhubarbe. Elle croît dans le Cathay, faisant partie de la province de Chianfu. Les gens du pays lui attribuent de grandes vertus pour fortifier l'estomac, aider la digestion, calmer les douleurs et dissiper les fièvres. Ils en portent toujours avec eux dans leurs voyages, et pour en avoir une seule once ils donneroient un plein sac de rhubarbe. On ne peut déterminer quelle est cette plante, dont la description manque entièrement. (J.)

CHIAMANDOLA (*Ornith.*), nom employé en Sardaigne pour désigner diverses espèces de canards. (Ch. D.)

CHIAMETLA. (*Erpétol.*) Arnoldus Montanus donne ce nom à un serpent d'Amérique, commun sur le mont Chiametla, près de la Nouvelle-Galice et de la province de Caliacan. Les habitans du Chili et de Guadalajara l'appellent *cobra*, ou *vilo de Chiametla*. (H. C.)

CHIAMPIN. (*Bot.*) On lit dans l'Abrégé des Voyages, qu'à Ceilan et dans d'autres lieux de l'Inde, il existe un arbre de ce nom, originaire de Chine, dont la fleur blanche exhale une bonne odeur. Confite, elle prend une consistance ferme et une saveur fort douce : on ajoute que l'arbre qui la porte est une espèce de petit platane. Cette indication ne peut être vraie, puisque la fleur du platane est très-différente ; mais cet arbre est peut-être le champac, *michelia*, nommé aussi *tsjampaca*, dont les fleurs odorantes sont très-recherchées dans l'Inde. Voyez Champac. (J.)

CHIANTOTOTL. (*Ornith.*) Fernandez, qui parle de cet oiseau, chap. 139, le décrit comme étant de la taille de l'étourneau, ayant le bec cendré et un peu courbé, la poitrine et le ventre blancs, avec des taches brunâtres, le dos d'un brun tirant sur le bleu, les ailes d'un blanc noirâtre. A ces signes l'auteur ajoute que l'oiseau vit dans les plaines, et qu'il est bon à manger. (Ch. D.)

CHIAPPARONE. (*Ornith.*) C'est le nom qu'on donne au proyer, *emberiza milliaria*, Linn., dans le pays de Gênes. (Ch. D.)

CHIAR. (*Bot.*) Voyez Ficous. (J.)

CHIARTOLITE. (*Min.*) Voyez Macle. (B.)

CHIASORAMPHE. (*Ornith.*) Voyez Bec-croisé. (Ch. D.)

CHIATTO. (*Erpétol.*) D'après Gesner, c'est un des noms italiens du Crapaud. Voyez ce mot. (H. C.)

CHIBIGOUASOU (*Mamm.*), nom qui signifie grand chat, au rapport de M. d'Azara, et que les Guaranis donnent à l'ocelot, *felis ocelot*, Linn. (F. C.)

CHIBOUÉ. (*Bot.*) A Saint-Domingue, suivant Nicolson, l'on nomme ainsi le gomart, *bursera*, qui laisse suinter de son écorce un baume très-vulnéraire. Voyez Gomart. (J.)

CHIC. (*Ornith.*) Ce nom s'applique, en Provence, à divers oiseaux du genre Bruant, *emberiza*. Le chic proprement dit est, suivant M. Guys, le mitilène, *emberiza lesbia*, Linn., représenté dans les planches enluminées de Buffon, sous le n.° 656, fig. 2. Le chic farnous paroit être le bruant fou ou zizi, *emberiza cirlus*, Linn.; le chic jaune, le bruant commun, *emberiza citrinella*, Linn.; le chic gavotte ou moustache, le bruant gavoué, *emberiza provincialis*, Linn.; le chic perdrix, le bruant proyer, *emberiza milliaria*, Linn.; le chic de roseaux, le bruant de roseaux, *emberiza schœniclus*, Linn. Il n'y a que le chic d'Avausse qui n'appartienne point au genre Bruant, et qui désigne la fauvette d'hiver ou mouchet, *motacilla modularis*, Linn. (Ch. D.)

CHICA. (*Bot.*) Dans l'ouvrage de MM. Humboldt et Bonpland sur les plantes équinoxiales, il est fait mention d'un arbrisseau de ce nom, à tige grimpante, qu'ils regardent comme une espèce de bignone, et nomment *bignonia chica*. Ils ajoutent qu'on tire de ses feuilles, par la macération dans l'eau et au bain-marie, une matière dont la couleur est à peu près semblable à celle de l'ocre calciné ou d'un rouge de brique : cette matière colorante, que les naturels nomment aussi *chica*, est, dans le pays, un objet de commerce, parce que les habitans des nations voisines s'en servent, les uns, pour se rougir le corps entier, d'autres leur tête et certaines parties du visage seulement. Il paroît que des expériences nouvelles prouvent que cette substance pourra être employée par les peintres et les teinturiers. (J.)

CHICA. (*Bot.*) Boisson faite dans le Pérou avec la farine de maïs séchée au soleil. On la met avec de l'eau dans de grandes cruches : la liqueur fermentée qui en résulte, est spiritueuse, et s'aigrit facilement. Son goût approche de celui d'un cidre de qualité inférieure. (J.)

CHICAL. (*Mamm.*) Hasselquist dit que c'est, en Orient, le nom du CHACAL, *canis aureus*, Linn. Voyez ce mot et CHIEN. (F. C.)

CHICALLOTL, CHICHICALLOTL (*Bot.*), noms mexicains de l'argemone, ou pavot épineux. (J.)

CHICALY. (*Ornith.*) Waffer rapporte, au chapitre V de son Voyage dans l'isthme de l'Amérique, qu'il y a dans les bois de cette contrée un gros oiseau appelé par les Indiens *chicaly-chicaly*, lequel fait un bruit semblable à celui du coucou, mais plus

perçant et plus rapide. Sa queue est longue, et il la porte
droite comme le coq ; son plumage offre un mélange de bleu,
de rouge et d'autres couleurs vives. Les Indiens font une
espèce de tablier avec les plumes qui couvrent son dos ; il se
tient presque toujours sur les arbres, et vit de fruits ; sa chair
est noirâtre et grossière, mais d'assez bon goût.

Le même voyageur parle ensuite de trois oiseaux qui appartiennent visiblement à l'ordre des gallinacés ; et, passant de
là aux perroquets et aux aras, il dit que ceux-ci copient le
ton du chicaly-chicaly. S'il n'y a rien dans les mots *bruit* et
ton, employés par Waffer ou son traducteur pour désigner
la voix du chicaly, qui ait pu le faire considérer comme un
oiseau chanteur, ce n'étoit pas plus le cas d'être tenté, avec
Sonnini, de le regarder comme un ara. Cet oiseau ne présente
vraisemblablement pas les couleurs rouges, bleues, etc., en
masses, mais en reflets métalliques ; et d'après la faculté de
relever la queue, attribut que les dindons partagent avec le
coq, et l'usage que les Indiens font de leurs plumes dorsales,
assez longues dans plusieurs de ces espèces, il n'y a pas lieu de douter que ce ne soit un véritable gallinacé, lequel, par son cri, se
rapproche de l'yacou ou jiacupema de Marcgrave. (Cn. D.)

CHICHAROU (*Ichthyol.*), nom qu'on donne en Saintonge
au saurel, ou maquereau bâtard. Voyez Caranx. (H. C.)

CHICAS. (*Ornith.*) On appelle ainsi, dans quelques départemens, le choucas, *corvus monedula*, Linn. (Ch. D.)

CHICHE. (*Bot.*) Voyez Cicerole. (L. D.)

CHICHI. (*Ornith.*) Ce nom est employé au Kamtschatka
pour désigner des oiseaux de proie du genre *Falco*. (Ch. D.)

CHICHICA-HOATZON (*Bot.*), nom mexicain d'un panicaut, *eryngium*, figuré par Hernandez, pag. 143, qui est aussi
nommé, selon lui, *cohayalli*, c'est-à-dire serpent puant, et
Ilipoton, ou plante noire et fétide. Il paroît avoir beaucoup de
rapport avec le panicaut fétide, *eryngium fœtidum*, ou avec
l'*eryngium aquaticum*, qui existent tous deux dans les Antilles.
(J.)

CHICHIC HOANTI (*Bot.*), espèce de *hoanti*, ou anserine du
Mexique, *chenopodium*, plus amère que les autres. Voyez
Hoanti. (J.)

CHICHICTLI. (*Ornith.*) Fernandez, chap. XVIII, décrit sous

ce nom une espèce de chouette dont Linnæus a fait son *strix chichictli*. Voyez Chouette. (Ch. D.)

CHICHILTOTOTL. (*Ornith.*) On donne ce nom, dans le Mexique, au bec d'argent, qui est le cardinal pourpré de Brisson, *tanagra jacapa*, Linn. (Ch. D.)

CHICHIMICUNA. (*Bot.*) Ce nom péruvien, qui signifie nourriture des chauve-souris, est celui du *nycterisition ferrugineum* de la Flore du Pérou, qui n'est peut-être qu'une espèce de myrsine, genre de la famille des ardisiacées. (J.)

CHICHLAS (*Ornith.*), nom grec de la grive draine, *turdus viscivorus*, Linn. (Ch. D.)

CHICHM (*Bot.*), nom arabe du *cassia absus*, suivant M. Delile. (J.)

CHICHOULLOS (*Bot.*), nom donné par les Provençaux, suivant Garidel, au fruit du micocoulier ordinaire. (J.)

CHICIATOTOLIN. (*Ornith.*) Voyez Cihuatotolin. (Ch. D.)

CHICLI. (*Ornith.*) L'oiseau que M. d'Azara a décrit sous ce nom, n.° 236 de son Ornithologie du Paraguay, est une espèce de fauvette. (Ch. D.)

CHICOCAPOTES, Capotes. (*Bot.*) Dans le grand Recueil des Voyages, publié anciennement par Théodore de Bry, on trouve sous ce nom un arbre que C. Bauhin rapportoit au *cydonia*. Cet arbre est le *marmelos*, ou *cratæva marmelos* de Linnæus, dont M. Correa a fait plus récemment son genre *Ægle*, qui est rangé parmi les aurantiacées. (J.)

CHICON (*Bot.*), nom vulgaire de la laitue romaine, qui est l'une des trois races du *lactuca sativa*, Linn. (H. Cass.)

CHICORACE (*Conch.*), *Chicoreus*. C'est le nom que M. Denys de Montfort donne à une division des murex de Linnæus, qui diffèrent un peu des autres, en ce que l'ouverture ovalaire est garnie, au bord externe de la lèvre droite, de longs appendices foliacés qui, se conservant au nombre de trois rangs sur chaque tour de spire, donnent à la coquille une forme triquêtre. Le type de ce genre, que M. de Monfort nomme le chicorace frisé, *chicoreus ramosus*, est le *murex ramosus* de Linnæus, vulgairement la chicorée frisée, figurée dans Gualtieri, tab. 37, fig. g. h. C'est une coquille assez alongée, de trois à quatre pouces de long, de couleur roussâtre, striée et pourvue de côtes transversales, qui vont se terminer aux appendices. L'animal qui la forme, et qui est tout-à-fait semblable à celui des rochers, *murex*, vit sur les côtes d'Afrique et d'Amérique. (De B.)

CHICORACÉES. (*Bot.*) Vaillant et M. de Jussieu nomment ainsi un groupe de plantes parfaitement naturel, qui comprend trente à quarante genres de la famille des synanthérées. Nous l'avons adopté dans notre classification; mais, au lieu de l'élever au rang des familles, comme M. de Jussieu, nous en faisons une simple tribu. En outre, nous nous sommes permis de substituer au nom de chicoracées, tiré d'un genre un peu anomal, celui de lactucées, qui est plus agréable à l'oreille, et qui rappelle tout à la fois le genre le plus intéressant de la tribu, ainsi qu'un des caractères généraux de ce groupe. Le caractère le plus remarquable des lactucées réside dans la corolle, et consiste en ce que les cinq incisions du limbe sont tellement inégales, que l'une d'elles, qui est l'antérieure, pénètre jusqu'à la base, tandis que les quatre autres n'entament que le sommet. Les botanistes, assimilant mal à propos cette espèce de corolle à celle des fleurs femelles radiantes, les confondent sous la dénomination commune de demi-fleurons, très-impropre surtout pour les corolles des lactucées. C'est pourquoi nous nommons celles-ci corolles *fendues*, et les autres corolles *ligulées*. La tribu des lactucées est la dernière de notre série ; mais, comme cette série est circulaire, la dernière tribu se trouve immédiatement voisine de la première, qui est celle des vernoniées. Effectivement, les lactucées et les vernoniées ont beaucoup d'analogie, non-seulement par le style et le stigmate, dont la structure est absolument la même dans les deux tribus, mais encore par la corolle, qui est souvent *palmée* chez les vernoniées ; or, les corolles *palmées* se rapprochent beaucoup des corolles *fendues*. (H. Cass.)

CHICORÉE (*Bot.*), *Cichorium*. [*Chicoracées*, Juss. ; *Syngénésie polygamie égale*, Linn.] Ce genre de plantes, de la famille des synanthérées, appartient à la tribu naturelle des lactucées.

La calathide est pluriflore, subéqualiflore, fissiflore, androgyniflore. Le péricline est double ; l'extérieur formé de squames unisériées, courtes, lâches ; l'intérieur, de squames unisériées, longues, apprimées. Le clinanthe est souvent garni de courtes fimbrilles ; la cypsèle porte une aigrette très-courte, de squamellules paléiformes, plurisériées, imbriquées. Nous avons remarqué qu'à la maturité parfaite, le péricarpe devient quelquefois, à sa base, déhiscent et comme valvé.

On connoit cinq espèces de chicorées, qui sont des plantes herbacées, annuelles, bisannuelles ou vivaces, à fleurs bleues, ou quelquefois blanches ou roses. Elles habitent l'Europe, la Barbarie, les Indes orientales.

La Chicorée sauvage, *Cichorium intybus*. Linn., est vivace et très-commune sur le bord des chemins. Sa tige, haute d'un à deux pieds et rameuse, porte quelques feuilles oblongues-lancéolées, roncinées, un peu velues sur les côtes et nervures, et des calathides axillaires, presque sessiles, géminées.

La Chicorée-endive, *Cichorium endivia*, Linn., qu'on dit originaire des Indes orientales, n'est peut-être qu'une variété de la précédente, dont elle diffère seulement en ce qu'elle est annuelle, qu'elle s'élève davantage, que ses feuilles sont glabres, entières ou dentées, rarement lobées; qu'enfin ses calathides sont, les unes sessiles, les autres longuement pédonculées.

La chicorée sauvage est très-fréquemment employée par les médecins, comme tonique, stomachique, apéritive. Quelques agronomes la recommandent comme un excellent fourrage. Les jardiniers savent en tirer parti, malgré son amertume, qu'ils adoucissent un peu en faisant étioler ses feuilles : en cet état, on les nomme *barbe de capucin*, et on les mange en salade. La racine, torréfiée et moulue, a servi de supplément au café.

La chicorée endive n'est pas moins utile : elle est généralement cultivée dans les potagers, comme un de nos meilleurs légumes. La scariole, ou scarole, et la chicorée frisée, sont les deux variétés que l'on préfère. (H. Cass.)

CHICORÉE D'HIVER (*Bot.*), nom vulgaire du *crepis biennis*, Linn. (H. Cass.)

CHICOREUS (*Conchyol.*), nom latin du genre Chicorace. (De B.)

CHICOT (*Bot.*), *Gymnocladus*. Linnæus avoit réuni à son genre *Guilandina*, sous le nom de *guilandina dioïca*, la plante dont il est ici question, que M. de Lamarck a considérée comme devant former un genre particulier, distingué du *guilandina* par ses fruits pulpeux, cylindriques, à plusieurs loges divisées par des cloisons transversales : chaque loge renferme une semence très-dure. Le calice est presque tubulé, à cinq découpures; la corolle composée de cinq pétales courts, presque égaux, contenant dix étamines libres, dont quelques-unes souvent stériles; un ovaire supérieur; un style. Ces caractères placent cette plante dans la famille des légumineuses, et dans la *décandrie monogynie;* mais, comme ses fleurs sont plus ordinairement dioïques, la plupart des auteurs la rangent dans la *dioécie décandrie.*

Cette plante (*gymnocladus canadensis*, Lam., *Ill.*, tab. 823; Duham., Arb., tab. 42; Mich., *Arb. Amer.*, 2, tab. 41) est un arbre d'une hauteur médiocre. Son tronc supporte une cime ample, d'un bel aspect, garnie de feuilles deux fois ailées, quelquefois longues de deux pieds, composées de folioles alternes, molles, ovales, aiguës, presque glabres; ses fleurs sont dioïques, disposées en grappes courtes, terminales; les pétales blancs réguliers, un peu cotonneux, à peine plus longs que le calice; les filamens très-courts, situés à l'orifice du calice; les gousses lisses, cylindriques, longues d'environ cinq pouces. Cet arbre croît au Canada : on le cultive dans quelques jardins de l'Europe à cause de la beauté de son feuillage; mais il tombe tous les ans, et lorsque l'arbre en est dépouillé, il n'offre plus que des branches courtes et en petit nombre, d'où vient que les Canadiens lui ont donné le nom de chicot.

M. de Lamarck rapporte à ce même genre l'*hyperanthera* de Forskaël, sous le nom de *gymnocladus arabica;* quelques autres l'ont réuni au genre *Anoma* de Loureiro. Cet arbre s'élève fort haut : ses rameaux sont verdâtres et cotonneux; les feuilles, situées à l'extrémité des rameaux, sont composées de six à huit paires de folioles glabres, ovales, entières; une glande pétiolaire entre chaque paire de folioles; les fleurs irrégulières, d'un blanc violet; leur calice campanulé, à cinq divisions colorées; cinq pétales inégaux; cinq filamens fertiles, glabres, stériles, velus à leur base; un ovaire velu, subulé; un stigmate à trois dents; une gousse cylindrique, à six stries longitudinales; les articulations épaisses, longues de six ou sept pouces. Cette plante croit dans l'Arabie : elle se rapproche beaucoup plus des casses, dont elle s'éloigne d'ailleurs par son calice et la situation de ses pétales; d'autres la font congénère du *moringa,* quoiqu'elle en diffère par son fruit. Ces difficultés porteroient à

croire qu'il eût mieux valu conserver le genre de Forskaël.
(Poir.)

CHICOTIN. (*Bot.*) Dans l'Abrégé des Voyages, une plante
de ce nom, existant au Groënland, et dont la racine a la forme
d'une noisette alongée, est rapportée au genre *Telephium*.
Cette racine a une forte odeur de rose musquée, qu'elle retient
même quand elle est entièrement sèche. (J.)

CHICOURYEH (*Bot.*), nom arabe sous lequel la chicorée,
cichorium intybus, est connue dans l'Egypte, suivant M. Delile.
C'est le *sjikouria* de la Flore d'Egypte de Forskaël. Il est évident que le nom françois est dérivé de l'arabe. L'un et l'autre
des auteurs que nous venons de nommer ajoutent qu'elle est
aussi nommée *hendebeh*, ou *hendeb;* c'est encore de là que
vient son second nom françois d'endive. (J.)

CHICOY. (*Bot.*) Les Espagnols nomment ainsi, au rapport
de Camelli cité par Ray, le *xi-cu*, ou *zapotl* de Chine, le *figo-
caque* des Portugais. C'est un arbre élevé, à feuilles simples,
alternes et grandes, dont les fruits, de la grosseur d'une pomme,
séchés au soleil, sont présentés sur les tables, dans les desserts,
sous forme de compotes préparées avec du vin, du sucre et
quelque aromate. La figure imparfaite qu'en donne Camelli,
dans un recueil de dessins non publié que nous possédons,
fait présumer que cet arbre appartient au genre Plaqueminier,
diospyros. On est confirmé dans cette opinion par le nom de
zapotl, donné à des espèces congénères, et parce que les fruits
du plaqueminier d'Amérique, *diospyros virginiana*, sont nommés
figues caques, ce qui répond au nom portugais. Cette opinion
est partagée par M. de Lamarck qui, dans l'Encyclopédie méthodique, mentionne cet arbre sous le nom de *chit-sé :* il croit
que c'est le même que le *ono-kaki* du Japon, cité et figuré par
Kæmpfer, que M. Thunberg, dans sa *Flora Japonica*, a depuis
nommé *diospyros kaki*. Le *chi-ku*, ou *chiqueis*, cité dans l'Abrégé
des Voyages, est encore le même arbre. (J.)

CHICQUERA (*Ornith.*), nom indien d'un petit oiseau de
proie de Chandernagor, dont la mandibule supérieure a deux
crans très-marqués, et que M. Levaillant a décrit comme un
faucon, pag. 84, et figuré pl. 30 de son Ornithologie d'Afrique.
(Ch. D.)

CHICUATLI. (*Ornith.*) Voyez Chiquatli. (Ch. D.)

CHIEN (*Mamm.*), *Canis*, Linn. Ce genre se compose d'espèces qui se ressemblent par les points principaux de leur organisation, mais qui se séparent cependant en deux groupes bien distincts et bien caractérisés. Le premier se forme des chiens, proprement dits, et le second, des renards. Ces animaux ont tous, à la mâchoire supérieure, six incisives, deux canines et six molaires, dont deux turberculeuses, la carnassière et trois fausses molaires; et à la mâchoire inférieure, six incisives, deux canines et sept molaires, dont deux turberculeuses, la carnassière et quatre fausses molaires. (Voyez DENTS.) Les pieds de devant ont cinq doigts; les deux du milieu sont égaux et les plus longs; les deux autres sont aussi d'égale longueur, et l'interne est le plus petit et ne descend jamais jusqu'à terre; ceux de derrière en ont quatre, avec le rudiment d'un cinquième os du métatarse, qui ne se montre par aucune trace à l'extérieur; ces doigts sont entre eux dans les mêmes rapports que les quatre plus longs des pieds de devant; les ongles sont propres à fouir, et les doigts seuls posent à terre dans la marche.

Les chiens ont la pupille en forme de disque; les renards l'ont alongée et semblable à celle des chats domestiques : c'est là le caractère le plus positif de ceux qui distinguent extérieurement ces animaux. Leurs narines sont entourées d'un organe glanduleux, d'un mufle; leurs oreilles sont grandes, pointues, mobiles et dirigées en avant; leur langue est douce, et leur pelage généralement très-fourni; ils ont les deux sortes de poils, et des moustaches, mais qui sont petites.

La plante de leurs pieds est garnie de tubercules; celui qui se trouve à la base des doigts a trois lobes, et il a la même forme à tous les pieds; celui qui garnit l'extrémité de chaque doigt est elliptique; de plus, on en voit un sous l'articulation du poignet.

La verge est dirigée en avant; les testicules sont à l'extérieur; le vagin est simple, et les mamelles sont généralement au nombre de six ou de dix.

Les chiens à pupille en forme de disque sont des animaux diurnes, et, par l'exercice, leur vue peut acquérir beaucoup de force. Les renards ou les chiens à pupille alongée voient mieux, au contraire, la nuit que le jour. On sait combien est prodigieuse, chez ces animaux, la finesse de l'odorat : leur ouïe est aussi très-délicate ; mais le goût et le toucher semblent l'être peu, du moins dans le sens que nous attachons à cette idée : ils n'ont aucune répugnance pour les chairs corrompues, et ils sont loin d'avoir la propreté recherchée du chat ; ceci, au reste, regarde plus particulièrement les chiens ; les renards paroissent encore, à cet égard, se séparer du genre ; ils ont d'ailleurs la fourrure beaucoup plus fine que celle des chiens.

Tous les animaux de ce genre boivent en lapant, et ils sont loin d'être aussi carnivores que les chats ; leurs dents tuberculeuses l'annoncent ; en effet, les chiens ont besoin de matières végétales dans leur nourriture.

Les femelles sauvages éprouvent les besoins du rut, en hiver, et la gestation est de deux à trois mois, ou trois mois et demi environ ; la portée est de trois à six petits, qui naissent les yeux fermés, et qui n'arrivent à leur entier développement qu'après la deuxième année. La vie de ces animaux est de quinze à vingt ans.

Les chiens hurlent ou aboient ; ils font surtout entendre leur voix lorsqu'ils chassent, et elle se modifie suivant les sentimens qu'ils éprouvent.

La couleur de leur pelage est le brun, qui, d'une part, se fonce jusqu'au noir, et de l'autre, se pâlit jusqu'au fauve ; le blanc s'y joint souvent, et c'est du mélange de ces trois couleurs que résultent toutes les variétés qu'offrent, sous ce rapport, les différentes espèces de ce genre.

Les chiens, proprement dits, sont en général des animaux de taille moyenne, et leurs proportions annoncent de la force et de l'agilité ; la partie antérieure de leur corps est forte et ramassée, et la partie postérieure svelte et légère ; leurs jambes sont élevées, leur cou est long et épais : leur tête effilée, leur poitrine large, leurs cuisses et leurs épaules sont charnues, et leurs jambes tendineuses ; leurs muscles se dessinent fortement, mais leurs allures ne sont pas en parfaite harmonie avec leurs organes ; ils ont la démarche un peu indé cise, et ne portent pas la tête haute ; leur regard manque de hardiesse, et ils sont généralement prudens ; ils n'ont du courage que lorsqu'ils sont pressés par la faim.

Les renards diffèrent encore des chiens à ces divers égards : ils sont généralement plus petits et plus bas sur jambes ; leur corps

paroît alongé, et ses proportions n'annoncent pas de vigueur.
leur tête paroît plus pointue, plus fine ; ils la portent dans les
épaules, et toutes leurs formes sont arrondies ; aussi ont-ils
un naturel plutôt timide que courageux ; ils ne chassent
que des animaux sans défense, les lapins, les oiseaux ; ils ont
toujours recours à la ruse, au silence : c'est la nuit ordinairement qu'ils se mettent à la recherche de leur proie, et la fuite
est la seule ressource qu'ils opposent au danger ; s'ils se défendent, ce n'est qu'à la dernière extrémité, et lorsqu'on les
poursuit jusqu'au fond de leur retraite.

Ce sont des animaux qui habitent les bois ; les grandes espèces
se retirent à l'abri des parties les plus fourrées ; les petites se
creusent des terriers où elles se cachent au moindre danger. Ils
suivent leur proie à la piste, et se réunissent quelquefois plusieurs pour l'attaquer ; mais leur naturel ne se déploie que
dans les pays couverts de forêts ; dans les contrées habitées, la
présence de l'homme leur impose une contrainte qui arrête
le développement de leurs facultés, et souvent, malgré leur
force et leurs armes, ils sont réduits à se nourrir de mulots, de
reptiles et même d'insectes. Les espèces qui ne terrent pas,
tiennent peu au sol natal, et dès qu'elles sont attaquées elles s'éloignent, et souvent ne reviennent plus. Les autres, au contraire,
ne quittent leur retraite qu'à la dernière extrémité, et tentent
constamment d'y revenir lorsqu'elles en ont été éloignées ; c'est
là seulement où elles croient être en sûreté ; et quand cette
retraite a été détruite, leur premier soin est d'en construire
une nouvelle, et de choisir pour cela des lieux encore plus
cachés que ceux où étoit la première.

Les nombreuses différences qui se trouvent entre la physionomie et le naturel des chiens et des renards suffiroient peut-
être, malgré les points importans de l'organisation par lesquels
ces animaux se rapprochent, pour qu'on dût les considérer
séparément, et en traiter dans des articles distincts ; car s'il
n'est pas possible d'en agir ainsi, lorsqu'on envisage les organes
qui occupent le premier rang dans la machine animale, il n'en
est pas de même lorsqu'on étudie les organes d'un ordre inférieur, et surtout les dispositions morales : or, ces organes
secondaires paroissent exercer sur la physionomie extérieure
et sur le naturel des animaux, une plus forte influence que

ceux d'un ordre plus élevé. Dans bien des cas, sans doute, il ne faut pas, avec Buffon, refuser de reconnoître des genres : mais il ne faut peut-être pas non plus tenir trop exclusivement aux caractères des méthodes, presque toujours trop absolues. Toutefois, pour nous conformer à la règle admise en histoire naturelle, nous parlerons ici des chiens et des renards, mais en conservant les deux groupes qu'ils forment naturellement.

Ce genre, plus qu'aucun autre peut-être, montre tous les avantages qu'on tireroit pour la distinction des espèces, de l'étude du caractère moral des animaux, et de leurs dispositions instinctives. La plupart des chiens se ressemblent tellement entre eux, par les formes et les proportions du corps, et par les couleurs, qu'on est fort embarrassé pour reconnoître et caractériser les espèces ; et, sans les dispositions naturelles du chien domestique, nous n'aurions aucun moyen de le distinguer du loup. Ce n'est vraisemblablement que par l'étude des mœurs des renards qu'on parviendra à mettre quelque précision dans la distinction des espèces de ce groupe, dont le nombre promet de s'élever beaucoup plus encore qu'il ne l'est déjà.

On trouve des chiens dans tous les continens ; mais c'est celui de l'Amérique qui semble en être le plus riche. Les chiens d'Europe sont en très-petit nombre, et l'on n'en connoît encore en Afrique que deux espèces. L'Asie paroît en posséder cinq ou six. Nous parlerons successivement des chiens et des renards de chacun de ces continens.

Des Chiens, *proprement dits.*

Les parties septentrionales de l'ancien monde n'en possèdent que deux espèces : le loup et le chien domestique.

Le Chien domestique; *Canis familiaris*, Linn. Cette espèce toute entière paroît avoir passé sous l'empire de l'homme. On ne la connoît nulle part à l'état de pure nature. Des races domestiques ont bien, dans plusieurs contrées, recouvré leur indépendance depuis un certain nombre de générations, et par-là elles ont sans doute repris quelques-uns des traits de l'espèce libre. Il s'en trouve aujourd'hui dans presque toutes les parties de l'Amérique ; on en rencontre dans quelques contrées de l'Afrique, et il en existe dans l'Inde : Willamson,

dans ses Chasses d'Orient, représente une troupe de chiens
sauvages à la poursuite d'une panthère qui s'est réfugiée sur
un arbre. Mais à en juger par ce que rapportent les voyageurs, ces chiens seroient loin d'avoir perdu toutes les traces
de la longue servitude de leur race : leurs couleurs varient
encore d'une race et même d'un individu à l'autre, et ils
rentrent sans résistance dans l'état de domesticité. Le premier
de ces traits n'annonce pas en effet une ancienne indépendance, et il en seroit de même du second, s'il étoit prouvé
que la disposition des chiens à s'apprivoiser est acquise, et
non point originelle. Ils ont cependant des traits communs : tous
leurs sens sont très-délicats : leur museau, qui n'est pas alongé
comme celui du levrier, ni raccourci comme celui du dogue,
mais assez semblable au museau du mâtin, leur procure une
grande force d'odorat ; leurs oreilles toujours droites, mobiles,
et dont l'ouverture est dirigée en avant, donnent à leur ouie
beaucoup de finesse ; leur vue est perçante, et, excepté lorsqu'ils chassent en troupe, ils font rarement entendre leur
voix. Ils vivent, comme on sait, quelquefois en familles de
deux cents individus, habitent de vastes terriers, chassent de
concert, et ne souffrent point le mélange des individus d'une
famille étrangère. Ainsi réunis, ces chiens ne craignent pas
d'attaquer les animaux les plus vigoureux et de se défendre
contre les carnassiers les plus forts. Le repos, chez eux, succède
immédiatement aux fatigues ; et, dès que leurs besoins sont
satisfaits, ils s'y livrent, comme tous les autres animaux sauvages, avec d'autant plus de sécurité, que les dangers qui les entourent sont plus foibles. C'est à peu près tout ce qui nous est
connu sur les habitudes du chien marron. Il est fâcheux que
les voyageurs ne se soient pas étendus, plus qu'ils ne l'ont
fait généralement, sur les mœurs de ces animaux.

La recherche des alimens et de la sécurité qui faisoit la condition principale de l'existence du chien sauvage, n'est plus,
pour ainsi dire, qu'une condition secondaire de l'existence
du chien domestique ; ce n'est plus en poursuivant une proie
qu'il obtient sa subsistance ; ce n'est plus, en fuyant le danger
ou en le bravant, qu'il peut s'y soustraire, mais c'est en se
consacrant au service de l'homme. Ce service est devenu la
première condition de sa vie, et ce sont les différentes em-

preintes qu'il en reçoit, qui caractérisent ses différentes races ; de sorte qu'on pourroit, jusqu'à un certain point, juger de la civilisation d'un peuple, ou d'une de ses classes, par les mœurs des animaux qui lui sont associés.

Des causes aussi puissantes que celles des mœurs des peuples et des classes dont ils se composent, des climats, de la nourriture, du sol, etc., suffiroient presque pour expliquer les nombreuses modifications que le chien domestique a éprouvées, et qui forment ses différentes races. Cependant ces modifications sont si considérables, et de telle nature, que plusieurs naturalistes ont cru être fondés à penser que nos chiens n'avoient pas pour souche une seule espèce ; qu'ils devoient leur existence à des espèces différentes, qu'on ne pouvoit plus reconnoitre aujourd'hui à cause du mélange de leurs races.

Nous ne partagerons point cette manière de voir : outre la difficulté bien reconnue des mulets, pour se reproduire, difficulté qui n'existe point entre nos chiens, nous verrons que les modifications les plus fortes n'arrivent au dernier degré de développement que par des gradations insensibles ; qu'on les voit naître véritablement, et que dès-lors il est impossible de supposer leur existence dans une espèce qui auroit antérieurement existé. D'ailleurs, tous les chiens ont une disposition instinctive qui les porte à se réunir en famille, et qu'ils nous montrent dès qu'ils sont dans la situation de le faire. Nous avons vu que les chiens rendus à l'état sauvage vivent ainsi, et les villes de l'Orient nous montrent le même phénomène dans ces chiens, qui n'ont aucun maître, qui se sont réunis en familles, et qui, après avoir adopté un quartier, n'y souffrent la présence d'aucun chien étranger.

Il seroit très-important de pouvoir établir quel ordre ont suivi, dans leur développement, les caractères qui distinguent nos diverses races de chiens, et de montrer le chien sauvage passant successivement d'une variété à une autre, et donnant enfin naissance à ces chiens extraordinaires qui s'éloignent à tant d'égards par leur physionomie, de la physionomie caractéristique du genre. Ce problème a souvent été proposé ; mais il n'est point de nature, dans l'état actuel de la science, à être résolu ; car je ne sache pas que l'histoire naturelle pos-

sède un seul fait qui puisse aider directement à sa solution.
Aussi Buffon, n'ayant pu se conduire que par des analogies,
dans le travail qu'il entreprit à ce sujet, fut-il conduit à proposer un système évidemment arbitraire. Il faut donc commencer par observer les véritables caractères qui distinguent
les diverses races; et lorsqu'on pourra joindre à ces observations celles des causes qui influent sur l'organisation pour la
modifier, on tentera, peut-être avec succès, une explication
qui jusqu'alors ne pourroit être qu'hypothétique.

Les races, en histoire naturelle, se composent des individus d'une espèce qui se ressemblent par quelques traits étrangers aux autres individus de cette espèce; par conséquent,
toutes les fois qu'une modification quelconque se propage par
la génération, elle peut faire le type d'une race. En partant
de ce principe, nos races de chiens sont infiniment plus multipliées que nous ne l'admettons communément, et les modifications qui les caractérisent étant de nature très-différente,
on devroit faire pour ces races ce qu'on fait pour les animaux
d'un même genre, lorsqu'on veut y former des subdivisions,
c'est-à-dire, qu'on devroit distinguer leurs modifications suivant
l'importance de l'organe qui les a éprouvées, et les classer ensuite
conséquemment à ce rapport. On n'en a point agi ainsi; la
plupart de nos races de chiens semblent avoir été formées par
le caprice. Les uns ont pour caractères, la finesse des poils ou
leur longueur, la direction, la forme ou le développement
des oreilles; les autres, les proportions des jambes ou celles
de la tête, la grandeur de la taille, ou l'étendue de la queue;
et des modifications plus importantes n'ont servi à caractériser aucune race.

C'est aussi dans la vue de porter quelques lumières dans
cette branche de l'histoire naturelle, que je me suis occupé
de recherches sur les modifications que présentent nos chiens
dans leur charpente osseuse. Je vais en présenter succinctement les résultats.

Taille. Lorsqu'on examine les diverses races de chiens, on
est d'abord frappé de leur différence de taille, et l'on sait
que l'extrême accroissement de quelques variétés, comme la
petitesse de quelques autres, ne tiennent point à des vices de
conformation, et que le plus petit roquet est en général aussi

exactement conformé que le màtin, et qu'il en est de même du levrier et du dogue de forte race.

Un chien de la Nouvelle-Hollande que nous avons possédé, avoit huit décimètres de la tête à l'origine de la queue, et sa hauteur au garrot étoit de vingt-six centimètres; mais les voyageurs rapportent qu'il en existe une race plus grande. Quoi qu'il en soit, ces chiens sont d'une moyenne taille, comparativement aux nôtres. Daubenton a donné une table très-curieuse *des dimensions des chiens des principales races*, aux détails de laquelle nous renvoyons, croyant superflu de les reproduire ici. Elle fait connoitre, de la manière la plus exacte, les changemens que les chiens éprouvent dans leur taille et dans leurs proportions; nous nous contenterons d'indiquer les bornes dans lesquelles ces changemens se renferment généralement. On voit dans cette table un màtin dont la longueur mesurée du bout du nez à l'anus, étoit de deux pieds onze pouces, et la hauteur à l'épaule, d'un pied onze pouce six lignes; un basset, au contraire, avoit deux pieds six pouces de long, et onze pouces de haut seulement. On y voit encore un grand danois dont la longueur étoit de trois pieds six pouces, et un épagneul qui n'avoit que onze pouces du bout du museau à l'anus.

Tête. Après la taille, les différences les plus frappantes des chiens sont dans les formes de la tête. Lorsqu'on regarde de profil la tête du chien de la Nouvelle-Hollande, et qu'on la pose de manière que la ligne des premières molaires soit horizontale, on voit que la partie inférieure de la mâchoire d'en bas, dans sa plus grande étendue, est parallèle aux dents; sa partie antérieure se relève jusqu'aux incisives, et sa partie postérieure jusqu'a l'apophyse épineuse qui est sur la ligne des dents. Le condyle maxillaire est élevé de quelques centimètres au-dessus des dernières molaires et au niveau du condyle de l'os occipital. La partie postérieure de l'apophyse zigomatique du temporal est un peu au-dessous de la partie antérieure de l'os de la pommette, et les frontaux forment un angle très-ouvert avec les os du nez. Cette tête étant vue de face, les frontaux sont relevés sur leurs bords extérieurs; un enfoncement très-marqué les sépare au point où ils se joignent. La longueur du museau, mesurée depuis le bord extérieur de l'orbite jusqu'aux incisives, est de quatre-vingts millimètres, et dans la partie la plus étroite, de trente-cinq millimètres ; cette partie se trouve à égale distance de la canine et du trou sous-orbitaire. Les temporaux, dès le point où ils se séparent de leur apophyse montante, s'arrondissent et se rapprochent pour former la boîte du crâne, et le sillon auquel se terminent les crotaphites antérieurement, est à peu près à égale distance de l'apophyse orbitaire du coronal et de la base interne antérieure de l'apophyse zigomatique du temporal. Les crêtes sagittale et temporale étoient très-développées ; mais je ne m'arrêterai point à ce caractère qui ne m'a paru soumis à aucune règle ; il varie dans les individus d'une même race, et l'âge n'a sur lui qu'une foible influence.

La tête du mâtin est, de toutes nos races de chiens, celle qui se rapproche le plus de la tête que nous venons de décrire ; toutes les parties y sont dans les mêmes rapports ; seulement la portion du museau la plus étroite se trouve beaucoup plus rapprochée du trou sous-orbitaire.

Le danois ne diffère guère du précédent que par un museau plus large et des arcades zigomatiques un peu plus arquées.

Le petit danois, le chien courant, les braques et certains bassets ont aussi les plus grands rapports. par les formes de la tête, avec le mâtin, et par conséquent avec le chien de la Nouvelle-Hollande : ils n'en diffèrent guère que par les pariétaux plus bombés.

Les levriers s'en rapprochent beaucoup aussi ; seulement le museau de ces chiens est plus étroit comparativement à sa longueur, et leurs sinus frontaux moins étendus.

Le chien de berger se rapproche aussi d'une manière très-remarquable par sa tête des races précédentes ; mais il s'en distingue encore plus que les braques et les levriers par la capacité du crâne. Les temporaux ne tendent plus à se rapprocher dès leur naissance, ils s'élèvent d'abord verticalement, et ne commencent à s'arrondir qu'à leur partie moyenne ; l'apophyse épineuse est moins élevée, et la ligne inférieure de la mâchoire d'en bas plus droite ; le museau est un peu plus large ; les bords des os du front sont très-peu relevés ; ils offrent une surface presque plate, et l'arcade zigomatique est plus arquée de bas en haut.

La tête du chien-loup ressemble beaucoup à celle du chien

de berger ; seulement les frontaux sont beaucoup plus relevés au-dessus des os du nez, et leur bord est si bombé qu'ils
laissent entre eux un sillon assez profond.

La tête du chien de berger nous conduit à celle du barbet,
de l'épagneul et de toutes leurs variétés, bien remarquables par
le grand développement de leurs sinus frontaux, qui font que,
dans le dernier, les os du front forment, pour ainsi dire, un
angle droit avec ceux du nez ; la mâchoire inférieure est aussi
très-recourbée à sa partie postérieure, de sorte que le condyle maxillaire qui étoit à peu près sur la ligne des molaires
dans les premières races, est dans celle-ci beaucoup au-dessus
de ces dents. Les crotaphites s'étendent presque jusqu'à la
partie postérieure de l'apophyse orbitaire du coronal, ce qui
fait que la capacité du crâne surpasse encore celle du chien
de berger, à sa partie antérieure surtout.

Ces changemens, quelque considérables qu'ils soient, pa-
roîtront cependant très-foibles si on les compare à ceux que
présente la tête du dogue, et surtout celle du dogue de forte
race. Il semble que toutes les parties de cette tête ont été re-
poussées en haut. L'occiput, que nous avons vu dans les premières races assez peu relevé au-dessus du museau, et à peu
près de niveau avec les incisives supérieures, se trouve, dans
cette tête-ci, presque au niveau du front. Ces changemens paroissent tenir au développement excessif des sinus frontaux.
Les mouvemens de ces parties semblent avoir forcé toutes les
autres à se développer dans le même sens ; d'où il est résulté
que la mâchoire inférieure s'est reployée considérablement,
et que son condyle, qui se trouvoit, dans le chien de la Nouvelle-Hollande, au niveau des dernières molaires, se trouve,
dans le dogue de forte race, de plusieurs centimètres au-dessus.
L'apophyse zigomatique du temporal est, par la même cause,
très-relevée, relativement à l'apophyse molaire. Les crotaphites ne s'avancent que jusqu'au bord interne de l'apophyse
temporale ; le museau est tellement raccourci que sa longueur
mesurée, comme dans le chien de la Nouvelle-Hollande, est
à sa largeur comme 4 à 5. Enfin, et ceci est surtout à remarquer, la tête de ce dogue, quoique d'un tiers plus grande que
celle du chien de berger et du barbet, est loin d'avoir la capacité du crâne aussi étendue : dans le premier, les pariétaux,

au lieu d'être bombés, sont aplatis et forment entre eux, pour se réunir, un angle presque droit.

Nous ne devons point négliger de faire remarquer les rapports qui existent dans nos diverses races de chiens, entre l'étendue du cerveau et celle de l'intelligence. Le mâtin, le levrier, et le chien de la Nouvelle-Hollande lui-même, sont, comme on sait, bien moins susceptibles d'éducation que le chien-loup, déjà remarquable par le soin qu'il a des troupeaux, et surtout que l'épagneul et le barbet, si propres à la chasse et si étonnans par la facilité qu'ils semblent avoir pour entendre le langage humain. Aussi, comme nous l'avons vu, ces derniers ont un crâne bien plus grand que les premiers; et le dogue de forte race, qui a le crâne le plus étroit, est aussi le plus stupide de tous. L'intelligence des animaux, quoique susceptible de modification comme les autres facultés, offriroit des caractères spécifiques peut-être plus fixes que ceux qui sont tirés des organes du mouvement ou du pelage, parce que les phénomènes de l'esprit ont la première influence sur les êtres intelligens; mais l'étude de ces phénomènes a fait jusqu'à ce jour si peu de progrès, qu'on ne pourroit offrir sur cette matière que des conjectures vagues, et par conséquent inutiles. Il est fâcheux, pour cette partie de l'histoire naturelle, que les hommes aient mis moins d'importance aux maladies de l'esprit qu'aux maladies du corps; ils auroient recherché dans l'intelligence des brutes l'explication des phénomènes de leur propre intelligence, comme ils ont recherché dans le corps des animaux l'explication des phénomènes de leur propre corps, et nous aurions une psycologie, comme une anatomie comparée.

Des doigts. En général, tous les chiens, comme nous l'avons dit, ont cinq doigts aux pieds de devant, et quatre à ceux de derrière, réunis par une membrane qui s'avance jusqu'à la dernière phalange, avec le rudiment d'un cinquième os du métatarse qui ne se montre par aucune trace à l'extérieur. Ces doigts, qui sont d'inégale longueur, conservent à peu près les mêmes relations dans toutes les races, excepté l'interne des pieds de devant, dont l'extrémité quelquefois ne s'avance pas jusqu'au milieu du métacarpe, tandis que d'autres fois il va jusqu'au bout de cet os.

De plus, on voit des chiens qui ont un cinquième doigt au pied de derrière, à la face interne; mais il n'acquiert pas, chez tous, le même développement. Il paroît que cette modification commence par l'ongle et les phalanges; ce sont ces parties du pouce qui paroissent les premières, et ce sont les seules qui existent lorsque ce cinquième doigt est imparfait : dans ce cas, l'extrémité de l'os métatarsien ne paroît point du tout, ou ne paroît qu'en rudiment; les phalanges restent tout-à-fait suspendues dans la peau : le doigt n'est point articulé, n'a point de muscles, et n'est susceptible d'aucun mouvement. Ce doigt est ordinairement fort court, et il arrive quelquefois que son métatarse est imparfait, et que les phalanges et l'ongle seulement sont complets; mais quelquefois aussi tous ces os sont exactement conformés, et ne diffèrent de ceux des autres doigts, qu'en ce qu'ils sont proportionnellement plus petits. Cependant, quelques chiens ont ce cinquième doigt très-long, bien proportionné, et s'avançant jusqu'à la naissance de la première phalange du doigt voisin. Ce changement, lorsqu'il est arrivé à son plus haut degré, en amène quelques-uns dans le nombre et dans les relations des os du tarse.

Du tarse. Chez les chiens qui n'ont qu'en rudiment le cinquième os du tarse, cet os s'articule à la facette inférieure du gros cunéiforme qui, lui-même, est en relation avec le scaphoïde, le second cunéiforme et le second os du métatarse, en comptant pour un le rudiment dont il vient d'être question. Mais chez les chiens qui ont le cinquième doigt complet, il se développe un quatrième cunéiforme, entre le premier et le deuxième doigt, et alors, dans quelques variétés, le grand cunéiforme s'élève et vient, par son côté interne, donner une large facette articulaire à l'astragale. Dans un chien-loup, la moitié de ce grand cunéiforme correspondoit à l'astragale, tandis que dans un grand danois ces rapports étoient beaucoup moins étendus; et cela tenoit à ce que, dans le premier, le scaphoïde, le cuboïde et les cunéiformes, étant beaucoup moins longs que dans le second, mettoient une assez petite distance entre le calcanéum et les os du métatarse, de sorte qu'ils permettoient à ceux-ci de repousser, pour ainsi dire, en haut le grand cunéiforme qui, comme on sait, n'est ordinairement retenu dans sa position que par des ligamens et la facette assez étroite avec laquelle il s'articule au scaphoïde. Lorsque les chiens ont acquis un certain âge, et qu'ils n'ont pas le cinquième doigt complet, le rudiment de l'os métatarsien de ce doigt se soude avec le grand cunéiforme; et j'ai vu ce dernier os, dans le pied d'un gros danois qui avoit les cinq doigts complets, soudé avec le scaphoïde. C'est certainement à un accident semblable qu'on doit attribuer la forme singulière qu'a le scaphoïde du pied à cinq doigts, représenté par Daubenton, t. 5, pl. 52. fig. 1, et l'absence du cunéiforme surnuméraire, que nous trouvons dans des pieds qui ont cinq doigts parfaits. Le doigt interne des pieds de devant semble être d'autant plus long que les chiens sont plus sédentaires, et il se raccourcit chez les races très actives. Quant au cinquième doigt des pieds de derrière, toutes les races, telles que nous les admettons, actuellement du moins, peuvent en être pourvues ou en être privées. Je l'ai vu dans un dogue de forte race, dans un mâtin, dans un chien-loup, etc., et je ne l'ai point trouvé dans beaucoup d'autres individus de ces mêmes races.

De la queue. Cet organe peut être considéré comme étant une dépendance de ceux du mouvement : les mammifères auxquels la queue est véritablement utile, s'en servent comme d'une sorte de main; telles sont plusieurs espèces de quadrumanes : elle sert aussi, chez quelques autres, à l'extension des ailes ou des membranes qui en tiennent lieu. Cependant il est peu de parties du corps qui éprouvent autant de changement que la queue, surtout chez les animaux où elle n'a, comme chez les chiens, qu'une très-foible part à l'exercice des fonctions.

Il est difficile d'établir exactement les caractères ostéologiques de la queue du chien. Le nombre des vertèbres qui composent cet organe n'est point constant dans chaque race : celui qu'on rencontre le plus communément, et qui se trouve chez le chien de la Nouvelle-Hollande, est de dix-huit, d'où l'on pourroit soupçonner que c'est de ce nombre de vertèbres que se composoit originairement la queue du chien; dans les divers changemens que cet animal a éprouvés, sa queue s'est raccourcie ou alongée. On assure qu'il existe une race de chiens dont la queue est extrêmement courte, et de deux à trois pouces seulement; d'autres observateurs n'ont trouvé, dans la queue de quelques autres races, que seize vertèbres; mais il paroit que la taille n'influe point sur la longueur de la queue : j'en ai compté dix-huit chez un carlin , comme je l'avois fait chez un épagneul, chez un braque , chez un chien-loup. Un basset m'en a donné vingt, tandis qu'un chien turc et un dogue de forte race m'en ont donné vingt et une. La forme de ces vertèbres ne m'a point offert de différences sensibles dans les diverses races, ce qui peut faire conclure qu'il n'en existoit pas non plus dans les muscles qui s'y attachent. Cependant on voit des chiens porter ordinairement la queue basse, et d'autres la tenir sans cesse relevée. Cette différence pourroit en produire une dans le développement des apophyses.

Quoique nous ayons surtout voulu montrer dans ce travail les principales différences ostéologiques par lesquelles se caractérisent les diverses races de nos chiens domestiques, nous jetterons encore un coup d'œil sur les modifications des autres organes.

Des sens. Si nous considérons les sens, nous verrons que la domesticité n'a point exercé, chez les chiens, d'influence sur les organes de la vue ; les yeux de toutes les races se ressemblent : il n'en est pas de même pour le nez, pour la bouche et pour les oreilles. Ces organes ont éprouvé des changemens plus ou moins profonds, plus ou moins marqués, sur lesquels nous devons nous arrêter. L'alongement du museau déterminant un alongement dans les os du nez, et conséquemment dans les cornets que ces os renferment , est un des premiers caractères par lesquels les chiens se distinguent , sous le rapport du sens de l'odorat. Il paroît que les races dont le museau a un certain alongement, telles que le chien de la Nouvelle-Hollande, le mâtin , le chien-loup, les chiens courans , ont l'odorat beaucoup plus délicat que celles qui ont le museau court et obtus, telles que les dogues et les carlins. Cependant, le chien levrier paroît avoir le nez bien moins fin que les autres chiens à museau long , quoique, de toutes les races, ce soit la sienne qui ait la tête la plus effilée et la plus longue : cela tient vraisemblablement aux différences d'étendue des sinus frontaux ; car les cornets du nez sont comme dans les autres races. Mais un des changemens bien remarquables qu'ont éprouvés le nez et la bouche de certains chiens , c'est ce sillon profond qui est venu séparer leurs lèvres supérieures et leurs narines, comme on l'observe surtout chez quelques dogues, qui reçoivent de ce caractère une physionomie toute particulière.

Les modifications de l'ouïe se manifestent surtout dans la situation et dans l'étendue de la conque externe de l'oreille. On sait que chez les chiens de races peu soumises, comme le chien de berger, le chien-loup, l'oreille est droite, mobile et d'une grandeur médiocre : si l'on arrive aux races plus privées, on voit l'oreille tomber en partie, l'extrémité s'affaisse et n'a plus de mouvement ; tels sont, par exemple, les mâtins ; enfin, chez les chiens tout-à-fait asservis, l'oreille externe, entière, ne se soutient plus ; ses muscles s'oblitèrent en partie, et en même temps elle prend une étendue presque monstrueuse, par le développement de ses cartilages : c'est ce que nous montrent plusieurs espèces de chiens de chasse, les barbets, les épagneuls, etc.

Des organes de la génération. Les organes de la génération et ceux qui en dépendent, ne pouvoient point être accessibles à de grandes influences ; aussi montrent-ils peu de changemens ; les seuls même qu'on ait observés consistent dans le nombre des mamelles.

Généralement les chiens en ont dix, cinq de chaque côté ; savoir : quatre sur la poitrine, et six sur le ventre. « Mais, dit Daubenton, il y a de grandes variétés dans le nombre des mamelles de ces animaux : de vingt et un chiens de différentes races, tant mâles que femelles, dont j'ai compté les mamelles, il ne s'en est trouvé que huit qui eussent cinq mamelles de chaque côté ; huit autres n'en avoient que quatre à droite et autant à gauche ; deux autres, cinq mamelles d'un côté et quatre de l'autre ; et enfin les trois autres chiens avoient quatre mamelles d'un côté, et seulement trois de l'autre. » Et il est remarquer que les chiens sauvages n'entrent qu'une seule fois en chaleur dans l'année, tandis que le chien domestique éprouve deux fois le besoin du rut.

Du pelage. Les poils sont, de toutes les parties du corps des animaux, celles qui reçoivent le plus facilement l'influence des causes extérieures, et qui en éprouvent le plus de changemens ; les chiens en sont un exemple remarquable : leurs poils diffèrent par leur nature, par leur couleur, par leur finesse, par leur longueur, par leur disposition. Les chiens des pays froids ont généralement deux sortes de poils; les uns, courts, fins et laineux, couvrent immédiatement la peau, tandis que les autres, soyeux et longs, colorent l'animal. Dans les régions équatoriales, cette laine légère et chaude s'oblitère, et finit par disparoître tout-à-fait; et il en est de même dans nos habitations, où la plupart des chiens peuvent se soustraire à l'intempérie de nos climats et au froid de nos hivers. Le chien turc a la peau nue et huileuse; le dogue, le doguin, le levrier, le carlin, ont le poil court et ras; le chien de berger, celui de la Nouvelle-Hollande, le mâtin, le chien d'Islande, ont les poils plus longs que les espèces précédentes, mais plus courts que le chien-loup, que l'épagneul, que le barbet, et surtout que le bichon, dont les poils descendent quelquefois jusqu'a terre. Si l'on considère le poil sous le rapport de sa finesse, on ne distingue pas moins de races : le chien de berger, le chien-loup, le griffon, ont les poils durs, tandis que le bichon, quelques barbets, le grand chien des Pyrénées, l'ont soyeux et doux; chez les uns il est droit et lisse, chez les autres laineux et bouclé; quelques races ont le corps couvert de longs poils, tandis que la tête et les jambes n'ont que du poil ras; d'autres, au contraire, ont la tête et le cou garnis d'une crinière, et le corps couvert de poils courts : tel est, dans le premier cas, le chien-loup, par exemple; et dans le second, le chien-lion. Sous ce rapport, les chiens offrent presque toutes les variations que présentent les poils, dans la classe entière des mammifères. Quant aux couleurs, c'est du blanc, du brun, plus ou moins foncés, du fauve et du noir, que celles des chiens se composent. On voit de ces animaux qui sont entièrement de l'une ou de l'autre de ces couleurs; mais le plus souvent elles sont dispersées irrégulièrement par taches, tantôt grandes, tantôt petites; quelquefois cependant on voit qu'elles tendent à se disposer symétriquement; souvent elles se partagent chaque poil, et produisent alors des nuances différentes, suivant que le blanc, le noir, le fauve ou le brun dominent : ainsi on voit des chiens dont le pelage est semblable à celui du loup, par le mélange du blanc, du fauve et du noir; d'autres, plus rares, chez lesquels il est d'un beau gris ardoisé. Ces couleurs n'accompagnent pas toujours exclusivement certains autres caractères : les races de chiens qu'elles distinguent ne se remarquent pas nécessairement aussi par les formes de la tête, la nature des poils, ou les proportions du corps ; toutefois, lorsqu'on a soin de réunir des individus de même couleur, la race ordinairement se perpétue, et il en est de même pour la plupart des caractères que nous avons déjà examinés : nouvelles preuves que les modifications accidentelles finissent toujours par devenir héréditaires. C'est par le soin qu'on a pris, en général, de n'accoupler dans chaque race que des individus de même couleur, que les grands danois et les levriers, les dogues, les doguins, sont fauves ; les chiens de berger, noirs ; les chiens-loups, blancs ; les chiens courans, les braques, les bassets et les épagneuls, blancs, avec des taches noires, etc.

On voit, par les détails dans lesquels nous venons d'entrer, que la plupart des modifications de nos chiens se fondent les unes dans les autres, et qu'excepté le développement du crâne, toutes peuvent se rencontrer, à peu de chose près, dans toutes les races. En effet, ces races ayant été formées sur les services que les chiens nous rendent, il étoit tout simple que nous trouvassions leurs caractères principaux dans l'organe où l'intelligence a son siége ; mais ces détails nous laissent incertains sur les caractères de la race primitive, et sur celle que nous devons en rapprocher. Pour lever cette difficulté, ne possédant ni le chien sauvage ni le chien rendu depuis plusieurs générations à une entière liberté, nous ne pouvons choisir dans cette vue que la race la moins domestique de toutes, et Buffon crut le faire en choisissant le chien de berger.

Il étoit alors difficile d'éviter cette erreur : depuis, l'histoire naturelle s'est enrichie d'une variété qui vit presque entièrement libre, puisque les hommes qui se la sont associée sont peut-être, de tous les sauvages, ceux qui sont le moins avancés dans la civilisation ; je veux parler du chien des habitans de la Nouvelle-Hollande. En effet, les peuples de ces contrées savent à peine se vêtir et faire du feu, et leurs habitations diffèrent peu des abris que se construisent les grands singes, ou des tanières des ours : assurément le chien qui vit avec une telle race d'hommes, doit être, comme eux, bien près de l'état de pure nature.

En comparant donc à ce chien, comme nous l'avons fait, les principales races de son espèce, par le caractère de la tête, on est conduit à former de ces races trois familles principales ; et c'est dans cet ordre que nous allons en parler. Nous désignerons chacune de ces familles par le nom de leur principale race : la première se composera des mâtins, la seconde des épagneuls, et la troisième des dogues.

Les Mâtins.

Pariétaux tendant à se rapprocher, mais d'une manière insensible, en s'élevant au-dessus des temporaux ; condyle sur la même ligne que les molaires.

Le Chien de la Nouvelle-Hollande. Nous avons possédé cet animal, qui avoit été ramené en France par l'expédition aux Terres Australes, commandée par le capitaine Baudin, et nous allons en donner une description détaillée, comme nous avons fait de sa tête, puisqu'il doit nous servir de point de comparaison pour les autres races. Ce chien avoit la taille et les proportions du chien de berger, excepté la tête qui ressembloit entièrement à celle du mâtin, comme nous l'avons dit plus haut. Son pelage étoit très-fourni, et sa queue assez touffue ; il avoit les deux sortes de poils : des laineux gris, et des soyeux fauves ou blancs ; la partie supérieure de la tête, du cou, du dos et de la queue, étoit fauve foncé ; les côtés, le dessous du cou et la poitrine étoient plus pâles ; toute la partie inférieure du corps, la face interne des cuisses et des jambes et le museau étoient blanchâtres. Du reste, ses organes avoient dans toute leur pureté les caractères du genre.

Les mouvemens de cet animal étoient très-agiles ; et son activité, lorsqu'il étoit libre, étoit fort grande ; mais, ce cas excepté, il dormoit continuellement. Sa force musculaire surpassoit de beaucoup celle de nos chiens domestiques de même taille. Dans ses mouvemens, il tenoit sa queue relevée ou étendue horizontalement ; et lorsqu'il étoit attentif, il la tenoit basse ; il couroit la tête haute et les oreilles droites, dirigées en avant ; ses sens paroissoient être d'une finesse extrême ; mais, ce qui étonnera peut-être, c'est qu'il ne savoit pas nager : jeté à l'eau, il se débattoit machinalement, et ne faisoit aucun des mouvemens convenables pour se soutenir. Son courage étoit très-remarquable : il attaquoit sans la moindre hésitation les chiens de la plus forte taille ; et je l'ai vu plusieurs fois, dans les premiers temps de son séjour à notre Ménagerie, se jeter en grondant sur les grilles au travers desquelles il apercevoit une panthère, un jaguar ou un ours, lorsque ceux-ci avoient l'air de le menacer.

Cette témérité paroîtroit ne pas tenir entièrement à l'inexpérience de notre individu, mais seroit peut-être une des qualités de sa race. Le rédacteur du Voyage de Phipps rapporte qu'un de ces chiens, qui étoit en Angleterre, se jetoit sur tous les animaux, et qu'un jour il attaqua un âne, qu'il auroit tué si l'on n'étoit venu à son secours.

La présence de l'homme ne l'intimidoit point : il se jetoit sur la personne qui lui déplaisoit, et sur les enfans surtout, sans aucun motif apparent ; ce qui semble confirmer ce que dit Watkin-Tinch de la haine de ces chiens pour les Anglois, lorsque ceux-ci arrivèrent au port Jackson. Il n'obéissoit point à la voix, et le châtiment l'étonnoit et le révoltoit. Il affectionnoit particulièrement celui qui le faisoit jouir le plus souvent de sa liberté : il le distinguoit de loin, témoignoit son espérance et sa joie par des sauts ; l'appeloit en poussant un petit cri, assez semblable à celui des autres chiens, dans la même situation ; et, aussitôt que la porte de sa cage étoit ouverte, il s'élançoit, faisoit rapidement cinq ou six fois le tour de l'enclos où il pouvoit s'ébattre, et revenoit à son maître lui donner quelques marques d'attachement, qui consistoient à sauter vivement à ses côtés, et à lui lécher la main. Ce penchant à une affection particulière ressemble à celui du chien de berger, et s'accorde avec ce que les voyageurs assurent de la fidélité exclusive du chien de la Nouvelle-Hollande pour ses maîtres ; mais si cet animal donnoit quelques caresses, ce n'étoit que pour des services réels, et non point pour obtenir d'autres caresses : il souffroit volontiers celles qu'on lui faisoit, et ne les recherchoit point. Il marquoit sa colère par trois ou quatre aboiemens rapides et confus ; excepté ce cas, semblable au chien sauvage, il étoit très-silencieux. Bien différent de nos chiens domestiques, celui-ci n'avoit aucune idée de la propriété de l'homme, et il ne respectoit rien de ce dont il lui convenoit de faire la sienne ; il se jetoit avec fureur sur la volaille, et sembloit ne s'être jamais reposé que sur lui-même du soin de se nourrir. Il appartenoit sans doute au peuple le plus pauvre et le moins industrieux de la terre, de posséder le chien le plus enclin à la rapine qui fût connu, et le plus incorrigible à cet égard. Cependant, les sauvages de la Nouvelle-Hollande se font accompagner par ces chiens à la chasse, ce qui feroit supposer quelque sentiment de propriété chez ces animaux; mais ne nous offrent-ils pas alors le tableau où Buffon peint l'homme et le chien sauvage s'entr'aidant pour la première fois, poursuivant de concert la proie qui doit les nourrir, et la partageant ensemble après l'avoir atteinte? Ce que cet animal mangeoit le plus volontiers, c'étoit la viande crue et fraîche : le poisson ne paroissoit jamais avoir fait sa nourriture, car la faim elle-même ne le décidoit pas à le manger; il ne refusoit pas le pain, et paroissoit goûter avec plaisir les matières sucrées.

Son rut, jusqu'alors, ne s'étoit montré que toutes les années une fois, et en été; ce qui correspond, pour la Nouvelle-Hollande, à l'hiver de notre hémisphère, et fait rentrer le rut de ces animaux dans la règle à laquelle nous avons cru apercevoir qu'il étoit soumis chez les mammifères carnassiers en général. Chaque fois que cet état s'est manifesté, on a cherché à faire produire cette chienne avec un chien de même forme, de même couleur, mais non point de même race qu'elle; l'accouplement a eu lieu, il n'y a point eu de conception, ce qui confirme la difficulté qu'on a généralement à faire produire deux races lorsqu'elles sont très-différentes.

Le Matin. Les chiens de cette race sont grands, vigoureux et légers; leurs oreilles sont à demi pendantes. On en trouve de blancs, de gris, de bruns, de noirs; ils portent la queue recourbée en haut. Ils sont très-bons pour la garde.

Le Danois. Il diffère du mâtin par un corps et des membres plus fournis. Ces animaux sont également bons pour la garde, et ils aiment les chevaux.

Le Levrier se distingue des espèces précédentes par des formes plus sveltes, plus minces, plus effilées : il y en a de taille, de poils et de couleurs très-différentes, que l'on regarde communément comme autant de races. J'ai vu des levriers chiens turcs.

Tous ces chiens peuvent être dressés pour la chasse, et surtout pour celle qui demande plus de force et de courage que d'intelligence et d'adresse. Les levriers cependant courent les lièvres en plaine, et font la base de cette espèce de chasse.

Les Epagneuls.

Les pariétaux, dans les têtes de cette famille, ne tendent plus à se rapprocher dès leur naissance au-dessus des temporaux; ils s'écartent et se renflent, au contraire, de manière à beaucoup agrandir la boite cérébrale, et les sinus frontaux prennent de l'étendue.

Ses principales races, les plus intelligentes de toutes, sont :

L'Epagneul, qui est couvert de poils longs et soyeux; ses oreilles sont pendantes comme celles du chien-courant, et ses jambes peu élevées; ses couleurs sont le blanc, quelquefois avec des taches noires ou brunes. Cette variété est encore remarquable par ses qualités pour la chasse. Il y a de grands et de petits épagneuls : l'épagneul noir est le gredin, et le pyrame est l'épagneul noir marqué de feu.

Le Barbet, couvert de poils longs et fins. C'est peut-être, de tous les chiens celui dont l'intelligence est le plus susceptible de développement; et il le doit sans doute à ce qu'il fait, plus particulièrement que les autres races de cette famille, la société de l'homme. Il y a de grands et de petits barbets.

Les Chiens-courans. Ils sont remarquables par la longueur de leurs oreilles pendantes, et par celle de leurs jambes charnues. Ils sont couverts d'un poil très-court, portent leur queue relevée; et leur couleur est généralement le blanc avec des taches noires ou fauves. Ce chien est le chasseur par excellence.

Le Chien de berger. Il a une taille moyenne; ses oreilles sont courtes et droites; il porte sa queue horizontalement en arrière, ou pendante, mais quelquefois aussi relevée; ses poils sont très-longs sur tout le corps, excepté sur le museau : le noir est la couleur dominante de ces chiens. On sait combien ils sont utiles à la garde des troupeaux.

Le Chien-loup se distingue du précédent par sa tête dégarnie de poils, ainsi que ses oreilles et ses pieds. Il porte toujours sa queue très-relevée, et elle est remarquable par les longs poils qui la garnissent. La couleur de ce chien est le noir, le fauve, mais surtout le blanc. Il pourroit servir, comme les chiens de berger, à la garde des troupeaux.

Les Bassets. Ils se caractérisent par le raccourcissement extrême de leurs jambes, qui sont droites ou torses ; ce qui produit les bassets à jambes droites et les bassets à jambes torses. Leurs oreilles sont longues et pendantes. On en voit de toutes couleurs.

Les Braques diffèrent des chiens courans par un museau moins long et moins large , par des oreilles plus courtes, à demi-pendantes, des jambes plus longues, le corps plus épais , la queue plus charnue et plus courte. Les braques sont blancs ou tachetés de noir et de fauve ; le braque du Bengale est moucheté.

L'Alco a aussi été considéré comme une variété de chien ; mais elle n'est connue que par une figure très-imparfaite de Recchi. M. de Humboldt dit qu'il paroît être une variété de chien de berger. Voyez Alco.

Les Dogues.

Les chiens de cette famille se caractérisent tous par le raccourcissement du museau, le mouvement ascensionnel du crâne, son rapetissement, et l'étendue des sinus frontaux.

Ce sont des animaux très-peu intelligens, comparativement aux races de la famille précédente, et la pesanteur de leur intelligence semble se marquer par celle de leur corps. Les races principales sont :

Les Dogues de forte race. On les reconnoît au premier coup d'œil, à la grandeur de leur tête et à leur épaisse corpulence ; leurs oreilles sont petites, à demi-pendantes ; leurs lèvres épaisses tombent de chaque côté de la gueule ; ils ont les jambes assez courtes et fortes ; leur queue est recourbée en haut, et généralement assez petite ; les poils sont ras, blancs et noirs.

Le Dogue est semblable au précédent, pour les formes et les proportions du corps ; seulement il a une taille plus petite. C'est dans cette race que l'on voit des chiens à narines séparées par une fente profonde. Les poils sont ras, et leur couleur fauve pâle.

Le Doguin. C'est ce qu'on appelle communément le carlin, le mops. Il ressemble au dogue, sinon qu'il est plus petit, et que ses lèvres ne sont pas aussi développées.

Ce tableau des races de chien est sans doute très-incomplet ; mais les races étrangères ne nous sont point connues, et il en est un grand nombre qui ne doivent leur existence qu'au caprice et à la mode, et qui n'offrent aucune particularité dont la science puisse faire son profit.

On est toujours sûr de former des races, lorsqu'on prend le soin d'accoupler constamment des individus pourvus des particularités d'organisation dont on veut faire le caractère de ces races. Après quelques générations, ces caractères, produits d'abord accidentellement, se seront si fortement enracinés, qu'ils ne pourront plus être détruits que par le concours de circonstances très-puissantes; et les qualités intellectuelles s'affermissent ainsi, comme les qualités physiques; seulement comme il dépend de nous de développer les premières, jusqu'à un certain point, par l'éducation, et non pas les secondes, nous sommes, pour ainsi dire, absolument les maitres de créer des races, en modifiant l'intelligence. C'est ainsi que les chiens se sont formés pour la chasse, par une éducation dont les effets se propagent, mais qui a besoin d'être entretenue pour qu'ils ne dégénèrent pas. Cette éducation fait un art particulier, qu'il n'est pas dans notre plan de décrire, mais dont les règles reposent entièrement sur l'excellence des sens de la mémoire et du jugement des chiens.

Le Loup, *Canis lupus*, Buffon. Cet animal a la taille de nos plus grands chiens, et la physionomie d'un mâtin dont les oreilles seroient droites comme celles du chien de berger. Sa couleur est généralement d'un gris fauve, et elle vient de ce que chaque poil est alternativement, dans sa longueur, blanc, noir et fauve ; le museau, le devant des pattes antérieures, sont noirs.

Buffon a tracé de la manière la plus vive, et avec assez de vérité, le caractère du loup de nos contrées. « Le loup, dit-il, « est l'un de ces animaux dont l'appétit pour la chair est le « plus véhément, et quoiqu'avec ce goût il ait reçu de la na- « ture les moyens de le satisfaire, qu'elle lui ait donné des « armes, de la ruse, de l'agilité, de la force, tout ce qui « est nécessaire, en un mot, pour trouver, attaquer, vain- « cre, saisir et dévorer sa proie, cependant il meurt sou- « vent de faim, parce que l'homme lui ayant déclaré la « guerre, l'ayant même proscrit en mettant sa tête à prix, le « force à fuir, à demeurer dans les bois, où il ne trouve que « quelques animaux sauvages qui lui échappent par la vitesse

« de leur course, et qu'il ne peut surprendre que par hasard
« ou par patience, en les attendant long-temps, et souvent
« en vain, dans les endroits où ils doivent passer. Il est *natu-
« rellement* grossier et poltron, mais il devient ingénieux par
« besoin et hardi par nécessité ; pressé par la faim, il brave
« le danger, vient attaquer les animaux qui sont sous la garde
« de l'homme, ceux surtout qu'il peut emporter aisément,
« comme les agneaux, les petits chiens, les chevreaux ; et
« lorsque cette maraude lui réussit, il revient souvent à la
« charge, jusqu'à ce qu'ayant été blessé ou chassé et maltraité
« par les hommes et les chiens, il se recèle pendant le jour
« dans son fort, n'en sort que la nuit, parcourt la campagne,
« rôde autour des habitations, ravit les animaux abandonnés,
« vient attaquer les bergeries, gratte et creuse la terre sous
« les portes, entre furieux, met tout à mort avant de choisir
« et d'emporter sa proie ; lorsque ces courses ne lui produisent
« rien, il retourne au fond des bois, se met en guette, cher-
« che, suit à la piste, chasse, poursuit les animaux sauvages,
« dans l'espérance qu'un autre loup pourra les arrêter, les
« saisir dans leur fuite, et qu'ils partageront la dépouille ;
« enfin, lorsque le besoin est extrême, il s'expose à tout,
« attaque les femmes et les enfans, se jette même quelque-
« fois sur les hommes, devient furieux par ces excès, qui fi-
« nissent ordinairement par la rage et la mort. »

Tout est vrai dans ce tableau, si ce n'est la poltronnerie
naturelle du loup, et l'espoir qu'il a, lorsqu'il poursuit une
proie, qu'un autre loup viendra l'aider à s'en saisir. Le loup
n'est poltron qu'où il a de nombreux dangers à craindre, et
il ne peut pas y avoir d'animaux courageux où l'homme domine en maître. Quant à l'espoir, c'est un sentiment qu'é-
prouvent seuls les êtres pour lesquels il existe un avenir ; et
il ne peut y avoir d'avenir que pour l'espèce humaine, parce
qu'elle seule pense et prévoit.

Cet animal vit habituellement solitaire ; il ne se réunit à
d'autres loups que lorsque la faim le presse ; et les mâles
passent peu de temps avec les femelles à l'époque du rut.
Alors ils sont entre eux dans l'état de guerre le plus violent,
et leurs combats sont des combats à mort. La femelle porte
trois mois et demi, et lorsqu'elle est prête à mettre bas, elle

se retire dans un lieu écarté, où elle prend de ses petits le plus grand soin. Lorsqu'on les attaque, elle les défend avec intrépidité et fureur. Le besoin de les nourrir augmente beaucoup son courage; et c'est à cette époque que les bergeries, et les animaux qui passent la nuit aux champs, courent le plus grand danger. Après six semaines, les petits commencent à suivre leur mère, et ils ne la quittent qu'au bout d'un an environ; leurs dents de lait tombent à six mois, et ils sont en état d'engendrer vers la deuxième année; leur vie ne va pas au-delà de vingt ans.

Le loup pris jeune s'apprivoise aisément, et il s'attache à celui qui le soigne, au point de le reconnoître après plus d'une année d'absence. C'est un fait dont j'ai été le témoin; et le loup qui l'a présenté, avoit été doué d'un caractère assez heureux pour que l'âge n'eût apporté aucun changement dans sa confiance et sa familiarité. On ne sauroit trop le répéter, il ne faut point juger les dispositions naturelles des animaux d'après quelques individus seulement, et il faut toujours avoir égard aux circonstances dans lesquelles leur race se trouve. Au reste, on doit admettre qu'en général aucun animal n'est privé de la faculté de s'apprivoiser, et n'a un caractère absolument intraitable. Tous les animaux, ainsi que nous, aiment le bien et fuient le mal, et ils n'apprennent à connoître positivement l'un et l'autre que par l'expérience. Si les hommes leur font du bien, ils s'y attachent, autant qu'il est en eux de s'attacher; dans le cas contraire, ils les fuient; et si quelques individus refusent long-temps de s'apprivoiser, c'est que le sentiment de la défiance, qui est naturel à tous les animaux, et qui est un des dons les plus précieux que la nature leur ait accordés, est trop fort pour que le bien qu'on leur fait puisse être facilement senti par eux; mais jamais leur férocité n'est absolue. Lorsqu'on a voulu établir ce fait pour quelques espéces, et même pour celle qui nous occupe, on n'a pas senti qu'un animal qui seroit dans cette disposition périroit infailliblement; l'homme n'est pour lui qu'un être, comme tous les autres êtres de la nature; l'impossibilité absolue de s'habituer avec lui, entraîneroit celle de s'habituer avec les autres. Et comment un animal qui seroit perpétuellement dans un état de défiance absolue pour tout ce qui l'environneroit, pourroit-il exister?

Le loup a une très-grande force ; il emporte facilement un mouton en s'enfuyant, et il est peu de chiens assez forts pour le combattre avec succès ; aussi c'est principalement à sa force qu'il a recours, lorsque pour se nourrir, il est obligé d'attaquer des animaux vivans ; il connoît peu la ruse, et ce qu'on raconte des loups qui se réunissent pour attaquer une bergerie, et qui s'entendent assez pour que l'un s'expose à être poursuivi par les chiens, afin que l'autre puisse attaquer sûrement le troupeau, et en emporter une pièce, n'a d'autre fondement que l'ignorance des bergers qui ont vu, dans un ensemble fortuit de circonstances, le résultat du raisonnement et de la réflexion. Nous ne nous donnerions pas la peine de contester ce fait ainsi raconté, si des hommes, d'un très-grand mérite, ne l'avoient employé pour établir, sur l'intelligence des brutes, des systèmes tout-à-fait inadmissibles. Dégagé de toute supposition, en quoi ce fait consiste-t-il réellement ? En deux loups qui, également pressés par la faim, se sont approchés d'un troupeau qu'ils ont également senti ou entendu. Les chiens leur inspiroient de la défiance, et les tenoient dans l'éloignement ; mais ceux-ci en se mettant à la poursuite du loup qui se trouvoit le plus près d'eux, ont laissé à celui qu'ils n'ont point attaqué, et qui n'attendoit qu'un moment favorable pour pénétrer dans la bergerie, la facilité de s'élancer, de prendre un mouton, et de disparoître. Qu'est-il besoin pour cela de supposer un raisonnement fait de concert entre ces loups, une préméditation quelconque de leur part ? On peut être sûr que toute explication de ce genre qui suppose ces qualités, est une grande erreur ; autrement les animaux seroient des hommes.

Le Loup noir ; *Canis lycaon*, Linn. Ce loup ne diffère du précédent que par sa couleur qui est noire sur toutes les parties du corps. Forme-t-il en effet une espèce, ou ne doit-on le considérer que comme une variété du loup commun ? C'est ce qu'il n'est pas facile de décider. Il paroîtroit qu'il ne se rencontre en France qu'accidentellement.

Notre Ménagerie a possédé un mâle et une femelle de loups noirs, qui avoient été envoyés comme tels, des Pyrénées ; ils étoient très-féroces, et aucun bon traitement n'a pu les apprivoiser. Chaque année ils ont fait des petits qui ont été presque aussi défians et féroces que leurs parens, mais qui n'avoient ordinairement ni les mêmes traits ni le même pelage ; on les auroit crus d'une autre espèce, de quelque variété du chien domestique. On pourroit conclure de là que ces loups n'étoient pas de race pure, et que le sang de quelque chien étoit mêlé au leur ; cependant ils avoient été pris à l'état sauvage ; mais il n'est pas rare dans les pays de foréts, de voir des chiennes en chaleur, être couvertes par des loups.

La plupart des voyageurs assurent que le loup d'Europe se trouve aussi en Amérique, et Bartram parle de loups noirs. Quoiqu'il soit assez difficile de reconnoitre une identité d'espèce, par la seule comparaison qu'on peut faire d'un animal qu'on a vu dans un continent, avec un animal qu'on voit dans un autre, nous pourrions difficilement élever des doutes contre cette assertion, qui, d'ailleurs, a été avancée par des hommes de beaucoup de mérite ; mais, dans ce cas, ce loup noir, dont nous venons de parler, seroit-il le même que le nôtre ? Pour lever toutes les difficultés, ces animaux auroient besoin d'être examinés de nouveau, et surtout dans leurs mœurs.

On ne connoît, dans les autres parties de l'ancien monde, que deux espèces de chiens : le chacal, qui est commun à l'Asie et à l'Afrique ; et un loup, naturel à Java, que M. Leschenaut nous a fait connoître.

Le Chacal ; *Canis aureus*, Linn. ; Schreber, tab. 94. La taille de ce chien est entre celle du loup et celle du renard commun. Il ressemble beaucoup au premier par les couleurs ; mais il en diffère par la queue qui est touffue comme celle des renards, et bien plus courte. En-dessus, le chacal a les poils fauves, avec l'extrémité noire. Cette dernière couleur s'accroît sans règle, et forme quelques taches transversales irrégulières du dos aux côtés ; la couleur fauve de la tête est plus unie ; le fauve et le noir y sont mêlés plus uniformément. Les côtés sont fauves, ainsi que les jambes et les cuisses ; deux taches noires sont sur le poignet comme aux loups. La gorge est blanche, et l'on voit une ligne noire descendre en avant des épaules, de la partie supérieure du cou à la partie inférieure : ce qui est encore un rapport avec le loup. Les couleurs d'un chacal de l'Inde et celles d'un chacal de Barbarie ne différent point.

Cet animal paroît être répandu dans toutes les parties chaudes de l'Asie et de l'Afrique. Il vit en troupes nombreuses, habite des terriers qu'il se creuse lui-même, et tous les individus d'une même troupe chassent de concert, et se défendent réciproquement lorsqu'ils sont attaqués. Ils causent beaucoup de dégâts dans les contrées où ils ont pu se multiplier ; ils y déterrent les morts, et pénétrent même dans les étables, où ils mangent jusqu'aux cuirs des harnois, lorsqu'ils n'y trouvent pas une autre nourriture. La nuit ils font entendre continuellement, en se répondant les uns les autres, leur voix semblable à une sorte de hurlement, et dont tous les voyageurs ont été frappés. Pressés par la faim, ils peuvent devenir dangereux même pour l'homme ; mais habituellement ils se nourrissent de charognes qu'ils disputent aux hyènes et aux vautours.

Les voyageurs s'en sont tenus à ces détails, bien insuffisans, pour nous faire connoître l'histoire naturelle du chacal ; et il paroîtroit, à leurs récits, que ces animaux sont quelquefois de taille et de couleur assez différentes, ou plutôt qu'il a été parlé, sous le même nom, d'animaux étrangers l'un à l'autre. C'est ce qui avoit porté Buffon et d'autres naturalistes à faire une espèce distincte de l'adive, sans qu'ils lui aient donné cependant des caractères assez précis pour la faire adopter.

C'est à l'espèce du chacal qu'on a voulu rapporter le chien domestique, et il faut avouer qu'on étoit plus fondé à le rapporter à cet animal qu'au loup commun. Il y a, entre les caractères des chiens et des chacals, beaucoup de ressemblance ; et si de simples analogies suffisoient pour établir la disposition à la domesticité, il seroit difficile de ne pas regarder le chien domestique comme une race de chacals soumise à l'homme et modifiée par une longue servitude. Jusqu'au pelage exclusivement, qui ne peut nous être connu pour le chien dans l'état de nature, ces animaux se ressemblent absolument par l'organisation, et ils se ressemblent encore par les mœurs ; les uns comme les autres vivent en troupes, se creusent des terriers, chassent de concert, ce qui ne paroît être le caractère d'aucune autre espèce sauvage de chiens. Au reste, comme nous l'avons dit, c'est seulement par une expérience directe qu'on pourroit établir la faculté du chacal à acquérir la domesticité du chien ; jusque-là, ces derniers animaux se distingueront des autres par ce caractère qui suppose des dispositions naturelles toutes particulières, que rien n'autorise encore à supposer aux chacals.

Le Loup de Java. Sa teinte générale est d'un brun-fauve qui devient noirâtre sur le dos, aux pattes et à la queue. Il a la taille et les proportions du loup commun, seulement ses oreilles sont plus petites. Il a été rapporté de Java par M. Leschenaut.

Les chiens d'Amérique ne sont encore que bien imparfaitement connus. Tous les voyageurs en parlent, mais dans des termes si différens qu'on ne sait à quoi s'arrêter. On ne connoit même avec quelque exactitude que les deux espèces suivantes :

Le Loup rouge; *Lupus mexicanus*, Linn. Roux, avec une sorte de crinière noire sur les épaules.

Il est un peu plus petit que le loup commun, mais il en a toute la physionomie. Voici la description qu'en donne M. d'Azara, d'après un individu vivant : « Au-dessous de sa tête est une « grande tache blanche entourée d'une autre tache foncée ; « la couleur générale de l'animal est d'un roux foncé, très- « clair dans les parties inférieures, et presque blanc à la queue « et dans l'intérieur des oreilles. Dans un espace de deux « pouces, à partir des ongles, il est très-noir..... De la même « manière, à partir des yeux, le rougeâtre dégénère en noir « jusqu'à la pointe du museau qui est noir. De l'occiput à la « fin de l'épaule, il y a une crinière dont les poils sont noirs « de leur moitié à leur pointe. »

La femelle est tout-à-fait semblable au mâle ; elle a six mamelles, et paroit mettre au monde ses petits vers le mois d'août ; elle en fait trois ou quatre. Ce loup porte au Paraguay le nom d'*agouara gouazou;* il habite les lieux bas et marécageux, vit solitaire, va la nuit, nage facilement, et se nourrit de petits animaux ; il chasse à la piste et est très-courageux. Son cri, dit M. d'Azara, consiste dans les sons *goua-a-a*, qu'il répète plusieurs fois et en les trainant, et il les fait entendre de fort loin.

Le Chien antarctique; *Canis antarcticus*. Sa taille surpasse celle du renard, et égale celle du chacal; en-dessus, sa couleur formée de poils annelés de fauve et de noir, est d'un fauve sombre; le ventre et l'intérieur des membres sont d'un jaune pâle, et la gorge est d'un blanc sale; le milieu de la queue est brun, et son extrémité blanche. Notre Muséum en possède un très-bel individu. Cette espèce se trouve dans les îles Malouines et dans celles de Falkland, où M. de Bougainville l'a rencontrée. Il nous apprend que cet animal se creuse un terrier dans les dunes, sur les bords de la mer; qu'il aboie comme le chien ordinaire, mais plus foiblement, et qu'il se nourrit particulièrement d'oiseaux. Buffon, qui en avoit vu deux individus, trompé sans doute par les couleurs, avoit conclu qu'ils étoient de la même espèce que le renard commun.

Le CULPEU de Molina paroît être le chien antarctique, si ce qu'il dit du commodore Byron, qui trouva cet animal aux îles Malouines, est fondé sur des observations exactes.

Je place cet animal dans la famille des chiens plutôt que dans celle des renards, sans que je sache s'il a les caractères de cette famille; je le suppose seulement par l'analogie des formes et des proportions du corps.

Le CHIEN CRABIER; *Canis cancrivorus*, Buffon, Supp., t. 7, pl. 38. Le Cabinet du Muséum possède encore l'animal envoyé à Buffon, de Cayenne, par le comte de Laborde, sous le nom de CHIEN DES BOIS, et il en possède un second individu également envoyé de Cayenne.

Ce chien a les plus grands rapports avec le chacal; seulement, il est un peu plus grand, et son pelage est peut-être plus noirâtre. La description qu'en donne Buffon est suffisamment détaillée, et il y ajoute quelques notes sur les mœurs, qui donneroient peut-être un caractère plus précis que les couleurs du pelage, pour distinguer le chien crabier des autres espèces du genre : nous ne pouvons donc mieux faire que de le copier.

« Cet animal avoit deux pieds quatre pouces de longueur; la
« tête, six pouces neuf lignes, depuis le bout du nez jusqu'à l'occi-
« put; elle est arquée à la hauteur des yeux, qui sont placés à
« cinq pouces trois lignes de distance du bout du nez. On voit
« que ses dimensions sont à peu près les mêmes que celles du
« chien de berger : c'est aussi la race de chien à laquelle cet
« animal de la Guiane ressemble le plus; car il a, comme le
« chien de berger, les oreilles droites et courtes, et la forme

« de la tête toute pareille ; mais il n'en a pas les longs poils sur le
« corps, la queue et les jambes. Il ressemble au loup par le poil,
« au point de s'y méprendre, sans cependant avoir ni l'encolure
« ni la queue du loup ; il a le corps plus gros que le chien de
« berger ; les jambes et la queue un peu plus petites ; le bord des
« paupières est noir, ainsi que le bout du museau ; les joues
« sont rayées de deux petites bandes noirâtres ; les moustaches
« sont noires ; les plus grands poils ont deux pouces cinq lignes ;
« les oreilles n'ont que deux pouces de longueur sur quatorze
« lignes de largeur à leur base ; elles sont garnies, à l'entrée,
« d'un poil blanc jaunâtre, et couvertes d'un poil court, roux,
« mêlé de brun. Cette couleur rousse s'étend des oreilles jusque
« sur le cou ; elle devient grisâtre vers la poitrine qui est
« blanche, et tout le milieu du ventre est d'un blanc jaunâtre,
« ainsi que le dedans des cuisses et des jambes de devant ; le
« poil de la tête et du corps est mélangé de noir, de fauve, de
« gris et de blanc. Le fauve domine sur la tête et les jambes ;
« mais il y a plus de gris sur le corps, à cause du grand nombre
« de poils blancs qui y sont mêlés. Les jambes sont minces, et
« le poil en est court ; il est, comme celui des pieds, d'un
« brun foncé, mêlé d'un peu de roux ; les pieds sont petits, et
« n'ont que dix-sept lignes jusqu'à l'extrémité du plus long
« doigt ; les ongles des pieds de devant ont cinq lignes et demie ;
« le premier des ongles internes est plus fort que les autres ; il a
« six lignes de longueur, et trois lignes de largeur à sa nais-
« sance ; ceux des pieds de derrière ont cinq lignes. Le tron-
« çon de la queue a onze pouces ; il est couvert d'un petit
« poil jaunâtre, tirant sur le gris ; le dessus de la queue a
« quelques nuances de brun, et son extrémité est noire. »

Ces animaux chassent les agoutis, les pacas, etc. Ils s'en saisissent et les tuent. Ils aiment aussi les fruits, tels que ceux
du bois rouge, etc. Ils marchent par troupes de six ou sept ;
ils ne s'apprivoisent que difficilement, et conservent toujours
un caractère de méchanceté. Le chien crabier est vraisemblablement le KOUPARA de Barrère.

C'est dans l'Amérique septentrionale que l'on rencontre le
plus de loups. Catesby, dans son Histoire naturelle de la Caroline, dit :

« Les loups d'Amérique ont la forme et la couleur de ceux

d'Europe ; mais ils sont un peu plus petits ; ils sont aussi plus timides et moins voraces, et une bande de ces animaux fuira devant un seul homme. On a cependant vu des exemples du contraire, dans les hivers très-rudes. Anciennement, les loups étoient les animaux domestiques des Indiens, qui n'avoient point d'autres chiens avant qu'on leur en amenât d'Europe. Depuis ce temps-là, les races des loups et des chiens d'Europe se sont mêlées, et sont devenues prolifiques. C'est une chose remarquable, que les chiens d'Europe, qui n'ont en eux aucun mélange du loup, ont de l'antipathie pour ceux de la race bigarrée, et les houspillent toutes les fois qu'ils les rencontrent. Ces derniers ne se tiennent avec eux que sur la défensive, et tâchent seulement d'éviter la fureur des autres, ayant toujours la queue entre les jambes. Les loups de la Caroline sont en très-grand nombre, et plus malfaisans qu'aucun autre animal ; ils s'attroupent pendant la nuit, et vont chasser le daim, comme des chiens, en poussant les hurlemens les plus affreux. »

Parmi les chiens indéterminés de l'Amérique, on doit placer au premier rang celui que Rechi a représenté, et que Hernandez a décrit sous le nom de *xoloit-zcvintli*, qui est le même que le *cuetlachtli*, et dont est provenu le loup du Mexique des auteurs systématiques. Voici la description qu'en donne Brisson, qui, le premier, l'a inscrit comme espèce distincte au Catalogue des espèces du genre Chien.

. Le LOUP DU MEXIQUE ; *Lupus mexicanus*, Linn. Il est de la grandeur du loup ordinaire, mais il a la tête plus grosse ; il a les yeux hagards et étincelans ; les oreilles assez longues et droites ; le cou gras et épais ; la queue assez longue et point velue. Il lui sort de la lèvre supérieure de gros poils roides comme les piquans flexibles du porc-épic, variés de gris et de blanc, et couchés en arrière. La couleur de tout son corps est grise, et variée çà et là de taches fauves ; sa tête est aussi grise et marquée de bandes transversales noirâtres ; il a sur le front de larges taches fauves ; ses oreilles sont grises ; son cou est marqué d'une longue tache fauve ; il en a une pareille à la poitrine, et une autre à la partie antérieure du ventre ; des bandes noirâtres s'étendent de part et d'autre depuis le dos jusqu'au côté ; sa queue est grise, et a vers son milieu une tache fauve qui s'efface peu à peu ; ses jambes et ses pieds sont variés de bandes grises et noirâtres, qui s'étendent du haut au bas. On le trouve dans les endroits chauds de la Nouvelle-Espagne.

Bartran (Voy. dans l'Amérique septentrionale), en parlant du loup de la Floride, dit : « Il est plus grand qu'un chien, « et parfaitement noir; mais la femelle a sur la poitrine une « tache blanche. Il est moins grand que les loups du Canada et « de la Pensylvanie qui sont d'un jaune brunâtre. »

Hearne et Makensie rapportent que les loups qu'on rencontre dans les contrées habitées par les eskimaux sont blancs; et le dernier parle d'un petit loup qu'on trouve entre le 65.ᵉ et le 70.ᵉ degré de latitude, et qui attaque les castors.

Tous ces rapports incomplets, que nous pourrions multiplier à l'infini, font sentir la nécessité d'examiner plus attentivement qu'on ne l'a fait les loups d'Amérique, pour bien déterminer, d'abord s'ils appartiennent aux chiens proprement dits, ou aux renards; et ensuite pour donner de ces animaux une description détaillée, et même des figures, s'il étoit possible : une simple description laisse ordinairement dans l'esprit un vague qui expose à l'erreur, ce que ne fait jamais une bonne figure.

Des Renards.

Pupilles qui en se fermant prennent la figure de la coupe d'une lentille.

Tous les renards ont la même physionomie, dont on a le type dans celle du renard commun. Les espèces de ce groupe ne se distinguent guère que par les couleurs; encore trouve-t-on entre celles-ci les plus grands rapports. Les mœurs des renards étrangers nous sont peu connues, et on doit le regretter; car elles aideroient sans doute à caractériser ces animaux plus exactement qu'on ne l'a pu faire par la seule considération du pelage.

Renards des contrées septentrionales de l'ancien et du nouveau monde.

Le Renard commun, *Canis vulpes*, Linn.; Buffon, t. 7, pl. 6. Chacun, en Europe, connoît cet animal dont la longueur est d'un pied et demi environ, et dont le pelage est fauve, varié de blanchâtre et d'un peu de noir, ce qui donne quelquefois à la teinte principale un œil grisâtre; la gorge, le devant du cou, le ventre, l'intérieur des cuisses et les bords de la mâchoire supérieure sont blancs; le derrière des oreilles est noir, le museau roux, les pattes brun foncé en avant; la queue est touffue et terminée par des poils noirs. C'est encore Buffon que nous copierons pour faire connoître le naturel de cet animal.

« Le renard est fameux par ses ruses, et mérite en partie sa
« réputation : ce que le loup ne fait que par la force, il le fait
« par adresse, et réussit plus souvent sans chercher à combattre
« les chiens ni les bergers, sans attaquer les troupeaux, sans
« traîner les cadavres; il est plus sûr de vivre. Il emploie plus
« d'esprit que de mouvement; ses ressources semblent être en
« lui-même : ce sont, comme l'on sait, celles qui manquent le
« moins. Fin autant que circonspect, ingénieux et prudent,
« même jusqu'à la patience, il varie sa conduite ; il a des
« moyens de réserve qu'il sait n'employer qu'à propos; il veille
« de près à sa conservation; quoique aussi infatigable et même
« plus léger que le loup, il ne se fie pas entièrement à la vitesse
« de sa course : il sait se mettre en sûreté en se pratiquant un
« asile où il se retire dans les dangers pressans, où il s'établit,
« où il élève ses petits : il n'est point animal vagabond, mais
« animal domicilié.

« Cette différence, qui se fait sentir même parmi les hom-
« mes, a de bien plus grands effets et suppose de bien plus
« grandes causes parmi les animaux. L'idée seule du domicile
« présuppose une attention singulière sur soi-même ; ensuite le
« choix du lieu, l'art de faire son manoir, de le rendre com-
« mode, d'en dérober l'entrée, sont autant d'indices d'un senti-
« ment supérieur. Le renard en est doué, et tourne tout à son
« profit; il se loge au bord des bois, à portée des hameaux; il
« écoute le chant des coqs et le cri des volailles; il les savoure
« de loin; il prend habilement son temps, cache son dessein et
« sa marche, se glisse, se traîne, arrive, et fait rarement des
« tentatives inutiles. S'il peut franchir les clôtures, ou passer
« par-dessous, il ne perd pas un instant, il ravage la basse-cour,
« il y met tout à mort, se retire ensuite lestement, en empor-
« tant sa proie, qu'il cache sous la mousse, ou porte à son ter-
« rier : il revient quelques momens après en chercher une
« autre, qu'il emporte et cache de même, mais dans un autre
« endroit : ensuite une troisième, une quatrième, etc., jusqu'à

« ce que le jour, ou le mouvement dans la maison, l'avertisse
« qu'il faut se retirer et ne plus revenir. Il fait la même ma-
« nœuvre dans les pipées et dans les boquetaux, où l'on prend
« les grives et les bécasses au lacet : il devance le pipeur, va de
« très-grand matin, et souvent plus d'une fois par jour, visiter
« les lacets, les gluaux, emporte successivement les oiseaux
« qui se sont empétrés, les dépose tous en différens endroits,
« surtout au bord des chemins, dans les ornières, sous la
« mousse, sous un genièvre, les y laisse quelquefois deux ou
« trois jours, et sait parfaitement les retrouver au besoin. Il
« chasse les jeunes levrauts en plaine, saisit quelquefois les
« lièvres au gite, ne les manque jamais lorsqu'ils sont blessés,
« déterre les lapereaux dans les garennes, découvre les nids
« de perdrix, de cailles, prend la mère sur les œufs, et détruit
« une quantité prodigieuse de gibier.

« Le renard est aussi vorace que carnassier : il mange de tout
« avec une égale avidité : des œufs, du lait, du fromage, des
« fruits, et surtout des raisins : lorsque les levrauts et les per-
« drix lui manquent, il se rabat sur les rats, les mulots, les
« serpens, les lézards, les crapauds, etc. Il en détruit un grand
« nombre : c'est là le seul bien qu'il procure. Il est très-avide
« de miel ; il attaque les abeilles sauvages, les guêpes, les fre-
« lons, qui d'abord tâchent de le mettre en fuite en le perçant
« de mille coups d'aiguillons ; il se retire en effet, mais en se
« roulant, pour les écraser, et il revient si souvent à la charge
« qu'il les oblige à abandonner le guêpier ; alors il le déterre,
« et en mange et le miel et la cire. Il prend aussi les hérissons,
« les roule avec ses pieds, et les force à s'étendre ; enfin il mange
« du poisson, des écrevisses, des hannetons, des sauterelles, etc.

« Il produit en moindre nombre, et une seule fois par an :
« les portées sont ordinairement de quatre ou cinq, rarement
« de six, et jamais moins de trois. Lorsque la femelle est pleine,
« elle se recèle, sort rarement de son terrier, dans lequel elle
« prépare un lit à ses petits. Elle devient en chaleur en hiver,
« et l'on trouve déjà de petits renards au mois d'avril. Lors-
« qu'elle s'aperçoit que sa retraite est découverte, et qu'en son
« absence ses petits ont été inquiétés, elle les transporte tous,
« les uns après les autres, et va chercher un autre domicile. Ils
« naissent les yeux fermés ; ils sont, comme les chiens, dix-huit

« mois ou deux ans à croître, et vivent de même treize ou
« quatorze ans.

« Le renard glapit, aboie, et pousse un son triste, semblable
« au cri du paon; il a des tons différens, selon les sentimens
« différens dont il est affecté; il a la voix de la chasse, l'accent
« du désir, le son du murmure, le ton plaintif de la tristesse,
« le cri de la douleur, qu'il ne fait jamais entendre qu'au mo-
« ment où il reçoit un coup de feu qui lui casse quelque mem-
« bre; car il ne crie point pour toute autre blessure, et il se
« laisse tuer à coups de bâton, comme le loup, sans se plaindre,
« mais toujours en se défendant avec courage. Il mord dange-
« reusement, opiniâtrément, et l'on est obligé de se servir d'un
« ferrement ou d'un bâton pour le faire démordre. Son glapis-
« sement est une espèce d'aboiement qui se fait par des sons
« semblables et précipités. C'est ordinairement à la fin du gla-
« pissement qu'il donne un coup de voix plus fort, plus élevé,
« et semblable au cri du paon. En hiver surtout, pendant la
« neige et la gelée, il ne cesse de donner de la voix, et il est
« au contraire presque muet en été : c'est dans cette saison
« que son poil tombe et se renouvelle. L'on fait peu de cas
« de la peau des jeunes renards, ou des renards pris en été.
« La chair du renard est moins mauvaise que celle du loup; les
« chiens, et même les hommes en mangent en automne, surtout
« lorsqu'il s'est nourri et engraissé de raisins; et sa peau d'hiver
« fait de bonnes fourrures. Il a le sommeil profond : on l'appro-
« che aisément sans l'éveiller. Lorsqu'il dort, il se met en rond
« comme les chiens; mais lorsqu'il ne fait que reposer, il étend
« les jambes de derrière, et demeure étendu sur le ventre : c'est
« dans cette posture qu'il épie les oiseaux le long des haies. Ils
« ont pour lui une si grande antipathie, que dès qu'ils l'aper-
« çoivent ils font un petit cri d'avertissement : les geais, les
« merles surtout, le conduisent du haut des arbres, répètent
« souvent le petit cri d'avis, et le suivent quelquefois à plus
« de deux ou trois cents pas. »

Cette espèce, répandue principalement dans les contrées
septentrionales de l'ancien et du nouveau continent, a éprouvé
des modifications qui ont quelquefois induit les auteurs systématiques en erreur, en les portant à former des espèces
nouvelles de ces variétés. Ainsi, le renard, dans le pelage

duquel les teintes noires se sont accrues, est devenu le renard charbonnier, *canis alopex*. Gmel. Celui chez lequel la couleur noire s'est montrée davantage sur le dos et sur les épaules, a pris le nom de renard croisé, *canis cussigera*, Briss., etc.

Nous ne serions pas étonnés que plusieurs autres espèces de renards ne fussent encore ramenées à l'espèce commune, lorsqu'elles auront été mieux observées.

L'Isatis; *Canis lagopus*, Linn. Cette espèce, qui avoit été indiquée depuis long-temps, même sous ce nom, étoit généralement regardée comme une simple variété de renard commun. C'est à Gmelin le jeune qu'on doit de la connoître plus exactement. Il en a publié la description dans les Mém. de l'Acad. de Pétersbourg pour les années 1754 et 1755, et notre cabinet en possède plusieurs individus.

Cet animal est un peu plus petit que le renard commun, son pelage est d'un gris cendré ou d'un brun clair, répandu uniformément sur toutes les parties du corps. On dit qu'en hiver il est entièrement blanc; cependant on assure aussi que les isatis blancs forment une variété constante qui ne tient pas à la saison. Mais un caractère qui lui est particulier, c'est d'avoir la plante des pieds garnie de poils, contre ce qui se voit communément; la plupart des animaux ayant des tubercules nus aux parties de la plante qui s'appuient sur le sol.

On trouve l'isatis dans les contrées voisines de la mer glaciale, en Islande, dans le Groënland, vraisemblablement au Spitzberg, suivant le capitaine Phipps, et peut-être en Amérique. Ses poils sont longs, épais et doux; aussi sa fourrure est-elle très-estimée, dans ses couleurs d'été surtout. Sa voix est un aboiement intermédiaire entre celui du chien et le glapissement du renard. Il ne se tient pas dans les bois, mais dans les lieux découverts et montueux. L'accouplement de ces animaux a lieu au mois de mars, et leur chaleur dure quinze jours. Ils vivent dans des terriers très-profonds, étroits, qui ont plusieurs issues, qu'ils se creusent eux-mêmes, tapissent de mousse et entretiennent dans une grande propreté. La gestation est d'environ neuf semaines. C'est à la fin de mai que les femelles mettent bas; et les chasseurs assurèrent à Gmelin qu'on trouvoit souvent dans la même portée des isatis gris et des isatis blancs. Les premiers sont, en naissant, d'un gris très-foncé, et les seconds ont une teinte jaunâtre ; les poils sont alors très-courts, et ce n'est que vers la fin de l'année qu'ils commencent à croître. A cette époque, on trouve quelquefois des isatis blancs, avec une ligne dorsale brune et une autre transversale sur les épaules. Cette variété a aussi pris le nom de *croisée*, mais elle n'est pas durable ; les individus qui en présentent le caractère finissent par devenir entièrement blancs. L'isatis ne craint point l'eau ; il va dans les lacs et au bord des rivières dénicher les oiseaux d'eau.

Le RENARD ARGENTÉ ; *Canis argentatus*, Geoff. Il est de la grandeur du renard commun ; son pelage est noir de suie, légèrement glacé de blanc, parce que l'extrémité des poils est blanche, particulièrement à la tête, et vers les parties postérieures. L'extrémité de la queue est blanche. L'individu du cabinet de notre Muséum a une petite tache blanche sous le cou, entre les pattes.

La fourrure de cet animal est la plus précieuse de celles que fournissent les renards ; les Orientaux y mettent un très-grand prix, à cause de sa finesse et de sa légèreté.

Cette espèce précieuse se trouve, dit-on, dans le nord de l'ancien et du nouveau continent.

Les renards suivans sont exclusivement propres à l'Amérique :

Le RENARD CROISÉ ; *Canis decussatus*, Geoff. De la taille du renard commun ; parties supérieures du corps d'un gris provenant de poils annelés de noir et de blanc plus foncé vers les épaules, et de manière à représenter une croix ; derrière les épaules, et sur les côtés du cou, le poil prend une teinte fauve ; les parties inférieures du corps sont noires, ainsi que les pattes et le museau ; la queue est blanche au bout.

Cet animal a les plus grands rapports avec le renard argenté. Je ne serois pas éloigné de penser qu'il n'en est qu'une variété, comme beaucoup d'autres renards qu'on a appelés croisés, à cause d'une sorte de croix noire qu'ils avoient aux épaules, et qui n'étoient que des variétés du renard commun, ou de l'isatis, ainsi que nous l'avons déjà dit. Il n'est pas inutile de faire remarquer ici comme un trait caractéristique des renards, que la couleur noire tend à se développer le long de l'épine de presque toutes les espèces, et que cette disposition se remarque même sur les espèces de la famille des chiens.

Renard gris; *Canis virginianus*, Erxleb; Catesby., Hist. Nat. de la Caroline, t. II, pl. 78. Cette espèce a été établie sur le renard publié par Catesby. Klein et Brisson lui conservèrent le nom qui lui avoit été donné par l'auteur anglois: mais Erxleben l'appela renard de Virginie, et c'est sous ce nom que Gmelin l'admit dans son édition du *Systema Naturæ*.

Voici ce qu'en dit l'auteur original: « Ces renards sont en-« tièrement d'un gris argenté, et diffèrent très-peu, par leur « grandeur et par leur forme, de ceux d'Europe. Ils n'habitent « pas dans des trous sous terre, mais dans les trous des arbres « où ils se retirent lorsqu'on les poursuit: ils ne se laissent guère « chasser qu'un mille avant d'entrer dans leurs trous, d'où on « les fait ordinairement sortir en les enfumant. Ils sont aussi « malfaisans que ceux d'Europe. »

Il paroîtroit que plusieurs autres voyageurs ont entendu parler de ces renards gris, et entre autres, Lawson, dans son Voyage en Caroline; cependant aucun d'eux n'est entré dans des détails assez grands sur ces animaux, pour qu'on puisse les regarder définitivement comme formant une espèce distincte de toutes les autres.

Le Renard tricolore; *Canis cinereo-argenteus*, Erxleb.; Schr., pl. 92, A. Ce renard a environ deux pieds de longueur du bout du museau à l'origine de la queue. Les parties supérieures du corps et des cuisses sont d'un gris noir; les poils de ces parties ayant leur moitié inférieure blanche, et leur extrémité noire; le gris de la tête a une teinte de fauve: les oreilles et les côtés du cou sont d'un fauve vif; la gorge et les joues sont blanches, et la mâchoire inférieure est noire; le dessous du corps et l'intérieur des membres sont fauves pâles; la queue est fauve glacée de noir, et le bout en est noir.

J'ai vu un autre individu de cette espèce dont toutes les parties inférieures sont très-blanches.

M. d'Azara, qui parle de ce renard sous le nom d'agouara-chay, dit un mot de son naturel. L'agouara-chay, pris jeune, s'apprivoise et joue avec son maître, de la même manière que le chien. Il reconnoît les personnes de la maison, et les fête en les distinguant des étrangers, quoiqu'il n'aboie jamais contre ces derniers; mais s'il entre dans la maison un chien du dehors, son poil se hérisse, et il le menace par ses aboiemens, jusqu'à ce qu'il le fasse fuir, mais sans oser le mordre. Il joue et folàtre avec les chiens de la maison; il vient lorsqu'on l'appelle aux crépuscules du matin et du soir, parce qu'il se couche et dort le reste du jour. Il emploie la nuit à courir pour chercher des œufs et des oiseaux. Il n'est pas docile, et si on le veut faire entrer ou sortir, il souffre même les coups, auxquels il répond en grognant, avant d'obéir. Sa voix, qui est haute et gutturale, fait entendre les sons *goua-a-a*. Il aime beaucoup les cannes à sucre et les fruits. Le mâle et la femelle se ressemblent. En naissant, les petits sont presque noirs, et on les trouve en automne. Ces animaux vivent dans des terriers : ils se trouvent dans l'Amérique septentrionale et dans l'Amérique méridionale.

Le Renard fauve de Virginie. Ce renard, que M. Palisot de Beauvois a décrit, et dont il a donné la tête à notre Muséum, a de la ressemblance avec notre renard commun, et plus encore avec le renard tricolore; il a la taille de ce dernier, mais il n'en a pas les couleurs. De plus, la tête de ce renard, comparée à celle du nôtre, présente des différences assez grandes pour qu'il ne soit pas possible d'admettre que l'une et l'autre ont appartenu à des animaux de la même espèce. Voici la description que M. de Beauvois donne de son renard, que rien n'autorise à confondre avec le renard de Virginie, d'Exrleben : Il a deux pieds deux pouces du bout du museau à l'origine de la queue; tout le dessus du corps est roux, mais cette couleur offre des teintes différentes, dans diverses parties; sur le museau, le roux est obscur; sur le front et les joues, il est plus clair; les lèvres sont bordées de blanc; l'intérieur de la conque des oreilles est couvert de poils d'un blanc jaune, l'extérieur est noir; le dessus, les côtés du cou, les épaules et les jambes de devant sont d'un roux vif; le dos est jaspé de roux et de blanc, parce que dans cet endroit les plus grands poils sont blancs dans leur milieu, et roux à leur base et à leur extrémité; les côtés du corps sont d'un roux un peu moins vif que les épaules; le dessous du cou est d'un blanc sale; le ventre est gris, sur et près du thorax; il est blanc entre les cuisses de derrière; le devant des jambes de devant et les pieds sont d'un beau noir, le bout des doigts seul est fauve; les jambes de derrière sont également rousses en-dessus, mais blanches en-dedans, et cette couleur blanche se prolonge jusque sur le côté interne des pieds; ceux-ci sont noirs en-dessus, bruns en-dessous; l'extrémité des doigts est fauve; la région des cuisses, qui avoisine la queue, est d'un roux pâle; la queue est mélangée de noir et de roux; l'extrémité est blanche.

Le trait distinctif de la tête de ce renard consiste dans les crêtes auxquelles s'attachent les crotaphites : dans le renard commun, ces crêtes, en partant de l'angle postérieur de l'orbite, tendent à se rapprocher et à se confondre; ce qui arrive dès le bord antérieur des pariétaux, lorsque l'animal est adulte. Dans l'autre, au contraire, ces crêtes, au lieu de se rapprocher, suivent des lignes parallèles jusqu'au milieu des pariétaux, où elles commencent à se courber, pour ne se réunir que vers la crête occipitale, de sorte qu'elles laissent entre elles, au sommet de la tête, un intervalle de plus d'un pouce. Du reste, cette tête a exactement les proportions de celle du renard commun.

Telles sont les espèces de renards d'Amérique les mieux connues; mais les voyageurs et les naturalistes en indiquent encore d'autres; elles sont cependant trop incomplétement décrites, pour que nous ne nous bornions pas à les indiquer nous-même succinctement.

Linnæus a parlé, sous le nom de *Thous*, d'un chien de Surinam, qui auroit la taille d'un grand chat domestique, et dont le corps en-dessus seroit gris, et en-dessous blanc; sa langue seroit ciliée latéralement. C'est le chien de Surinam, de Pennant.

Molina dit qu'outre son culpeu, on trouve, au Chili, trois espèces de renard, que l'on nomme : le premier, *Gara*; le second, *Chilla*; et le troisième, *Payne*; et c'est par erreur sans doute qu'il rapporte le garu au renard commun, le chilla au renard charbonnier, et le payne à l'isatis. Il ajoute que ce dernier est commun dans l'archipel de Chiloë.

Bartram, dans son Voyage dans les parties sud de l'Amérique septentrionale, parle de plusieurs espèces de renard qu'on ne peut caractériser.

L'ayra, dont Bajon parle comme d'un chien, est une espèce de chat, vraisemblablement l'iaguaroudi, ou peut-être la variété noire du cougouar.

On ne connoît avec précision qu'une seule espèce de renard, exclusivement propre aux régions chaudes de l'Asie :

Le Corsac; *Canis corsac*, Pallas. Cette espèce de renard est un peu plus petite que le renard commun. Aux parties supérieures, elle est d'un fauve clair, avec du gris; la poitrine est d'un fauve pur; les parties inférieures sont blanches; on voit de chaque côté de la tête une raie brune, qui va de l'œil au museau; la queue a une teinte plus foncée, et qui va, dit-on, jusqu'au noir à son origine et à son extrémité; en général, les poils ont du fauve et du noir.

On trouve, en très-grand nombre, le corsac dans les vastes plaines de la Tartarie, où il vit dans des terriers qu'il se creuse lui-même. Sa fourrure, quoique commune, fait, pour les peuples nomades qui habitent les contrées centrales de l'Asie, un objet assez considérable de commerce.

Pallas parle encore d'un renard que les Kirguis appellent *karagan*, qui a la couleur du loup, et dont les peaux se portent annuellement, en très-grand nombre, à Orembourg.

Pennant dit un mot d'un renard du Bengale, qui est brun en-dessus, avec le dos noir, dont les yeux sont entourés d'un cercle blanc, qui a les pieds fauves, et l'extrémité de la queue noire.

Nous ne connoissons encore en Afrique que le renard d'Egypte, et celui du Cap.

Le Renard d'Egypte; *Canis niloticus*, Geoff. M. Geoffroy a trouvé en Egypte cette espèce de renard, qui a bien des rapports avec le renard commun. Voici la description qu'il donne des couleurs de cet animal : le dessus du corps est couvert de poils fauves, mélangés de cendré et de jaunâtre sur les flancs; dessus des cuisses cendré, avec quelques poils terminés de blanc; dessous du corps, depuis l'extrémité de la mâchoire inférieure jusqu'à l'anus, de couleur cendrée; quelques poils blancs sur les côtés du cou; pattes d'un fauve uniforme; oreilles noires postérieurement; la queue est de la couleur uniforme du corps.

On ne connoît encore rien sur le naturel de cet animal.

Le Renard du Cap; *Canis mesomelas*, Schreber, fig. 95. La taille de cet animal égale au moins celle de nos plus grands

renards. Sa couleur générale est un fauve brunâtre semblable
à celui de la plupart des espèces de cette famille; mais il se
caractérise par une grande tache noire, dans laquelle on voit
du blanc irrégulièrement répandu, large aux épaules, qui va
en se rétrécissant graduellement, et qui finit en pointe vers
la queue. Le dessous du corps est blanc-jaunâtre; les oreilles,
qui sont très-grandes, ont une couleur roussâtre; les pattes
sont d'un roux vif; la tête est d'un cendré jaunâtre, et le
museau roux. La queue est terminée par des poils noirs. Il
est fort commun au cap de Bonne-Espérance, et on le rencontre dans presque tous les cabinets d'histoire naturelle,
mais on n'a encore aucun détail sur son naturel et ses mœurs.

Il paroit qu'il y a plusieurs autres espèces de renard en
Afrique, mais elles ne sont point connues; il est peu de voyageurs au Sénégal ou en Guinée qui n'en parlent, mais ils le
font si vaguement qu'on ne peut rien conclure de ce qu'ils
rapportent.

Chiens fossiles. Les cavernes de Gaylenreuth contiennent,
avec des os d'ours, de tigres, de hyènes, des têtes qui ont
appartenu à deux espèces de chiens. Les unes ont de l'analogie avec celle du loup, les autres, avec celle du chacal. Cependant, comme l'observe M. G. Cuvier dans ses recherches sur
les animaux fossiles, on ne peut pas conclure, dans le genre
Chien, de la ressemblance des têtes à l'identité de l'espèce;
car il y a généralement entre les têtes des espèces de chiens
de la même taille, une si grande ressemblance, qu'il n'est plus
possible de les distinguer dès qu'elles sont séparées du corps,
et que, pour les reconnoitre, on ne peut plus s'aider de la
couleur des poils ou des proportions de quelques autres parties.

M. G. Cuvier a aussi reconnu dans les plâtres de Montmartre, une mâchoire d'une espèce de chien qui, vivant du
temps des anoplotherium et des paleotherium, différoit sans
doute, comme eux, des espèces connues aujourd'hui.

Enfin, une dent tirée des mêmes plâtres, a encore fait
soupçonner l'existence d'une autre espèce de chiens dans ces
anciens dépôts d'un monde où l'espèce humaine ne paroit
point avoir existé.

Chien. Ce nom, comme le nom propre de tous les quadrupèdes très-connus, a été appliqué à des animaux très-différens du chien ordinaire; mais il a en outre été donné à des animaux qui n'avoient que des rapports très-éloignés avec lui. Ainsi, le CHIEN DES BOIS est quelquefois un RATON; le CHIEN CRABIER est, ou une espèce de chien, ou un DIDELPHE. Le CHIEN MARIN est un *phoque*. On appelle CHIEN MARRON le chien redevenu sauvage; le CHIEN DU MEXIQUE est l'ALCO; la mangouste du Cap est un CHIEN-RAT pour les colons de cette partie de l'Afrique; le CHIEN DE TERRE est ou un chien basset, ou, d'après Rzaczynski, le ZEMNI; les roussettes ont quelquefois été appelées CHIENS VOLANS, etc. (F. C.)

CHIEN DE MER. (*Ichthyol.*) On désigne vulgairement sous ce nom les poissons du genre des SQUALES. Voyez ce mot. (H. C.)

CHIEN DE MER CORNU. (*Ichthyol.*) L'abbé Bonnaterre appelle ainsi le *squalus edentulus* de Brunnich. Voyez AODON. (H. C.)

CHIENDENT (*Bot.*), nom vulgaire donné à trois espèces de graminées, dont l'une est le froment rampant, *triticum repens*, Linn.; l'autre la digitaire stolonifère, *digitaria stolonifera*, Schrad.; et la troisième le barbon digité, *andropogon ischæmum*, Linn. Les racines des deux premières s'emploient fréquemment en médecine, comme apéritives et diurétiques; on fait avec celles de la troisième des vergettes et des balais.

CHIENDENT AQUATIQUE, nom vulgaire du paturin flottant.

CHIENDENT QUEUE-DE-RENARD. On donne vulgairement ce nom au vulpin agreste.

CHIENDENT RUBAN, nom vulgaire d'une variété du roseau coloré, dont les feuilles sont panachées ou marquées de raies blanchâtres.

CHIENDENT A VERGETTE. C'est la racine du barbon digité. (L. D.)

CHIENDENT FOSSILE. (*Min.*) On a donné quelquefois ce nom à une variété d'ASBESTE. Voyez ce mot. (B.)

CHIETOTTOTL. (*Ornith.*) Cet oiseau du Mexique, dont Fernandez parle, chap. 80, paroît être une espèce de grive, de couleur cendrée, et de la taille de la draine. (CH. D.)

CHIETSE-VISCH (*Ichthyol.*), un des noms hollandois de l'holacanthe duc. Voyez HOLACANTHE. (H. C.)

CHIFFONNÉ (*Bot.*), *Corrugatus*. Lorsqu'on ouvre une fleur avant son épanouissement, on trouve ordinairement les pétales disposés avec symétrie; mais quelquefois ils sont chiffonnés, c'est-à-dire, repliés en différens sens, sans symétrie, comme une étoffe froissée. Il en est de même des cotylédons dans la graine. On a des exemples de cotylédons *chiffonnés* dans le liseron, la mauve. On a des exemples des pétales *chiffonnés* dans le pavot, le grenadier, les cistes. (Mass.)

CHIGOMIER (*Bot.*), *Combretum.* Quoique très-voisin de la famille des myrtacées, ce genre, par le nombre défini de ses étamines, appartient plutôt à celle des *onagraires* : il est rangé dans l'*octandrie monogynie* de Linnæus, offrant pour caractère essentiel un calice campanulé à quatre ou cinq dents caduques; quatre ou cinq pétales fort petits; autant d'étamines, ordinairement très-longues; l'ovaire inférieur; un style; une capsule alongée, uniloculaire, monosperme, munie de quatre à cinq angles, membraneuse.

Borné d'abord à quatre ou cinq espèces, ce genre est aujourd'hui plus que doublé; les plus remarquables sont :

Le Chigomier a fleurs purpurines; *Combretum coccineum*, Lam., Encycl. et *Ill.*, tab. 282, fig. 2; *Combretum purpureum*, Vahl., Symbol.; *Cristaria coccinea*, Sonn., Voyage aux Ind. 2, tab. 140, vulgairement l'aigrette de Madagascar; *Pevræa*, Commers., Mss. Arbrisseau fort élégant, distingué par ses fleurs d'un pourpre rouge éclatant, disposées en belles grappes terminales, paniculées, dont les étamines, au nombre de dix, sont très-saillantes. Ses tiges sont sarmenteuses; les feuilles opposées, glabres, pétiolées, aiguës; les fruits pourvus de cinq ailes minces et membraneuses. Originaire de l'ile de Madagascar, cet arbrisseau se cultive à l'Ile-de-France comme plante d'ornement.

Le Chigomier a épis composés : *Combretum secundum*, Linn.; Jacq. *Amer.* 103, tab. 176, fig. 30.

Les fleurs, dans cette espèce, sont petites, nombreuses, d'un blanc jaunâtre, unilatérales, placées sur des épis rameux ou paniculés à l'extrémité des rameaux; ses rameaux sont un peu sarmenteux; ses feuilles opposées, glabres, ovales, entières. Cet arbrisseau croit aux environs de Carthagène, dans l'Amérique méridionale.

Dans le *Combretum laxum* (Aubl., Guian. 1, tab. 137; et Lam., *Ill. gen.*, tab. 282, fig. 1), arbrisseau de la Guiane et de Saint-

Domingue, les épis sont simples, lâches, axillaires, chargés de fleurs d'un blanc jaunâtre, remarquables par la longueur de leurs filamens; les feuilles ovales, acuminées; les rameaux cylindriques et grimpans.

CHIGOMIER A DIX ÉTAMINES; *Combretum decandrum*, Roxb., Corom. 1, pag. 43, tab. 59. Roxburg a découvert cet arbrisseau sur les montagnes boisées des Indes orientales : il est distingué par ses fleurs blanches à dix étamines alternativement plus courtes, un peu plus longues que la corolle; ces fleurs sont disposées en grappes lâches, étalées en panicule, munies de bractées lancéolées, plus longues que les fleurs; les fruits garnis d'ailes crénelées; les feuilles oblongues, entières, acuminées, glabres à leurs deux faces.

CHIGOMIER A TROIS FEUILLES; *Combretum trifoliatum*, Vent., Choix des Pl., tab. 58. Cet arbrisseau diffère du précédent par ses feuilles réunies trois par trois, ovales, oblongues; par les bractées plus courtes que les fleurs disposées en épis à peine rameux; par le fruit pyramidal, non crénelé sur le bord des ailes. Nous en devons la découverte à M. Delahaye, qui l'a recueilli sur les hauteurs, à l'île de Java.

CHIGOMIER PANICULÉ; *Combretum paniculatum*, Vent., Choix des Pl., pag. 58. Cette espèce n'a que huit étamines; ses fleurs sont disposées en un ample panicule hérissé de poils courts, ainsi que les bractées et les ovaires; la corolle d'une belle couleur rouge; les tiges ligneuses; les feuilles presque alternes, glabres, oblongues, obtuses. Elle a été, ainsi que la suivante, découverte au Sénégal par M. Roussillon.

CHIGOMIER ÉPINEUX; *Combretum aculeatum*, Vent., l. c. Ses rameaux sont chargés d'aiguillons, et garnis de feuilles à peine opposées, petites, ovales, pubescentes; les fleurs disposées en grappes; les fruits munis d'ailes membraneuses.

Le *Combretum alternifolium* de Jacq., *Amer.*, 104, est un arbre d'Amérique, peu connu; il appartient peut-être à un autre genre. Ses vieux rameaux deviennent épineux; ses feuilles sont alternes; le calice et la corolle à cinq divisions; les capsules pourvues de cinq ailes.

M. Richard en a mentionné dans les *Act. soc. nat.* Paris, 1, pag. 108, trois autres espèces originaires de Caïenne; savoir: le *combretum rotundifolium*, *puberum*, *obtusifolium*: la première,

distinguée par ses grandes fleurs, par ses feuilles presque sessiles, arrondies, mucronées : la seconde, par ses épis paniculés,
par ses feuilles ovales, acuminées ; les rameaux, les pédoncules
et les ovaires, chargés d'un duvet roussâtre ; enfin, la troisième
se distingue par ses fleurs paniculées et non en épi, par ses
feuilles glabres, en ovale renversé, obtuses à leur sommet.
(Poir.)

CHIGOUMA (*Bot.*), nom galibi du *combretum*, suivant Aublet, duquel est dérivé celui de chigomier, adopté pour ce
genre. (J.)

CHII. (*Ornith.*) L'espèce d'alouette du Paraguay à laquelle
M. d'Azara donne ce nom, n.° 146, d'après le cri qu'elle fait
entendre en descendant du haut des airs, paroit appartenir à
la section des farlouses ou pipis, *anthus*, Bechst. et Cuv. (Ch. D.)

CHIJAR SCHAMBAR. (*Bot.*) Voyez Chaiar xambar. (J.)

CHII-KU. (*Bot.*) Voyez Chicoy. (J.)

CHILBY (*Ichthyol.*), nom arabe d'un poisson du Nil. Voyez
Schilbé. (H. C.)

CHILCA. (*Bot.*) Ce nom est donné, dans le Pérou, à plusieurs espèces du genre *Molina*, de la Flore de ce pays, qui se
confondra avec le *baccharis*, si l'on sépare de celui-ci toutes
les espèces non dioïques, pour les reporter au *conyza*. (J.)

CHILCANAUTHLI. (*Ornith.*) Cet oiseau du Mexique, dont
Fernandez donne la description, chap. 31, a été rapporté à
la sarcelle rousse à longue queue de Buffon, *anas dominica*.
Linn. (Ch. D.)

CHILCOQUIPALTOTOTL. (*Ornith.*) Fernandez dans son
Histoire naturelle des Oiseaux de la Nouvelle-Espagne, chap.
183, dit que celui-ci est de la taille du merle ; qu'il a le bec
d'un noir tirant sur le bleu, la tête noirâtre, les pieds verdâtres, le dessous du corps pâle, et le dessus mélangé de jaune,
de vert, de blanc et de noir ; qu'il vit dans les contrées les plus
chaudes, et que son chant n'a rien de remarquable. Le même
auteur parle, au chapitre suivant, d'un autre oiseau semblable
à celui-ci, et qui n'en diffère que parce qu'il a la tête écarlate
et les pieds jaunes ; et il désigne ce dernier oiseau par le nom
de *chiltototl*, qu'il donne également à une espèce différente et
beaucoup plus petite, qui est décrite au chap. 210. Voyez
Chiltototl. (Ch. D.)

CHILDARUM. (*Bot.*) Mentzel dit qu'Avicenne nommoit ainsi la fougère. (J.)

CHILER. (*Erpétol.*) Suivant quelques lexicographes, c'est le nom que les Turcs donnent au caméléon. (H. C.)

CHILI (*Ichthyol.*), nom spécifique de plusieurs poissons de genres différens, mais se trouvant tous au Chili. Tels sont un spare, un pimélode, un mugiloïde, etc. (H. C.)

CHILI. (*Ornith.*) Molina, en décrivant cet oiseau, qui se nomme aussi thili, *turdus plumbeus*, Gmel., *tilly* de Buffon, rapporte que les habitans du Chili attribuent le nom donné à ce pays au cri que ces grives, très-communes, ont fait entendre aux premières hordes d'Indiens qui s'y sont établies. (Cʜ. D.)

CHILIBUÈQUE. (*Mamm.*) Sonnini dit qu'au Chili on donne ce nom au lama, *camelus lamea*, Linn. (F. C.)

CHILIODYNAMIS, Pʜɪʟᴇᴛᴀᴇʀɪᴜᴍ (*Bot.*), noms latins anciens, suivant Dodoens, de la plante qui est maintenant connue sous celui de behen blanc, *cucubalus bchen*. Cet auteur indique encore le nom de *chiliodynamis*, donné par quelques-uns à une gentiane, *gentiana cruciata*. (J.)

CHILIOPHYLLON. (*Bot.*) Ce nom grec, qui signifie mille feuilles, a été donné à *l'achillon* des anciens, redevenu celui des modernes, qui est notre millefeuille, *millefolium* de Tournefort. Ruellius, dans son édition de Dioscoride, dit que le même nom grec a été donné dans quelques lieux à la renouée, *polygonum*. (J.)

CHILIOTRICHUM. (*Bot.*) [*Corymbifères*, Juss.; *Syngénésie polygamie superflue*, Linn.] Ce nouveau genre de plantes, que nous établissons dans la famille des synanthérées, appartient à notre tribu naturelle des astérées.

La calathide est radiée, composée d'un disque multiflore, équaliflore, régulariflore, androgyniflore, et d'une couronne unisériée, liguliflore, féminiflore. Le péricline est à peu près égal aux fleurs du disque, subcylindracé, formé de squames imbriquées, paucisériées, apprimées, subfoliacées. ovales. Le clinanthe est petit, convexe, garni de squamelles à peu près égales aux fleurs, linéaires, submembraneuses, uninervées, frangées et barbues au sommet. L'ovaire est grêle, cylindracé, strié, muni de quelques longs poils, et parsemé de glandes. Les aigrettes du disque et de la couronne sont parfaitement semblables, longues, chiffonnées, rougeâtres, composées de squamellules très-nombreuses, plurisériées, très-inégales, flexueuses, filiformes, très-foiblement barbellulées, nullement caduques. Les fleurs du disque ont la corolle non glanduleuse, divisée en cinq lobes longs et linéaires, les anthères incluses, le style divisé en deux branches très-longues, exertes.

Le CHILIOTRIC AMELLOÏDE (*Chiliotrichum amelloïdeum*, H. Cass. ; *Amellus diffusus*, Willd.) est un arbuste du détroit de Magellan, dont la tige est très-rameuse, les feuilles alternes, obovales-lancéolées, tomenteuses en-dessous ; les calathides solitaires et terminales, à disque jaune et à couronne violette.

Les caractéres du genre *Amellus* ont été fort mal décrits, et de là vient sans doute l'erreur des botanistes qui ont réuni à ce genre notre chiliotric. Nous avons étudié avec soin les *amellus lychnitis* et *annuus* : leur péricline est hémisphérique, formé de squames linéaires-aiguës ; le clinanthe est large, conique ; l'ovaire est obovale, comprimé bilatéralement : l'aigrette double, l'extérieure très-courte, coroniforme, membraneuse, irrégulière, interrompue, découpée ; l'intérieure formée de quelques squamellules courtes, distancées, caduques, filiformes, épaisses, longuement barbellulées, blanches ; les corolles du disque portent de très-grosses glandes, leurs lobes sont très-courts, leurs anthéres exertes, leur style inclus. (H. CASS.)

CHILLA. (*Mamm.*) Molina dit que c'est le nom d'un renard du Chili (Essais sur l'Hist. nat. du Chili), qu'il rapporte au *canis alopex*, par erreur sans doute. Il ne le décrit point. (F. C.)

CHILLI (*Bot.*), nom mexicain du piment, *capsicum*, suivant Hernandez, qui en indique plusieurs espèces ou variétés, telles que les *quanchilli, chillo cotzli, tlalchilli, zenalchilli, tesochilli, melchilli*, etc. Il indique ailleurs le gingembre sous le nom de *chilli* des Indes orientales. (J.)

CHILOB. (*Mamm.*) Erxleben dit que les Burates nomment ainsi le polatouche, *sciurus volans*, Linn. (F. C.)

CHILOCHLOA. (*Bot.*) M. de Beauvois a établi, pour quelques espèces de *phalaris* et de *phleum*, ce genre de graminées (*Agrost.*, pag. 57, tab. 7, fig. 2), dont les fleurs disposées en un épi cylindrique, rameux, offrent pour calice deux valves uniflores, inégales, aiguës, souvent pileuses sur leur dos et à leurs bords, plus longues que la corolle : celle-ci est bivalve, un peu cartilagineuse, la valve supérieure échancrée ; le rudiment filiforme, pédicellé, d'une fleur avortée ; deux écailles glabres, entières, lancéolées à la base de l'ovaire ; un style court, bifide ; une semence libre, non sillonnée. M. de Beauvois rapporte à ce genre le *phalaris cuspidata, paniculata* ; le *phleum arenarium, asperum, Boëhmerii.* (POIR.)

CHILODIE A FEUILLES LINÉAIRES (*Bot.*), *Chilodia scutellarioïdes*, Brown, *Nov. Holl.*, pag. 307. Un petit arbuste découvert dans la Nouvelle-Hollande, au port Jackson, par M. Rob. Brown, a donné lieu à la formation de ce genre, de la famille des labiées, appartenant à la *didynamie gymnospermie* de Linnæus, rapproché des *scutellaria* et des *prostanthera*. Son caractère est constitué par un calice à deux lèvres, accompagné de deux bractées ; le tube strié ; la lèvre supérieure entière ; l'inférieure à demi-bifide ; une corolle labiée ; le casque entier et court ; la lèvre inférieure à trois découpures ; celle du milieu plus grande, à deux lobes ; quatre étamines didynames ; les anthères échancrées à leur base : quatre semences (ou coques) au fond du calice. Ses tiges sont ligneuses ; les feuilles opposées, linéaires, entières, recourbées à leurs bords ; les fleurs solitaires, axillaires, pédonculées. (POIR.)

CHILOGLOTTIS A DEUX FEUILLES (*Bot.*), *Chiloglottis diphylla*, Brown, *Nov. Holl.*. 1, pag. 312. Ce genre, borné à une seule espèce originaire de la Nouvelle-Hollande, appartient à la famille des orchidées, à la *gynandrie diandrie* de Linnæus. Il a de grands rapports avec les *cyrtostylis* et les *pterostylis* de Rob. Brown. Il se distingue par une corolle (périanthe simple, M.) presque à deux lèvres, à six pétales ; les extérieurs et latéraux canaliculés, cylindriques à leur sommet, insérés sous le pétale inférieur ; celui-ci onguiculé, glanduleux à son disque, muni à sa base d'un appendice en lanière ; la colonne bifide à son sommet ; une anthère à deux lobes rapprochés ; deux masses de poussière dans chaque loge.

Ses racines sont pourvues d'une bulbe solitaire ; elles émettent deux feuilles ovales, à plusieurs nervures, rétrécies à leur base, renfermées dans une gaîne scarieuse ; une hampe pourvue, dans son milieu, d'une bractée, et terminée par une seule fleur roussâtre. (POIR.)

CHILOGNATHES. (*Entom.*) Ce nom, qui signifie lèvres-mâ-choires, avoit été employé par M. Latreille pour désigner une famille d'insectes aptères, correspondante à une division des millepieds ou myriapodes, qui comprend les gloniérides, les iules, les polyxènes. Voyez Myriapodes. (C. D.)

CHILOPODES. (*Entom.*) C'est le nom d'un groupe d'insectes aptères, formé par M. Latreille, dans la famille des myriapodes, pour y ranger les scolopendres, les scutigères et autres genres voisins, dont les première et seconde paires de pattes se trou-vent changées en lèvres, comme le mot grec tend à l'exprimer. Voyez Myriapodes. (C. D.)

CHILTOTOTL. (*Ornith.*) Ce nom est appliqué par Fernandez aux oiseaux qu'il a décrits sous les chapitres 58, 184 et 210. On a déjà fait mention, au mot Chilcoquipatotl, de celui qui fait l'objet du chapitre 184.

L'oiseau du chapitre 38 est annoncé comme étant de la taille et de la couleur du moineau, mais ayant le bec moins fort, plus alongé, recourbé et noir; la tête et le ventre de couleur de feu, la queue noire, et chantant d'une manière assez agréable. Le chiltototl du chap. 10 est un oiseau qui n'excède pas la taille du chardonneret, et dont tout le plumage est écarlate, à l'exception des ailes qui sont en partie noires, et de taches blanches près des yeux. Cette espèce, dont le bec est noir et petit, fait plutôt entendre une sorte de bruisse-ment qu'un chant véritable; elle vit d'insectes qu'elle cherche sur les arbres, comme les grimpereaux.

Les deux oiseaux, malgré des rapports dans leurs couleurs, semblent d'ailleurs assez différens l'un de l'autre pour ne pas devoir les associer. C'est le dernier qui est cité dans la Syno-nymie du tangara scarlate, pl. enl. de Buffon, n.ºs 127 et 156. (Ch. D.)

CHIMACHIMA. (*Ornith.*) Cet oiseau, dont M. d'Azara donne la description dans son Ornithologie du Paraguay, n.° 6, est par lui placé à la suite du Caracara. C'est le *polyborus chimachima* de M. Vieillot. Voyez Caracara. (Ch. D.)

CHIMÆRA. (*Malacoz.*) Poli, Test. des Deux-Siciles, donne ce nom de genre à l'animal des jambonneaux, *pinna*, et le ca-ractérise ainsi : siphon unique, alongé, mince, sinueux, épais et musculeux à sa base; les branchies un peu réunies à leur partie supérieure; le manteau pourvu d'un muscle ramifié, et un peu réuni vers l'extrémité des branchies; l'abdomen très-saillant; le pied nul; un appendice en forme de langue à la base d'un byssus toujours simple. Voyez JAMBONNEAU. (DE B.)

CHIMÆRE (*Ichthyol.*), nom allemand de la chimère arctique. Voyez CHIMÈRE. (H. C.)

CHIMANGO (*Ornith.*), oiseau rapporté par M. d'Azara, n.° 5, au caracara, *polyborus chimango*, Vieill. Voy. CARACARA. (CH. D.)

CHIMAPHILA. (*Bot.*) Pursh, dans sa Flore d'Amérique, a présenté, sous ce nom générique, quelques espèces de pyroles, telles que les *pyrola maculata*, *umbellata*, etc., qui diffèrent des autres par leur stigmate sessile, orbiculaire, et par leurs anthères en bec, percées et s'ouvrant en deux valves.

Les pyroles forment un genre très-naturel: leur principal caractère consiste dans une capsule à cinq loges, à cinq valves. Quelques légères différences dans les autres parties de la fructification ne peuvent autoriser à rompre les rapports qui existent entre des espèces rapprochées d'ailleurs par tant d'autres caractères. (POIR.)

CHIMARRHIS A FLEURS EN CIME (*Bot.*); *Chimarrhis cymosa*, Jacq., *Amer.*, 61. Grand et bel arbre de la Martinique, qui seul constitue un genre particulier de la famille des *rubiacées*, de la *pentandrie monogynie* de Linnæus. Il se distingue par un calice inférieur à bords entiers; une corolle en forme d'entonnoir; le tube court; le limbe à cinq divisions étalées, velues en dehors jusqu'à leur milieu; cinq étamines attachées au sommet du tube; les filamens hérissés à leur base; un style; un stigmate bifide; une capsule bivalve, à deux loges, à deux semences; les valves bifides au sommet.

Cet arbre, vulgairement appelé bois de rivière, supporte une cime élégante et touffue. Ses rameaux sont glabres, nombreux; les feuilles pétiolées, opposées, glabres, ovales, aiguës: les fleurs petites, blanchâtres, disposées en grappes axillaires, touffues, terminales. Les stipules n'ont point été observées. (POIR.)

CHIMÈRE (*Ichthyol.*), *Chimæra*. Genre de poissons de la famille des chismopnés de M. Duméril, de celle des sélaciens de M. Cuvier. Ses caractères sont les suivans:

Catopes derrière les nageoires pectorales; une seule ouverture de chaque côté pour les branchies; première dorsale au-dessus des pectorales, et armée d'un fort aiguillon; deuxième dorsale, commençant immédiatement derrière la première, et s'étendant jusque sur le bout de la queue, qui se prolonge en un long filament.

En examinant avec soin la disposition des branchies, on reconnoît qu'elles sont attachées par la plus grande partie de leur bord, et qu'il y a réellement cinq ouvertures au fond du trou commun qui aboutit au dehors.

Les os palatins et tympaniques sont de simples vestiges suspendus aux côtés du museau, et la mâchoire supérieure n'est représentée que par le vomer.

Les mâchoires paroissent garnies de plaques dures au lieu de dents.

Le museau est saillant et percé d'un grand nombre de pores disposés sur des lignes régulières.

Les mâles ont, comme ceux des squales, des appendices durs aux catopes, mais qui sont divisés en trois branches : ils ont de plus deux lames épineuses, situées en avant de la base des mêmes nageoires : ils portent entre les yeux une colonne charnue terminée par un groupe de petits aiguillons.

L'intestin est court et droit; il a, à l'intérieur, une valvule, comme celui des squales.

Les œufs sont très-grands, coriacés, à bords aplatis, et velus.

Le nom de *chimère* a été donné à ces animaux, à cause de leur figure bizarre, qui augmente encore quand on les a desséchés avec peu de soin.

La CHIMÈRE ARCTIQUE; *Chimæra monstrosa*, Linn. (*Roi des harengs du Nord*, Daubenton.) Corps comprimé, argenté, tacheté de brun, très-alongé; écailles presque imperceptibles; tête grande, pyramidale, recouverte d'une peau qui forme un pli à chaque rang de pores mucipares; yeux très-grands; lignes latérales blanches, très-marquées, bordées de brun, réunies sous le milieu de la queue, et se divisant vers la tête en plusieurs branches plus ou moins sinueuses; deux se joignent sur la nuque; deux autres entourent les yeux et se rencontrent à l'extrémité du museau : deux gagnent les commissures de la bouche, et les deux dernières serpentent sur la partie inférieure du museau.

Les nageoires pectorales sont très-grandes et falciformes.

L'épine de la première dorsale est dentelée par derrière.

Il y a deux nageoires anales; la première est très-courte et falciforme.

Les catopes environnent l'anus, et tiennent à un appendice charnu.

Il est probable que les chimères ont un véritable accouplement, comme les squales. M. de Lacépède soupçonne même la femelle de présenter une double vulve, pour répondre à l'organe double du mâle.

Le cœur est plat et très-petit; le foie est gros, trilobé; la bile est d'un vert foncé; l'estomac est long et cylindrique.

L'iris des yeux est blanc; ces organes brillent pendant la nuit comme les yeux des chats; ce qui fait que dans quelques pays on appelle les chimères *chats de mer*.

La chimère vit au milieu de l'Océan septentrional. Elle semble s'être partagé les zones glaciales avec le callorhinque qui n'habite que les mers du pôle antarctique. Ces deux espèces, au reste, ne s'approchent que rarement des régions tempérées; elles ne se plaisent qu'au milieu des montagnes de glaces et des tempêtes qui les bouleversent.

La chimère arctique se tient habituellement dans les profondeurs de l'Océan. Elle se nourrit de crabes, de mollusques, de coquillages. Elle se jette également sur les légions de harengs qui couvrent les mers du Nord à certaines époques de l'année.

Les Norwégiens se nourrissent de ses œufs et de son foie. Sa chair est trop dure pour être mangée.

Les Norwégiens font encore, avec le filet qui termine sa queue, des cure-pipes. Ils retirent du foie une huile qu'ils emploient dans les maladies des yeux et dans les blessures.

On n'a point vu de chimères ayant plus de trois pieds de longueur. (H. C.)

CHIMÈRE ANTARCTIQUE. (*Ichthyol.*) Voyez CALLORHINQUE. (H. C.)

CHIMICHICUNA (*Bot.*), nom péruvien du *nycterisitium*, genre nouveau de la Flore du Pérou, qui a beaucoup d'affinité avec le *myrsine*, et n'en est probablement qu'une espèce. (J.)

CHIMIDIDA (*Bot.*), nom du courbaril, *hymenæa*, dans la Guiane. (J.)

CHIMIE. (*Chim.*) Science naturelle qui traite de l'attraction que les molécules des corps exercent au contact apparent, et des phénomènes qui en sont la suite, soit que ces phénomènes, comme la chaleur, le froid ou la lumière, n'apparoissent que pendant l'action, soit qu'ils persistent après l'action, comme sont toutes les propriétés que l'on observe dans les corps qui ont obéi à leur attraction réciproque.

La chimie distingue les corps en simples et en composés : elle caractérise les premiers par un certain nombre de propriétés, après les avoir isolés de toute substance hétérogène ; elle caractérise les seconds par la nature et la proportion des élémens qui les constituent, et par les propriétés principales dont ils jouissent.

Toutes les actions moléculaires des corps peuvent être comprises dans trois divisions principales : 1.° l'action qui produit, la cohésion des particules d'un solide, l'adhérence des particules d'un liquide, l'adhésion de deux solides, l'adhésion d'un solide et d'un liquide, l'adhésion d'un solide et d'un gaz : elle est la plus simple de toutes : c'est d'elle que dépend la cause première de l'élévation ou de l'abaissement des liquides autour des solides qui y sont plongés ; les corps qui ont obéi à cette action peuvent être séparés par des forces de traction ; 2.° l'action qui produit l'union de deux ou plusieurs corps en proportion indéfinie ; 3.° enfin, celle qui donne naissance à des unions qui ne peuvent se faire qu'en des proportions définies : c'est la plus énergique de toutes. Le caractère principal des unions produites en vertu des deux dernières actions, c'est l'impossibilité où l'on est de séparer les corps unis autrement que par des forces chimiques, telles que l'électricité, la chaleur, la lumière, l'affinité élective.

Toutes les opérations que le chimiste entreprend pour arriver à son but, se réduisent à des synthèses ou à des analyses, c'est-à-dire, à unir des corps, ou à réduire des composés à leurs composans. (Cн.)

CHIMONICHA. (*Bot.*) Voyez Copous. (J.)

CHIMPENZÉE ou Champanzée. (*Mamm.*) Voyez ce dernier mot. (F. C.)

CHIN (*Ornith.*), nom grec de l'oie sauvage, *anser* des Latins, que les Grecs modernes nomment *china*. (Ch. D.)

CHINA. (*Bot.*) Ce nom est donné à des plantes très-différentes. Le china écorce, *china cortex*, est le quinquina ordinaire, *cinchona*; le china racine, *china radix*, est la squine, *smilax china*; le china cacha est le nom péruvien d'une espèce de byttnere, *byttneria ovata*. (J.)

CHINAOS (*Bot.*), nom arabe du hêtre, selon Mentzel et Daléchamps, qui le nomme également *chiachas*. (J.)

CHINA-PAYA (*Bot.*), nom donné dans le Chili au *vermifuga* de la Flore du Pérou, qui est la même plante que le *flaveria*, publié antérieurement dans la famille des corymbifères. Ce dernier nom provenoit de son emploi, dans le Chili, pour les teintures jaunes. Elle a été désignée depuis sous celui de *vermifuga*, parce que, pilée et mêlée avec du sel, elle est appliquée, dans le même pays, sur les ulcères putrides des animaux, pour tuer les vers qui s'y engendrent. (J.)

CHINCAPIN (*Bot.*). nom que porte, dans son pays natal, le châtaignier de Virginie, qui donne des fruits beaucoup plus petits que ceux de l'espèce ordinaire. On nomme encore *chinquapin*, *chêne chincapin*, l'espèce de chêne d'Amérique qui est le *quercus prinos pamila* de Michaux. (J.)

CHINCHE (*Mamm.*), nom donné par Buffon à une espèce du genre Moufette, et rapporté par Feuillé, comme appartenant à un quadrupède du Brésil, qui répand une très-mauvaise odeur; qui a cinq doigts à tous les pieds, deux bandes blanches de chaque côté du dos, et qui vit dans les terriers. Voyez Moufette. (F. C.)

CHINCHELCOMA (*Bot.*), nom péruvien du *salvia oppositifolia* de la Flore du Pérou. (J.)

CHINCHI (*Mamm.*), nom du chinche, *viverra mephitis*, Linn., dans quelques auteurs allemands. (F. C.)

CHINCHI. (*Bot.*) Suivant Dombey, on nomme ainsi au Pérou une espèce d'œillet d'Inde, ou tagète, *tagetes minuta*, qui a, comme ses congénères, une odeur forte, et dont on se sert pour assaisonner les ragoûts. Dans les *Icones* de Cavanilles, t. 169, on trouve, sous le nom de chinchimali, une autre espèce, qui est le *tagetes tenuifolia* de cet auteur, et qui a beaucoup de rapport avec la précédente. (J.)

CHINCHILLA ou Chinchille (*Mamm.*), nom que l'on donne communément aujourd'hui, dans le commerce, à la fourrure d'un animal inconnu, qui est nommé chincille au Pérou, suivant toute vraisemblance. Voyez Chincille. (F. C.)

CHINCHINCULMA. (*Bot.*) Voyez Chiucampa. (J.)

CHINCILLE. (*Mamm.*) Acosta, dans son Histoire naturelle des Indes occidentales, dit que « Les chincilles sont petits « animaux, comme escurieux, qui ont un poil merveilleuse- « ment doux et lisse, et qui se trouvent en la sierre du Pérou. » Voyez Chinchilla. (F. C.)

CHINCO (*Mamm.*), nom du chinche, *viverra mephitis*, Linn., dans quelques auteurs italiens. (F. C.)

CHINCOU. (*Ornith.*) L'oiseau que M. Levaillant a décrit sous ce nom, tom. I, pag. 34 de son Ornithologie d'Afrique, et qu'il y a figuré, pl. 12, paroit être le vautour noir, dans sa première année. (Ch. D.)

CHINE-CHINE, ou Sin-sin. (*Mamm.*) On donne ce nom, à la Chine et en Tartarie, à un singe sans queue, que quelques naturalistes ont regardé, mais à tort sans doute, comme l'orangoutang. (F. C.)

CHINÉE [la Phalène]. (*Entom.*) C'est le nom que Geoffroy a donné à une espèce de bombyce à ailes supérieures en toit, de couleur noire rayée de jaune; les inférieures rouges, à taches noires. C'est le *bombyx hera* de Linnæus. (C. D.)

CHINEESCHE-BILANG. (*Ichthyol.*) Dans sa Collection des Poissons d'Amboine, Ruysch dit que les Hollandois donnent ce nom à une sorte de *congre couronné* des Indes orientales, dont la tête est couverte d'un certain nombre de piquans. Sa chair est grasse, mais pleine d'arêtes : les Européens en mangent rarement; mais les Chinois en font grand cas, et l'assaisonnent avec de l'ail et du poivre. (H. C.)

CHINESISCHER AAL (*Ichthyol.*), nom allemand du paille-en-cul, *trichiurus lepturus*. Voyez Ceinture. (H. C.)

CHINGOLO. (*Ornith.*) A Buenos-Ayres et à Monte-Video, on donne ce nom et celui de *chingolito*, à un oiseau que M. d'Azara place sous le n.° 135, parmi ses *chipius*, famille composée, en grande partie, d'espèces qui se rapportent aux fringilles. Cet auteur regarde le chingolo comme étant le moineau du Brésil, de Buffon, avis que ne partage pas son traducteur

Sonnini. Les Guaranis l'appellent *chesihasi*, parce qu'il chante toute l'année d'un son de voix très-clair et assez semblable à celui de l'alouette. Sa longueur totale est de cinq pouces deux tiers. Il a plusieurs traits noirâtres sur le devant et les côtés de la tête ; la nuque rougeâtre, avec une tache noire au-dessous ; les plumes dorsales noirâtres au centre, et roussâtres sur les bords ; les pennes des ailes et de la queue de couleur brune, et les parties inférieures blanchâtres. Le mâle et la femelle ont, en hiver seulement, une huppe sur la tête ; les jeunes offrent des différences dans leur couleur avant la première mue. Le nid de ces oiseaux, qu'on trouve tantôt sur des branches d'arbres peu élevées, tantôt à terre, ou dans des trous de murailles, renferme environ quatre œufs blanchâtres, avec de nombreux points rougeâtres sur le gros bout. (Ch. D.)

CHINKA. (*Ornith.*) Ce nom paroît être donné en Chine à la poule sultane, *fulica porphyrio*, Linn. (Ch. D.)

CHINKAPALONES. (*Bot.*) On lit dans Garcias que les Portugais du Malabar nommoient la petite espèce de banane *cenjories*, et la grande *chinkapalones*. Clusius, qui en parle aussi dans ses *Exo ica*, nomme les premiers *cenories*, et les secondes *chincapalones*. C'est probablement de ce dernier nom que dérive celui de *cincampalon*, donné par Scaliger au même fruit. Rumph, qui émet cette opinion, croit encore que le *cadelafon* de Scaliger et le *cadalini* des Portugais sont la même banane. (J.)

CHINOIS. (*Ichthyol.*) On donne ce nom spécifique à plusieurs poissons, en particulier à un baliste de la division des Monacanthes. Voyez ce mot. (H. C.)

CHINOISE. (*Ichthyol.*) M. de Lacépède a désigné sous ce nom une raie qu'il a décrite d'après un dessin chinois, et qui paroît se rapprocher des Torpilles ou du Rhina. Voyez ces mots. (H. C.)

CHINONES. (*Bot.*) Suivant M. Gouan, on nomme ainsi, aux environs de Montpellier, l'oranger ou quelqu'une de ses variétés. (J.)

CHINORODON. (*Bot.*) Voyez Cynorrhodos. (J.)

CHINQUIES. (*Bot.*) Voyez Chitse. (J.)

CHINQUIS. (*Ornith.*) Ce nom, formé par Buffon du mot plus composé *chin-tchien-khi*, désigne l'oiseau que quelques naturalistes ont appelé faisan-paon, paon de la Chine et petit paon de Malacca, *pavo thibetanus*. Briss. et Linn., et dont M. Temminck a formé le genre Éperonnier, *Polyplectron*. Voyez Éperonnier. (Ch. D.)

CHINTACH (*Bot.*), nom hébreu du blé, *triticum*, suivant Mentzel. (J.)

CHINTA-NAGOU (*Erpétol.*), nom indien, suivant Russel, d'une variété de la vipère naja des auteurs. Voyez Naja. (H. C.)

CHIN-TCHIEN-KHI. (*Ornith.*) Voyez Chinquis. (Ch. D.)

CHIOC-BOYA (*Bot.*), un des noms donnés dans les environs de Smyrne à une espèce de garance que l'on emploie en teinture pour donner un beau rouge. L'auteur du Dictionnaire économique, qui donne cette indication, ajoute qu'elle est encore nommée dans ce canton *azula*, *ekme*, que les Grecs modernes l'appellent *lizari* et *ézari*, et que c'est le *fouoy* des Arabes. (J.)

CHIOCOCCA. (*Bot.*) Voyez Ciocoque. (Poir.)

CHIONANTHE (*Bot.*), *Chionanthus*, vulgairement arbre de neige. Genre de la famille des jasminées, de la *diandrie monogynie* de Linnæus, composé d'arbrisseaux assez élégans, la plupart originaires de l'Amérique, dont le caractère consiste dans un calice à quatre divisions profondes; une corolle dont le tube est très-court, le limbe à quatre divisions étroites et longues; deux anthères sessiles; un style très-court; le stigmate obtus et trifide. Le fruit consiste en un drupe contenant une noix striée et monosperme.

On a retranché de ce genre plusieurs espèces qui, d'abord, y avoient été réunies, dont en effet elles offrent le port. mais qui s'en distinguent par une baie sèche, à deux loges monospermes; par leur corolle à quatre pétales. (Voyez Linociera.) Les espèces suivantes ont été les seules conservées :

Chionanthe de Virginie: *Chionanthus virginica*, Linn.; Catesb., Carol., 1, tab. 68; Lam., *III.*, tab. 9, fig. 1. Arbrisseau fort élégant, qui s'élève à la hauteur de huit à dix pieds. chargé d'un grand nombre de rameaux. Les feuilles sont opposées, pétiolées, ovales, aiguës à leurs deux extrémités. pubescentes en-dessous, glabres en-dessus. longues de six à sept pouces. Les fleurs sont très-nombreuses, d'une blancheur de neige, disposées en grappes pendantes, paniculées ; les drupes de couleur purpurine. Originaire de l'Amérique septentrionale, cet arbrisseau occupe une place distinguée dans les bosquets; il fleurit vers la fin du printemps. On prétend que l'écorce de sa racine, broyée et appliquée sur les plaies récentes, les guérit en peu de temps.

CHIONANTHE DES ANTILLES, *Chionanthus caribœa*, Jacq., *Coll.* **2**, pag. 110, tab. 6, fig. 1; *Chionanthus compacta*, Vahl., *Enum.*; *Ceranthus*, Schreb., *Gen.* Ses feuilles sont elliptiques, lancéolées, nerveuses, acuminées, longues de trois ou quatre pouces; les grappes ramifiées; les pédoncules communs souvent géminés, les partiels opposés, les supérieurs ternés, à trois fleurs sessiles; les bractées petites, subulées; les pédicelles blanchâtres, velus, ainsi que les calices; les pétales très-étroits, presque subulés.

CHIONANTHE A COROLLE ÉPAISSE; *Chionanthus incrassata*, Swart. Arbre d'une belle élévation, qui croît dans les forêts de la Jamaïque: ses feuilles sont pétiolées, alongées, glabres, entières; la panicule droite, étalée; les pédoncules fastigiés, simples ou rameux; les supérieurs à trois fleurs pédicellées; la corolle blanche; ses divisions épaisses, cylindriques; les anthères sessiles, bifides à leur base.

CHIONANTHE ANGULEUX; *Chionanthus Ghœri*, Gærtn. Espèce de Ceilan, dont on ne connoît encore que le fruit. Il consiste en un drupe ovale, aigu à ses deux extrémités; cannelé, anguleux; d'un jaune ocreux; revêtu d'une écorce fongueuse; à six ou dix angles; contenant un noyau osseux, à une seule loge.

CHIONANTHE AXILLAIRE; *Chionanthus axillaris*, Rob. Brown, *Nov. Holl.*, 523. Cette plante a été découverte par M. Robert Brown sur les côtes de la Nouvelle-Hollande. Ses feuilles sont alongées, elliptiques, aiguës à leur sommet; les fleurs disposées en épis très-courts, placés dans l'aisselle des feuilles.

Les autres espèces de *chionanthus* seront mentionnées à l'article LINOCIERA. (POIR.)

CHIONE. (*Conch.*) Mégerle (Nouveau Système de Conchyliologie) établit sous ce nom un petit genre de coquilles démembré de celui des Vénus de Linnæus, et qu'il caractérise ainsi: coquille presque équivalve, un peu cordiforme, dentelée sur ses bords; la vulve et l'anus manifestes; les lèvres inclinées en avant; la charnière presque médiane, à quatre dents, sans aucune autre latérale.

L'animal est un calliste de Poli.

Ce genre contient, suivant M. Mégerle, vingt et une espèces, qu'il divise en deux sections.

Section 1. Espèces dont la coquille est épineuse ou aiguillonnée en avant. Exemple : *Chiona dysera; Venus dysera*, Linn., Gm., Chemn., *Conch.*, 6, tab. 98, fig. 287-290. C'est une coquille presque cordiforme, un peu bombée, et traversée par des feuillets distans, peu nombreux, en ceinture, dont le bord est réfléchi et crénelé; sa couleur est variable : elle vient d'Amérique.

Dans la seconde section qui comprend les espèces qui ne sont point épineuses, nous citerons la *Chione gallina; Venus gallina*, Linn., Gm., Chemn., *Conchyl.*, 6, tab. 30, fig. 308-310 : c'est encore une coquille presque cordiforme, un peu comprimée, inégalement bombée, et foiblement cannelée; elle est blanche, les côtés ponctués d'un rouge jaunâtre, la vulve et l'anus sont cordiformes.

Elle se trouve dans les mers d'Europe et d'Amérique. (DE B.)

CHIONILE. (*Min.*) M. Pinkerton, dans sa Classification minéralogique, a donné ce nom à la variété de calcaire concrétionné qu'on nomme vulgairement *flos ferri*. Voyez CHAUX CARBONATÉE CONCRÉTIONÉE. (B.)

CHIONIS. (*Ornith.*) Voyez COLÉORAMPHE. (CH. D.)

CHIOZZO. (*Ichthyol.*) Les Italiens appellent ainsi le GOUJON. Voyez ce mot. (H. C.)

CHIPA (*Bot.*), nom galibi d'un iciquier de la Guiane, *icica decandra*, décrit par Aublet. (J.)

CHIPEAU. (*Ornith.*) Le canard auquel on donne ce nom et celui de ridenne ou ridelle, est l'*anas strepera*, Linn. Voyez CANARD. (CH. D.)

CHIPITIBA (*Bot.*), nom caraïbe d'une espèce de savonnier, que Surian a trouvée dans les Antilles, et que M. Richard nomme *sapindus venosus*. (J.)

CHIPIU. (*Ornith.*) Les Guaranis embrassent, sous cette dénomination, les petits oiseaux granivores, dont les attributs sont, suivant M. d'Azara, d'avoir le corps un peu alongé, les dix-huit pennes de l'aile tendues et fermes, les douze de la queue étroites, fortes, terminées en pointe; le bec droit, fort, pyramidal, très-acéré et à mandibules égales; la langue triangulaire : les plumes de la tête et du dos assez courtes. Ces oiseaux, dont le vol est rapide, quoique incertain, et quelquefois assez élevé, se nourrissent de petites graines et d'insectes que presque tous cherchent à terre. Comme il est souvent difficile de rapporter avec certitude à d'autres oiseaux déjà connus, ceux que M. d'Azara décrit sous des noms différens, ou de classer convenablement, et sans se permettre des réunions arbitraires, les oiseaux encore inédits, l'on croit, pour moins s'exposer à des lacunes, et au risque de revenir sur les mêmes oiseaux, devoir donner ici une notice de ceux que l'auteur espagnol comprend parmi ses chipius.

Le Chipiu a tête rayée, n.° 130, que Sonnini croit être une espèce différente de la soulcie, *fringilla petronia*, Linn., et du soulciet, *fringilla canadensis*, auxquels M. d'Azara le rapporte, a le vol élevé; et son cri, assez foible, peut s'exprimer par *chuchuchu* ou *chevêché*. Sa longueur totale est de six pouces et demi. La tête offre, sur un fond noirâtre, des raies jaunes; le devant du cou et une partie de la poitrine sont d'un blanc doré; la gorge, plus blanche, est parsemée de taches noirâtres; les plumes du dessus du corps sont noirâtres, bordées de blanc doré; la queue, brune en-dessus, argentée en-dessous, est terminée de brun; les pieds sont noirâtres.

Le Chipiu a tête jaune, n.° 131, est de la même taille que le précédent: l'occiput et le derrière du cou sont d'un jaune-serin, tandis que le devant, le sommet de la tête et le haut du dos sont noirs; les autres plumes dorsales et les plumes uropygiales sont blanches, avec une bordure d'un brun jaunâtre. Cet oiseau paroît être l'agripenne ou ortolan de riz, *emberiza oryzivora*, Linn.

Le Chipiu proprement dit, n.° 132, ou l'espèce dont le cri a fait donner le nom à la famille, se perche en troupes serrées sur les arbres ou les buissons, chante agréablement, et a le vol rapide. M. d'Azara regarde cet oiseau comme identique avec le verdier, *loxia chloris*; mais Sonnini élève à cet égard des doutes que fortifie la description qu'il donne de cet oiseau, et qui est peu d'accord avec le fond du plumage du verdier, chez lequel dominent le vert et l'olivâtre, couleurs qui semblent étrangères à l'oiseau du Paraguay.

Le Chug, n.° 133; le Gafarron, n.° 134; le Chingolo, n.° 135; l'Araguira, n.° 136; le Capita, n.° 137; le Sauteur, n.° 138;

le Balanceur, n.º 139; l'Oreille blanche, n.º 140; le Manimbé, n.º 141. Voyez ces mots dans leur ordre alphabétique.

Les trois autres espèces que M. d'Azara décrit à la suite de ses chipius des n.º 130 à 141, ne semblent pas devoir appartenir à la même famille, puisque, de son aveu, ils ont le bec plus pointu, plus long et plus rapproché de celui des *becs en poinçon;* que leurs mandibules sont de longueur égale, très-peu comprimées sur les côtés, et qu'ils peuvent briser de petites graines. Leur principale nourriture consiste en insectes, que plusieurs même ne cherchent pas sur la terre, mais sur les arbres.

Le premier de ces trois oiseaux est le chipiu noir et rougeâtre, n.º 142, dont le plumage est noir sur le corps, rougeâtre en-dessous, à l'exception d'un trait blanc qui part des narines, d'une portion du ventre, de la poitrine et de l'extrémité de la queue, également blanches, et des couvertures inférieures des ailes, qui sont jaspées de blanc et de noirâtre. L'auteur trouve des rapports entre cet oiseau et la fauvette tachetée de la Louisiane, ou le demi-fin noir et rouge de Buffon.

Le Chipiu brun et roux, n.º 143, que M. d'Azara n'a trouvé qu'au Paraguay, et dont le chant lui a paru plus mélodieux que celui du chardonneret et du serin de Canarie. L'œil de cet oiseau est surmonté d'un trait blanc en forme de sourcil, la tête d'un bleu azuré; le dos et le croupion sont d'un brun roussâtre; les pennes des ailes et de la queue blanchâtres, avec une bordure d'un brun clair; les parties inférieures roussâtres; le bec est noir.

Le Chipiu noir et blanc, n.º 144, qui monte plus haut sur les arbres, où il cherche les insectes; qui ne vole que pour passer d'un arbre à un autre, en jetant un petit cri; dont le bec est courbé, la queue étagée, et qui, par ces diverses circonstances, se rapproche des grimpereaux; mais qui, comme la *guirahuzo,* suspend à une fourche son nid, dans lequel il pond des œufs blancs, pointillés de noir au gros bout: il a quatre pouces neuf lignes de longueur; son bec et sa tête sont noirs; les parties supérieures sont d'une couleur plombée, mélangée de bleu; les grandes couvertures des ailes, leurs pennes et celles de la queue, noirâtres, avec des portions blanches, et le dessous du corps blanchâtre. (Ch. D.)

CHIQUATLI. (*Ornith.*) Suivant Fernandez, chap. 29, ce

nom et celui de *Chiquatotl* sont donnés à un oiseau du Mexique, qui ressemble à notre bécasse, et que l'on appelle aussi *noctuá*. (Ch. D.)

CHIQUATOTOTL. (*Ornith.*) Fernandez, chap. 168, parle sous ce nom d'un oiseau que, par erreur, on a écrit dans certains ouvrages *Chiquahohohl* : c'est une espèce de barge, qui a des raies jaunes aux côtés de la tête, des taches noires sur le cou et la poitrine, et le corps varié de blanc, de jaune et de brun. (Ch. D.)

CHIQUE. (*Entom.*) On donne ce nom, en Amérique, à un insecte aptère qui pénètre sous la peau des pieds, principalement sur les nègres, et qui produit des ulcères très-fâcheux. Voyez Puce pénétrante. (C. D.)

CHIQUEIS. (*Bot.*) Voyez Chicoy. (J.)

CHIQUERA. (*Ornith.*) Voyez Chicquera. (Ch. D.)

CHIQUES. (*Bot.*) Voyez Herbe a Chiques. (J.)

CHIQUICHIKITI (*Bot.*), nom caraïbe du *cacalia porophyllum*, cité dans l'Herbier de Surian. (J.)

CHIR (*Bot.*), nom grec du chardon à foulon, *dipsacus*, selon Mentzel. (J.)

CHIRADOLETRON (*Bot.*), ancien nom du *xanthium*, cité par Dioscoride. (H. Cass.)

CHIRANTHODENDRON. (*Bot.*) C'est sous ce nom que M. Lescalier, dans une dissertation spéciale, a désigné une plante malvacée, connue dans le Mexique sous celui de *macpalxoehi quahuitl*, et figurée par Hernandez, p. 383. Elle est remarquable par la dispersion de ses étamines, dont la réunion présente la forme d'un pied d'oiseau de proie. Elle est bien figurée dans l'ouvrage de MM. de Humboldt et Bonpland, sous le nom de *chairosteuron*, qui paroît mieux convenir à son caractère principal. (J.)

CHIRBAZ. (*Bot.*) Voyez Copous. (J.)

CHIRI. (*Mamm.*) Le P. Vincent Marie parle, sous ce nom, d'un animal de l'Inde, grand ennemi des serpens, qu'on croit reconnoître pour une mangouste, à la description qu'il en donne ; mais il paroîtroit, d'après Sonnini, que ce nom n'est point celui de cet animal dans l'Inde, et qu'il ne l'auroit reçu du P. Vincent Marie que par l'effet d'une erreur causée par l'ignorance où ce voyageur étoit de la langue des Indous. (P. C.)

CHIRICOTE. (*Ornith.*) L'oiseau que, suivant M. d'Azara, les Guaranis nomment ainsi, d'après son cri, paroit être une espèce de râle. (Ch. D.)

CHIRIMOYA. (*Bot.*) Voyez Cherimolia. (J.)

CHIRIPÈDE. (*Ornith.*) Ce nom paroit être donné à une perruche au Paraguay. (Ch. D.)

CHIRIPIBA (*Bot.*), nom caraïbe d'un *croton* de l'Herbier de Surian, dont l'espèce n'est pas déterminée. (J.)

CHIRIRI. (*Ornith.*) M. d'Azara a donné ce nom, d'après le cri qu'elle prononce sans cesse, à une espèce de coucou qui appartient à la section des *couas* de M. Levaillant, et au genre *Coulicou* de M. Vieillot. (Ch. D.)

CHIRIVIA. (*Ornith.*) Ce nom espagnol, synonyme de *motacilla*, s'applique aux bergeronnettes. (Ch. D.)

CHIROCENTRE. (*Ichthyol.*) M. de Lacépède a donné ce nom à une espèce de poisson observée par Commerson, et qu'il place dans son genre Esoce. M. Cuvier vient de l'en retirer pour en former un genre particulier.

Les caractères de ce genre sont les suivans :

Mâchoires garnies d'une rangée de fortes dents coniques, dont les deux moyennes supérieures et toutes les inférieures sont fort longues; langue et arcs des branchies hérissés de dents en cardes; longue écaille pointue au-dessus de chaque nageoire pectorale, dont les rayons sont très-durs; corps alongé, comprimé, tranchant en-dessous; catopes petits.

Le mot Chirocentre indique le caractère spécial de ce genre, celui qui peut servir à le séparer, au premier aspect, des brochets, la présence d'une sorte d'épine auprès des nageoires pectorales, χείρ, *manus*, κέντρον, *aculeus*.

Le genre Chirocentre appartient à la famille des Siagonotes de M. Duméril. Voyez ce mot et Esoce.

Chirocentre sabran : *Chirocentrus dentex; Esoce chirocentre*, Lacép.; *Clupea dentex*, Schn.; *Clupea dorab*, Gmelin; *Sabran*, Commerson. Mâchoire inférieure avancée; nageoire du dos plus courte que celle de l'anus; ces deux nageoires falciformes; tête et opercules non écailleuses; nageoire caudale fourchue, à lobes très-grands, l'inférieur plus long que le supérieur; teinte générale argentée; une sorte de loupe arrondie au-dessus des pectorales; pas de cœcums; vessie à air longue et étroite.

Ce poisson vit dans la mer des Indes. (H. C.)

CHIROCÈRE. (*Entom.*) M. Latreille a désigné sous ce nom une espèce d'insecte hyménoptère, voisine des chalcides, dont elle diffère par les antennes, qui sont pectinées. (C. D.)

CHIRONE (*Bot.*), *Chironia*, Linn. Genre de plantes dicotylédones, monopétales hypogynes, de la famille des gentianées, Juss., et de la *pentandrie monogynie*, Linn., dont les principaux caractères sont d'avoir un calice monophylle, à cinq divisions; une corolle infundibuliforme ou en roue, à limbe partagé en cinq divisions; cinq étamines à anthères roulées en spirale après la fécondation; un ovaire supérieur surmonté d'un style, terminé par un ou deux stigmates; une capsule à une loge, ou à quatre loges, contenant des graines nombreuses; quelquefois une baie.

Les chirones sont des plantes herbacées ou des arbustes à feuilles opposées, simples, et à fleurs axillaires ou terminales. Ce genre, tel qu'on le connoît aujourd'hui, renferme environ vingt-quatre espèces; mais, hors le caractère commun des anthères roulées en spirale après la floraison, plusieurs d'entre elles offrent des différences remarquables dans la forme de la corolle, dans le nombre des étamines, et dans la nature du fruit. Ces considérations ont engagé MM. Richard et Persoon à établir le genre *Erythræa*, formé des espèces qui ont le calice presque pentagone, appliqué, et à cinq dents; la corolle infundibuliforme, à tube alongé; ordinairement deux stigmates; une capsule à une loge, à deux valves, dont les bords rentrans paroissent former deux loges. Presque toutes les espèces comprises dans cette division, sont indigènes de l'Europe, et le genre *Chironia*, ne renfermant que des plantes exotiques, est alors borné aux espèces à calice presque campanulé, partagé en cinq divisions; à corolle presque en roue; à stigmate simple, et à fruit quadriloculaire. Sans doute que par la suite on séparera les plantes qui ont une baie pour fruit. Quoi qu'il en soit, nous allons faire connoître les espèces les plus remarquables de chacune de ces divisions.

* *Corolle presque en roue; péricarpe 4-loculaire.* Chironia.

Chirone velue; *Chironia frutescens*, Linn., *Spec.* 273. Cette espèce est un joli arbuste dont la tige, haute de deux à trois pieds, se divise en plusieurs rameaux cylindriques, pubescens, garnis de feuilles opposées, linéaires-lancéolées, un peu charnues, couvertes d'un léger duvet blanchâtre. Ses fleurs sont grandes, d'un beau rose foncé, blanches dans une variété, disposées au sommet des rameaux ; elles se ferment pendant la nuit, et durent long-temps, commençant à paroître dès le mois de juin, et se succédant les unes aux autres jusqu'en octobre. Cette espèce est originaire du cap de Bonne-Espérance. La beauté de ses fleurs fait qu'on la cultive dans beaucoup de jardins. On la plante en pot, dans la terre de bruyère, et on la rentre pendant l'hiver dans une serre tempérée. En été il faut l'exposer au grand soleil, et l'arroser fréquemment. On la multiplie de graines, de boutures ou de marcottes.

CHIRONE A FEUILLES DE LIN; *Chironia linoïdes*, Linn., *Spec.* 272. Arbuste de deux à trois pieds de haut, dont la tige se divise en plusieurs rameaux, garnis de feuilles nombreuses, persistantes, linéaires, étroites, aiguës, sessiles, longues d'un pouce, de couleur glauque, et dont les fleurs, d'un rouge teint de pourpre, sont solitaires à l'extrémité des rameaux. Cette plante est, comme la précédente, originaire du cap de Bonne-Espérance. On la cultive aussi dans les jardins, et on la gouverne de la même manière.

CHIRONE A FEUILLES EN CROIX; *Chironia decussata*, Vent., *Hort. Cels.*, p. et t. 31. Arbuste de deux à trois pieds de hauteur, dont la tige est droite, presque simple, divisée à son sommet en rameaux courts, axillaires, garnis de feuilles opposées en croix, réunies à leur base, persistantes, oblongues, très-obtuses, couvertes d'un duvet épais, et relevées de trois nervures en-dessous. Ses fleurs sont grandes, larges au moins de deux pouces, d'une belle couleur pourpre, visqueuses, pédonculées, solitaires dans les aisselles des feuilles supérieures. Cette espèce est, comme les deux précédentes, originaire du cap de Bonne-Espérance. On la cultive et on la propage de même. Elle fleurit en août et septembre.

** Une baie pour fruit.

CHIRONE BACCIFÈRE; *Chironia baccifera*, Linn., *Spec.* 273. La tige de cette espèce est ligneuse, haute de deux à trois pieds, divisée en rameaux nombreux, tétragones, garnis de

feuilles opposées, linéaires, étroites, glabres, un peu décurrentes à leur base. Ses fleurs sont rouges, petites, disposées
sur de courts pédoncules au sommet des rameaux : leur calice
est court, à cinq divisions presque obtuses; leur corolle a son
tube plus court que le calice, et les anthères ne sont point
roulées en spirale. Le fruit est une baie ovale, pulpeuse,
contenant plusieurs graines. Cette plante croît en Ethiopie et
au cap de Bonne-Espérance.

*** *Corolle infundibuliforme, capsule à une loge.* ERYTHRÆA.

CHIRONE CENTAURÉE, vulgairement PETITE CENTAURÉE: *Chironia centaurium*, Willd., *Spec.* 1, pag. 1068; *Gentiana centaurium*, Linn., *Spec.* 332. Toute cette plante est parfaitement
glabre; ses feuilles radicales sont oblongues et disposées en
rosette; celles de la tige sont sessiles, opposées, et les supérieures étroites-lancéolées : sa tige est branchue, surtout en
sa partie supérieure, haute d'un pied ou un peu plus, partagée en rameaux opposés; ses fleurs sont d'un rose foncé, rarement blanches, disposées au sommet de la tige et des rameaux
en corymbes d'un très-joli aspect. Cette espèce est annuelle, et
croît dans les pâturages secs et dans les bois. Elle est tonique,
stomachique, vermifuge et fébrifuge. On l'emploie très-souvent en médecine, surtout dans les fièvres intermittentes;
c'est de ses sommités fleuries que l'on fait principalement
usage.

CHIRONE MARITIME; *Chironia maritima*, Willd., *Spec.* 1, pag.
1069; *Gentiana maritima*, Linn., *Mant.*, 55. Cette plante n'a
que trois à quatre pouces de haut; sa tige est simple ou
presque simple, et ne porte à son sommet qu'une à trois
fleurs de couleur jaune, rarement davantage. Elle croît dans
les prairies maritimes du midi de la France et de l'Europe.

CHIRONE EN ÉPI; *Chironia spicata*, Willd., *Spec.* 1, pag. 1069;
Gentiana spicata, Linn., *Spec.* 533. La tige de celle-ci est herbacée, tétragone, haute de six pouces à un pied, souvent divisée dans sa partie supérieure en rameaux opposés et simples;
ses feuilles sont ovales-oblongues ou lancéolées, très-glabres
comme toute la plante; ses fleurs de couleur rose, sont sessiles,
alternes le long des rameaux, et disposées en épis longs, grêles
et peu garnis. Cette espèce croît dans les pâturages humides

des bords de la mer, dans le midi de la France et de l'Europe. (L. D.)

CHIRONECTE (*Ichthyol.*), *Chironectes.* Commerson avoit donné ce nom à une espèce de poisson que M. de Lacépède a rangée dans le genre Lophie. M. Cuvier vient de l'adopter aussi pour remplacer cette dernière expression, et en former un genre qui appartient à la famille des chismopnés, et dont les caractères peuvent être ainsi exposés :

Des rayons libres sur la tête, le premier grêle, terminé souvent par une houppe ; les deux suivans augmentés d'une membrane, ou très - renflés, ou réunis en une nageoire ; corps et tête comprimés ; bouche verticale ; ouverture des branchies petite et située derrière la nageoire pectorale ; la nageoire dorsale étendue dans presque toute la longueur du dos ; catopes jugulaires ; peau sans écailles.

Tout le corps est souvent garni d'appendices charnus ; la vessie natatoire est grande ; l'intestin sans cœcums ; l'estomac est énorme, et l'animal, en le remplissant d'air, peut, à la manière des tétraodons, gonfler son ventre comme un ballon.

Les nageoires pectorales sont supportées comme par deux bras, soutenus chacun par les deux os, comparables au radius et au cubitus, qui dans ce genre sont plus alongés qu'en aucun autre.

A terre, les chironectes, à l'aide de leurs nageoires paires, rampent presque comme de petits quadrupèdes ; les pectorales, en raison de leur position, font l'office des pieds de derrière. Ces poissons peuvent vivre hors de l'eau pendant deux ou trois jours.

Ils habitent les mers des pays chauds.

Le genre Chironecte est très-distinct de celui des Baudroies (*Batrachus,* Klein), qui ont le corps déprimé, et de celui des Malthées, qui n'ont qu'une petite nageoire dorsale molle, et qui manquent de vessie natatoire. Il correspond à peu près au véritable genre Lophie de M. Duméril, au genre *Antennarius* de Commerson, et en grande partie aux lophies de MM. de Lacépède et Schneider.

Le mot *chironecte* est grec, et indique que l'animal nage surtout à l'aide de ses nageoires pectorales (χείρ, *manus*, et νέω, *nato*).

L'Histrion, *Chironectes histrio.* (*Lophius histrio*, Linn.; *Lophius tumidus*, Osbek.) Un long filament terminé par deux appendices charnus au-dessus de la lèvre supérieure; peau rugueuse; mâchoire inférieure plus longue que la supérieure; dents très-déliées; tête petite; des barbillons autour des lèvres; catopes ayant une assez grande ressemblance avec des pieds de mammifères; corps hérissé, en beaucoup d'endroits, de petits aiguillons et de courts filamens. Dos doré; ventre brun; des bandes, des raies et des taches irrégulières brunes.

Le nom de ce poisson lui vient des mouvemens prompts et variés qu'il imprime à ses nageoires et à ses filamens, et qu'on a comparés à des gestes scéniques. Peut-être aussi l'a-t-on ainsi appelé parce qu'il gonfle rapidement son abdomen, et change de figure pour ainsi dire à volonté.

L'histrion parvient à la longueur de neuf ou dix pouces. On le rencontre dans les mers du Brésil et de la Chine.

A Ceilan, suivant Thunberg, il est rare que sa taille dépasse la longueur du doigt. Autrefois on tâchoit d'en transporter des individus vivans en Hollande, où on les vendoit jusqu'à douze ducats.

Il se cache dans les herbes marines et entre les pierres, pour épier et surprendre sa proie, et se nourrit spécialement de petits crustacés. Sa chair ne peut point être mangée.

Le Chironecte uni, *Chironectes lævigatus.* (*Lophie unie*, Bosc.) Point de filament au-dessus de la lèvre supérieure, mais deux cornes cartilagineuses articulées. Nageoires pectorales et anale pédonculées, de même que les catopes, qui ressemblent à une main de taupe.

Longueur d'un demi-pouce, largeur de trois, et épaisseur de deux lignes.

Ce poisson habite la haute mer entre l'Europe et l'Amérique. Il a été décrit pour la première fois par M. Bosc, qui l'a pris plusieurs fois parmi les *varecs flottans* (*fucus natans*).

Le Riquet a la houpe, *Chironectes tricornis.* (*Antennarius antenna tricorni*, Commers.) Extrémité du filament de la lèvre supérieure trilobée.

Ce poisson a été trouvé par Commerson sur les côtes orientales de l'Afrique. L'individu qu'il a décrit, avoit près de cinq pouces de longueur sur environ deux pouces de largeur

M. de Lacépède pense que ce n'est qu'une variété de l'histrion; M. Cuvier, que c'est le même animal que le *lophius hispidus* de M. Schneider.

Le Chironecte commersonien, *Chironectes Commersonii.* (*Lophie Commerson*, Lacépède.) Un long filament terminé par une très-petite masse charnue au-dessus de la lèvre supérieure; le corps noir; un point blanc de chaque côté; peau grenue et rude au toucher; langue et palais hérissés de dents; deux bosses derrière l'ouverture de la gueule, la postérieure plus grande, non courbée en crochet.

Commerson a disséqué ce poisson, qui a l'estomac très-grand; le péritoine noirâtre, la vessie natatoire ovoïde, blanche et adhérente au dos.

Des mers de l'Inde.

Le Chironecte, *Chironectes verus.* (*Lophius variegatus,* Shaw.; *Antennarius chironectes,* Comm.; *Lophie chironecte,* Lacép.) Un filament terminé par une petite masse charnue, plus long et plus délié que dans l'histrion, au-dessus de la lèvre supérieure; le corps rougeâtre avec des taches noires; deux bosses sur la tête, à la place des filamens de l'histrion; la postérieure plus grande et plus haute.

Le Chironecte double-bosse, *Chironectes bigibbus.* Caractères du précédent; seulement le corps est varié de noir et de gris.

Il vient, comme lui, des mers des Indes; tous deux ont été décrits par Commerson pour la première fois.

Le Pescador, *Chironectes ocellatus.* Corps comprimé, jaunâtre, avec des points noirs; une tache noire arrondie, à centre blanc sur les nageoires dorsale et caudale, et près de l'anale.

De la mer de la Havane. D'après Parra, on l'y appelle *pescador.* Voyez Baudroie, Batrachus, Lophie, Chismopnés. (H. C.)

CHIRONECTE (*Mamm.*), nom tiré du grec, et qui signifie nageant avec les mains. Illiger l'a donné au genre qu'il a formé de la petite loutre de la Guiane. *Didelphis palmata,* Geoff. Voyez Didelphe. (F. C.)

CHIRONIA. (*Bot.*) Chez les anciens, on a donné le nom de *vitis nigra, chironia vitis,* au taminier, *tamnus communis,* qui grimpe sur les arbres comme la vigne ou comme la bryone; ce qui l'avoit encore fait nommer *bryonia racemosa* par C. Bauhin. (J.)

CHIRONIA (*Bot.*), ancien nom de la grande centaurée, *centaurea centaureum*, Linn. (H. Cass.)

CHIRONIUM. (*Bot.*) Ce nom a été donné à plusieurs plantes : celle que Théophraste nomme *panax chironium* est, suivant Daléchamps et C. Bauhin, le *senecio doria* des modernes. On a aussi appelé tantôt *centaurea*, tantôt *chironium*, la petite centaurée, que le centaure Chiron employa pour guérir la blessure que lui avoient faite les flèches d'Hercule. Le *panax chironium* d'Anguillara et de Cordus étoit l'aunée, *inula helenium ;* celui de Matthiole, nommé aussi par lui *flos solis*, et par Césalpin *chironia*, est l'hélianthème ordinaire, *helianthemum vulgare :* on retrouve sous le même nom, d'après Camérarius, l'*helianthemum glutinosum*. Parmi les *panax* de C. Bauhin, qui sont des ombellifères, on en compte deux avec la synonymie de *panax chironium :* l'une d'elles, nommée aussi *panax costinum*, est le *pastinaca opopanax* des modernes ; l'autre, que Morison nommoit *panax heracleum*, est le *laserpitium chironium* de Linnæus. Au milieu de toutes ces diverses citations il est assez difficile de déterminer quel est le vrai *chironium* des anciens. (J.)

CHIRONOME. (*Entom.*) C'est le nom d'un genre de diptères établi par Meigen dans la famille des tipules ou hydromyes, pour y ranger quelques petites espèces de celles dites culiciformes. Ce nom de genre a été adopté par Fabricius; mais il y a réuni les cératopogons, les tanypes et les corèthres du même M. Meigen. Il paroît que les larves de ces diptères se développent dans l'eau. Réaumur, qui en a observé plusieurs, les nomme vers-polypes. Elles se forment des espèces de fourreaux ou étuis terreux. Voyez TIPULE. (C. D.)

CHIRONS-NATTER, COULEUVRE CHIRON. (*Erpétol.*) Merrem nomme ainsi le *coluber fuscus*, de Linnæus, ou la couleuvre sombre à deux raies, de Daudin. Voyez COULEUVRE. (H. C.)

CHIROSCÈLE. (*Entom.*) M. de Lamarck a publié sous ce nom, dans les Annales du Muséum, t. III, pag. 261, une espèce d'insecte coléoptère de la famille des ténébrions, envoyé de la Nouvelle-Hollande par feu Péron. Les taches que M. de Lamarck regarde comme phosphoriques, sont peut-être analogues à celles qu'on observe dans quelques femelles de blaps, et servent peut-être aussi aux mêmes usages, c'est-à-dire, à attirer le mâle. Voyez BLAIS. (C. D.)

CHIROTE (*Erpétol.*), *Cheirotes*. M. Duméril a formé sous ce nom un genre de reptiles dans la famille des sauriens urobènes. Voyez BIMANE. dans le Supplément du 4.ᵉ volume. (H. C.)

CHIRQUINCHUM, ou CIRQUINCHUM, ou CIRQUINÇON (*Mamm.*), nom des tatous à la Nouvelle-Espagne. Ruisch les nomme *chirquineus*. (F. C.)

CHIRRI. (*Ornith.*) Voyez CHIRIRI. (CH. D.)

CHIRURGIEN. (*Ornith.*) Brisson a décrit sous ce nom plusieurs espèces de jacanas armés à la partie antérieure de l'aile d'un éperon très-pointu, faisant l'office d'une lancette quand l'oiseau s'en sert pour sa défense. (CH. D.)

CHIRURGIEN. (*Ichthyol.*) Voyez ACANTHURE. (H. C.)

CHISMOBRANCHES. (*Malacoz.*) M. de Blainville désigne sous ce nom un ordre de ses mollusques céphalophores, dont la cavité respiratoire, contenant des organes de la respiration non symétriques, communique avec le fluide ambiant par une simple fente placée entre le bord antérieur du manteau et la partie supérieure du dos de l'animal; ce qui se trouve concorder avec la forme de la coquille dont l'ouverture est grande et entière. Les genres qu'il y range composent les familles des MÉGASTOMES, HÉMICYCLOSTOMES, CYCLOSTOMES et GONIOCTOMES. Voyez ces mots et CONCHYLIOLOGIE. (DE B.)

CHISMOPNÉS. (*Ichthyol.*) Nom du second ordre et de la troisième famille des poissons cartilagineux dans le système ichthyologique de M. Duméril. Les poissons qui les composent, constituent le second ordre du système de M. de Lacépède, et rentrent en partie dans les plectognathes sclérodermes, et dans les acanthoptérygiens de M. Cuvier. Voyez ces divers mots et ICHTHYOLOGIE.

Le caractère essentiel des chismopnés peut être ainsi exprimé :

Poissons cartilagineux, sans opercules, mais à membrane rayonnée; ouvertures des branchies formant une simple fente sur les côtés du cou; quatre nageoires paires.

Le mot *chismopné* est grec; il signifie *animal qui respire par une fente* (χίσμα, *fissura*, et πνέω, *respiro*).

Nous allons offrir le tableau des genres qui composent la

famille des chismopnés; ils sont peu nombreux, et sont basés sur la position des catopes.

Famille des Chismopnés.

Catopes
- jugulaires : corps
  - déprimés . . . . 1 Baudroie.
  - comprimés : rayons { très-longs 2 Chironecte ou Lophie
  - libres sur la tête. } nuls. . . 3 Malthée.
- thoraciques : à peau couverte par de
  - grandes écailles. 4 Baliste.
  - petites écailles. . 5 Monacanthe.
  - petits grains. . . 6 Alutère.
- abdominaux,
  - à un seul rayon épineux. 7 Triacanthe.
  - ordinaires . . . . 8 Chimère.

Voyez, à leurs places respectives, l'histoire de ces différens genres. Voyez aussi Cartilagineux. (H. C.)

CHISSIPHUINAC. (*Bot.*) Ce nom péruvien, qui signifie croissant pendant la nuit, a été donné au *monnina salicifolia*, espéce d'un genre de la Flore du Pérou, qui est voisin du *polygala*. On lui attribue la propriété détersive, et celle de faire croitre les cheveux. Les femmes du Pérou emploient fréquemment à cet usage son infusion à froid. La même plante porte aussi le nom de *hacchiquis*, dans ce pays. (J.)

CHITINI. (*Bot.*) Voyez Chatini. (J.)

CHITISA. (*Bo .*) Voyez Chathath. (J.)

CHITNIK. (*Mamm.*) Voyez Shitnik. (F. C.)

CHITOTE. (*Mamm.*) John Barbo, dans sa description de la côte d'Angole, parle, sous ce nom, d'un quadrumane dont il donne une mauvaise figure, et qu'on a rapporté au genre Makis. (F. C.)

CHITRACULIA, Chitralia. (*Bot.*) Brown, dans son Histoire de la Jamaïque, et après lui Adanson, ont désigné sous ce nom des arbres de la famille des myrtées, rapportés maintenant au genre *Calyptranthes*. (J.)

CHITSÉ. (*Bot.*) Voyez Chicorys. (J.)

CHITTÉE. (*Erpétol.*) Russel décrit sous ce nom la couleuvre ardoisée de Daudin. C'est un mot de la langue des Indiens. Voyez Couleuvre. (H. C.)

CHITTUL. (*Erpétol.*) Les Indiens du Bengale appellent ainsi, suivant Russel, l'hydrophis à bandes bleues, de Daudin. Voyez Hydrophis. (H. C.)

CHIU. (*Ornith.*) Voyez Chuy. (Ch. D.)

CHIUCUMPA, Huincus (*Bot.*), noms péruviens du *mutisia*

acuminata de la Flore du Pérou. qui cite encore pour la même plante ceux de *chinchinculma* et *chinchilculma*. (J.)

CHIVEF. (*Bot.*) Jean et Caspar Bauhin citent sous ce nom, qui signifie figuier en langue syriaque, un arbre qu'ils disent semblable au figuier des nègres, et dont le fruit, gros comme un melon, a une pulpe très-suave, qui fond dans la bouche, et des graines approchant de celles du concombre. On sait que ce figuier des nègres n'est autre chose que le papayer, *carica papaya*, qui, dans plusieurs lieux, porte le nom de figuier, et auquel, pour cette raison, Linnæus a donné celui de *carica*. Il est plus que probable que le chivef est le même arbre. (J.)

CHIVIN. (*Ornith.*) On appelle ainsi, dans le Boulonnois. la fauvette passerinette, *motacilla passerina*, Linn. (Ch. D.)

CHIVINO (*Ornith.*), nom italien du scops ou petit duc, *strix scops*, Linn. (Ch. D.)

FIN DU HUITIÈME VOLUME.

IMPRIMERIE DE LE NORMANT, RUE DE SEINE.